8° S 18562

Paris
1930

Thomson, Sir John Arthur

L'Hérédité

BIBLIOTHÈQUE SCIENTIFIQUE

J. ARTHUR THOMSON
PROFESSEUR D'HISTOIRE NATURELLE A L'UNIVERSITÉ D'ABERDEEN

L'HÉRÉDITÉ

TRADUIT D'APRÈS LA CINQUIÈME ÉDITION ANGLAISE
PAR HENRY DE VARIGNY, DOCTEUR ÈS-SCIENCES
NATURELLES, MEMBRE DE LA SOCIÉTÉ DE BIOLOGIE

Avec 29 figures

PAYOT, PARIS

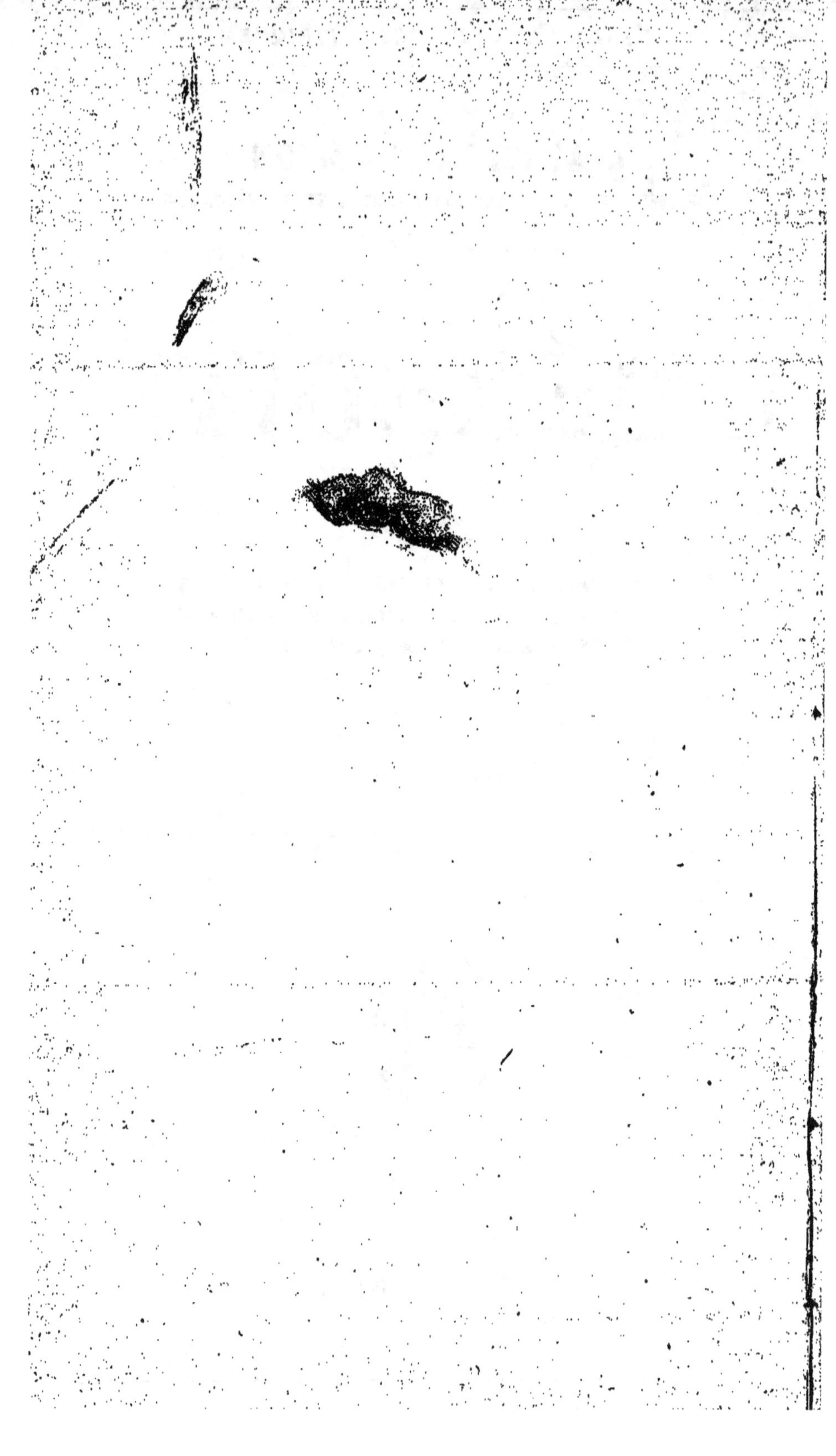

L'HÉRÉDITÉ

8° S

18562

BIBLIOTHÈQUE SCIENTIFIQUE

J. ARTHUR THOMSON

Professeur d'histoire naturelle à l'Université d'Aberdeen

L'HÉRÉDITÉ

TRADUIT D'APRÈS LA CINQUIÈME ÉDITION ANGLAISE PAR HENRY DE VARIGNY

DOCTEUR ÈS-SCIENCES NATURELLES, MEMBRE DE LA SOCIÉTÉ DE BIOLOGIE

Avec 29 figures

PAYOT, PARIS

106, Boulevard St-Germain

1930

Tous droits réservés

Premier tirage Janvier 1930.

*Tous droits de reproduction et d'adaptation
réservés pour tous pays.*

PRÉFACE

A LA CINQUIÈME ÉDITION ANGLAISE

Cet ouvrage, publié pour la première fois en 1908, constitue, dans l'esprit de l'auteur, une introduction à l'étude de l'hérédité, sujet d'un intérêt fascinant et de grande importance pratique. Au cours des dernières années il a été fait de grands progrès dans l'étude scientifique de l'hérédité, et comme la bibliographie est fort dispersée, et souvent très technique, il peut être utile de donner un exposé visant à la fois à être compréhensif et exact, et pourtant relativement simple. La bibliographie permettra à qui étudie le sujet de près d'entrer dans le détail des faits, et de suivre les voies indiquées. Une table par sujets permet de saisir d'un coup d'œil toutes les bibliographies relatives aux divers points particuliers.

L'auteur a voulu exposer impartialement diverses questions discutables, car il serait prématuré de tirer des conclusions précises sur plus d'un petit nombre de points. On a essayé de ne pas perdre de vue les problèmes pratiques, mais il n'a pas paru opportun de se risquer à beaucoup d'opinions concrètes. Dans la plupart des cas nous n'en savons et n'en comprenons pas encore assez pour être autorisés à faire plus que conseiller de façon générale à songer au lendemain en considérant l'idéal de l'eugénique.

Un regard jeté sur le volume montrera qu'une place particulière a été faite à trois sortes de conclusions : à celles que fournit l'étude microscopique des cellules germinales ; à celles qui découlent de l'application des méthodes statistiques ; enfin à celles qu'on peut tirer de l'expérimentation. Ces trois façons d'attaquer les problèmes mystérieux sont également justifiées, et les résultats obtenus en quelques années par un nombre relativement restreint de chercheurs résolus méritent de retenir l'attention de tous les esprits réfléchis. Les faits nouveaux sont d'un intérêt particulier pour les médecins, les pédagogues, laïques et religieux, les réformateurs sociaux et les parents, présents ou futurs.

Partout, j'ai indiqué ce que je devais aux maîtres, et la bibliographie, qui est simplement représentative, montre combien sont nombreux les champs où l'on peut glaner. En particulier, je dois beaucoup aux œuvres de Galton, Weismann, Pearson, Bateson et de Vries.

Le Dr. Leslie Mackenzie a bien voulu lire le chapitre sur l'hérédité et la maladie, et m'a proposé diverses additions utiles qui ont été introduites. J'ai à remercier le professeur C. Correns et le professeur H. G. Ziegler qui m'ont autorisé à reproduire quatre diagrammes excellents ; et aussi M. Young Pentland et la Walter Scott Publishing Company qui m'ont permis d'utiliser diverses figures provenant de mes autres ouvrages. Je dois également beaucoup de remerciements à mon éditeur M. John Murray qui m'a encouragé dans un travail que j'ai été souvent tenté d'abandonner, et dont j'aurais épuisé depuis longtemps la patience affable s'il avait été comme tant d'autres.

La nécessité d'une nouvelle édition m'a fourni l'occasion de corriger quelques erreurs, que m'ont, en partie, indiquées mes critiques, et d'ajouter des mentions relatives à quelques-unes des découvertes nouvelles récemment faites dans ce domaine de la Biologie où les progrès sont si rapides.

J. A. T.

Université d'Aberdeen.

CHAPITRE PREMIER

HÉRÉDITÉ ET HÉRITAGE
DÉFINITION ET EXEMPLES

1. Importance de l'étude de l'hérédité. — 2. Ce que signifient les termes. — 3. L'hérédité et l'héritage dans leurs rapports avec d'autres concepts biologiques. — 4. Une question de mots. — 5. Exemples se rapportant aux problèmes. — 6. Négations d'héritage.

1. — *Importance de l'étude de l'hérédité.*

L'hérédité détermine la vie individuelle. — Il n'y a pas de problèmes scientifiques de plus grand intérêt pour l'homme que ceux de l'hérédité, c'est-à-dire de la relation génétique entre les générations successives. Du moment où les événements de la vie individuelle sont en grande partie déterminés par ce qu'est l'être vivant, ou par le bagage avec lequel il se met en route, en raison de sa relation héréditaire avec ses parents et ancêtres, nous ne pouvons laisser de côté les faits de l'hérédité dans notre interprétation du passé, dans notre conduite présente, et dans nos pronostics relatifs à l'avenir. Assurément le milieu — au sens le plus large : aliments, climat, habitat, paysage, etc., milieu animé — a une grande importance ; il en va de même du fonctionnement, au sens le plus large : exercice, éducation, occupation, ou absence de ceux-ci. Mais ces influences puissantes s'exercent sur un organisme dont la nature fondamentale est déterminée, mais non rigidement fixée, par son hérédité, c'est-à-dire sa relation génétique avec ses devanciers. Comme l'a dit Herbert

Spencer, « la constitution reçue en héritage doit toujours être le facteur principal dans la détermination du caractère », ou encore, comme l'a dit Disraeli, de façon plus concise et moins correcte : « la race est tout ».

L'hérédité est une condition de toute l'évolution organique. — De même, quand nous considérons la race plutôt que l'individu, il nous faut admettre que dans la mesure où l'évolution dépend de changements organiques innés, de ce qui est inhérent à l'organisme, de ce qu'il a dans le sang, par opposition aux efforts et acquisitions individuels, aux institutions extérieures et à la culture traditionnelle, dans cette même mesure elle est conditionnée par la relation héréditaire unissant une génération à l'autre. L'hérédité est une *condition* de toute une évolution organique. Les changements innés ou variations, qui forment la matière première du progrès de l'organisme, ou de la dégénérescence, ont une importance raciale directe, parce qu'ils sont certainement transmissibles, tandis que d'autre part des modifications du corps, ou caractères acquis, dus à des changements dans le milieu ou le fonctionnement, n'ont probablement pas d'importance raciale directe, car il n'y a guère de preuves — si même il y en a — à l'appui de l'opinion qu'ils se transmettent héréditairement. Ils ont une importance individuelle, et dans la société humaine ils comptent pour beaucoup, mais s'ils ne sont pas transmissibles, ils demeurent hors du domaine de l'organique et ne peuvent fournir à la sélection des matériaux sur lesquels elle puisse opérer. Pour la race humaine, l'héritage extérieur de tradition, d'institutions, de droits, les produits permanents de la littérature et de l'art, les résultats acquis par la science, etc., sont d'une très grande importance, mais tout cela est extérieur au problème de l'hérédité organique ou naturelle. En ce qui concerne le processus lent et sûr de l'évolution constitutionnelle ou organique, tout dépend des ressemblances et des variations héritables constituant la matière sur laquelle agissent les nombreuses et diverses formes de sélection et d'isolation.

Aux jours d'antan, les sages croyaient voir les fils de l'existence entre les mains de trois déesses sœurs. L'une tenait une quenouille, une autre offrait des fleurs, la troisième tenait les ciseaux abhorrés de la mort. De même en Scandinavie le nouveau-né recevait la visite de trois sœurs, les Nornes, apportant des cadeaux caractéristiques du passé, du présent, du futur, réglant la vie commençante de façon aussi certaine que le faisaient les trois Parques. De même aussi, à notre époque scientifique, nous admettons les Parques et les Nornes, mais nos idées et les termes que nous employons sont très différents. Les trois facteurs déterminants de l'existence, ce sont ce que la créature est, ou possède, pour commencer, en vertu de son hérédité ; ce qu'elle fait, au cours de son activité ; et enfin les influences ambiantes qui s'exercent sur elle. Hérédité, fonction, et milieu — *famille, travail, lieu* — voilà les trois côtés du prisme biologique au moyen duquel nous essayons d'analyser de façon scientifique la lumière de la vie, sans oublier jamais qu'il peut exister d'autres éléments inaccessibles à notre analyse scientifique, tout comme il y a des radiations que nos yeux ne sauraient voir.

Depuis plusieurs décades on nous a beaucoup parlé de l'hérédité et de son importance : dans des romans comme le *Docteur Pascal* de Zola, dans les pièces comme *Les Revenants* d'Ibsen, dans des sermons, dans des articles de journaux, dans de gros livres, dans des conférences sur l'hygiène, en temps et hors de temps aussi, et bien qu'il y ait lieu de craindre que beaucoup d'impressions très répandues, à ce sujet, soient erronées, le simple fait que le public s'y intéresse beaucoup est en lui-même un symptôme de progrès. Le besoin se fait maintenant sentir d'une étude sérieuse des résultats solidement acquis. Autrement nous continuerons à vivre sur des lieux communs et à agir d'après des conjectures.

Importance pratique pour les éleveurs et agriculteurs. — Ce qui est important pour l'hérédité de l'homme, l'est de façon plus démontrable encore pour l'élevage des animaux et la culture des plantes. Les résultats obtenus dans le passé, avec le cheval, le bétail, les pigeons, la volaille, les céréales et les chrysanthèmes, grâce à l'habileté expérimentale et à une patience infinie, on pourra les surpasser encore à l'avenir si les éleveurs et agriculteurs arrivent à mieux comprendre les lois plus ou moins obscures de l'hérédité, d'où dépendent tous leurs résultats.

Importance pour la théorie de la biologie. — L'étude de l'hérédité est aussi d'importance fondamentale dans le domaine

de la science pure, pour le biologiste s'efforçant d'interpréter
le processus d'évolution par lequel la complexité de notre faune
et de notre flore actuelles est graduellement sortie d'antécédents
plus simples. Car l'hérédité est évidemment une des conditions
de l'évolution, de la continuité aussi bien que du progrès. L'hérédité se serait manifestée même s'il n'avait existé qu'un monde
monotone de Protistes sans aucune évolution. Mais il n'y aurait
pu avoir d'évolution dans le monde animé sans l'existence de
l'hérédité comme une de ses conditions. L'étude de l'hérédité
est inextricablement liée aux problèmes du développement, de
la reproduction, de la fécondation, de la variation, etc., en un
mot c'est un des thèmes centraux de la biologie.

2. — Ce que signifient les termes.

Les termes sont empreints de métaphore. — Dans l'esprit du populaire, et peut-être aussi dans celui du biologiste, rôde
souvent l'idée d'un agent hypothétique possédant l'organisme
et réunissant l'amas de ses caractères. Elle s'exprime de façons
variées, mais elle est généralement répandue, cette conception
d'une unité « organismale » donnant de la cohésion à la somme
des qualités (voir Sandeman, 1896). En particulier quand il
s'agit d'animaux supérieurs possédant une riche vie mentale,
beaucoup trouvent impossible de ne pas penser à une « âme »,
à un « moi » auquel le corps *appartient*. Assez naturellement, par
suite, la réapparition dans la progéniture de qualités qui carac-
térisaient les parents ou les ancêtres, a été de façon persistante
assimilée à l'héritage d'un legs. Mais c'est là une expression
métaphorique jusqu'à un certain point, et elle n'est pas sans
dangers.

Au début organisme et héritage sont identiques. — Un
moment d'examen suffit à montrer que les idées et expressions
empruntées à l'héritage de biens — quelque chose de très différent de l'individu qui hérite — sont de nature à engendrer l'obscurité et l'erreur quand on les applique à l'héritage des caractères qui constituent littéralement l'organisme et en sont insépa-
rables. Par conséquent, comme la conception biologique de
l'héritage semble souffrir encore de la non-convenance de l'ana-

logie à laquelle le terme doit son origine, arrêtons-nous un instant sur ce fait qu'au début d'une vie individuelle l'héritage et l'organisme sont identiques. En d'autres termes, l'idée de l'hérédité organique est simplement une abstraction scientifique commode au moyen de laquelle nous cherchons à distinguer ce qu'est l'organisme, en vertu de son origine germinale, de ce qu'il devient sous l'influence de circonstances ultérieures. Si nous pouvons employer les expressions de Galton et de Shakespeare, l'idée de

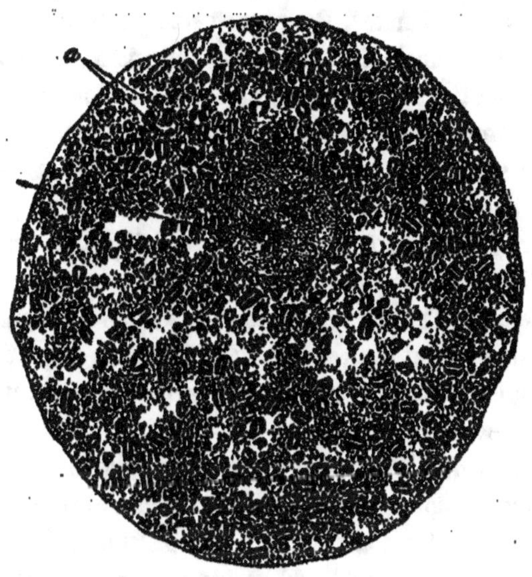

Fig, 1. — Oeuf de ver intestinal (*Ascaris*), montrant en *a* les chromosomes du noyau, ainsi que les matières en réserve dans la substance cellulaire ambiante. — D'après Carnoy.

l'hérédité organique est une abstraction par laquelle nous cherchons à distinguer ce qui est dû à la « nature » de ce qui est dû à la « nurture » (éducation, nourriture, milieu en général).

Définition de l'hérédité et de l'héritage. — Chaque être vivant naît d'un parent ou de parents qui lui sont plus ou moins semblables : cette relation reproductive ou génétique possède une base matérielle visible dans la matière germinale (cellule-œuf et cellule-spermatozoïde, en général) mise en liberté par le corps du parent ou des parents : par héritage nous entendons toutes qualités, tous caractères ayant leur siège initial, leur base physique, dans la cellule-œuf fécondée : et l'expression de cet héritage dans le développement a pour résultat l'organisme. L'hérédité n'est donc ni une entité, ni une force, ni un principe, mais un terme commode pour désigner *la relation génétique entre générations successives*, et l'héritage comprend *tout ce qu'est l'organisme, ou tout ce qu'il possède au départ, en vertu de sa relation héréditaire.*

Nature et « nurture ». — La cellule-œuf fécondée contient implicitement d'une manière quelconque, que nous ne pouvons imaginer, la potentialité d'un organisme adulte : arbre, pâquerette, cheval, ou homme. Pour que cette potentialité puisse se réaliser, il faut un milieu approprié, fournissant des aliments, de l'oxygène et des excitations libératrices de toutes sortes. Des influences ambiantes, maternelles ou extérieures, commencent à s'exercer sur le germe en développement, et sans ces influences, l'hérédité ne pourrait s'exprimer, les potentialités ne pourraient se réaliser. Donc l'hérédité organique implique un milieu ambiant, sans lequel elle ne signifie rien et ne peut rien. En fait, c'est seulement par une abstraction que nous pouvons séparer un organisme vivant quelconque du milieu où la vie est possible. La vie implique une action et une réaction persistantes, entre l'organisme et le milieu.

Mais tandis que la nature héritée et ses possibilités d'action et de réaction doivent être regardées comme rigoureusement déterminées par les contributions des parents et ancêtres, la « nurture », les influences du milieu, ne doivent pas être figurées à l'esprit comme prédéterminées. En fait les influences de l'ambiance sont très variables et la nature du jeune organisme peut être profondément modifiée par elles. De la sorte il nous devient bientôt possible de distinguer les traits principaux qui sont les réalisations normales de l'héritage dans un milieu normal des particularités dues à des particularités de « nurture ». Les caractères d'un poussin qui sort de la coquille où il était emprisonné sont, dans l'ensemble, strictement héréditaires ; mais ils ne le sont pas nécessairement en totalité, car durant les trois semaines précédant l'éclosion il a pu se produire des particularités dans l'ambiance, pouvant laisser leur empreinte sur l'embryon en cours de développement. Il en va plus encore de même pour l'embryon de mammifère qui se développe souvent pendant plusieurs mois comme une sorte d'associé intérieur dans la mère, dans un milieu complexe et variable. Et à mesure qu'il grandit, des particularités dues à la « nurture » continuent à se superposer aux qualités héréditaires.

Le rasoir de Guillaume d'Occam. — En commençant par essayer de nous débarrasser des mots à capitales, et d'interpréter objectivement les mots hérédité et héritage, nous avons simplement suivi l'exemple donné dans d'autres domaines scientifiques. Car un des traits distinctifs du XIXe siècle a été la réduction du nombre des puissances ou entités séparées, dont on admettait l'existence. On a utilisé le rasoir de Guillaume d'Occam, en fait. *Entia non sunt multiplicanda præter necessitatem.* Une des premières entités éliminées fut le Calorique, qui dut battre en retraite devant l'interprétation moderne de la chaleur en tant que « forme de l'énergie ». Puis ce fut le tour de la Lumière, quand fut admise la théorie ondulatoire ou électro-magnétique. Les vitalistes, eux-mêmes, désavouent une « Force-Vitale » spécifique ; la Force elle-même est devenue simple mesure de mouvement, et la Matière à son tour tend à se résoudre en unités d'électricité négative, emportant avec elles une portion de l'éther dans lequel elles baignent. Et ainsi de suite. Devant cet effort vers une précision plus grande et une simplification du langage, il n'y a pas à être surpris qu'un biologiste affirme que parler du « Principe de l'Hérédité » chez les organismes équivaut à parler d'un « Principe d'Horlogité » dans les horloges. Plus nous nous déferons vite de pareil verbiage, mieux cela vaudra pour la clarté de la pensée, car l'hérédité n'est certainement ni une puissance, ni une force, ni un principe, mais une expression commode pour traduire la relation de continuité organique ou génétique qui unit une génération à l'autre. Les ancêtres, les grand-parents, les parents, sont très réels, les enfants et petits-enfants sont très réels aussi : « hérédité » est le terme exprimant la relation de continuité génétique qui les unit les uns aux autres. Nous l'étudions en tant que relation de ressemblances et différences qui peut être mesurée ou pesée, ou évaluée de quelque façon, comme une relation reposant sur une base matérielle plus ou moins visible qui est la matière germinative.

3. — *L'hérédité et l'héritage dans leurs rapports avec d'autres concepts biologiques.*

Développement. — Tous les êtres vivants naissent de parents qui leur ressemblent plus ou moins. La reproduction peut être *asexuée*, par fission, fragmentation, bourgeonnement, et autres processus analogues, ou bien *sexuée*, grâce à des cellules germinales spéciales ou des gamètes, qui, d'habitude s'unissent en paire (fécondation ou amphimixie) pour fournir le point de départ d'un nouvel individu. Quel que puisse être le *mode de reproduction* — et cela seul constitue une longue histoire — il existe une relation héréditaire, une continuité génétique. La *théorie de l'hérédité* doit élucider la nature précise de cette relation génétique dans les divers modes de reproduction. Par exemple, quelle est la relation d'une cellule-germinale, d'un gamète libéré par rapport à l'organisme qui l'a libéré ? Quelle est la relation entre un œuf fécondé et les cellules germinales dans le corps où il se développe ? Quelle est la contribution de chacun des parents à l'héritage ? Les ancêtres aussi contribuent-ils à l'héritage, et si oui, de quelle façon ? C'est la tâche de la *théorie de l'hérédité* de répondre aux questions de ce genre.

Le fragment séparé, ou la cellule germinale libérée portent en eux la possibilité de devenir un organisme pleinement développé, dans un milieu approprié. Peut-on se faire quelque idée, vérifiable ou spéculative, quant à la manière dont l'héritage se trouve ainsi condensé dans un fragment ou un gamète ? Peut-on se figurer d'une façon quelconque comment les potentialités arrivent à se réaliser dans le développement, comment l'évidemment complexe naît de l'apparemment simple ? Répondre à ces questions et à d'autres similaires, tel est l'objet de la *théorie du développement*.

Les faits de la *transmission héréditaire* sont ceux qui ressortent au premier plan quand nous comparons les caractères d'un organisme à ceux de ses parents, ou de ses descendants, ou quand nous comparons les caractères d'une génération à ceux de ses devanciers, ou successeurs. C'est ici une étude tout à fait concrète, car les faits observés sont entièrement indépendants de toute théorie sur la relation organique précise unissant les générations entre elles *(théorie de l'hérédité)*, tout à fait indépendants aussi de toute théorie sur la façon dont le germe se développe dans l'adulte *(théorie du développement)*. En fait c'est principalement une étude expérimentale et statistique.

Avant le milieu du xix⁰ siècle on avait accordé beaucoup d'attention à ce qu'on peut appeler la démonstration du fait général de l'hérédité, à savoir que le semblable tend à engendrer le semblable. En fait, cela avait de tout temps été l'opinion générale des médecins et naturalistes, aussi bien que des profanes, mais ce fut une besogne utile que de réunir des documents et des preuves montrant que toutes les caractéristiques innées d'un organisme, physiques ou psychiques, normales ou anormales, importantes ou négligeables, se montraient *transmissibles* à la descendance, du moment où la possibilité de la descendance n'était pas exclue. La tâche consistant à démontrer cette transmission fut menée à bien par Prosper Lucas dont le gros traité, publié en 1847, démontrait amplement ce qui, maintenant, pour nous, va de soi : à savoir que le présent est l'enfant du passé ; que notre départ dans la vie n'est point affaire de hasard, mais est rigoureusement déterminé par nos parents et ancêtres ; que toutes sortes de caractéristiques innées peuvent être transmises de génération en génération. Bref l'importance fondamentale de l'hérédité a été depuis longtemps démontrée jusqu'à la garde. Il reste toutefois : 1⁰ à rendre plus précise et systématique la preuve de la transmissibilité ; 2⁰ à étudier la transmissibilité des caractères subtils tels que la longévité et la fécondité ; 3⁰ à découvrir les différents degrés de transmissibilité, car certains caractères sont beaucoup plus héritables que d'autres ; et, 4⁰ à classer les différents modes de ressemblance héréditaire : mélange des caractères des deux parents, un caractère étant d'origine paternelle, l'autre d'origine maternelle ; ressemblance avec l'un seul des deux progéniteurs ; réapparition des traits d'un grand-parent, retour à un ancêtre plus éloigné, et ainsi de suite. Qu'arrive-t-il quand il y a union consanguine étroite, quand les parents sont étroitement apparentés ? Qu'arrive-t-il quand s'unissent deux hybrides ? En quel sens — si elle l'est en un sens quelconque — une maladie est-elle héritable ? Ces questions et beaucoup

d'autres similaires seront discutées plus loin à propos des *faits
d'héritage*.

Variation. — Dès que nous commençons à comparer les
caractères d'un organisme à ceux de ses parents nous constatons
que le dicton familier « Le semblable engendre le semblable »
doit être modifié, et devenir : « Le semblable tend à engendrer
le semblable ». D'une part, l'enfant est, comme ses parents, « un
rejeton de la vieille souche », une *reproduction littérale* ; d'autre
part, c'est quelque chose d'original, un nouveau modèle, un nouveau départ. Nous ne récoltons pas de raisins sur les épines, ni
de figues sur les chardons : pourtant deux frères peuvent beaucoup différer l'un de l'autre, et de l'un ou l'autre de leurs parents.
Jusque dans la même gousse les pois diffèrent entre eux. D'une
part, il y a une tendance à la continuité, à la persistance des
caractères, à la ressemblance héréditaire complète : bref, une
sorte d'inertie organique dans une famille, une souche ou une
espèce. D'autre part, il y a une tendance à la variation, à de
nouvelles directions, à une ressemblance héréditaire incomplète,
ou à beaucoup plus encore. Il faut tenir compte de ces deux groupes de faits, tous deux expressions de la relation héréditaire :
inertie, persistance, continuité, ressemblance, d'un côté ; déviation, nouveauté, différences, de l'autre.

Pouvons-nous espérer distinguer une différence *apparente*
entre parents et progéniture, qui est due réellement à un caractère incomplet dans l'expression de l'hérédité, d'une différence
réelle due à la perte de quelque vieil élément héréditaire, ou à
l'addition d'un nouveau ? Pouvons-nous distinguer les particularités innées — les variations germinales — des particularités
acquises, de « nurture » ? Pouvons-nous distinguer les variations
qui semblent être simplement un peu plus ou un peu moins de
caractère héréditaire, des variations impliquant quelque chose
de nouveau ? Ces questions et d'autres similaires doivent être
envisagées dans l'*étude de la variation*.

Modifications. — En outre, du moment où l'on introduit la
critique dans l'étude des faits de l'hérédité, il devient nécessaire
de s'efforcer de distinguer les changements innés, devant avoir
une origine germinale, et par conséquent *hérités* au sens strict,
et aptes à être transmis, de ces changements théoriquement tout

à fait différents qui sont acquis par le corps de l'individu comme résultat de particularités dans le fonctionnement et le milieu. Il s'agit ici du contraste entre *variations germinales* et *modifications corporelles*, contraste qui est, de plusieurs façons, d'importance fondamentale. Il importe grandement de s'efforcer de distinguer les ressemblances et différences dues à l'hérédité des ressemblances et différences dues à la « nurture ». Un mineur peut avoir les cheveux rouges de son père, mineur aussi, mais il peut lui ressembler encore en ayant le « poumon des mineurs ». Mais le premier fait tient à l'hérédité, le second est dû à la similitude des conditions d'existence. La distinction conserve son importance, quelle que soit la conclusion à laquelle on arrive en ce qui concerne la transmissibilité des modifications, mais son importance est amoindrie du moment où nous découvrons qu'en pratique, toutes les variations — sauf la stérilité — sont transmissibles, bien qu'elles ne soient pas toujours transmises, et que les preuves à l'appui de la transmissibilité d'une modification quelconque, chez les organismes multi-cellulaires à reproduction sexuée, sont extrêmement douteuses.

Evolution. — De façon concrète, et en bref, la doctrine générale de l'évolution admet, comme nous le savons tous, que les plantes et animaux présentement autour de nous sont les résultats de processus naturels de croissance et de changement opérant depuis des temps inconcevablement reculés ; que les individus actuels sont les descendants d'ancêtres, dans l'ensemble, plus simples ; que ceux-ci sont descendus de formes plus simples encore, et ainsi de suite, en reculant jusqu'au moment où tout se brouille dans les événements vitaux des époques précambriennes, événements inconnus mais sans doute capitaux, dans la brume épaisse des commencements de la vie. L'idée essentiellement simple de l'évolution est que le présent est le fils du passé et le père de l'avenir. C'est une façon de considérer l'histoire organique, une description génétique, une manière de formuler le mode. Un processus de devenir conduit à une nouvelle phase de l'être ; l'étude de l'évolution est une étude de *werden und vergehen und weiter werden*.

Mais il nous faut passer d'une interprétation modale à une interprétation causale. Il nous faut chercher à découvrir les facteurs du processus de durée indéfinie, et ceci nous amène dans une région où, pour l'instant, abondent les incertitudes. En tant que biologistes, nous partons avec le postulat d'organismes vivants simples, se nourrissant, s'employant, croissant, dépérissant, se multipliant dans un milieu approprié. Et nous cherchons à découvrir les facteurs possibles du long processus évolutif dont le résultat est constitué par le monde vivant actuel. Au milieu de toutes les incertitudes, il est certain que la condition fondamentale de l'évolution est cette relation génétique que nous nommons hérédité, relation telle qu'elle admet, d'une part, une continuité de ressemblance héréditaire de génération en génération ; et, d'autre part, une aptitude organique au changement que nous nommons variabilité. Sans la relation héréditaire, jamais il n'aurait pu y avoir succession de générations. Sans la ressemblance héréditaire d'une part, et la variation héréditaire de l'autre, il n'aurait pu y avoir évolution. Il n'y a pas lieu, pour le moment, de discuter les facteurs secondaires ou directeurs opérant sur les éléments de progrès que fournit la variabilité : nous n'avons pas à nous occuper encore de la sélection et de l'isolation en particulier.

4. — *Une question de mots.*

Dans toute discussion ayant un but sérieux, il importe que le sens des termes employés soit bien clair. Nous prierons donc le lecteur de prêter toute son attention à notre définition des termes principaux. Ainsi par « hérédité » nous n'entendons pas signifier le fait général d'observation que le semblable tend à engendrer le semblable, ni une puissance favorisant la continuité ou la persistance des caractères, — en opposition avec la faculté de varier — mais seulement *la relation organique ou génétique entre générations successives* ; et par « héritage » nous entendons « l'héritage organique », *tout ce que l'organisme est, ou possède, pour commencer, en vertu de ses rapports héréditaires avec ses parents et ancêtres.* Nous n'oublions pas que pour l'homme en particulier il existe un héritage extérieur, un héritage social, qui compte pour beaucoup. Par « inné » nous entendons tout ce qui est virtuellement impliqué dans la cellule-œuf fécondée ;

par l'expression de l'héritage nous entendons la réalisation de potentialités innées au cours du développement dans un milieu approprié ; par caractère congénital — avec beaucoup d'auteurs médicaux — nous entendons un caractère démontrable à la naissance, qui n'est pas nécessairement germinal, étant souvent dû à des particularités telles qu'une infection, une intoxication, ou des lésions mécaniques au cours du développement pré-natal. Ainsi le tubercule peut être congénital, mais il n'est jamais héréditaire. Par modifications ou caractères acquis nous entendons les changements de structure du corps provoqués par des changements dans le milieu ou le fonctionnement, et tels qu'ils dépassent la limite de l'élasticité organique, et, par suite, persistent après qu'ont cessé d'agir les conditions déterminantes. Par variation nous entendons, non pas *n'importe quelle* différence observée entre la progéniture et les parents, entre un individu et la moyenne de la souche, en ce qui concerne un caractère donné : mais les différences observées moins toutes modifications corporelles, c'est-à-dire, changements ayant une origine germinale.

Ces définitions deviendront plus claires au cours de notre exposé. Ce que nous voulons en ce moment, c'est mettre le lecteur en garde contre un voyage entrepris sans en connaître les conditions, c'est aussi protester contre la négligence avec laquelle les termes sont si souvent employés. Une grande partie de l'énergie dépensée au cours de la longue controverse sur la transmission des caractères acquis, ou des modifications acquises, a été gaspillée faute d'avoir prêté une attention suffisante au sens précis des termes techniques employés (1).

Dire d'un homme qu'il « lutte contre son hérédité » c'est peut-être exprimer un fait réel, mais l'expression verbale est erronée. La question de l'Américain : « Le milieu de mon grand-père est-il

---

(1) On remarquera que l'ouvrage de GALTON, *Natural Inheritance*, porte à juste raison ce titre, car il consiste principalement en une comparaison statistique des caractères des générations successives.

L'héritage est aussi le principal sujet des livres de Lucas et de Ribot bien que, par leur titre, se rapportant à l'hérédité. Ou encore, pour prendre un autre exemple, l'ouvrage de WEISMANN, le *Plasma germinatif, une théorie de l'Hérédité*, est en grande partie une théorie de l'hérédité, mais naturellement c'est aussi en grande partie une théorie du développement. La langue allemande a un même mot *Vererbung* pour hérédité et héritage. La langue anglaise étant riche en termes connexes, l'emploi d'expressions impropres y est moins excusable. En outre de *heredity* et *inheritance*, elle comprend *heritage, transmission, etc.* Mais c'est suggérer une idée erronée que de parler d'un parent comme transmettant.

mon hérédité ? » constitue une offense à la langue ordinaire aussi
bien qu'à la langue scientifique. Elle devrait être formulée
comme suit : « Les changements de structure provoqués par les
influences ambiantes sur l'organisme de mon grand-père ont-ils
eu quelque effet sur mon héritage ? » Impossible encore de pardonner à un spécialiste une phrase telle que celle-ci : « Je considère l'hérédité comme un caractère acquis, tout comme la forme
et la couleur, ou la sensation, et non comme une propriété originelle de la matière » (BAILEY, 1896, p. 23). Quand un moraliste
écrit : « Les seules limitations imposées à l'homme sont celles
qu'établit sa propre nature », le biologiste demande : « Mais quelle
est donc sa propre nature ? N'est-ce pas l'expression d'un héritage prédéterminé dans un milieu plus ou moins prédéterminé ? »

Définitions de l'hérédité. — Il peut être intéressant de
donner ici quelques exemples de définitions.

« Le mot « héritage » a un sens plus limité que « nature », ou la somme des
qualités innées. Héritage s'applique exclusivement à ce qui est hérité, alors
que la nature comprend aussi ces variations individuelles dues à d'autres
causes que l'hérédité et qui opèrent avant la naissance » (FRANCIS GALTON :
Natural Inheritance, 1898, p. 293).

« L'hérédité est la loi expliquant le changement de type entre parents et
progéniture, c'est-à-dire la progression du type racial au type parental ».
(KARL PEARSON : *The Grammar of Science*, 1900, p. 474).

« Par hérédité nous entendons la transmission à la progéniture des qualités
du parent ou des parents ». (E. H. MONTGOMERY Junior, *Proc. Am. Philos.*,
Soc., XLIII, 1904, p. 5).

« Mais la descendance se fait de cellule germinale à cellule germinale. Le
parent est le gardien, le conservateur des cellules germinales bien plus que
leur producteur. Il est trop métaphorique de parler du « parent transmettant
des qualités à la progéniture. » La relation héréditaire comprend aussi bien
l'occurrence de variations que la reproduction de ressemblances. Et qu'est-ce
que la progéniture sans son héritage ? »

« Les biologistes définissent communément l'hérédité comme se rapportant généralement à tous les phénomènes auxquels a trait l'aphorisme : « le
semblable engendre le semblable ». Dans ce sens le mot dénote, entre autres,
le phénomène de la constance des types spécifiques ou raciaux, et des caractères sexuels : un caractère peut être dit *hérité* quand il constitue toujours,
génération après génération, un des caractères de l'espèce, de la race, ou d'un
des sexes de la race, opposé à l'autre. L'espèce, la race, le sexe, pour ainsi
dire « reproduit son semblable » en tant que tout. Mais une autre question
subsiste : même si le type de la race est constant, les types individuels à l'intérieur de la race reproduisent-ils leur semblable ? Dans la mesure où un
individu s'écarte, en caractère, de la moyenne de la race, sa progéniture tend-elle à s'écarter dans la même direction ou non ? C'est la question à laquelle

s'en sont tenus les statisticiens, et ils disent d'un caractère qu'il est *hérité*
ou non selon que la réponse à la question est oui ou non : ils s'occupent exclusivement de ce que nous pouvons appeler l'hérédité individuelle ». (G. UDNEY
YULE, 1902, p. 199).

Les biologistes s'occupent de l'hérédité individuelle autant que le peuvent
faire les statisticiens, et même plus : *les résultats statistiques sont basés sur
des données individuelles, mais ne sont pas applicables à l'individu.*

« La matière vivante possède la propriété spéciale d'augmenter son volume
en s'agrégeant les éléments chimiques dont elle a besoin et en élaborant les
aliments ainsi pris en matière vivante additionnelle. Elle possède en outre
la propriété de détacher d'elle-même des parcelles, ou des germes qui s'ali-
mentent et croissent de façon indépendante, et de la sorte multiplient leur
espèce. C'est un caractère fondamental de ce processus de reproduction que
le germe détaché ou poussé hérite de ses parents des particularités de forme
et de structure et les emporte avec lui. C'est là la propriété connue sous le
nom d'Hérédité. Celle-ci est essentiellement modifiée par une autre propriété, à savoir que tout en arrivant à être très semblable au parent, le germe
(surtout quand il est formé, comme c'est l'habitude, par la fusion en un seul
de deux germes provenant de deux parents) n'est jamais à tous égards identique au parent. Il présente une certaine variation. En vertu de l'hérédité,
les nouvelles variations congénitales manifestées par une nouvelle génération sont transmises à sa progéniture quand, en son temps, elle pullule et
produit des germes». (E. RAY LANKESTER : *Kingdom of man*, 1907, p. 10).

« Par hérédité nous entendons ces méthodes et processus par lesquels la
constitution et les caractéristiques d'un animal ou d'une plante passent sa
progéniture, cette transmission de caractères étant, naturellement, associée
au fait que la progéniture est le résultat du développement par les processus
de croissance de petites parcelles détachées de l'organisme parent ». (R. H.
LOCK, *Recent Progress in the Study of Variation, Heredity and Evolution*,
1906, p. 1).

« Hérédité. — La transmission de caractères similaires d'une génération
d'organismes à une autre, processus effectué au moyen des cellules germinales ou gamètes ». (LOCK : *Op. cit.*, p. 202).

5. — *Exemples se rapportant aux problèmes.*

Déjà dans les temps anciens les hommes méditaient sur les
ressemblances et différences entre parents et enfants, et se
livraient à des conjectures sur la nature du lien unissant les générations successives entre elles. Mais si les problèmes sont très
anciens, leur étude précise est essentiellement moderne. Il fallait
que les fondements de l'embryologie fussent établis, et que l'on
eût élucidé la nature et l'origine de la base physique de l'hérédité — les cellules germinales, — il fallait qu'on réalisât l'idée
générale de l'évolution, avant qu'on pût même poser avec pré-

cision les problèmes de l'hérédité et de l'héritage. En outre il semble avoir fallu plusieurs années de tâtonnement pour convaincre l'ensemble des biologistes que les problèmes en question ne sont pas de ceux qu'on étudie de façon satisfaisante dans un fauteuil, ou que l'on règle par un argument *a priori*. Aujourd'hui, toutefois, il est unanimement reconnu que pour étudier d'une façon satisfaisante l'hérédité et la transmission héréditaire il faut une connaissance approfondie de l'histoire des cellules germinales, une étude statistique des caractères des générations successives, une critique attentive des données anciennes et des impressions populaires, et le contrôle des hypothèses par l'expérimentation. Donnons quelques exemples au hasard pour montrer en quoi consistent quelques-uns des problèmes.

Le cheval de course *Eclipse* a été le père de plusieurs poulains : c'est un problème d'hérédité que de les comparer à celui-ci, et d'étudier les dispositions vitales grâce auxquelles plusieurs de ces poulains ont à leur tour présenté sa remarquable qualité de vitesse. Il a eu aussi une tache colorée particulière, tout à fait inutile, qui a réapparu même à la sixième génération de sa descendance.

Dans l'ascendance du Kaiser Guillaume II, il y a eu quatre grands-parents, huit arrière grands-parents, quatorze (et non seize) arrière-arrière grands-parents, vingt-quatre (et non trente-deux) arrière-arrière-arrière grands-parents : c'est encore un problème d'hérédité que de comparer les qualités de ces générations successives d'ancêtres et de chercher si elles rendent plus intelligibles les actes et propos du personnage en question.

L'assassin de l'impératrice d'Autriche était, dit-on, fils d'une mère dissolue et d'un père dipsomane : c'est un problème d'hérédité que de rechercher si cette ascendance peut rendre plus intelligible un assassinat qui donna le frisson à l'Europe.

Un blanc de grandes aptitudes intellectuelles épouse une négresse de grande beauté et vigueur physiques : le résultat peut être, et a été, un mulâtre qui hérite d'une partie des qualités intellectuelles de son père et d'une partie de la vigueur de sa mère, y compris, par exemple, une résistance spéciale à la fièvre jaune. Voici des problèmes d'hérédité complexes. Comment se fait-il que certaines caractéristiques du fils soient presque totalement d'origine paternelle, alors qu'à d'autres points de vue il tient de la mère ?

Un chien de berger anglais peut avoir d'un côté l'œil paternel, de l'autre, l'œil maternel. Un poulain pie peut avoir par endroits le poil maternel, à d'autres le poil paternel. Les cas de ce genre soulèvent le problème des différents modes de ressemblance héréditaire, de la constitution en mosaïque d'un héritage, et des diverses manières dont celui-ci peut s'exprimer dans le développement.

Étant donnés dans la population britannique mille pères de 1 m. 80, nous pouvons prédire avec beaucoup d'exactitude la stature *moyenne* de leurs fils. Bien que nous ne puissions rien prédire quant à une seule famille, nous savons que la hauteur moyenne de tous ces fils d'hommes de haute taille sera plus voisine de la stature moyenne de la population mâle totale que ne l'est la stature 1 m. 80. Nous savons toutefois que le grand n'engendre pas toujours le grand, ni le petit, le petit ; que la stature, dans l'espèce humaine, est un caractère apte au mélange, et que même parmi les fils des mille pères dont nous avons parlé il se présentera toutes les gradations du plus grand au plus petit, différence énorme par rapport à ce qui se passe chez les pois de lignée pure, car si l'on croise un pois nain avec un pois géant, tous les pois issus de ce croisement seront de haute taille, et à la seconde génération, les trois quarts des pois seront géants et un quart sera nain, mais il n'y aura pas de tailles intermédiaires.

La volaille blanche croisée avec la noire a souvent des produits blancs, les cobayes noirs croisés avec les blancs ont des produits noirs ; les cobayes blancs à œil noir croisés avec des albinos donnent naissance à des cobayes noirs. Cela paraît arbitraire à première vue, mais on a pu fournir une interprétation rationnelle de chacun de ces résultats.

Un couple de volailles andalouses bleues, de race sélectionnée, se reproduit, mais la moitié environ des produits est seule bleue ; les autres sont noirs ou bien blancs à taches. Pourquoi ceci ? Les noirs croisés entre eux ne donnent que des noirs ; les blancs, entre eux, donnent des blancs à taches ou des blancs purs ; mais si l'on croise noirs et blancs à taches on obtient une progéniture en totalité bleue. Pourquoi ceci ?

Nous avons lu l'histoire de cette jument qui, après avoir été couverte par un couagga et avoir mis bas un poulain, a été couverte par un cheval, et a mis bas un poulain rayé à la façon du zèbre. Les éleveurs de chiens affirment qu'une chienne de race est perdue pour la reproduction de race pure, si elle a été une fois croisée avec un métis. Est-il possible que le père exerce une influence sur la progéniture que peut avoir ultérieurement la même mère d'un autre père ? Ici le problème est en partie de critique scientifique des preuves ; mais il soulève d'intéressantes questions au sujet de la physiologie de la reproduction, et de la relation héréditaire.

Au xvi⁰ siècle, Montaigne se montra intrigué par le fait qu'à 45 ans il fut atteint de la pierre, maladie dont avait souffert son père. Le point délicat, dans l'énigme de cet héritage supposé, était que le père n'eut la pierre qu'à 67 ans, 25 ans après la naissance de Montaigne. Peut-être y avait-il là un problème d'hérédité intéressant, mais il est probable qu'il s'agissait ici simplement d'un phénomène très commun : hérédité d'une tendance constitutionnelle et répétition d'habitudes de vie plus ou moins similaires.

On a beaucoup trop exploité l'hérédité homochrome, c'est-à-dire le fait qu'un élément de l'héritage peut se manifester chez les enfants au même âge que chez les parents. Ainsi deux frères, leur père et leur grand-père maternel sont devenus sourds à 40 ans ; la cécité est survenue chez un père et chez ses quatre enfants à l'âge de 21 ans. Mais si les constitutions sont similaires et si les conditions de vie sont pareilles il n'est pas surprenant que l'expression d'un élément dans la constitution atteigne son apogée à un même âge.

On connaît un cas d'anomalie des doigts se présentant à travers six générations ; le pathologiste Bouchut (cité par Ziegler) attribue l'origine de cette malformation à l'accès de fureur d'un ancêtre qui terrifia sa femme durant sa grossesse en la menaçant de lui couper les doigts avec lesquels elle avait cueilli une pomme contre sa volonté. En dehors du fait que l'histoire en rappelle une autre beaucoup plus ancienne, il n'est besoin que d'une connaissance élémentaire des faits de l'hérédité et de l'héritage pour se convaincre que la prétendue cause était hors d'état de produire le résultat.

Chez deux cents familles prédisposées à l'hémophilie — à une tendance excessive et chronique à l'hémorragie exagérée — Grandidier *(Die Hemophilie,* 1896) a trouvé 809 sujets mâles « saignants ». C'est un problème d'hérédité, (et en partie peut-être de physiologie sexuelle) que de découvrir pourquoi le mal est limité au sexe masculin, et l'intérêt du problème est accru par le fait que la maladie se transmet rarement du père au fils, mais *habituellement* d'un parent mâle à travers une fille en apparence *indemne* à un petit-fils. En deux mots la descendance féminine des hémophiliques transmet la tare à la descendance masculine, sans la présenter elle-même (1).

De Candolle (2) relate d'après des statistiques américaines que 30 % des enfants de parents congénitalement sourds-muets sont sourds-muets aussi : mais la proportion tombe à 15 % quand un seul des parents est sourd-muet de naissance. C'est un problème, hérédité que d'interpréter la fréquence plus grande de l'héritage quand les deux parents sont atteints.

Tandis qu'il subsiste beaucoup d'incertitudes, souvent très justifiées, touchant l'origine de ce qu'on appelle les instincts, il n'est point douteux que l'héritage d'un organisme comprend souvent la faculté d'exécuter une série complexe d'opérations sans nulle expérience, sans nulle éducation, lorsque se présentent les excitants appropriés.

Des exemples simples sont fournis par des sympathies et antipathies, des attractions et des répulsions instinctives. Spalding dit que « l'inimitié entre chat et chien est si ancienne que le jeune chat connaît son ennemi avant de pouvoir le voir, et quand sa crainte ne peut lui être d'aucune utilité. « Un jour, après avoir caressé mon chien, je mis ma main dans un panier contenant quatre jeunes chats de trois jours, dont les yeux n'étaient pas encore ouverts. L'odeur que ma main portait avec elle les fit se hérisser et feuler de la façon la plus comique. »

Des expériences sur de jeunes oiseaux nés d'œufs soumis à l'incubation artificielle et tenus à l'écart de tout contact avec leur espèce montrent de façon décisive que certaines capacités font véritablement partie de l'héritage, et ne nécessitent ni expé-

---

(1) Bulloch et Fildes : *Hemophilia. Treasury of Inheritance,* Part. XIV a, 1911.
(2) De Candolle : *Arch. Sc. Phys. et Nat.,* XV, p. 25, cité par Ziegler, 1886.

rience, ni suggestion, alors que d'autres, qui ne sont pas plus complexes, doivent être apprises. Ainsi l'aptitude à émettre la note d'appel caractéristique est innée, mais les poussins ont besoin d'apprendre ce qui leur est bon à manger et ce qui ne vaut rien. Ainsi l'aptitude à exécuter les mouvements de natation et de plongée convenables est héréditaire, mais les poussins ne savent pas d'instinct quelle eau est potable. C'est un des problèmes de l'hérédité de distinguer les aptitudes innées de celles qui nécessitent une éducation.

Un problème plus difficile encore que le professeur Pearson a abordé avec succès par une méthode ingénieuse et indirecte se rapporte à l'hérédité des qualités mentales et morales de l'homme. Bien qu'elles soient très plastiques il n'y a pas à douter qu'elles soient héritées en germe tout comme les caractères physiques. De même que les Romains distinguaient au physique les Nasones à long nez, les Laleones à lèvres épaisses, les Buccones à joues gonflées, et les Capitones à grosse tête, de même, comme l'indique Voltaire, « les Appii furent toujours fiers et inflexibles, et les Catons toujours austères. »

La littérature de l'hérédité est encombrée d'exemples de la transmissibilité de caractères qu'on ne peut qu'appeler des particularités banales bien que probablement ils aient été en corrélation avec des caractères plus importants. Citons quelques exemples.

« Un gentleman présentait une particularité du sourcil droit. Celui-ci était très arqué et quelques-uns des poils du milieu poussaient vers le haut. Trois de ses fils présentent la même particularité, un de ses petits-fils aussi ; il en va de même pour son arrière petite-fille, et si nous nous en fions aux portraits ancestraux, le grand-père et l'arrière grand-père du sujet en question présentaient la même particularité. » (R. W. Felkin).

« Il y avait en France une famille dont le principal représentant pouvait, étant enfant, faire tomber plusieurs volumes de sa tête rien que par le mouvement du cuir chevelu. Son père, son oncle, et ses trois enfants possédaient la même faculté au même degré inusité. Cette famille, il y a huit générations, se divisa en deux branches, de sorte que le chef de la branche en question était cousin au septième degré du chef de l'autre branche. Ce cousin éloigné habitait une autre partie de la France, et comme on lui demandait s'il possédait la même faculté, il fit voir aussitôt qu'il l'avait. »

Une femme à cheveux blonds, avec un grain de beauté sous l'œil gauche, et atteinte de zézaiement épousa un brun, à élocution normale. Ils eurent 19 enfants dont pas un ne présenta les caractères maternels ; nulle trace de ceux-ci non plus parmi les nombreux petits-enfants. Mais à la troisième génération il se trouva une fille à cheveux blonds, avec grain de beauté sous l'œil gauche, et zézaiement.

Girou cite le cas d'un sujet qui avait la particularité de toujours dormir sur le dos, la jambe droite croisée sur la gauche. Sa fille présenta la même habitude presque dès l'enfance, et la garda malgré les efforts que l'on fit pour la faire dormir en position normale. Darwin cite un cas encore meilleur où il s'agissait de la réapparition d'un geste particulier, et il est certain que des particularités banales. — idiosyncrasies de l'écriture, habitude de jouer avec une boucle de cheveux — peuvent reparaître même dans des cas où il ne peut être question d'imitation (BUCH-NER, 1882, p. 42).

Et la liste peut s'allonger encore, pour finir par des détails héréditaires parfaitement insignifiants. Ainsi : « Schook cite le cas d'une famille dont presque tous les membres sont incapables de supporter l'odeur du fromage ; certains vont jusqu'aux convulsions ». (R. W. Felkin). Ici encore nous sommes contraints à revenir à la thèse générale que l'organisation germinale est une unité cohérente individualisée, pouvant s'exprimer semblablement dans les particularités les plus infimes du corps.

6. — *Négations d'héritage.*

La ressemblance entre les enfants et leurs parents, en général et en particulier, qui s'exprime aussi bien dans les caractères anormaux et normaux, ne peut être niée, en tant que fait : mais on l'a souvent niée *en tant que résultat de transmission.* Bien que ces négations, dont le degré ou le motif a beaucoup varié, soient dues pour la plus grande partie à un malentendu, il convient d'en parler brièvement, puisque même aujourd'hui il arrive que des personnes cultivées déclarent « ne pas croire à l'hérédité ».

La position extrême peut être représentée par Wollaston, philosophe scientifique de la fin du xviiie siècle, qui s'efforça de conserver l'intégrité et la sainteté de l'esprit humain en niant totalement la transmission. Chaque nouvelle existence était, à son avis, un nouveau départ sans aucune relation réelle avec les parents ou ancêtres.

Le naturaliste spéculatif Bonnet et beaucoup d'autres admettaient l'hérédité des caractères génériques et spécifiques, mais niaient celle des caractères *individuels*.

Buckle est le plus illustre exemple de la catégorie des savants qui, tout en admettant l'héritage de caractères corporels, nient fermement celle des caractères psychiques. Pour Buckle, la méthode ordinaire consistant à démontrer l'hérédité des talents en réunissant des exemples de particularités mentales similaires chez le père et le fils est illogique au plus haut degré : elle néglige en particulier la fréquence des coïncidences, et plus encore les résultats de la similitude de l'éducation et du milieu. Il peut être utile, car cela fournit l'occasion d'insister sur deux faits, de s'arrêter un peu à ces négations de l'hérédité, bien qu'elles aient pour beaucoup perdu de leur intérêt.

1° La réapparition d'un caractère d'une génération à l'autre ne prouve pas, par elle-même, l'hérédité de ce caractère si celui-ci peut être originellement interprété comme un résultat de la « nurture » (influences de fonctionnement et de milieu s'exerçant sur le corps) et si il y a de génération en génération persistance des conditions qui opérèrent originellement pour évoquer le caractère. Il est évident que la réapparition peut être due à des effets similaires imposés à chaque génération successive.

On sait que les plantes des Alpes cultivées en plaine ont beaucoup changé : leur descendance aussi ; mais il y a de bonnes raisons de croire, comme nous le verrons plus tard, que les conditions nouvelles ont exercé directement leurs effets sur chaque génération nouvelle.

Ce qui a frappé Buckle c'est la puissance du milieu, au sens le plus large ; il tient l'organisme dans son étreinte et le martèle à la forme. Nul ne le niera : mais nous savons que la même « nurture » a des effets différents sur différentes natures ; le caneton n'est pas moins caneton pour avoir été couvé et élevé par une poule. En outre, nous savons qu'il reparaît de génération en génération de nombreuses caractéristiques qui ne peuvent être interprétées comme dues à la « nurture », qui, souvent, en fait, se manifestent contre celle-ci.

En même temps il importe grandement de se rappeler qu'un organisme ne peut pas être séparé de son milieu ; l'oublier serait une source d'erreurs. Nous pouvons dire qu'avec l'héritage organique contenu dans les cellules germinales, tout organisme possède ce qu'on peut appeler un héritage extérieur d'influences appropriées au milieu, influences qui fournissent les excitants du développement normal.

Une alimentation appropriée fait partie du milieu normal, et on peut en dire autant de l'oxygène et de l'eau ; d'autres facteurs, comme la pression osmotique ou la présence de sels de calcium dans l'eau, sont des conditions de cohésion embryonnaire ; d'autres, comme la lumière et la chaleur, accélèrent ou inhibent. Il semble aussi que des combinaisons spéciales de facteurs soient nécessaires, en tant qu' « excitants libérateurs » de caractères particuliers dans l'organisme en développement. Le développement est l'expression de l'héritage, et pour que l'expression soit complète, il faut un milieu normal. Ce qu'on appelle un défaut héréditaire peut être simplement un défaut d'expression dû à un milieu inadéquat.

Pour saisir à quel point est fondamentale la nature germinale il faut songer à l'expérience de Heape, transplantant l'ovule fécondé d'un lapin angora blanc à long poil chez une autre variété, chez le lapin belge gris à poil court. Les jeunes ne furent pas moins à poil long, ni moins blancs à cause de la transplantation des œufs. Pareillement Caske et Phillips enlevèrent les ovaires d'un cobaye albinos blancs, les remplaçant par ceux d'un cobaye noir ; puis l'animal ainsi greffé fut couvert par un albinos mâle. Les albinos normaux, accouplés, ont toujours des jeunes albinos ; mais l'animal sujet de l'expérience donna au mâle albinos trois portées (6 jeunes) toutes noires. L'influence du corps d'adoption a donc été nulle.

2° Derrière le malentendu qui a conduit certains à nier les faits d'hérédité il y a, comme nous l'avons vu, une reconnaissance raisonnable, mais exagérée de la puissance qu'a la similitude de fonctionnement et de milieu pour produire la ressemblance : peut-être aussi y a-t-il la reconnaissance d'un autre fait, celui de la variation. Pour plusieurs raisons, par exemple parce que le nouvel individu naît d'habitude d'un œuf fécondé qui combine des éléments paternel et maternel, jamais l'enfant n'est entièrement identique à ses parents. En d'autres termes nous supposons que la matière germinale dont naît un enfant *n'est pas tout à fait la même* que celle dont sont nés les parents, ni que celle dont sont nés les frères et sœurs, et le résultat c'est la variation au sens vrai. Chaque rejeton a son individualité et constitue une nouvelle création. Même à l'intérieur d'une famille, il n'y a pas deux enfants semblables, surtout pour l'œil attentif des parents, bien que pour les gens du dehors le type puisse paraître le même.

3° Lorsqu'un homme réfléchi déclare qu'il « ne croit pas à l'hérédité », cela peut signifier : 1° qu'il a été vivement impressionné par la liberté avec laquelle l'homme gouverne sa « nurture » ou milieu dans le sens le plus large du mot, car il en résulte une sorte de contrôle sur l'expression de ce qui est hérité ; 2° ou bien que l'importance suprême de l'*héritage social* a été estimée à une très haute valeur ; 3° ou bien encore que le développement individuel de « l'esprit » a été fortement différencié d'avec le développement du « corps ».

CHAPITRE II

LA BASE PHYSIQUE
DE LA TRANSMISSION HÉRÉDITAIRE

1. Ce qui est vrai dans la grande majorité des cas. — 2. Modes divers de reproduction. — 3. La relation héréditaire chez les organismes unicellulaires. — 4. La relation héréditaire dans la multiplication asexuée des organismes multicellulaires. — 5. Nature et origine des cellules germinales. — 6. Maturation des cellules germinales. — 7. Amphimixie et nature dualiste de l'héritage dans la reproduction sexuée. — 8. L'hérédité dans les cas de parthénogénèse. — 9. En quoi consiste exactement la base physique. — 10. La théorie chromosomique de l'hérédité.

1. *Ce qui est vrai dans la grande majorité des cas.*

L'héritage est d'habitude véhiculé par les cellules germinales. — Ce qui a été si longtemps tout à fait caché aux esprits investigateurs ou n'a été que vaguement entrevu par une minorité, est maintenant un des plus extraordinaires lieux communs de la biologie : c'est que la vie individuelle de la grande majorité des animaux et plantes commence à l'union des deux éléments minuscules, le spermatozoïde et l'œuf. Ces individualités microscopiques s'unissent pour former une individualité nouvelle, une progéniture en puissance qui, avec le temps, se développera en un être pareil à ses parents et pourtant différent d'eux. Si nous entendons par héritage tout ce que l'être vivant est, ou possède pour commencer, en vertu de sa relation génétique avec ses parents et ancêtres, alors, il est évident que la base physique de l'héritage se trouve dans l'œuf fécondé. La cellule-œuf fécondée *est* à la fois l'héritage et aussi l'héritier potentiel. Ce qu'on pourrait comparer à un héritage de propriété en dehors de l'organisme même est la provision d'aliments pouvant se trouver dans l'œuf ou bien autour de lui.

Au fait général qui vient d'être énoncé on doit faire quelques exceptions : par exemple les bananes qui n'ont plus de graines, les pommes de terre qui se multiplient par boutures, les frelons et les pucerons d'été qui ont des mères, mais pas de pères, et les organismes unicellulaires simples, chez qui il n'y a pas de reproduction sexuée, mais les exceptions sont insignifiantes comparées à la grande majorité des organismes vivants dont il est certain que chaque existence commence dans une cellule-œuf fécondée.

Un héritage organique a une telle signification même quand nous employons le mot commode de potentialité que, tout en étant absolument assurés que les cellules germinales constituent la base physique de l'héritage, nous pouvons considérer un moment la difficulté qui surgit dans l'esprit de beaucoup de gens quand on leur dit que la cellule-œuf est souvent microscopique et que les dimensions du spermatozoïde sont cent mille fois plus petites que celles de l'œuf. Peut-il y avoir place pour ainsi dire dans ces éléments infinitésimaux pour la complexité d'organisation que l'on suppose requise ? Et la difficulté s'accroît encore si l'on accepte l'opinion courante que seuls les noyaux dans ces cellules germinales infinitésimales sont les véritables porteurs des qualités héréditaires. Darwin citait le cerveau, gros comme une tête d'épingle, de la fourmi, comme le plus étonnant petit morceau de matière au monde ; mais ne devons-nous pas considérer comme plus stupéfiantes encore les cellules germinales microscopiques contenant virtuellement toutes les qualités héritées de la même fourmi ?

D'un seul œuf microscopique d'oursin coupé en trois Delage a obtenu trois larves. Dans un autre cas il a obtenu un embryon d'un trente-septième d'œuf. Souvent un seul œuf donne des jumeaux. Wilson obtint quatre descendants en séparant les quatre cellules du stade quadricellulaire du développement de l'amphioxus. Marchal parle d'une « légion d'embryons » sortant de l'œuf unique d'un hyménoptère du genre *Encyrtus*. En ce qui concerne le développement, en fait, la moitié peut valoir le tout.

Quant aux difficultés soulevées chez quelques esprits par l'exiguité de la base physique de la transmission héréditaire, on peut rappeler que les physiciens qui émettent des théories sur les dimensions des atomes et molécules qu'ils ont imaginés, nous disent que l'image d'un paquebot rempli de mécanismes aussi complexes que les rouages de la montre la plus délicate ne rend pas avec exagération les possibilités de complexité moléculaire d'un spermatozoïde dont les dimensions sont généralement très inférieures à celles du plus petit grain de poussière sur le verre de la montre. En second lieu, comme nous apprenons par l'embryologie qu'un stade conditionne le suivant et qu'un organe se développe hors d'un autre, il n'y a pas lieu d'imaginer que les cellules germinales microscopiques soient remplies d'autres choses que d'*initiatives*. En troisième lieu nous devons nous rappeler que tout développement implique une action réciproque entre l'organisme en croissance et une ambiance complexe sans laquelle l'hérédité resterait inexprimée, et que l'organisme pleinement développé comprend beaucoup de choses qui n'ont pas été du tout héritées mais ont été acquises comme résultat de la « nurture » ou des influences extérieures.

Le degré de complexité *visible*, même dans le noyau microscopique d'une cellule germinale, est souvent très considérable. Ainsi Eisen a observé dans le noyau d'une espèce de Salamandre 12 chromosomes, chacun fait de 6 parties, et dans chaque partie 6 granules : en tout 432 unités visibles.

2. *Modes divers de reproduction.*

Au paragraphe précédent nous avons mis spécialement en relief ce qui est vrai de la grande majorité des êtres vivants : à savoir que toute nouvelle existence commence sous forme d'une cellule-œuf fécondée. Mais il importe d'envisager les autres modes de reproduction, car certains d'entre eux nous aident à comprendre ce que signifie la relation héréditaire. Le tableau qui suit rappellera probablement des faits déjà connus.

MULTIPLICATION

Chez les organismes unicellulaires
- Par division en deux unités.
- Par bourgeonnement, forme modifiée de division.
- Par sporulation ou division en plusieurs unités.

La reproduction peut être totalement asexuée : 1° en ce sens que rien ne correspond à la fécondation ni à l'amphimixie ; 2° en ce sens qu'il n'y a pas de cellules germinales spéciales. Mais chez plusieurs organismes unicellulaires il existe des processus compliqués d'amphimixie, et chez les formes en colonies, comme les *Volvox*, il y a début défini de cellules-œuf et de cellules-spermatozoïdes. Parmi les sporozoaires parasitaires ou Grégarines au sens large on observe un phénomène qui se rapproche beaucoup du mode de reproduction sexuée qui se manifeste chez la plupart des organismes multi-cellulaires ; mais il n'est pas possible de tracer une ligne de démarcation rigoureuse.

MUTLPLICATION
Chez les organismes multicellulaires
- 1° Sans cellules germinales spéciales, par exemple par division du corps, par bourgeons (et par bouturage).
- 2° Avec cellules germinales spéciales.

a) Les œufs produits par un des parents sont fécondés par des spermatozoïdes de l'autre : hérétogamie, le mode le plus commun.

b) Les œufs d'un parent sont fécondés par des spermatozoïdes du même parent (hermaphrodite) : autogamie, mode très rare.

c) Les œufs peuvent se développer sans fécondation : parthénogénèse. (Un organisme multicellulaire peut aussi se multiplier par cellules-spores, (par des cellules germinales spécialisées à peine équivalentes aux œufs) qui n'ont pas besoin de fécondation.) (1)

(1) Si nous accordons une importance particulière à la présence ou à l'absence d'éléments reproducteurs spéciaux, la classification des modes de multiplication se présentera comme suit :

1° *Sans éléments reproducteurs spéciaux.*
- Division, bourgeonnement chez la plupart des unicellulaires.
- Division, bourgeonnement chez quelques multicellulaires.

2° *Avec éléments reproducteurs spéciaux.*
- Spécialisation plus ou moins distincte d'éléments reproducteurs chez quelques unicellulaires.
- Œufs et spermatozoïdes spécialisés chez la plupart des multicellulaires.
- Formation de cellules-spores chez quelques multicellulaires.

Si nous accordons plus d'importance à la présence ou à l'absence d'amphimixie (de fécondation) la classification devient la suivante :

1° *Sans aucune forme d'amphimixie.*
- Sans cellules reproductrices spéciales :
  a) division, bourgeonnement, etc... chez de nombreux unicellulaires ; *b)* division, bourgeonnement, etc... chez quelques multicellulaires.
- Avec cellules reproductrices spéciales :
  a) Formation de spores chez quelques multicellulaires ;
  b) Œuf parthénogénétiques.

2° *Avec une forme d'amphimixie.*
- Sans éléments reproducteurs spécialisés l'amphimixie se présente chez la plupart des organismes unicellulaires.
- Avec des éléments reproducteurs spécialisés l'amphimixie se présente chez quelques unicellulaires et chez la plupart des multicellulaires.

3. — *La relation héréditaire chez les organismes unicellulaires*.

Lorsqu'il parvient à ce qu'on appelle « la limite de croissance » c'est-à-dire quand la cellule a atteint le volume où sa surface suffit à lui fournir la quantité convenable d'aliments, d'oxygène, etc...., un organisme unicellulaire, normalement, se divise en deux, évitant par là les difficultés qui se produiraient si le volume s'accroissait dans des proportions qui rendraient la surface insuffisante. Les deux moitiés se séparent et s'accroissent. Il en résulte deux répliques plus ou moins exactes de l'unité originale. On a démontré que la division est souvent précédée de ce processus de division nucléaire complexe et systématique, connu sous le nom de karyokinèse, ayant pour résultat une égale répartition des constituants nucléaires entre les deux cellules-filles. Comme chacune des moitiés est, au sens le plus strict, la moitié de l'organisation de l'unité mère, nous ne sommes pas surpris que chacune d'elles, dans un milieu approprié, s'accroisse pour devenir une image presque exacte du tout originel. Dans la plupart des cas nous n'avons pas de méthodes assez délicates pour déceler une différence quelconque. La ressemblance héréditaire est complète et il serait surprenant qu'il en fût autrement. Même quand l'unité se divise en plusieurs éléments (comme dans la formation des spores) il n'y a rien d'embarrassant dans le fait que chacun d'eux reproduit l'image du tout originel ; la seule énigme est celle de la croissance, de la vie, qui est pour le moment insoluble. On peut découvrir des analogies avec cette division dans les méthodes de traitement des molécules chimiques grâce auxquelles à la fin de l'opération on se trouve à la tête de deux fois autant de molécules qu'on en avait pour commencer ; ou encore dans les phénomènes de la multiplication des cristaux d'une substance brisés en fragments et plongés dans une solution de la substance elle-même : mais pour l'instant ces analogies ne nous sont pas particulièrement utiles puisque nous ne comprenons pas la nature de la matière vivante. Le fait qu'un fragment d'un organisme unicellulaire peut, dans un milieu approprié, donner une réplique en apparence parfaite de l'unité originelle, n'est nullement expliqué par le fait qu'il peut y avoir reproduction

38   L'HÉRÉDITÉ

du semblable par le semblable dans le cas des cristaux ou des
molécules chimiques.

Dans des cas un peu plus complexes les deux unités en lesquelles se divise l'organisme unicellulaire diffèrent. Ainsi dans
la division oblique de la Paramécie, une des moitiés part avec la
«bouche»; l'autre n'en a point. En peu de temps toutefois la moitié dépourvue de bouche en forme une et chacune des moitiés
se développe en une réplique de l'original. Mais l'organisation
de chaque moitié est essentiellement la même que celle de la cellule originelle et la continuité est directe, de sorte que le développement des moitiés en unités similaires ne présente pas de
difficulté spéciale. Organisation similaire et milieu similaire don-

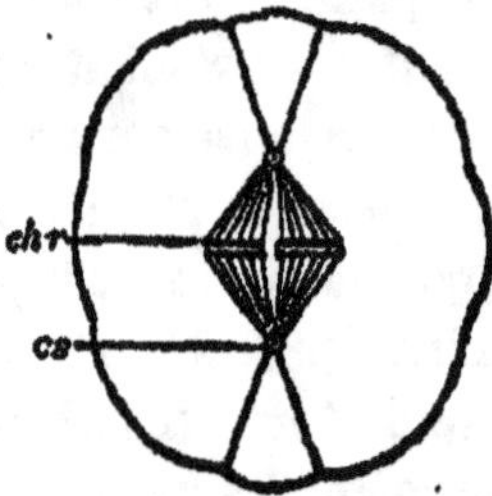

Fig. 2. — Schéma de la division cellulaire (d'après Boveri).
chr : chromosomes, formant un plan équatorial ; cs : centrosome.

nent des résultats similaires. On trouve un phénomène analogue
dans le fait que l'infusoire ayant subi une perte de substance
répare sa perte par de la re-croissance. Et ceci nous conduit à
reconnaître la force de la définition qu'a donnée Hæckel de la
reproduction, en y voyant de la croissance discontinue.

Mais chez beaucoup d'individus unicellulaires l'élément libéré
pour commencer une nouvelle existence n'est pas la moitié du
tout originel ni rien qui s'en rapproche, mais une unité minuscule
souvent appelée du nom de spore. Elle aussi, elle donne, par la
croissance, une reproduction complète de l'original. Dans ces
cas nous essayons encore de rendre la chose intelligible en disant
que chaque spore est un fragment représentatif de l'organisation de l'unité originelle, et qui, par conséquent, dans un milieu
approprié s'accroîtra et se différenciera comme l'a fait l'original.

Il se passe souvent le même phénomène quand l'organisme unicellulaire est artificiellement divisé en plusieurs parties, et les résultats de ces expériences de vivisection microscopique auxquelles nul ne peut faire d'objections montrent que, si le fragment excisé doit survivre et se développer, il lui faut contenir une partie de la substance nucléaire aussi bien que de la substance cellulaire générale. Sans l'élément nucléaire, il peut vivre quelque temps, comme chez le *Stentor*, se mouvant et répondant aux excitations, mais il est incapable d'assimiler. Si donc on nous demande ce qu'il faut entendre par « organisation » nous pouvons dire, à ce stade, que l'organisation consiste en une certaine architecture protoplasmique impliquant des relations essentielles entre le nucléoplasme et le cytoplasme. L'unité protoplasmique ressemble à une maison de commerce comprenant des associés de catégories différentes, chaque catégorie ayant plusieurs repré-

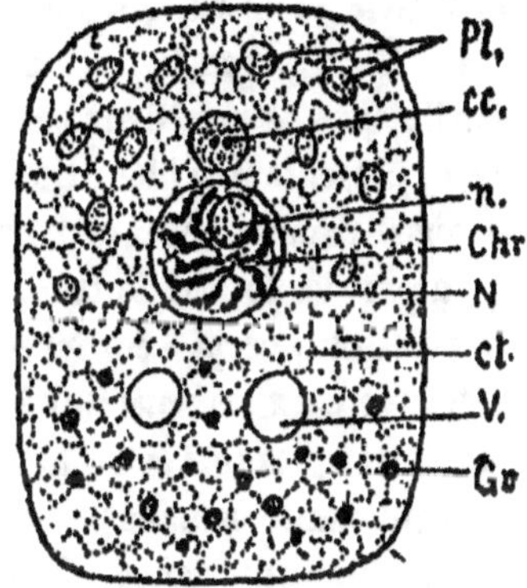

Fig. 3. — Schéma d'une structure cellulaire (d'après Wilson).

Pl : plastides au sein du cytoplasme ou substance cellulaire ; *cc* : centrosome ; *n* : nucléole ; *Chr* : chromosomes ; *N* : noyau ; *ct* : cytoplasme général ; *V* : vacuole ; *Gr* : granules.

sentants ; et la rétention de la vitalité, la possibilité de la régénération chez chacun des fragments ont pour condition essentielle que l'intégrité de la maison — et c'est là son secret — subsiste en ceci que chaque fragment possède au moins un représentant des différentes catégories d'associés.

Il convient de tenir présent aussi à l'esprit le fait que beaucoup d'organismes unicellulaires (les protozoaires, à la base de la série animale et les protophytes à la base de la série végétale) sont hautement différenciés, c'est-à-dire présentent une grande complexité de structure même dans les très petites dimensions (où un diamètre d'un centième de pouce est considéré comme important) et que beaucoup se comportent d'une façon très spéciale et intéressante, nageant en spirales, recherchant la lumière ou bien l'évitant, approchant certaines substances, en fuyant d'autres, présentant diverses réactions, particularités fonctionnelles, — dont certaines ne peuvent être décrites sans employer la terminologie du psychisme — qui font aussi partie de l'héritage.

Le cas d'un fragment de cristal se développant en un cristal complet est sans doute intéressant, mais il est plus merveilleux encore qu'un fragment ou une spore, simple en apparence, puisse reproduire la complexité évidente de l'unité dont il a été séparé.

Il convient de noter ici le malentendu qui a conduit beaucoup d'auteurs à citer des cas d'hérédité chez les organismes unicellulaires comme ayant trait à la discussion sur la transmission des « caractères acquis ». Bien que nous ne puissions plus dire que les organismes unicellulaires ne possèdent pas la reproduction sexuée, puisque beaucoup présentent la libération d'unités reproductrices spéciales, et aussi l'amphimixie, cependant nous pouvons encore affirmer qu'à part les formes de transition (comme le *Volvox* formant des colonies ou « corps » comprenant de 1.000 à 10.000 cellules) on ne trouve chez les unicellulaires que le commencement de la distinction importante entre la substance somatique ou corporelle, et la substance germinative ou reproductrice qui caractérise les organes multicellulaires. C'est là une différence notable.

4. — *La relation héréditaire dans la multiplication asexuée des organismes multicellulaires*

Chez un grand nombre d'animaux et de plantes très simples, mais multicellulaires, une partie de l'individu se détache pour donner naissance à un nouvel organisme. L'éponge d'eau douce se multiplie, en partie, par de minuscules gemmules qui se détachent et flottent librement, en quittant le cadavre de l'éponge mère, et se développent en éponges nouvelles ; beaucoup de polypes produisent des bourgeons qui peuvent se détacher, comme chez l'hydre d'eau douce, ou bien restent attachés et forment les grandes colonies que nous voyons chez les zoophytes et les anthozoaires ; il ne manque pas de vers, se multipliant aussi par division ou par bourgeonnement, et les exemples les plus élevés qu'on rencontre dans l'échelle animale sont fournis par les tuniciers qui sont en réalité des vertébrés. En outre dans certains cas où la multiplication asexuée ne se présente pas normalement, elle reste encore possible, comme on le voit dans le fait que des portions excisées peuvent, dans des conditions appropriées, se développer en organismes entiers. Ainsi on peut obtenir deux vers de terre en en coupant un en deux ; une éponge qui ne produit pas normalement des bourgeons peut être coupée en fragments, qui se développent en individus complets ; et quand un pêcheur met en morceaux une étoile de mer, les bras isolés peuvent donner naissance à des individus nouveaux. De neuf fragments en lesquels il découpa une même planaire Voigt obtint neuf individus (Weismann, 1904, vol. II, p. 25).

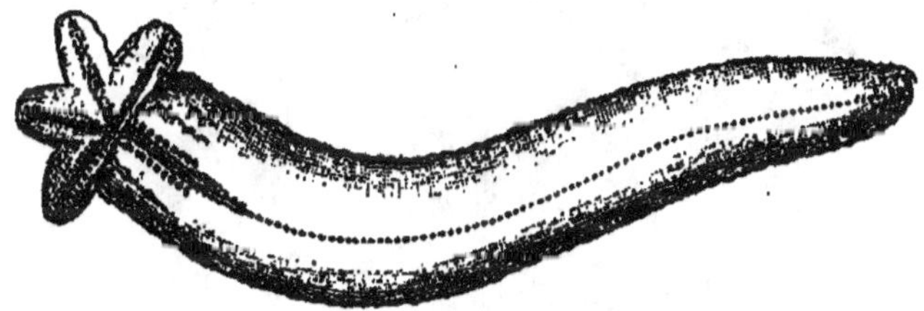

Fig. 4. Etoile de mer à l'état de « comète » ; comment une seule branche régénère les quatre autres. (D'après Haeckel).

De même, en ce qui concerne les plantes, beaucoup de formes multicellulaires simples produisent des bourgeons détachables (ceux des hépatiques sont bien connus), et il en va pareillement chez les plantes phanérogames : exemple, les bulbilles du lis tigré. Comme chez les animaux, il peut se former de grandes colonies consistant en de nombreux individus en continuité de substance : exemple, les fraisiers dont les tiges rampantes s'enracinent de distance en distance et donnent naissance à des plants indépendants. Chacun sait encore que des fragments détachés d'une plante donnent facilement naissance à des individus complets : un morceau de mousse, de feuille de bégonia, de tuber-

cule de pomme de terre — et cent autres exemples pourraient
être cités — suffisent à fournir une plante nouvelle. Par plusieurs
côtés, tout le règne végétal semble comparable aux sections séden-
taires de la classe des cœlentérés, parmi les animaux (Zoophytes, Actinies, Coralliaires), par les diverses formes d'alternance
des générations qu'on y observe, et par la facilité avec laquelle
des fragments représentatifs reproduisent le tout. Cette aptitude
à régénérer le tout aux dépens d'un seul fragment est d'autant
plus frappante là où il y a une différenciation considérable des
tissus et organes, comme chez les plantes phanérogames et les
animaux supérieurs. Du moment où la feuille d'une plante, où
un quart de Zoophyte, où un huitième d'anémone de mer peut

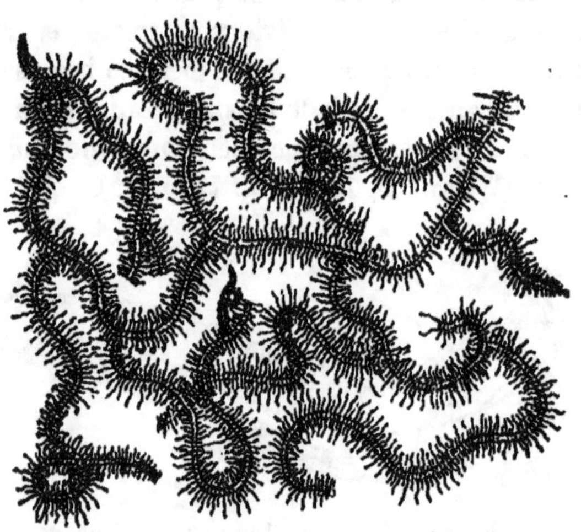

Fig. 5. — Reproduction asexuée. Ver de mer (*Syllis ramosa*) chez lequel
le bourgeonnement a produit temporairement une colonie ramifiée.

se développer en un organisme entier avec cellules reproductrices,
il nous faut conclure que la substance héritable caractéristique,
habituellement rassemblée dans les cellules reproductrices, est
présente dans les cellules du corps de ces organismes.

Le trait commun aux formes ordinaires de multiplication
asexuée est que la reproduction a lieu sans l'intermédiaire d'œufs
ou de spermatozoïdes, et de tout processus comparable à la fécondation. Ce qui sert de point de départ à une nouvelle existence,
et forme, dans ce cas, la base matérielle de l'hérédité, est une por-

tion détachée d'un individu primitif. La relation héréditaire est ici une relation de continuité de substance évidente.

En ce qui concerne l'héritage, le trait qui caractérise la multiplication asexuée est que la ressemblance entre générateur et produit tend à être complète. Comme le dit Sedgwick (1899) : « Le produit ne présente pas simplement des ressemblances avec le générateur ; il lui est identique, et ce fait ne paraît pas être étonnant quand nous considérons la véritable nature du processus. La reproduction asexuée consiste en la séparation d'une partie de l'individu, qui comme ce dernier, possède la puissance de croissance. En vertu de cette propriété le fragment revêtira la forme exacte du générateur s'il ne la possède déjà, et si les conditions sont approximativement similaires. C'est une partie de l'invididu, elle a la même propriété de croissance, ce qui surprendrait serait qu'elle prît une autre forme que la sienne. »

Dans la reproduction asexuée, la ressemblance entre le produit et le générateur tend à être très complète, et il n'y a rien d'étonnant à ce que le semblable produise le semblable, quand la partie séparée est un échantillon représentatif de l'organisme entier.

5. — *Nature et origine des cellules germinales.*

Le problème central de l'hérédité est énoncé à nouveau. — Le problème central de la *transmission héréditaire* consiste à mesurer les ressemblances et les différences dans les caractères héréditaires des générations successives, et à arriver, si possible, à des formules embrassant tous les faits, comme la loi de l'héritage ancestral de Galton et la loi de Mendel. Le problème central de l'*hérédité* réside dans la formation d'une conception de ce qui est essentiel dans la relation de continuité génétique, unissant les générations entre elles. La théorie de la continuité du plasma germinatif de Weismann est avant tout une théorie de l'*hérédité*, et aussi importante que la loi de l'*héritage* de Galton.

Nous savons que presque tout organisme végétal ou animal multicellulaire commence sa vie individuelle par l'union de deux cellules germinales (œuf et spermatozoïde) et, ce qu'il s'agit de découvrir, si le problème de l'hérédité doit pouvoir être éclairci, c'est s'il y a quelque raison pour que les cellules germinales possèdent ce pouvoir de développement, et de développement en organismes qui sont, somme toute, semblables aux parents. A quels points de vue les cellules germinales sont-elles particulières, et diffèrent-elles des cellules corporelles ordinaires ? Prêtons donc attention à la nature et à l'origine des cellules germinales.

L'œuf type. — La cellule germinale produite par la mère est habituellement une sphère de matière vivante (cytoplasme) relativement volumineuse, contenant encore diverses substances non vivantes telles qu'un vitellus nutritif, du pigment, des globules d'huile, etc... Dans le cytoplasme se trouve un noyau central entouré d'une membrane délicate, le nucléus ou noyau, un microcosme par lui-même. Il renferme des filaments délicats (linine), disposés en réseau ou d'autre façon, et supportant des masses minuscules d'une sub.tance facile à colorer, la chromatine. Sous un fort grossissement la chromatine se montre faite de petits corpuscules, rappelant des perles sur un fil : ce sont les microsomes. A certains stades d'activité la chromatine forme un nombre défini de masses séparées : celles-ci portent alors le nom de chromosomes ou idants, et on en trouve communément le même nombre dans toutes les cellules chez la même espèce. Dans le suc nucléaire remplissant le noyau, il y a souvent un corps arrondi, une sorte de vésicule, le nucléole ; il peut y en avoir plusieurs. Les nucléoles étant très variables, et souvent éphémères, ne sont pas considérés comme très importants. Souvent ils semblent être des amas de matériaux de réserve ou bien des déchets.

Le spermatozoïde type. — La cellule germinale produite par le père, le spermatozoïde, diffère beaucoup de l'œuf par l'apparence et la structure : il est encore beaucoup plus petit. Quand l'œuf est gonflé de vitellus, qui ne compte pas comme matière vivante, le spermatozoïde peut n'en représenter en volume que moins du millionième. La plus grande partie du cytoplasme du spermatozoïde forme un flagellum mobile, ou queue, souvent de structure compliquée, qui chasse devant lui la tête, ou le noyau, remontant toujours le courant quand il y en a. C'est là évidemment une adaptation spécialisée qui aide le spermatozoïde à trouver l'œuf, et elle peut manquer dans les cas où il n'est besoin ni de déplacement ni de recherche. La soi-disante tête du spermatozoïde renferme la chromatine, et on a montré, à différentes reprises, que le spermatozoïde mûr a le même nombre de chromosomes que l'œuf mûr. A la jonction de la « tête » et de la « queue », il y a une « pièce moyenne » un « cou », court, renfermant souvent un « centrosome » très réduit. Dans la plupart des cas il y a chez les animaux un contraste superficiel considérable entre les deux sortes de cellules germinales, à la pleine maturité.

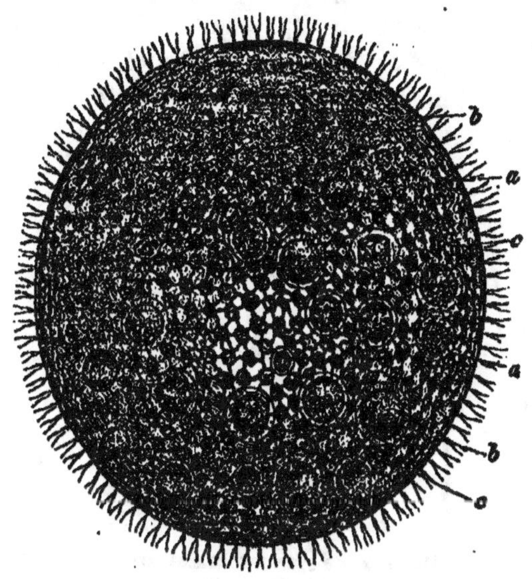

Fig. 7. — Infusoire *Volvox globator* formant une colonie cellulaire.

c : cellules ordinaires composant la colonie ou corps naissant ; a et b : cellules reproductrices spéciales, mâles et femelles — les cellules germinatives et les cellules somatiques commençant à se différencier.

L'œuf type est relativement volumineux, souvent chargé de vitellus, habituellement passif et entouré d'une membrane quelconque. Le spermatozoïde type est relativement très petit, dépourvu de matériaux de réserve, et adapté à la locomotion active.

Anciennes tentatives d'interprétation du caractère unique des cellules germinales. — Dans les théories préformationistes qui régnèrent aux xviie et xviiie siècles, théories affirmant la pré-existence de l'organisme et de toutes ses parties, en miniature, à l'intérieur du germe, il y avait un élément de vérité dissimulé sous une épaisse enveloppe d'erreur. Car nous pouvons encore dire, comme le faisaient les préformationistes, que l'organisme futur existe implicitement dans le germe et que celui-ci contient non seulement le rudiment de l'organisme adulte, mais aussi bien en puissance les générations successives. Mais ce qui déconcertait les premiers chercheurs c'était la question de savoir comment la cellule germinale en vient à posséder cette organisation toute faite, cette étonnante virtualité. Ne trouvant pas de moyen naturel d'explication, la plupart se rejetèrent sur une hypothèse d'agents hyperphysiques. Ils abandonnèrent la méthode scientifique et tirèrent des chèques sur cette banque où le crédit est illimité tant que dure la crédulité.

Une tentative de solution du problème rencontré par les pré-

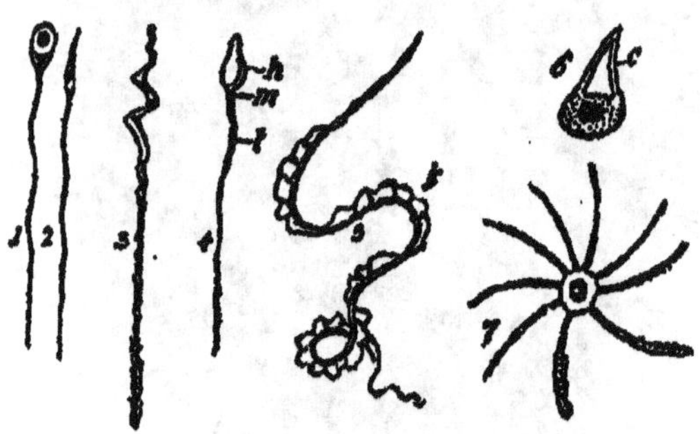

Fig. 8. — Formes diverses de spermatozoïdes, très fortement grossis et à des échelles variées.

1 et 2 : spermatozoïdes (avant maturité et mûrs) de l'escargot ; 3 : de l'oiseau ; 4 : de l'homme — *h* : tête ; *m* : partie moyenne ; *t* : queue ; 5 de la salamandre, avec frange vibratile (*f*) ; 6 : de l'ascaris, de type amiboïde, avec chapeau (*c*) ; 7 : de l'écrevisse (rayonnante).

formationistes — la difficulté qu'il y a à s'expliquer l'organisation complexe que l'on suppose exister dans la cellule germinale — est offerte par une théorie qui semble s'être présentée par intervalles durant la longue période allant de Démocrite à Darwin : la théorie de la pangenèse. D'après celle-ci les cellules du corps émettent des gemmules caractéristiques et représentatifs, qui se frayent un chemin jusqu'aux éléments reproducteurs, lesquels en viennent, pour ainsi dire, à contenir des échantillons concentrés des différents éléments composant le corps, et sont dès lors aptes à se développer en un produit semblable au générateur. Manifestement la théorie ne peut être vérifiée par l'expérience directe des sens, mais on peut dire en autant de beaucoup d'autres hypothèses, et ceci ne constitue pas en soi une objection sérieuse. Il convient plutôt d'observer qu'elle implique plusieurs hypothèses, dont certaines sont difficilement acceptables, même conditionnellement. Galton a essayé il y a longtemps, par des expériences de transfusion de sang, de mettre à l'épreuve une de ces hypothèses, et cela sans obtenir de confirmation. Mais il est d'un intérêt plus direct d'observer qu'il existe une autre théorie de l'hérédité, plus simple dans l'ensemble, qui paraît mieux s'adapter aux faits.

L'idée de la continuité germinale. — Comme on le sait bien, l'opinion actuelle de beaucoup, si ce n'est de la plupart, des biologistes à l'égard du caractère exceptionnel des cellules germinales diffère sensiblement de la théorie de la pangenèse. Elle est formulée par l'expression « continuité germinale », et a été proposée de façon indépendante par divers biologistes. C'est toutefois à Weismann que l'on attribue le mérite de l'avoir élaborée en théorie. Voyons en quoi elle consiste. En un sens, comme le dit Galton, l'enfant est aussi vieux que le parent, car tandis que l'organisme du parent se développe à partir d'un œuf fécondé, un résidu de matière germinale inaltérée est mis de côté pour former les cellules reproductrices futures dont l'une peut devenir le point de départ d'un enfant. Dans beaucoup de cas fréquents dans le règne animal, des vers aux poissons, on peut démontrer le commencement de la lignée des cellules germinales à des stades très primitifs, alors que la différenciation des cellules corporelles n'a fait que commencer. Dans le développement de la filaire du cheval, d'après Boveri, la première segmentation divise l'œuf fécondé en deux cellules, dont l'une est l'ancêtre de *toutes* les cellules du corps, ou somatiques, et l'autre, l'ancêtre de *toutes* les cellules germinales. Dans d'autres cas, chez les plantes en particulier, la ségrégation des cellules germinales n'est pas démontrable avant un stade relativement tardif. Weismann, généralisant d'après les exemples où cette ségrégation paraît visiblement prouvée, maintient que dans tous les cas la matière germinale d'où naît un descendant doit sa vertu à ce qu'elle est matériellement continue avec la matière germinale d'où sont nés les parents. Mais ce n'est pas sur une lignée continue de cellules germinales reconnaissables que Weismann insiste, car souvent celle-ci ne peut être reconnue, c'est sur la continuité du plasma germinatif, c'est-à-dire d'une substance spécifique de structure chimique et moléculaire définie, qui est le véhicule des qualités héréditaires. Dans le développement, une partie du plasma germinatif contenu dans la cellule-œuf parentale n'est pas employée à la formation du corps de l'enfant, mais est réservée, inchangée, pour la formation des cellules germinales de la génération suivante. Ainsi le père est bien plutôt le dépositaire du plasma germinatif que le procréateur de l'enfant. En un sens nouveau l'enfant est un rejeton de la vieille souche. Comme le dit Sir Michael Foster « le corps animal est en réalité un véhicule d'œufs ; et lorsque la vie du générateur s'est, en puissance, renouvelée dans la progéniture, le corps n'est plus qu'un vêtement abandonné qui n'a pour avenir que la mort ». Pour user d'une autre métaphore, le plasma germinatif est la torche allumée qui passe des mains d'un coureur à celles de l'autre : *Et quasi cursores vitai lampada tradunt.*

Nous trouvons de bons exemples de ségrégation des cellules germinales dans le cas du ver Ascaris, du ver Sagitta, de la mouche bigarrée Chironomus, de la puce d'eau Cyclops et de nombreuses autres espèces. Bien souvent, comme nous l'avons dit, les cellules germinales distinctives ne peuvent guère être discernées. Tout ce que l'on peut dire, c'est que ce sont des cellules qui conservent intactes les caractéristiques de l'œuf fécondé originel.

Supposons que l'œuf fécondé possède certaines qualités a, b, c, ... x, y, z ; il se divise et se subdivise, et un organisme s'édifie. Les cellules de celui-ci montrent qu'il y a division du travail puisqu'elles se différencient, perdant leur ressemblance avec l'œuf, et avec les premières cellules de segmentation. Dans certaines des cellules du corps, les qualités a, b, trouvent leur expression prédominante ; dans d'autres ce sont les qualités y, z, et ainsi de suite. Mais si entre temps certaines cellules germinales ne se différencient pas, conservent inaltérées les qualités a, b, c,... x, y, z, qui maintiennent, pour parler au figuré, « la tradition protoplasmique », elles seront susceptibles, avec le temps, de se

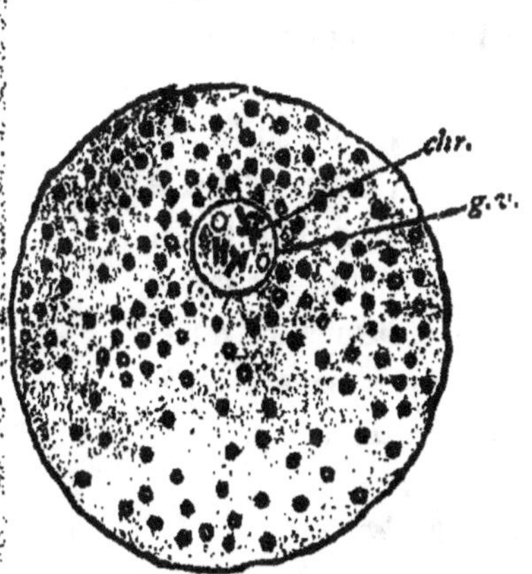

Fig. 6a. — Diagramme de l'œuf, montrant
des granules jaunes disséminés.

g. v. : vésicule germinal ou noyau.
chr. : chromosomes.

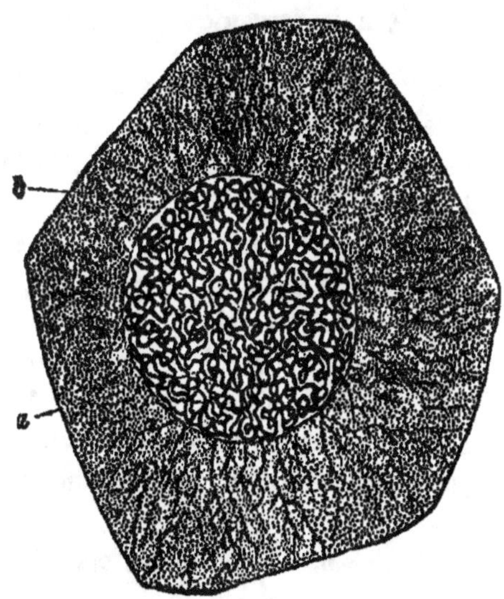

Fig. 6 b. — Diagramme d'une cellule somatique,
montrant le noyau avec un rouleau de filaments de chromatine et le cytoplasme environnant (d'après Carnoy).

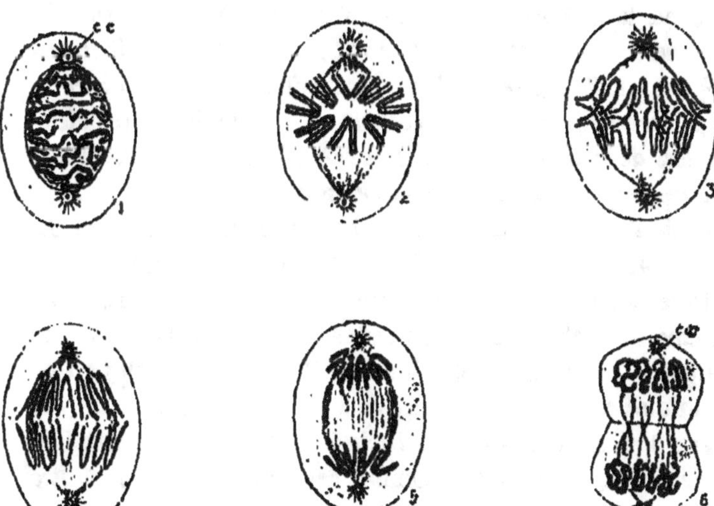

Fig. 11. — Karyokinèse (d'après Flemming).

1. Le noyau à l'état enroulé; cc : centrosome. — 2 Division de la chromatine en boucles en
forme de U et scission longitudinale de celles-ci (phase astroïde). — 3, 4. Les chromosomes
s'éloignent de l'équateur de la cellule (phase diastroïde). — 5. Fuseau nucléaire avec des
chromosomes à chaque pôle et des filaments d'achromatine entre les deux pôles. — 6. Division de la cellule achevée.

développer en organismes analogues à celui qui leur sert de véhicule. Au début, mêmes matériaux, mêmes conditions de développement : par conséquent le semblable tend à engendrer le semblable.

Imaginons un instant un boulanger qui possède une sorte très précieuse de levain. Il emploie une grande partie de celui-ci à préparer un gros pain. Mais par un arrangement habile il fait en sorte qu'une partie du levain initial soit toujours conservée inaltérée, soigneusement mise de côté pour la fournée suivante. La nature est le boulanger, le pain est le corps, le levain est le plasma germinatif et chaque fournée une génération.

6. — *Maturation des cellules germinales.*

I. C'est un fait histologique élémentaire que le noyau de chaque cellule dans le corps d'un organisme contient des corps qui absorbent la couleur, ou chromosomes. En plusieurs cas on a pu compter ceux-ci et on a constaté, qu'à part quelques exceptions explicables, le nombre en est *constant pour chaque espèce.*

Comme le dit le Professeur E. B. Wilson (1900, p. 67) : *On a été maintenant établi avec un haut degré de probabilité ce fait remarquable que toute espèce de plante ou d'animal possède un nombre fixe et caractéristique de chromosomes qui se représente régulièrement lors de la division de chacune de ces cellules, et que chez toutes les formes engendrées par reproduction sexuée, ce nombre est pair* (1). Ainsi chez certains requins le nombre des chromosomes est 36, chez certains gastéropodes, 32, chez la souris, la salamandre, la truite, le lis, 24; chez la *Sagitta*, un ver, 18; chez le bœuf, le cobaye, l'homme il serait de 48, et ce nombre se retrouve chez quelques escargots. Chez la sauterelle, il est de 12 ; chez l'hépatique *Pallavicinia* et certaines nématodes de 8 ; chez l'*Ascaris*, autre ver, de 4 ou 2. Chez le crustacé l'*Artémia* il est de 168. Dans certaines circonstances, il est vrai, le nombre des chromosomes peut être inférieur à la moyenne chez une espèce donnée, mais ces variations ne sont que des exceptions apparentes (Wilson, p. 87). Le fait que le nombre des chromosomes est pair est du plus grand

(1) Chez quelques insectes les femelles ont dans leurs cellules somatiques un chromosome de plus qu'il n'y en a chez les mâles.

intérêt ; il tient, comme on le verra plus loin (Wilson, p. 105) à ce que « chacun des parents fournit la moitié du total. »

II. Vers 1883, van Beneden fit une découverte importante ; il constata que les noyaux de l'œuf et du spermatozoïde qui s'unissent dans la fécondation contiennent chacun la moitié du nombre de chromosomes caractérisant les cellules somatiques. Ceci a été confirmé à l'égard de tant d'espèces végétales et animales qu'on peut y voir un fait général. Le lecteur devra se reporter à la liste partielle donnée par Wilson (1909, p. 206-207), où l'on verra que si les noyaux somatiques possèdent 12, 16, 18 ou 24 chromosomes, les noyaux des cellules germinales en possèdent 6, 8, 9 ou 12, respectivement. Un cas frappant se rencontre chez le grand *Ascaris megalocephala* du cheval, présentant deux variétés, l'une, variété *univalens* avec 2 chromosomes aux cellules somatiques, en a un aux cellules germinales ; l'autre, variété *bivalens*, avec 4 chromosomes aux cellules somatiques, en a deux aux cellules germinales.

III. Si chacun des noyaux qui se fondent dans la fécondation n'a que la moitié du nombre de chromosomes caractéristiques de l'espèce, il s'en suit qu'une réduction de nombre doit avoir lieu dans l'histoire des cellules germinales, et c'est là le fait saillant dans le processus de maturation. Tant dans l'histoire de l'œuf (œgenèse) que dans celle du spermatozoïde (spermatogénèse), il y a une réduction parallèle de moitié du nombre des chromosomes.

Le grand fait de la maturation qui ressort avec une clarté et une certitude parfaites de toutes les discussions se rapportant à cette question, c'est *une réduction du nombre des chromosomes dans les cellules germinales ultimes à la moitié du nombre caractérisant les cellules somatiques.* Il est également clair que cette réduction est une préparation des cellules germinales à leur union ultérieure, et un moyen grâce auquel le nombre de chromosomes reste constant dans l'espèce.

Réduction ou division méiotique. — Au cours de la maturation de la cellule-œuf et de la cellule spermatique, le nombre caractéristique (diploïde) de chromosomes — mettons 8 — est réduit à sa moitié (haploïde), de sorte que le nombre originel se trouve rétabli lors de la fécondation. Les détails diffèrent, mais le plus souvent il se passe ceci : dans l'avant-dernière division des cellules spermatiques, il se produit une union par paire (synapsis) des chromosomes, les deux membres de la paire étant disposés côte à côte. Ensuite une séparation se fait au milieu et il en résulte la formation d'une sorte d'anneau. Ces anneaux se trouvent à l'équateur de la cellule et un demi-anneau (un des chromosomes originels) va vers chaque cellule-fille. Au lieu de la scission longitudinale usuelle de chaque chromosome particulier, une réduction de moitié a lieu dans leur nombre. Chaque spermatozoïde en possède le nombre « haploïde » — mettons 4.

On pense que les deux chromosomes formant la paire synaptique sont *de dérivation paternelle et maternelle.*

Dans l'œuf non mûr ou oocyte, les chromosomes diploïdes s'unissent par paires (synapsis). Une scission se forme entre les appariés, et les anneaux sont disposés à l'équateur du noyau qui s'est déplacé vers la périphérie de l'œuf. Une moitié de chaque anneau va former le noyau du premier corps polaire, de sorte que le nombre de chromosomes se trouve réduit à la moitié — mettons 4 — du nombre normal.

Lors de la fécondation, le nombre normal — mettons 8 — est rétabli. La division qui conduit à la formation du second corps polaire est une division par équation, c'est-à-dire que chaque chromosome se scinde longitudinalement par le milieu.

Supposons que nous partagions en deux le contenu d'une boîte d'allumettes : nous pouvons fendre chaque bûchette longitudinalement par le milieu et mettre les moitiés dans deux boîtes ; c'est là une division ordinaire, directe ou par équation. Mais nous pourrions également mettre la moitié du nombre d'allumettes entières dans chaque boîte : ce serait là une division non-habituelle, par réduction ou méiotique.

Supposons maintenant que les chromosomes qui s'unissent par paires synoptiques diffèrent l'un de l'autre en ce qui concerne certains facteurs héréditaires qu'ils comportent : les spermatozoïdes mûrs différeront alors entre eux et il en sera de même pour les œufs mûrs, car dans la cellule sexuelle mûre (ou gamète) il n'y a qu'un seul représentant de chaque paire. La séparation des chromosomes appariés, se rendant vers les deux pôles du noyau qui se scinde à son tour, paraît s'effectuer au hasard.

Si un chromosome comporte le facteur *g* et son partenaire un facteur contrastant G, la moitié des cellules germinales recevra *g* et l'autre G. Si un autre chromosome de la même cellule germinale comporte le facteur *m* et son partenaire un facteur contrastant M, il y aura quatre cellules sexuelles possibles : (1°) *gm*, (2°) GM, (3°) G*m* et (4°) *g*M.

7. — *Amphimixie et nature dualiste de l'héritage dans la reproduction sexuée.*

Les cas exceptionnels mis à part, l'héritage d'un organisme multicellulaire animal ou végétal est double : une partie vient du père, une partie de la mère. En d'autres termes la base matérielle de l'héritage est la cellule-œuf fécondée. La nouvelle individualité a son origine dans la fusion de deux individus en puissance car c'est ainsi que nous devons considérer l'œuf et le spermatozoïde. Les exceptions dont il s'agit sont des cas de multiplication asexuée par bourgeonnement ou par un autre processus, comme chez l'hydre d'eau douce ; des cas de parthénogénèse, telle qu'elle se présente pour les œufs non fécondés qui donnent des pucerons, et des cas comme celui des douves du foie où le même individu est à la fois père et mère de sa progéniture. En dehors de ces exceptions l'héritage consiste, au début, en des contributions paternelles et maternelles grâce à une union intime et ordonnée.

Quand un spermatozoïde dépassant ses congénères — car d'habitude ils sont très nombreux — atteint un œuf et fraie son chemin jusqu'à l'intérieur, il laisse derrière lui le flagellum cytoplasmique dont l'œuvre est achevée, et le noyau spermatique et le noyau ovulaire se portent l'un vers l'autre. Par un changement rapide dans la périphérie de l'œuf, la membrane enveloppante devient plus ferme et bien vite l'œuf cesse d'être réceptif pour les autres spermatozoïdes. Quand il arrive à plusieurs spermatozoïdes de pénétrer simultanément à l'intérieur de l'œuf, il se produit généralement des anomalies. Dans l'œuf mûr il n'y a pas de centrosome : s'il existait originellement, il disparaît. Mais le spermatozoïde introduit son centrosome avec son noyau, et le centrosome se divise en deux. Les deux centrosomes paraissent prendre une part active au rapprochement et à l'accolement intime des chromosomes maternels et paternels, puis au partage ultérieur de ceux-ci entre les deux premières cellules-filles.

Le professeur E. B. Wilson résume l'opinion générale des spécialistes à peu près comme suit : Comme l'œuf est de beaucoup le plus volumineux, il est considéré comme fournissant le capital initial nécessaire au premier développement de l'embryon, y compris, peut-être, un legs de vitellus. De l'un et l'autre parents, aussi bien, vient l'organisation héritée qui a son siège (d'après la plupart des biologistes) dans les baguettes faciles à colorer (chromatine) des noyaux. Du père vient un petit corps, le centrosome,

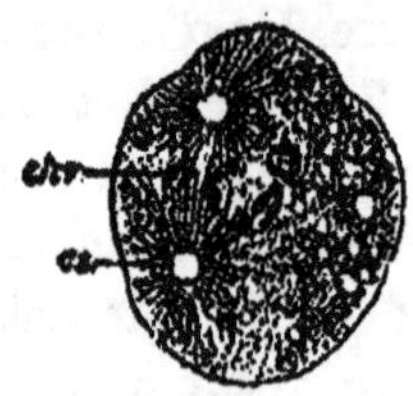

Fig. 9. — Oeuf fécondé de l'*ascaris* (d'après Boveri).

chr : chromosomes dont deux provenant du noyau de l'œuf et deux du noyau spermatique ; *cs* : centrosome, d'où rayonnent, en partie vers les chromosomes, des fils « archoplasmiques ».

qui organise le mécanisme de la division par où l'œuf se dédouble, et distribue également entre les cellules-filles le double héritage.

Il s'agit maintenant de poser quatre théorèmes importants :

1. Dans la reproduction sexuée ordinaire l'héritage est très exactement double ou biparental. — Des découvertes récentes ont montré que les substances paternelles et maternelles qui s'unissent dans la fécondation sont, pendant plusieurs divisions au moins, exactement partagées entre les cellules-filles, confirmant ainsi une prophétie formulée par Huxley en 1878 : « Il est concevable, disait-il, et même probable, que chaque partie de l'adulte renferme des molécules venant à la fois de l'ascendant mâle et de l'ascendant femelle ; et que, considéré comme une masse de molécules, l'organisme entier peut être comparé à une toile dont la chaîne est fournie par la femelle et la trame par le mâle. » Ce qui a été acquis depuis, ajoute le prof. Wilson, « c'est la connaissance que cette toile doit être cherchée dans la substance chromatique des noyaux, et que le centrosome en est le tisserand. »

Après que les chromosomes paternel et maternel se sont unis sans jamais se fondre, pour former un noyau unique, le noyau de segmentation de l'œuf fécondé, commence la segmentation de l'œuf fécondé.

Il y a un centrosome, dérivé du centrosome du spermatozoïde, à chacun des pôles du noyau, et de chacun d'eux s'irradie un système de rayons fins ; certains de ceux-ci entrent en rapports étroits avec les chromosomes. Chacun des chromosomes se fend en deux moitiés, *longitudinalement*, comme un bâton pourrait être fendu par le milieu, et après une opération très compliquée les moitiés de chaque chromosome dédoublé émigrent, activement ou passivement, aux pôles opposés. De la sorte, à côté de chaque centrosome, arrive à se trouver un groupe de chromosomes, chaque groupe étant moitié d'origine paternelle et moitié d'origine maternelle. Chaque groupe s'arrondit de façon ordonnée en un noyau unifié ; le corps de la cellule, le cytoplasme, se resserre au travers du plan équatorial, et deux cellules sont formées.

L'essentiel dans le processus c'est le partage exactement égal des éléments paternels et maternels, d'où il résulte que chacune des cellules-filles possède un noyau mi-parti maternel et mi-parti paternel. La dualité a été démontrée pour plusieurs divisions (chez *Cyclops* par exemple) (1) et il est légitime de dire que les éléments maternels et paternels constituent la chaîne et la trame de l'organisme en formation.

2. **L'héritage quoique double est strictement multiple:** — Bien que tout ce qui constitue un descendant provienne habituellement des deux parents, et puisse, dès lors, être considéré comme double, il est évident que le même dualisme se trouvait dans la matière héritable de chacun des parents celle-ci provenant de grands-parents, et ainsi de suite. Dans ces conditions l'héritage n'est pas seulement double, il est, en un sens, plus profond, -multiple. L'amphimixie ou fécondation implique le mélange subtil de deux organisations minuscules qui deviennent une phy-

(1) D'après les observations attentives de Haecker sur la puce d'eau, le *cyclops*, les apports paternels et maternels (chromosomes) peuvent être suivis durant le cours du développement comme des éléments individualisés distincts.

siologiquement ; mais chacune d'elles était déjà un produit complexe d'une lignée ancestrale. Nous reviendrons sur ce point à propos de la loi d'hérédité ancestrale de Galton.

Bien que la comparaison avec un héritage de propriété puisse se prêter à l'erreur nous pourrons, un moment, nous représenter un jeune homme qui hérite d'un domaine dont on pourrait dire correctement qu'une moitié appartenait au père et l'autre moitié à la mère. Pourtant un généalogiste connaissant bien la famille pourrait aller plus loin en arrière et montrer avec plus d'exactitude encore comment telle parcelle était due à une grand'mère et telle autre à un arrière-grand-père.

Cette conception est si importante, fondamentalement, que je ne résiste pas au désir de citer un exemple emprunté à la *Natural Inheritance* de Galton qui expose la question très clairement : « On sait historiquement, dit-il, que beaucoup de constructions modernes, en Italie, ont été élevées avec les matériaux d'édifices plus anciens, mis au pillage. Ici nous observons une colonne ou bien un linteau remplissant pour la seconde fois leur office, portant peut-être une inscription témoignant de leur origine. Pour les autres pierres, bien que le maçon ait pu les tailler çà et là et changer un peu leur forme, bien peu viennent directement de la carrière... Cette comparaison donne une idée grossière mais exacte de la signification précise de l'hérédité particulaire, à savoir que chaque élément de la nouvelle construction dérive d'un élément correspondant d'une construction antérieure : un linteau d'un linteau, une colonne d'une colonne, un fragment de mur d'un fragment de mur... Il semble que nous soyons tous faits d'une légion de parcelles minuscules de la nature desquelles nous ne savons rien, dont n'importe laquelle peut nous venir de n'importe quel ascendant, mais qui sont habituellement transmises en agrégats, des groupes considérables provenant du même progéniteur. Il semblerait que tandis que l'embryon se développe, les particules plus ou moins qualifiées pour chaque poste attendent, pour ainsi dire, rivalisant à qui l'obtiendra. Il semble aussi que la particule qui réussit doive son succès en partie à un accident de position, et en partie au fait qu'elle est plus qualifiée pour obtenir une place que toute autre compétitrice également bien placée. De la sorte le développement, pas à pas, de l'embryon ne peut manquer d'être influencé par un nombre incalculable de petites circonstances pour la plupart ignorées ». *(Natural Inheritance, p. 9).*

3. La dualité de l'héritage peut être réelle bien qu'elle ne soit pas exprimée. — On observera avec une attention toute spéciale que la démonstration de la nature dualiste de l'héritage fournie par les faits d'amphimixie n'implique pas nécessairement que la nature dualiste de l'héritage soit évidente chez l'enfant pleinement développé. Celui-ci ressemble souvent à ses deux parents, souvent de façon particulière à un seul ; souvent il ne rappelle ni l'un ni l'autre. Le père de famille, l'éleveur d'animaux, l'horticulteur ont souvent l'occasion de remarquer, chez la descendance, l'absence complète des caractéristiques d'un des parents. Le poulain peut sembler tenir entièrement de l'étalon comme si l'héritage maternel ne comptait pour rien. Probablement cette hérédité dite « exclusive » ou « unilatérale » est souvent plus apparente que réelle, notre attention étant accaparée par quelques traits particulièrement saillants, qui nous masquent les autres. Le fait que la ressemblance, en apparence absente, reparaît souvent à la génération suivante, montre que ce qui était incomplet était non l'héritage lui-même, mais simplement son expression. Nous aurons à revenir sur ce sujet à propos des divers modes d'hérédité.

4. Chaque cellule germinale possède un équipement complet de qualités héréditaires. — On admet communément que chacune des deux cellules sexuelles qui s'unissent lors de la fécondation possède en elle-même les particularités d'un organisme pleinement pourvu des caractères essentiels de l'espèce ; mais puisque le spermatozoïde meurt toujours s'il ne réussit pas à entrer dans l'œuf ; il est difficile de démontrer expérimentalement le bien-fondé de cette opinion. Quelques expériences hardies, récentes, qui du reste ont besoin d'être confirmées, sont très suggestives au point de vue dont il s'agit.

Le prof. Yves Delage (1898), divisa, sous le microscope, l'œuf minuscule d'un oursin en deux parties, l'une contenant le noyau et son compagnon, le centrosome, l'autre consistant simplement en une moitié de la substance de l'œuf, sans noyau du tout. A côté il déposa un œuf intact, puis il laissa arriver les spermatozoïdes. Les trois objets manifestèrent une égale attraction sexuelle en ce qui concerne les spermatozoïdes : tous trois furent fécondés, tous trois se segmentèrent, l'œuf intact le plus rapidement, le fragment nucléé moins vite, le fragment non nucléé avec encore plus de retard. Dans un cas le développement se fit pendant trois jours ; l'œuf intact était devenu une gastrula type (embryon à deux feuillets); le fragment nucléé, une gastrula aussi, plus petite ; le fragment non nucléé, enfin, une gastrula lui aussi, mais avec cavité très réduite. Toutes les cellules de ces embryons présentaient des noyaux. Aussi l'expérimentateur fut conduit à conclure que *la fécondation et un certain développement peuvent se présenter chez un fragment d'œuf ne possédant ni noyau ni centrosome*. Le noyau du spermatozoïde a dû, en ce cas, être suffisant par lui-même, mais on observera que dans l'expérience dont il s'agit le développement n'a pas été loin. Delage émet l'idée intéressante que dans la fécondation il faut distinguer deux éléments : *a)* l'excitant apporté à l'œuf par quelque substance spécialement énergique fournie par le spermatozoïde, le centrosome peut-être ; et *b)* le mélange des caractéristiques héritables, l' « amphimixie » de Weismann.

Dans des expériences ultérieures (1899) le prof. Delage arriva à des résultats plus extraordinaires encore. Des fragments, dépourvus de noyau, d'un œuf d'oursin, d'un œuf de dentale et aussi d'un œuf de *lanice conchilega* (un ver de plage) furent effectivement fécondés et donnèrent naissance aux formes larvaires caractéristiques : plutéus, véliger, et trochophore respectivement. D'un œuf d'oursin on obtint 3 larves : une blastula normale (une sphère de cellule creuse) fut obtenue du trente-septième d'un œuf d'oursin ; un fragment non nucléé d'un œuf d'oursin, après fécondation par un spermatozoïde à neuf chromosomes (filaments nucléaires) donna une larve dont les cellules possédaient le nombre normal de dix-huit chromosomes. Tels sont quelques-uns des résultats extraordinaires obtenus par cette habile expérimentation. Il semble donc que la *fécondation puisse, en divers cas, être effective sans qu'il y ait de noyau de l'œuf*, comme si le fait essentiel était l'union d'un spermatozoïde avec une masse de cytoplasme ovulaire.

La parthénogénèse artificielle. — C'est à Jacques Loeb

et à Delage que nous devons la démonstration du phénomène de la parthénogénèse artificielle. Ce fait signifie qu'il est possible d'amorcer le développement d'un œuf, non parthénogénétique de nature, en l'absence de tout spermatozoïde. Cette possibilité s'est révélée dans le cas des astéroïdes et des oursins, des vers de mer comme le chætopterus, des mollusques (dentalium et mactra) et de la grenouille.

Les méthodes employées pour provoquer le développement aspermatique sont diverses. La meilleure qu'ait employée Delage, pour les œufs d'oursins, consistait à introduire de petites quantités de tannin et d'ammoniaque dans l'eau de mer au sein de laquelle flottaient les œufs. Sous l'effet de ce mélange, ceux-ci commençaient à se développer et étaient alors vivement replongés dans l'eau de mer normale. Delage parvint à élever un oursin sans père jusqu'à l'âge de trois ans : il était non seulement normal, mais vigoureux.

Loeb soumit des œufs d'oursins et d'astéroïdes à l'action d'acides gras tels que l'acide butyrique, en ne les laissant que très peu de temps sous l'influence de ce stimulant. L'acide gras amorça le développement ; les œufs furent ensuite mis dans de l'eau de mer un peu plus dense que la normale (hypertonique) ce qui rétablit les conditions de sécurité, car la stimulation tend à provoquer une division trop rapide des œufs. Enfin, ils furent remis dans l'eau de mer ordinaire, où ils se développèrent normalement.

La méthode la plus remarquable est celle qu'a employée Bataillon pour obtenir le développement parthonégénétique d'œufs de grenouille. Il place ces œufs sur une planchette, dans des conditions telles, bien entendu, que la présence de spermatozoïdes soit impossible, et les pique avec une fine aiguille de verre ou de platine. Il les lave ensuite avec du sang — qui n'est pas nécessairement du sang de grenouille. Les œufs sont alors remis en milieu normal et le développement se manifeste dans un grand nombre d'entre eux. C'est le piquage à l'aiguille qui amorce le développement, mais la division cellulaire progresserait avec une rapidité fatale sans la présence du corpuscule sanguin qui agit comme correctif. Le développement de ces œufs aspermiques est rapide et tout à fait normal. Plusieurs grenouilles sans père — des deux sexes — ont ainsi été élevées avec succès.

Dans beaucoup de méthodes d'amorçage de développement aspermique, mais non dans toutes, deux facteurs principaux semblent toujours être en cause. En premier lieu il y a le stimulant nouveau qui agit sur l'œuf, soit positivement, soit en éliminant quelque obstacle. Mais le stimulant inaccoutumé peut être trop énergique et même conduire à une désintégration (cytolyse ou dissolution des cellules). D'où la nécessité du second facteur agissant en sens contraire, comme par exemple le fait de remettre les œufs d'oursins dans l'eau de mer ordinaire, qui fait fonction de frein préservateur.

La parthénogénèse se produit parfois naturellement, comme dans les cas des mouches vertes d'été, de beaucoup de puces d'eau et de rotifères ; d'où il ressort clairement qu'un œuf non fécondé peut contenir la totalité du bagage héréditaire. Ceci est confirmé d'une façon frappante par la démonstration de la possibilité d'une parthénogénèse artificielle dans des cas où la parthénogénèse naturelle est inconnue.

Le processus de fécondation. — Le début de l'existence individuelle est habituellement constitué par l'union de deux cellules sexuelles ou gamètes. Le résultat de cette union est la cellule-œuf fécondée ou zygote. Quels sont les phénomènes qu'implique la fécondation ?

1º Elle implique une modification corticale de la surface de l'œuf, dont le degré de perméabilité se trouve changé. Une membrane spéciale peut se former après l'entrée du spermatozoïde. Ce fait, ainsi que d'autres modifications corticales, peut « bloquer » l'œuf, le rendant réfractaire à l'entrée de nouveaux spermatozoïdes.

2º La fécondation implique normalement une action *mutuelle* entre spermatozoïde et œuf. Le spermatozoïde se fraye un chemin, mais on peut dire également que l'œuf l'engloutit. Un petit mamelon de protoplasme vient parfois à la rencontre du spermatozoïde qui, selon toute apparence, cherche une entrée. Le spermatozoïde pénètre tout entier, parfois la queue reste dehors. Chez certains animaux, ceux en particulier dont les œufs sont de grandes dimensions, comme les requins, les reptiles et les oiseaux, ainsi que chez des insectes et bryozoaires, plusieurs spermatozoïdes peuvent pénétrer. Ils restent généralement tous inactifs et inopérants, à l'exception d'un seul, mais s'il en est plusieurs qui agissent, créant plusieurs centres de division, il en résulte une anomalie : « la polyspermie pathologique ».

3° Les chromosomes du spermatozoïde viennent s'unir intimement et régulièrement à ceux du noyau réduit de l'œuf, mais il n'y a pas de fusion de chromosomes. C'est l'amphimixie ou combinaison de deux héritages. Le phénomène comprend également le rétablissement du nombre normal de chromosomes :

$$\frac{n}{2} + \frac{n}{2} = n.$$

4° Un centrosome apparaît dans le cytoplasme de l'œuf et ne tarde pas à se scinder en deux. Ce ne peut être le centrosome qui appartenait originellement à l'œuf, car s'il y en avait un, il a disparu. Ce n'est pas non plus celui compris dans la partie médiane du spermatozoïde, comme on l'a cru jusqu'à ces derniers temps. Le centrosome en question paraît être une formation nouvelle résultant de l'action mutuelle de la part de la cellule-œuf et de la cellule spermatique.

5° Le résultat de l'union de la cellule-œuf et de la cellule spermatique est la segmentation. L'œuf est activé par le spermatozoïde, mais cette stimulation peut aussi se produire en l'absence du spermatozoïde, comme dans la parthénogénèse normale ou artificielle. Ce qu'est au juste cette activation, nous l'ignorons. D'après la théorie subtile de F. R. Lillie, il existerait dans l'écorce de l'œuf une substance qu'il appelle « fertilizine » qui exercerait (1°) une influence *agglutinante* sur le spermatozoïde, action spécifique sur un genre particulier, et (2°) une action activante sur l'œuf lui-même. Une substance agglutinable que comporterait le spermatozoïde, une « réceptrice spermatique », s'unirait à la fertilizine de l'œuf et transmettrait son influence activante à la « réceptrice ovaire. »

En l'absence de tout spermatozoïde, la fertilizine pourrait à l'occasion être activée par d'autres stimulants — dans le cas du développement parthénogénétique normal ou artificiel. Si l'œuf a été fécondé, il ne peut l'être de nouveau, en termes théoriques, la fertilizine est fixée. Les spermatozoïdes sont inertes vis à vis des œufs non mûrs et de ceux dont l'écorce est enlevée, car, théoriquement parlant, il n'y a pas de fertilizine.

En résumé, la fécondation de la cellule-œuf par la cellule spermatique implique des modifications corticales de l'œuf, le mélange de deux héritages, le retour du nombre de chromosomes au nombre normal (du haploïde au diploïde, l'apparition d'un centrosome qui se divise ensuite, l'influence mutuelle des deux cellules et l'activation de l'œuf qui provoque le commencement de la segmentation.

Il est important de se rendre compte que les phénomènes de maturation et de fécondation ouvrent un vaste champ de possibilités aux combinaisons nouvelles de caractères héréditaires, conduisant à l'apparition d'une foule de résultantes inédites. Les cartes ont été battues à fond et les jeux en mains seront variés. Nous avons là une des explications de la variabilité. L'homme a 48 chromosomes, 24 paires synaptiques d'origine paternelle et maternelle, ce qui entraîne une vingtaine de millions de types différents possibles pour les cellules sexuelles ou gamètes de chaque sexe.

Une cellule germinale est comparable à un livre résumant l'histoire de la race : supposons que ce livre ait 36 pages, correspondant chacune à un chromosome ; les pages différant un peu entre elles selon les cas individuels, quelles nouveautés et variations pouvons-nous escompter ? La cellule germinale non mûre, comme une cellule corporelle, comporte 36 pages, dont une moitié est d'origine paternelle et l'autre d'origine maternelle. A la maturation, ces pages se combinent pour former 18 double pages et la moitié de chaque double page se sépare à nouveau de sa voisine. Il pourra se former ainsi 262.144 livres — ou gamètes mûres — différents. Nous avons emprunté cette métaphore à C. E. McClung qui conclut : « Lorsque par la suite, lors de la fécondation, ces résultantes se combineront en double, les variations possibles atteindront le nombre — inaccessible à notre compréhension — de 68.719.476.736. »

8. *L'hérédité dans les cas de parthénogénèse.*

Il serait intéressant de savoir de façon précise ce que sont les faits de l'hérédité dans les cas où le développement a pour origine un œuf non-fécondé, en particulier dans les cas où la parthénogénèse continue sans interruption pendant plusieurs générations. Pour des raisons générales, étant donné l'absence de fécondation, on s'attendrait à ne rencontrer que peu de caractères nouveaux ou de variations progressives ; par contre des indications de dégénérescence devraient se présenter. Les faits d'observation sur ce point sont encore très rares.

Les expériences que Weismann (1893, p. 344) a faites sur un petit crustacé, le *Cypris replans* montrèrent une grande identité entre parents et progéniture, avec des exceptions occasionnelles interprétées comme représentant un retour à une forme ancestrale antérieure de plusieurs générations.

Les mensurations du Dr. Warren (1899) sur des générations successives de *Daphnia magna* ont témoigné aussi d'une légère variabilité (c'est-à-dire du caractère incomplet de la ressemblance héréditaire). Elles ont paru favoriser l'opinion que « chez les générations parthénogénétiques l'hérédité est du genre de celle de grand-parent moyen à petits enfants ».

9. — *En quoi consiste exactement la base physique.*

La cellule-œuf fécondée se divise en cellules nombreuses ; celles-ci se disposent de façons variées ; elles croissent et se multiplient, elles présentent le spectacle de la division du travail avec son côté structural que nous appelons différenciation ; elles forment des tissus et organes ; elles s'intègrent en un organisme ; elles reproduisent la ressemblance du type parental avec des variations. Entre temps certaines d'entre elles restent à l'écart, ne participant ni à la construction du corps ni à la différenciation, et elles forment le commencement des organes reproducteurs d'où leurs descendantes — les cellules germinales mûres — seront plus tard libérées pour créer une nouvelle génération. Le fait que cette nouvelle génération est du même type que celle des parents est dû à la continuité de la lignée des cellules contenant de la matière germinale non spécialisée. Dans les mêmes conditions les éléments semblables donnent des résultats semblables.

Mais si ceci est devenu clair nous avons maintenant à nous occuper de la nature précise de la base physique qui conserve les qualités héritables. Est-ce la cellule germinale en tant que tout

qui est essentielle, ou bien le cytoplasme est-il plus important,
ou encore est-ce le noyau seul ?

Importance des chromosomes des noyaux germinaux. — De nombreuses
observations tendent toutes à montrer que le noyau de la cellule joue un rôle
important dans les processus de construction et de nutrition, et il est certain
qu'une cellule artificiellement dépouillée de son noyau meurt bientôt, abandonnée à elle-même. La matière nucléaire (Karyoplasme ou Nucléoplasme)
est une partie essentielle de l'organisation vitale. C'est une opinion qui s'est
fortifiée, que les chromosomes ou corps de chromatine sont les véhicules spéciaux, sinon exclusifs des qualités héréditaires.

Considérons quelques-uns des arguments à l'appui de cette façon de voir.

1. *Argument tiré de la division cellulaire.* — Roux, Hertwig, Kolliker, Strasburger et beaucoup d'autres, ont mis spécialement en relief le fait que dans
la forme ordinaire (mitotique) de division cellulaire de la chromatine, c'est-à-
dire la substance qui, dans le noyau, absorbe facilement la couleur, est partagée «avec la plus scrupuleuse égalité » pour former la base des noyaux des cellules-filles, tandis que le cytoplasme ou substance cellulaire générale « subit
en somme une division en masse : contraste des plus remarquables ». Comme
le dit le prof. Wilson (1900, p. 351) : « ceci est vrai de façon si étonnamment
constante à travers toute la série des formes vivantes, de la plus basse à la
plus élevée, que la signification doit en être profonde. Et si nous ne sommes
pas encore en état de saisir pleinement celle-ci, le contraste entre la façon
dont se comportent le noyau et le cytoplasme durant la division impose
sans aucun doute la conclusion que la substance la plus essentielle transmise
par la cellule mère à sa progéniture est la chromatine, et que cette substance,
par suite, possède une signification spéciale dans l'hérédité ».

2. *Argument tiré de la maturation.* — Au cours des changements qui pré-
parent l'œuf mûr et le spermatozoïde pleinement formé, il y a, comme nous
l'avons vu, une opération compliquée par laquelle les noyaux germinaux
qui s'unissent dans la fécondation sont rendus exactement égaux en ce qui
concerne le nombre des chromosomes. D'autre part le cytoplasme de l'œuf
mûr, enveloppé, souvent chargé d'aliments, passif et relativement volumineux, est typiquement aussi différent que possible de celui du spermatozoïde
tout petit, très mobile, et à vie habituellement brève. La constance et la
complexité fréquente des processus de réduction qui assurent l'équivalence
des chromosomes donnent à penser que ces corps sont d'importance capitale
dans la transmission héréditaire.

3. *Argument tiré de la fécondation.* — Dans le cas type de fécondation, chez
l'animal et chez beaucoup de végétaux, un spermatozoïde entre dans un œuf
souvent cent mille fois plus volumineux que lui. En pénétrant il peut laisser
derrière lui la « queue » locomotrice qui a fini sa besogne, et par là est encore
réduite sa provision déjà infinitésimale de matière cytoplasmique. La « tête »
du spermatozoïde, qui est surtout formée de substance nucléaire, et la petite
« pièce médiane » qui porte le centrosome, sont apparemment les parties
importantes, et c'est l'œuf qui fournit la base cytoplasmique d'opérations
ultérieures. L'essence même de la fécondation *autant que nous pouvons le
voir* consiste en la combinaison intime et ordonnée des chromosomes paternels et maternels pour la formation d'un noyau, le noyau de segmentation.
En outre les éléments paternels et maternels sont, comme nous l'avons noté,

distribués de façon scrupuleusement égale, en tout cas aux deux premières cellules de l'embryon et probablement à toutes les cellules formées ultérieurement.

« Cette dernière conclusion, qui est longtemps restée simple conjecture, est devenue presque une certitude grâce aux remarquables observations de Ruckert, Zoja et Haecker. Il nous faut donc accepter comme très probable la conclusion que le caractère spécifique de la cellule est, en dernière analyse, déterminé par celui du noyau, c'est-à-dire par la chromatine ; et que dans l'égale distribution des chromatines paternelle et maternelle à toutes les cellules de la progéniture nous trouvons l'explication physiologique du fait que chaque partie de cette dernière peut présenter les caractéristiques des deux parents, ou bien d'un seul d'entre eux ». (Wilson, 1900, p. 352).

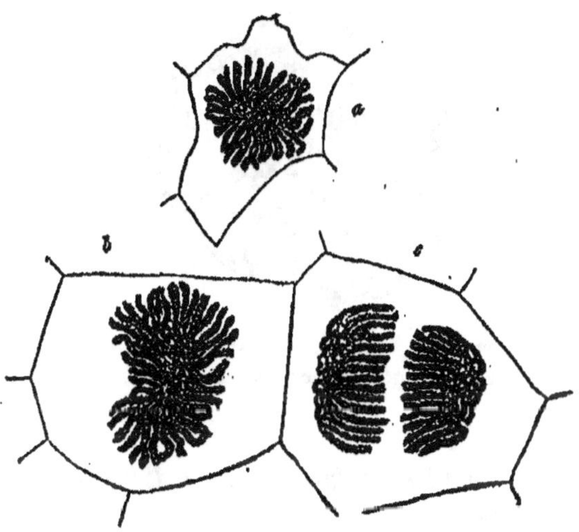

Fig. 10. — Les chromosomes du noyau à l'état : *a* d'étoile simple, *b* d'étoile double et *c* d'éléments presque individuels (d'après Pfitzner).

4. *Argument tiré de l'ingénieuse expérience de Boveri.* — S'inspirant des expériences des frères Hertwig montrant que des fragments non-nucléés d'œuf d'oursin non-fécondés (brisés par succussion) pouvaient être effectivement fécondés, et se segmenter, Boveri (1889, 1895) fit voir que des fragments de ce genre donnaient des larves naines mais normales. Chez ces larves, comme l'a montré par la suite T. H. Morgan (1895) les noyaux contiennent *seulement la moitié du nombre normal de chromosomes* : le point de départ original a consisté en un noyau seulement, un noyau de spermatozoïde.

A cette expérience déjà intéressante Boveri en ajouta une autre encore plus frappante. Il féconda les fragments d'œuf énucléés d'une espèce d'oursin *(Sphaerechinus granularis)* avec le spermatozoïde d'une autre espèce *(Echinus microtuberculatus)* et dans quelque cas obtint des larves naines (pluteus) ne présentant que les caractères paternels — aux dimensions près. Il en conclut que le noyau était le porteur exclusif des qualités héréditaires car il ressortait de l'expérience, semblait-il, que le cytoplasme maternel énucléé était resté sans influence spécifique.

Boveri lui-même reconnaît que de nouvelles expériences sont nécessaires et il faut accorder, comme l'ont indiqué Seeliger, Morgan, Driesch, que dans les cas d'hybridation comme dans l'expérience de Boveri on peut trouver des exemples très marqués de ce qu'on appelle l'hérédité unilatérale ou prépondérante. La plupart des larves d'Echinodermes hybrides ne présentent que les caractères maternels ; quelques-unes les caractères paternels seuls ; quelques-unes présentent les deux séries de caractères à la fois. En outre il y a beaucoup de variabilité individuelle. De sorte que la célèbre expérience de Boveri ne fournit pas de base solide d'argumentation.

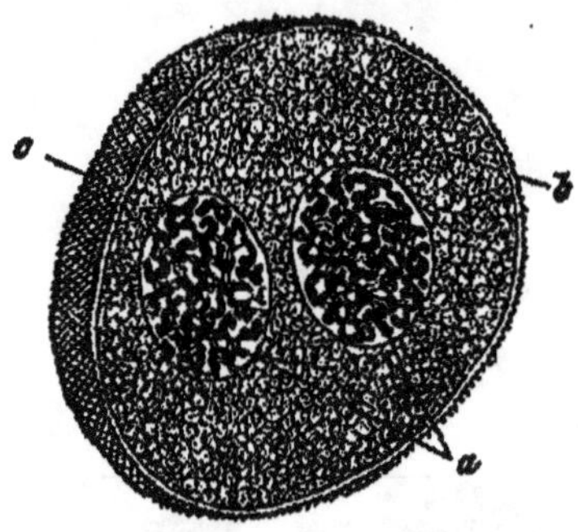

Fig. 11. — Grain de pollen. *a* : les deux noyaux avec leurs chromosomes ; *b* : protoplasma général ; *c* : écorce. (D'après Carnoy.)

10. — *La théorie chromosomique de l'hérédité.*

En résumé, il est certain qu'une grande partie, pour le moins, des « facteurs héréditaires » est véhiculée par le noyau des cellules germinales ; la portion caractéristique nettement délimitée du noyau est constituée par une substance absorbant facilement la couleur, appelée « chromatine ». C'est un colloïde semi-fluide, souvent organisé en unités structurales ou chromosomes, dont le nombre est fixe pour chaque espèce. Il apparaît que ces chromosomes passent de l'état gélatineux à l'état solide, peuvent se mouvoir l'un par rapport à l'autre et sont en relation étroite avec la substance non chromatique qui les entoure. La théorie d'après laquelle les chromosomes sont le véhicule d'une grande partie, sinon de la totalité des facteurs déterminant les qualités héréditaires est connue sous le nom de « théorie chromosomique de l'hérédité. »

Les témoignages en faveur de cette théorie sont mutuellement corroboratifs. (1°) Lors de la maturation et de la fécondation des cellules germinales, les chromosomes se comportent d'une façon très précise. (2°) Une cellule-œuf fécondée contient $\frac{n}{2}$ chromosomes d'origine paternelle introduits par le spermatozoïde et $\frac{n}{2}$ chromosomes d'origine maternelle appartenant à l'œuf. Ils s'unissent intimement et avec ordre, mais ne fusionnent pas. (3°) Lors de la segmentation, les cellules contiennent n chromosomes, dont une moitié est paternelle et l'autre maternelle. Cet état de choses subsiste lors des divisions subséquentes et toutes les cellules du corps possèdent ce nombre n. (4°) Le comportement des chromosomes au cours de la maturation et de la fécondation est en harmonie avec les faits de l'hérédité mendelienne. (5°) Il a été prouvé dans certains cas que la présence ou l'absence d'un chromosome particulier correspond à une caractéristique spéciale de la progéniture : par exemple, la présence ou l'absence d'un *chromosome accessoire* peut être associée au sexe. (6°) Le nombre de chromosomes est parfois le même que celui des *groupes* de caractères héréditaires tendant à *s'associer* dans la transmission. (7°) La structure et le comportement des chromosomes peuvent être semblables dans les espèces apparentées. (8°) Il est parfois possible de démontrer l'existence d'un rapport entre une mutation particulière et une modification définie dans le complexe, par exemple le nombre, des chromosomes. (9°) Dans certains cas il a été prouvé que les membres d'une série d'espèces ou variétés apparentées possèdent des chromosomes en séries numériques, par exemple 7, 14, 21, 28, etc. (10°) Dans certains cas on possède des témoignages établissant que des facteurs particuliers résident dans des régions particulières d'un chromosome et que cette disposition linéaire est constante pour l'espèce envisagée.

Pour montrer à quel point les témoignages se corroborent mutuellement, on peut citer quelques détails : un chromosome paraît se composer de microsomes disposés en ligne comme des perles enfilées, et, bien qu'il n'ait pas été démontré que tel ou tel microsome soit porteur de tel ou tel facteur, on a pu établir qu'une certaine portion d'un chromosome correspondait à des caractères particuliers chez les descendants.

Les chromosomes d'une espèce donnée affectent souvent une forme caractéristique : bâtonnets, fers à chevaux, hameçons ; cette forme est plus ou moins constante. Il arrive aussi qu'une même espèce possède plusieurs formes différentes de chromosomes qui se présentent constamment. Une forme particulière de chromosome peut réapparaître avec une précision parfaite après chacune des multiples divisions successives.

Il est remarquable de constater que, dans une série d'organismes apparentés, les nombres de chromosomes constituent une série de multiples : 9, 18, 36, 45 chez les chrysanthèmes, 7, 14, 21, 28 chez les roses. Mais ce qui est encore plus frappant, c'est que dans la même série d'organismes apparentés, les *formes* des chromosomes soient également des multiples l'une de l'autre : on a par exemple la série : I, puis V, puis Y, puis X.

CHAPITRE III

HÉRÉDITÉ ET VARIATION

> « Le monde organique dans son ensemble est un flux
> perpétuel de types changeants. » FRANCIS GALTON.
> « L'hérédité et la variation ne sont point deux choses
> distinctes, mais deux aperçus imparfaits d'un même pro-
> cessus ». W. K. BROOKS
> « La variation et l'hérédité constituent actuellement
> un mystère fondamental de l'unité vitale ».
> KARL PEARSON

1. Persistance et nouveauté. — 2. La tendance à reproduire le type. — 3. Différentes sortes de changement organique. — 4. Classification et exemples de variations. — 5. Variations fluctuantes. — 6. Variations discontinues. — 7. Les Fluctuations et Mutations d'après de Vries. — 8. Causes
de variation.

1. — *Persistance et nouveauté.*

Ceux qui observent attentivement la relation entre générations successives chez l'homme ou parmi les animaux et les
plantes recueillent tous deux impressions distinctes : une impression de ressemblance héréditaire persistante, d'un côté, et une
impression de variabilité, de l'autre. Le plus souvent, nous sommes d'abord impressionnés par la remarquable homogénéité
se manifestant de génération en génération, mais à mesure que
nous connaissons mieux les organismes, nous découvrons des
traits individuels ressortant sur le fond de la ressemblance générale. Ou bien, avec la partialité de parents, notre première impression est celle de la nouveauté et de l'individualité de nos
enfants, et ce n'est que plus tard que nous reconnaissons chez
ces sujets qui nous semblaient si originaux une réincarnation
de notre moi. Plus souvent, peut-être, on découvrira que la ressemblance des habitudes d'esprit et de corps est un phénomène

purement *mimétique* et que les idiosyncrasies qui étaient réellement présentes, en germe tout au moins, ont été éloignées par la critique, à tort ou à raison, selon le cas, ou bien réduites à n'être que latentes, comme les « bourgeons dormants », par erreur d'éducation ou défaut d'excitant approprié.

Le semblable tend à engendrer le semblable. — La relation héréditaire est telle que l'enfant rappelle en somme les parents, mais le degré de ressemblance varie dans des limites considérables.

L'adage populaire : « le semblable engendre le semblable » est souvent exact en tant' qu'énoncé général. L'enfant peut ressembler à tel point aux parents qu'il est impossible à l'observateur scientifique lui-même de les distinguer. En d'autres termes, l'espèce « reproduit le type ». Mais plus notre connaissance des organismes devient intime, plus aussi découvrons-nous clairement des particularités individuelles, ce qui nous oblige à adopter la formule : « Le semblable tend à engendrer le semblable ». En général, il est vrai que les parents moyens ont une progéniture moyenne, et les parents exceptionnels, une progéniture exceptionnelle. Le semblable tend à engendrer le semblable. Pourtant il est bien connu, par exemple, en ce qui concerne la stature, que les grands individus n'ont pas toujours des produits de grande taille ; il en est de même pour les petits individus, ce qui nous oblige à élargir encore le « fait d'hérédité » le plus général, et à dire que le caractère moyen des individus d'une génération tend à être très sensiblement le caractère moyen de la génération précédente. C'est ici le grand fait de l'inertie spécifique.

Antithèse fausse entre l'hérédité et la variation. — La fausse antithèse entre l'hérédité et la variation a beaucoup obscurci les idées. Quand nous disons que le semblable tend à engendrer le semblable, que la progéniture tend à rappeler les parents et ancêtres, nous énonçons un fait de la vie. Mais quand nous parlons d'une opposition entre une force ou un principe d'hérédité, assurant la ressemblance entre enfants et parents, et une tendance à la variabilité, qui rend le produit différent de ses ascendants, nous nous adonnons au verbiage. L'hérédité, comme nous l'avons souvent répété, est la relation de continuité génétique entre générations successives, et elle est telle que si beaucoup de caractères observés chez les parents persistent chez l'enfant, il y a aussi, dans la plupart des cas, une individualité distincte chez ce dernier. L'hérédité est une condition d'évolution, une condition de variations innées ; c'est simplement un mot exprimant la continuité reproductrice ou génétique entre parents et enfant. L'héritage qui s'est exprimé dans le développement des parents peut être presque identique à celui qui est exprimé dans le développement de la progéniture, mais, dans la plupart des cas, l'héritage ne persiste pas intact de génération en génération, et c'est alors que nous parlons de variation. Il n'y a pas contraste entre hérédité et variation, mais entre inertie et changement ,entre continuité ou persistance et nouveauté ou mutation, entre ressemblance héréditaire complète et ressemblance héréditaire incomplète.

Comme le dit le prof. W. K. Brooks (1906, p. 71) : « Les êtres vivants ne manifestent pas l'unité et la diversité, mais l'unité dans la diversité. Il y a là non pas deux faits, mais un seul. Le fait c'est l'individualité dans la parenté des êtres vivants. Hérédité et variation ne sont pas deux choses, mais deux aperçus imparfaits d'un même processus ».

2. — *La tendance à reproduire le type.*

Stabilité relative des caractères spécifiques. — Appartenant, comme nous le faisons, à une race qui semble avoir très lentement varié au cours de la période historique, nous n'avons pas à chercher bien loin de bons exemples de ce qui est le fait capital de l'hérédité : la stabilité des caractères spécifiques à travers une longue série de générations. Si nous excluons les monstruosités dues à l'arrêt de développement et autres semblables, si nous écartons les nombreuses malformations et déformations imprimées au corps des individus par des particularités de fonctionnement et de milieu, la stabilité des caractéristiques essentiellement humaines durant plusieurs millénaires est évidente. Cette inertie raciale, qui s'étend au moins dans une certaine mesure aux caractéristiques mentales, est à la fois l'espoir et le désespoir du réformateur de sociétés.

Si des caractères généraux de l'espèce nous passons à ceux des races particulières, le spectacle est le même. Non seulement les caractéristiques maîtresses du crâne persistent, dans d'étroites limites de variabilité, mais il en va de même des caractères secondaires : l'œil oblique du japonais, la face ovale des Esquimaux, le cheveu crépu du nègre et le nez juif.

Types d'organisation conservateurs. — Mais la persistance des caractères physiques et mentaux, telle que la manifeste l'humanité, n'est rien en comparaison de la persistance de type manifestée par beaucoup d'animaux qui vivent depuis des millions d'années sans modification apparente. Quoi qu'il en puisse être des parties molles dont il ne nous reste aucun moyen de connaître l'histoire, il semble n'y avoir aucune différence dans les parties dures distinguant la Lingule contemporaine des Lingules du Silurien. Et il y a d'autres exemples de ce qu'on a parfois appelé des « fossiles vivants ». Certains caractères physiques établis il y a des millions d'années se reproduisent exactement à l'heure présente. L'organisation doit, dans ce cas, avoir atteint un équilibre très stable, s'adaptant à des conditions qui n'ont guère varié.

Persistance de particularités chez les familles. — Non moins frappant que la longue persistance de caractères d'espèce et de souche est le fait que l'enfant reproduit souvent les particularités *individuelles*, tant normales qu'anormales, de ses parents ou ancêtres. Une petite particularité de structure, une mèche de cheveux blancs, ou un doigt supplémentaire, peuvent persister durant plusieurs générations. Une petite particularité fonctionnelle, comme le fait d'être gaucher, a pu être suivie à travers plusieurs générations ; la cécité des couleurs, à travers 5 générations. L'épaisse lèvre inférieure du Habsbourg a persisté 6 siècles. Il y a quantité d'exemples du fait qu'une diathèse pathologique, rhumatisme, goutte, névrose, etc... peut persister et s'exprimer de même façon à travers des générations nombreuses, même vivant dans des conditions modifiées. Et ce qui est vrai des caractéristiques somatiques, l'est tout autant des particularités mentales : sur ce point, l'opinion populaire et les méticuleuses recherches de Galton et d'autres sont d'accord. Aussitôt nous viennent à l'esprit les cas du genre de ceux des Bach, des Bernouilli, des Darwin.

3. — *Différentes sortes de changement organique.*

Nos idées pourront être clarifiées si nous réfléchissons aux différentes sortes de changement se produisant chez les organismes.

Métabolisme. — Tous les êtres vivants sont, pour ainsi dire, des tourbillons dans l'océan universel de matière et d'énergie. Ils changent constamment du fait de la vie. Des courants de matière et d'énergie s'en échappent et y entrent. Ce sont des systèmes animés qui transforment la matière et l'énergie d'une manière caractéristique, que nous nommons vivante. Leur base physique se détruit et se reconstruit sans cesse; elle s'effondre, puis se refait, elle s'use et se répare, elle s'arrête et reprend sans cesse, jusqu'au moment où les déficits dus à une récupération imparfaite deviennent si graves que l'organisme meurt, ou bien où il se produit quelque accident fatal. Les changements physiques et chimiques résultant de la vie sont résumés par un mot, celui de « métabolisme ». Les deux faces de ce processus — destruction et construction — portent les noms de catabolisme et d'anabolisme.

Changements cycliques. — C'est encore un fait familier que les organismes traversent une série de changements. L'œuf fécondé se segmente, les cellules résultantes croissent et se différencient, un embryon se forme et graduellement, souvent par des voies détournées, il devient un adulte en miniature. Hors de la simplicité apparente naît une complexité évidente. La croissance se poursuit, souvent ponctuée par des périodes de repos, souvent rythmique et s'exprimant en courbes complexes, souvent interrompue par des crises particulières. Rapidement, ou lentement, l'organisme passe de la jeunesse à l'adolescence, à la maturité, à sa limite de croissance et à sa maturité reproductive. Rapidement, ou lentement, ensuite, il descend la pente inverse vers la mort. Comme le disaient les vieux naturalistes, d'une période de *vita minima* l'organisme s'élève à une période de *vita maxima*, pour retomber dans une période de *vita minima* qui s'atténue jusqu'à disparaître. C'est un des caractères des organismes de traverser une série de changements cycliques.

Changements impliqués par le fonctionnement. — Par opposition aux systèmes inanimés, les organismes sont caractérisés par leur faculté de *réponse effective* aux excitations du milieu. Les réponses d'un être vivant tendent à la conservation de l'individu ou de l'espèce. Bien qu'elles puissent échouer, les réactions sont originairement et fondamentalement effectives. Et ces fonctionnements, ou réponses effectives impliquent nécessairement des changements dans le système. Ils entraînent de l'usure, et laissent des traces plus ou moins appréciables. Normalement, toutefois, les résultats connus sous le nom d'effets de fatigue, ou sous d'autres noms analogues, sont annulés par la nutrition, le repos ,et d'autres formes de récupération. Dans l'étude d'un système complexe, tel que le cerveau d'une abeille, il est possible de disposer sur un plan incliné les changements

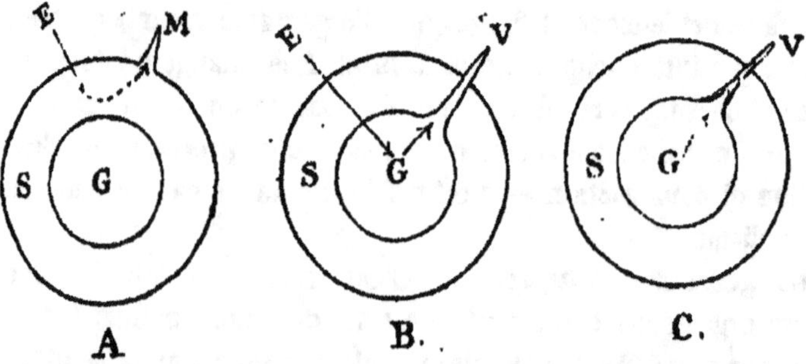

FIG. 12. — Schéma représentant la variation et la modification.

S : le *soma* ou corps ; G : la matière germinative ; E : un changement extérieur.

A : un changement extérieur, agissant directement sur le corps, provoque une modification (M).

B : un changement extérieur, sans modifier directement le corps, agit comme stimulant sur le plasma germinatif et une variation s'en suit (V).

C : une variation (V) se manifeste par suite d'un changement germinatif sans qu'une relation de causalité puisse être établie entre un changement extérieur et le fait constaté.

qui sont normalement oblitérés par une nuit de repos, ceux qui ne disparaissent qu'après une récupération prolongée, et ceux qui ne peuvent être oblitérés, qui s'accumulent jusqu'au moment où l'abeille meurt de mort naturelle.

Adaptations temporaires et individuelles. — Outre leur faculté primordiale, inhérente, de réponse effective, les organismes possèdent différents degrés de plasticité. Ils peuvent

adapter leurs réactions à des conditions nouvelles. Ils peuvent
« essayer » d'abord d'un mode de réaction, puis d'un autre, persistant, pour finir, dans le mode le plus effectif. Ceci a lieu même
chez les infusoires unicellulaires. Dans quelle mesure cette plasticité est primitive, et inhérente à la nature même de la matière
vivante ; dans quelle proportion elle est secondaire et a été élaborée par la sélection naturelle au cours des âges ? Cela reste
incertain dans une très grande mesure. Chaque cas doit être jugé
à part, pour lui-même. A coup sûr, beaucoup d'organismes unicellulaires sont très plastiques, et il semble raisonnable de supposer qu'à mesure que la différenciation s'accroissait, des res-
trictions s'imposaient sur la plasticité primitive, tandis qu'en
beaucoup de cas une plasticité secondaire plus spécialisée fut
acquise, là où les organismes vivaient dans des milieux sujets
à de fréquentes vicissitudes. Il convient de réserver le terme
d'« accommodations » aux adaptations individuelles d'occurrence
fréquente, par lesquelles beaucoup d'organismes peuvent répondre à de nouvelles conditions.

Modifications. — Les organismes ne sont pas seulement
plastiques ; ils sont modifiables aussi : c'est-à-dire qu'au cours de
leur existence individuelle ils sont susceptibles d'être à tel point
impressionnés par des changements dans les influences ambiantes,
et par les changements fonctionnels qui en résultent, qu'ils
acquièrent des modifications de structure ou d'habitude. La modi-
fiabilité est l'aptitude à enregistrer les résultats directs du changement de fonction, ou de milieu. On peut définir les « modifications » comme étant les changements de structure, dans un
organisme individuel, directement provoqués par des changements
de fonction ou de milieu, qui dépassent la limite de l'élasticité
organique, et persistent après cessation d'action des conditions
opérantes. On leur donne souvent le nom incommode de « caractères acquis ».

D'après certains biologistes, on aurait parfois eu la preuve
que de telles modifications peuvent se transmettre aux générations suivantes ; ces cas, qui seront examinés plus loin, ne paraissent pas probants aux yeux des autres. Le fait que les modifications peuvent être, individuellement, utiles ou nuisibles, est admis
par tous.

Variations innées. --- Finalement, quand nous enlevons
d'un total de « différences observées » entre membres de la même
espèce tout ce qu'on peut considérer comme accommodations
et modifications, nous nous trouvons en présence d'un gros reste
qu'il nous faut nettement mettre à part sous le nom de *variations*.
Nous ne pouvons les rapporter, comme effet, à des particularités
dans l'ambiance ou la façon de vivre : elles sont souvent distinctes dès la naissance, ou ébauchées avant celle-ci : elles sont rarement identiques, même parmi les formes dont les conditions de
vie semblent absolument uniformes. Elles peuvent être considérables, ou bien médiocres, comme quantité, elles peuvent être
des fluctuations ou des accidents, elles peuvent être progressives
ou régressives — une analyse plus serrée en décidera — mais elles
ont ceci de commun qu'elles sont toutes d'origine germinale.
Elles sont endogènes, non exogènes ; elles sont nées et non devenues, et elles sont plus ou moins transmissibles, bien que n'étant
pas toujours transmises. Elles constituent, ou du moins certaines
d'entre elles constituent la matière première de l'évolution organique.

4. — *Classification et exemples de variations.*

Classification. — Il y a plusieurs manières de classer ces
variations formant la matière première du changement évolutif.

a) Si nous envisageons *la nature du changement*, nous pouvons
distinguer les variations *méristiques*, ou variations en nombre
et proportion des parties, des variations *substantives*, variations
de catégorie qualitative : changement de couleur par exemple.

b) Si nous considérons la *direction du changement* chez des
générations successives, nous pouvons distinguer les variations
définies se produisant dans un même sens (comme les stades du
développement normal), des variations *indéfinies*, variations
« fluctuant çà et là sans uniformité, au cours des générations. »
Beaucoup d'évolutionnistes ont soutenu qu'il y a de bonnes
raisons pour croire à une variation définie ou déterminée selon
des directions particulières, comme si certains organismes avaient
une tendance inhérente à changer dans certaines parties et non
dans d'autres, dans certaines directions, et non dans d'autres,

tout comme certaines substances inorganiques peuvent cristalliser sous des formes différentes, mais seulement dans des limites strictes. Il est possible de disposer une série d'espèces A, B, C, D, E, F, de telle façon qu'elles donnent l'idée d'une variation définie progressive selon un sens donné, et il n'est pas invraisemblable que cette sorte d'évolution se présente parfois. En outre, en suivant des directions d'évolution tout à fait différentes, nous trouvons des phénomènes prouvant que le même pas a été fait, de façon indépendante, à beaucoup de reprises. Ceci donne à penser que les possibilités de variation peuvent être limitées et définies, par des conditions constitutionnelles, ou des alternatives physiologiques profondément enracinées. Mais l'argument a son côté faible, dans la difficulté, presque insurmontable, qu'il y a à décider si la définition apparente n'est pas le résultat de l'action primordiale de la sélection, qui élimine à des phases précoces les variants divergents — détruisant les idiosyncrasies dans le germe — ou qui a pu établir une tendance chez les générations précédentes. Dans des conditions d'élimination définie, les directions de variation tendront naturellement à devenir de plus en plus restreintes.

Si nous envisageons *la somme de changements* d'une génération à la suivante, nous pouvons distinguer des petites fluctuations autour d'une moyenne, qui sont reliées par des intermédiaires, des «sports» subits qui atteignent une nouvelle position d'équilibre organique, comme par un saut. Nous avons ici le contraste entre les variations continues, faibles en quantité, et les variations discontinues ou « transilientes », où un pas considérable est fait de façon apparemment subite, sans intermédiaires.

Le mot « variation », employé de façon concrète, pour dénoter une particularité organique ou idiosyncrasie, est évidemment un terme relatif, impliquant quelque étalon de comparaison. C'est une déviation par rapport au type de l'ascendant, une divergence par rapport à la moyenne de la lignée. Il y a donc différents degrés, peut-être même différentes sortes de discontinuité.

En beaucoup de cas, une variation peut être décrite comme étant simplement une lacune dans l'héritage ou dans l'expression de celui-ci. La divergence par rapport à la normale est due à la suppression ou à l'inhibition de quelque caractère. Exemple : la naissance d'un enfant albinos, de parents presque noirs comme le charbon (1). Si pareille forme devenait l'origine d'une race albinos, comme chez les rats et souris, nous serions autorisés à conclure que l'organisation matérielle particulière qui conduit éventuellement au dépôt de pigment dans le corps était, de quelque façon, absente de l'héritage. Si l'albinisme ne se transmettait pas à la génération suivante, nous serions en droit de conclure que les dispositions structurales amenant la pigmentation avaient simplement été empêchées de s'exprimer normalement dans le développement.

Une variation par défaut, comme l'albinisme, peut être attribuée à l'absence d'un élément dans l'héritage ou dans l'expression de celui-ci ; mais il est d'autres variations qui doivent, pour ainsi dire, porter le signe *plus*, car elles impliquent l'augmentation ou l'exagération d'un caractère. Les variations *plus*, de cette catégorie, ont été utilisées pour élever des moutons à longue laine, des coqs japonais à queue de 3 mètres, des chevaux à crinière tombant jusqu'au sol, et ainsi de suite.

Mais la progéniture est parfois si différente des procréateurs que nous ne pouvons expliquer son caractère particulier, ni par un défaut dans l'expression de l'héritage normal, ni par une exagération de traits des procréateurs ou des ancêtres. C'est quelquefois un nouveau dessein, une innovation, ce qu'on peut appeler de l'originalité organique. C'est plus qu'une variation discontinue. Une nouvelle position d'équilibre organique semble avoir été atteinte, ayant non seulement de l'individualité, mais une individualité nettement nouvelle. Ces nouveautés distinctes, qui naissent brusquement, sont souvent classées parmi les « mutations ».

5. — *Variations fluctuantes.*

Si nous considérons beaucoup d'individus de la même espèce, nous constatons habituellement qu'ils diffèrent les uns dans le

---

(1) « Le père et la mère furent horrifiés ; les amis et parents, toute la population du village furent convoqués pour venir examiner l'objet et donner leur sentiment. Pourquoi tant de surprise ? Pourquoi un tel émoi ? La réponse est évidente : la loi de l'hérédité avait été violée. » R. W. Felkin. L'esprit du populaire est toujours impressionné par les dimensions et la quantité : les déviations importantes frappent l'imagination, et la présence normale de petites déviations est oubliée.

détail des autres. Quelques-unes des différences observées peuvent être des modifications, ou être dues à des différences de « nurture », mais il est souvent possible de séparer celles-ci de différences dues à la nature héréditaire. Ainsi, quand nous récoltons un grand nombre d'échantillons de même âge, au même endroit, au même moment, nous constatons souvent qu'il n'y a pas deux individus exactement pareils. Il s'agit là de particularités d'origine germinale : les individus en question, en d'autres termes, présentent des *variations fluctuantes*. La caractéristique de ces variations, c'est qu'elles sont *continues*, reliées par des intermédiaires, peuvent être ordonnées en une série graduelle, une courbe de fréquence, des deux côtés d'un mode.

Pour construire pareille courbe — par exemple la courbe de la variation de stature — prenons une ligne de base et divisons-la en parties égales, dont chacune représente une unité de mesure, pouce ou centimètre. D'une division médiane de cette ligne de base dressons une ordonnée représentant par sa longueur le nombre des individus ayant la stature la plus fréquente. De part et d'autre, partant des divisions appropriées sur la ligne de base dressons les ordonnées représentant par leur longueur le nombre d'individus de chaque stature, les statures faibles à gauche, les grandes à droite. Une ligne passant par les sommets des ordonnées formera un polygone, ou, si les divisions de la ligne de base sont des demi-centimètres par exemple, une courbe qui fera voir graphiquement *la distribution de la variation de stature chez la population mensurée*. Si la courbe est symétrique des deux côtés de l'ordonnée la plus élevée du *mode*, elle porte le nom de *courbe normale*, la *moyenne* coïncidant avec le mode. S'il y a plus de variations d'un des côtés du mode, la courbe est asymétrique, et s'il y a deux maxima ou modes, la courbe est dimorphe, et ainsi de suite. De diverses façons qui sont de grande commodité pratique, une *mesure de la variabilité* peut être déduite de la courbe, selon qu'elle est en pente ou en palier, et de la sorte nous pouvons aisément comparer la variabilité de divers caractères, ou des mêmes caractères dans différents groupes ou à des temps différents. Les courbes, surtout si on les établit d'année en année, peuvent faire voir dans quel sens se meut l'espèce, peut-être dans quelle direction travaille la sélection et même montrer que l'es-

pèce se dédouble en deux sous-espèces. Un des résultats de la
mensuration d'un grand nombre de variations est de faire apparaître une relation entre la somme d'une déviation et sa fréquence.
Plus est grande la divergence par rapport à la moyenne, et moindre en est la fréquence. Quetelet, par la mensuration d'un grand
nombre de soldats a obtenu le résultat qui suit, où la ligne supérieure indique les hauteurs en pouces, et la ligne inférieure, le
nombre de soldats correspondant à chacune des statures.

60 61 62 63 64 65 66 67 68 69 70 71 72 73 74 75
 2 2 20 48 75 117 134 157 149 121 80 57 26 13 5 3

La symétrie générale est évidente, de chaque côté de la condition la plus fréquente (67 pouces) qui porte le nom de *mode*.

Enregistrement des variations. — « Les méthodes statistiques modernes
en usent avec des espèces entières, et avec des groupes entiers d'influences,
tout comme s'il s'agissait d'entités isolées, et expriment les relations existant entre eux, de la même manière. On commence par aligner les valeurs
par ordre de grandeur, de la plus petite à la plus grande, convertissant ainsi
une foule en un groupement ordonné qui, comme un régiment, devient dès
lors une unité tactique. Figurons-nous chaque valeur comme représentée
par une tige très mince de longueur proportionnée, les tiges étant dressées
côte à côte, se touchant, sur un plan horizontal. L'ensemble des tiges serrées
les unes contre les autres formera alors une surface plane, limitée par des
lignes droites, sur les côtés et à sa base, mais, au quatrième côté par une
courbe ondulante qui tient compte de *chacune* des valeurs sur lesquelles elle
est construite, si grand qu'en puisse être le nombre. La forme de la courbe
est caractéristique du groupe particulier de valeurs auquel elle se rapporte,
mais tous les ensembles ont une ressemblance de famille due à la similitude
d'origine : toutes s'abaissent en forte pente a un bout, montent fortement à
l'autre, et ont le dos incliné. Un ensemble qui a été disposé en quelque formation de ce genre, voilà l'unité tactique de la nouvelle statistique ». (*Biometrika*, vol. I, 1901, p. 7).

**Théorie de l'évolution par la sélection de variations fluc-
tuantes.** — Certainement la plupart des descendants diffèrent de leurs parents par plusieurs détails quantitatifs. Certainement quand on mesure sur un grand nombre d'individus de la
même espèce, un caractère particulier, les résultats, une fois
analysés, se montrent approximativement conformes à la courbe
normale de fréquence.

Le mode de la courbe — c'est-à-dire la dimension la plus fréquente du caractère mesuré — peut varier d'une génération à

l'autre. Une des idées maîtresses du darwinisme consiste à attribuer à la sélection naturelle le pouvoir d'effectuer un tel changement. La matière brute de l'évolution, à laquelle Darwin attachait une importance primordiale, est constituée par ces variations fluctuantes.

Cette proposition caractéristiquement darwinienne a été l'objet de critiques variées. La plus importante est celle ayant pour base les résultats d'expériences sur les membres d'une « lignée pure », c'est-à-dire la descendance, élevée en dedans, d'un individu unique. C'est ainsi que Johannsen a montré que malgré la présence, parmi les descendants d'un pied de haricot de premier ordre, d'individus de petite taille et d'autres de grande taille, aucune sélection n'est capable de modifier la moyenne de la lignée pure. Si l'on choisit les grands et qu'on en provoque la reproduction, il ne s'établit pas de race de grande taille. Si l'on choisit les petits, on n'obtient pas de petite race. En fait, rien ne distingue la descendance des uns et des autres. La raison en est probablement que les fluctuations en question ne sont en aucune façon des variations germinales, mais des modifications ou particularités individuelles non transmissibles. Il est vain de chercher à sélectionner d'après des caractéristiques non héritables.

D'autre part, il y a des raisons pour que ces expériences sur des lignées pures ne nous conduisent pas à abandonner la théorie darwinienne de la progression par sélection de variations continues ou fluctuantes. Les lignées pures ne sont nullement caractéristiques des races sauvages, où la fécondation croisée est fréquente. Au surplus, même les meilleures expériences sur les lignées pures ont été relativement brèves. Il serait prématuré d'affirmer que des fluctuations héréditairement transmissibles ne peuvent se présenter dans une lignée pure.

On fait aussi remarquer que, parmi les animaux domestiques et les plantes cultivées, il existe des exemples historiques de changements brusques — par exemple l'apparition soudaine de géants ou de nains, points de départ de races nouvelles, ou de bestiaux sans cornes, de lapins à longs poils, de plantes à feuilles très découpées, de saules pleureurs. De nouvelles espèces ne peuvent-elles être apparues dans la nature, d'aussi brusque manière ? La réponse est : pourquoi non ? Mais *un autre* mode de formation peut avoir été constitué par le tamisage de variations minimes.

Il est certain qu'il existe de nombreuses espèces, en particulier parmi les plantes et les animaux végétatifs comme les alcyonnaires, qui ne présentent entre elles aucune solution de continuité, étant reliées par des formes intermédiaires. Personnellement, d'après notre longue étude des alcyonnaires, nous sommes convaincus que des fluctuations minimes *peuvent*, à la faveur de la sélection et de l'isolement, conduire à la diversité des espèces.

Il y a lieu, cependant, de se montrer très prudent, car, bien que les espèces soient souvent reliées entre elles par des formes intermédiaires, il ne suit pas de là que ces liens constituent des phases de l'évolution. Ils peuvent avoir été formés *après* l'espèce à laquelle on les suppose, théoriquement, avoir donné naissance. Il convient de se rappeler l'avertissement de Galton : « Si toutes les variantes d'une même machine quelconque, qui ont été jamais inventées, étaient disposées dans un musée, dans l'ordre de leur découverte, chacune de celle-ci différerait si peu de ses voisines qu'on pourrait en conclure, à tort, que les inventions successives de la machine auraient progressé grâce à un nombre très considérable de progrès à peine appréciables. » Beaucoup de faits nous amènent à la conclusion que le Protée *bondit* aussi bien qu'il rampe.

6. — *Variations discontinues.*

Un des progrès dans l'histoire de l'Évolution depuis Darwin consiste à avoir reconnu la fréquence et l'importance des variations discontinues, c'est-à-dire des changements organiques se produisant brusquement et non par une série graduelle de transformations. Si des nains se produisent tout à coup chez une race de haute stature, et ne sont pas de simples modifications, il faut voir là un cas de variation discontinue de l'ordre quantitatif. Un veau sans cornes, un chat sans queue, un agneau à pattes courtes, un rosier sans épines ; autant d'exemples de variation discontinue *quantitative*, du type *négatif*. Les géants, les chevaux à crinière tombant à terre, les coqs japonais à longue queue, les moutons mérinos, les feuilles de houx épineuses : autant de cas de variation discontinue quantitative du type *positif*. Parfois l'innovation ne peut s'exprimer aisément en termes quantitatifs : une couleur absolument nouvelle apparaît ; l'individu est immunisé à l'égard de certaines maladies auxquelles la race est sujette ; les feuilles subissent la fasciation ; un arbre se met à *pleurer*, un génie naît. Quand un nouveau type d'organisation se présente, ou bien une nouvelle propriété constitutionnelle, on peut parler de variation discontinue *qualitative*.

Note historique. — L'idée que des changements organiques pourraient se produire par bonds ou sauts n'est pas nouvelle, bien que les faits qui l'appuient soient tout à fait modernes.

Quelques-uns des évolutionistes primitifs comme Étienne-Geoffroy Saint-Hilaire, croyaient à l'évolution par sauts, et étaient loin de croire avec Lamarck que la nature n'est jamais brusque.

Darwin aussi vit que des étapes considérables peuvent se faire d'un seul coup, comme dans le cas des poules polonaises à grande crête, des paons à épaules noires, des moutons Ancon à courtes pattes, etc., mais il pensait que ces variations discontinues se produisaient rarement, et devaient être submergées par le croisement. Il comptait davantage sur l'action de la sélection naturelle, sur les petites variations continues qui se produisent sans cesse.

Mais ceux qui, de notre temps, ont fait apprécier l'importance et la fréquence des variations discontinues sont certainement, avant tous les autres, Bateson qui, dans ses *Materials for the Study of Variation* (1894) a donné de nombreux exemples de l'apparition soudaine de produits différant de façon très apparente, et brusque, de leurs générateurs, par quelque caractère ; et de Vries qui observa la présence de « mutation » chez diverses plantes, et qui les a suivies aussi, à travers des générations, montrant qu'elles tendent à se reproduire fidèlement ; puis Johannsen qui a reconnu l'importance des innovations *individuelles* dans l'établissement de « lignées pures » stables.

Changement de vues. — Darwin et les Darwiniens orthodoxes comptaient principalement sur l'action de la sélection sur de petites variations individuelles — dont beaucoup ne sont autre chose que des fluctuations quantitatives. S'il se produit de cette façon de nouvelles adaptations et de nouvelles espèces discontinues, les petites variations doivent être héritables ; le nouveau caractère doit être susceptible d'accroissement par la production continue de variations similaires de génération en génération ; il faut encore que la sélection soit persistante, s'exerce toujours dans le même sens, et il faut lui accorder un temps considérable.

Mais pourquoi les évolutionnistes envisagent-ils une idée — celle de l'importance des variations discontinues — que Darwin avait adoptée et puis rejetée ? La réponse est que nous connaissons actuellement nombre d'exemples de variation discontinue chez les animaux, et plus encore chez les plantes ; qu'il nous est suffisamment démontré que ces variations discontinues, ou mutations, se reproduisent ; et enfin que nous trouvons dans les théories mendéliennes de l'hérédité une raison pour croire à la persistance d'une mutation une fois produite.

Certains biologistes marquants vont actuellement jusqu'à considérer les mutations, comme formant toute la matière première de l'évolution et à regarder les fluctuations individuelles comme n'ayant aucune importance. C'est là, semble-t-il, un exemple de la tendance commune à prendre, dans l'enthousiasme d'une nouvelle découverte, une position extrême. De ce que les variations discontinues sont générales et importantes, il ne s'ensuit pas que les variations continues doivent être entièrement négligées.

Plusieurs modes peuvent concourir à la formation d'une nouvelle espèce. Protée peut ramper *et* bondir, bondir *et* ramper.

M. Bateson (1905) remarque que Marchant fut le premier, en 1719, à signaler ce qu'il y a de suggestif dans les changements soudains, tel qu'il en vit chez les pieds de mercuriale à feuilles laciniées et capilliformes qui s'installèrent pour un temps dans son jardin. Il émit l'idée que des espèces pouvaient bien naître de pareille manière. « Bien que cette conclusion ait paru inévitable à beaucoup, y compris des savants d'expérience très diverse, Huxley, Virchow, F. Galton, elle a eu contre elle la vigoureuse opposition de presque toute l'opinion scientifique, surtout en Angleterre. »

« Sur quelque caractère que se fixe l'opinion, dimensions, nombre, forme du tout ou des parties, proportions, distribution de différenciation, caractères sexuels, fécondité, précocité ou tardiveté, couleur, susceptibilité au froid ou à la maladie, bref tous les caractères qui nous paraissent fournir les meilleurs exemples de différence spécifique, nous sommes assurés de rencontrer des exemples d'aberration par rapport à la normale, présentant exactement cette netteté qui ailleurs est caractéristique de la « normalité » même. De plus les circonstances où elles se produisent font qu'il est impossible de supposer que ces différences frappantes sont le produit de la sélection continue, ou même représentant les résultats d'une transformation graduelle quelconque. Toutes les fois que, grâce à des circonstances favorables, de nouveaux individus de ce genre possèdent une viabilité supérieure et supplantent leurs parents « normaux », il est évident que de nouveaux types sont créés.

Dans la formation de nouvelles races domestiques ou cultivées, la variation précède et la sélection suit ; et dans bien des cas, le point de départ de l'éleveur ou du cultivateur est une nouveauté apparue brusquement et avec ampleur. Comme le disait Darwin : *La variation précède, l'éleveur suit*, mais il faut ajouter à cela que souvent la variation précède en bondissant.

Exemples de variations discontinues.

Chevaux prodiges. — Le cheval prodige Linus I avait une crinière de 5 m. 40 de long et une queue de 6 m. 30. Ses parents et grands-parents avaient le poil exceptionnellement long. C'est là, semble-t-il un bon exemple d'un « sport » ou d'une variation discontinue qui non seulement persista pendant plusieurs générations, mais même s'accrut très rapidement.

Pavots Chirley. — Ces pavots bien connus ont pour origine une variation discontinue unique qui a pu se produire souvent avant le jour où M. Wilks l'empêcha d'être éliminée, ce qui fut l'origine d'une souche prolifique et bien caractérisée.

Primula Stellata. — Cette gracieuse primevère est née sous forme de sport de la primevère de Chine conventionnelle et a été élevée par MM. Sutton au rang de lignée appréciée. Elle était déjà apparue comme variété sporadique à de nombreuses reprises, mais avait été « promptement extirpée parce que ne répondant pas au goût affecté qui régnait vers le milieu de la période Victorienne. »

L'amphidasys. — Il y a quelque 60 ans, dans le milieu urbain de Manchester, la variété noire double *dayaria* du phalène *Amphidasys betularia* se développa tout à coup, et bientôt elle supplanta pratiquement le type de l'espèce dans son lieu d'origine, se répandit sur l'Angleterre, et se montra même en Belgique et en Allemagne (Bateson, 1905, p. 577).

La méduse commune. — Un bon exemple d'abondante discontinuité dans la variation est fourni par la méduse commune *Aurelia aurita* dont les « sports » ont été étudiés par au moins huit observateurs depuis Ehrenberg (1835) Ses organes existent normalement par multiples de 4 (4 surfaces égales dans le disque radialement symétrique, 4 lèvres orales, 4 organes génitaux, 16 canaux radiaux, 8 organes sensitifs marginaux ou tentaculocystes) mais les «sports» de nombre sont très fréquents. Ils sont parfois irréguliers, par exemple quand la symétrie radiale du disque est perdue ; mais ils sont plus souvent tout à fait symétriques, comme par exemple quand l'animal a deux organes génitaux, deux lobes oraux, huit canaux radiaux et deux organes sensitifs marginaux. En étudiant *Aurelia aurita* à Plymouth, Browne (1895) trouva que sur 1515 jeunes formes (éphyres) 21, 4 % avaient plus ou moins les huit organes marginaux, et que sur 383 adultes, 22, 8 % présentaient le même caractère. Les chiffres semblent montrer que les formes anormales survivent aussi bien que les formes normales ; pourtant rien n'établit que les sports étaient plus nombreux en 1895 qu'à l'époque où Ehrenberg les étudiait 60 ans auparavant. En d'autres termes, bien qu'un grand nombre de variations brusques soit constamment produit par cet animal plastique, on ne voit poindre nulle indication d'une race nouvelle (Bateson, 1894, p. 428).

Le cas de Pseudoclytia. — Bien que les nombreuses variations discontinues d'*Aurelia aurita* ne donnent nullement à penser qu'une race nouvelle est présentement occupée à surgir, il est possible de trouver un cas analogue où il semblerait que nous fussions en présence d'une espèce nouvellement née, ou encore en voie d'établissement. A. C. Mayer trouva à Tortugas (Floride)

en grand nombre un médusoïde ie *Pseudoclytia pentata*, l'eptomé-
duse de la famille des Eucopidées. Cette espèce « diffère de toutes
les autres hydroméduses en ce qu'elle possède normalement
cinq canaux radiaux, cinq lèvres, et cinq gonades, tous à 72°
d'espacement, au lieu de quatre organes de chaque sorte, à 90°
comme chez les autres Eucopidées ». Dans la structure de ses
tentacules, otocystes, gonades et manubrium, dans la forme
générale de la cloche, et dans l'arrangement des tentacules et

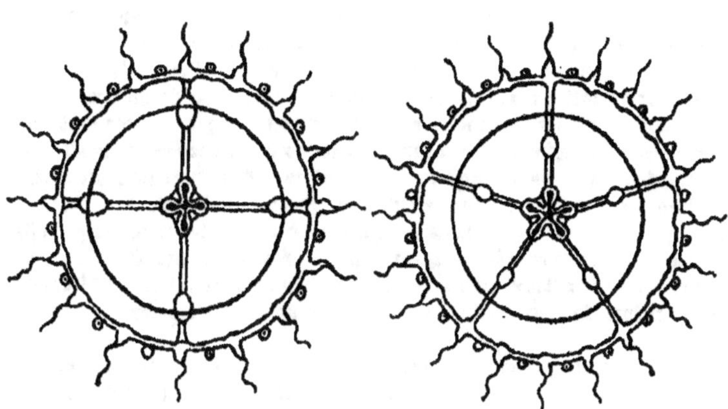

Fig. 13. — Mutation chez les médusoïdes (d'après A. Mayer). A gauche,
vue orale de *l'epenthesis folleata*. A droite, vue orale de la *pseudoclytia
pentata*.

otocystes, elle ressemble tellement à *Epenthesis folleata* qu'il
semble prudent de conclure que la première dérive de la dernière
ou de quelque espèce étroitement apparentée. Les deux formes
diffèrent quelque peu en couleur et quant à la position des gonades, mais la ressemblance est très étroite, et nul ne peut supposer
qu'un médusoïde à cinq canaux radiaux est une forme primitive. Comme il y a des variants pentamères d'*Epenthesis folleata*
et des variantes tétramères de *Pseudoclytia pentata*, nous ne
voyons pas qu'il existe d'autre cas suggérant de façon plus convaincante l'interprétation évolutionniste. Comme le dit Mayer :
« P. pentata peut être appelée « une nouvelle race » en ce sens
qu'elle dérive évidemment d'Epenthesis et s'écarte de la disposition quadratiquée des organes, presque absolument générale

chez les hydroméduses. Elle est extrêmement variable, et sa
grande fréquence atteste sa réussite dans la lutte pour l'existence »
(Mayer, 1901).

Pour éviter les malentendus, il convient d'observer qu'en disant de *Pseudoclytia pentata* que c'est une race « nouvellement surgie » Mayer veut dire
simplement « qu'elle s'écarte beaucoup du type fondamental de toutes les
autres hydroméduses et qu'elle paraît dériver d'un genre (Epenthesis) qui
est lui-même hautement différencié. » Elle est donc « nouvelle » en ce sens que
ce ne peut être une forme primitive, bien que nous n'ayons aucun moyen
de déterminer depuis combien de temps elle existe (Mayer, 1901).

Si nous ne pouvons pas exactement démontrer que *Pseudoclytia pentata*
est née par variation discontinue d'*Epenthesis folleata* ou de quelque forme
étroitement alliée, les arguments en faveur de cette façon de voir sont considérables. Il est intéressant en outre, d'observer que « l'espèce nouvellement
surgie » réussit très bien, numériquement, et que ses variations ressemblent
beaucoup à celles de son ancêtre supposé, et sont encore plus abondantes.
En ce qui concerne ses variants les plus anormaux, Mayer observe qu'ils
sont placés en posture désavantageuse par leur perte de symétrie, car certains ne sont ni radiaux, ni bilatéraux, et par une diminution de fécondité
existant même dans les cas où le nombre des gonades s'est accru jusqu'à 6
ou 7.

Les faits fournis par les méduses ou médusoïdes suffisent à montrer que
les variations discontinues peuvent se présenter en grand nombre, que de
brusques changements similaires peuvent *se produire d'année en année*, et
qu'il y a parfois une ressemblance familiale étroite dans les variations de
formes apparentées entre elles. Dans certains cas, (*Aurelia aurita* par exemple) nous ne sommes pas en état de dire quel résultat a été amené par l'abondance des variations discontinues ; dans d'autres cas, — par exemple celui
des formes très anormales de *Pseudoclytia* — la discontinuité a été trop loin,
comme on le voit à la diminution de fécondité et à la perte totale de symétrie. Enfin, de la parenté de *Pseudoclytia* et *epenthesis* nous sommes contraints
de conclure que l'une des espèces a pu naître de l'autre par variation discontinue.

7. — *Fluctuations et Mutations d'après de Vries.*

Le professeur Hugo de Vries est un des principaux héritiers
intellectuels de Darwin, et possède beaucoup de la pénétration
et de la patience de ce dernier. Des observations et expériences
longuement continuées et contrôlées avec soin, faites sur des
générations nombreuses de plantes, l'ont conduit à des conclusions qui ont donné à la théorie de l'évolution une nouvelle impulsion. Sa théorie de la mutation est certainement une des plus
grandes conquêtes depuis Darwin.

L'idée générale. — L'origine des espèces et variétés est une question à étudier expérimentalement. « Des études comparatives ont fourni tous les témoignages invoqués jusqu'ici ,à l'appui de la théorie darwinienne de la descendance, et nous donnent quelques idées générales quant aux lignes principales de l'arbre généalogique du règne végétal : mais on n'a pas expliqué de façon adéquate comment une espèce naît d'une autre. *La croyance courante est que les espèces se modifient lentement en types nouveaux. Par opposition à cette conception la théorie de la mutation admet que les nouvelles espèces et variétés sont produites, aux dépens de formes existantes, par des bonds soudains. L'individu type lui-même reste inchangé durant ce processus et peut, de façon réitérée, donner naissance à des formes nouvelles. Celles-ci peuvent surgir simultanément et en groupes, ou bien séparément à des temps plus ou moins espacés...* Mes travaux prétendent être en plein accord avec les principes posés par Darwin et donner une analyse complète et nette de certaines des idées sur la variabilité, l'hérédité, la sélection, la mutation, qui étaient nécessairement vagues de son temps » (Préface à *Espèces et Variétés, leur origine par mutation*).

Une implication théorique. — La théorie de de Vries implique la conception théorique que « les caractère des organismes sont construits avec des éléments nettement séparés les uns des autres. Ces éléments peuvent se combiner en groupes, et chez les espèces alliées, les mêmes combinaisons d'éléments se présentent. Des formes de transition du genre de celles qui sont si communes dans les traits extérieurs des animaux et plantes n'existent pas entre les éléments eux-mêmes pas plus qu'il n'en existe entre les éléments du chimiste. »

Le cas de l'Œnothère. — En 1886, de Vries commença à chercher autour d'Amsterdam quelque plante qui paraîtrait se trouver d'humeur à varier, si l'on peut ainsi parler. Il essaya plus de cent espèces, les cultivant longuement, mais toutes se montrèrent d'un conservatisme désappointant. Il semblait que toutes les espèces autour d'Amsterdam fussent dans un état immuable. Il se peut, comme Weismann en émit l'idée dans un de ses premiers essais évolutionnistes (1872) que dans la vie de l'espèce des périodes de constance alternent avec des périodes de changement. L'historien a souvent fait une remarque analogue en ce qui concerne l'humanité.

Au cours de ses promenades autour d'Amsterdam, de Vries rencontra un champ de pommes de terre abandonné à Hilversum. Ce champ devait devenir pour lui un vrai trésor. Car il y trouva la plante mutable qu'il cherchait depuis longtemps, l'œnothère de Lamarck. Comme l'*Œnothera biennis* et l'*Œ. muricata*, l'*Œ. lamarckiana*, qui surpasse celle-ci pour les dimensions et la beauté des fleurs, venait probablement d'Amérique où elle est indigène. Elle s'était probablement « échappée » d'un jardin à Hilversum en 1875 environ et durant les dix années suivantes elle s'était répandue par centaines dans le champ. Elle s'était montrée très prolifique, dans son état de liberté, mais ce n'était pas là ce qu'elle offrait de plus intéressant.

Son grand intérêt était dans son aptitude à changer. Elle avait, pour ainsi dire, énormément vécu durant sa liberté. Presque tous ses organes variaient, comme entraînés par la marée inquiète de la vie. Elle manifestait de petites fluctuations de génération en génération, elle présentait des sports extraordinaires, fasciation et formation d'urnes ; elle témoignait d'hésitation quand à la durée qu'elle entendait vivre, car si la plupart des pieds étaient bisannuels, beaucoup étaient annuels, et quelques-uns trisannuels. Bref on y voyait ce qu'on ne peut guère appeler que l'élaboration de nouvelles espèces.

Il est possible que cette multiplication abondante dans un milieu nouveau ait eu quelque rapport avec l'apparition de la mutabilité.

En 1887, un an après la découverte du champ de pommes de terre, de Vries découvrit deux formes nouvelles bien définies, l'une à style court, *Œ. brevistylis* et une belle variété à feuilles lisses *Œ. lœvifolia* distinctes de la forme mère *Œ. lamarckiana* par de nombreux détails. Il les considéra comme deux « espèces élémentaires » (1) et les soumit immédiatement à l'une des épreuves cruciales en cherchant si elles se reproduiraient elles-mêmes. Il constata que les produits étaient identiques aux générateurs : des œufs fécondés par le pollen de la même espèce, il naquit des formes similaires. Aucune de ces deux formes n'était représen-

____

(1) Par « espèce élémentaire », il faut entendre simplement un groupe d'individus qui se ressemblent entre eux et diffèrent d'autres groupes par un certain nombre de caractères, normalement constants à travers les générations successives.

tée dans les herbiers de Leyde, Paris ou Kew ; aucune n'avait été décrite dans les travaux sur les Onagrariées. Elles semblaient nettement nouvelles. Il est intéressant de noter qu'en 1887 il y eut peu d'exemples de ces deux nouvelles espèces élémentaires et que chacune d'elles n'a paru que sur une partie isolée du champ. L'impression était que chacune était née par mutation soudaine d'un individu.

Le chapitre suivant, dans cette étude célèbre, commence avec le transfert d'échantillons des formes nouvelles, et de la souche ancestrale, en partie sous forme de plants, et en partie sous forme de graines, du champ de pommes de terre d'Hilversum au jardin botanique d'Amsterdam.

Les trois lignées donnèrent en culture naissance à plusieurs milliers d'individus qui se reproduisirent identiques à eux-mêmes selon certaines lignes, et pourtant engendrèrent d'autres formes nouvelles. Bref, de Vries avait trouvé une plante en voie d'évolution. La prédisposition à la mutabilité — qui reste un mystère — était présente. De Vries lui donna libre essor et comme « premier jardinier, » il eut le plaisir de donner des noms aux créations nouvelles qui naissaient devant lui. De chacun de ses trois échantillons sortirent plusieurs groupes distincts qu'on eût considérés comme des espèces distinctes si on les avait rencontrés à l'état de nature. Mais le caractère le plus intéressant fut la soudaineté apparente de l'origine des formes nouvelles. Elles semblaient naître par sauts et bonds, par à-coups organiques : c'étaient des exemples de ce que de Vries a nommé la mutation.

En dehors de l'*Œ. loevifolia*, à feuilles lisses, et de la brevistyle, à styles courts, toutes deux apparues dans le champ de pommes de terre, la culture de l'*Œ. lamarckiana* eut pour résultat l'apparition de sept espèces élémentaires constantes : *Œ. gigas* rare ; *Œ. rubrinervis*, *Œ. oblongata* ; *Œ. albida* ; *Œ. leptocarpa* ; *Œ. lata* ; et *Œ. nanella*, une naine. En outre, il y eut quelques variants inconstants, et d'autres qui furent stériles.

Une forme, *Œ. scintillans*, qui apparut huit fois seulement, n'était pas constante comme les autres. Par auto-fécondation elle donnait des *oblongata*, des *lamarckiana*, et des *scintillans* aussi.

Il est intéressant de noter que certaines des formes — l'*oblongata* par exemple — sont apparues à de très nombreuses reprises ; que cinq des formes nouvelles apparurent ensuite dans le champ, ou furent obtenues de graines récoltées dans celui-ci, ce qui montre qu'il n'y a pas à chercher dans la culture la cause de leur origine.

Comme le dit de Vries, les nouvelles espèces élémentaires se dressent soudainement sans formes de passage ; pour la plupart elles sont tout à fait constantes ; en dedans des limites de leur constance essentielle elles présentent des fluctuations mineures similaires ; elles sont communément représentées par de nombreux individus dans la même période de temps ; les changements observés portent sur de nombreux organes et parties, sans aucune direction définie, et la mutabilité semble être périodique, non continue.

Si les cas du genre de celui de l'Œnothère de Lamarck indiquent ce qui se présente souvent et s'est souvent présenté dans la nature, alors nos vues relatives au processus de l'évolution doivent être modifiées à plusieurs égards.

Il devient nécessaire de distinguer plus nettement les variations fluctuantes des mutations discontinues. Si une seule espèce élémentaire peut surgir comme toute faite, d'un seul bond, il n'est pas nécessaire de retenir la formule d'après laquelle les espèces sont nées par accumulation graduelle, sous l'influence de la sélection, de variations individuelles imperceptibles. Comme les mutations se présentent en grand nombre, de façon réitérée, et sont très constantes, les difficultés familières relatives à la submersion des nouveautés, à l'insignifiance de la valeur des phases initiales, au caractère en apparence non utilitaire de certaines différences spécifiques, et d'autres encore, seront grandement diminuées. Le lecteur trouvera dans *Evolution and Adaptation* du prof. T. H. Morgan (1903) une bonne discussion des avantages de la théorie de la mutation.

L'analyse de la variation par de Vries. — Pour apprécier plus complètement l'importance des changements devenus nécessaires dans notre conception de l'évolution, par suite de l'œuvre de de Vries, il nous faut dire un mot rapide de son analyse des différents phénomènes trop souvent groupés à tort sous la même dénomination de « variation ».

Espèces élémentaires. — Dans divers groupes d'organismes portant habituellement le nom d'espèces linnéennes, il y a un nombre plus ou moins grand de sous-espèces ou variétés. Celles-ci restent plus ou moins constantes dans leurs caractères de génération en génération, et elles se reproduisent semblables à elles-mêmes dans des conditions artificielles ; ce ne sont pas des races locales à modifications similaires. De Vries leur donne le nom d' « espèces élémentaires ». Ainsi, il y a environ 200 espèces élémentaires de la crucifère commune, *Draba verna*, quelques espèces élémentaires de la *Viola tricolor* d'Europe, et ainsi de suite.

« Les espèces systématiques, dit de Vries, sont les unités pratiques des systématistes et des florilogues, et tous les amis de la nature devraient faire tout leur possible pour les conserver, comme l'a proposé Linné. Mais ces unités ne sont pas des entités à existence véritable ; elles ont aussi peu de droits à être regardées comme telles, qu'en ont les genres et les familles. Les véritables unités sont les espèces élémentaires ; leurs limites empiètent souvent les unes sur les autres, en apparence, et c'est seulement dans de rares cas qu'on peut les déterminer uniquement par l'observation. La méthode requise, c'est la culture généalogique, et toute forme qui reste constante et distincte de ses alliées dans la nature, doit être considérée comme une espèce élémentaire ». (1905, p. 12).

Les espèces élémentaires sont considérées comme ayant surgi de la forme originale de façon progressive : elles ont réussi à parvenir à un état de tout à fait nouveau.

Variétés rétrogrades. — De Vries applique ce terme aux nombreuses formes qui ont perdu quelque particularité caractérisant leurs ascendants. Comme les espèces élémentaires, elles peuvent surgir de façon soudaine, mais tandis que les « pas progressifs caractérisent les espèces élémentaires, les variétés rétrogrades se distinguent par des pertes apparentes. »

Les variétés rétrogrades diffèrent habituellement de l'espèce originale par un seul caractère bien net : perte de pigment, de poils, d'épines, etc. ; tandis que les espèces élémentaires diffèrent de leurs alliés les plus proches par presque tous les organes. En outre, la même sorte de variété rétrograde est présente de façon réitérée dans différentes séries d'espèces ; d'où les longues listes de variétés n'ayant entre elles aucune relation, portant le même titre de variété : *alba inermis, canescens,* ou *glabra.*

« Les variétés diffèrent des espèces élémentaires en ce qu'elles ne possèdent rien de réellement neuf. Elles naissent, pour la plus grande part, de façon négative, par perte apparente de quelque qualité ; rarement de façon positive, en acquérant un caractère existant déjà chez les espèces alliées » (1903, p. 152).

Variétés qui jouent sans cesse. — De Vries caractérise de la sorte des cas tels que celui du pied d'alouette panaché qui, depuis des siècles, produit à la fois des fleurs unies, et des fleurs rayées. « Ses changements sont limités à un cercle assez étroit, et ce cercle est aussi constant que les particularités de n'importe quelle autre espèce ou variété constante. Mais à l'intérieur de ce cercle il y a sans cesse des changements : rayures étroites, larges bandes, couleur unie. Ici la variabilité est chose absolument constante, et la constance consiste en changements éternels ». Les plantes à feuilles panachées, à fleurs doubles, à branches fasciées, à fleurs péloriques, etc., sont des exemples fréquents de la tendance « à jouer sans cesse ». L'*antirrhinum majus* en fournit un bon cas ; la variété rayée, par exemple, ne peut être fixée. Il y a quelque instabilité inhérente dans la combinaison des caractères unitaires chez ce type de variété.

Fluctuations. — De Vries applique ce terme aux variations individuelles d'occurrence continuelle. « Il est normal pour les organismes de présenter des fluctuations, de ci, de là, oscillant autour d'un type moyen. Les fluctuations sont linéaires, amplifiant ou diminuant les qualités existantes mais sans en changer réellement la nature. On n'observe pas qu'elles produisent quoi que ce soit de tout à fait neuf, elles oscillent toujours autour d'une moyenne, et si elles en sont écartées pour un temps elles manifestent une tendance à y revenir. » Elles sont hors d'état de jamais marquer un seul pas selon les grandes lignes d'évolution, progressive ou régressive. Elles ne constituent pas la matière première de l'évolution comme on l'a souvent supposé, mais nous accordons qu'il est difficile dans l'état actuel des connaissances de distinguer une fluctuation assez importante d'une petite mutation.

Mutation. — Par contraste avec la variabilité permanente, qui ne manque dans aucun groupe important d'animaux, et qui détermine les différences qu'on observe toujours entre parents et enfants, ou entre enfants eux-mêmes, il nous faut placer les « sports » ou variétés uniques, assez souvent dénommées variations spontanées, pour lesquelles je propose de réserver le terme de « mutations ». Elles sont très rares, et doivent être considérées comme des bonds soudains et définis » (1905, p. 190-1).

« De Vries rappelle la très heureuse comparaison de Galton, de la variabilité avec un polyèdre capable de rouler d'une face sur une autre. Quand il repose sur une face quelconque, il est en équilibre stable. De petites vibrations ou perturbations peuvent le faire osciller, mais il revient toujours à la même face. Ces oscillations ont pour pendant les variations fluctuantes. Une perturbation plus considérable peut faire rouler le polyèdre sur une autre face, où il entre en repos de nouveau, ne présentant que les fluctuations, toujours les mêmes, autour de son nouveau centre. La nouvelle position correspond à une mutation. » (E. H. Morgan, 1903, p. 289).

D'après de Vries les mutations ont fourni la matière première du processus d'évolution.

Les mutations les plus anciennement connues. — Quelques années avant la fin du XVIᵉ siècle (1590) Sprenger, apothicaire à Heidelberg, trouva dans son jardin une forme particulière de grande chélidoine. Elle était caractérisée par ses feuilles découpées en lobes étroits, avec extrémités presque linéaires, et par ses pétales également laciniés. Cette forme nouvelle très nettement caractérisée apparut tout à coup parmi les plants de chélidoine que l'apothicaire cultivait depuis plusieurs années. Elle fut reconnue comme entièrement nouvelle par les botanistes et reçut alors le nom de *chélidonium laciniatum*. Elle n'existait pas à l'état sauvage et ne se trouva nulle part ailleurs que dans le jardin de Heidelberg. Mais dès le début la graine de cette nouvelle chelidoine reproduisit exactement sa variété. Elle a été acclimatée en Angleterre et en d'autres pays et on la rencontre parfois, échappée des cultures. Son origine par mutation paraît aussi certaine que sa constance. Il est intéressant encore de noter que dans son croisement avec la grande chélidoine, elle obéit à la loi de Mendel.

Résumé. — De Vries a rendu de grands services en analysant le concept complexe de variation ; en opposant nettement la fluctuation individuelle aux mutations, en définissant les « espèces élémentaires », les « variétés rétrogrades » et les « variétés joueuses », en observant la véritable origine par mutation de nouvelles variétés ou sous-espèces stables, de l'Œnothère de Lamarck et de quelques autres plantes ; en montrant par la recherche historique associée à l'expérimentation, que plusieurs souches stables de plantes cultivées sont nées par mutation ; et enfin en corroborant pleinement l'idée fondamentale que « les caractères des organismes sont composés d'unités nettement distinctes les unes des autres. »

Le contraste entre les fluctuations et les mutations est si important qu'il est bon d'y revenir.

1º Les fluctuations se produisent constamment, de génération en génération ; les mutations sont rares et se présentent de façon intermittente. 2º Les fluctuations donnent naissance à une série de différences minuscules pouvant être disposées en courbe de fréquence, selon les lois du hasard ; les mutations peuvent être grandes ou petites, et leur occurrence ne correspond à aucune loi de fréquence connue. 3º Les fluctuations n'entraînent pas un changement permanent dans la moyenne de l'espèce, à moins d'une sélection très rigoureuse, et même alors, si la sélection se ralentit, il y a régression vers l'ancienne moyenne ; les mutations, elles, mènent *per saltum* à une nouvelle position spécifique, et il n'y a pas régression à l'ancienne moyenne. 4º Les fluctuations, en réalité, ne fournissent rien de véritablement neuf ; elles impliquent un petit excès ou un petit défaut de caractères déjà présents ; les mutations sont des nouveautés ; elles impliquent un modèle nouveau, quelque nouvelle position d'équilibre organique. D'après la théorie de Vries, nulle espèce nouvelle ne peut s'établir sans mutation. « Quant une mutation s'est produite, c'est le signe de l'existence d'une nouvelle espèce qui subsistera, à moins que toute sa descendance ne soit détruite »... L'expression « survivance du plus apte » appliquée à un processus d'évolution, devrait être remplacée par l'expression « survivance de l'espèce la plus apte ». D'après de Vries les espèces naissent par mutation et non par sélection continue de fluctuations. « La sélection naturelle peut expliquer la survivance du plus apte mais non l'arrivée, la production, du plus apte. »

L'idée de mutation est accueillie avec faveur parce qu'elle diminue la charge qu'il a été théoriquement nécessaire de faire peser sur l'hypothèse de la sélection, et parce qu'elle cadre bien avec la conviction *a priori* qu'ont quelques naturalistes au sujet de l'autonomie de l'organisme, considérant celui-ci comme un Protée changeant et révolté, autant que comme un pion dans une partie que joue le milieu. Mais parce qu'elle est la bienvenue, il faut ne l'adopter qu'avec beaucoup de prudence. Le professeur Veller de Zurich, très compétent en ce qui concerne les animaux domestiques, ne trouve que peu de faits à l'appui de la mutation dans l'histoire des races bien connues. Il nous paraît qu'en insistant sur le rôle des mutations, de Vries est tombé dans l'extrême opposé en dépréciant considérablement l'importance des fluctuations. Jusqu'au moment où nous en saurons davantage sur les mutations animales, il ne nous paraît pas légitime de refuser de voir dans les fluctuations, comme l'a pensé Darwin, une grande partie du domaine sur lequel opère la sélection.

Nous ne pourrons envisager qu'avec réserve la distinction entre les grandes fluctuations et les petites mutations. Elle nous paraît purement verbale.

Finalement, il faut se rappeler, comme de Vries l'a indiqué avec franchise, que nous ignorons les conditions dans lesquelles se présentent les mutations. La théorie mutationiste ne nous fournit pas encore la théorie des mutations.

« Lignées pures ». — La position adoptée par de Vries a été fortifiée par les travaux de Johannsen et de Jennings sur les « lignées pures ». Si nous réussissons à établir une lignée pure, soit « la descendance d'une plante unique homozygote, autofécondée », par exemple un pied de haricot naturellement exceptionnel, à graines très grandes, nous rencontrerons de petites différences individuelles dans la dimension des graines de génération en génération ; or si nous prenons les plus grosses et les plus petites aussi, comme point de départ nouveau, nous constatons que les deux descendances ne sont ni plus volumineuses, ni plus petites que la moyenne. La grosseur originelle constituait une mutation fixée, les autres différences constituaient probablement de simples modifications et n'étaient pas transmissibles. Si nous prenons un nombre considérable de haricots les plus gros, et des plus petits, d'un champ, et si nous les semons, nous avons des chances d'obtenir, dans la descendance des premiers des dimensions moyennes supérieures à celles de la progéniture des derniers, car nous sommes presque sûrs de nous être mis en route avec un nombre important de haricots qui sont, congénitalement, et non par modification, de grandes dimensions, et de petites dimensions. Ce que Johannsen a fait pour le haricot et quelques autres plantes, Jennings l'a fait pour la Paramécie. Il isola huit lignées pures de cet infusoire différant par les dimensions moyennes, et constata qu'il ne faisait aucun progrès en sélectionnant les sujets les plus volumineux dans une lignée pure établie, les dimensions exceptionnelles étant probablement le résultat accidentel d'une « nurture » particulière. Mais par contre, la sélection opérée dans une population mixte donna le même résultat que chez les haricots : l'altération des dimensions moyennes fut évidente. Les expériences ont été faites avec un soin consommé, mais il est difficile d'accepter l'idée de la fixité rigoureuse des caractères héréditaires dans une lignée pure. Il se peut que dans quelque cas, chez les haricots en particulier, la limite de dimensions viable ait été atteinte. Il se peut aussi que les variations qui comptent ne se présentent pas souvent ; peut-être faut-il qu'un certain temps s'écoule avant que l'organisme puisse faire un nouveau pas.

Le professeur Castle s'est demandé s'il n'était pas possible qu'accompagnant les différences notables de dimensions, dues à la nutrition, se produisent aussi de légères différences de taille dues à la variation germinale en dedans de la lignée pure, c'est-à-dire grâce à des variations dans la puissance du même caractère unitaire ou de la même combinaison de caractères unitaires ? Et il a attiré l'attention sur le succès qu'a obtenu Woltereck en sélectionnant une variation dans une lignée pure parthénogénétique de la puce d'eau, *Hyalodaphnia*. Woltereck sélectionna les formes présentant le caractère exceptionnel de posséder un œil rudimentaire, et arriva à accroître notablement le développement de cet organe, et sa fréquence (jusqu'à 90 %).

Bref, il est prématuré de renoncer à la croyance de l'efficacité de la sélection, même dans les lignées pures.

8. — *Causes de variation.*

Il est trop tôt pour parler des causes de la variation, si ce n'est de façon très prudente. Ce que Darwin a dit, reste encore vrai : « Notre ignorance des lois de la variation est profonde. Nous ne pouvons pas, même une fois sur cent, prétendre donner une raison quelconque pour expliquer la variation de telle ou telle partie. »

Variabilité. — La difficulté qu'a éprouvée tout naturaliste en essayant de définir les concepts de variabilité et de variations tient au fait que les êtres vivants sont des individualités, à certains égards, des personnalités. Dans l'océan de matière et d'énergie, les organismes sont en quelque sorte des tourbillons, chacun pourvu de son caractère spécial. Ce sont des systèmes animés, chacun possédant une unité ou individualité que nous ne pouvons pleinement interpréter. Ils ont l'aptitude — encore une prérogative ultime — de donner naissance à d'autres tourbillons, à d'autres systèmes animés qui tendent à leur ressembler. Mais parce que chaque organisme est un tourbillon très complexe, et parce qu'une individualité vivante ne peut en reproduire d'autres sans des manœuvres moléculaires subtiles que nous ne connaissons que de façon lointaine, il y a très peu de chances pour qu'une individualité puisse donner une réplique absolue d'elle-même. Il est de l'essence même de la substance vivante de changer, et une individualité ne peut être divisée en deux moitiés. De ce point de vue la variation est un phénomène primordialement normal, et la reproduction du semblable est apparue secondairement, en tant que résultat d'une contrainte. En deux mots la variabilité est un caractère primordial des organismes.

1º Au cours de la maturation des cellules germinales, des combinaisons nouvelles de qualités héréditaires trouvent l'occasion de se produire, car dans les divisions par réduction ou méiotiques qui ont lieu, la moitié des chromosomes sont séparés de leurs voisins. Dans le cas de la maturation de la cellule-œuf, $\dfrac{n}{2}$ des chromosomes sont libérés pour former le premier corps polaire, *qui ne compte pour rien*. Si un chromosome ainsi englouti dans le premier corps polaire était porteur d'un facteur propre à déterminer un caractère particulier et si ce facteur n'est pas introduit dans la place par le spermatozoïde fécondant, l'héritage sera dépourvu dudit caractère. Une variation négative peut ainsi se produire. Comme nous l'avons vu, il y a de même une division réductrice lors de la maturation du spermatozoïde, mais tous les spermatozoïdes sont théoriquement capables de féconder l'œuf.

2º Si l'œuf fécondé contient, dans son noyau réduit, un chromosome porteur d'un facteur particulier x et si le spermatozoïde en le fécondant, introduit un chromosome semblable contenant également le facteur x, l'œuf fécondé contiendra une double dose de la qualité en question. Ceci peut amener une variation en plus : une augmentation ou un renforcement d'un caractère particulier.

3° Il convient de tenir compte des possibilités de permutations et combinaisons nouvelles lors de la rencontre de deux hérédités au cours de l'amphimixie ou fécondation. Un modèle nouveau peut facilement surgir. Deux groupes de chromosomes se rencontrent et ceux du père peuvent différer dans leurs détails de ceux de la mère.

Combinaisons de chromosomes. — Le prof. H. E. Ziegler a beaucoup prêté attention au nombre des combinaisons possibles des chromosomes des parents chez les enfants, en supposant que la distribution se fasse au hasard. Si le nombre normal de chromosomes dans une espèce est n, le nombre des groupes de tétrades n, le nombre des combinaisons possibles dans la cellule germinale à maturation $\dfrac{n}{2} + 1$, et le nombre des combinaisons possibles dans la cellule-œuf fécondée est de $\left(\dfrac{n}{2} + 1\right)^2 = \dfrac{n^2}{4} + n + 1.$

Si le nombre normal des chromosomes est 8 comme chez la douve existant souvent en parasite chez les grenouilles, le *Polystomum integerrimum*, le nombre des groupes de tétrades est 4, celui des combinaisons possibles dans les cellules germinales mures est 5, et le nombre des descendants théoriquement différents est de 25, en admettant que les chromosomes soient hétérogènes. Mais d'après les lois du hasard, certaines combinaisons sont beaucoup plus fréquentes que d'autres ; plus le nombre des groupes de tétrades est considérable, plus est fréquente l'occurrence d'un nombre approximativement égal de chromosomes paternels et de chromosomes maternels dans la cellule germinale.

Sutton pose les choses comme suit. Un individu reçoit de son père quatre chromosomes A, B, C, D, de sa mère, le même nombre, a, b, c, d. Ceux-ci se groupent en quatre tétrades composées chacune de deux chromosomes doubles, 2 maternels et 2 paternels, Aa, Bb, Cc, Dd. La cellule germinale mûre reçoit un chromosome de chaque tétrade et il y a seize combinaisons possibles : a B C D, A b C D, A B c D, A B C d, a b C D, a b c D, a b C d, a b c d : et huit autres qu'on obtient en remplaçant les lettres ordinaires par des capitales, et vice versa. Le nombre des enfants pouvant différer entre eux serait de 16⁴.

Sutton donne la table suivante, intéressante, au sujet des possibilités de variation.

Nombre normal de chromosomes	Nombre de groupes de tétrades.	Nombre de combinaisons dans les cellules germinales mures	Nombre de possibilités chez la progéniture.
8	4	16	256
12	6	64	4096
16	8	256	65536
24	12	4096	16.777216

4° Une autre possibilité à envisager est celle de fluctuations dans le corps du parent, dans la circulation sanguine, par exemple, susceptibles de provoquer des changements dans le plasma germinal complexe. Il se peut aussi que certaines fonctions libèrent des produits affectant favorablement ou défavorablement les cellules germinales. De puissants stimulants de milieu, comme le climat, par exemple, peuvent également agir sur le corps et entraîner des modifications dans l'architecture du plasma germinal, amenant des innovations dans les manœuvres compliquées de la division cellulaire, car les cellules germinales ont aussi leurs générations !

Les expériences de W. L. Tower, en particulier, donnent à penser que des changements extérieurs importants peuvent provoquer des changements dans les cellules germinales sans affecter nécessairement le corps du père. Cet expérimentateur soumit des *Leptinotarsa* de la pomme de terre adultes à des conditions spéciales de température et d'humidité durant le temps que mûrissaient les œufs, et constata que des « mutations » se produisaient chez un certain nombre des produits. Les parents ne furent pas affectés, ayant dépassé la période plastique : et quelques-uns des œufs ne furent pas affectés du tout. En outre, la même particularité de milieu ne déterminait pas toujours la même mutation chez les produits. Mais ce qui ressort nettement des expériences de Tower, c'est l'idée que des changements dans l'ambiance, produisant une saturation profonde, peuvent servir à déclencher la variabilité germinale.

5⁰ Une cellule germinale est une unité vivante et il est concevable qu'elle puisse changer au cours de son existence comme un microbe en évolution dont la virulence diminue d'intensité. De même qu'il se produit périodiquement une débâcle et une réorganisation (endomixis) dans la constitution nucléaire d'un animalcule (paramæcium) cultivé artificiellement selon le principe de la lignée pure, sans conjonction, de même peut-il s'opérer des remaniements « spontanés » au sein du noyau complexe de la cellule germinale. Le déclanchement peut provenir du milieu somatique, mais qui oserait nier la possibilité pour un organisme — qui certainement possède son côté psychique mystérieux — de se livrer à des expériences d'expression personnelle.

CHAPITRE IV

MODES COMMUNS D'HÉRÉDITÉ

« Seigneur, je remarque combien la généalogie de mon Sauveur se trouve étrangement mélangée par quatre changements remarquables en quatre générations consécutives.

1° Roboam enfanta Abia, c'est-à-dire qu'un mauvais père enfanta un mauvais fils.

2° Abia enfanta Asa ; c'est-à-dire un mauvais père un bon fils.

3° Asa enfanta Josaphat ; c'est-à-dire un bon père, un bon fils.

4° Josaphat enfanta Joram ; c'est-à-dire un bon père, un mauvais fils.

Ceci me prouve, Seigneur, que la piété de mon père ne peut être héritée ; ce qui est une mauvaise nouvelle pour moi. Mais je vois aussi que l'impiété effective n'est pas toujours héréditaire, ce qui est une bonne nouvelle pour mon fils. »

THOMAS FULLER, (*Scripture observations,* n° *VIII*).

1. Bien que la prédiction dans les cas individuels ne soit pas certaine, il y a quelques modes communs d'hérédité. — 2. Certaines réserves nécessaires. — 3. Hérédité mélangée. — 4. Hérédité exclusive (unilatérale, absolument prépotente, ou prépondérante. — 5. Hérédité particulaire. — 6. Hérédité alternative ou Mendélienne. — 7. Résumé des possibilités.

Chez les animaux inférieurs, en particulier, la progéniture peut nous apparaître comme une parfaite reproduction des parents et nous nous aventurons à parler d'une ressemblance héréditaire complète. C'est ainsi que parmi une troupe de Myriapodes pris au même endroit, et au même moment, il est impossible de découvrir aucune particularité individuelle. On obtient facilement une hydre-fille qui paraît identique à l'hydre mère. On peut suivre des générations de pucerons ou d'Aphibes, sans découvrir de particularités individuelles. En d'autres termes, il peut exister des cas où les générations succèdent aux générations sans variation. Mais il y a toutes les raisons de supposer que dans la plupart des cas, cette absence apparente de variation est illusoire, et due seulement à un manque de connaissance assez intime de ces organismes individuels. Les moutons qui semblent « tous pareils » à l'observateur superficiel sont souvent connus individuellement du berger, et il est aisé de prouver que des pois réunis dans une même cosse sont souvent loin d'être pareils. De même les membres d'un groupe d'individus peuvent paraître « tous pareils » même à l'œil du naturaliste, alors que des différences infimes sont aperçues par l'expert qui aura consacré des années à l'étude de ce type particulier.

Il existe des différences visibles entre des abeilles, ou des fourmis sœurs, entre les corneilles d'une même couvée, ou les porcs d'une même portée.

Même lorsqu'il n'existe qu'un seul générateur, par exemple dans le cas d'une douve ou d'une puce d'eau pathogénétique, il peut y avoir des variations dans la descendance.

Il est hors de doute, toutefois, que l'ordre de variabilité diffère grandement chez différents types ; et c'est évidemment dans le cas où les particularités individuelles se trouvent fréquentes et bien marquées, qu'il nous sera plus aisé d'étudier les rapports de ressemblance et de différence entre parents, et progéniture, ou entre les membres d'une série de générations. Chez les chevaux et les chiens, les moutons, le bétail, les rats et les souris, les lapins, les cochons d'Inde, les pigeons, la volaille, les papillons et les crustacés à développement rapide, chez le blé, l'orge, le maïs, les pois, et chez l'homme lui-même il y a toute l'opportunité souhaitée pour étudier les *modes d'héritage*.

1. — Bien que la prédiction dans les cas individuels
ne soit pas certaine il y a quelques modes communs d'hérédité.

Lorsque nous avons à faire aux générations d'un animal, ou d'une plante, et que de précédentes observations nous ont montré l'uniformité frappante des caractères des membres de l'espèce, nous pouvons affirmer avec quelque sécurité que la descendance d'un couple présentera comme à l'ordinaire une ressemblance héréditaire plus ou moins complète avec les parents et les ancêtres. Et pourtant cette prédiction peut tomber à faux, car des variations peuvent surgir, sans cause connue.

De même lorsque nous avons à faire aux générations d'un animal ou d'une plante, dite de « race pure », il paraît logique de prévoir que la descendance d'un couple présentera, en ce qui concerne ses traits essentiels, une part notable de ressemblance héréditaire complète avec ses parents et ancêtres. Et pourtant, dans des cas individuels, cette prédiction peut aussi tomber à faux par l'apparition, sans raison connue, d'un « caprice » ou d'un « sport ».

Nous ne pouvons nous étonner que le résultat démente souvent la prévision individuelle lors que nous considérons les conditions de nutrition variables des cellules germinales, le processus subtil de la maturation et de la fécondation, et la nature compliquée de chaque milieu approprié à chaque développement. Nous en trouvons un exemple cité par Lucas, dans le cas de ces enfants jumeaux d'une négresse des Antilles, l'un blanc avec des cheveux lisses, l'autre noir, avec des cheveux laineux. Peut-être n'est-ce là qu'une anecdote...

D'autre part, l'expérience montre qu'en dépit de l'incertitude quant aux cas individuels, il existe souvent une certitude parfaite quant à la moyenne lorsqu'il s'agit de grandes quantités. On peut prédire parfois de façon précise la ressemblance avec les parents et ancêtres et dans des séries particulières de cas (Phénomènes Mendéliens : voir Chapitre X) on peut prédire catégoriquement combien de produits seront semblables aux parents et combien seront semblables à l'un et à l'autre des grands parents. Bref en dehors des généralisations statistiques, il existe ce que nous pouvons appeler des *alternatives d'expectative* avec des degrés de probabilité variables. En d'autres termes, *il existe certains modes, plus ou moins bien définis de ressemblance héréditaire qui se présentent très souvent.*

2. — *Certaines réserves nécessaires.*

La discussion des différents modes de ressemblance héréditaire se trouve gênée par une terminologie exubérante, et par le fait que différents auteurs se sont servis du même terme dans des sens différents. On parle de l'hérédité comme unilatérale, bilatérale, unisexuelle, bisexuelle, mélangée et conspirée, neutralisée et combinée, directe et collatérale, atavique et progressive, reversionnaire, exclusive, particulaire, alternative, mendélienne, etc. Cette phraséologie redondante se trouve graduellement réduite par les progrès des recherches. C'est ainsi que beaucoup de modes d'hérédité paraissant tout d'abord différents rentrent maintenant dans la formule mendélienne.

Noüs avons vu que des cas de ressemblance héréditaire très complète en apparence peuvent n'être que des illusions dues à notre impuissance d'appréciation de différences réelles. D'autre part, nous devons aussi nous garder de supposer que les différences frappantes existant fréquemment entre la descendance et les parents, signifient nécessairement dans *l'expression* de l'héritage, et *non dans sa transmission*, ainsi qu'il est prouvé par le fait que nous voyons parfois réapparaître la ressemblance à la troisième génération.

Les caractères se trouvaient probablement *in passé* dans la matière germinale, mais neutralisés, latents, réduits au silence (nous ne pouvons user que de métaphores) par d'autres caractères — ou bien ils n'avaient jamais rencontré le stimulant nécessaire à leur expression dans le développement.

Nous pouvons imaginer le fils d'un millionnaire prodigue se remettant par réaction à la vie simple et croire sa fortune disparue mais à la troisième génération contredit la conclusion.

De même si nous comparons un produit mâle à sa mère, un produit femelle à son père, il faut se rendre compte que la différence de sexe peut expliquer certaines des difficultés apparentes dans le détail des caractères.

Par corrélation fonctionnelle la différenciation de sexe peut entraîner la non-expression ou l'expression modifiée d'une particularité pourtant transmise en entier, comme le prouve sa réapparition à la troisième génération.

Il faut aussi avoir présente à l'esprit la difficulté qu'il y a à distinguer avec certitude les ressemblances héréditaires des ressemblances acquises. Les plantes Alpines que Nægeli transplanta dans un jardin méridional subirent les modifications du fait de leur nouveau milieu. Ces modifications furent transmises à leurs descendants, et les caractères nouveaux se reproduisirent avec constance, génération après génération. Ces caractères étaient acquis ou dus à une modification ; ils n'étaient ni héréditaires, ni innés, ainsi qu'il fut prouvé, lorsque l'on planta les plantes dans un sol pierreux pauvre où tous les caractères alpins originels réapparurent. On a vu des cas intéressants, où la réapparition des caractères alpins fut non immédiate, mais graduelle. Mais de plus amples détails sont nécessaires en ce qui concerne ces cas.

3. — Hérédité mélangée.

Dans ce mode d'hérédité les caractères spéciaux des deux parents se trouvent intimement mêlés dans leur descendance.

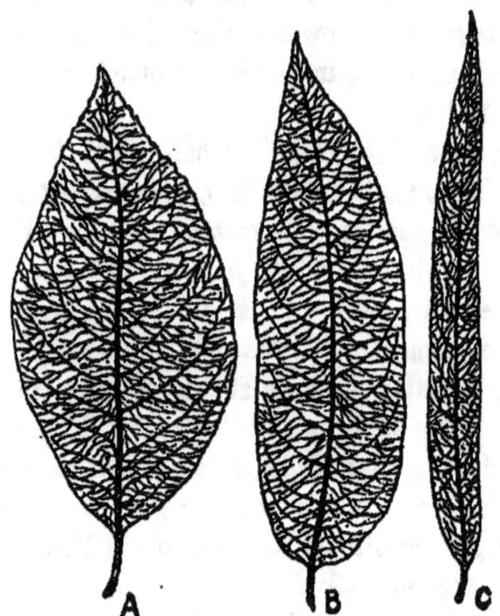

Fig. 15. — Feuilles de saule : A : de l'un des parents ; C : de l'autre : B : de l'hybride intermédiaire. (D'après Wiesner).

La couleur des cheveux peut-être une moyenne exacte entre la couleur blonde de la mère et la couleur foncée du père. Au repos la figure du jeune garçon peut ressembler exactement à celle du père ; sitôt qu'il surgit une émotion il ressemble alors à sa mère. Cette fusion est particulièrement connue chez certaines plantes hybrides. On remarque dans la progéniture comme une moyenne exacte entre les deux parents dans les nervures des feuilles, les dimensions des cellules épidermiques, le nombre des stomates, la longueur du style ; le degré de pilosité, etc.

J. M. Macfarlane a fourni des données admirables de précision sur la fusion des caractères chez les plantes hybrides.

Lorsque dans un caractère donné de la progéniture nous pouvons reconnaître à la fois des particularités paternelles et maternelles, nous dirons qu'il y a hérédité mélangée. Mais il peut y avoir différence quantitative dans l'expression d'une qualité maternelle ou paternelle, et alors nous disons que dans l'hérédité mélangée ou dans son expression l'un des deux parents est prépotent. Le second mode commun d'hérédité que nous appelerons *exclusif* est constitué par une prédominance plus grande des caractères d'un seul des parents.

W. E. Castle *(Journ. Washington Acad. Sc.* VII, 1917, 369-87) donne comme conclusion que « à part la couleur, il y a chez nos animaux domestiques très peu de caractères offrant quelque valeur au point de vue économique qui ne soient pas hérités par mélange ». Il convient de noter, cependant, que dans un très grand nombre de cas d'hérédité incontestablement mendelienne, la progéniture hybride est intermédiaire entre les deux parents. Ce qu'on appelle la « domination incomplète » peut prendre les apparences d'une véritable fusion ou mélange, comme la stature humaine en offre très probablement un exemple.

4. — *Hérédité exclusive, (unilatérale, absolument prépotente ou prépondérante.)*

Lorsque dans l'expression de l'hérédité biparentale, il y a dans un caractère une prépotence absolue d'un côté ou de l'autre, ou réciproquement une réduction apparente à zéro des particularités maternelles ou paternelles, l'hérédité est dite *exclusive.* On la dit aussi « unilatérale », absolument prépotente ou « prépondérante ». Ce mode d'hérédité se présenterait le plus souvent à l'égard de caractères particuliers ; mais on le rencontre parfois réalisé dans tant de parties de l'organisme, que les observateurs disent de toute la descendance qu'elle tient du père, ou qu'elle tient de la mère.

En ce qui concerne certains caractères on peut dire avec quelque certitude que, dans la moyenne, le père prédomine à certains égards, et à la mère à d'autres. Ainsi, en ce qui concerne la stature chez les êtres humains, en Angleterre, il semble certain que le père prédomine d'ordinaire, c'est-à-dire que, dans la moyenne, la stature des enfants se rapproche plutôt de celle du père que de celle de la mère. Mais des affirmations de cette sorte devraient être basées sur des statistiques soigneusement faites et non sur des « impressions » si fortes soient-elles, que les éleveurs ont souvent formulées comme étant des lois.

Il y a mainte généralisation populaire qui assigne à chacun des parents le pouvoir de transmettre des caractéristiques particulières. Le père est supposé avoir plus d'influence sur la forme extérieure, et la mère sur le tempérament, et les organes de la vie végétative.

Si les cas particuliers sont intéressants et méritent d'être recueillis en très grand nombre, toutes les généralisations, y compris celle qui précède, ne sont que simples conjectures. Pour l'instant nous pouvons seulement dire que dans certain cas l'expression de l'hérédité en son entier, ou en ce qui concerne certains caractères particuliers, peut rappeler l'un des parents d'une façon plus ou moins exclusive. En d'autres termes, le père paraît parfois absolument prédominant, d'autres fois c'est la mère, mais les caractères par lesquels se marque la prédominance varient habituellement selon les cas.

Gœthe a pu être parfaitement exact lorsqu'il a dit :

Vom Vater hab'ich die Statur
Des Lebens ernstes Führen
Vom Mütterchen die Frohnatur
Und Lust zur fabuliren.

Mais on ne peut généraliser ceci en une loi d'hérédité.

C'est une croyance assez communément répandue parmi les éleveurs que la forme extérieure dépend du père, et le tempérament et les organes viscéraux de la mère. Mais ceci ne soutient point l'examen. Ne nous appuyons pas non plus sur l'opinion de beaucoup d'éleveurs, — par exemple Stephens — lorsqu'ils affirment que le mâle importe presque toujours le plus, car il ne faut pas oublier qu'on l'apparie rarement avec une jument qui le vaille.

Buffon a émis la conclusion que la mule ressemble plus au père-âne qu'à la mère-jument, et le bardot plus au père cheval qu'à la mère anesse, mais il ne considérait de la question que des caractères superficiels. Les croisements entre zébus à bosse et bétail sans bosse, prouvent que la bosse se transmet à un certain degré, qu'elle vienne du mâle ou de la femelle. On peut dire même chose des chameaux et dromadaires, et des croisements entre sangliers et truies, et réciproquement.

Il n'y a aucun doute : ce qui semble être l' « hérédité unilatérale » bien définie, se produit assez fréquemment : par exemple le fils sera comme l'on dit l'image même du père, ou la fille celle de la mère ; ou bien encore plus souvent il y a hérédité « croisée ». le fils ressemblant à la mère ; et la fille au père. Mais il ne faut pas généraliser en une formule comme l'ont fait des éleveurs de chiens en disant : — « Chien de chienne, et chienne de chien ». Le résultat dépend de celui, des parents qui possède la mystérieuse qualité de la prédominance, et il se peut que le père soit prépotent par certains caractères, et la mère par d'autres. A Berlin, un nègre eut d'une femme blanche, sept filles nettement mulâtres et quatre fils nettement blancs. L'hérédité était « croisée », mais d'autres cas nous interdisent toute généralisation.

Il faut soigneusement retenir que là où l'expression de l'hérédité se rattache manifestement à l'un des parents, il ne s'ensuit pas nécessairement que les contributions correspondantes de l'autre parent aient disparu. Ces dernières peuvent reparaître dans la génération suivante, étant latentes, à la garde des cellules germinales. Il y a encore des cas où le jeune garçon ressemblait à sa mère, et la fille à son père mais avec l'âge la ressemblance s'est renversée, c'est-à-dire que des ressemblances non apparentes précédemment sont devenues évidentes. Ces cas viennent à l'appui de notre distinction entre l'hérédité et l'expression de l'hérédité.

Il faut se rappeler soigneusement que ce que nous décrivons comme un cas d'hérédité exclusive peut être le premier pas vers l'hérédité mendélienne. Quand un parent avec un caractère unitaire dominant s'apparie avec un autre chez qui le caractère correspondant est récessif, la progéniture toute entière présente le caractère dominant.

5. — *Hérédité particulaire.*

Il peut se faire en certains cas, *pour un caractère donné*, que les particularités des deux parents ne fusionnent pas, mais se trouvent exprimées séparément en différentes parties. Dans ces cas la combinaison n'est pas assez intime pour qu'on puisse parler de mélange ou de fusion : c'est ici *l'hérédité particulaire.*

Un exemple-type nous est fourni par le poulain pie, produit d'un père au poil foncé, et d'une mère de couleur claire. On distingue par place la couleur du père, et celle de la mère. « *Le coloris des deux yeux est en général identique, mais dans un ou deux cas sur mille, dans la race humaine, les deux iris diffèrent de couleur ou bien l'un des iris présente des taches de couleur* » (PEARSON, 1900, p. 452). Un cas très net est celui d'un chien de berger qui avait un œil de la couleur des yeux de son père, et l'autre de la couleur des yeux de sa mère.

Le même mode d'hérédité peut se manifester chez tous les enfants, lorsqu'il existe une différence marquée dans la généalogie, la vigueur, l'âge — en somme dans la constitution — des deux parents. Un beau mâle uni à une femelle ordinaire, verra ses caractères prédominer dans tous les produits qui naîtront de cette union ; une jeune mère unie à un mâle fatigué pourra l'emporter sur toute la ligne en ce qui concerne l'hérédité et les autres caractères. Par ailleurs lorsque les parents sont à peu près égaux, l'hérédité peut être mélangée dans un produit, exclusive dans un autre et particulaire chez un troisième.

Mieux encore, chez le même produit, différentes séries de caractères peuvent suivre différents modes d'hérédité. Nous voyons donc que ces modes d'hérédité ne sont que des termes descriptifs utiles, nous aidant dans la classification des faits, mais n'ajoutant rien à leur interprétation. Ils rendent plus claire la nécessité d'une conception générale, nous permettant de saisir comment toutes ces alternatives se trouvent possibles.

On peut observer des changements intéressants dans la prépondérance chez les enfants successifs d'une grande famille. Chez un père viril et d'âge moyen, uni à une mère beaucoup plus jeune, les aînés peuvent tenir entièrement du père, et les plus jeunes de la mère. Le Benjamin est le portrait de sa mère, et le préféré du père. On a observé pareillement que les premiers œufs presque immatures de la lapine, libérés par une ovulation subséquente au premier accouplement donnent des produits qui tiennent du mâle. Si d'autre part la lapine est couverte quelques jours seulement après le moment voulu les jeunes ressemblent à la mère.

On peut conclure de ces cas que les caractères héréditaires exprimés chez les enfants appartiennent surtout à celui des parents dont les cellules germinales se trouvent être les plus mûres au moment de la fécondation — opinion que nous examinerons à nouveau en discutant la sélection germinale.

Les expériences de Vernon sur l'hybridation des oursins viennent à l'appui de cette façon de voir car il a prouvé que les caractères de la progéniture ont tendance à reproduire ceux de l'espèce dont les gamètes étaient les plus mûres au moment de la fécondation.

6. — *Hérédité alternative ou mendélienne.*

Depuis la redécouverte de la loi de Mendel — à laquelle nous reviendrons en détails, — on a accumulé toute une série d'exemples de ce que l'on appelle l'hérédité alternative, ou mendélienne. Certains pensent que ce mode d'hérédité comprendrait même les modes d'hérédité fusionnée et particulaire, qui semblent tout d'abord distincts.

Dans l'exposé des idées fondamentales nous suivrons C. B. Davenport qui fait autorité.

Les recherches expérimentales ont imposé la conception des caractères unitaires. C'est-à-dire que les caractéristiques d'un organisme peuvent être résolues en quelques cas en des unités distinctes héritées de façon indépendante. Par exemple on en a démontré une douzaine pour le pois de senteur.

La théorie, confirmée par les résultats expérimentaux, apprend que les caractères unitaires sont représentés dans des cellules germinales par ce qu'on peut appeler des particules représentatives, ou des constituants primaires, ou déterminants, facteurs ou gènes, et que ceux-ci sont hors d'état de se mélanger avec d'autres déterminants de caractères unitaires opposés, ou de transiger avec eux. Ils sont là ou ils n'y sont pas. Si deux parents possèdent le même caractère unitaire (x) et le déterminant ou facteur correspondant dans toutes leurs cellules germinales, toute la descendance possèdera un déterminant x des deux côtés, et possèdera une expression somatique *duplex* ou « double-dose » du caractère en question.

Lorsque chez ces produits, les cellules germinales se formeront, elles possèderont toutes le déterminant ou facteur x. Si un seul des parents possède le caractère unitaire x, qui manque à l'autre, la progéniture reçoit un déterminant x d'un seul côté seulement, et lorsque les cellules germinales se forment chez elle on suppose qu'une moitié seulement possède ce déterminant x, et que l'autre en est dépourvue. Ce processus hypothétique s'appelle la segrégation des déterminants, et les résultats expérimentaux tendent à prouver sa réalité.

« La caractéristique chez la progéniture qui est due à un seul déterminant, (au lieu du double normal) prend le nom de caractéristique simple. On distingue aisément à son développement imparfait, cette caractéristique, de celle qui est due au déterminant double. C'est ainsi que le produit d'un père aux yeux vraiment noirs, et d'une mère aux yeux bleus aura des yeux bruns.

« Comme corollaire de ce qui précède, si l'individu possédant un caractère simple est apparié à un individu auquel manque ce caractère, une moitié des produits sera dépourvue du déterminant, et une moitié sera *simplex*, en ce qui concerne le caractère. Si dans les deux cas, le caractère est *simplex*, les deux déterminants semblables se rencontreront dans le quart des unions de l'œuf et du spermatozoïde, ils seront tous deux absents dans un autre quart de ces unions, et un seul d'entre eux se présentera dans la moitié de ces unions où nous retrouvons la condition *simplex*. Si l'un des parents possède la caractéristique *simplex*, et l'autre la *duplex*, alors, la moitié de la descendance l'aura *simplex*, et l'autre, *duplex*.

« Si nous partons des principes ci-dessus énoncés, nous arrivons à la généralisation la plus importante de la science moderne de l'hérédité. *Lorsque le déterminant d'une caractéristique se trouve absent du plasma germinal des deux parents (comme il est prouvé (1) par l'absence de ce déterminant dans leur corps) il sera absent dans toute leur descendance.* » (*Eugenics,* 1910, pp. 8-9).

Davenport considère la couleur des yeux pour montrer la précision (2) avec laquelle on peut prédire les caractéristiques de la progéniture da.is les cas les mieux étudiés.

« Les yeux bleus sont dûs à l'absence de pigment brun. S'il y a dans le plasma germinal le déterminant du pigment brun il produira ce pigment dans le corps naissant de ce plasma.

L'absence du pigment de l'iris prouve l'absence du détei mi- nant du pigment dans le plasma germinal. Si les deux parents sont dépourvus de pigment brun, leur progéniture se trouvant dépourvue du déterminant du pigment brun manquera toute de pigment brun. C'est un fait d'expérience que deux parents aux yeux bleus pur n'auront que des produits avec yeux bleus.

L'essence du Mendélisme peut être exprimée par deux propositions générales :

1° Dans l'œuf fécondé, il y a rencontre de certains facteurs ou gènes paternels et maternels particulièrement associés avec certains caractères, mais ces facteurs ne fusionnent pas ; au contraire, dans l'histoire des cellules germinales de la progéniture, il se produit une ségrégation de gènes, de sorte qu'un membre de chaque paire va vers une cellule-fille et l'autre vers l'autre cellule-fille : ils se séparent proprement, sans s'être ni influencés ni contaminés l'un l'autre, sauf dans des cas très rares.

2° Dans la ségrégation en question, il se produit un assortiment libre et indépendant des gènes, de sorte que les descendants du premier croisement représentent une proportion définie en ce qui concerne tout caractère particulier — certains ressembleront au grand-père, d'autres à la grand'mère, d'autres aux parents.

Si les parents diffèrent entre eux quant aux caractéristiques « couleur » et « blancheur », l'œuf fécondé comprendra les facteurs correspondants, la progéniture sera colorée, la pigmentation étant *dominante* et la non-pigmentation *récessive.* Mais au cours de l'histoire des cellules germinales de cette progéniture, probablement dès leur maturation, le gène « couleur » se répartira, par ségrégation, dans une moitié des cellules germinales, et le gène « blancheur » dans l'autre moitié. A la génération suivante, la progéniture des hybrides (appariés ensemble ou avec d'autres individus d'origine semblable), comptera en moyenne 25 % d'individus pigmentés, purs à cet égard, 25 % de non-pigmentés, purs à cet égard, et 50 % de « dominants impurs » comme les parents, la couleur étant exprimée (caractère dominant), mais la blancheur étant latente (caractère récessif).

(1) Peut-être vaudrait-il mieux dire que l'on conclût à leur absence : le mot *prouvé* est peut-être exagéré. Ce qui est hérité dans le plasma germinatif n'est pas nécessairement exprimé dans le développement.
(2) Voir toutefois GALLOWAY (1912).

CHAPITRE V

RÉVERSION ET PHÉNOMÈNES ALLIÉS

« Nul ne peut jamais renier ses ancêtres ».
                              Lois de MANOU.
« L'Évolution tentant toujours de s'élever vers quelque
bien idéal,
       Et la Réversion traînant toujours l'Évolution dans la
boue » TENNYSON.

1. — Ce que l'on entend par réversion.

La plupart des évolutionnistes, en somme la plupart des naturalistes, ont classé la réversion comme un des faits de l'hérédité. C'est ainsi que Darwin a dit : (1881) « Tout caractère d'une forme ancienne, généralisée, ou intermédiaire, peut à l'occasion réapparaître et réapparaît dans sa descendance après d'innombrables générations ». Wallace, Spencer, Galton et Weismann ont tous employé le mot « réversion », comme un résumé commode d'une série de cas universellement reconnus, où les organismes présentent des traits ancestraux que leurs parents ne possédaient point. Comme *terme descriptif*, résumant ces cas, le mot « réversion » est utile, commode, et, nous semble-t-il, entièrement légitime. Quand nous l'employons autrement que comme terme descriptif, et impliquons par son emploi que les caractères ancestraux réapparaissent parce qu'ils font partie de l'hérédité et qu'après être restés latents pendant des générations ils ont, sous l'influence d'un stimulant libérateur, pu trouver à s'exprimer dans le développement, alors nous passons du fait à l'interprétation, de la description à la théorie, et de grandes précautions deviennent nécessaires. Car le fait qu'un organisme présente quelque particularité caractéristique chez un ancêtre n'implique pas nécessairement que l'on doive l'attribuer à la réhabilitation d'éléments latents de son hérédité. Darwin pensait qu' « une tendance inhérente à la réversion se trouve développée par quelque perturbation dans l'organisation, causée par l'acte du croisement » et il donnait des exemples.

Un chardonneret croisé avec un canari jaune ordinaire donna des produits rayés sur le dos et les côtés. Darwin concluait que « ces raies devaient provenir du canari sauvage originel ». Il croisa une poule blanche soyeuse avec un coq nain espagnol, et obtint un produit qui semblait une résurrection du type originel sauvage *Gallus Bankiva*. Ces faits ont été confirmés, mais on considère maintenant que l'interprétation de Darwin doit faire place à celle de Mendel, c'est-à-dire que « par l'hybridation nous rétablissons le facteur manquant dans une lignée en le prenant à une autre lignée ; ou bien nous enlevons le facteur ajouté qui dissimule la condition ancestrale » (Davenport, 1910, p. 293, *The New Views about reversion*).

Exemples. — La reconnaissance des phénomènes de réversion ou ataviques date de loin. Plutarque cite le cas d'une femme grecque mariée qui, ayant donné naissance à un enfant noir, fut traduite en justice pour adultère et eut assez de science pour alléguer comme défense qu'elle descendait d'un éthiopien, à quatre générations en arrière. De Quatrefages a parallèlement raconté le cas de deux esclaves noirs, de Virginie, qui eurent un enfant parfaitement blanc. « En voyant la couleur de son enfant, la femme fut saisie de terreur, mais son mari la rassura en lui déclarant que son propre frère était blanc ».

Nous ne voulons pas présenter ces exemples comme des preuves concluantes en faveur de la *théorie* de la réversion, mais ils peuvent du moins prouver avec quelle promptitude on a adopté l'hypothèse des caractères restant latents. Ainsi que nous le verrons les réversions au sens strict sont peu nombreuses et n'apparaissent qu'à de longs intervalles.

Un poulain naît parfois avec quelques rayures sur ses jambes de devant comme pour nous rappeler les chevaux sauvages zébrés. Un colombier de pigeons soigneusement élevés fut laissé à lui-même pendant plusieurs années, après lesquelles on y découvrit de nombreux pigeons bleus, ressemblant par beaucoup de traits à la colombe sauvage *(Columbia livia)*. Un enfant de couleur foncée peut naître dans une famille chez laquelle il y a eu quelque mélange Eurasien. Des fleurs et des légumes cultivés, comme les pensées et les choux, produisent parfois des formes qui sont à peine discernables de celles de leurs progéniteurs sauvages. Le brugnon, dérivé de la pêche, peut arriver à donner de nouveau un fruit qui est pratiquement une pêche. Le groseillier blanc, dérivé du rouge ordinaire, peut présenter des branches avec des fleurs rouges. Ce sont là des exemples préliminaires de ce que l'on appelle d'ordinaire des réversions, l'hypothèse impliquée étant que ce sont des retours ou des « renvois en arrière », à un type ancestral.

2. — *Définitions proposées.*

L'exposition préliminaire de Darwin (1868, vol. II, p. 28) était la suivante : « Lorsqu'un enfant ressemble à un de ses grands parents plus profondément qu'à l'un de ses parents, notre attention ne s'y arrête guère, quoique ce fait soit en réalité très remarquable. Mais lorsque l'enfant ressemble à quelque ancêtre éloigné, ou à quelque membre éloigné d'une ligne collatérale, et qu'il nous faut attribuer ce fait à une descendance de tous les membres hors d'un progéniteur commun, nous-éprouvons un juste étonnement.

« Lorsqu'un seul des parents présente quelque caractère nouvellement acquis, et généralement transmissible, et que la descendance n'en hérite point, la cause peut résider dans le fait que l'autre parent possède un pouvoir de transmission prédominant. Mais lorsque les deux parents se trouvent caractérisés de même et que l'enfant pour quelque cause que ce soit n'hérite pas du caractère en question, mais ressemble à ses grands parents, nous nous trouvons en présence d'un des cas les plus simples de réversion ».

« Le cas le plus simple de réversion, réversion d'un métis ou hybride vers ses grands parents, se trouve relié d'une façon presque parfaite au cas extrême d'une race tout à fait pure recouvrant des caractères ayant été perdus pendant des âges ; et nous sommes ainsi amenés à conclure que tous les cas doivent être liés par quelque lien commun » *(Ibid.*, p. 49).

« Par le terme réversion », dit Weismann, nous entendons l'apparition de caractéristiques existant chez les ancêtres *éloignés* et manquant chez les ascendants *immédiats,* c'est-à-dire les parents. » (1893, p. 299).

Kearl Pearson définit la réversion comme « la complète réapparition chez un individu d'un caractère que l'on sait avoir été possédé par un ancêtre *défini* de la même race » et l'*atavisme* comme « un retour de l'individu à un caractère nullement typique de la race, mais existant chez des races alliées que l'on suppose être apparentées à l'ascendance de la race considérée... Dans la réversion nous avons une variation, normale ou anormale, du point de vue de l'hérédité chez l'individu ; dans l'atavisme nous avons une variation anormale du point de vue de *l'ascendance de la race* ». Mais comme les deux mots ont été employés par certains auteurs avec la signification opposée, et comme il est difficile de définir le champ de la variation anormale, nous adhérerons à l'emploi plus large qu'en fait Darwin et nous laisserons de côté le terme atavisme, comme étant un synonyme inutile.

« La réversion, dit de Vries, signifie le retour en arrière à un autre type, et le mot lui-même exprime l'idée que ce dernier type est la forme d'où la variété est née. L'atavisme ou réversion est le retour à un prototype, c'est-à-dire à ces ancêtres dont on sait que dérive une forme. » Mais de Vries distingue nettement la réversion vraie due à une soudaine réaffirmation de caractères ancestraux latents, chez une souche de pure race, de la fausse réversion ou du vicinisme dus au croisement. Toutes deux peuvent être appelées réversions mais elles diffèrent par leur nature et leurs causes. Il distingue aussi la réversion vers un ancêtre connu, de « l'atavisme systématique », retour à des ancêtres qui sont seulement réputés tels pour des raisons taxonomiques.

« La réversion, dit Bateson, se produit quand la somme totale des facteurs revient à ce qu'elle a été chez quelque type originel. Pareil retour peut être amené par l'omission d'un ou de plusieurs éléments, ou par l'addition de quelque élément manquant, nécessaire pour compléter le type originel. La réversion par croisement est ainsi le cas particulier dans lequel un ou plusieurs des facteurs manquants se trouvent apportés par les parents de l'hybride ». C'est ici l'interprétation mendélienne de la réversion, et Bateson ne croit pas qu'il y ait de phénomènes de réversion qui ne puissent cadrer avec cette interprétation.

Nous serions disposés à employer le terme de réversion pour tous les cas chez lesquels, *par l'hérédité*, il réapparaît chez un individu quelque caractère, ou combinaison de caractères qui ne se trouvent pas exprimés dans sa lignée immédiate, mais que l'on sait avoir existés chez un ancêtre éloigné, mais non hypothétique. Nous disons « par l'hérédité » de façon à exclure les cas où la réapparition peut être attribuée à quelque autre raison. Il n'y a pas de raison pour compliquer l'idée en appelant le caractère réversionnaire « anormal » car l'anormalité est souvent difficile à définir.

Si nous disposons une série de types connus sur un plan incliné dans l'ordre de leur évolution, avec les plus récents en haut, nous pouvons nous représenter la progéniture de l'un des plus hauts placés glissant à reculons (en ce qui concerne un, ou plusieurs de ces caractères) à un niveau plus bas, reculant au-delà du stade représenté par sa propre famille, ou souche, reculant même au delà du stade représenté par l'espèce entière, et ainsi de suite. Ces « retours en arrière » peuvent être décrits comme des réversions de famille, de souche, d'espèce, etc...

3. — *Implications théoriques.*

L'idée générale qui se cache derrière le mot « réversion » est que certains traits particuliers caractéristiques d'un ancêtre peuvent rester assoupis, c'est-à-dire non exprimés dans le développement pendant des générations, et soudain s'affirmer à nouveau.

Dans la mosaïque qui compose une hérédité, il peut exister des éléments d'origine ancienne, qui restent latents génération après génération, restant inexprimés dans leur développement, faute du stimulant libérateur approprié, ou pour d'autres raisons. Certaines potentialités ou initiatives qui forment réellement

partie de l'héritage et sont réellement transmises de génération
en génération, peuvent être réprimées par d'autres éléments de
l'héritage ou empêchées, en quelque manière, de s'affirmer. A
la fin, dans la reconstitution qui est associée à la maturation
et à la fécondation des cellules germinales, ou dans la lutte germinale intime qui se produit peut-être constamment entre les
divers éléments héréditaires, les éléments longuement latents
rencontrent leur occasion, et le résultat est une réversion due à
la réaffirmation de caractères longtemps restés latents.

Le jardin d'une maisonnette de berger, englobé dans une forêt,
perdit toute trace de ses cultures anciennes et devint un tapis de
mauvaises herbes. Après bien des années, il fut labouré, et l'on
vit réapparaître toutes sortes de fleurs démodées, dont les graines
étaient restées endormies pendant des années. Ainsi dans le jardin de ce que nous appelons notre hérédité, des fleurs et des
graines anciennes peuvent réapparaître, en sortant de leur
latence.

Telle est la donnée ancienne, une interprétation hypothétique pouvant paraître bonne dans certains cas tels que l'apparition d'un quatrième orteil à la patte de derrière du cochon d'Inde,
ou de cornes chez une race de bétail qui en est dépourvue. Quelle
est la théorie nouvelle qui repose sur une base expérimentale
définie ? La voici brièvement. En établissant des variétés domestiquées, ou cultivées, l'homme semble avoir presque toujours
aidé à un « déballage » de l'hérédité très complexe du type sauvage. Ainsi, les variétés de couleur chez le lapin domestique
sont le résultat de l'analyse, en quantité et en mélange variables
de la magnifique synthèse de couleurs que nous voyons chez le
lapin sauvage. Lorsque certaines variétés de couleurs sont croisées, et que la progéniture est du type sauvage, il y a « reembal-
lage ». Des facteurs de couleur qui ont été séparés par l'analyse,
se retrouvent en présence et reproduisent la forme sauvage. Il
n'y a pas eu de mystérieux éveils de caractères depuis longtemps
latents. Nous pouvons encore appeler ce qui se produit ici une
« réversion », mais dans les cas du genre de ceux qui précèdent
notre interprétation n'est pas darwinienne.

4. — *Phénomènes confondus parfois avec la réversion.*

Il est impossible de parcourir la bibliographie assez abondante relative à ce sujet sans se rendre compte que beaucoup de phénomènes sont intitulés « réversions » pour les plus insuffisantes des raisons. Essayons d'en rendre la conception plus définie par la critique, et par l'élimination d'exemples cités. Dans cette critique, il faut nous rappeler que le terme « réversion » n'indique pas seulement la *direction* que prend la variation ; il implique que cette direction *vers les ancêtres* est due à quelque chose qui se produit dans l'histoire précoce des cellules germinales.

Arrêts de développement. — Quoique des travestissements populaires aient réduit une idée lumineuse à une absurdité, il reste pourtant exact, en général, que le développement individuel, surtout dans les stades de formation des organes, représente en une certaine mesure une récapitulation de l'histoire de la race. Quoiqu'il soit plus pittoresque qu'exact de parler de « chaque animal faisant l'ascension de son propre arbre généalogique », il y a une ressemblance générale suggestive entre les stades du développement individuel des organes, comme le cœur, le cerveau et les reins, et les stades de l'évolution raciale supposée des mêmes organes.

Il arrive assez souvent que la récapitulation se trouve manifestement incomplète, que le développement d'un organe s'arrête avant que la « forme finie » normale ait été atteinte.

L'expression de l'hérédité se trouve empêchée par des conditions de nutrition défectueuses ou difficiles. L'organisme n'est pas en état de se perfectionner dans toutes ses parties ; non pas, supposons-nous, par un défaut germinal quelconque, comme peuvent le montrer des générations ultérieures, mais simplement parce qu'il n'a pas été suffisamment nourri, ou qu'il a été intoxiqué et ainsi de suite. Les résultats peuvent être congénitaux mais ils ne sont point germinaux, ils sont dus à des défauts, non de nature, mais de « nurture ». Ainsi, les enfants nés en période de famine sont parfois bien au-dessous de la moyenne humaine normale, mais c'est une présomption que d'attribuer leur insuffisance à leur hérédité. En résumé, tous les cas d'arrêt de dévelop-

pement qui peuvent être attribués à des particularités de la
« nurture » pré-navale ou post-natale doivent être exclus de la
catégorie de la « véritable réversion innée ». En pratique, dans une
description rapide, on peut les appeler réversions mais ils ne sont
que des résultats « modificationnels » et ne requièrent pas l'hypothèse du réveil des caractères ancestraux latents. C'est réduire
la terminologie scientifique à une absurdité que de décrire comme
une réversion ce qui peut être dû simplement à une naissance
prématurée ou à une nutrition défectueuse.

Il y a un stade dans le développement du fœtus humain où l'ouverture des
narines communique le long de la lèvre avec les coins de l'ouverture buccale ;
lorsque cette communication, qui est normalement fermée, persiste, nous
avons (en partie) l'anomalie décrite sous le nom de bec de lièvre, état normal
chez le lapin et le lièvre. Mais il n'y a pas de raison d'interpréter cette anomalie chez l'homme comme une réversion. C'est un arrêt à un stade qui est
dépassé en général de façon normale, et la raison en est sans doute un manque de vigueur dans le développement ou plus simplement un manque de
nourriture appropriée.

Joseph Bell (1) nous rapporte le cas signalé par le prof. Houghton, de
lionceaux qui moururent tous du bec de lièvre, la raison supposée de l'arrêt
étant que le gardien avait nourri la lionne pleine avec des morceaux de viande
sans os. Lorsque des os lui furent donnés, en d'autres occasions, la tendance
au bec de lièvre disparut. Quand il s'agit des questions humaines et des qualités d'esprit, et de caractère, il est bon de se rappeler que ceux que nous
appelons des anormaux et des criminels, peuvent *parfois* être dans le même
cas que ces lionceaux, quoique avec plus d'aptitude à vivre.

Dans une race de bétail inerme, provenant d'une race autrefois armée,
un veau naît avec des cornes. Ceci peut être interprété comme une réversion
vers un ancêtre pourvu de cornes. Mais lorsqu'un veau naît avec un cœur
à trois cavités c'est gratuitement qu'on considère ce phénomène comme une
réversion vers les sauriens à cœur à trois cavités, d'où descendent les mammifères. C'est simplement un cas d'arrêt de développement.

Structures vestigiaires. — C'est un fait familier que des
structures d'origine ancienne et importante autrefois continuent
d'exister, atténuées dans des organismes chez lesquels elles ne
semblent plus avoir d'importance.

Ce sont des reliques du passé, des vestiges de l'histoire ancestrale, comparables, ainsi que le dit Darwin, aux lettres que l'on
ne prononce pas dans bien des mots, le *d* de *léopard* ou le *p* dans

(1) *Discussion on Heredity in Disease Scottish Med. and Surg. Journal VI,* 1900,
p. 307).

dompter, lettres vestigiaires, non fonctionnelles, dont les réformateurs d'orthographe nous dépouilleraient sans pitié.

Chacun de nous est un musée ambulant de reliques de ce genre dont nous nous passerions parfois volontiers. Ainsi les muscles inutiles de l'oreille et la troisième paupière rudimentaire sont des caractères ancestraux qui persistent en nous, quoique sans grande signification à présent. Ils sont comme ces boutons inutiles, souvent inutilisables, qui survivent sur diverses parties de notre vêtement quotidien, ce sont d'inutiles mais intéressants vestiges de jours passés.

Les fentes branchiales des reptiles, des oiseaux, et des mammifères, les dents embryonnaires des baleines, l'embryon de branchie sur le spiralce de la raie, et ainsi de suite, sont des exemples familiers de ces « structures vestigiaires », traces de l'histoire ancestrale, et qu'aucune autre théorie ne peut rendre intelligible. Mais il va sans dire que comme la présence de ces structures vestigiaires est encore normale, il est inutile de les nommer des réversions, même si ici et là elles se trouvent plus marquées, ou subsistent au-delà du temps au bout duquel beaucoup d'entre elles, par exemple, toutes les fentes branchiales, sauf une, disparaissent, en particulier pendant le développement. Elles sont intéressantes toutefois : 1° parce qu'elles montrent que les traits ancestraux ont une grande puissance de persistance héréditaire et 2° parce qu'elles présentent souvent une grande variabilité.

Modifications acquises ressemblant à des caractères ancestraux. — Lorsqu'un individu présente une particularité structurale non exprimée chez ses parents ou grands parents, mais connue pour avoir appartenu à un de ses ancêtres plus ou moins éloigné, il nous faut tâcher de découvrir jusqu'à quel point cette particularité *fait vraiment partie de l'hérédité*. C'est-à-dire qu'il nous faut rechercher s'il ne s'agit pas là d'une modification déterminée extérieurement et qui se trouve ressembler à un caractère inné des ancêtres. Beaucoup d'animaux domestiques devenus sauvages peuvent présenter des traits ressemblant à ceux de l'ancêtre originel sauvage, mais ceux-ci peuvent être dus à l'influence directe du milieu et des fonctions de jadis. On peut dire avec sécurité que beaucoup des prétendues réversions d'animaux redevenus sauvages ne sont pas innées, mais acquises et d'ordre modificationnel.

Régression filiale. — Nous examinerons plus loin (chapitre IX) la loi de Galton relative à la régression filiale, mais nous devons la signaler dès à présent, ne fût-ce que parce qu'elle n'a rien à faire avec la réversion. Cette loi, énoncée en termes concrets, enseigne que la progéniture différera probablement moins de la médiocrité dans une direction donnée que ses parents dans la même direction. Il y a une tendance continuelle à maintenir une moyenne spécifique, un niveau moyen.

Prenons un simple exemple à la *Grammar of Science* de Karl Pearson. Supposons un groupe de pères ayant une stature de 72 pouces. La stature moyenne de leurs fils atteint 70,8 pouces ; il y a régression vers la stature moyenne de la population en général. D'autre part, des pères ayant une stature moyenne de 66 pouces donnent un groupe de fils ayant une stature moyene de 68,3 pouces, de nouveau plus rapprochée de la stature moyenne de la population en général. La *régression* opère dans les deux directions. Il y a un nivelage ascendant aussi bien que descendant. « Le père qui possède un caractère en excès aura des enfants chez lesquels ce caractère se présentera encore en excès, mais en quantité moindre : de même l'insuffisance d'un caractère donné existera chez les enfants mais à un degré moindre. Ce fait normal et très important de la régression filiale n'a rien à faire avec la réversion, qui implique la réapparition d'un caractère ancestral défini, ou d'une série de caractères « restés latents » pendant plusieurs générations.

Variations indépendantes ressemblant aux réversions. — Si nous entendons par réversion la ré-expression d'un caractère ancestral après une période de latence, c'est évidemment là un mode particulier d'hérédité. A un autre point de vue c'est une variation due à quelques conditions germinales inconnues permettant à un caractère longtemps latent, mais point perdu, de se réaffirmer. Lorsque nous considérons les réductions compliquées qui se produisent dans la maturation des cellules germinales, et les renforcements non moins complexes impliqués dans l'amphimixie, il n'est pas impossible d'imaginer comment un caractère latent ancien peut surgir à nouveau, après bien des générations.

Mais il nous faut aussi nous rappeler qu'à part la réapparition de ce qui est relativement ancien, il y a une apparition constante de ce qui est relativement nouveau. Ce qui s'est produit une fois en tant que variation nouvelle, peut se produire à nouveau, et c'est un fait certain que le même type de variation se reproduit de façon réitérée chez des variétés de différentes espèces. Combien de fleurs bleues ou rouges possèdent de variétés blanches. Combien d'arbres ont des variétés pleureuses. Combien d'Arthropodes présentent une augmentation ou une diminution similaire dans le nombre de leurs articles. Combien d'oiseaux présentent de l'albinisme. Il y a des limites aux variations du kaléidoscope, et au kaléidoscope des variations. C'est pourquoi il est toujours possible qu'une variation se produisant réellement *de novo* puisse coïncider avec un trait ancestral sans avoir aucune trace de caractères latents. On peut la *décrire* comme une réversion mais c'est en réalité une variation indépendante.

Des mamelles supplémentaires peuvent se présenter chez des êtres humains des deux sexes. Ammon les a observées chez trois pour cent des recrues allemandes. Elles font penser évidemment aux mamelles dont on observe plusieurs paires chez de nombreux mammifères, par exemple chez les Lémures. Weismann (1893, p. 333) dit : « Il faut les considérer sans aucun doute comme des réversions vers des caractères très anciens possédés par nos ancêtres mammifères inférieurs ». Mais il semble plus simple de les considérer comme des variations indépendantes, comparables à bien d'autres multiplications anormales de parties. Il se trouve qu'elles rappellent des conditions anciennes, mais c'est tout ce que nous pouvons en affirmer, probablement.

Le Polydactylisme chez l'homme a été interprété comme une réversion vers un ancêtre possédant plus de cinq doigts, mais rien ne vient légitimer cette affirmation car le prétendu « ancêtre heptadactyle » n'est qu'un pur mythe. Le Polydactylisme chez l'homme ne peut être appelé réversion que lorsqu'il existe un exemple précédent de cette même anomalie dans l'histoire familiale à quelques générations en arrière.

Il arrive parfois chez l'homme qu'une petite portion de peau soit couverte de poils très serrés comme le pelage de la souris. Interpréter ceci qui n'est qu'une simple variation, comme une réversion, serait vraiment un acte de crédulité extrême. Il est également absurde d'appeler réversion vers un ancêtre velu le petit revêtement de poil laineux *(lanugo)* que l'on observe sur le fœtus humain ; c'est un stade normal de développement, complètement indépendant de la réversion. Cela peut être un héritage d'un passé distant, mais ce n'est pas plus une réversion que l'apparition de la notocorde comme antécédent constant de ce qui vient à se développer ensuite, c'est-à-dire la colonne vertébrale. De même l'habitude qu'a le chien de tourner en rond avant de se coucher peut s'interpréter par son histoire ancestrale, mais n'a rien à faire avec la réversion.

De nos jours, lorsqu'il naît des chevaux pourvus d'un ou deux orteils accessoires sur deux ou même quatre sabots, nous avons parfaitement raison de considérer le développement de ces orteils comme dû à une réversion vers un ancêtre de la période miocène. Que le cheval moderne qui s'appuie légèrement sur l'extrémité d'un seul orteil (le troisième) pour chacun de ses membres, et ne possède que des *éléments rudimentaires cachés du second*, et du quatrième orteil, soit issu d'un ancêtre à orteils nombreux, c'est une des plus certaines des inductions évolutionnistes, mais avons-nous parfaitement raison d'attribuer le développement occasionnel de ces orteils supplémentaires (comme chez le cheval de Jules César) à la réaffirmation d'éléments ancestraux latents dans l'hérédité ? N'est-il pas plus simple de considérer ceci comme une variation indépendante, comparable à la multiplication d'autres parties et à laquelle l'interprétation réversionniste est inapplicable ? Il faut se rappeler aussi que les organes vestigiaires, dans bien des cas, sont particulièrement sujets à varier.

Il ne devrait pas être nécessaire de remarquer que *l'ancêtre vers lequel l'organisme est supposé retourner, doit être réel, et non hypothétique*. Quelques partisans enthousiastes de la théorie de la réversion n'ont eu aucun scrupule à nommer ou même inventer l'ancêtre vers lequel s'effectuerait la réversion, même lorsque la généalogie manque totalement. On connaît le cercle vicieux consistant à imaginer l'ancêtre supposé d'après ce qui est supposé être une réversion, et à justifier ensuite le terme par la ressemblance avec l'ancêtre supposé. On peut difficilement se jouer plus complètement de la biologie. De plus le postulat de caractères restant latents (sauf quelques réveils occasionnels, et plus ou moins hypothétiques) pendant des millions d'années est présenté avec autant de désinvolture que s'il s'agissait d'une réversion à un arrière grand-père.

Il y a beaucoup de raisons pour qu'il soit absurde de décrire un monstre humain à un seul œil. L'une d'elles est que rien ne nous garantit que le type ascidien fasse partie de la ligne directe de notre longue généalogie.

L'un des traits diagnostiques de la goutte est la présence d'acide urique dans le sang et son dépôt dans divers tissus du corps (aidé certainement par la dégénérescence, qui s'y associe souvent, du rein, qui à l'état normal est en mesure de filtrer les déchets azotés, principalement sous la forme d'urée).

On sait toutefois que les reptiles, par exemple, comme beaucoup d'invertébrés, excrètent normalement beaucoup ou même la plus grande partie de leurs déchets azotés sous forme d'acide urique. Ceci a même conduit un éminent pathologiste, comme Hamilton (1900, p. 297), à dire : « Nous pouvons peut-être même envisager comme possible le fait que la constitution goutteuse puisse être en partie une réversion vers quelque ancêtre éloigné, chez lequel l'acide urique était secrété normalement en quantité beaucoup plus grande qu'il ne l'est actuellement chez l'homme moyen ». C'est-à-dire qu'un goutteux retrouverait l'habitude physiologique d'un organisme ancestral éloigné (qui ne serait même pas un type mammifère connu) qui présentait de l'acide urique en tant que produit de déchet caractéristique ; mais malheureusement sans qu'il y ait retour parallèle à la condition connexe, à la possession de reins capables d'excréter l'acide urique. C'est vraiment trop demander à notre imagination que de supposer que des tendances à la goutte peuvent rester *latentes* sous une forme ou une autre, à travers des millions d'années. De tels exemples sont presque suffisants à condamner sans appel l'hypothèse de la réversion.

5. — « *Sautant une génération* ».

On remarque souvent dans l'hérédité humaine qu'un enfant réédite telle particularité d'un grand-père ou d'une grand'mère, que ne possèdent pas les parents. On peut trouver à cela, dans quelques cas, une interprétation mendélienne. « Si les deux grands-pères ont les yeux bleus, et les deux grands' mères les yeux bruns, alors, les parents peuvent avoir tous deux des yeux bruns simplex (1). Ils auront l'un et l'autre des cellules germinales où 50 pour 100 auront et 50 pour 100 n'auront pas le déterminant du pigment iridien brun. De tels parents aux yeux bruns auront un enfant sur quatre dont les yeux seront bleus comme ceux de ses grands-pères. Ceci est do l'atavisme. Les cas d'atavisme, en général, peuvent être expliqués de la même façon que l'atavisme à l'égard de grands-parents à yeux bleus. » (DAVENPORT, 1910, p. 292).

Dans le cas de caractères limités au sexe, comme l'hémophilie, on peut voir « sauter une génération ». L'hémophilie se trouve en effet généralement transmise aux petits-fils, par des filles qui ne sont pas elles-mêmes atteintes. Ce cas peut être comparé à d'autres cas d'hérédité limités au sexe, par exemple à certaines races de mouton où les cornes n'existent que chez les mâles.

Il est probable que le « saut d'une génération » est moins fréquent qu'on ne le suppose : c'est ainsi que certains traits qu'un parent suppose n'avoir jamais possédés étaient peut-être apparents lorsqu'il avait l'âge de son fils. De plus, dans le cas de caractères qui se mélangent, il est évidemment possible qu'un petit-fils présente parfois le même type que son grand-père. Finalement certains cas de disparition de dons exceptionnels et de retour à la médiocrité peuvent se ranger sous la rubrique de la « régression filiale ».

Mais notre but actuel est de prouver qu'il y a peu de raisons de faire du « saut d'une génération » une réversion, ou même un atavisme. Un bourdon provient d'un œuf non fécondé, il a une mère et deux grands-parents, mais point de père ; il semble plutôt absurde d'appeler sa ressemblance avec son

---

(1) « Ordinairement quand les parents sont semblables chaque caractère unitaire du produit est dû à deux déterminants similaires : l'un paternel et l'autre maternel. Ainsi dans son origine tout caractère unitaire est duplex. Mais si le déterminant ne se trouve que chez un des parents le caractère est simplex ». Ceci sera plus clair après lecture du chapitre relatif au mendélisme.

grand-père réversionnaire ou atavique. C'est là une *reductio ad absurdum*, car le bourdon ressemblerait à son père s'il en avait un.

6. — *Interprétation mendélienne de la réversion.*

Ainsi que nous l'avons déjà indiqué le nombre des prétendues réversions a été déjà beaucoup réduit par les résultats de l'étude de l'hérédité mendélienne. Celle-ci a fourni une intéressante interprétation de la réversion.

Castle a montré que certains cochons d'Inde roux croisés avec des individus noirs donnent des produits possédant le pelage « agouti » existant chez tous les cochons d'Inde sauvages, et des expériences variées prouvent que ce phénomène est dû à la mise en présence de trois facteurs colorants : le roux simple, le noir simple, et un troisième qui serait apporté par le rouge, mais ne deviendrait visible que lorsque le noir et le roux sont en présence l'un de l'autre.

Dans certains cas, tout à fait bien définis par les expérimentateurs mendéliens, un croisement entre une souris noire et une souris albinos, ou entre un lapin noir et un alpin albinos, donne une réversion complète vers le type sauvage gris.

Des croisements entre le Pois de Senteur *Bush*, élevé, droit et buissonneux, et la variété naine *Cupid* ont donné une plante couchée à *longs* entrenœuds, semblable au type sauvage que l'on trouve en Sicile.

Dans ces cas et dans d'autre similaires des essais expérimentaux variés ont prouvé que la réversion est une resynthèse de caractères qui avaient été dissociés et séparés. Ainsi que le conclut R. C. Punett : « Il nous faut, dans ces cas là, considérer la réversion comme un regroupement, un rassemblement de facteurs complémentaires qui avaient, on ne sait comment, au cours de l'évolution, été séparés les uns des autres » (1911, p. 54).

7. — *Réversion dans les croisements.*

Fausse réversion ou vicinisme. — Dans sa critique de cas homologués comme « réversions », de Vries établit une distinction nette entre la « réversion véritable », due à des causes internes inconnues qui permettent à des caractères ancestraux, restés longtemps latents, de s'affirmer à nouveau, et le « faux atavisme ou vicinisme » dû au croisement. Son étude d'un grand nombre de cas l'a amené à conclure que le « véritable atavisme,

ou la réversion due à une tendance latente innée, semble être
très rare » et que la plupart des exemples botaniques sont dus
au croisement. Il appelle cette fausse réversion du « vicinisme »,
pour indiquer qu'une variété se livre à des sports sous l'influence
d'autre individus, dans le voisinage. « Le croisement, et la variabilité pure sont deux groupes de phénomènes entièrement distincts, qui ne devraient jamais être étudiés sous le même titre,
ni sous le même nom ». Il ne nie aucunement les nombreuses
« réversions » que décrivent les jardiniers : il fait simplement
remarquer (avec beaucoup de preuves à l'appui) que toutes ces
réversions ordinaires sont dues à des croisements. Par exemple
le cas fameux de la réversion de la variété de blé *Tuscarora*, blé
américain cultivé par Metzger, à Bade ; il montre qu'il faut l'interpréter comme un exemple type de « vicinisme ». Pour quelle
raison la descendance d'hybrides retournerait-elle au type parental ? De là est une tout autre question sur laquelle nous reviendrons
dans notre chapitre sur le mendélisme (chapitre X).

On croise deux pois de senteur à fleurs blanches ; les produits
présentent des fleurs rouges, semblables à celles du type sauvage. Deux races glabres sont croisées et le produit rappelle le
type ancestral velu. Darwin appelle ces cas des cas de « réversion
par croisement ». Mais ainsi que le dit Bateson « cette réversion
n'est jamais que la rencontre de deux éléments complémentaires
séparés de façon quelconque par variation ».

Il est donc possible que beaucoup de soi-disantes variations
soient simplement des phénomènes mendéliens déguisés.

8. — *Réversion de variétés rétrogressives.*

Dans une espèce, il est souvent possible de distinguer diverses
sous-espèces, ou « espèces élémentaires » (de Vries) différant les
unes des autres par maints caractères de divers organes. Ainsi,
chez la drave (*Draba verna*), il existe environ deux cents groupes
mineurs, semblables à des constellations dans des constellations.
Mais l'espèce peut aussi comprendre des « variétés » plus ou
moins nettement distinguées du reste de l'espèce par l'absence
apparente de quelque trait spécifique important, ou plus rarement par l'acquisition de quelque particularité déjà vue dans

une espèce étroitement alliée. Elles sont à part, comme les éléments périphériques d'une constellation. Les « variétés », ainsi définies, diffèrent habituellement de leur espèce mère par un seul caractère très net ou par plusieurs caractères en corrélation entre eux ; elles surgissent en général d'une façon négative par la perte apparente de quelque qualité, et elles ont une grande stabilité. Elles sont comparables aux variétés différant entre elles par la couleur, familières chez les lapins, les cobayes, les souris, qui semblent surgir par la perte d'une partie du bagage ancestral de caractères. Ce ne sont nullement des réversions.

Exemples :

« Variétés » blanches de fleurs rouges et bleues (du groseillier à fleurs rouges).

« Variétés » glabres de plantes velues (brugnon dérivé de la pêche).

« Variétés » inermes de plantes piquantes (houx et groseillier à maquereau).

« Variétés » sans rayons de composées normalement pourvues de rayons : camomille, pâquerette, souci blanc.

« Variétés » à rayons de nombreuses composées normalement sans petites fleurs à rayons : sarrasin, séneçon.

« Variétés » rouges de fleurs blanches : aubépine.

« Variétés » rouges d'arbres et de buissons verts : bouleau et hêtre.

« Variétés » pleureuses du frêne, du saule, etc.

Graines sans amidon : maïs, sucre.

Fruits sans pépins : banane et mandarine ; la prune sans noyau de Burbank.

Comme ces variétés sont plutôt de sens négatif, ayant apparemment perdu quelque caractère que leur espèce mère possède, de Vries les classe, pour la plupart, parmi les « Variétés rétrogrades ». Peut-être « Variétés rétrogressives » serait-il un terme plus exact.

Leurs produits sont généralement identiques à elles-mêmes, mais quelques-unes d'entre elles se perpétuent asexuellement, par exemple les fruits sans pépins. Quelquefois pourtant le caractère ancestral qui paraissait perdu reparaît, comme lorsque le brugnon glabre, une « variété de pêche » revêt un duvet, ou que le groseillier à fleurs blanches porte à nouveau des fleurs rouges. Ces cas peuvent être considérés comme des réversions vers le type spécifique, et ne peuvent être interprétés que de deux façons. Ou bien nous avons à faire à de nouvelles variations qui se trouvent atteindre le but ancien, ou, ainsi qu'il semble plus probable, des caractères ancestraux latents se sont réaffirmés.

On croit couramment que ces variétés ont une tendance

marquée à « retourner » à l'espèce mère, mais selon de Vries, ceci est une erreur commune en ce qui concerne les variétés pures, non d'origine hybride, et généralement propagées par graines. Dans l'état actuel de nos connaissances, il est très difficile de décider si oui ou non la réversion vraie se présente dans des variétés constantes. Si le cas se présente, ce doit être assurément fort rare, et seulement dans des circonstances insolites ou chez des individus particuliers » (1905, p. 155). Il faut remarquer, toutefois, que de Vries distingue la vraie réversion, due à un changement germinal spontané, de la fausse réversion causée par l'hybridation.

Comme exemple de la constance des variétés, il cite la forme très répandue, sans rayons, de la camomille sauvage (*Matricaria chamomilla discoidea*) à tel point constante que bien des botanistes en ont fait une espèce. De Vries, plusieurs années de suite, en a élevé 1.000 ou 2.000 pieds, sans jamais observer trace de réversion. De même la variété sans rayons de *Senecio jacobea* est tout aussi stable que la variété à rayons.

De Vries fait remarquer aussi la stabilité des fraises blanches, des raisins verts, des groseilles blanches, de la laitue frisée, du persil frisé, de l'épinard lisse, du lin blanc, du maïs sucré et des fraisiers sans rejets.

Réversion de graine extrêmement rare. — Si l'on exclut les cas où il peut se faire que la variété ait une origine hybride, et soit par là sujette au phénomène particulier connu sous le nom de disjonction des hybrides, si l'on exclut aussi tous les cas des « variétés par sport », où une réversion apparente pourrait être une simple coïncidence dans la foule des variations, de Vries conclut que « les réversions de graine doivent être extrêmement rares. Il serait téméraire de donner des exemples d'atavisme de semence et je crois qu'il vaut mieux s'en abstenir entièrement. Dans l'état actuel de nos connaissances, il est préférable de n'accepter que les variations de bourgeons comme des preuves directes de véritable atavisme. Et même sur celles-ci on ne peut pas toujours compter, car certains hybrides sont sujets à la disjonction dans le sens végétatif, et ce faisant, donnent essor à des variations de bourgeons qui en bien des points sont assimilables à des cas d'atavisme » (1905, p. 176).

9. — *Interprétation en termes de réversion.*

Ainsi que dans beaucoup d'autres cas une des difficultés de la théorie de la réversion est qu'on peut, grâce à elle, beaucoup interpréter, et relativement peu démontrer. En ce qui concerne l'origine des animaux domestiques et des plantes cultivées, nous restons dans une complète obscurité. Notre ignorance est encore plus grande quant à la généalogie exacte des espèces sauvages. Aussi, bien qu'il soit souvent aisé d'interpréter une variation inattendue comme une réversion vers un type ancestral plausible, ce n'est pas toujours avec sécurité que nous le faisons.

C'est pourquoi de Vries fait une distinction entre la réversion expérimentalement démontrable, et ce qu'il appelle l'« atavisme systématique », où le type ancestral est simplement présumé être tel et tel pour des raisons d'ordre taxonomique.

Il est probable que les ancêtres communs des espèces élémentaires (*Primula officinalis. P. elatior et P. acaulis*) qui composent l'espèce systématique de primevère, *Primula vera*, étaient « des plantes vivaces » munies d'un rhizome portant leurs fleurs en ombelles ou verticilles sur des hampes. Manquant dans *Primula vera*, ces hampes ont certainement été perdues au moment de l'évolution de cette forme. Mais dans l'espèce élémentaire commune acaulescente, *P. acaulis*, une hampe se développe quelquefois. On peut *interpréter* avec quelque raison cette réapparition comme due à la revitalisation d'un « caractère de hampe » latent hérité de l'ancêtre présumé. « Il en est de même de l'apparition de bractées chez les crucifères qui en sont généralement dépourvues et de l'apparition inattendue de tomates redressées. De même les cardères tordues perdent leur décussation mais les feuilles ne sont pas laissées en désordre, un nouvel arrangement très net s'établit, que l'on tient pour le dispositif normal chez les ancêtres de la famille des cardères. »

10. — *Exemples de réversion.*

Dans une des expériences de Cossar Ewart un pigeon paon blanc, mâle, de race bien établie, qui en couleur s'était montré prépotent à l'égard d'un boulant bleu, fut accouplé au produit du croisement d'un pigeon hibou et d'un archange, tenant beaucoup plus du hibou que de l'archange. Le résultat fut un couple de ce qui était théoriquement un croisement pigeon paon-hibou-archange, mais l'un des deux produits rappelait le ramier du Shetland, et l'autre le pigeon bleu des Indes. Ce n'est pas seulement par la couleur (bleu ardoise) mais par la forme, l'attitude et les mouvements, qu'on pouvait déceler une réversion presque complète vers le type que l'on croit être l'ancêtre de tous les pigeons domestiques. La seule différence marquée était une légère courbure de la queue, mais il y avait seulement douze plumes de queue comme chez la tourterelle, alors que le pigeon paon en possédait trente.

Une poule noire bantam croisée avec un combattant indien dorking produisit entre autres un coquelet presque identique à la volaille de jungle, au *Gallus Bankiva*, c'est-à-dire à la souche sauvage originelle (Ewart).

De même dans ces croisements entre cheval et zèbre, Ewart a obtenu des individus dont les zébrures étaient interprétées d'une façon plausible comme des réversions vers un type extrêmement lointain du cheval, tel que l'évoquent les poneys zébrés du Tibet.

Un lapin blanc à poil lisse obtenu d'une Angora et d'un mâle à poils blancs lisses fut accouplé à une lapine à poil lisse, presque blanche (petite-fille d'une lapine de l'Himalaya). Les résultats furent intéressants et expriment bien la complexité des conditions initiales. Dans une portée de trois petits, l'un des jeunes était l'image de la mère, l'autre était un Angora comme la grand'mère maternelle, et le troisième était un Himalaya comme l'arrière grand'mère maternelle.

A tous ces cas, sauf ceux des zébrures des chevaux, comme aussi en d'autres cas analogues cités par Darwin, l'interprétation mendélienne s'applique et l'hypothèse de la réapparition de caractères ancestraux longtemps latents est inutile.

Lorsqu'on voit apparaître le médusoïde *Epenthesis folleata* avec symétrie pentamène au lieu de l'arrangement ordinaire de ses organes par quatre, nul ne songe à voir dans cette variation discontinue un exemple de réversion, car nous ne connaissons qu'un seul médusoïde (*Pseudoclytia pentata*) chez lequel cinq soit le nombre habituel des organes (MAYER, 1901). Mais lorsque ce médusoïde nous apparaît avec 4 lèvres ovales, ainsi qu'il arrive parfois, on peut attribuer la variation à la réversion, puisqu'il y a de bonnes raisons de penser que le *Pseudoclytia pentata* est un dérivé pentamètre de la souche *Epenthesis*. Même dans ce cas l'interprétation des quatres lèvres en tant que phénomènes de réversion peut ne pas être correcte, puisqu'en fait le nombre de lèvres chez *Pseudoclytia* varie de un à sept.

Réversion dans la Parthénogénèse. — Weismann (1893, p. 344) cite un cas très intéressant observé chez des variétés d'un petit crustacé ostracode *Cypris reptans*, qui se reproduit par parthénogénèse. Au cours d'observations d'une durée de plus de huit ans, il remarqua qu'il surgissait parfois quelques exceptions à l'uniformité de ressemblance attendue entre parents et enfants. Elles étaient d'une nature telle qu'il ne put les interpréter que comme des « réversions vers un type ancestral ayant existé à beaucoup de générations en arrière. »

Autres exemples de réversion.

Le groseillier à fleurs blanches. — La variété à fleurs blanches du groseillier à fleurs rouges *(Ribes Sanguineum)* est issu de graines en Écosse, il y a plusieurs années. « Parfois ce groseillier à fleurs blanches retourne au type rouge original, et la réversion se produit dans le bouton. Une fois revenues au type, les branches restent à tout jamais ataviques. Il est curieux de voir ces petits groupes de branches rouges parmi les nombreux rameaux blancs. » (de Vries, 1905, p. 167). Ce cas est toutefois particulier, car la variété blanche se propage par bouture et greffe seulement. « Si cela est vrai, tous les plants doivent être considérés comme formant ensemble un seul individu, malgré leur dispersion dans les jardins et les parcs de tant de pays. Ceci me conduit à supposer que la tendance à la réversion n'est pas un caractère spécial à la variété, mais plutôt une particularité propre à un individu déterminé » (p. 168).

Œillets à fleurs en épis de blé. — Des grandes plates-bandes d'œillets présentent quelquefois une anomalie particulière, connue sous le nom qui précède : ils portent de petits épis verts au lieu de fleurs. Il y a eu perte des fleurs et multiplication des bractées. De Vries observa, sur un de ces échantillons, que quelques tiges revenaient entièrement, ou en partie, à la production de fleurs normales. « La preuve que cette modification rétrograde était due à l'existence d'un caractère à l'état latent était fournie par la couleur des fleurs. Si les boutons ayant subi la réversion avaient seulement perdu le pouvoir de produire des tiges, ils seraient évidemment retournés aux caractéristiques de l'espèce ordinaire, et leur couleur eût été rose pâle. Au lieu de cela toutes les fleurs présentaient des corolles brun foncé. Elles retournaient évidemment à leur générateur spécial, la variété accidentelle d'où elles étaient nées, et non pas au prototype commun de l'espèce » (1905, p. 229).

Un cas pittoresque. — Le dahlia vert à longue tête a été obtenu deux fois, de deux variétés différentes à fleurs doubles, l'une rouge foncé avec bouts blancs aux rayons, et l'autre orange pâle, connue sous le nom de *Sunrise*. Ces deux individus étaient tout à fait stériles, et furent propagés, asexuellement, l'un dans le jardin de de Vries, l'autre dans la pépinière de Harlem, où tous deux poussèrent. « Dans les premières cultures ils restèrent fidèles à leur type, tous deux ne produisant jamais de vraies petites fleurs. Aucun signe de la différence originelle ne se voyait chez aucun d'eux. Mais, en 1903, tous deux retournèrent au prototype, et portèrent des fleurs doubles ordinaires. » Jusqu'ici nous avons un cas ordinaire de réversion. Mais, le côté important du phénomène est que chaque plante se « souvint » exactement de quel parent elle provenait. Toutes celles de mon jardin retournèrent aux fleurs rouges à pointes blanches, et toutes celles de la pépinière aux fleurs orange pâle, et aux autres caractéristiques de la variété *Sunrise* (1905, p. 231). Il semble impossible de ne pas admettre que les caractères de la variété mère n'étaient pas restés latents un certain temps, pour se réaffirmer à nouveau.

Conclusion. Dans son *Locksley Hall sixty years after*, Tennyson parle de « l'évolution tentant toujours de s'élever vers quelque bien idéal, et de la réversion traînant toujours l'évolution dans la boue ». Mais cela revient à faire de la réversion un croque-mitaine. Beaucoup de phénomènes étiquetés comme réversions n'en sont point, et la vraie réversion ne semble pas être fréquente. De plus, lorsqu'elle se produit, elle peut signifier non une détérioration, mais un retour à une position organique plus stable. Ce qui agit comme un frein, souvent avantageusement, dans la variation progressive, ce n'est pas tant la réversion que la *régression filiale*.

Mais le grand progrès qui a été opéré ces dernières années est dû aux expérimentateurs mendéliens, qui ont prouvé que beaucoup de ces réversions succédant à un croisement sont dues à la recombinaison de facteurs complémentaires qui avaient été séparés au cours de la domestication et de la culture. Partout où l'on peut prouver qu'il en est ainsi, il n'y a naturellement rien qui autorise l'hypothèse que la réversion est due à l'activation soudaine d'un caractère ancestral resté longtemps latent. Mais on peut conserver provisoirement l'hypothèse pour les cas semblant l'exiger.

CHAPITRE VI

TÉLÉGONIE ET AUTRES QUESTIONS DISCUTÉES

« La mystérieuse télégraphie sans fil de la vie pré-
natale. » J. W. BALLANTYNE.

1. Ce que l'on entend par télégonie. — 2. Le cas classique de la jument de
Lord Morton. — 3. Prétendus cas représentatifs de télégonie. — 4. Expériences d'Ewart à Penycuik. — 5. Explications qui nient la télégonie.
— 6. Comment l'influence télégonique pourrait s'exercer. — 7. Suggestion statistique. — 8. Généralité de la croyance en l'existence de la
télégonie. — 9. Instructive histoire familiale. — 10. Note sur la Xénie.
— 11. Impressions maternelles.

1. — *Ce que l'on entend par télégonie.*

Le nom de « télégonie » s'applique à des cas douteux, et certainement rares, mais très remarquables s'ils sont vrais, où le
produit ressemble à un mâle qui, bien que n'étant pas son père,
a été accouplé précédemment avec sa mère. Théoriquement, la
télégonie est l'influence supposée d'un mâle sur les produits d'un
autre mâle accouplé postérieurement au premier avec la même
femelle. Les ovaires ou l'embryon semblent avoir été influencés
par la précédente imprégnation de la mère ou par ses conséquences.

Pour prendre un simple cas, le cheval de course Blair Athol
avait une tache blanche très caractéristique à la face, et on raconte que les juments ayant eu des poulains de Blair Athol donnèrent en suite de croisements avec des étalons tout à fait différents des poulains possesseurs de cette même marque blanche.

Les éleveurs de chiens affirment qu'une chienne de bonne race ayant eu des chiens d'un métis perd sa valeur, et ne peut plus donner ensuite de chiens de race vraiment pure.

Ces phénomènes sont d'un grand intérêt, mais les preuves de leur réalité sont loin d'être satisfaisantes et leur interprétation théorique en termes de télégonie est entourée de difficultés physiologiques. Mais la croyance à la télégonie étant encore fort répandue il ne sera pas inutile de considérer (a) les faits mis en avant, et (b) les interprétations qu'on en donne.

2. — *Le cas classique de la jument de Lord Morton.*

Darwin nous résume ainsi qu'il suit le cas classique donné par Lord Morton (1821) : « Une jument arabe alezan de race presque pure croisée avec un couagga donna un hybride ; elle fut envoyée ensuite à Sir Gore Ouseley, et eut deux poulains d'un cheval arabe noir. Ces poulains étaient en partie bai, et étaient rayés aux jambes, plus distinctement que ne l'était le véritable hybride, ou même le couagga. Sur l'un des poulains on distinguait parfaitement des raies sur le cou et quelques autres parties du corps. Des raies sur le corps sans parler même de celles des jambes et la couleur bai sont choses fort rares (je parle après avoir longuement étudié le sujet) chez les chevaux de toutes sortes en Europe, et sont inconnues dans le cas des chevaux arabes. Mais ce qui rend le cas encore plus frappant c'est que le poil de la crinière de ces poulains ressemblait à celui d'un couagga, étant court, raide, et droit. Il n'y a donc point à douter que le couagga ait affecté le caractère de la descendance fournie par le cheval arabe noir. » (Darwin, 1868, vol. I, p. 403-4).

En 1823 cette jument eut encore un poulain d'un étalon arabe, et celui-ci présentait encore quelques-uns des caractères du couagga.

On peut bien se demander : si ceci n'est pas de la télégonie, qu'est-ce donc ? Mais le cas n'est pas aussi probant qu'il le semble. Settegast (1) remarque que l'image publiée du poulain aux prétendus caractères couagga ne présente que des rayures indistinctes sur le cou, le garrot et les jambes, et que l'on observe des

____

(1) *Thierzucht*, Breslau, T. I., 1878, p. 223-234.

rayures de ce genre parfois chez les poulains de race pure. La crinière raide s'observe aussi en tant que variation chez le cheval. Il est donc possible que tous ces caractères couagga n'aient rien eu à faire avec le couagga original, et fussent simplement des réapparitions de caractères ancestraux latents.

Sanson (1893) oppose un autre cas à celui de Lord Morton. Une jument bai eut de deux étalons sept poulains d'une couleur uniforme, puis d'un troisième étalon un poulain *plus zébré* que celui de Lord Morton. A quoi Delage ajoute que ce huitième poulain était gris pommelé, couleur qui s'associe assez souvent aux zébrures.

Carnevin cite le cas d'un éleveur des Pyrénées. Une jument fécondée par un âne et ayant mis bas une mule fut ensuite fécondée par un cheval, et mit au monde un poulain possédant des sabots plus semblables à ceux d'une mule qu'à ceux d'un cheval. Ceci est trop vague pour être d'aucune utilité, et en outre des variations « asinines » se produisent parfois chez les chevaux chez lesquels il n'y a pas eu d'hybridation ». (SANSON 1893).

De plus on a souvent obtenu le résultat contraire. Settegast (1888), cite le cas de quatre juments de haras fécondées par des ânes et qui donnèrent des mules. Elles furent couvertes ensuite par des chevaux, et les poulains ne présentèrent aucun trait asinien.

3. — *Prétendus cas représentatifs de télégonie.*

Homme. — Herbert Spencer cite d'après la *Human Physiology* de Flint (1888) le cas d'une femme blanche qui eut des rapports avec un nègre et ensuite avec un blanc. On observa des particularités nègres chez les enfants du second lit. Mais il suffit de rappeler combien il est difficile de savoir l'exacte vérité dans ce genre de cas.

Cornevin (1891, p. 356) cite le cas suivant. La veuve d'un hypospade eut, d'un second mari normal, 4 fils hypospades, dont deux transmirent leur anomalie *(Lancet*, 1884). Dans un cas pareil il serait nécessaire d'avoir plus de détails, par exemple sur la normalité de la mère et sur la tendance à l'hypospadias dans sa famille et dans celle de son second mari.

Cornevin cite encore le cas d'une femme mariée à un sourd-muet qui lui donna un enfant sourd-muet. Elle eut d'un second mari normal un autre enfant sourd-muet, puis d'autres enfants normaux (Ladreit de Lacharrière, préface à *Comment on fait parler les sourds-muets* de GOGUILLOT, Paris, 1889). Mais ici encore il serait nécessaire de savoir s'il y avait une tendance à la double infirmité du côté de la mère ou parmi les ancêtres du second mari.

Chiens. — Tous les éleveurs de chiens estiment — et leur opinion repose sur l'expérience, bien que ce puisse être sur une expérience mal interprétée — qu'une chienne de race, fécondée par un métis n'est plus bonne à produire des chiens de race par la suite. Beaucoup de chiennes de valeur, ont été sacrifiées, dit-on, en raison de cette opinion très ancrée.

Cornevin (1891, pp. 356-7) d'après Kiener (1890) cite le cas suivant : Une chienne d'Artois fut d'abord fécondée par un Mastiff à œil vairon puis par un chien d'Artois. Parmi les petits nés de ce dernier, l'un d'eux était vairon. Il faudrait savoir si la variation œil vairon se produit souvent et s'il n'existait aucun cas connu dans l'ascendance de la mère, ou du second mâle.

Darwin (1868) cite le cas d'une chienne turque sans poils fécondée par un épagneul et qui mit au monde des chiens sans poils et d'autres à poil court. Elle fut ensuite fécondée par un chien turc sans poils, mais les produits restèrent identiques aux premiers. Il faut aussi se demander s'il n'y avait pas quelque épagneul dans son ascendance.

Spencer (1893) cite une chienne Dachshund fécondée par un collie et qui eut une portée hybride. L'année suivante elle donna à un Dachshund une portée semblable. Mais il faudrait savoir si le père et la mère étaient véritablement de pure race.

Le prof. Cossar Ewart (1901) nous fournit peut-être le plus utile des commentaires relatifs à la télégonie lorsqu'il dit : « Il faut se rappeler que nous sommes prodigieusement ignorants quant à l'origine des diverses races de chiens, et que, quelque pure que soit la race, il peut se produire à n'importe quel moment une réversion vers quelque ancêtre. Il faut donc admettre que pour mettre à l'épreuve la doctrine de l'*imprégnation* le chien est de tous nos animaux domestiques peut-être le moins satisfaisant. »

C. H. Lane parlant des épagneuls nains dans son livre *All about Dogs* dit : « Certains éleveurs m'ont affirmé avoir rencontré dans la même portée un échantillon de quatre races différentes (King Charles, Prince Charles, Blenheim et Rubis). De même on trouve souvent dans la même portée des terriers à poil rude et d'autres à poil lisse, mais ce n'est pas par imprégnation, c'est par réversion ».

Chats. — H. de Varigny (*Journal des Débats*, 9 septembre 1897). nous parle d'une chatte normale qui, après avoir donné une portée de chats sans queue à un chat de l'Ile de Man, en donna d'également dépourvus de queue à un chat ordinaire. Mais la mère ou le second père ou les deux à la fois avaient peut-être un ancêtre dépourvu de queue et une partie de la portée pouvait y faire retour. Même si l'ancêtre fait défaut, l'absence de queue peut n'être qu'une variation coïncidant avec la particularité du premier mâle et n'avoir été due en rien à celui-ci. L'absence de queue n'est pas un phénomène très rare.

Comme contre-partie, Ewart cite un couple de jeunes chats d'une variété assez particulière obtenus au Japon. Ces chats appartenaient à une petite race de pelage bleuté, à l'exception des oreilles et de la queue, qui étaient noires. Lorsque la femelle devint adulte elle eut d'abord une portée d'un chat tigré ordinaire. Ces chats présentaient les particularités du chat tigré. La portée suivante fut due à un mâle japonais, mais les petits ne rappelaient en rien le précédent mâle. Il est impossible d'obtenir une expérience meilleure avec les chats que celle-ci. La race importée était très distincte, et point assez prédominante pour étouffer la race commune anglaise. Et pourtant bien que la première portée ait été fournie par un chat tigré ordinaire, il ne restait aucun indice de ce dernier dans la portée de race pure qui vint ensuite. (Cas cité par Sydney Villar F. R. C. V. S. *Proc. Nat. Vet. Assoc.*, 1900, p. 130).

Moutons. — Alexandre Harvey dans un article *On a curious effect of cross-breeding* (1851) cite d'après W. Mc Combie de Tilliefour, Aberdeenshire, le cas suivant : six brebis de pure race à face noire, et cornue, furent appariées à l'automne de 1844 les unes à un bélier Leicester (sans cornes et à face blanche) les autres à un bélier Southdown (sans cornes et brun foncé) et mirent bas des agneaux croisés.

A l'automne de 1845 ces mêmes brebis furent accouplées avec un bélier à cornes et à face noire pur de leur propre race. Les agneaux furent tous sans cornes et à face brune. A l'automne de 1846 ces brebis furent appariées à un autre beau bélier de leur propre race. De nouveau les agneaux furent des hybrides, mais pas d'une façon aussi marquée que précédemment. Deux d'entre eux étaient inarmés et à face brune avec de très petites cornes tandis que les trois autres étaient à face blanche avec de petites cornes rondes. A la fin l'éleveur se sépara de ces brebis sans en avoir obtenu un seul agneau de race pure. Peut-être les brebis n'étaient-elles pas de race aussi pure qu'il se l'imaginait.

Cornevin d'après Magne rapporte que des brebis blanches d'abord appariées à des béliers noirs, puis à des béliers blancs donnèrent à ces derniers des agneaux pies chez lesquels les paupières, les lèvres et les membres étaient noirâtres (MAGNE J. H. *Hygiène vétérinaire appliquée*, p. 206), mais ces variations noires sont communes, même là où des béliers noirs n'ont pas passé depuis plusieurs générations.

Bétail. — Weismann (1893, p. 385) cite un cas relaté par Carneri. Une vache d'un troupeau Mürzthal gris foncé fut appariée à un taureau de Pinzgau de couleur claire. Elle eut un veau présentant des taches brunes et blanches caractéristiques de la race de Pinzgau ainsi que des traces distinctes de la race gris foncé Mürzthal. Elle fut ensuite couverte par un taureau de Mürzthal, et le second veau en grande partie gris présentait de grandes taches brunes comme celles de la race de Pinzgau. Mais ce cas ne prouve rien de bien net car il se peut, ainsi que l'admettait Carneri, qu'une goutte de sang de la race de Pinzgau ait pénétré dans la race de Mürsthal sans qu'il l'ait su.

Porcs. — Darwin cite encore le cas de la truie de Lord Western, de race blanche et noire d'Essex. M. Giles l'a appariée d'abord à un sanglier sauvage châtain foncé puis à un porc de race noire et blanche. Les produits de la première union présentèrent les caractères des deux parents, mais chez certains la couleur marron du sanglier prédominait.

La seconde union donna lieu à des jeunes marqués nettement de la teinte marron, chose qui ne s'observe jamais dans la race d'Essex (Darwin, 1868, vol. I, p. 104).

Rongeurs. — Les éleveurs de lapins, de souris, de rats ont quelquefois cité des faits qui font penser à la télégonie, mais la grande variabilité de ces rongeurs en fait de très médiocres sujets d'expérience.

Cossar Ewart cite deux cas. C. J. Pound, bactériologiste du gouvernement du Queensland « appariа une lapine grise avec un mâle gris et blanc, puis avec un mâle noir. Dans la seconde portée il y eut des lapins gris et blancs et d'autres gris et noirs. Une rate noire après accouplement avec un rat blanc pur donna à un rat brun des jeunes blancs, bruns et pies... Si M. Pound s'était livré à quelques expériences de contrôle, il eût certainement découvert que les rates noires donnent parfois à un rat brun des jeunes blancs, bruns et pies sans avoir été accouplées précédemment à un rat blanc, et que les lapines grises donnent souvent à un mâle noir des jeunes gris et blancs, aussi bien que des gris et noirs. »

Les expériences faites sur les rats et les souris par le Dr Bond *(Trans. Leicester Literary and Philosophical Society*, vol. V, octobre 1899) n'ont donné aucun résultat qui ne puisse être interprété aisément par la réversion ou par d'autres formes de variation.

Oiseaux. — Darwin cite un cas supposé de télégonie chez les oiseaux (1868, vol. I, p. 405). « Un observateur scrupuleux, le Dr. Chapuis dit *(Le Pigeon Voyageur Belge*, 1865, p. 59) que l'influence du premier mâle chez les pigeons peut se faire sentir dans les couvées successives, mais pour être tout à fait certain ceci aurait besoin d'être confirmé. » Franck Finn dans un article intitulé *Some facts of telegony (Natural Science*, III, 1893, pp. 436-40) cite nombre de cas lui paraissant fournir des preuves de phénomènes de télégonie chez les oiseaux, mais ils ne sont pas convaincants.

Il découle de tout ce qui précède que les preuves de l'existence de la télégonie sont d'un caractère aussi peu satisfaisant que celles qui sont avancées en faveur de l'hérédité des caractères acquis par l'habitude, c'est-à-dire surtout anecdotiques, impressionistes et peu scientifiques. Des expériences soigneusement faites comme celles qu'à commencée Ewart (1896) sont évidemment très nécessaires.

4. — *Expériences d'Ewart à Penycuik.*

Certains savants, comme Darwin et Spencer, ayant exprimé leur foi en la télégonie, et d'autres savants de compétence égale s'étant montrés sceptiques à son sujet, Cossar Ewart se résolut à tenter une expérience précise ; c'était la seule route absolument sûre.

De façon générale, il fit des expériences telles qu'il offrait à la télégonie toutes les chances possibles de se manifester, et bien qu'il ait trouvé son esprit scientifique en s'abstenant de toute conclusion dogmatique et en indiquant bien d'autres expériences qu'il serait utile de faire, il n'y a nulle ambiguïté dans son jugement. Il considère comme tout à fait insuffisantes les preuves à l'appui de la télégonie. Les expériences de Penycuik ont prouvé tout au moins que la télégonie ne se produit généralement pas, même dans les conditions considérées comme les plus favorables. Ce ne fut que dans un fort petit nombre de cas que l'on put observer quelque chose qui ressemblait à la télégonie. De plus, là où des phénomènes particuliers d'hérédité furent observés, ils semblaient plus facilement explicables par l'hypothèse de la réversion.

La nature générale de ces expériences s'expliquera par un des cas les meilleurs, qui perd toutefois beaucoup à être résumé, isolé des belles illustrations accompagnant le livre (Ewart, 1899). Une jument de poney Rum, Mulatto, de race très pure, fut couverte par un étalon de zèbre de Burchell, Matapo, et elle mit bas en août 1896, Romulus, dont les caractères étaient fort différents de ceux de son père, rappelant plutôt ceux du zèbre des Somalis. En 1897, Mulatto, fécondée par un étalon arabe gris, mit bas un poulain bai, qui malheureusement mourut bientôt et qui n'offrait aucune trace de télégonie. Il ne portait pas les zébrures qui se produisent le plus fréquemment chez les chevaux, il en avait d'autres qui sont assez communes ; mais les caractères les plus distincts, et il n'y en avait pas de très prononcé, par exemple ceux de la croupe, étaient d'une sorte extrêmement rare chez les poulains et les chevaux. En résumé les marques du second poulain de Mulatto étaient embarrassantes, mais n'évoquaient en aucune façon l'influence du précédent mâle. Ici, comme dans d'autres cas, il fallut conclure que la réalité de la télégonie n'était pas prouvée. Il ne faut toutefois point oublier dans ces expériences que si la télégonie (à la supposer un fait) est due à quelque étrange persistance ou influence insolite des spermatozoïdes d'un mâle précédent, beaucoup de cas *isolés* avec résultats négatifs ne prouvent rien. Ainsi que l'observe Pearson (1900, p. 462). « Si elle se présentait une fois sur une centaine d'expériences nous aurions bien peu de chances de tomber juste sur le cas probant. »

5. — *Explications qui nient la télégonie.*

a) Il a été souvent dit, par ceux qui ne croient pas à la réalité de l'influence télégonique, que les phénomènes qu'on lui attribue ne sont que de simples exemples de réversion. Une chatte normale est accouplée avec un chat de l'île de Man, puis avec un chat normal. Dans la seconde portée on trouve des jeunes sans queue. « Il n'est pas prouvé que quelques-uns de ces chats soient sans queue, *parce que* leur mère a été précédemment croisée avec un chat de la race de Man. L'explication plus plausible est que des individus sans queue ont existé parmi les ancêtres d'un ou même des deux parents ; en d'autres termes l'absence de queue

est due à une réversion vers un ancêtre ». (J. Cossar Ewart'
Trans. Highland and Agricultural Society of Scotland, 1901).

Ceci revient à nier la télégonie dans son sens strict. On nous
demande de croire qu'il n'y a point de rapport de causalité entre
le mâle antérieur et la progéniture qui lui ressemble. Il se trouve
qu'elle lui ressemble parce qu'il ressemble lui, à un des ancêtres
de celle-ci. Ceci nous semble plus plausible que d'admettre la
télégonie. La vraisemblance de cette explication variera suivant
les cas. Ainsi Finn observe que l'apparition de volailles munies
de pattes empennées dans une pure race de Dorking, ou d'agneaux
sans cornes provenant de brebis encornées à face noire, ne peut
être due à la réversion « les volailles à pattes empennées, et les
moutons sans cornes n'étant pas des types ancestraux. »

b) On a encore dit que la ressemblance observée avec le précédent mâle est accidentelle. Ce serait donc une simple coïncidence.
Les faits authentiques étant rares et très espacés, il y a beaucoup
à dire en faveur de cette opinion.

c) On a aussi tenté d'expliquer les faits attribués à la télégonie en les rapportant à l'impression maternelle. On suppose alors
que l'image mentale produite sur la mère par le premier mâle
exerce une influence sur les germes subséquents ou sur leur développement après la fécondation par un autre mâle. Cette interprétation est difficilement soutenable.

6. — *Comment l'influence télégonique pourrait s'exercer.*

a) On sait que chez la plupart des chauves-souris d'Europe
l'union sexuelle se produit généralement en automne, mais les
spermatozoïdes sont simplement conservés dans l'utérus, l'ovulation et la fécondation se produisant après le sommeil de l'hiver.
Une rétention similaire de spermatozoïdes devenant opérants
longtemps après l'imprégnation s'observe souvent chez les insectes ; ainsi chez quelques reines-abeilles, la durée de cette rétention a été de deux ou trois ans, et Sir John Lubbock cite le cas
remarquable d'une reine-fourmi âgée qui pondit treize ans après
sa dernière union avec un mâle des œufs qui vinrent à éclosion.
On a tiré de cet exemple la conclusion que la seconde progéniture
pourrait être due à une fécondation par les spermatozoïdes con-

servés, provenant d'un premier mâle. Weismann (1893, p. 385)
parle de la possibilité, pour les spermatozoïdes, d'atteindre
l'ovaire après la première union sexuelle et de pénétrer dans certains œufs qui n'étaient pas encore mûrs. Quand ces œufs mûris-
sent, l'amphimixie peut se produire et coïncider avec le moment
du second coït auquel on attribue la progéniture subséquente.

Mais si c'était là l'explication, ainsi que le fait remarquer
Weismann, il arriverait que la progéniture se produisît sans aucun
second mâle. On ne connaît aucun phénomène de ce genre chez
les animaux supérieurs.

De plus, rien ne garantit que les spermatozoïdes puissent persister tels quels à travers une période de gestation. Il est largement prouvé, dit Cossar Ewart, que chez les lapins, comme chez
d'autres mammifères, le spermatozoïde qui n'a point servi perd
son pouvoir fécondant et se désagrège longtemps avant que la
période de gestation soit terminée.

Pour ces deux raisons il nous semble qu'on peut rejeter cette
interprétation.

b) Plus subtile est une autre interprétation — appelée aussi
hypothèse de l'imprégnation. — Bien qu'il soit difficile de supposer que les spermatozoïdes du premier mâle persistent et fécon-
dent l'œuf libéré bien plus tard, on peut tout de même concevoir
que la substance désagrégée de ceux-ci puisse persister et influencer les ovaires et les ovules, ou encore que les spermatozoïdes
puissent exercer une influence qui n'équivaut pas à la fécondation.

Un grand physiologiste, Claude Bernard, semble avoir cru à
la possibilité d'une pareille influence, bien qu'elle évoque un
peu l'« aura séminalis » des anciens.

Cornevin rappelle toutefois à ce propos que l'imprégnation
par le mâle suffit chez la dinde pour les 20 ou 40 œufs pondus
par elle pendant une saison. De même un seul rapprochement
du coq commun suffit pour sept ou huit œufs. Dans ces deux cas,
les œufs féconds sont suivis d'œufs clairs incapables de développement. Cornevin se demande si nous avons le droit de supposer
qu'il y ait une brusque séparation entre les deux séries, ou si, tout
au moins la première série claire ne constitue pas un exemple
de *fécondation partielle.* Romanes pensait aussi que l'effet sup-

posé était dû à une absorption par les œufs de la matière spermatique en surplus.

c) Une autre conception légèrement différente est la suivante. Les spermatozoïdes en excédent, provenant du premier mâle, exerceraient une influence physiologique telle sur la constitution de la mère que les gestations suivantes s'en trouveraient affectées. Personne ne peut nier que le mâle puisse de cette manière affecter la constitution de la femelle, et l'on peut, à ce sujet, rappeler les expériences de Brown-Séquard sur les injections de spermine, ou d'extrait testiculaire. Mais il est difficile de concevoir l'influence comme étant d'une nature assez précise pour provoquer par exemple l'apparition de la crinière et des zébrures du couagga comme dans le cas du second poulain de la jument de Lord Morton.

Baron compare cette influence supposée à celle du pollen sur le fruit (voir § 10) et Darwin dit que cette analogie vient fortement à l'appui de la croyance que l'élément mâle agit directement sur les organes reproducteurs de la femelle. (Darwin, 1868, p. 405). Mais aucun effet spécifique sur la femelle n'a jamais été démontré.

d) La théorie la plus plausible est peut-être que la mère serait influencée par le fœtus pendant la grossesse, et l'influence réagirait sur la progéniture subséquente. On admet dans cette hypothèse de la saturation, ainsi qu'on la nomme, que les caractères du mâle, pendant qu'ils s'expriment chez l'embryon à naître, agissent par saturation sur la femelle et affectent sa constitution à un point tel que sa descendance avec d'autres mâles peut, à travers l'influence maternelle, acquérir (par héritage ?) quelques-unes des caractéristiques du premier mâle. C'est ainsi que Sir William Turner (1889) en discutant le cas de Lord Morton dit : « Je crois que la mère avait acquis, pendant la gestation prolongée de l'hybride, le pouvoir de transmettre les caractères couagga qui lui étaient propres, grâce à l'échange de matière qui s'était produit entre eux, du fait de la nutrition du jeune... De cette façon le plasma germinal de la mère appartenant à des œufs non encore mûris s'était modifié pendant le séjour dans l'ovaire. Cette modification acquise avait influencé le produit suivant provenant de ce plasma germinatif au point qu'à son tour, quoique d'une façon moins marquée, il présenta des caractères légèrement zébrés. »

Cornevin (1891) se demande aussi pourquoi le fœtus n'aurait pas dans son sang des propriétés spéciales dérivées de son père, et qui agiraient comme un vaccin sur le sang de la mère ? Ce dernier ainsi affecté agirait sur l'ovule fécondé ensuite par un autre mâle (Cornevin, 1891, p. 359). Ainsi pense aussi Harwey (1851). Une hypothèse similaire a été proposée pour expliquer certains faits en rapport avec la transmission de la syphilis. Cette théorie ne plaisait sans doute pas à Darwin, car il dit (1868, vol. I, p. 405) : « C'est une hypothèse fort improbable que le simple sang d'un individu affecte les organes reproducteurs d'un autre individu d'une façon telle, qu'elle puisse modifier la descendance subséquente » (1). Il fait aussi remarquer que cette théorie ne pourrait s'appliquer à la télégonie chez les oiseaux qui a été affirmée bien que contredite par Harvey et nécessitant confirmation (Darwin, 1868, vol. I, p. 405).

Il est concevable que quelque chose comme la saturation ci-dessus indiquée puisse se produire, dans le cas d'un poison ou d'une antitoxine protectrice qui pourrait diffuser dans tous les sens.

Nous pouvons imaginer qu'un mâle atteint de quelque maladie virulente et présentant quelques perturbations structurales causées ainsi puisse avoir des produits affectés de la même maladie, et que cette influence se puisse transmettre avant la naissance des jeunes à l'organisme de la mère et l'affecter de telle sorte que les produits qu'elle peut avoir d'un autre mâle soient atteints de la même façon que les premiers. Pareillement, puisqu'on sait que les hormones peuvent passer d'un embryon de mammifère à sa mère pendant l'intime symbiose pré-natale, il est possible que l'organisme d'un produit — en partie paternel — puisse affecter l'organisme de la mère, et se transmettre ainsi par elle à une autre produit d'un autre père.

7. — *Suggestion statistique.*

Karl Pearson (1900, p. 461) a abordé le problème par le côté

---

(1) A noter que devant les travaux sur le sang, et les « races sanguines » de ce dernières années, Darwin serait sans doute moins catégorique (Note du traducteur)

statistique. Si la femelle peut être influencée dans des gestations ultérieures par un mâle qui a été cause des premières et si la prétendue télégonie n'est pas due à quelque persistance anormale des spermatozoïdes des premières unions, alors dans l'union *permanente* d'un couple nous devrions trouver une influence croissante du type paternel. Mais en ce qui concerne la taille il ne semble pas y avoir d'accroissement de « l'influence héréditaire » du père, donc aucune preuve d'une influence télégonique stable. Mais une influence héréditaire croissante du même père nous semble assez différente du point précis en question dans la controverse sur l'existence de la télégonie.

Il ne faut pas oublier que la tendance de l'enfant, d'un côté ou de l'autre, dépend de la puissance relative des divers éléments des contributions paternelles et maternelles à la cellule-œuf fécondée, et que cette puissance relative peut se trouver affectée par toute une série de circonstances diverses comme l'âge et la vigueur relatifs des gamètes au moment de l'amphimixie.

Il serait intéressant d'examiner les familles de mères ayant eu deux maris successifs, surtout s'il y a vraiment quelque chose dans la croyance que l'influence télégonique consiste en une influence exercée sur la mère pendant la gestation, par la précédente progéniture plutôt que directement par le père précédent.

8. — *Généralité de la croyance en l'existence de la télégonie.*

Beaucoup d'éleveurs expérimentés croient fermement que la descendance ressemble souvent moins « au père qu'au mâle qui l'a précédé auprès de la mère » ; et cette idée comme celle de la croyance des influences des impressions maternelles sur la descendance est probablement fort ancienne.

L'idée a cours à l'égard des animaux d'élevage, et en ce qui concerne l'homme aussi. Nous savons certainement que ce que l'on avait l'habitude d'appeler l'infection du germe, et que pour suivre Weismann nous appelons maintenant télégonie, était considéré comme possible à la fin du XVIIe siècle, nous savons que la tradition de l'infection a longtemps influencé les éleveurs de chevaux arabes, et que des partisans de cette hypothèse se trouvent maintenant dans toutes les parties du monde, plus spécialement là où se produit une remonte de races distinctes, par exemple dans les états méridionaux de l'Amérique et dans certaines provinces turques. De plus, jusqu'à une époque très récente, beaucoup de biologistes considéraient que ce que l'on désigne communément et commodément sous le nom de l'expérience de Lord Morton a prouvé que l'infection du germe se produit au moins à l'occasion (Ewart, 1899, p. 57).

Il est psychologiquement intéressant de chercher quelque explication de la croyance si répandue en l'existence d'un phénomène dont les preuves scientifiques paraissent si minces. Il n'y a pas de doute, nous est-il affirmé, que la valeur d'une chienne de race tombe dès qu'elle a été fécondée accidentellement par un métis et il est possible qu'il y ait pour cela quelque bonne raison, en dehors du fait que l'épisode fait mauvais effet dans une généalogie. Il est possible que l'organisme de la chienne soit subtilement affecté par un croisement, surtout lorsqu'il est fécond, avec un chien de race inférieure, et que cet organisme altéré puisse réagir sur la future descendance bien qu'il ne se produise pas de télégonie véritable.

Il faut se rappeler toutefois que les récits faits sont souvent assez précis. « Si une chienne d'arrêt est fécondée accidentellement par un collie, et donne une portée, celle-ci présentera des types variés, tels petits évoquant le chien d'arrêt, d'autres le collie, et d'autres encore étant un mélange du collie et du chien d'arrêt. Si cette chienne se trouve ensuite être fécondée par un chien d'arrêt pur, sa portée présentera certains caractères indéniables du type collie. » Il serait à désirer qu'un effort fût fait pour se procurer des faits absolument exacts accompagnés de photographies.

Il est presque inutile de rappeler que la plupart des gens sont extraordinairement négligents en ce qui concerne leurs croyances et que les éleveurs sont notoirement superstitieux, car les considérations pécuniaires agissent puissamment pour développer l'esprit de précaution, et l'élevage devient graduellement un art basé sur des conclusions scientifiques. Il doit y avoir quelque base à cette croyance si répandue, et la réponse donnée par les praticiens eux-mêmes est qu'ils ont une expérience abondante de la fréquence de la télégonie. Cette affirmation nous conduit à examiner les phénomènes qui pourraient être pris pour télégoniques, et il est certain qu'Ewart a raison en soutenant que l'erreur consiste en une fausse interprétation des réversions. Un coup d'œil sur le chapitre consacré à ce sujet (chapitre V) rappellera au lecteur que le croisement de races différentes donne lieu souvent à d'apparents retours en arrière. Une poule noire Bantam fécondée par un coq indien de combat Dorking donna entre autres un petit coq presque identique au *Gallus Bankiva*, c'est-à-dire à la souche sauvage originelle. Ce qui se produit lorsqu'on croise différentes races peut se produire sur une moindre échelle lorsqu'on croise des individus de même race, mais de lignées différentes.

Lorsque des phénomènes de réversion se produisent, c'est en général au dam de l'éleveur pratique. A la recherche d'une explication il croit en trouver une dans la télégonie ; c'est-à-dire qu'il attribue la réversion non au croisement immédiat, qui était théoriquement correct, et aurait dû tourner bien, mais à quelque croisement éloigné, moins soigneux, et parfois accidentel. C'est de cette façon que l'on a fait du mâle précédent le bouc émissaire de la réversion, et que la croyance en la télégonie est née.

9. — *Instructive histoire familiale.*

O. Vom Rath nous fournit un excellent exemple de la façon dont disparaissent à l'analyse un grand nombre de ces prétendus cas de télégonie. Il s'agit d'une histoire de famille plutôt compliquée, celle de certains chats. Une famille qui avait habité Tunis pendant bien des années émigra en 1888 à Baden emmenant avec elle un beau couple de jeunes chats. Le changement ne leur fit pas de mal, sauf qu'ils quittèrent de moins en moins la maison et devinrent plus ou moins méchants. La chatte (F) était gris brun avec des rayures noires ; le matou (M) était noir pur, à l'exception d'une grosse tache blanche sur le côté droit du poitrail, et avait de naissance l'oreille gauche réduite de moitié.

Dans chaque portée qu'ils eurent il y eut quelques chats anormaux avec oreille et queue rudimentaires. Ils furent tous détruits, mâles et femelles. Seules les femelles normales furent conservées. Mais le mâle devenant de plus en plus méchant fut châtré et dès lors il fut paisible et paresseux.

La chatte F fut alors croisée avec un chat allemand de race pure. Mais elle continua à produire à chaque portée des chats anormaux. Cela sentait fort la télégonie, semblait-il.

Des recherches ultérieures prouvèrent toutefois qu'une fille normale de F croisée avec un chat allemand normal avait mis au monde un mâle roux avec oreille gauche et queue rudimentaires. Des recherches faites sur la généalogie de F et de M prouvèrent que f, mère de F, possédait une queue rudimentaire, une oreille normale et était de la même couleur que F. Cette f avait été croisée avec un chat roux R qui avait une oreille et une queue rudimentaires ; ils eurent une seule portée qui fut détruite et R mourut peu de temps après.

Alors f fut accouplée à un jeune frère noir normal S du défunt R. Ce fut de cet S normal et de cette f à la queue rudimentaire que F naquit.

Mais les deux parents de f et les deux parents de R et S étaient apparentés, appartenant à une famille où l'oreille et la queue rudimentaires étaient choses communes, tous provenant d'un couple que les possesseurs avaient trouvé dans un arbre creux aux environs de Tunis.

O. Vom Rath en dit plus long, mais nous en avons assez relaté pour prouver la justesse de sa conclusion qu'il n'y a là-dedans aucune télégonie. Il n'existait qu'une tendance familiale marquée à posséder une oreille et la queue rudimentaires. Il est certain que si Vom Rath n'avait pas eu la patience de rechercher toute l'histoire de la famille on aurait pu voir là un excellent cas de télégonie, au moins aussi bon que beaucoup d'autres.

10. — *Note sur la Xénie.*

Ce nom mystérieux de Xénie qui semble signifier « dons d'hôtes » fut appliqué par le botaniste Focke aux cas où le pollen du mâle semble affecter le tissu de l'ovaire maternel, la substance de la graine, ou même le fruit en tant que distinct de l'embryon même.

Correns s'est livré à des expériences soigneuses sur le maïs et a prouvé que là, tout au moins, la xénie se présente. Lorsque la variété à grain blanc *(Zea Alba)* se trouve pollinisée par la variété à grain bleu *(Zea Cyanea)* la majorité des graines présentent un endosperme blanc autour de l'embryon mais chez quelques-unes il est de couleur bleue. L'inverse se produit aussi. Il faut noter que l'effet ne s'exerce que sur l' « endosperme », sur la couche nutritive autour de l'embryon ; l'enveloppe de la graine par exemple ne se trouve jamais affectée.

Ce qui se produit, semble-t-il, c'est que le tube pollinique provenant du grain de pollen contient *deux* noyaux générateurs qui sont produits par la division d'un seul. De ces deux noyaux l'un féconde la cellule-œuf, l'autre se fusionne avec ce que l'on appelle les noyaux polaires (fait découvert par Nawaschin et Guignard). Ainsi il y a une sorte de double fécondation dans le sac embryonnaire. L'une d'elles produit l'embryon, et l'autre forme l'endosperme.

Nous voyons par là que la xénie (dans le cas absolument authentique du maïs) ne provient pas d'une influence mystérieuse du tube pollinique exercée sur le tissu maternel et qu'elle ne nécessite pas l'hypothèse de Darwin d'une migration de « gemmules » de l'œuf fécondé dans le tissu environnant. C'est un phénomène *sui generis* dû à cette très particulière « fécondation double ». Comme le fait remarquer Weismann elle vient à l'appui de cette opinion que les noyaux seraient les véhicules des qualités héréditaires.

Beaucoup de prétendus cas de xénie sont cités dans le grand ouvrage (1903, p. 252) d'Yves Delage. Le plus pittoresque est celui du pommier de Saint-Valéry. « Cet arbre était stérile par suite de l'avortement de ses étamines. Chaque année les jeunes filles cueillaient des branches d'autres pommiers en fleurs et les secouaient au-dessus des fleurs de l'arbre non-étaminé afin de les féconder. Tillet de Clermont-Tonnerre (1825) raconte que les fruits résultants rappelaient par leur taille, leur couleur, leur goût, ceux des arbres ayant fourni le pollen ».

Il est à craindre toutefois que beaucoup de cas supposés de xénie ne soutiennent pas l'examen. Ainsi les faits relatifs aux pois ne nous semblent pas avoir de rapport avec la question puisque les deux moitiés de la semence de pois sont naturellement les cotylédons et partie de l'embryon. Quelques-uns de ces phénomènes semblent être simplement des cas ordinaires d'hérédité mendélienne (voir chapitre X). Mais certains cas où le fruit tout entier serait affecté (raisins et or nges) mériteraient bien quelques recherches supplémentaires.

11. — *Impressions maternelles.*

C'est une croyance consacrée par le temps que l'état mental, surtout les impressions sensorielles et les fortes émotions, d'une mère enceinte peut affecter sa descendance à naître au point qu'il en résulte des changements structuraux en rapport avec l'expérience maternelle. Cette croyance resta tenace jusqu'au moment où Blondel commença à la critiquer, au commencement du xviiie siècle.

Chacun admet que la santé de la mère, dans son sens le plus étendu, peut réagir sur sa descendance, mais dans quelles limites, c'est ce que nous ignorons. Mais il est tout différent de croire à des effets structuraux et spécifiques définis. Il est hors de doute que cette théorie fermement enracinée est en général absolument antiscientifique, sauf en ce qu'elle est l'expression de l'instinct poussant à rechercher l'explication des phénomènes. Un enfant a de l'hypertrichose. N'est-ce pas parce que sa mère a regardé trop longtemps un Saint-Jean-Baptiste en vêtement de poils ? Une mère blanche a un enfant noir ; que peut-elle dire d'autre si ce n'est qu'elle a eu peur d'un nègre ?

J. W. Ballantyne a soigneusement étudié l'abondante littérature relative à ce sujet, et il est presque inutile de dire que sa conclusion est que cette théorie ne se soutient pas excepté sous une forme très subtile. Les expériences mentales de la mère ont été considérées comme expliquant certaines particularités de couleur, l'hypertrichose, les marques de naissance, la malformation et même la conception elle-même. Jamais l'argument *post hoc ergo propter hoc* n'a été plus abondamment employé, et le résultat a été un retard de l'étude de la pathologie ante-natale. Le système de Jacob qui se servait de baguettes d'osier pelées pour influencer la couleur du bétail est encore pratiqué, bien que sous une forme modifiée. Un éleveur de bétail connu m'a affirmé que pour obtenir une couleur de veau particulière d'une vache qui se refusait à produire ce qu'il voulait il réédita avec succès la recette du patriarche. Il lui enveloppa la tête de bandages au moment de l'accouplement, et après que le mâle fut parti, il mit en sa présence une génisse de la couleur désirée afin que ce fût le premier objet qu'elle vît une fois que son bandeau serait enlevé ; on lui laissa la génisse pour lui occuper l'esprit, et en temps voulu elle mit au monde un veau de la couleur désirée. Ceci n'est pas un cas isolé. Que peut-on dire, la bonne foi du témoin étant certaine, si ce n'est ce mot peu satisfaisant de « coïncidence ». On aurait besoin de savoir dans quelle direction le mâle était prédominant en ce qui concerne la couleur. On voudrait savoir aussi la moyenne des échecs par rapport à celle des succès.

Il est admis que les émotions, la misère, et autres causes du même genre peuvent avoir des effets préjudiciables sur un enfant à naître. On raconte qu'après la famine irlandaise et le siège de Paris beaucoup d'enfants naquirent avec des stigmates de différentes sortes, et ceux-ci étaient attribués souvent à des faits particuliers, à des incidents spéciaux au lieu de l'être tout naturellement à l'état général de mauvaise alimentation et de fatigue nerveuse. Mais il paraît bien difficile, impossible même d'attribuer un défaut structural particulier à une impression mentale. Le *modus operandi* est difficile à concevoir. Quelquefois en effet la théorie de l'impression maternelle est évidemment insoutenable lorsque l'impression est produite vers la fin de la grossesse, car la plupart des phénomènes importants du développement se produisent de très bonne heure. Il faut aussi se rappeler la multitude des cas dans lesquels la descendance est parfaitement normale malgré des expériences maternelles très saisissantes. En comparaison de cette multitude de cas où rien ne se produit, le nombre des faits réellement curieux est très réduit ; on peut les laisser de côté comme étant des coïncidences.

Il est en même temps peu sage de parler d'impossibilité lorsqu'il s'agit de sujets mal connus et imparfaitement compris. Le fait que nous ne pouvons imaginer la nature d'un nexus physiologique ne prouve pas que celui-ci n'existe pas. Ainsi, comme en ce qui concerne la transmission des caractères acquis et la télégonie, nous pouvons rester scientifiquement sceptiques, et donner comme verdict « non prouvé » sans dire dogmatiquement « impossible ».

Nous pouvons comprendre comment un cas curieux peut faire réfléchir l'observateur. Un praticien d'une grande intelligence me parla un jour d'une de ses malades qui, pendant sa grossesse, avait vu son mari devenir victime d'un assez grave accident. Son bras avait été complètement ouvert par la chute d'un bloc. Comme cette impression paraissait la frapper par rapport à l'enfant qu'elle portait, on demanda au docteur de la rassurer, ce qu'il fit avec confiance et sans nul doute avec adresse. Il fut assez saisi pourtant, le moment venu, lorsque l'enfant qu'il aida à mettre au monde apparut avec une marque au bras rappelant l'accident survenu à son père, et au même bras.

Il faut nous rappeler que pendant une assez longue période l'enfant est partie de la mère, presque partie intégrante d'elle-même, et nous commençons à en savoir assez sur l'influence de l'esprit sur le corps pour devenir prudents quand il s'agit de dogmatiser au sujet des possibilités de ce que Ballantyne (1) appelle finement « la mystérieuse télégraphie sans fil de la vie pré-natale. »

(1) En exprimant son scepticisme à l'égard de l'aptitude des impressions maternelles à provoquer chez le fœtus des modifications rappelant ces impressions, J. W. Ballantyne ajoute prudemment (*Discussion on heredity in Disease, Scottish Med. and Surg. Journ.* VI, 1900, p. 310) que « à quelque degré que nous croyions l'esprit capable d'influencer l'état d'une partie du corps, au même degré, ou plutôt à un degré un peu moindre, l'esprit de la mère pourrait également influencer son parasite c'est-à-dire le fœtus *in utero*. Mais cette croyance varie naturellement beaucoup selon l'élasticité de notre croyance en l'influence de l'esprit sur le corps ».

CHAPITRE VII

LA TRANSMISSION DES CARACTÈRES ACQUIS

« Une réponse correcte à la question de savoir si les caractères acquis sont héréditaires ou non est nécessaire à qui veut penser correctement non seulement en biologie et psychologie mais aussi en éducation, morale et politique ». (HERBERT SPENCER).

1. — *Importance de la question.*

Personne n'est autorisé, quant à présent, à classer la transmission des « caractères acquis » c'est-à-dire des modifications somatiques parmi *les faits de l'hérédité*. Du reste, la place logique d'une discussion sur ce sujet serait à côté d'autres questions en cours de discussion, l'occurrence ou la non-occurrence de la télégonie par exemple. Mais nous avons insisté spécialement sur la discussion de ce problème parce qu'il est d'une grande importance à la fois théorique et pratique et qu'il a été le sujet de débats abondants.

Le problème n'est pas uniquement académique. — Aux

yeux des biologistes la question de la transmissibilité des caractères acquis durant la vie par le corps du parent, en tant que résultat de changements dus à des influences d'environnement ou fonctionnelles, est beaucoup plus qu'un problème technique. La façon dont nous l'envisageons a une répercussion non seulement sur toute notre théorie de l'évolution organique, mais aussi sur notre conduite de chaque jour. La question intéresse le père, le médecin, le pédagogue, le moraliste et le réformateur social, en somme elle intéresse chacun de nous.

Si les résultats particuliers de changements ou particularités dans la « nurture », l'éducation, et l'expérience individuelles, n'*affectent pas* directement et spécifiquement la nature héritée par l'enfant, il nous faut alors réviser quelques opinions psychologiques et pédagogiques courantes ; mais nous ne devons pas oublier que chez l'homme son riche héritage *extérieur* de traditions et conventions, habitudes et institutions, lois et littérature, arts et sciences, rendent son cas tout à fait particulier, car les résultats de l'héritage extérieur de l'homme sont souvent tels qu'ils auraient pu se produire si les caractères acquis étaient transmissibles.

Si les résultats particuliers des changements, ou particularités dans la nurture n'affectent pas directement et spécifiquement la nature héritée par l'enfant il nous faut procéder à une révision de la théorie de l'évolution organique appelée lamarckienne, et dont l'idée fondamentale est que ce qui est acquis peut aussi être transmis.

Opinion de Spencer sur l'importance de la question. — Après avoir opposé les deux hypothèses de la transmissibilité et de la non-transmissibilité des caractères acquis, Herbert Spencer écrit : « Étant donné l'étendue et la profondeur des effets que l'acceptation ou la non-acceptation de l'une ou l'autre de ces hypothèses, peut avoir sur nos opinions sur la vie, l'attention des hommes de science doit s'attacher particulièrement à discerner laquelle des deux est exacte. Les biologistes, en tranchant cette question générale, prennent une lourde responsabilité, car une conception erronée entraîne parmi d'autres effets une croyance inexacte en matière de questions sociales, et par là à de désastreuses actions sociales ». Ce jugement autorisé nous dis-

'pense de formuler toute excuse pour l'importance que nous attribuons à la question.

Une interminable discussion. — L'attention des hommes de science que réclamait Spencer à l'égard de ce problème n'a pas été marchandée. Le sujet a été débattu pendant des années. Notre bibliographie donnera quelque idée de la quantité d'articles et de livres qui ont été consacrés à ce sujet. En fait, l'un des plus tolérants parmi nos biologistes, W. R. Brooks, l'appelle l' « Interminable Discussion ». Ceux qui ont donné une réponse affirmative n'ont point été à même de la justifier ; quant aux autres comment leur est-il possible de prouver une négative ? C'est pourquoi si nous n'avons aucune hésitation à prononcer le verdict de « non prouvé » que justifient toutes les preuves *obtenues jusqu'à ce jour*, il ne nous faut point compter que la question soit tranchée avant que bien des années de recherches expérimentales aient passé.

Pourquoi entrons-nous donc dans la discussion, une fois de plus, si l'on n'a pu obtenir encore de réponse satisfaisante, et si l'unanimité ne peut se produire parmi ceux qui l'ont étudiée ?

Nous trouvons notre justification dans un passage du *Siris* de Berkeley cité par Brooks.

« Platon remarque dans son *Théétète* que rester assis sur ses bords ne nous apprend rien sur la mer, alors que d'entrer dans l'eau et de circuler en tous sens est le plus sûr moyen d'en connaître les profondeurs et les écueils. Si nous nous remuons et nous donnons du mal, nous pourrons alors découvrir quelque chose. »

Le soin le plus urgent est certainement l'expérimentation, mais il y a encore tant de malentendus à l'égard du problème que nous nous armons de courage en reprenant une discussion dont nous avons tenté d'écarter toute obscurité et tout préjugé.

2. — *Notice historique.*

Le doute à l'égard de la transmission des caractères acquis n'est certainement pas chose nouvelle bien que Galton et Weismann aient été parmi les premiers à exprimer leur scepticisme.

Brock a fait remarquer que l'éditeur, quelqu'il soit, de l'*Historia Animalium* d'Aristote semble ne pas avoir été d'accord avec le maître sur ce sujet. Aristote ayant cité la transmission de la forme exacte d'une marque de cautère, le commentateur a exprimé ses doutes quant à la réalité des phénomènes de ce genre.

Kant. — Dans les temps modernes Kant a été l'un des premiers à exprimer un scepticisme très net à l'égard de la transmission des caractères individuels. Blumenbach penchait dans le même sens, mais aucun d'eux ne semble avoir défini avec précision ce qu'il excluait du bagage de l'hérédité.

Prichard. — James Cowles Prichard (né en 1786) anthropologiste bien connu, exprima dès 1826 quelques idées absolument modernes sur l'évolution. Edward B. Paulton en a signalé l'importance. Dans la seconde édition de ses *Researches into the physical History of Mankind* (1826) Prichard présentait l'argument en faveur de l'interprétation évolutionniste générale de la nature animée, reconnaissait l'action de la sélection naturelle et artificielle, et non content d'établir une distinction bien nette entre les qualités acquises et les qualités innées, il niait que les premières fussent transmises. Il ne fut pas entièrement logique toutefois et ses convictions semblent avoir faibli dans la suite, mais son anticipation, un demi-siècle et plus à l'avance, d'un des arguments de Weismann est fort intéressante.

A une époque plus récente, nous observons des expressions sporadiques de scepticisme à l'égard de la transmissibilité des caractères acquis, par exemple chez le morphologiste His et le physiologiste Pflüger, mais, ainsi que nous l'avons dit, la mise au point de la question fut opérée par Galton et Weismann.

Galton. — En 1875 Galton exprimait l'avis que la théorie courante de l'hérédité des caractères acquis pendant la durée de vie des parents « contenait beaucoup de faits discutables difficiles à vérifier. Nous pourrions presque réserver notre opinion sur la possibilité de réaction des cellules du corps sur les éléments sexuels et nous pouvons être assurés que si elle se produit c'est du moins à un très faible degré. En d'autres termes il nous paraît douteux que des modifications acquises soient le moins du monde héritées dans le sens correct de ce mot ».

L'opinion de Galton à cette date peut se résumer comme suit :

1) Quant aux variations climatiques Galton mettait en doute la réalité d'une réaction quelconque du « corps » sur les germes, mais estimait que les germes peuvent être eux-mêmes *directement* affectés.

2) Il en va de même pour beaucoup de maladies acquises par des habitudes irrégulières longuement poursuivies.

3) Les cas de transmission *apparente* des mutilations ne sont rien auprès des preuves négatives écrasantes de non-hérédité.

4) Il est difficile de trouver quelque preuve de l'action de la structure personnelle sur les éléments sexuels qui ne soit pas sujette à des objections sérieuses. Ce qui est peut-être le plus digne de foi dans cet ordre d'idées doit être cherché presque entièrement auprès des modifications nerveuses, ainsi que le prouvent les habitudes héréditaires de domesticité, la faculté d'arrêt chez le chien et les résultats des expériences de N. Brown-Séquard sur les cobayes.

Weismann. — Mais Weismann se montra encore plus sceptique. Il nia toute transmission de modifications acquises, en partie parce qu'elle s'appuyait sur des faits trop inconsistants et d'ordre purement anecdotique, en partie parce qu'il ne pouvait point concevoir le mécanisme par lequel pouvait s'effectuer la transmission d'une modification particulière acquise, enfin, parce que sa théorie de l'hérédité et de la variation toute entière rendait très improbable toute croyance en la transmission des caractères acquis. Pour Weismann, la seule source de changement spécifique réside dans le plasma germinal des cellules sexuelles. Il est exact que le milieu laisse son empreinte sur l'organisme, mais seulement *sur le corps* ; les cellules reproductrices à travers lesquelles seules la modification peut se trouver transmise demeurent non-affectées, ou ne sont pas affectées d'une manière assez définie pour entraîner la transmission de la modification parentale. Il est vrai que les résultats d'un changement de fonction (usage et désuétude) se trouvent souvent très marqués et très importants *pour l'individu* ; mais ils ne sont point transmis comme tels, ou à un degré représentatif quelconque, et par cela même ne peuvent compter dans l'évolution de l'espèce.

C'est ainsi que le terrain s'écroule sous les pas des Buffoniens et des Lamarckiens et que tout le fardeau du processus organique se trouve reposer sur la variation germinale et les processus de sélection.

Les passages suivants résument l'attitude primitive prise par Weismann :

1. « Les caractères acquis sont ceux qui résultent d'une influence extérieure sur l'organisme par opposition à ceux qui ont leur origine dans la constitution du germe. »

2. « Les caractères ne peuvent être hérités qu'autant que leurs rudiments (Anlagen) sont déjà présents dans le plasma germinal. »

3. « Les modifications imposées à l'organisme à la suite d'influences extérieures doivent rester limitées à l'organisme chez lequel elles se sont produites. »

4. « Il doit en être ainsi des mutilations et des modifications des parties du corps résultant des habitudes ou de la fatigue. »

5. « Aucune modification du soma (affecté par le milieu, les habitudes et la fatigue) ne peut être transmise aux cellules germinales d'où naît la génération suivante. Ces modifications ne jouent donc aucun rôle dans la transformation de l'espèce. »

6. « Un seul principe peut expliquer la transformation de l'espèce, c'est la variation germinale directe. »

La sélection naturelle opère de la façon habituelle sur les variations germinales. La théorie adjuvante de la sélection germinale ne fut proposée que plus tard et diverses réserves furent ajoutées qui ne modifient pas la clarté et la force de la théorie originelle de Weismann.

Lois de Lamarck. — On peut dire assez justement que Lamarck représente la *fons et origo* de l'attitude affirmative dans ce problème. Bien que n'en ayant pas été l'initiateur, Lamarck a formulé la théorie de l'hérédité des caractères acquis et en a donné des exemples. Il a défendu la théorie de la transmissibilité des modifications dûes à l'accentuation, la diminution, le changement des habitudes ainsi que des modifications dues au changement de milieu, produites directement ou bien indirectement par altération de fonction. Le cou allongé de la girafe est dû à ce qu'elle l'a étiré pendant des générations ; les oiseaux nageurs ont les pieds palmés parce qu'ils ont écarté leurs doigts dans l'eau, les échassiers ont de longues pattes parce qu'ils les ont étirées, la taupe a de petits yeux parce qu'elle a cessé de s'en servir, la baleine n'a pas de dents fonctionnelles parce qu'elle a pris l'habitude d'avaler sa nourriture sans la mastiquer, et ainsi de suite.

Les deux lois de la nature, dont Lamarck avait coutume de dire qu'aucun observateur ne pouvait manquer de les confirmer sont les suivantes :

1. Chez tout animal n'ayant point dépassé le terme de son développement, l'usage fréquent et soutenu de tout organe fortifie cet organe, le développe, en augmente le volume et lui confère une force proportionnelle à la durée du temps de son emploi. D'autre part l'inaction continue du même organe

l'affaiblit sensiblement : il se détériore et ses facultés diminuent progressivement jusqu'à ce qu'il disparaisse enfin complètement.

2. La nature conserve tout ce qu'elle a fait acquérir ou perdre à l'individu par l'influence des circonstances diverses auxquelles la race a été longtemps exposée, par conséquent par l'influence de l'usage prédominant de certains organes (ou en raison de leur non-emploi continu). Elle s'en acquitte par la génération d'individus nouveaux, qui naissent munis des organes récemment acquis. Ceci se produit dans la limite où les changements acquis ont été communs aux deux sexes ou aux individus qui ont donné naissance aux formes nouvelles.

E. Ray Lankester a fait remarquer (1894) que la première et la seconde lois de Lamarck sont contradictoires. En accord avec les conditions normales du milieu, les organismes présentent des quantités « responsives » dans leurs parties ; mais changez un jeune organisme en l'introduisant dans un milieu quantitativement différent et il présente de *nouvelles* quantités responsives dans les parties intéressées de sa structure, des caractères nouveaux ou *acquis*.

« Tout va bien jusque là. Ce que Lamarck nous demande ensuite d'admettre, par sa « seconde loi » nous semble non seulement manquer de l'appui des preuves expérimentales, mais encore être en contradiction avec ce qui précède. Le nouveau caractère, qui est *ex hypothesi*, ainsi que l'était le caractère ancien (longueur, largeur, poids de la partie) qu'il a remplacé, une réplique au milieu, un modelage ou manipulation particulière par des forces incidentes de la qualité potentielle congénitale de la race, se trouve, selon Lamarck, tout à coup investi de pouvoirs extraordinaires. Il est déclaré être transmissible, c'est-à-dire capable d'altérer le caractère potentiel de l'espèce, suffisamment pour persister alors que d'autres conditions quantitatives extérieures se trouvent substituées à celles qui l'ont déterminé à l'origine. Mais ceci n'a jamais été expérimentalement prouvé, et il existe bon nombre de raisons pour le considérer comme improbable.

« Puisque le caractère ancien (longueur, largeur, poids) n'était pas devenu fixe et congénital après que des milliers de générations d'individus l'eurent développé en réponse en quelque sorte au milieu, mais a cédé la place à un caractère nouveau, lorsque ces conditions vinrent agir sur l'individu (première loi de Lamarck), quelle raison avons-nous de supposer que ce caractère ait été susceptible de se fixer après un temps beaucoup plus court d'exis-

tence responsive ou d'échapper à l'action de la première loi ?
Il est clair qu'il n'y a pas lieu, d'après l'exposé de Lamarck, de
supposer quoi que ce soit de ce genre, et que les deux soi-disantes
lois de Lamarck sont en contradiction entre elles.

« Sous sa forme la plus condensée mon objection a été présentée ainsi qu'il suit par E. B. Poulton (*Naturel*, vol. LI, 1894,
p. 127) : « La première loi de Lamarck implique qu'une histoire
passée d'une durée infinie n'est pas capable de créer une puissance par laquelle le présent soit contrôlable, alors que la seconde
admet que la brève histoire du présent peut aisément faire naître une tendance contrôlant le futur » (voir E. Ray Lankester,
Kingdom of Man 1907 ; p. 128-130).

Le Lamarckisme reste vivant. — La théorie lamarckienne
est encore énergiquement défendue, généralement sous une forme
plus ou moins modifiée, par des naturalistes éminents, spécialement en France et en Amérique. Elle s'accompagne souvent
d'un darwinisme plus ou moins découragé, tout comme Darwin
combinait un peu de lamarckisme avec sa propre doctrine sélectionniste en dépit de sa protestation : « Que le ciel me préserve
des absurdités de Lamarck sur la tendance à la progression, des
adaptations par la lente volonté des animaux etc... » Malgré
l'affirmation de Alfred Russell Wallace : « L'hypothèse de Lamarck a été continuellement et facilement réfutée par tous ceux
qui ont abordé ce sujet », malgré celle de Huxley : « L'hypothèse
de Lamarck a été justement condamnée depuis longtemps »,
malgré l'assertion de E. Ray Lankester que le plus grand progrès
dans l'étiologie moderne sera l'abolition complète de toute tare
lamarckienne, il reste une solide école de Lamarckiens et une
encore plus solide école de néo-lamarckiens, qui, quelle que soit
la vérité sur la transmission des caractères acquis, se tiennent
fortement à ce lieu commun si souvent négligé que *l'organisme
est un être vivant actif, s'affirmant, s'adaptant lui-même, et jusqu'à
un certain point maître de son sort.*

3. — *Définition du problème.*

On a perdu bien du temps et des forces à discuter la transmissibilité ou la non-transmissibilité des caractères acquis, ou modi-

fications somatiques par suite du manque d'une définition précise des termes. Généralement, quoique pas toujours, la faute en est aux partisans de l'affirmative qui n'ont pas observé les règles du jeu par ignorance des définitions de ceux qui adoptent la conclusion négative. Assurément il convient d'engager une discussion critique quant à la meilleure définition d'un « caractère acquis », d'une modification », d' « un changement somatique » exercé sur le corps par des circonstances extérieures ou fonctionnelles ; que l'on fasse la critique des termes et des catégories, (la création d'un mot parfaitement clair pour désigner les modifications somatiques serait la bienvenue), mais s'il nous faut dans l'examen des faits, ou prétendus faits, arriver à séparer le son du grain de vérité, nous sommes obligés d'adopter certaines définitions, en particulier celles qu'a données Weismann qui a su mettre en évidence le problème sous son aspect moderne. Le sens du ridicule à lui seul devrait empêcher un jeune praticien de croire qu'il contribue au progrès en proposant un argument qui n'a nulle valeur si le dictionnaire de la biologie n'a été préalablement réédité. Il est évident qu'une discussion à laquelle se sont appliquées quelques-unes des têtes les plus sages de toute l'Europe et de l'Amérique, ne peut être, ainsi que certains ont eu l'effronterie de le proclamer, une simple querelle de mots. Est-ce trop demander que de prier ceux qui désirent rompre une lance avec le biologiste de Fribourg, de commencer au moins par lire d'abord : *Das Keim Plasma* ?

Qu'est-ce qu'un caractère acquis ? — Dans notre précédente discussion sur l'hérédité et la variation nous avons brièvement exposé la distinction entre les variations germinales, blastogéniques, constitutionnelles, endogènes, et les modifications corporelles, somatogéniques, acquises, exogènes. Un caractère acquis ou une modification somatique peuvent être définis comme un changement structural dans le corps d'un organisme multicellulaire impliquant une déviation de la normale provoquée directement pendant la durée de vie de l'individu par un changement dans le milieu ou dans la fonction (emploi ou non-emploi) et telle qu'elle dépasse les limites de l'élasticité organique, et par là persiste après que les facteurs qui l'ont provoquée ont cessé d'opérer.

Exemples : Le nanisme des arbres japonais, les déformations des arbres par le vent, le blanchiment des plantes poussées dans l'obscurité, les changements amenés directement par la transplantation ou l'exposition constante aux rayons du soleil, les changements de couleur consécutifs à des régimes particuliers, les callosités produites sur la peau par la pression (par exemple celles qui se produisent aux doigts des violonistes), le nanisme chez les animaux privés de liberté, l'accroissement du développement musculaire par l'exercice, l'atrophie des muscles par le non-emploi, la fatigue chronique des cellules nerveuses, les altérations des parois du tube digestif par des régimes spéciaux, les changements du squelette par suite d'activités spécialisées, la croissance accrue des cheveux, etc., après introduction dans un climat chaud, l'accumulation de graisse due à un changement alimentaire, et ainsi de suite.

Pour comprendre la question clairement, il nous faut lui donner du temps et de la réflexion. Considérons brièvement les relations diverses entre un organisme et son milieu.

Rapport de dépendance entre l'organisme et son milieu. — Il est de connaissance familière que tout être vivant est dépendant de son milieu. Une grande partie de l'existence s'écoule en actions et réactions entre l'organisme et le milieu. Tout le monde sait qu'entre le système animé — si incomplètement unifié — et son milieu inanimé, il y a un continuel échange de matière et d'énergie. La vie en dépend. L'éphémère pendant sa courte vie aérienne doit respirer même si elle ne mange pas. Le philosophe tout comme son chien a besoin de son dîner. C'est ce qu'on peut appeler le rapport de dépendance normale et constante par rapport au milieu nécessaire au développement et à la durée de l'organisme.

2. Adaptations transitoires. — Mais le milieu peut changer et l'être vivant change avec lui. Une grande partie de la vie est constituée par des *réponses effectives* à des changements extérieurs ; consciemment ou inconsciemment, l'organisme s'adapte aux changements de son milieu ou tente de s'ajuster. Il fait un beau soleil et notre pouls bat plus vite, la température s'élève et nous transpirons. Des milliers de ces changements sont choses familières et rompent la monotonie de la vie. Pourtant en ce qui concerne beaucoup d'entre eux, il ne subsiste pas de changement durable qu'on puisse apprécier. La fatigue nerveuse normale entraîne des changements structuraux, mais par le repos et la nourriture nous arrivons à une récupération presque complète.

Sans aucun doute il subsiste toujours *quelque* impression durable, car la barre de fer elle-même n'est pas tout à fait la même après qu'elle a été frappée une fois, mais les résultats des changements organiques auxquels nous faisons allusion se trouvent habituellement perdus, comme les paumelles du sable, lorsque la marée remonte. Ce sont les résultats uniquement transitoires de réactions à l'égard de changements fréquents du milieu auquel l'organisme est bien accoutumé.

3. Adaptations persistant longtemps. — Insensiblement toutefois, car c'est une question de degré, nous passons de résultats transitoires à d'autres qui subsistent beaucoup plus longtemps. Nous sommes hâlés par le soleil pendant nos vacances d'été, et le résultat peut se prolonger bien avant dans l'automne. Le changement quoiqu'encore bien superficiel est plus persistant. Le monde est rempli d'exemples similaires : l'augmentation de poids de l'enfant après un mois passé à la ferme, l'augmentation de volume des muscles après une série d'exercices Sandow, la déviation de la tige qui n'a reçu de lumière que d'un seul côté, le blanchiement du céleri que l'on a butté. Mais ces résultats ne durent pas longtemps après que la cause qui les a provoqués a cessé d'opérer. Tôt ou tard il y a un retour à la normale. Comme un arc détendu l'organisme rebondit approximativement à son état primitif. Le stimulant cesse d'agir, ou le stimulant absent est rétabli, et l'organisme, comme si l'on commandait «au temps», revient au *statu quo*.

4. Modifications. — Insensiblement toutefois, car ce n'est toujours qu'une question de degré, nous passons de ces changements temporaires à d'autres qui sont manifestement permanents. Car il est des cas où le nouveau stimulant provoque un changement structural qui persiste après que le stimulant a cessé d'agir. Comme nous l'avons dit par métaphore, la limite de l'élasticité organique a été dépassée. Voilà ce qu'en langage technique nous appelons « caractères acquis » ou « modifications ».

L'Anglais qui a passé la moitié de sa vie sous un soleil tropical peut y être devenu à tel point bronzé que le résultat persiste tout le temps qu'il vit de sa retraite une fois de retour. Il a changé de peau mais aucun moyen ne lui permet de retrouver sa couleur primitive. Par une inaction prolongée pendant les années de jeunesse un muscle peut s'atrophier, et rester tel toute la vie. La pression sur le petit orteil peut le déformer à un point tel que même les souliers les plus larges ne peuvent lui rendre sa forme primitive. Un arbre peut être déformé par le vent, et la branche tordue peut ne jamais retrouver sa direction première. Un excès d'exercice peut forcer le cœur à tout jamais. Une émotion inattendue peut faire blanchir les cheveux sans qu'ils reviennent jamais, naturellement, à leur ancienne couleur.

5. Modifications et variations. — Lorsque nous analysons *les différences observées* entre membres d'une même espèce, nous trouvons que certaines d'entre elles peuvent être associées à des particularités de fonction et de milieu. Elles peuvent s'expliquer physiologiquement plus ou moins par un changement quelconque dans les influences ambiantes ou par le changement fonctionnel qui en résulte. On peut n'en pas rencontrer trace chez les formes jeunes, mais elles se montrent sitôt que les conditions particulières commencent à opérer, et tous les organismes de la même espèce, soumis aux mêmes changements de conditions, les présentent à un degré variable. De plus elles peuvent être provoquées expérimentalement. Telles sont les « modifications ».

Ceux qui mesurent les différences observées ont coutume de les ranger parmi les variations véritables, mais ceci nous semble amener la confusion. *Les véritables variations sont ces particularités qui demeurent alors que toutes les modifications sont soustraites du total des différences observées.*

Il va sans dire que cette distinction ne peut pas toujours être établie en pratique. Souvent cependant elle est tout à fait apparente et en tous cas la distinction théorique est claire. Les variations au sens strict ne peuvent être causalement reliées à des particularités dues à l'habitude ou au milieu. Elles sont souvent esquissées dès l'âge le plus tendre, parfois même avant la naissance, et elles sont fort inégales même parmi les organismes dont les conditions de vie semblent absolument identiques. Nous les attribuons à des changements dans la matière germinale avant ou pendant la fécondation. Nous les appelons endogènes, constitutionnelles, blastogènes, et il n'y a aucun doute qu'elles ne soient transmissibles bien qu'elles ne soient pas toujours transmises.

Y a-t-il réellement une antithèse. — Certains esprits subtils ont trouvé quelque satisfaction à soutenir que la distinction entre une modification acquise et une variation innée est une distinction sans différence. Dans ses intéressants *Problems of Biology*, M. George Sandeman fait observer que toute qualité acquise est germinale (c'est-à-dire qu'il en existe dans l'organisme les possibilités à l'état rudimentaire) et que toute qualité germinale est aussi acquise (c'est-à-dire qu'il lui faut une certaine « nurture » et qu'elle doit être entourée de conditions appropriées pour se développer). Il y a certainement du vrai dans cette épigramme, mais est-elle applicable ?

Assurément la possiblité de la modification doit exister dans l'organisme tout comme la possibilité d'une explosion se trouve dans un baril de poudre. Le milieu n'est pas créateur. Pourtant en fait il semble possible de distinguer entre la modification même que nous voyons et mesurons, et sa possibilité que nous présupposons simplement exister.

De même il est très vrai que les potentialités si merveilleusement incluses dans la cellule-œuf fécondée, nécessitent un milieu approprié pour se réaliser ; car, ainsi que His l'a fait observer, il y a fort longtemps, « c'est faire preuve de mysticisme non-scientifique que de supposer que l'hérédité est capable de construire un organisme sans moyens mécaniques ».

La méduse commune *(Aurelia aurita)* présente souvent une symétrie pentamère au lieu de la symétrie tétramère. C'est ici une variation d'origine germinale endogène. Naturellement il faut un milieu pour qu'elle s'y développe, mais nous ne pouvons relier la particularité de structure à aucune particularité du milieu. Logiquement elle paraît tout à fait facile à distinguer d'une modification.

Il est souvent fort ennuyeux de discuter des mots, mais cela vaut encore mieux que de les comprendre de travers. « L'hérédité des caractères acquis » peut être une expression malheureuse, mais elle a fini par présenter une signification et un usage techniques parfaitement définis que n'importe qui peut comprendre en quelques minutes. Dans ses *Foundations of Zoology*, W. K. Brooks déclare ne jamais employer cette expression sans protester intérieurement et ceci paraît être une sage réserve, mais Brooks nous semble se départir de sa sagesse ordinaire lorsqu'il ajoute : « Si l'on assure que le chien hérite de quoi que ce soit que ses ancêtres n'ont point acquis, le propos paraît dépourvu de sens, car selon notre terminologie tout ce qui n'a pas existé depuis le commencement a dû être acquis, bien que l'on puisse admettre ceci sans croire toutefois que la nature d'un chien est complètement ou pratiquement l'effet héréditaire du milieu de ses ancêtres ». Mais comme le mot « acquis » est maintenant un *terme technique* désignant ce qui est imposé au corps comme résultat de changements dans les excitations extérieures ou fonctionnelles, nous ne voyons pas que dans la façon dont nous employons les mots, il y ait quelque ce soit de dénué de sens dans la première assertion, ou qui justifie la dernière.

Résumé. — Ce qui forme la base matérielle de tout héritage dans tous les cas ordinaires de reproduction chez les organismes multicellulaires, c'est l'ovule fécondé. Physiologiquement posée la question est de savoir si nous pouvons concevoir que des changements de structure dans le corps d'un parent déterminés par des changements dans l'influence fonctionnelle ou l'influence du milieu puissent affecter les cellules reproductrices de telle façon que celles-ci en se développant puissent reproduire à quelque degré que ce soit la modification acquise par le ou les parents ? Logiquement exprimée la question revient à demander s'il existe des phénomènes certains d'hérédité donnant fortement à croire à la réalité de la transmission de caractères acquis, ou, si de tels phénomènes existent, s'il ne serait pas possible de leur trouver une interprétation plus simple. Si, pour nous résumer en langage galtonien, nous appelons « nurture » les influences de milieu et les influences fonctionnelles, la question fondamentale qui se pose est de savoir si les résultats corporels dûs à des particularités dans la *nurture* des parents sont transmis comme tels, ou si c'est la *nature* germinale seule qui est à la base de l'hérédité.

4. — *Nombreuses mésinterprétations de la question.*

La question précise est la suivante : *Un changement de structure dans le corps, produit par quelque changement dans l'usage ou le non-usage, ou par quelque changement dans le milieu ambiant, peut-il affecter les cellules germinales d'une façon suffisamment spécifique ou représentative pour que la descendance, par son hérédité, puisse présenter, même à un degré très léger, la modification acquise par les parents.*

Avant de répondre à cette question il y a lieu d'examiner quelques erreurs d'interprétation qui se présentent souvent et dont la persistance rendrait inutile toute discussion ultérieure.

Mésinterprétation. — I. *Comment peut-il y avoir évolution progressive si les caractères acquis ne sont point transmis ?* Ceux qui n'ont pas étudié de près ce sujet font souvent observer qu' « ils ne voient pas comment l'évolution a pu être possible si ce qui est acquis par une génération ne se trouve pas transmis à la suivante ». A ceci nous répondrons simplement : 1º que nous avons d'abord à déterminer les faits sans nous occuper de voir s'ils rendent notre interprétation de l'histoire de la vie plus ou moins difficile, et 2º que le nombre des variations germinales dont la transmissibilité n'est pas mise en doute, est largement suffisant pour permettre l'évolution. Nous sommes renseignés sur l'abondante moisson de variations qu'on observe à l'heure actuelle et il n'y a nulle raison de croire qu'elles ont été moins abondantes par le passé.

Mésinterprétation. — II. *Les interprétations ne sont pas des faits.* Il y a beaucoup de caractères adoptifs chez les plantes et les animaux qui peuvent être interprétés superficiellement comme dûs aux effets des habitudes et du fonctionnement des organes, ou à l'influence du milieu. Les lamarckiens les ont interprétés ainsi, et la façon lamarckienne d'envisager les adaptations est devenue habituelle chez beaucoup d'esprits dépourvus de sens critique.

Ils voient sur les fleurs modernes les traces des pattes des insectes qui les ont visitées depuis des âges sans nombre, ils parlent de la disparition des membres postérieurs de la baleine par suite de leur inaction, du durcissement des sabots des chevaux ancestraux comme une conséquence de l'abandon des marécages pour un terrain plus dur ; ils représentent la girafe allongeant son cou, par un persistant effort, de quelques millimètres par siècle, à mesure que l'acacia élevait ses feuilles toujours plus loin du sol ; et ils assurent que la nature inanimée contient un si grand nombre de témoignages de l'hérédité des caractères acquis qu'il est parfaitement inutile de raisonner plus longuement. Mais tout ceci, c'est postuler la question. Il est facile de trouver des caractères structuraux qui *peuvent être interprétés* comme des caractères acquis transmis, si des caractères acquis peuvent être transmis. Il est clair toutefois qu'il ne nous faut prendre en considération que ce que nous pouvons prouver être des modifications, ou ce que nous pouvons avec quelque vraisemblance regarder comme des modifications, parce que nous en trouvons des exemples actuellement sous nos yeux.

Il est facile de dire que la couleur de la peau du nègre a été produite par le soleil tropical, et que c'est à présent une part de son héritage. C'est là une assertion aisée, mais absolument futile. Envisageons tout d'abord nos modifications.

La Verge d'or *(Solidago virgaurea)* qu'on trouve dans les Alpes fleurit plus tôt que les plants de même espèce qui poussent dans les plaines. Hoffmann a observé que les formes alpines transplantées à Giessen restent précoces dans leur floraison ; donc la précocité acquise serait devenue héréditaire. Mais il n'existe aucune preuve que la précocité *ait été* acquise. Celle-ci peut avoir été l'expression de la sélection de variations germinales.

Le phacochère africain a l'habitude particulière de s'agenouiller sur ses pattes de devant lorsqu'il fouille le sol avec ses défenses, et avance en s'aidant de ses membres postérieurs. Il possède de grosses callosités cornées qui protègent les surfaces sur lesquelles il s'agenouille, et ces dernières s'observent jusque chez l'embryon. Ceci paraît à certains naturalistes une preuve évidente de l'hérédité d'un caractère acquis. Pour d'autres c'est simplement une particularité d'adaptation d'origine germinale élaborée par la sélection naturelle.

Mésinterprétation. — III. *Ici on postule la question en partant de ce qui n'est pas prouvé être une modification.* C'est citer des cas étrangers à la question que d'invoquer ceux où une particularité physique anormale reparaît de génération en génération, à moins qu'il ne soit prouvé que la particularité est une modification, et non une variation innée dont la transmissiblité est admise par tous. La myopie peut s'observer dans une série familiale, génération après génération, mais rien ne prouve que la myopie originelle ait été une modification. Selon toute probabilité celle-ci a eu son origine dans une variation germinale comme tant d'autres idiosyncrasies physiques.

Il a été dit souvent de certaines maladies comme le rhumatisme, par ceux qui connaissent peu la question, que la maladie originelle chez l'ancêtre a été amenée par quelque influence extérieure définie, telle qu'une promenade au froid, ou un lit humide ; mais il semble pratiquement certain que dans tous les cas de ce genre nous avons à faire à une prédisposition innée pour laquelle la promenade au froid ou le lit humide n'a été que l'excitation libératrice, comparable à la pression sur la détente d'un fusil chargé. Le stimulant libérateur a certainement une grande importance à la fois dans le déclanchement du fusil et dans la maladie de l'organisme, mais ceci ne nous donne pas l'interprétation satisfaisante de l'un ou l'autre cas. Non pas que nous soyons à même d'expliquer l'origine du rhumatisme, de la myopie ou de toute autre maladie. Ce n'est pas les expliquer que de les appeler des variations germinales qui ont surgi ; mais nous sommes presque certains que ce ne sont jamais des modifications ou des caractères acquis.

Herbert Spencer reproche à ceux qui sont sceptiques quant à la transmission des modifications acquises, d'invoquer les raisons les plus futiles pour rejeter une conclusion qui n'a pas leur approbation, mais il nous rappelle l'apologue de la paille et la poutre lorsqu'il cite la fréquence de la myopie chez les Allemands « notoirement studieux », l'hérédité du don musical, celle de la tendance à la phtisie, comme preuves de l'hérédité des modifications. Constamment dans les ouvrages qui abondent sur ce sujet ou avance quelque syllogisme semblable à celui-ci :

> La goutte est une modification du corps, un caractère acquis.
> La goutte est transmissible.
> Les modifications sont parfois transmissibles.

C'est peut-être là au point de vue formel un excellent argument mais il y a toutes les raisons de nier la majeure.

Rien ne prouve que la goutte ait une origine exogène, qu'elle ait été le résultat immédiat d'une alimentation trop substantielle bien qu'on admette en général que les excès de table et de boisson puissent la provoquer. « La conclusion à laquelle je suis arrivé », dit D. J. Hamilton (1900, p. 297) est que la tendance goutteuse est survenue sous forme de variation et comme telle peut être transmise héréditairement et que l'excès de nourriture et d'alcool ne fait que la rendre apparente. » Il est permis de remarquer aussi que la goutte, le rhumatisme et les maladies du même genre sont plutôt des processus de métabolisme que des modifications de structure, bien que ces dernières les suivent souvent.

Après avoir fait remarquer combien sont étrangères au sujet les citations de cas de récurrence héréditaire du polydactylisme, de l'hémophilie, du daltonisme chez l'homme, ou de l'absence de cornes chez le bétail, ou de queue chez les chats, en tant qu'exemples de la transmission des caractères acquis, Ernest Ziegler dit (1886, p. 13) : « Ne peut être considéré comme acquis que ce qui se produit au cours de la vie individuelle, pendant ou après la période de développement, exclusivement sous l'influence de conditions extérieures ; le terme d'acquis n'est en aucune façon applicable aux particularités qui, comme il est dit, surgissent d'elles-mêmes d'une prédisposition déjà présente dans le germe. »

Il faut exposer la situation une fois de plus. Il est hors de doute que l'expression d'une variation germinale au cours de l'existence d'un être puisse parfois être nettement associée à une excitation particulière extérieure. On peut donc la prendre par erreur pour une modification et en parler à tort comme étant « acquise ». Mais le rapport entre l'excitation provocatrice et l'expression de la tendance ou prédisposition innée est plus ou moins arbitraire (ainsi des excitants différents provoqueront un même résultat), tandis que le rapport entre une influence de milieu et la modification provoquée est plus ou moins constant (des influences semblables ayant des résultats semblables) et est plus strictement causal. Un excitant extérieur peut provoquer l'expression d'une variation germinale, comme une souris peut provoquer une crise d'hystérie, mais ceci est physiologiquement différent de ce qui a lieu lorsque le soleil brûle et tanne la peau.

Une cause déterminante peut faire apparaître soudain une psychose anormale que rien ne faisait prévoir au cours des années de jeunesse. On en parle avec légèreté (même devant les tribunaux) comme étant due à une provocation, à une frayeur, à une blessure, une débauche, un accident de chemin de fer, et ainsi de suite, et on se la représente, sans plus y réfléchir, comme acquise. Le sujet se rétablit, mais il y a réapparition de la psychose chez la descendance ; par conséquent, dit-on, un caractère acquis peut être transmis. Mais il y a toutes les probabilités pour que ce que l'on a appelé une psychose acquise ait été tout d'abord germinale, et aurait pu se produire sous l'influence de n'importe quelle autre excitation, par exemple à l'occasion des événements normaux de la puberté et de la parturition.

Une autre forme de cette mésinterprétation s'observe dans les cas où l'amélioration d'une race au cours des générations est envisagée comme résultat de modifications fonctionnelles.

La pratique perfectionne l'individu : donc, suppose-t-on, la race aussi. Mais nous n'avons pu relever aucun cas où les résultats n'étaient pas compliqués de façon désespérée par la présence de la sélection et de l'élimination qui, en agissant sur les variations de constitution peuvent très bien expliquer ce que l'on appelle un peu trop vite une hérédité de modification.

Herbert Spencer était très conscient du malentendu que nous discutons : « Telles particularités de structure qui sont dues à des spécialités de fonction, sont généralement compliquées d'éléments qui sont ou peuvent être dus à la sélection naturelle ou artificielle. Dans la plupart des cas il est impossible de dire qu'une particularité structurale qui semble provenir chez la descendance d'une particularité fonctionnelle chez un ascendant soit complètement indépendante de quelque particularité congénitale de structure de l'ascendant chez lequel cette particularité fonctionnelle a pris naissance. Nous devons nous borner à étudier les cas dans lesquels la sélection naturelle ou artificielle n'a rien à faire, et ceux-ci sont difficiles à trouver. »

Il est toutefois étrange qu'il cite des cas tels que les suivants : les os de l'aile chez le canard domestique pèsent moins, et les os des pattes plus, par rapport au squelette entier, que ceux du canard sauvage ; chez les vaches et les chèvres qui sont habituellement traites les mamelles sont plus grosses ; les taupes et beaucoup d'animaux de caverne ont des yeux rudimentaires. Des cas de ce genre peuvent être, en partie, regardés comme des exemples de modifications ré-acquises individuellement, mais elles sont pour la plupart facilement interprétées comme dues à la sélection de variations germinales.

Mésinterprétation. — IV. *La réapparition d'une modification est prise pour la transmission d'une modification.* — Il n'est guère utile de citer des cas où une modification particulière réapparaît génération après génération si l'on ne peut établir que le changement revient *comme partie intégrante de l'héritage* et non simplement parce que les conditions extérieures qui l'ont évoqué dans la première génération ont persisté à l'évoquer chez celles qui ont suivi. Réapparition n'est pas synonyme d'hérédité.

Exemple. — Lorsque Nägeli rapporta des plantes alpines (Hieracium, etc...) au Jardin Botanique de Munich, beaucoup changèrent tellement pendant la première année qu'elles semblèrent être des plantes d'une tout autre espèce, et leurs descendants nés dans le jardin furent de même tout à fait différents de leurs ancêtres alpestres. Les petites épervières alpines devinrent grandes, très ramifiées et fleurirent abondamment. Dans quelques cas bien des générations furent observées, quelques-unes pendant treize ans ; il n'y avait aucun doute quant à la réapparition des caractères acquis, mais rien ne prouve que la réapparition fût due à l'hérédité. Bien au contraire le fait que cette réapparition était due à la persistance des conditions nouvelles, aux changements que celles-ci imprimaient directement sur chaque génération successive a été démontré par la suite : lorsque ces plantes en effet furent transportées sur un sol pierreux et pauvre les caractères acquis disparurent et elles retrouvèrent tous leurs caractères alpins originels. « La retransformation fut toujours complète même quand l'espèce avait été cultivée dans un sol riche de jardin pendant plusieurs générations. »

Mésinterprétation. — V. *Confusion de la ré-infection avec la transmission.* Une forme particulière de la quatrième mésinterprétation se rapporte à des faits si spéciaux qu'il y a lieu de les traiter à part. Il s'agit des maladies microbiennes. Il est admis qu'un parent infecté par le bacille tuberculeux ou par le microbe de la syphilis peut avoir une descendance semblablement infectée. Mais les cas de ce genre n'ont rien à voir ici. L'infection, qu'elle ait lieu avant ou après la naissance, n'a rien à faire avec l'hérédité. Ainsi que le dit le Dr. Ogilvie (1901, p. 1072) : « Partout où la transmission des maladies infectieuses de parents à descendance a été citée à l'appui de la doctrine de l'hérédité des caractères acquis, cela a été fait avec une méconnaissance totale de la signification et de la portée de celle-ci. »

Les médecins ont parfois bien voulu établir une distinction subtile entre la syphilis « héréditaire » et la syphilis « congénitale », cette dernière se manifestant à la naissance et la première quelque temps après. Il semble étrange qu'ils n'aient point compris que le mot « hérédité » n'a nullement à être prononcé à ce propos. Ce qui se produit est une *infection* et il importe peu théoriquement à quel stade se produit l'infection (1). Un microbe ne peut faire partie d'un héritage (2).

Mésinterprétation. — VI. *La transmission chez les organismes unicellulaires est étrangère à la question.* C'est sortir du sujet que de citer les cas d'organismes unicellulaires, comme les bactéries ou monades, modifiés par la culture artificielle de façon si profonde que, par exemple, la descendance d'un microbe virulent a pu être amenée à perdre son pouvoir nocif ; ces faits n'ont rien à voir ici parce qu'en ce qui concerne les organismes unicellulaires nous sommes impuissants à faire la distinction entre la matière corporelle et la matière germinale, sans laquelle le con-

---

(1) Il se peut que les cellules germinales soient infectées, en particulier lorsque la source directe de l'infection est le père ; ou il se peut que l'embryon soit infecté par le placenta, mais le moment où se produit l'infection n'a pas grand intérêt ; on ne peut du reste le préciser d'après les différences dans les symptômes extérieurs chez la descendance.

(2) L'œuf de l'hydre verte d'eau douce (*hydra viridis*) contient toujours quelques petits corpuscules verdâtres qui ne sont point présents aux premiers stades de l'oogénèse. Il est presque certain que ce sont de minuscules algues unicellulaires (*zoochlorelles*). Mais personne ne peut considérer ces symbiotes utiles comme faisant partie de l'héritage. Les œufs du ver à soie sont souvent infectés par un protozoaire très petit mais très nocif qui est présent dans le corps du papillon. Il semble difficile de préciser à quel moment les organismes de la pébrine se trouvent mis en contact avec l'œuf, mais sitôt que cela puisse être, l'infection n'a rien à faire avec la transmission héréditaire. (Voir Ziegler, 1905, p. 5)

cept des modifications est sans valeur. Dans la culture artificielle le caractère tout entier de l'organisme unicellulaire — son métabolisme particulier — se trouve altéré et se multiplie par division en deux ou plusieurs parties, présentant toutes naturellement la même altération de constitution. Mais ceci n'est sous aucun rapport comparable, par exemple, au cas d'une déformation du petit orteil qui affecterait à tel point les cellules germinales que la descendance hériterait de la déformation (1).

Le professeur Adam (1901, p. 1319) dit : « En soumettant une culture de bactéries productrices de pigment à l'action d'une température légèrement inférieure à celle qui amènerait leur mort, nous pouvons faire disparaître la production de pigment de sorte que les générations qui se succèdent rapidement sont parfaitement incolores ; mais avec le temps les cultures faites avec le tube originel (chauffé) récupèrent leur pouvoir de production pigmentaire. Ceci peut se produire au bout de deux ou trois jours, ou encore après plusieurs transplantations à la fin de deux ou trois semaines ; et si nous nous rappelons qu'un bacille se divise et forme une génération nouvelle en moyenne en moins d'une heure, il est facile de voir que le caractère en question peut être imposé à une race pour quelques centaines de générations. Plus est intense l'altération à laquelle on soumet le bacille, plus longtemps et plus fréquemment la race se trouve soumise aux conditions altérées de température, et plus il se passe de temps avant qu'il y ait retour à la normale ». Ces faits sont intéressants et dignes de foi, mais il est erroné de les présenter comme preuves de la transmission héréditaire de « caractères acquis » puisque aucun bacille ne présente un signe quelconque de distinction entre la matière somatique et la matière germinale dont dépend la définition des « caractères acquis » et puisqu'il ne se multiplie pas autrement que par division et par formation de spores. Ce qui s'est produit dans les cas cités c'est probablement une dislocation temporaire, ou une perturbation de l'organisation caractéristique des cellules avec suppression de la production de pigment comme résultat. Sitôt que les conditions inhibitrices sont supprimées l'organisation originelle se rétablit au cours des générations. Mais il existe une grosse différence entre des cas de ce genre et par exemple la transmission du bronzage de la peau, ou de muscles spécialement forts, ou d'une callosité sur la peau, ou d'une forme naine, qui sont des exemples de modifications corporelles appelés techniquement des caractères acquis. Dans le cas des bacilles, l'organisation perturbée a été dédoublée ou multipliée à chaque processus reproducteur et l'effet produit à l'origine s'est trouvé transmis de génération en génération, disparaissant éventuellement lorsque

(1) Il est surprenant qu'Oscar Hertwig lui-même (1898) appuie son argumentation en faveur de la transmissibilité des modifications somatiques sur des cas de transmission héréditaire chez les organismes unicellulaires. On nous dit que la sensibilité de certaines algues à la lumière peut être modifiée par l'exposition à une forte lumière et à une température élevée, et que personne ne serait surpris si la descendance présentait « quelque propriété analogue ». Mais ceci n'est guère une preuve de la transmission d'une modification. On nous dit aussi que, soumises à certaines conditions artificielles, certaines bactéries peuvent perdre leur propriété toxique et sont aptes à transmettre ce caractère quelque peu négatif de virulence perdue. Ceci est admis par tous, mais c'est un *ignoratio elenchi*.

le retour à des conditions normales a permis à l'organisation originelle de s'affirmer à nouveau dans son intégrité. Dans le cas de l'hérédité supposée d'une callosité, il nous faut admettre que ou bien l'action qui l'a produite ou bien l'action exercée sur l'organisme après sa production a affecté aussi la matière germinale des organes reproducteurs d'une manière telle que les cellules germinales, une fois libérées, ont donné naissance à un organisme présentant plus ou moins la callosité. Il doit être évident sans plus de discussion que les cas ne sont pas tous sur le même pied et que la transmission héréditaire chez les unicellulaires n'a pas été examinée même par les spécialistes avec tout le soin voulu.

L. Errera (1899) a relaté une expérience faite avec une moisissure simple mais multicellulaire (*Aspergillus niger*) qui s'adapte à un milieu plus concentré que le milieu normal. La seconde génération de la moisissure se montra plus adaptée que la première et l'adaptation au milieu plus concentré ne fut pas entièrement perdue après retour à l'existence en milieu normal. Ceci semble une preuve de l'hérédité de la qualité adaptive acquise, qui fut amenée comme une modification directe. Mais ce cas n'est pas très convaincant puisque la distinction entre le soma et le plasma germinatif n'est guère que naissante chez les moisissures en question. Et même si la distinction était plus marquée, ce fait démontrerait seulement que le plasma germinatif est capable de se trouver affecté en même temps que le corps par une influence profondément saturante, ce que personne n'a jamais nié.

Mésinterprétation. — **VII.** *Des changements se produisant dans les cellules germinales en même temps que des changements dans le corps ne sont pas probants.* Une autre mésinterprétation est due à ce que l'on ne sait point apprécier la distinction existant entre une altération des cellules reproductrices se manifestant simultanément avec une altération du corps, et une altération des cellules reproductrices conditionnée et représentée par un changement particulier dans la structure physique. Les partisans de l'hypothèse de la transmission possible des modifications font ressortir les cas tragiques où l'organisme de l'ascendant, empoisonné par l'alcool, l'opium ou quelque autre toxine, se donne naissance à une descendance tarée. Il n'y a aucun doute quant au fait. Toute la difficulté réside dans son interprétation.

(1) Dans certains cas il peut arriver que tout l'organisme du père se trouve empoisonné, les cellules reproductrices aussi bien que le corps ; l'effet peut-être aussi direct sur les cellules ger-

minales que sur les cellules nerveuses. Par conséquent les cas de
ce genre ne sont pas de ceux dont il faut se servir pour mettre à
l'épreuve la transmissibilité d'un caractère acquis, c'est-à-dire
d'une modification somatique particulière. Si un empoisonnement local avait un effet structural sur quelque organe particulier et si cet effet structural se trouvait reproduit à un degré quelconque dans la descendance, le cas serait alors utilisable ; mais
il ne l'est aucunement lorsque l'organisme tout entier est attaqué par le poison. S'il était possible de dire que le rayon de soleil
qui provoque le hâle de la peau pénètre à travers l'organisme
jusqu'aux cellules reproductrices et les affecte spécifiquement
d'une manière analogue à un poison saturant, nous aurions là
une base physiologique nous permettant de nous attendre à la
transmission héréditaire du hâle. Mais cela nous est impossible.
Rien ne nous permet de croire que la modification d'une partie
éveille des échos de manière spécifique définie à travers l'organisme au point que les arcanes des cellules germinales même
résonnent.

(2) Un organisme est empoisonné, et cet empoisonnement
entraîne des modifications de structure. Sa descendance est empoisonnée et présente des particularités structurales identiques
aux siennes. Ceci peut être dû au fait que les cellules germinales
ont été empoisonnées en même temps que le corps, mais il est
aussi possible, dans le cas de la mère, que l'embryon ait été empoisonné avant la naissance d'une façon analogue à l'infection
pré-natale.

(3) Dans certains cas, par exemple l'alcoolisme à travers des
générations successives, il peut y avoir un empoisonnement des
cellules germinales marchant de pair avec celui du corps, il peut
y avoir empoisonnement de l'embryon avant la naissance, et de
l'enfant ensuite. Mais il se peut aussi que ce qui est hérité, réellement, soit une dégénérescence spécifique de nature, un déficit
inné de contrôle, peut-être, qui aura amené le père à l'alcoolisme
et qui aura pris chez l'enfant la même expression ou quelque autre
analogue.

On connaît des cas d'enfants de père dipsomane et de mère
normale, ayant présenté un penchant à l'alcoolisme, à la folie,
etc... Dans ces cas la possibilité de l'empoisonnement pré-natal

est écartée, mais il reste trois possibilités d'interprétation. Il a pu y avoir empoisonnement spécifique des cellules germinales paternelles ; ce qui a été hérité est la faiblesse constitutionnelle qui s'est exprimée par l'alcoolisme chez le père ; ou enfin il y a eu des influences pernicieuses dans la première alimentation, le milieu, l'éducation, en un mot, la nurture de la descendance.

Mais si nous avons admis pas mal de choses, nous n'avons pas accepté la transmissiblité d'une modification structurale particulière, déterminée dans le corps du père par l'action d'une toxine.

Un exemple de la distinction que nous voulons établir entre ce qui va « avec le corps, mais non à travers lui », nous est fourni par une expérience de Paul Bert. Il essaya d'acclimater des Daphirae (petits crustacés d'eau douce) à l'eau salée en ajoutant graduellement du sel dans l'aquarium. Au bout de 45 jours, quand l'eau contenait 15 % de sel, tous les adultes étaient morts, mais les œufs dans leurs chambres d'incubation survécurent et la nouvelle génération qui en sortit vécut fort bien dans ce milieu salé (*cit.* Packard, 1894, p. 345) Packard voit dans ce cas un argument en faveur de l'héritabilité d'une modification, mais nous y voyons simplement un exemple de modification directe des cellules germinales ou de l'embryon. Cuénot que cite Packard fournit l'interprétation correcte : « Cette expérience prouve avec une admirable clarté que le plasma germinatif a pu, grâce à la modification s'accoutumer au sel, ce qui lui a permis de produire une génération si différente de la précédente. »

Mésinterprétation. — VIII. *Erreur consistant à ne pas faire de distinction entre la transmission héréditaire d'une modification particulière et l'hérédité possible de résultats indirects de cette modification ou de changements qui s'y trouvent liés.* Il semble au premier abord qu'il s'agisse de couper des cheveux en quatre, mais il est absolument essentiel de s'arrêter sur ce point. L'exercice intensif du forgeron développe chez lui un bras musclé digne d'admiration ; le cordonnier acquiert des particularités du squelette et des muscles moins admirables. Il y a maintes modifications permanentes profondes associées à des occupations particulières. Devons-nous croire que la profession des parents n'a point d'influence sur la descendance. Nous faut-il croire encore que les enfants d'un soldat, d'un marin, d'un chaudronnier, d'un tailleur, ne sont en aucune façon influencés par les occupations paternelles ?

Il serait intéressant d'avoir là-dessus quelques données précises, mais on admet généralement que les enfants de parents exerçant une occupation saine ont plus de chance d'être vigoureux. La question se complique par la difficulté de discerner ce qu'il faut attribuer à la « nurture » avant et après la naissance. Il n'est donc pas impossible non plus que quelque modification profonde puisse exercer une influence sur la constitution générale, puisse même agir sur les cellules germinales, d'où répercussion possible sur la descendance. Mais à moins que la descendance ne présente des particularités de même nature que les modifications originelles, nous n'avons pas de données se rapportant exactement à la question en litige.

C'est peut-être une croyance à la transmission héréditaire qui se trouve exprimée dans le vieux proverbe « Les pères ont mangé du verjus, les fils en ont les dents agacées », proverbe dont Ezechiel a dit avec une telle solennité qu'il ne devrait plus avoir cours en Israël. Si « l'agacement des dents » constituait véritablement une modification structurale et si les dents des enfants grinçaient comme celles de leurs pères avant eux, il y aurait quelque présomption en faveur de la transmission de ce caractère acquis. Il resterait toutefois très utile de rechercher avec soin si les enfants n'avaient pas eux aussi été dans la vigne ? Mais comme le fait remarquer Romanes, si les enfants étaient nés avec le torticolis nous aurions affaire au résultat indirect des fantaisies de l'appétit des parents et non à une représentation directe de la modification particulière produite dans la dentition paternelle.

Mésinterprétation. — IX. *Erreur consistant à ignorer des données qui ne remontent pas à plus de deux générations.* On a souvent remarqué que des animaux transportés dans un pays ou un milieu nouveaux présentent quelque modification qui est apparemment le résultat de l'influence nouvelle, et que leur descendance placée dans le même milieu peut présenter la même modification *à un degré plus accentué.* Ainsi des moutons peuvent présenter un changement dans le caractère et la longueur de leur toison, et leur progéniture offrira ce même changement d'une façon plus marquée.

Mais il est parfaitement évident que si les choses ne vont pas plus loin, il n'y a rien ici se rapportant à la question. Il est tout naturel que la descendance présente le même caractère à un degré plus accentué que les parents, puisqu'elle a été soumise à l'influence modificatrice depuis sa naissance, alors que les parents ne l'ont subie que depuis la date de leur importation.

Ce qu'il faudrait obtenir, c'est la certitude que la *troisième* génération est plus profondément modifiée que la seconde. Alors seulement on se trouverait en présence de faits dignes de considération. Alors seulement on pourrait étudier avec quelque profit la discussion plutôt subtile de Weismann sur l'influence du climat.

5. — *Degrés divers où les modifications des parents pourraient agir sur la progéniture.*

Il peut sembler, à première vue, antiscientifique de discuter les divers degrés hypothétiques auxquels les modifications des parents pourraient affecter la descendance alors que nous ignorons si les modifications peuvent être transmises à un *degré quelconque*. Mais sauf erreur grossière notre théorème, s'il est suivi avec attention, servira plutôt à éclaircir la question.

En ce qui concerne les variations germinales dont la transmissibilité n'est pas mise en doute, il est bien connu qu'il peut exister différents degrés de transmission, ou plus exactement que la reproduction de la variation parentale héréditairement déterminée peut s'exprimer de façons différentes chez la progéniture. Il semble donc juste de supposer qu'il peut exister différents degrés dans la transmission des modifications.

1. Le *premier degré* de transmissibilité serait celui où la descendance présenterait à un degré quelconque une modification identique à celle qu'a acquise un des parents. Si le fils d'un homme hâlé par le soleil naissait lui-même basané, ce serait là une indication de la transmission d'une modification directe au premier degré. Cela pourrait constituer un exemple de ce qui a été si souvent recherché — la transmission d'un *caractère particulier acquis*. Nous ne saurions trop le redire : c'est ceci et ceci seulement que Weismann a nié. Ceci et ceci seulement est le nœud de l' « interminable discussion ». Et dans la discussion la possibilité I doit être tenue complètement séparée des possibilités II et III.

2. Si la descendance présentait un caractère nouveau, non pas exactement semblable à la modification acquise d'un des parents

mais affectant quelque tissu semblable bien que de façon différente, nous serions autorisés à parler de ce fait comme d'une transmission de modification directe au *second degré*. Ce qui pourrait constituer un exemple, non de la transmission héréditaire de quelque caractère acquis particulier, mais de quelque chose y ayant rapport, serait le fait d'un parent basané de race très blonde ayant un enfant avec cheveux très noirs et la peau très blanche. Mais rien encore ne serait certain.

3. Si la descendance présentait un caractère nouveau, analogue à une modification, et pourtant point absolument semblable à la modification acquise par un des parents, ni même affectant la même région du corps, on pourrait alors se dire en présence d'une hérédité de modification directe au troisième degré. Si les fils des parents qui ont mangé du verjus avaient vraiment le torticolis nous aurions là un exemple de l'hérédité d'un effet indirect d'une modification parentale. Mais il faudrait bien des exemples avant de pourvoir admettre le lien héréditaire.

6. — *L'opinion générale est en faveur de l'affirmative.*

Il semble que l'on croie très généralement que les caractères acquis peuvent être transmis. Néanmoins l'opinion devient souvent hésitante lorsque l'on explique ce que cela signifie au juste, c'est-à-dire admettre qu'une modification du corps amenée par un changement dans la fonction ou le milieu peut affecter spécifiquement les éléments reproducteurs au point que, lorsqu'ils se développent, on constate dans la descendance quelque chose qui correspond à la modification parentale.

Opinion des praticiens. — En toute loyauté il faut reconnaître que la réponse du praticien, qu'il soit médecin ou éleveur, jardinier ou fermier, reste, dans bien des cas, affirmative sans hésitation. Un de nos plus habiles médecins disait que quelques mois de pratique suffiraient à écarter tout doute quant à l'hérédité des caractères acquis. Mais d'autres également habiles soutiennent le contraire. Il se peut aussi que le premier d'entre eux n'ait pu se libérer des mésinterprétations V et VII.

Le professeur Brewer bien connu en Amérique pour sa compétence en matière d'élevage, qui donne une réponse nettement affirmative, remarque :

« L'art de l'élevage est devenu dans une certaine mesure une science appliquée ; les intérêts économiques énormes qui y sont impliqués incitent à l'observation et à l'étude. Quels sont les résultats pratiques ? Depuis dix ans qu'a été formulée la nouvelle théorie on n'a pas réussi à convaincre un seul éleveur connu, au point de lui faire conformer ses méthodes et sa pratique à la théorie. Ma conclusion est que les éleveurs ont parfaitement raison dans leurs déductions fondées sur leur expérience et leurs observations, c'est-à-dire que des caractères acquis peuvent être, et quelquefois sont transmis, et que les spéculations de l'école weismannienne ne sont pas fondées. »

Mais peut-être que cette opinion si répandue ne signifie pas grand'chose malgré tout, car il est extrêmement difficile d'amener des praticiens absorbés par leurs occupations à prendre la peine d'apprécier une distinction exacte, telle que celle qui est impliquée dans l'expression « l'hérédité d'un caractère acquis. »

Pour contrebalancer l'opinion citée, mentionnons celle d'un physiologiste et botaniste bien connu, le prof. Mac Dougal : « Malgré de nombreuses assertions contraires, aucune preuve n'a été encore obtenue démontrant que l'influence de la culture, du travail de la terre, ou la simple pression des facteurs du milieu, ait produit quelque changement permanent dans les caractères héréditaires de souches unifiées de plantes. »

Grande diversité d'opinions. — Citer des opinions ne servirait point à grand'chose, puisque chaque camp contient autant de noms autorisés. Mais il y a des points, particulièrement intéressants. Ainsi nous avons déjà remarqué que le scepticisme quant à la transmission des caractères acquis n'est pas une marotte moderne. Il faut aussi noter que si la majorité des zoologistes reste sceptique quant à l'hérédité des modifications, les botanistes paraissent être plus généralement d'un avis contraire. Est-ce parce que les modifications sont encore plus accentuées et plus fréquentes chez les plantes que chez les animaux, ou parce que la distinction entre le soma et le plasma germinal est beaucoup moins définie chez les plantes que chez les animaux ?

Tout au moins la variété des opinions nous garantit-elle contre tout dogmatisme. Ce ne peut être une question aisée à résoudre lorsque nous voyons d'un côté Spencer, de l'autre Weismann, Hæckel contre Lankester, Turner contre His, et ainsi de suite.

Herbert Spencer était si convaincu qu'il a été jusqu'à écrire :
« Un examen minutieux des faits me convainc encore plus que
jamais des deux alternatives — *ou bien il y a eu hérédité des caractères acquis, ou bien il n'y a pas eu d'évolution* (1). »

Hæckel est si certain de l'affirmative qu'il en fait la base de sa
forme particulière de religion, affirmant que « la croyance en
l'hérédité des caractères acquis est un axiome nécessaire de la
foi moniste », et ce qui peut paraître encore plus grave pour
quelques-uns, sa déclaration que plutôt qu'être d'accord avec
Weismann, en niant l'hérédité des caractères acquis, « on devrait
accepter une mystérieuse création de toutes les espèces telle
qu'elle est énoncée dans le récit de Moïse ».

Sir William Turner a dit que « nier l'influence que l'usage et
le non-usage peuvent exercer à la fois sur l'individu et sur sa descendance revient à considérer un objet avec un seul œil », condam-
nation qui n'a pas une très grande portée puisque l'étude microscopique est presque toujours monoculaire. En outre le doyen des
anatomistes anglais n'expose pas le cas avec sa précision habituelle.

Pourquoi l'affirmative est-elle si répandue ? — Même en
ce qui concerne notre propre système musculaire et nerveux,
nous savons parfaitement que la pratique augmente la capacité
et que l'inaction est souvent suivie d'une diminution de puissance. A force de forger on devient forgeron. Les organes s'amé-
liorent par l'usage et se détériorent par l'inaction. Nous savons
aussi fort bien que des changements dans notre milieu ou nos
conditions de vie, et spécialement dans notre nourriture, amènent
des changements dans notre corps. Il semble assez « naturel »
de supposer que ces gains et ces pertes peuvent être transmissibles à quelque degré.

En dehors du fait que cette opinion paraît « naturelle » il y a probablement quatre raisons pour que l'affirmative soit si répandue :

1. Il y a beaucoup de cas qui *donnent l'idée* d'une transmission
héréditaire des modifications jusqu'au moment où on les exa-
mine à fond. Le feu duc d'Argyll, dans une de ses randonnées
scientifiques, affirme que le monde est rempli de preuves de trans-

---

(1) Les italiques sont de nous. Voir Herbert Spencer : *The Inadequacy of Natural Selection* (*Contemporary Review*, février et mars 1893) et appendice B, *Principes
de Biologie*, 2ᵐᵉ édition, vol. I.

mission héréditaire de caractères acquis, et W. Haacke, un évolutionniste très averti, trouve les preuves en faveur de l'affirmative aussi nombreuses que les grains de sable de la mer, et pourtant aucun d'eux ne nous fournit, autant que nous pouvons en juger, un seul cas supportant l'analyse. L'affirmative peut constituer une interprétation très claire des résultats de l'évolution, mais l'interprétation très claire est rarement la bonne. Le soleil ne tourne pas autour de la terre.

2. L'affirmative est aussi une interprétation semblant faciliter la théorie de l'évolution organique ; elle implique une méthode plus directe et plus rapide que la sélection naturelle des variations germinales. Si à une nature, ou à une hérédité germinale en croissance et en développement, s'ajoutaient sans cesse les résultats de particularités dans la nurture, la vitesse de l'évolution serait accrue tant vers le haut que vers le bas. Mais la première chose à faire est de constater si l'hypothèse cadre réellement avec l'expérience.

Walter Kidd a exposé avec soin et ingéniosité que tous les changements de direction du poil par rapport à un type simple et primitif *peuvent être interprétés* comme dus à des causes mécaniques, c'est-à-dire à quelque stimulant répété un nombre incommensurable de fois. La seule difficulté, là comme ailleurs, gît dans les présuppositions de l'interprétation.

3. Nous sommes si habitués, dans nos affaires humaines, à la transmission de gains acquis, de génération en génération, et à nous « tenir sur les épaules de nos ancêtres », qu'il paraît difficile à beaucoup de s'abstenir, de ne pas croire à une réplique organique. Ils oublient que la plus grande partie du processus de la transmission s'opère par notre *héritage social* qui est tout autre chose que notre *hérédité naturelle*.

4. La quatrième raison est constituée par ce fait qu'une quantité de cas fictifs ou anecdotiques de transmission héréditaire des caractères acquis continue à circuler. On croit encore à l'hérédité d'une marque de lettre sur le bras comme le rapporte Aristote, bien que ces cas constitue le type extrême de ce que His appelle une « poignée d'anecdotes ». Il a été dit que les Indiens Sioux tatouent des disques sur les joues de leurs femmes, et que l'on peut remarquer des signes analogues sur certains nouveaux-

nés (*Nature*, III, 1870, p. 168). Outre les cas fictifs il en existe d'autres qui sont certainement déconcertants et que les partisans de la négative ont coutume de considérer comme des coïncidences, ce qui n'est jamais, il faut le reconnaître, une façon bien satisfaisante de résoudre des cas difficiles.

7. — *Argument général contre la transmissibilité des modifications.*

La plupart des preuves en faveur de la transmission des caractères acquis est constituée en général par des anecdotes ; mais en dehors de cela Weismann fut amené à un scepticisme complet par sa compréhension de la continuité du plasma germinal.

Caractère à part des cellules germinales. — Si le plasma germinal, ou la base matérielle de l'hérédité, est quelque chose de relativement séparé du corps et de son métabolisme quotidien, quelque chose qui s'en trouve souvent séparé à un stade fort précoce du développement, il est à présumer qu'il n'est point affecté aisément d'une manière spécifique, par les changements de détail exogènes imposés à la structure du corps.

Il semble exact de dire que les cellules reproductrices qui ont en elles la potentialité de devenir descendance, ne proviennent jamais de cellules somatiques différenciées. Qu'elles soient reconnaissables comme telles, tardivement ou précocement, les cellules germinales sont simplement celles qui retiennent dans toute son intégrité l'organisation complexe, définie et stable de l'œuf fécondé duquel se développe l'organisme tout entier. Elles ont le pouvoir de reproduire des êtres plus ou moins semblables aux parents, justement parce qu'elles sont en continuité par une lignée cellulaire non spécialisée avec l'œuf fécondé d'ou est né le corps générateur. Toutes les cellules somatiques sont naturellement aussi issues de l'œuf fécondé, mais dans leur lignée il entre de la différenciation et de la spécialisation. Nous imaginons qu'en elles les nombreux éléments ou potentialités contenus dans l'ovule fécondé se trouvent distribués et mis en mesure de s'exprimer. Dans la lignée des cellules germinales elles sont conservées, concentrées et à l'état latent (1).

(1) Dans certaines conditions encore inconnues certaines cellules somatiques peuvent retourner à leur façon d'être primitive, tout à fait comme le fait un criminel dans la société. Les cellules qui donnent naissance aux tumeurs cancéreuses se

En tous les cas les cellules germinales dans les organes reproducteurs ne sont pas des éléments activement fonctionnants du corps. Ils se trouvent être, d'une façon très particulière, tout à fait à part du soma général ; et Weismann a insisté d'une manière raisonnable sur la difficulté de se figurer les moyens par lesquels la modification d'une partie quelconque du corps peut en venir à réagir sur les cellules germinales de façon si spécifique que celles-ci peuvent, en se développant, reproduire cette modification particulière, ou quelque chose s'en approchant. Il est nécessaire d'examiner de très près cet argument et les réponses qui y sont faites.

1. Les cellules germinales peuvent être affectées par le corps. — Tout d'abord il a été répondu que le corps exerce sans aucun doute, dans certains cas, une influence sur les gonades, de sorte que la difficulté se trouve réduite à ceci : Une modification d'une partie du corps peut-elle exercer une influence spécifique ou représentative sur la matière germinale ?

Mais quelle est donc la nature précise de la prétendue influence du corps sur les gonades. On fait remarquer que les changements nerveux peuvent amener une excitation des organes reproducteurs que des aliments peuvent accroître leur activité, que l'alcool et d'autres stimulants peuvent les influencer, et ainsi de suite. Mais il existe une grande différence entre pareille excitation des gonades, et la propagation d'une modification particulière, par exemple, de la peau, aux cellules germinales. Et il existe une grande différence entre un empoisonnement des cellules germinales en même temps que du corps, et une influence spécifique sur celles-ci, telle que lorsqu'elles se développent elles reproduisent une modification particulière du corps paternel (voir Mésinterprétation VII).

2. Hypothèses relatives au mécanisme de transmission possible. — En second lieu on a essayé d'édifier des hypothèses à l'aide desquelles on arriverait à concevoir comment une modification de la peau, par exemple, peut exercer une influence spécifique ou représentative sur la matière germinale.

conduisent à peu près comme des cellules germinales, surtout par leur mode de division. (Voir les recherches de Farmer, Walker et Moore.) Mais ces cas ne doivent pas nous faire admettre avec Hertwig que toute cellule est potentiellement une cellule germinale.

Ainsi Darwin a proposé son hypothèse provisoire de la pangénèse, d'après laquelle les différentes parties du corps émettent des gemmules qui deviennent des échantillons dans les cellules germinales.

Mais cette explication reste une pure hypothèse et même une hypothèse inutile si des faits nouveaux ne viennent à se produire, et n'est soutenue de nos jours par personne si ce n'est sous une forme extrêmement modifiée, par exemple dans la théorie des Pangènes de de Vries. Spencer a eu le mérite d'essayer tout au moins de concevoir un *modus operandi* par lequel une modification particulière du cerveau ou du pouce, par exemple, peut affecter spécifiquement la matière germinale d'une manière telle que la modification, ou tout au moins une tendance vers celle-ci se trouve comprise dans l'hérédité. Brièvement voici sa théorie :

Théorie de Spencer sur le mécanisme de la transmission. — Spencer a posé le postulat légitime qu'entre l'unité biologique ou cellule, et la molécule chimique, il existe des « unités constitutionnelles », véhicules de caractères spécifiques des traits ancestraux et parentaux et de particularités individuelles de l'organisme lui-même. Il les supposait très stables dans leurs « traits fondamentaux », mais plastiques quant à leurs « traits superficiels ».

Il les supposait doués de « nature telle que, si une modification minime représentant une légère altération de structure locale est inopérante sur les tendances des unités à travers tout le reste de l'organisme, cette même modification minime devient opérante sur les unités se trouvant au voisinage de l'endroit où l'altération se produit ». Il suppose « une circulation incessante de protoplasme à travers l'organisme telle que au cours de jours, semaines, mois ou années, chaque particule de protoplasme puisse visiter toutes les parties du corps », présomption absolument fantaisiste.

Finalement, dit-il « il nous faut concevoir que les forces complexes dont chaque unité constitutionnelle est le centre, et par lesquelles elle agit sur d'autres unités, qui à leur tour agissent sur elle, ont une tendance continue à remodeler chaque unité en conformité avec les structures environnantes, y ajoutant les modifications qui répondent aux modifications ayant surgi dans ces mêmes structures. D'où découle ce corollaire qu'au cours du temps toutes les unités circulantes physiologiques ou constitutionnelles, si nous préférons les nommer ainsi, visitent toutes les parties de l'organisme, sont chacune les véhicules de traits exprimant des modifications locales, et que ces unités qui sont éventuellement réunies dans les cellules spermatiques et cellules germinales (cellules-œufs) renferment aussi ces caractères superposés. »

Ainsi les unités constitutionnelles sont supposées circuler et se visiter l'une l'autre, à travers le corps. Lorsqu'elles arrivent à une structure modifiée, et visitent ses unités constitutionnelles modifiées, elles se trouvent par hypothèse impressionnées elle-mêmes, et ainsi impressionnées elles sont supposées se réunir dans les cellules germinales, qui par là en arrivent à porter les « traits superposés » résultant des modifications.

Si nous étions sûrs que les modifications fussent jamais transmissibles, nous pourrions être satisfaits de cette interprétation hypothétique de l'affaire. Mais c'est une hypothèse qu'on réalise avec peine et elle serait à peine acceptable même s'il y avait des faits à interpréter. En particulier cette conception d'une « incessante circulation de protoplasme », de telle sorte que « chaque particule de protoplasme visite chaque partie du corps », non seulement paraît n'avoir aucun fondement mais encore est contredite par des faits bien établis.

3. Bien qu'inconnu un mécanisme peut exister. — En troisième lieu nous devons nous rappeler l'avertissement de Lloyd Morgan. D'après lui, bien qu'il nous soit difficile d'imaginer comment une modification pourrait saturer le soma et les cellules germinales, rien n'en exclut la possibilité.

Oscar Hertwig soutient aussi que notre ignorance de tout mécanisme capable d'assurer la transmission d'un caractère acquis ne constitue pas un bon argument contre sa possibilité. Il y a, ajoute-t-il, en biologie, beaucoup de faits qui sont certains bien que la causalité en reste indéterminée jusqu'à présent *(Allgemeine Biologie*, 1906, p. 621). Il faut toutefois noter, autant qu'il nous est loisible de le comprendre, qu'*un mécanisme très complexe et spécial* serait nécessaire pour qu'une modification de l'œil, par exemple, pût affecter spécifiquement la matière germinale.

George Ogilvie écrit (1901) : « Dans un sujet aussi rempli d'obscurité, l'incompréhensibilité actuelle de certains rapports, peut difficilement constituer un argument contre leur existence. Le développement du plasma germinatif, uniforme en apparence, en l'infinie différenciation d'un état cellulaire complexe, bien que devenu chose non douteuse, reste peut-être tout aussi inconcevable. » Mais cet exemple n'est pas absolument approprié, puisque notre impuissance à concevoir exactement le « comment » du développement repose sur notre inaptitude à énoncer à nouveau, en termes plus simples, aucun des faits fondamentaux de la vie, tels que la croissance, l'assimilation ou la reproduction, alors que le rapport supposé entre le soma et les cellules germinales est inconcevable bien qu'en un sens assez différent.

Les hormones et l'hérédité. — Une des découvertes physiologiques les plus grosses de conséquences a trait au rôle joué dans l'organisme des vertébrés par les glandes à sécrétion interne ou endocrines, telles que la glande thyroïde et la capsule surrénale. Elles sécrètent des hormones stimulantes et des chalones calmantes qui se répartissent dans le corps entier et exercent des influences spécifiques sur les différents organes. Les colporteurs chimiques ainsi envoyés en mission ont un effet régulateur sur les fonctions corporelles, assurant leur mise en harmonie.

Très intéressantes sont les hormones qui, des organes reproducteurs, passent dans le corps entier et éveillent en maints endroits les changements qui caractérisent l'adolescence. Parmi les traits masculins apparaissant sous l'influence activante des hormones de reproduction, on peut citer le premier doigt enflé de la grenouille mâle, les ornements nuptiaux de nombreux oiseaux mâles, les andouillers du cerf. Dans de nombreux cas, l'organisme femelle possède les caractéristiques mâles à l'état latent, inhibés par les chalones provenant de l'ovaire.

Comme nous l'avons vu, on est tenté de repousser *a priori* la transmissibilité des modifications corporelles individuellement acquises en raison de la difficulté qu'on éprouve à imaginer par quel moyen un changement structural de l'œil, par exemple, ou de la peau ou du crâne, pourrait se répercuter spécifiquement sur les cellules germinales et les altérer d'une façon à tel point caractéristique que la progéniture, bien que n'ayant pas été soumise à l'influence exercée sur les parents, présente cependant une particularité semblable à celle acquise par ceux-ci.

En 1908, un notable pas en avant fut fait par J. T. Cunningham, qui publia une suggestion d'après laquelle les modifications corporelles dues à des influences de milieu (nurture) pourraient libérer des hormones spécifiques qui, entraînées par la circulation sanguine vers les organes reproducteurs, affecteraient les cellules germinales de telle sorte que la progéniture présenterait à son tour quelque modification de même nature que celle des parents. L'enchaînement serait le suivant : 1° changement de milieu, de nourriture ou d'habitude ; 2° marque ou empreinte sur une structure particulière de l'organisme ; 3° libération de produits spécifiques (du genre des hormones) dûe à la modification en question, et transport de ces substances vers les cellules germinales ; 4° résultante représentative chez les descendants par suite de l'influence spécifique des hormones sur les « facteurs » correspondants des cellules germinales. Cette théorie, qui mérite d'être examinée attentivement, a été développée dans *Heredity and Hormones*, par M. Cunningham (1921).

La suggestion de Cunningham diffère de « l'hypothèse provisoire de la pangenèse » de Darwin en ceci, qu'alors que nous ignorons tout des gemmules, les hormones nous sont un peu connues. Ce sont des messagers chimiques, stimulants et calmants, émanant de glandes et tissus à sécrétion interne. Elles sont libérées dans le sang, où elles circulent comme des clefs à la recherche de serrures auxquelles elles puissent s'adapter. Les gemmules sont hypothétiques, mais les hormones sont réelles.

Mais savons-nous quoi que ce soit de défini quant aux hormones formées par des tissus modifiés ? sommes-nous même certains de leur existence ? Si nous nous risquons à supposer qu'il se produit réellement une transmission occasionnelle de modifications corporelles individuellement acquises, la théorie ingénieuse que nous offre Cunningham nous fait comprendre la façon dont une telle transmission pourrait bien s'opérer. Mais en l'état actuel de nos connaissances, cette théorie est-elle autre chose qu'un moyen subtil d'expliquer ce dont nous ne sommes pas certains ?

Un cas concret : les mains de Spencer. — Un cas concret peut éclairer l'argument abstrait. Pourquoi Spencer avait-il de petites mains ? Il assure que c'est parce que ses grands-pères et père étaient maîtres d'école, et faisaient peu de travail manuel, puisque celui-ci consistait à tenir la plume et à tailler le crayon. Ne maniant ni l'épée ni la bêche, leurs mains se trouvaient directement « équilibrées » vers la petitesse. Mais puisque Spencer aîné était « une combinaison de parties rythmiquement actives, en équilibre mouvant » la diminution des mains et le modelage des unités physiologiques correspondantes avaient leur répercussion sur tout l'ensemble ; un changement vers un nouvel état d'équilibre « se propagea à travers tout l'organisme, changement tendant à mettre les actions de tous les organes, y compris les

organes reproducteurs, en harmonie avec ces actions nouvelles »
ou inactions. L'ensemble modifié déterminait quelque modification correspondante dans les structures et les polarités des
unités germinales. C'est ainsi qu'Herbert Spencer a eu la main
petite. Du moins c'est ce qu'il nous expose.

Désuétude de certaines parties. — Il semble *naturel* de
supposer que les organes ont diminué *pari passu* avec la désuétude et *à cause* de celle-ci. Mais les deux façons de présenter les
choses ne sont pas synonymes. La diminution peut être due à des
variations germinales dans le sens de la réduction qui sont appropriées en raison de quelques changements dans les habitudes de
l'animal et dans son milieu. Il se peut même que l'organisme fasse
tête à une réduction endogène de certaines parties en changeant
lui-même d'habitudes et d'habitat. De plus il importe de remarquer, comme l'ont fait Emery, Kennel et Ziegler, qu'il y a eu
probablement une « lutte entre les différentes parties, dans l'organisme » non pas simplement dans l'ontogénie individuelle, mais
aussi dans la philogénie raciale. La diminution d'une partie se
produit lorsque quelque partie adjacente atteint une différenciation plus grande. « Ainsi les serpents n'ont pas perdu leurs membres parce qu'ils ne s'en servaient pas, mais à cause de leur évolution dans le sens d'une musculature du tronc et de la queue
exceptionnellement développée. Chez l'homme la forte denture
de ses ancêtres simiesques s'est affaiblie non par la désuétude,
mais parce que l'extraordinaire développement du cerveau s'est
trouvé en corrélation avec un développement plus faible d'autres
parties de la tête. » (H. E. Ziegler, 1905, p. 3).

8. — *Argument général en faveur de la transmissibilité des modifications.*

Les cellules germinales ne sont pas isolées. — S'il
nous faut admettre que les cellules germinales sont assez en
dehors de la vie quotidienne du corps, et que ce sont les cellules
non-spécialisées n'ayant pas pris part à l'évolution caractéristique des cellules somatiques, ne court-on pas quelque risque
d'exagérer la distinction entre le somatoplasme et le plasma germinal ? Chez beaucoup d'animaux simples, tels que les éponges

et les hydraires, les cellules germinales font leur apparition simplement à certains moments de l'année, parmi les cellules somatiques ordinaires. Chez beaucoup de plantes, il est presque impossible d'établir une distinction entre les cellules somatiques et les cellules germinales jusqu'au moment où la période de reproduction fait son apparition. C'est ainsi que Spencer s'est refusé à voir un fait dans le contraste entre les cellules somatiques et les germinales, et a cité à ce propos les cas nombreux où l'on voit de petites parties d'une plante ou d'un polype devenir des organismes complets.

Weismann répond à cette objection :

1. Que la distinction entre les cellules somatiques et germinales s'est établie graduellement au cours de l'évolution, et que chez les organismes multicellulaires plus simples elle en est encore au début ;

2. Qu'il est fort possible qu'il y ait dans les cellules somatiques, même différenciées, de certains organismes fort complexes, une sorte de résidu de plasma germinal non-employé ;

3. Qu'il peut exister un *plasma germinal* tout à fait défini et distinct bien qu'il n'y ait pas de lignée parfaitement distincte de *cellules germinales*.

Il nous faut aussi nous rappeler que le sang, la lymphe et les autres humeurs du corps forment un milieu commun à toutes les parties de l'animal, y compris les gonades ; les résultats de changements dans la nutrition peuvent envahir le corps tout entier, et affecter les cellules germinales *inter alia*. Le système nerveux fait de l'organisme entier un tout, dans un sens très réel ; on voit souvent chez les plantes des ponts intercellulaires de protoplasme, reliant une cellule à une autre, et ceci s'observe en plus d'un cas chez les animaux. De plus il existe des corrélations subtiles, et peu comprises encore entre les organes reproducteurs et le reste de l'organisme. Si des altérations des organes reproducteurs peuvent amener des changements dans les parties éloignées telles que le larynx et les glandes mammaires, pourquoi ne pourrait-il exister des influences réciproques ? En somme l'organisme constitue une unité, et la division catégorique en cellules somatiques et cellules germinales peut nous conduire à la même erreur que la division de l'esprit en facultés séparées.

Il faut donc admettre comme tout à fait erroné le fait de considérer les cellules germinales comme menant une vie à part, sans
être jamais influencées par les accidents ou incidents de la vie
quotidienne du corps qui en est le véhicule. Mais personne ne le
croit sérieusement, Weismann moins que tout autre, puisqu'il
attribue la cause principale des variations germinales à l'excitation exercée sur le plasma germinal par les changements nutritifs
oscillants du corps.

Les concessions de Weismann. — Certains considèrent que
ce point de vue constitue un « abandon dissimulé du principe
général de Weismann » et disent : « Si le plasma germinal se
trouve affecté par les changements de nutrition du corps et si
des caractères acquis peuvent déterminer des changements de
nutrition, alors les caractères acquis ou leurs conséquences se
trouveront hérités. » Mais il est absolument illégitime (§ 5) de
confondre les caractères acquis et leurs conséquences, comme
si la distinction était sans importance. L'auteur illustre du *Keim
Plasma* a absolument prouvé qu'il y a une grande différence entre
admettre que le plasma germinal ne possède pas une vie séparée,
isolée des influences physiques, et admettre la transmissibilité
d'un caractère acquis particulier même au plus faible degré. La
question, répétons-le, est celle-ci : un changement dans la structure d'une partie quelconque du corps, provoqué par l'usage ou
l'inaction, ou par quelque changement dans le milieu peut-il
influencer le plasma germinal d'une façon spécifique ou représentative telle que la descendance possède cette même modification acquise par les parents, ou même une tendance vers
celle-ci ?

La véritable difficulté. — Même lorsque nous reconnaissons,
aussi complètement que possible, l'unité de l'organisme, et que
chaque partie partage la vie du tout, il est très difficile d'imaginer
un *modus operandi* par lequel une modification locale puisse
affecter spécialement le plasma germinal. Ce n'est pas un argument solide que dire que nous ne comprenons pas davantage
le *modus operandi* par lequel une influence se trouve transmise
des gonades à diverses parties du corps. Car nous savons que
dans certains cas les organes reproducteurs, outre qu'ils sont les
lieux d'élection de la multiplication des cellules germinales, sont

aussi des organes de sécrétion interne, produisant des substances spécifiques qui se trouvent emportées par le flot sanguin et servent de stimulant éveillant les potentialités endormies de régions lointaines. Le fait que des phénomènes morbides localisés dans une partie du corps peuvent avoir pour résultat une diffusion de toxines qui saturent jusqu'aux cellules germinales, ne nous aide guère à nous figurer comment une modification peut devenir transmissible. Car il n'y a pas la moindre raison de supposer que les modifications ordinaires, qui intéressent les naturalistes et que les évolutionnistes expérimentateurs peuvent provoquer, sont associées à la formation de toxines spécifiques capables de diffuser à travers tout l'organisme.

Enoncé de l'argument a priori par Spencer. – Spencer ayant été probablement le plus ardent et le plus convaincu parmi les partisans de l'affirmative, il semble juste de reproduire son exposé de l'argument *a priori*. Nous y ajoutons un commentaire point par point.

1. « Le fait que des changements de structure, produits par des changements d'action doivent être transmis si obscurément ·que ce soit, nous semble une déduction des premiers principes — ou si ce n'est une déduction spécifique, en tout cas, une implication générale ».

« Car si un organisme A, par une habitude particulière ou condition de vie, se trouve modifié en une forme A^1, il en découle que toutes les fonctions de A^1, fonctions reproductrices y comprises, doivent être à un degré quelconque différentes des fonctions de A ».

« Un organisme étant une combinaison de parties rythmiquement agissantes en équilibre mouvant, l'action et la structure d'une partie quelconque ne peut se trouver altérée sans causer des altérations d'action et de structure de tout le reste. »

Commentaire. — (a) On ne nie pas que certaines modifications profondément envahissantes du corps, affectant le courant nutritif, puissent affecter les organes reproducteurs. Ceci n'est pas le point en litige. (b) Ce sont l'observation et l'expérience qui doivent déterminer jusqu'à quel point une modification est capable d'affecter les organes reproducteurs. L'appréciation du changement dépendra de l'étendue et de la nature de la modification et de l'intimité de la corrélation subsistant dans l'organisme. Le déplacement d'un rocher doit déplacer le centre de gravité de la terre, mais ce ne peut être de façon appréciable.

2. « Et si l'organisme A lorsqu'il est changé en A^1 doit être changé dans ses moindres fonctions, alors la progéniture de A^1 ne peut être la même que si elle avait conservé la forme A. »

Commentaire. — C'est logique, mais est-ce vrai ? *Le changement de A à A^1* peut être important, il peut altérer le métabolisme de manière appréciable, mais il ne s'ensuit pas qu'il puisse y avoir une altération appréciable de l'architecture du plasma germinal. La supposition de Spencer, qu'un changement parmi les unités constituantes du corps doit affecter les unités constituantes des cellules germinales, reste une supposition.

3. « Le fait que le changement chez la descendance doive, toutes autres choses égales, se produire dans le même sens que chez le générateur, se trouve impliqué par ce fait que le changement propagé à travers tout l'organisme créateur entraîne un nouvel état d'équilibre, et tend à mettre les actions de chaque organe, y compris les organes reproducteurs, en harmonie avec les actions nouvelles. »

Commentaire. — Il nous semble impossible que l'entendement humain conçoive comment ou pourquoi un équilibre amélioré, par exemple dans l'usage de la main, doive entraîner un changement d'équilibre correspondant dans la matière germinale. Le défaut de la biologie abstraite, basée sur les premiers principes, est de donner toute latitude à ses adeptes pour développer des arguments qui paraissent plausibles jusqu'au moment où ils sont appliqués à un cas concret.

9. — *Faits particuliers à l'appui de l'affirmative.*

Il s'agit de savoir si une transmission de modification peut ou non se produire, et nous ne pouvons tarder plus longtemps à examiner les preuves concrètes qui sont citées à l'appui de l'affirmative. La raison pour laquelle nous n'avons pas commencé par là dans le présent chapitre est, qu'il fallait, avant tout, dissiper une multitude de malentendus avant de pouvoir considérer avec profit les prétendues preuves directes. Notre discussion préliminaire se trouve amplement justifiée par le fait qu'un naturaliste comme W. Haacke déclare les exemples de transmission de modifications aussi nombreux que les grains de sable de la mer, et qu'un autre savant, Sir E. Ray Lankester, déclare la proposition de Lamarck n'être plus appuyée que sur les expériences trop peu concluantes de Brown-Séquard.

Les exemples cités comme preuves de l'hérédité des modifications pourraient être classés selon les erreurs qu'ils contiennent, mais nous avons préféré les énumérer selon la nature générale des modifications discutées, qu'elles soient produites par le milieu ou par la fonction, qu'elles tendent à augmenter ou à diminuer, et ainsi de suite.

La prétendue transmission des effets directs des mutilations, blessures et autres se trouve discutée à part aux §§ 10 et 11.

Amélioration des chevaux de trot. — Il y a plus de cent ans (1796) la plus grande vitesse du trotteur anglais était de 2 minutes 32 secondes au mille (1609 mètres). Depuis 1818 on a tenu des registres exacts qui accusent une augmentation graduelle, décade après décade, dans la rapidité et dans le pourcentage des trotteurs rapides. Le type s'est élevé, et la race a fait des progrès. Le mille se trouve couvert maintenant en 1 minute 54 secondes. Il y a eu un progrès de près de 30 % en 70 ans. Il y a là, nous dit-on la preuve directe de la transmission des effets produits sur la structure par l'exercice.

Brewer (cité par Cope, 1896, p. 426-30) dit qu'aux environs de 1818 le record de vitesse du trotteur était de trois minutes au mille, en 1824 il était de 2 minutes 34 secondes, en 1848, 2 minutes 30 secondes, en 1868, 2 minutes 20 secondes, en 1878, 2 minutes 16 secondes, en 1888, 2 minutes 11 secondes 1/2, et finalement 2 minutes 10 secondes. « Le gain a été cumulatif... Il a accompagné l'exercice systématique d'une fonction spéciale pendant des générations successives... rien ne pourrait nous faire croire que les changements dus à l'exercice de la fonction n'ont pas été un facteur dans l'évolution... Il y a toutes apparences et indications que les changements acquis par les individus par l'exercice de la fonction ont été transmis à un degré quelconque, et ont été cumulatifs et que ceci a pu être un des facteurs dans l'évolution de la vitesse. »

L'augmentation de la vitesse a été due en partie à des améliorations du « sulky », de la piste, de l'entraînement individuel, mais en partie aussi à l'amélioration de la race. Interpréter le résultat simplement par l'hypothèse de la transmission de la fonction c'est donner au cas une fausse simplicité. C'est négliger l'élevage sélectif rigoureux qui a contribué à augmenter la vitesse individuelle, et le phénomène d'élimination qui sépare sans cesse les moins rapides des autres. Et même, en outre de la sélection artificielle et de l'élimination, il peut exister une série progressivement cumulative de *variations*, tendant vers une vitesse de plus en plus grande.

Nous pouvons même nous figurer comment ceci pourrait arriver si nous adoptons la conception de la sélection germinale de Weismann.

Cas des Punjabis accroupis. — On a remarqué que les Punjabis de l'Inde présentent certaines particularités de musculature et de squelette qui sont en rapport avec la fréquence avec laquelle à toute occasion ils prennent la position accroupie. On a dit que les particularités de structure sont dues aux particularités de fonction, mais ceci aurait besoin d'être prouvé (Mésinterprétation III). Ce peuvent être des adaptations provenant de variations germinales. Charles affirme *(Journ. Anat. and Physiol.*, vol. 25) que les particularités en question se trouvent indiquées même chez le fœtus. Ceci est intéressant et important, mais on ne peut rien en conclure à l'égard de particularités dont l'origine première est enveloppée de mystère. Si la position accroupie se multipliait au cours des générations et si les particularités structurales s'affirmaient *pari passu*, le cas serait intéressant ; mais même alors il nous faudrait rechercher si nous n'avons pas à faire à quelque variation progressive.

Particularités dues à la profession. — Dans son intéressant mémoire sur l'anatomie du cordonnier, le Dr. Arbuthnot Lane décrit les particularités produites par l'occupation dont il s'agit, qui tend à former un type anatomique distinct. Il en va de même pour le tailleur. « L'attitude incurvée, les jambes croisées, le mouvement du pouce et de l'index, et un mouvement particulier de la tête pendant qu'est tiré le fil, sont les traits principaux de l'habitus du tailleur », et ils sont associés à des changements permanents dans les muscles, les surfaces d'insertion et les articulations. Ce sont indubitablement des modifications. Sont-elles transmises ? Nul, dit le Dr. Lane, ne s'attendrait à un changement perceptible à la première génération, mais il croit avoir observé des effets hérités à la troisième. Tout ce que nous pouvons dire est que ces recherches méritent d'être poursuivies, surtout parce que notre connaissance minutieuse du corps humain et l'accumulation des faits relatifs à ses variations rendent plus facile que dans bien d'autres cas l'établissement d'une distinction entre une modification et une variation. Il ne faut pas oublier toutefois que, si les fils des cordonniers et leurs descendants restaient fidèles au métier, il pourrait se produire une accumulation de particularités générales de constitution — par exemple le caractère méditatif et les effets physiques du travail sédentaire persistant qui pourraient disposer l'organisme à ré-acquérir des modifications particulières à un degré plus marqué.

Grandes et petites mains. — Darwin (*Descendance de l'homme*) fait allusion à ce prétendu fait que les enfants des tra-

vailleurs manuels ont de plus grandes mains que les enfants de
la bourgeoisie ; mais ce cas, comme beaucoup d'autres, dont il
constitue un des types, peut se trouver suffisamment expliqué
par l'interprétation des différences observées comme caractéristiques de constitution de races différentes, probablement accentuées par diverses formes de sélection. Spencer note : « C'est une
opinion établie que les possesseurs de grandes mains sont ceux
dont les ancêtres ont mené une vie laborieuse, et que les possesseurs
de petites mains proviennent d'ancêtres non accoutumés au travail manuel. » Mais si nous acceptons ces « opinions » comme correctes il est facile d'interpréter les dimensions des mains comme un
caractère de race, en rapport avec différents degrés de muscu-
larité et de vigueur, et établis par sélection. La main des Japonais est, en bien des détails, anatomiquement différente de celle
des Européens, mais rien ne garantit que ces différences de détails
soient autre chose que des différences raciales de constitution
d'origine germinale accentuées par les modifications au cours de
la vie individuelle.

Diminution du petit orteil. — La prétendue diminution du
petit orteil a été souvent citée comme un cas type prouvant l'hérédité d'une modification produite par des souliers trop étroits.
Mais nous manquons là de données précises ; une diminution a
été aussi observée chez les sauvages qui ne portent pas de chaussures. Il se peut qu'il y ait chez l'homme, comme chez les ancêtres du cheval moderne, une variation de constitution dans le
sens d'une diminution des orteils ; il y a d'ailleurs d'autres explications possibles de ce fait qui est plutôt vague. Il est à peine
besoin de faire remarquer que ce cas ne signifie rien si l'on n'observe pas une diminution progressive des orteils avec des chaussures analogues, au cours des générations. Une expérience de
contrôle sur des frères dont certains porteraient des chaussures
et d'autres n'en porteraient pas, serait chose intéressante.

Résultat de la pression. — Darwin (*Descendance de l'homme*)
considérait la plante des pieds épaissie des enfants même avant
leur naissance comme due aux « effets de la pression pendant une
longue série de générations ». Mais ici encore il est impossible
d'exclure l'interprétation d'après laquelle une variation dans le
sens d'un épiderme plantaire épaissi a pu avoir une valeur sélec-

tive depuis des temps fort anciens, pour le singe arboricole aussi bien que pour l'homme dépourvu de chaussures. H. H. Wilder, dans un mémoire où il donne une comparaison détaillée entre les paumes des mains et les plantes des pieds des Primates et de l'homme *(Anal. Anzeig*, XIII (1897), pp. 250-6), se refuse absolument à se rattacher à la théorie lamarckienne parce qu'il croit les faits également interprétables par la variation et la sélection.

Bollinger (1882) émet l'idée que le faible développement de la poitrine féminine dans le district de Dachauer est dû à ce que l'on continue à porter le vieux corset démodé qui écrase la poitrine. Il faudrait rechercher (a) si la particularité n'est pas une modification infligée à chaque génération nouvelle, ou si elle se présente aussi chez la femme du Dachauer, qui ne porte pas de corset ; et (b) si la même particularité ne se produit pas là où la mode est entièrement différente.

Changements climatiques. — Virchow et d'autres ont beaucoup insisté sur le fait que le nombre de particularités chez les races humaines et chez divers animaux sont d'origine climatique et pourtant font maintenant partie de l'héritage naturel. Mais l'acclimatation est d'habitude un processus lent et graduel, impliquant la sélection de variations germinales, et il est difficile d'obtenir des cas bien définis de modifications climatiques. Il ne faut pas oublier encore que Weismann admet expressément que les influences climatiques, surtout si elles se prolongent pendant longtemps, peuvent agir sur le plasma germinal en même temps que sur l'organisme tout entier, et peuvent provoquer des variations germinales persistantes ; mais ceci « est certainement étranger à la théorie d'après laquelle certaines modifications fonctionnelles d'un organe particulier quelconque pourraient provoquer un changement correspondant dans le plasma germinal » (voir *Keim Plasma).*

Dans les zônes adjacentes présentant des conditions d'ambiance et de climat différentes, il nous arrive assez souvent de trouver des espèces étroitement alliées, ou des races locales. Il semble impossible de douter que celles-ci soient apparentées entre elles, dérivées d'un ancêtre commun. Ne sont-elles pas dues à des différences de milieu ? Il est certain que de quelque façon les différences dans les organismes ont un rapport de causalité avec les influences de milieu, et tous accordent que les particularités de climat amènent des changements dans la nutrition, la respiration, et ainsi de suite. S'il en est ainsi le plasma germinal peut être affecté et des variations peuvent être provoquées dont quelques-unes sont adaptives. Mais le résultat de ces variations peut être quelque chose de tout différent des modifications directement provoquées, et de beaucoup plus profitable. Elles peuvent être exprimées par rapport à des organes tout à fait différents. C'est pourquoi il semble tout à fait inutile de croire à la transmission des modifications climatériques comme telles ou à un degré représentatif quelconque. De plus, nous ne devons jamais oublier que l'organisme actif a le pouvoir de rechercher le milieu qui convient à sa nature innée, y compris les variations.

Plantes dans un milieu nouveau. — On a beaucoup parlé des transformations qui suivent un changement radical de milieu. Lorsqu'une plante est transférée dans un sol et un climat nouveaux, elle peut subir un changement d'habitus très marqué ; ses feuilles peuvent devenir velues, sa tige ligneuse, ses branches pendantes : « Ce sont là, dit Herbert Spencer, des modifications de structure dépendant de modifications de fonction, qui ont été produites par des modifications dans les actions des forces externes. *Et comme ces modifications reparaissent dans les générations successives, nous avons, grâce à elles, des exemples de variations fonctionnellement établies qui sont transmises par hérédité.* » Mais ceci est un *non-sequitur* car les modifications peuvent reparaître simplement *parce qu'elles se trouvent réimprimées directement* sur chaque génération successive (c'est la mésinterprétation IV).

Il convient en même temps de noter qu'un changement radical d'environnement peut provoquer des variations ou mutations germinales qui se représentent chez la progéniture.

Celles-ci doivent être distinguées des modifications, ainsi qu'il a été déjà expliqué, puisqu'il ne nous est pas possible de les interpréter physiologiquement en tant que résultats somatiques directs du changement dans le milieu.

Un autre cas à considérer est celui d'une forme du Turkestan de notre commune Bourse à pasteur *(Capsella bursa pastoris)*. Elle a semble-t-il étendu son habitat des contrées basses aux régions élevées, et les plants croissant aux altitudes les plus hautes sont plus petits que ceux des vallées, et les fleurs roses au lieu de blanches. Les graines recueillies sur les individus poussés dans les vallées et semées en montagne donnent de petits plants à fleurs roses ; mais les plantes de graines des hauteurs conservent tous leurs caractères (excepté les feuilles xérophytes) lorsqu'elles sont élevées dans les vallées. Peut-être avons nous à faire là une variation coïncidant avec une modification ; il semble aussi que les expériences seraient à répéter et à étendre.

Expériences sur les artemia. — Il est souvent parlé des expériences de Schmankewitsch (1875) sur certaines crevettes appartenant au genre *Artemia*. En diminuant la salinité de l'eau il arriva à transformer un type, l'*Artemia Salina*, au cours des générations, en un autre type, l'*Artemia milhausenii*. En accroissant la salinité il arriva à renverser le processus. Bien qu'il n'ait nullement formulé cette façon de voir, son expérience a été souvent citée comme un exemple du changement d'une espèce en une autre, et de la transmission des caractères acquis. Toutefois il reste très douteux que nous ayons à faire ici à des modifications. Schmankewitsch n'a pas modifié une *Artemia Salina* individuelle

Fig. 10. — Vue de profil de l'*Artemia salina* mâle (grossie). (D'après *Chamber's Encyclopædia*.

en une *Artemia milhausenii* : à l'aide d'un changement progressif dans l'environnement et au cours des générations, il a observé une transition de la population d'un type à l'autre ; il est probable que le changement de salinité a opéré directement sur les œufs. Ceci semble d'autant plus probable que les différences entre les deux types dans la forme de la queue, les détails des soies, etc... ne sont pas tels que nous pourrions les interpréter comme des résultats naturels et directs d'un changement de salinité. Il est bien connu que de légères altérations dans la composition physico-chimique de l'eau ont parfois une grande et mystérieuse influence sur les œufs et les embryons en état de développement. Bateson et d'autres ont montré qu'il existe une grande variabilité dans le caractère de la queue et des soies de l'*Artemia salina* dont l'*Artemia milhausenii* paraît être seulement une forme extrême sans lobes caudaux. Mais si ces changements étaient des modifications somatiques, il resterait au critique la ressource de faire observer que Schmankewitsch expérimentait avec un milieu changeant progressivement, sur toute une série de générations, et que les résultats ont été dus à des modifications imposées à nouveau à chaque génération successive, sans qu'il y ait eu aucune transmission héréditaire de ces modifications.

Un cas typique. — C'est le cas bien souvent cité, que Moritz Wagner communiqua à Darwin. Quelques chrysalides d'une espèce de *Saturnia* du Texas furent apportées en 1870 en Suisse. En mai 1871 les papillons qui naquirent se montrèrent entièrement conformes au type ; ils eurent des jeunes, qui furent nourris de feuilles de *Juglans regia* (la variété du Texas se nourrissant de *Juglans nigra*) ; ces jeunes donnèrent des papillons si différents en couleur et en forme de leurs parents que certains entomologistes

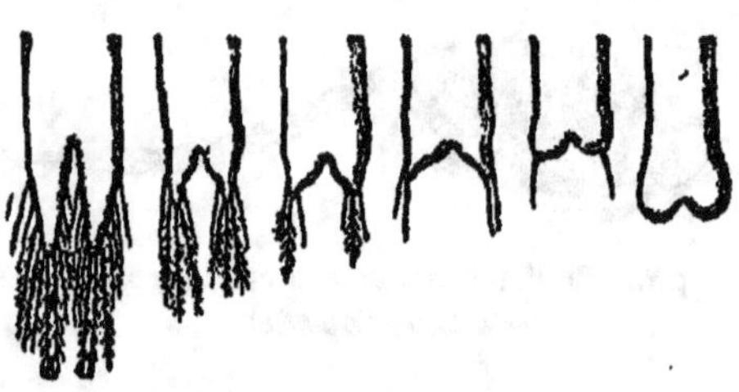

Fig. 17. — Lobes caudaux de l'*Artemia salina* (à gauche) et de l'*Artemia milhausenii* (à droite) ; entre ces extrêmes, on voit quatre stades intermédiaires. (Extrait de *Chamber's Encyclopædia*, d'après Schmankewitsch.)

en firent des espèces distinctes. C'était là une modification individuelle bien marquée, mais l'histoire s'arrête juste au moment où elle devient le plus intéressante. Il ne nous est rien dit en effet des générations suivantes. Si celles-ci aussi ont été nourries de *Juglans regia* et se sont reproduites en Suisse, il est probable qu'elles ont donné le nouveau type, mais ceci signifie simplement que la modification a été imposée aux générations successives.

Expériences sur les lépidoptères. — Standfuss éleva des chrysalides de *Vanessæ urticae* à une température inférieure à la normale et obtint un type septentrional (var. *polaris*) ; il en éleva d'autres à une température supérieure à la normale et obtint une variation méridionale (var. *ichnusa*). Parmi les produits il n'en trouva qu'un très petit nombre (tous mâles) qui présentaient la même modification que les parents.

Fischer opéra avec des *Arctia caja*, éleva les chrysalides à 8° C. et obtint des individus extrêmement foncés. Deux de ceux-ci furent appariés et leurs produits élevés à la température normale. Un petit nombre d'entre eux, ceux qui restèrent le plus longtemps à l'état de chrysalide, présentèrent la même particularité de mélanisme que leurs parents.

Fischer fit remarquer toutefois que le changement de couleur, chez les produits, ne constituait pas une répétition de la particularité parentale, bien qu'elle fût de même sens, et se présentât parfois même avec plus d'intensité. Il ne considéra pas le cas comme un exemple de transmission d'une modification spécifique, mais adopta l'interprétation de Weismann, à savoir que les cellules germinales avaient été incitées à varier par l'abaissement de la température. Il faut aussi remarquer qu'il existe chez beaucoup de papillons une forte tendance organique, c'est-à-dire germinale, à la variation mélanique ; que le changement ne se produit pas chez tous les individus soumis à une température basse, qu'elle se produit à des degrés très variés, et que l'expérimentateur *sélectionna* deux individus pour la reproduction.

Autres expériences. — Macbride cite les expériences très intéressantes faites par Durckheim sur les chenilles, où un effet cumulatif de coloration fut observé, ainsi que les essais de Pavlov sur les souris blanches, qui fournirent un exemple de transmission des résultats expérimentaux.

Les expériences suivantes nous paraissent très significatives. W. E. Agar (*Philosophical Transactions*, Roy. Soc., 1913) plaça des puces d'eau (simocephalus) dans un milieu particulier. Après l'apparition d'œufs dans l'ovule et leur croissance, les petits crustacés furent remis dans l'eau normale. Les œufs se développèrent en temps voulu, mais la progéniture accusa la modification subie par les parents. Lorsque ceux-ci pondirent de nouveau, la caractéristique anormale apparut chez les descendants, mais très légèrement ; à la troisième éclosion, elle avait disparu. Il est probable que la particularité de milieu originelle avait eu pour résultat la formation d'un produit métabolique non vivant qui, inclus dans le protoplasme de l'œuf, passa passivement dans le corps issu de l'œuf et produisit sur la progéniture le même effet que sur le parent ayant acquis la particularité en question.

Animaux alcoolisés.

Un grand nombre d'expériences ont été effectuées en Amérique en ce qui concerne l'alcoolisation d'animaux tels que les rats et les cobayes. Le but en était de déterminer dans quelle mesure les générations suivantes se trouveraient affectées par l'alcoolisme de leurs parents ou ancêtres.

Au début de ces expériences, dont quelques-unes ont été poursuivies pendant une douzaine d'années, on commit l'erreur de donner à ces animaux de l'alcool joint à leur nourriture et à leur boisson. L'effet produit sur les individus traités fut très mauvais et leur progéniture se détériora également. Il apparut bientôt, cependant, que l'expérience se compliquait irrémédiablement, du fait de désordres digestifs qui intervenaient, ruinaient la santé des animaux et influençaient gravement la vigueur de leur progéniture.

C'est alors que fût créée la méthode d'alcoolisation par inhalation. Les aliments et la boisson ne furent plus contaminés, mais les animaux furent soumis plusieurs fois par jour à l'action de vapeurs d'alcool montant à travers le plancher de leur cage. En respirant, ils inhalaient les vapeurs, et, bien que cela les mît en état d'ébriété, ils ne furent pas atteints de dyspepsie.

En ce qui concerne les volailles traitées par Raymond Pearl, il fut constaté qu'une fois alcoolisées, elles donnaient naissance à une progéniture nettement supérieure à celle engendrée par des volailles-témoins. R. Pearl explique ce fait en émettant une théorie ingénieuse d'après laquelle le traitement alcoolique tuerait ou éliminerait toutes les cellules germinales inférieures, laissant la voie libre aux cellules supérieures destinées à produire la génération suivante.

Les expériences sur des rats, poursuivies pendant une demi-douzaine d'années par Mac Dowell, n'ont révélé aucun dommage appréciable dû au traitement alcoolique, mais ont fourni un résultat d'un très haut intérêt : *une réduction de l'aptitude à apprendre* se manifeste dans la génération traitée, ainsi qu'une persistance de cet effet dans la génération suivante, même lorsque celle-ci est maintenue strictement « sèche ».

F. B. Hansom rapporte des expériences intéressantes sur des rats blancs. Il leur fit inhaler des vapeurs d'alcool dans un réservoir étanche à l'air et surveilla étroitement quatre générations. Des sujets-témoins de la même souche furent, ainsi que leurs descendants, élevés dans des conditions normales et l'on prit des précautions pour que toute différence de traitement fût exclue, à l'exception du fait que l'un des groupes respirait normalement et que l'autre inhalait de l'alcool. Les membres de la première génération furent traités pendant une année entière à partir de l'âge de seize jours, ce qui, chez le rat, couvre la période de croissance la plus rapide. Des mesures de poids et de longueur furent prises tous les dix jours et les rats traités furent comparés aux témoins. *Aucune différence ne put être observée.*

A la troisième génération, cependant, une différence apparut. A l'âge de 20 jours, avant le premier traitement, les membres de la famille traitée se montrèrent inférieurs aux témoins correspondants quant au poids, à la longueur de corps et à la longueur de queue. Lorsque le traitement commença, la différence s'accentua, comme si ces animaux ressentaient les effets de l'alcool avec une susceptibilité nouvelle. La différence dépassait de dix fois, au maximum, la marge d'erreur possible. Il aurait été naturel, à ce moment, de conclure que l'alcoolisme des générations précédentes se faisait sentir et que, puisque les effets pouvaient être observés avant même le début du traitement, il y avait transmission héréditaire caractérisée. Mais voici le moment de prendre une leçon de prudence scientifique, car, à la quatrième génération, une amélioration marquée se manifesta ! Ce résultat est remarquable. Il laisse supposer qu'une sorte de sélection s'opérait, une élimination alcoolique des cellules germinales inférieures. Il invite également à la circonspection.

Charles R. Stockard s'est livré à des expériences très minutieuses sur les cobayes. Elles s'étendent sur une période de treize ans, plus d'une centaine de sujets ayant été soumis à l'action des vapeurs d'alcool, jusqu'à l'ébriété, six jours par semaine, les temps de traitement étant variables. Dans la plupart des cas, les cobayes, pris individuellement, n'étaient pas affectés en ce qui concerne la durée de vie. Par contre, l'influence détériorante sur les descendants immédiats ou plus éloignés était nettement marquée. La détérioration se manifestait par une vie courte et un arrêt de développement, mais aucun signe de transmission de tel ou tel caractère n'apparaissait. Il n'est guère douteux que l'alcool dont le corps du parent était saturé n'empoisonnât les cellules germinales en même temps que l'organisme entier et n'affectât la descendance d'une façon générale plutôt que spécifique. L'influence nuisible peut provenir du père traité ou de la mère traitée, mais, comme il fallait s'y attendre, elle est plus marquée quant elle opère par l'intermédiaire de la mère. Mais des expériences de Stockard, comme de celles faites ailleurs, se dégage le fait remarquable qu'une amélioration très nette apparaît après trois générations traitées. Les membres de la quatrième génération d'alcooliques étaient même supérieurs en vitalité aux témoins correspondants ! Ce résultat frappant peut être dû à l'élimination des débiles et des défectueux, qui peut s'opérer non seulement chez les individus, mais aussi parmi les cellules germinales.

Les rats sur le manège.

Lors de son récent séjour en Angleterre, le distingué physiologue russe Pavlov parla, entre autres choses intéressantes, d'une expérience qu'il avait faite sur les souris blanches. Il en dressa un certain nombre à courir vers leur mangeoire lorsqu'il sonnait une cloche. Trois cents leçons furent nécessaires avant que l'association pût être établie, mais cent leçons suffirent à la seconde génération, trente à la troisième et cinq seulement à la quatrième. *Si ce rapport est exact*, le résultat de l'expérience de Pavlov est très intéressant ; il signifierait la transmission héréditaire d'un « caractère acquis » quelque peu subtil. A la quatrième génération, l'aptitude à former une association se trouvait augmentée à un tel point, que cinq leçons suffisaient. Les générations à venir répondront peut-être à l'appel de la cloche sans qu'aucune leçon soit nécessaire. Nous nous abstiendrons cependant de baser aucune conclusion sur l'expérience de Pavlov. avant d'avoir devant nous un rapport complet sur les circonstances et une indication précise des chiffres. On peut noter toutefois que des expériences faites récemment sur les rats blancs par E. C. Mac Dowell ont conduit à conclure catégoriquement que les descendants de parents et aussi de grands-parents éduqués mettent autant de temps, pour apprendre le secret d'un labyrinthe, qu'il en a fallu à leurs devanciers pour y être initiés.

Deux psychologues de Philadelphie, Bentley et Griffith, ont fait une expérience consistant à faire tourner des rats, pendant un temps très long, dans des cages circulaires animées d'un mouvement de rotation, à raison de 60 — 120 tours par minute, dans le sens des aiguilles d'une montre pour les uns, dans le sens contraire pour les autres. Les sujets essayaient tout d'abord de réagir contre ce mouvement — comme nous le faisons sur un manège ou sur un bateau qui commence à rouler au début d'une traversée. Ils finirent cependant par s'accoutumer à leur demeure tournante ; ils mangeaient, dormaient et jouaient tout comme nous agissons sur notre globe terrestre en mouvement dans l'espace. Certains d'entre eux endurèrent de six à quatre-vingt millions de révolutions, ce qui représentait une période de rotation de deux à dix-huit mois. Ils en souffraient, cependant, car, une fois libérés, on les vit longtemps chercher à se réadapter à un milieu plus terre-à-terre, comme nous le faisons en quittant le bateau agité ou le manège tourbillonnant. Certains d'entre eux manifestèrent de graves troubles de locomotion, dépérirent et moururent. D'autres se remirent; ils paraissaient anormaux, mais quelques mois plus tard, on remarqua des désordres dans leurs mouvements locomoteurs et oculaires qui, fait intéressant à noter, différaient suivant le sens de la rotation à laquelle ils avaient été soumis. On laissa certains des sujets ainsi affectés s'accoupler entre eux ou avec des sujets normaux, et les résultats furent assez surprenants.

Griffith constata que les rats appartenant à des familles ayant eu une longue expérience de l'existence rotatoire fournissaient une proportion importante d'individus déséquilibrés, bien que ceux-ci fussent élevés normalement. En outre, le type de déséquilibre manifesté par ces descendants correspondait précisément à celui amené chez les ancêtres par la rotation à gauche ou à droite.

Mais Detlefson fait à ce sujet des observations qui montrent combien la prudence est nécessaire. On avait remarqué que les expériences précédentes étaient liées à une mortalité élevée ainsi qu'à l'apparition de graves troubles de l'oreille. Detlefson attire l'attention sur le fait que la rotation anormale a pu affecter le labyrinthe de l'oreille et le rendre susceptible à l'invasion microbienne. Il pourrait y avoir une inflammation du labyrinthe due à un microbe pathogénique transmissible à la progéniture par contact direct. De plus, on ne peut guère attendre de parents gravement infectés qu'une progéniture de moindre résistance. Detlefson se procura vingt rats souffrant de troubles « spontanés » du labyrinthe survenus sans traitement par rotation et constata que ces sujets présentaient aux essais des réactions analogues à celles des descendants des rats tournants de Griffith. Les essais accusèrent deux types de mouvements de la tête et des yeux correspondant à ceux manifestés par les descendants des rats ayant tourné à droite et à gauche lors des expériences du spychologue. Ainsi il est possible que la rotation des rats ait entraîné de nombreux cas d'inflammation de l'oreille, et il est reconnu que des écoulements auriculaires ont été fréquemment observés. Il se peut donc que les manifestations montrées par les descendants aient eu pour cause une infection et non la transmission d'un caractère acquis dans le sens strict du terme.

Expériences sur le cristallin.

M. F. Guyer et E. A. Smith se sont livrés à des expériences remarquables sur les yeux des lapins. Ils broyèrent du tissu lenticulaire de lapin et en préparèrent un extrait qu'ils injectèrent dans le corps de volailles. Cela provoqua dans le sang de la volaille la formation de « corps antagonistes » spécifiques exerçant une action chimique contraire à celle de la substance introduite. Si maintenant on injecte le sérum de la volaille dans le corps des lapines grosses, les corps antagonistes attaquent parfois le cristallin des petits dès avant leur naissance et produisent une détérioration grave. Mais les effets nocifs exercés sur le cristallin ont été également observés, sous une forme très prononcée, chez les membres d'une seconde génération de lapins non traités. Lesdits défauts oculaires peuvent se transmettre à plusieurs générations successives, par les mâles comme par les femelles ; ils s'intensifient même parfois. L'explication de ce fait pourrait être la suivante : la détérioration ou dégénérescence des yeux des lapins de la première génération (progéniture des sujets injectés) aurait pour effet de provoquer dans leur sang la formation de corps antagonistes qui à leur tour agiraient spécifiquement sur leurs cellules germinales et en particulier sur les « facteurs » affectant le développement du cristallin. Cette répercussion peut continuer génération après génération. Les expérimentateurs ont également mis en évidence des faits qui *laissent supposer* qu'il pourrait y avoir transmission d'une immunité acquise envers les bacilles de la typhoïde.

Faits relevés par les éleveurs. — Les témoignages apportés par les éleveurs à l'appui de la théorie de la transmission des modifications qui est la croyance avouée ou tacite de beaucoup d'entre eux, si ce n'est de tous, nous apparaissent dans la plupart des cas trop vagues et trop confus pour être d'une grande portée ; mais ils ont souvent été invoqués par de savants biologistes comme Cope (1896) qui cite ses cas d'après Brewer (1892-93), lequel fait autorité en matière d'agriculture. Le premier argument a trait à l'hérédité de caractères dus à la nutrition et peut être résumé comme suit : la taille des animaux domestiques a souvent une très grande importance et l'on y a apporté ces dernières années tout le soin que l'intérêt pécuniaire peut susciter. On avait coutume de dire que « la nourriture compte plus que la race » mais il a été reconnu depuis que l' « hérédité » ou la « race » est le phénomène capital. Il y a aussi les soins de sélection naturellement. « Mais aucun éleveur ne prétend qu'on atteigne ou conserve une taille exceptionnelle par la sélection seule ». « Les éleveurs ne croient pas que les caractères acquis par l'alimentation d'un seul ancêtre ou d'une génération d'ancêtres, puisse opposer plus qu'une légère résistance à cette force de l'hérédité qui s'est trouvée accumulée à travers tant de générations précédentes et se trouve concentrée du fait de tant de lignées d'ancêtres. Pourtant il reste universellement admis que les caractères acquis, dus à la nourriture pendant la période de croissance, conservent *quelque force* et que cette force se multiplie dans les générations successives. Tous les faits observés sur les troupeaux conduisent à cette conclusion ». L'élevage des vaches d'Aurigny, assez petites et délicates, fut favorisé par une suralimentation systématique des veaux. Les races de grande taille se sont développées dans les régions où la nourriture était abondante et celles de petite taille là où le fourrage était plus rare. « Ceci ne peut guère être accidentel ». Bref « si ces caractères acquis ne sont nullement transmis, la manière de procéder de certains éleveurs, fondée sur la croyance contraire, n'est qu'une idée illusoire et dispendieuse. »

Nous nous sommes étendus assez longuement sur cet argument parce qu'il se rapporte à un sujet de grande importance pratique et qu'il nous est présenté avec la double autorité de Cope et de Brewer. Mais en somme tout cela est fort peu concluant. Si la taille est une fonction de quatre variables : (a) la constitution héritable de la race (déterminable par la statistique dans certaines de ses expressions au commencement d'une période d'observation) ; (b) les modifications individuelles produites par un changement de nourriture (celles-ci pouvant être déterminées approximativement par des expériences et des observations de contrôle) ; (c) la possibilité d'une hérédité de modifications ; et (d) le degré de sélection discriminative pendant une période donnée (pouvant être exprimée aussi avec plus ou moins de précision), alors le seul moyen d'atteindre à une conclusion quant à l'importance d'un facteur isolé, par exemple du troisième, consiste à éliminer les autres un à un.

Quant aux vaches d'Aurigny, il est admis par tous que l'éleveur expert peut agrandir ou diminuer la race, soit en s'en remettant entièrement à la sélection d'une race suffisamment variable, soit en aidant la sélection par la modification maintenue de génération en génération ; mais ceci n'a aucun rapport avec la question. Et si c'est un fait que les grandes races proviennent toujours de régions où la nourriture est abondante, et vice versa, il se trouve être tout à fait compatible avec la sélection naturelle et artificielle.

Quant à l'argument qui consiste à dire qu'à moins que la transmission d'une modification ne soit un fait, la pratique des éleveurs se réduit à une erreur coûteuse, on peut objecter que la seconde éventualité est au moins aussi vraisemblable que la première. La seule réponse, c'est que les éleveurs, quelle que soit leur opinion sur le fond de la question, ne misent jamais sur la carte douteuse.

Enfin on peut remarquer, bien que ce point soit plus intéressant pour le biologiste que pour l'éleveur, que les expériences relatives à l'accroissement de certaines parties sont plus décisives que celles qui se rapportent seulement à l'accroissement de la taille dans son ensemble.

Manly Miles cite deux cas comme exemple de ce qui lui semble être un fait général, à savoir la possibilité de la transmission des modifications dans l'élevage. « Le procédé consistant à faire élever des agneaux par des brebis d'une autre race afin d'arrêter presque aussitôt le lait chez la mère qui est réservée pour les expositions, a eu comme résultat de diminuer fortement l'aptitude héréditaire à la production du lait chez la race ainsi traitée. » « Les vaches a qui l'on donne des pâturages maigres, et dont on ne s'occupe guère, prennent l'habitude de tarir de bonne heure dans la saison, et cette habitude de ne donner du lait que pendant une courte période ne se trouve pas seulement transmise, mais devient une particularité marquée chez les femelles de la race, particularité qui persiste malgré des conditions alimentaires améliorées. »

Mais ces cas, ainsi que beaucoup d'autres, prouvent seulement — ce qui est universellement admis — qu'une perturbation nutritive chez la mère peut affecter la vigueur nutritive de la progéniture. Brewer (cité par Cope, 1896, p. 436) relate ce que l'on peut appeler un bon exemple. Les moutons, transportés d'une région favorable dans une autre région à sol alcalin ou salin, de climat sec, et dont le fourrage est médiocre, ont une laine assez sèche. Le changement se produit immédiatement « mais il est plus marqué aux tontes suivantes qu'à la première. On assure aussi que la laine devient plus sèche au cours des générations successives, et que les troupeaux ayant habité ces régions pendant plusieurs générations, produisent naturellement une laine beaucoup plus sèche que celle de leurs ancêtres ou celle de nouveaux venus ». Il est naturel que la seconde génération possède une laine plus sèche que les nouveaux venus, mais si cet état de la laine s'accentue réellement au fur et à mesure des générations successives, le cas est un des meilleurs que l'on ait encore cité.

Immunité. — On peut baser sur l'étude de l'immunité une autre série typique de preuves. Nous avons étudié dans un autre chapitre ce sujet difficile, mais très important, et nous nous contenterons ici de le résumer. Il est bien connu que certains indigènes sont relativement immunisés contre la fièvre jaune. C'est devenu une qualité héritable. La question est de savoir si on peut y voir à l'origine un caractère acquis. Cette immunité a-t-elle été due à l'origine à une modification du métabolisme physique consécutif à la maladie ? Il semble très difficile d'adopter cette interprétation, et la plupart des autorités penchent vers l'autre alternative, considérant l'immunité comme une variation organique devenue dominante chez la race par l'élimination des individus qui ne se trouvaient point immunisés.

On peut toutefois objecter que l'on est parvenu à immuniser artificiellement contre certaines maladies des femelles de lapins ou de cochons d'Inde dont les petits étaient immunisés dès leur naissance. Ceci peut être dû à une sorte d'infection avant la naissance, quelque autotoxine ayant probablement passé de la mère aux jeunes *in utero*.

Arguments médicaux. — L'un d'entre eux a convaincu beaucoup de monde. Sa valeur repose sur une certaine difficulté que l'on éprouve à tracer des limites précises et absolues au problème.

On prétend qu'une femme enceinte atteinte de la petite vérole peut infecter son enfant à naître, cas très net de contagion intra-utérine.

Une mère tuberculeuse peut donner le jour à un enfant qui n'est pas tuberculeux, mais dont le cœur fonctionne mal. Ici une diathèse organique, causée par un bacille, se trouve déterminer chez l'enfant un résultat tout à fait différent de l'état observé chez la mère.

Les toxines produites par une maladie bactérienne, chez un des parents peuvent affecter les enfants, sans provoquer chez eux aucune maladie spéciale, mais en affaiblissant leur constitution et leur pouvoir de résistance.

Les toxines produites en dehors de maladies bactériennes par la saturation de l'organisme des parents par l'alcool, l'opium, etc... peuvent affecter la descendance à la fois dans ses fonctions et sa structure, d'où maladies et difformités.

Il a été démontré expérimentalement que certaines toxines (acide cyanhydrique, nicotine, alcool, etc...) peuvent, si on les injecte directement dans un œuf de poule, affecter le développement d'une façon telle qu'une difformité se produise. On assure que les effets de l'empoisonnement par le plomb sur les enfants peuvent être entièrement dus au père. Il semblerait donc légitime de croire que les toxines produites dans le corps peuvent avoir une action directe sur la matière germinale.

Il n'est toutefois pas prouvé que ces toxines produisent les mêmes effets sur les enfants que sur les parents ; c'est là précisément le point biologique en discussion, et c'est une hypothèse tout à fait gratuite que de supposer la production d'une toxine sous l'influence d'une modification ordinaire.

Alcoolisme. — L'alcoolisme chez un des parents ou chez tous les deux entraîne des modifications bien connues et peut être suivi de résultats funestes pour les enfants. Mais avant de conclure hâtivement que certains résultats organiques définis de l'empoisonnement par l'alcool chez un individu se trouvent transmis, au sens exact du mot, à sa descendance, il nous faut considérer (1) que les habitudes d'intempérance des parents peuvent être l'expression d'une disposition psychopathique héritée, et que c'est cette dernière qui se trouve transmise à la descendance ; (2) que la saturation du corps par l'alcool peut avoir un effet direct sur la nutrition et le pouvoir de développement des cellules germinales ; (3) que les enfants d'alcooliques sont souvent accoutumés depuis leur plus tendre enfance à considérer l'alcool comme un aliment indispensable.

Maladies nerveuses. — Le professeur Binswanger d'Iéna, une autorité en matière de psychiatrie, a souvent exprimé son scepticisme quant à la possibilité pour une maladie mentale ou nerveuse d'être transmise intégralement ou en partie aux enfants. Il y a, accorde-t-il, des cas nombreux où on peut suivre d'une génération à l'autre une hérédité de maladie mentale ou nerveuse ; mais pour lui la difficulté consiste à trouver un cas où il serait prouvé que la première apparition de la maladie a été due à une influence externe.

On peut naturellement, bien que ce soit peut-être pousser les choses à l'extrême, soutenir que les maladies mentales et nerveuses n'ont jamais une origine exogène, mais résultent toujours de quelque vice germinal. Si cela est nous sommes simplement obligés de reconnaître que cet ordre d'argument nous demeure interdit, du moins en ce qui concerne la question de la transmissibilité des modifications.

Modifications d'habitudes et d'instincts. — Beaucoup d'animaux sont très modifiables dans leurs habitudes et jusque dans leurs instincts. Il semble intéressant de chercher à déterminer expérimentalement s'il existe quelque preuve de la transmission d'habitudes particulières *modifiées individuellement*. C'est à *Habit and Instinct* de Lloyd Morgan qu'il faut se reporter pour une discussion nette du sujet.

Cette étude est évidemment très difficile. L'expérimentateur doit être sûr que le changement initial d'habitude est vraiment une modification et non une idiosyncrasie innée. Il lui faut éliminer soigneusement la possibilité d'une imitation ou d'une suggestion chez les produits. Il lui faut aussi exclure la possibilité de la sélection. Il ne doit pas oublier que la descendance est probablement aussi docile, aussi plastique, aussi adaptable, que les parents, si ce n'est même davantage. Les mules de montagne sont douées d'un extraordinaire pouvoir d'adaptation à des exercices particuliers, et pourtant ce n'est pas d'une mule qu'une mule hérite.

Une poule s'habitue à élever des canards ; sa propre descendance, soumise à la même tâche, s'y montrera-t-elle moins agitée qu'elle-même ? Les martinets ont appris à construire leur nid sous le bord du toit : y a-t-il là transmission héréditaire d'une habitude acquise ou bien est-ce simplement « le résultat d'une adaptation intelligente par l'influence de la tradition ? » Est-ce que les coqs de bruyère ont hérité de l'habitude de voler de façon à éviter les fils télégraphiques ? Se peut-il que les petits d'un chat « à qui l'on a appris à demander sa nourriture comme un terrier » fassent spontanément de même ? Ce sont là quelques uns des cas que discute Lloyd Morgan et il conclut qu'il n'y a point de preuves suffisantes de la transmission des caractères acquis.

10. — *Sur les mutilations et phénomènes similaires.*

Lorsque nous réfléchissons à l'ardeur belliqueuse de nos ancêtres, il semble presque absurde de discuter la question de la transmissibilité des résultats des mutilations, blessures et autres traumatismes. De plus, chacun sait que le décornement du bétail, l'écourtage de la queue des chevaux et des moutons, le raccourcissement des oreilles des chiens, et autres pratiques analogues, ont été poursuivies pendant bien des générations sans aucun effet héréditaire connu. La circoncision des enfants Juifs et des Mahométans s'est poursuivie pendant des siècles sans résultat structural démontrable. Pourtant cette question fait partie du domaine des *possibilités* et a provoqué toute une littérature d'observation et d'expériences.

Peu de résultats utiles. — Le résultat net est une déception, il faut le confesser, et il n'y a pas à en chercher bien loin les raisons.

1. Beaucoup d'observations et expériences n'ont pas été faites conformément aux canons ordinaires de la méthode scientifique.

Beaucoup d'entre elles négligent la probabilité des coïncidences, identifient le *post hoc* avec le *propter hoc*, confondent l'observation et la conclusion, ou basent une conclusion sur un trop petit nombre de faits. Notons en passant qu'il existe un grand nombre de cas tendant à faire croire à la transmission des résultats de mutilations et de traumatisme, cités dans les travaux anciens, moins critiques que les nôtres. Les cas que l'on peut considérer comme satisfaisants ont été extrêmement rares ces dernières années, malgré les efforts de nombreux observateurs pour les surprendre.

2. Certaines expériences, telles que l'amputation de gros organes, ou de fragments des organes internes tels que la rate, sont évidemment rares dans la nature. Par conséquent, bien que « des expériences d'imbécile » comme les aurait nommées Darwin, puissent avoir quelque valeur indirecte aux yeux de l'évolutionniste, elles n'ont que peu de signification.

3. La répétition expérimentale des mutilations et traumatismes qui *sont* communs dans la nature, est de peu de valeur, puisque l'expérience de la nature démontre avec suffisamment de clarté que les résultats n'en sont pas transmis. S'ils l'étaient, il resterait actuellement bien peu de chose de l'homme, ou des autres animaux appelés à combattre. Ainsi que l'a dit Hartog « la tendance à transmettre la mutilation elle-même serait si onéreuse, qu'elle finirait par éteindre rapidement la race malheureuse qui la présenterait à un haut degré. » *(Contemp. Rev.*, v. 64, p. 55). En fait, même au cours de la vie, individuelle les résultats d'une mutilation se trouvent très souvent réparés par la régénération qui, dans son expression spécialisée, est probablement le résultat adaptif d'une sélection prolongée.

4. Si les résultats d'une mutilation peuvent se trouver transmis à un degré quelconque, ils doivent affecter de quelque façon spécifique les cellules germinales. Bien des mutilations, telles que l'écourtage de la queue, tendraient à prouver l'improbabilité du fait. L'amputation ne présente, à part une légère irritation des tissus à la surface de section, que bien peu d'autres effets démontrables. L'action produite n'a que peu de rapports avec la réaction de l'organisme. Lorsqu'une assez grande partie d'un organisme se trouve supprimée, mais qu'on ne signale aucune perturbation de constitution, la réaction se borne à une simple

cicatrice. Pourquoi s'attendrait-on à voir chez un produit une
queue écourtée parce qu'un des parents a eu la queue coupée ?
N'est-il pas tout aussi logique d'en escompter une plus longue ?
Personne n'a jamais remarqué que les descendants d'arbres frui-
tiers ou d'arbres décoratifs fréquemment émondés soient de ce
fait plus petits. La tonte, taille ou coupe fréquente du poil chez
les parents n'a pas, qu'on le sache, d'action sur la longueur du
poil chez les descendants. En fait les résultats de la plupart des
mutilations ne sont pas des modifications au sens ordinaire du
mot.

5. Mais il y a certains cas où la résection d'un organe entraîne
des effets très étendus. C'est ainsi que la résection de la glande
thyroïde peut avoir une influence sur beaucoup de parties du
corps. Dans ces cas là il paraît plus facile de concevoir la possibilité d'une influence sur les cellules germinales. Mais à moins
que le changement chez la descendance — à supposer qu'il y ait
quelque changement — corresponde directement au changement
provoqué chez un des parents, nous ne nous trouvons pas en présence d'une transmission héréditaire d'une modification au premier degré, ce qui est le point en litige.

6. Les changements de structure dus à une mutilation n'étant
pas sur le même plan que les modifications ordinaires qui se produisent dans la nature, nous n'attendons pas de résultats utiles
d'autres expériences sur la mutilation. Il y a lieu de rappeler
toutefois l'idée émise par J.-W. Ballantyne (1) que dans ce cas,
comme dans d'autres expériences sur les modifications, les chercheurs commettent tous l'erreur d'entreprendre leurs recherches
à une période trop tardive, alors que l'organisme se trouve déjà
entièrement constitué. Peut-être des expériences faites à une
période plus précoce donneraient-elles des résultats plus positifs.
Il se peut que les cellules germinales, à leur phase jeune, soient
plus sensibles aux influences somatiques, ou plus facilement
atteintes par celles-ci.

Exemples. — Dans notre court examen de cette question si souvent débat-
tue, nous distinguerons, pour faciliter les choses, trois catégories : A, amputations telles que l'écourtage de la queue ; B, blessures comme la rupture de

(1) Discussion sur l'hérédité dans la maladie (*Scott. Med. and Sing Journal*, VI,
1900, p. 312).

l'hymen ; C, déformations telles que la compression du pied des chinoises. Dans chaque catégorie nous nous en tiendrons à quelques cas typiques qu'on pourra facilement multiplier en se rapportant à la bibliographie ou en consultant le grand ouvrage de Delage.

Amputations renouvelées de générations en générations. — Ce sont des cas tels que la circoncision chez les Juifs et les Mahométans, l'écourtage de la queue chez les chevaux, chiens et moutons, l'écourtage de certaines parties de l'oreille chez le chien, le décornage du bétail. Aucun n'offre l'apparence d'un résultat transmis. Darwin (en 1870) cite bien, d'après Riedel, le cas du prépuce raccourci que l'on aurait observé chez les Mahométans de Célèbes, mais Delage fait remarquer que les observations de Riedel ne sont nullement concluantes. Hæckel (1875) et Leidesdorf (*Wienmed. Wochenschr.*, 1877) ont aussi déclaré qu'un prépuce rudimentaire s'observe plus fréquemment chez les races qui pratiquent la circoncision, mais d'autres statistiques ne confirment pas cette assertion. Ainsi que le dit Ziegler (1886, p. 27), « il n'y a sous ce rapport aucune différence entre les Juifs et les Chrétiens ; parmi ces derniers, le défaut de développement du prépuce est aussi fréquent que chez les premiers. » Voir aussi Roth, *Correspondenz Blatt f. Schweizer Aerzte*, 1884.

Weismann a coupé la queue à dix-neuf générations de souris, Bos à quinze, Cope à onze, Mantegazza et Rosenthal de même. Dans aucun cas on n'observa de résultat hérité. Un récit américain de la production d'une race sans queue est presque certainement un exemple imaginaire.

On coupe souvent la queue du fox-terrier, et l'on peut observer parfois des jeunes à queue raccourcie. Le cas suivant est un exemple de plusieurs autres. Un fox-terrier dont la queue avait été coupée, eut quatre petits : l'un à queue ordinaire, un autre à queue courte et deux à queue tout à fait courte. Mais ces derniers possédaient les vertèbres caudales ordinaires (D. E. Hutchins, *Nature*, LXX, 1904, p. 6).

Tietz (1889) d'après Delage, nous apprend que les chats à queue atrophiée sont *fréquents* dans l'Eiffel, où les paysans pratiquent généralement l'ablation de la queue sur les chats, sous le prétexte charitable et erroné qu'à l'extrémité de cette queue vit un ver qui les empêche d'attraper les souris. Si les chats à queues atrophiées sont vraiment abondants dans cette région, le fait est certainement intéressant ; mais Delage ne trouve pas suffisante l'explication de Dingfelder (1887) ; d'après ce dernier les paysans ne touchant pas aux jeunes chats à queue courte, ce fait aurait permis le développement d'une tendance innée chez ces chats à avoir une queue raccourcie. Il est évidemment facile d'invoquer cette tendance, mais il est curieux de constater que presque tous les exemples sont fournis par les animaux domestiques, tels que chats, chiens, moutons et chevaux, à qui l'on impose si fréquemment l'ablation artificielle.

Ablations non reproduites à travers les générations. — Celles-ci se rattachent au type qu'il nous faudrait nommer type « du chat à la queue écourtée » le fait caractéristique étant celui d'une chatte, qui, ayant eu la queue coupée accidentellement, mit au monde des petits tous pourvus d'une queue plus courte que la normale.

L'importance de ces cas se trouve très diminuée si nous remarquons 1) l'existence de races de chats sans queue dans l'île de Man, et 2) au Japon la présence occasionnelle de chats sans queue ou à queue écourtée, en tant que sports dans des portées de parents tout à fait normaux ; et 3) la variabilité fréquemment observée de la région caudale chez beaucoup de mammifères. Dans tous les cas de ce genre il faut absolument se livrer à deux enquêtes : 1) il faut pouvoir estimer la probabilité d'une coïncidence puisque le *post hoc* peut n'être pas un *propter hoc*, mais simplement une variation qui se trouve rappeler plus ou moins le résultat d'une mutilation ; et 2) il faut avoir étudié au préalable la généalogie de chacun des parents, puisqu'il peut y avoir chez l'un ou l'autre, ou chez tous les deux, une tendance innée au raccourcissement de la queue : généralement on ne se livre pas à ces enquêtes.

Delage (1903) cite un certain nombre de cas, fort intéressants, qu'il est difficile d'expliquer autrement qu'en y voyant de « simples coïncidences ». Un de mes collègues m'a raconté le cas d'un enfant qui avait au milieu du cuir chevelu un espace dépourvu de poil de forme particulière, et correspondant à un espace semblable chez la mère, qui était dû à l'eczéma. Chez l'enfant, l'espace ne portait qu'une petite touffe de cheveux courts. La tache, située un peu plus en avant que chez la mère, se trouvait aussi au-dessus de l'oreille gauche. Doit-on conclure à autre chose qu'à une « coïncidence »? Ou se peut-il encore que l'eczéma ait trouvé une zone héréditairement plus faible ?

Blessures reproduites de génération en génération. — Nous ne visons à aucune précision chirurgicale, en distinguant les amputations des blessures. Ce que nous voulons montrer est simplement qu'il y a une différence entre l'effet d'une amputation qui peut être presque négatif, et l'effet d'une blessure qui amène une perturbation dans les rapports des organes entre eux. La distinction est justifiée par le fait que, s'il n'y a pas l'ombre d'une preuve, autant que nous pouvons en juger, permettant de croire à la transmission d'un résultat quelconque d'amputations, excepté dans le cas où l'on opère sur des organes très importants, il est impossible, à première vue, d'affirmer qu'il en est de même en ce qui concerne les blessures. Le cas typique ici, est constitué par la rupture de l'hymen au cours du premier rapport sexuel, lésion banale peut être, mais qui s'est trouvée produite à chaque génération et dont aucun résultat hérité ne se trouve connu. On n'observe encore aucun résultat à la suite d'une sorte de circoncision pratiquée par les Somalis et d'autres sur les filles comme sur les garçons. Chez certaines races, depuis des générations, on perce les oreilles et le nez des enfants des deux sexes, et pourtant jamais on n'a observé aucun résultat héréditaire de ces opérations.

Blessures accidentelles. — Darwin cite le cas d'un homme qui eut le pouce atrophié dès son enfance par un accident dû au gel. Sa fille aînée (S) vint au monde munie de pouces et d'ongles de pouces semblables à ceux du père. Le pouce du troisième enfant était semblable à celui du père ; deux autres enfants étaient normaux. Parmi les quatre enfants de S, le premier et le troisième, tous deux des filles, avaient aux deux mains des pouces déformés. Ce cas serait assez convaincant, à condition qu'il n'existât dans la famille aucune tendance à la déformation du pouce. Il se peut que la gelure ait été dans tout cela un accident sans aucune importance. Darwin cite encore le cas d'un homme atteint, quinze ans avant son mariage, d'une suppuration de l'œil gauche, qui lui fit perdre cet œil. Ses deux fils furent atteints de microphtalmie gauche. Il s'agit ici sans doute, d'une faiblesse innée de l'œil, chez le père. Bouchut (1) cite le cas d'un homme de vingt-cinq ans qui,

<hr>

(1) *Nouveaux éléments de pathologie générale.* Paris 1882, cité par Ziegler (1886, p. 3-4).

en tombant d'un échafaudage, se blessa aux mains et aux pieds. Sur cinq enfants, un seul fut normal. Son fils ne possédait qu'un doigt à chaque main et deux orteils à chaque pied. Une fille (M) avait deux orteils à chaque pied, un doigt à la main droite, et deux à la main gauche. Elle épousa un sujet normal et parmi ses quatre enfants l'aîné fut normal, et les autres présentaient les particularités de leur mère.

Des cas de ce genre peuvent paraître vraiment troublants à qui n'use pas d'un esprit critique à l'égard des faits de l'hérédité. Mais en réalité, ils ne constituent que des exemples de la confusion familière du *post hoc* et du *propter hoc*, de l'observation et de l'induction (Ziegler, 1886, p. 26). Bouchut ne nous dit pas que la déformation chez les enfants était semblable à celle du père ; il ne nous dit rien des ancêtres du père et de la mère, fait pourtant indispensable, si l'on veut examiner un cas sérieusement, puisque certaines malformations innées sont communes dans certaines familles. De plus, il ne faut pas oublier la fréquence des malformations innées des doigts et des orteils, et envisager la possibilité d'une coïncidence.

Ziegler (1886, p. 29, 30) examina un certain nombre de cas de défectuosités de l'œil, dans la descendance d'animaux dont les yeux avaient été opérés, ou blessés, ou infectés. Mais les expériences avec infection de l'œil par la tuberculose ou d'autres causes ne se rapportent au sujet qu'à la condition de pouvoir exclure toute possibilité d'infection de la descendance, et quant aux cas cités par Brown-Séquard (1886) où l'extirpation du globe oculaire chez un individu se trouva entraîner la suppression d'un ou des deux yeux chez ses enfants, ou l'opacité de la cornée, pour bien en juger, il faudrait rapprocher les résultats des statistiques relatives à la fréquence des différentes sortes de défectuosités innées de l'œil.

Déformation. — Nous ne savons pas tout ce que nous voudrions savoir des pieds artificiellement déformés des Chinoises ; mais nous ne sommes aucunement autorisés à croire que cette déformation, pratiquée de fort longue date, a entraîné une variation héréditaire *quelconque*.

Pendant longtemps des générations de bergers de la vallée du Nil ont artificiellement déformé les cornes de leur bétail en les inclinant en avant, en les enroulant en spirale, etc. ; on n'a jamais pu observer un effet de cette pratique sur la descendance de ce bétail (R. Hartmann, *Die Haussaügethiere der Wildländer. Ann. Landwirthsch.*, Berlin, 1864).

Les plumes du bec des corneilles. — Settegast et d'autres ont cité les plumes soyeuses des narines et de la base du bec chez la jeune corneille. Elles ont la réputation de disparaître d'elles-mêmes lorsque l'oiseau commence à piquer le sol avec son bec, et pourtant elles sont toujours présentes chez le jeune. Citer ce fait comme un exemple de la non-transmission d'un effet de déformation est probablement tout à fait erroné, car aucune preuve n'existe que la disparition soit déterminée par l'action de fouiller le sol. Le fait que ces plumes disparaissent, sans être remplacées, est probablement une simple particularité de constitution. Elles disparaissent, même si l'on empêche la corneille de fouiller le sol (voir Oudemans et Haacke, cités par Delage, 1903, p. 223). D'autre part, invoquer le fait que les plumes disparaissent même lorsque la fouille du sol est interdite à l'oiseau, et en faire un exemple de la transmission d'un effet de déformation est également une erreur. Rien ne prouve qu'il y ait à la base de tout ceci un effet de déformation.

Quelques cas troublants. — Si les arguments basés sur l'apparente transmission des résultats de la mutilation nous semblent très faibles, il nous faut reconnaître aussi que certains cas, s'ils sont relatés de façon exacte, restent très troublants. Il serait désirable que des cas nouveaux, de nature semblable à ceux dont nous nous proposons de donner des exemples, fussent étudiés soigneusement, et sans parti-pris. Bien qu'ils puissent ne pas prouver la transmission héréditaire d'une modification, ils peuvent conduire à des résultats intéressants.

Hæckel (1) cite le cas d'un taureau, dans une ferme des environs d'Iéna, qui eut la queue coupée près de la racine par la fermeture accidentelle d'une porte d'étable, et qui, à partir de ce moment, engendra une descendance dépourvue de queue. Ceci est très intéressant, mais il nous faut d'abord savoir : 1° si les cas de bétail à queue écourtée se rencontrent souvent, en dehors des cas attribuables à des accidents ; 2° si le taureau n'a eu aucune descendance à queue écourtée avant l'accident ; 3° combien de descendants à queue écourtée il a eu au juste, etc... Peut-être les réponses à ces questions seraient-elles pleinement satisfaisantes, mais pour que le cas ait une portée véritable, il eût fallu les donner d'avance.

En 1874, W. Besler, à Emmerich sur le Rhin, écrivait à L. Büchner pour lui conter le cas suivant (1882, p. 24). A Döbeln en Saxe, à l'hôtel Eichler, il remarqua un jeune chien qui paraissait avoir eu les oreilles et la queue coupées. Sur la remarque faite par lui que la bête avait été trop largement raccourcie, il lui fut répondu que ce n'était point là le cas, car l'animal et son frère étaient nés ainsi dans une portée de quatre. La mère était normale, le père était un griffon dont les oreilles et la queue avaient été coupées. Le même cas s'était produit précédemment dans une autre portée. A supposer que ceci soit plus qu'un conte de palefrenier, il nous faudrait encore connaître l'ascendance du père et de la mère et savoir s'il ne s'était jamais manifesté dans la famille quelque tendance à avoir les oreilles et la queue trop courtes.

Büchner raconte aussi que dans l'automne de 1873 un entrepreneur de Westphalie K. acheta une cane dont les os de l'aile droite avaient été cassés et s'étaient réunis ensuite dans une mauvaise position. Au printemps suivant cette cane eut quatre jeunes, dont deux présentaient à l'aile droite, et deux aux deux ailes, un aileron supplémentaire couvert d'un duvet de 10 à 12 centimètres de longueur, définitivement fixé à l'aile normale en faisant avec elle un angle de 45°. Mais ce phénomène de dédoublement, si c'en était bien un, était sans rapport direct avec le traumatisme originel et n'avait même sans doute rien à voir avec lui.

Büchner donne beaucoup d'autres exemples. C'est ainsi que Williamson a vu dans la Caroline trois ou quatre générations successives de chien à queue écourtée, du fait qu'un ascendant

(1) *Schopfungs-Geschichte*, ed. 1870, p. 102.

avait perdu la queue par accident (1). Mais l'écourtage de la queue se produit aussi en tant que variation germinale.

Bronn (2) décrit le cas d'une vache qui perdit une de ses cornes par ulcération ; elle eut ensuite trois veaux qui possédaient du même côté de la tête, non pas une vraie corne, mais un petit noyau osseux suspendu à la peau. Il se peut qu'une faiblesse innée traduite chez la mère par une ulcération de la corne, ait présenté chez les veaux une expression un peu différente.

J. W. Ballantyne relate les expériences de Kolwey sur les pigeons. « Il amputa un pigeon du doigt postérieur, le premier, de la patte et l'oiseau mutilé prit l'habitude de tourner son quatrième doigt en arrière et de s'en servir pour se percher. Les oiseaux mutilés, privés de doigt postérieur, ne fournirent pas de descendance, mais il obtint un petit d'une des paires dont le quatrième doigt était tourné en arrière comme le premier. La mutilation ne fut donc pas transmise mais l'adaptation physiologique destinée à y faire face le fut ». Suffit-il de considérer ceci simplement comme une variation coïncidente ?

Quelques-uns des cas les plus satisfaisants sont ceux où quelque changement morbide s'est trouvé associé à une perte, ou à une blessure d'une nature particulière. Une vache perd une corne par une inflammation suppurative. Elle a ensuite trois veaux chez lesquels les cornes gauches sont atrophiées. (Thaer, 1812). Mais il se peut fort bien que la perte originelle ait été due à une faiblesse d'origine germinale.

W. H. Brewer (1892-93) a la responsabilité d'avoir rapporté un assez grand nombre de cas plutôt douteux de transmission héréditaire de modification. *Inter alia*, il conte l'histoire d'un coq de combat de race pure qui perdit un œil dans un combat et transmit son infirmité à sa descendance. Il fut lâché dans un groupe de poules de combat d'une autre lignée, et « une grande proportion des poussins qui naquirent alors présenta une atrophie du même œil... Les poussins n'étaient pas aveugles à la naissance mais le devinrent avant d'atteindre leur développement complet. Les mêmes poules donnèrent ensuite des poussins normaux, avec un autre coq. »

(1) WAITZ, *Anthropologie der Naturvolker*, I, p. 93.
(2) *Geschichte der Natur*, 1871, p. 96.

Un correspondant digne de foi écrit : « Mon arrière grand'mère se cassa un orteil en dansant. Tous ses descendants sont nés avec un orteil plié en deux, ma grand-mère, ma mère, ma tante, ma sœur et moi-même ». Que répondre à cette histoire typique, si ce n'est que les variations congénitales de l'orteil sont extrêmement communes, et que l'accident du bal n'avait rien à faire là-dedans.

Beaucoup plus intéressantes sont les observations des botanistes sur la transmission des effets particuliers exercés sur les arbres par les acariens, les fourmis, etc. Lundstrom nous apprend que les acarodomaties produites sur les feuilles des tilleuls, etc., par les acariens, peuvent se produire même en l'absence de ceux-ci. Mais même en admettant qu'il existe certains cas troublants, nous ne pouvons éviter de conclure qu'en ce qui concerne les mutilations, amputations, blessures et déformations, la croyance à la transmission ne se trouve nullement renforcée par de nouvelles recherches.

11. — *Expériences de Brown-Séquard sur les cobayes.*

Dans les discussions récentes sur la transmission héréditaire des modifications, on a donné une grande importance aux expériences faites par Brown-Séquard, Westphal et d'autres, sur la transmission apparente de l'épilepsie artificiellement produite chez les cochons d'Inde. La raison de cette importance tient à ce que l'exemple n'est pas dénué de portée et qu'un ensemble d'expériences précises, bien que d'un caractère assez déplaisant, nous procure un véritable soulagement après tant de témoignages purement anecdotiques. Sir E. Ray Lankester va jusqu'à dire (1890, p. 375) : « Le seul fait que les Lamarckiens puissent citer à l'appui de leur théorie est représenté par les expériences de Brown-Séquard, qui détermina l'épilepsie chez les cochons d'Inde par une section des grands nerfs ou de la moelle épinière, et qui, par ces expériences, fut amené à croire que dans quelques rares cas, l'épilepsie artificiellement provoquée se trouva transmise. » Le cas ayant été souvent discuté, par exemple par Romanes (1895, vol. II, chap. IV) nous l'étudierons rapidement.

Ce que furent les expériences. — Pendant de longues

années (1869-91) Brown-Séquard, physiologiste habile, ingénieux
et quelque peu impétueux, fit des expériences sur des milliers
de cochons d'Inde. Il pratiquait une section partielle de la moelle
épinière — dans la région dorsale, ou bien sectionnait le nerf sciatique de la patte ; après les quelques semaines qui suivaient l'opération, il observait un état morbide particulier du système nerveux, correspondant par quelques-uns de ses traits à l'épilepsie
chez l'homme ; il laissait ces animaux malades se reproduire, et
observa fréquemment chez leurs petits un état de dégénérescence marquée, accompagné, chez certains d'entre eux, d'une
tendance à l'épilepsie.

Résultats des expériences. — Étant entendu que nous omettons ou altérons
quelques difficultés techniques, on pourra considérer l'énoncé qui suit comme
constituant un résumé des résultats obtenus par Brown-Séquard. Les guille-
mets sont de nous.

(1) Des symptômes « épileptiques » sont apparus chez la descendance de
parents, rendus « épileptiques » par une lésion faite à la moelle épinière.

(2) Des symptômes « épileptiques » sont apparus chez la descendance de
parents rendus « épileptiques » par la section du nerf sciatique.

(3) On observa un changement anormal de la forme de l'oreille chez la
descendance de parents chez lesquels cette même variation succédait à une
section du nerf sympathique cervical.

(4) On observa une occlusion partielle des paupières chez la descendance
de parents, chez qui ce même état des paupières avait été produit soit par
une section du nerf sympathique cervical, soit par l'ablation du ganglion
cervical supérieur.

(5) Une lésion du corps restiforme (associé à la moelle allongée) fut suivie
d'une protrusion de l'œil (ex-ophtalmie) se reproduisant chez la descendance
pendant quatre générations parfois, et affectant même les deux côtés, bien
que la lésion chez le parent ait été pratiquée sur un seul des corps restiformes.

(6) Une lésion du corps restiforme, près de la pointe du calamus, fut suivie
d'hématome, et de gangrène sèche des oreilles, et cette condition se trouva
reproduite chez la descendance.

(7) Après une section du nerf sciatique, ou du nerf sciatique et du nerf
crural, quelques-uns des cochons d'Inde rongèrent deux ou trois de leurs
orteils, devenus insensibles ; chez la descendance, deux ou trois orteils man-
quèrent. Parfois, au lieu d'une absence complète des orteils, il ne manquait
chez les jeunes qu'une partie d'un de ces orteils, ou de plusieurs, bien qu'il
y eût chez les parents perte, non seulement des orteils, mais du pied tout
entier (en partie rongé, en partie détruit par l'inflammation, l'ulcération ou
la gangrène).

(8) A la suite de lésions du nerf sciatique, on observa divers états morbides
de la peau et du poil du cou et de la face, et des altérations similaires furent
observées chez la descendance.

Lorsque le nerf sciatique avait été coupé chez un des parents, la descendance présentait parfois un état morbide de ce même nerf. Il existait aussi

une similitude dans l'apparition successive des phénomènes décrits par Brown-Séquard comme caractéristique des périodes de développement et de répression de l' « épilepsie », spécialement dans la production de la zone épileptogène, et la disparition du poil autour de cette zone lors de l'apparition de cette maladie.

L'atrophie musculaire de la cuisse et de la patte suivit la section du nerf sciatique, phénomène observé aussi chez la descendance. L'ablation du corps restiforme entraînait l'atrophie d'un œil ; celle-ci s'observait dans la descendance sur un seul œil ou même sur les deux.

En général, les conditions morbides pouvaient affecter les deux côtés chez les parents, et un côté seulement dans la descendance, ou vice versa, ou bien le côté atteint pouvait être l'opposé.

Une génération pouvait se trouver sauvée, mais la durée de transmission, dans certains cas, pouvait s'étendre à cinq ou six générations.

La femelle semblait plus apte à transmettre les états morbides que les mâles.

Quant à la fréquence de la transmission, celle-ci fut observée dans plus des deux tiers des cas.

Les résultats de Brown-Séquard se trouvèrent confirmés en partie par ses assistants, Westphal (1871) et Dupuy, (1890), par Obersteiner (1875) et Romanes (1895). Léonard Hill sectionna le nerf cervical sympathique gauche chez deux cochons d'Inde, mâle et femelle, et obtint un abaissement de la paupière supérieure gauche. Deux jeunes, issus de ce couple, présentaient un abaissement bien marqué de la paupière supérieure. « Ce résultat vient corroborer toute la série d'expériences de Brown-Séquard sur les caractères acquis. »

Faits à noter qui annulent un certain nombre de critiques. — On sait que l'état soi-disant « épileptique » peut aussi être provoqué chez le chien par une atteinte à l'écorce cérébrale, et peut, dans ce cas aussi, apparaître à nouveau dans la descendance. Si cela est, il serait prouvé que nous n'avons pas affaire à une tendance *particulière* aux cochons d'Inde.

On sait aussi que la condition « épileptique » ne se produit pas spontanément, c'est-à-dire en dehors d'une lésion du système nerveux, chez les cochons d'Inde. Il faut donc écarter, comme inadmissible, l'interprétation d'après laquelle une transmission héréditaire apparente serait due à une variation nouvelle qui reproduirait par coïncidence l'état des parents. La tendance aux accès « épileptiques » qui ne durent pas longtemps n'ayant été observée que chez la descendance d'animaux qui avaient été opérés, et ne se manifestant qu'après une excitation appropriée, spécialement après l'irritation d'une zone « épileptogène » en arrière de l'oreille et du même côté que la lésion originelle, il nous faut écarter l'idée émise par Galton (1875) de la possibilité de la réapparition par imitation. Même s'il faut accorder qu'il existe une certaine contagiosité des « accès », ceci n'expliquerait pas la perte des orteils, l'état maladif de l'oreille, les yeux saillants, et ainsi de suite.

On a affirmé encore que l'état morbide des parents a pu être provoqué aussi en contusionnant le nerf sciatique sans section de la peau, ou en frappant les animaux sur la tête avec un marteau. Si cela est, il semblerait que le résultat peut se présenter sans influence microbienne associée et sans contagion possible de la descendance (critique de Weissmann en partie). L'hypothèse des microbes ne paraît pas reposer sur des faits définis, mais nous devons noter que Ziegler ne l'exclut pas totalement dans son examen des explications possibles (1886, p. 29).

Les expériences de Brown-Séquard ont porté sur des mâles et des femelles, et bien qu'il ait obtenu des résultats plus frappants avec ces dernières, il n'a pas échoué avec les premiers. Ceci diminue la portée des critiques d'après lesquels la descendance a été atteinte pendant la gestation, et par conséquent non par hérédité.

Critiques. — 1° La modification originelle a consisté en une section, une contusion, ou une destruction d'une partie du système nerveux, le résultat obtenu a été l'état « épileptique », et les autres états maladifs indiqués. Il est inutile de dire que la mutilation ou la blessure infligée aux parents ne se trouve jamais reproduite chez la descendance, bien que les résultats de celle-ci le fussent parfois.

2° Très diverses furent les conditions que présenta la descendance : faiblesse générale, paralysie motrice des membres, paralysie trophique, entraînant la perte des orteils, de la cornée, etc., autres désordres nerveux et sensoriels, et, dans certains cas, l'état « épileptique » particulier. Dans plusieurs cas, l'état de la descendance était si différent de celui des parents que le seul trait commun aux deux cas était l'existence des neuroses anormales. Romanes, considérant les résultats de ses expériences comme corroborant celles de Brown-Séquard, admet que l'état épileptique ne se trouve que rarement transmis.

3° Même numériquement il existe une grande diversité parmi les résultats. Ainsi, dans une seule série d'expériences (Obersteiner, 1875) sur trente-deux jeunes nés de parents « épileptiques », deux seulement présentèrent des symptômes d' « épilepsie », deux seulement présentèrent des symptômes d' « épilepsie » et de paralysie, trois furent paralytiques, et onze présentèrent simplement de la faiblesse. Romanes ne remarqua pas dans la descendance des parents qui avaient rongé leurs orteils, au cours de six générations, une seule défectuosité de ces organes. Brown-Séquard lui-même ne l'observa que dans un ou deux pour cent des cas.

4° Ziegler base en partie ses critiques sur ce que le cochon d'Inde, du fait de sa captivité, est un animal particulièrement pathologique et nerveux, très facile à jeter dans un état épileptique. En pratiquant une légère incision de la peau, à l'occasion d'une petite opération dans la région du cou, Ziegler provoqua chez un cochon d'Inde d'apparence absolument saine un violent accès épileptique. Mais il ne semble pas y avoir d'accord complet sur la nervosité du cochon d'Inde en captivité.

5° Il nous semble que la modification originelle était trop violente pour procurer des données satisfaisantes pour la discussion en cours. Quelque soit le soin apporté aux opérations, la section partielle de la moelle épinière, celle du nerf sciatique, ou du cervical sympathique, l'ablation du ganglion cervical supérieur, la lésion du corps restiforme, impliquent de sérieux dégâts, et il est difficile de concevoir qu'ils n'en entraînèrent point d'autres, du moins dans certaines expériences, telles que celles sur le corps restiforme. Mais si une modification est violente, elle peut troubler l'organisme tout entier, les fonctions de nutrition (1) comme celle de reproduction (2),

---

(1) Dupuy, tout en confirmant les expériences de Brown-Séquard insiste sur les altérations de la nutrition après les expériences.
(2) Sommer note une diminution de la fécondité après les expériences.

et amener tout naturellement un état anormal chez la descendance, en particulier une dégénérescence générale, qui nous semble avoir été le résultat le plus fréquent. En même temps ceci touche à peine le caractère le plus typique des expériences, à savoir qu'il apparut parfois dans la descendance des conditions morbides précisément pareilles aux résultats provoqués par la lésion infligée aux parents. Il se peut, toutefois que certaines parties seulement du corps soient sensibles à l'influence de la perturbation originelle.

T. H. Morgan (1903, p. 257) attire l'attention sur les expériences de Charrin, Delamare et Moussu, qui ont un rapport intéressant avec quelques-uns des résultats obtenus par Brown-Séquard. Une laparotomie pratiquée sur une femelle de cochon d'Inde, ou une lapine pleine, amena des désordres du foie ou des reins, et on observa chez la progéniture des désordres similaires. Les expérimentateurs se demandent si quelque substance produite par les reins malades de la mère n'a pas pu affecter le rein des jeunes dans l'utérus. « Les résultats de Brown-Séquard ne peuvent-ils aussi être expliqués comme étant dus à une transmission directe des organes de la mère à ceux du jeune, dans l'utérus même ? » Mais ceci ne constituerait pas de l'hérédité au sens strict du mot. Il faut noter aussi que ce qui vient d'être dit ne s'applique nullement aux résultats obtenus dans les cas où Brown-Séquard opéra sur des mâles.

Charrin maintient d'après l'expérimentation que des « cytotoxines » peuvent se transmettre, non seulement de la mère au fœtus, mais de l'un quelconque des parents à ses cellules germinales, ovules ou spermatozoïdes (voir *Revue Générale des Sciences*, 15, Janv., 1896).

Voisin et Péron ont de plus trouvé des faits à l'appui de l'existence d'une toxine produite par l'épilepsie, et qui, injectée à d'autres animaux amène des convulsions (voir *Archives de Neurologie*, XXIV, 1892 et XXV, 1893, ainsi que *L'épilepsie* de Voisin, Paris, 1897, pp. 125-133). Ce n'est donc pas une pure spéculation que de supposer la production d'une toxine au cours de l'épilepsie chez le cochon d'Inde, et une action de celle-ci sur les cellules germinales des deux sexes. Bergson dans son livre remarquable *L'évolution créatrice* (1907), se demande si quelque phénomène du même genre ne se produit pas là où des particularités acquises se trouvent transmises.

T. H. Morgan cite aussi un fait intéressant : « Au cours d'expériences sur la télégonie faites sur des souris, j'obtins toute une portée qui, lorsqu'elle fut hors du nid, se trouva être dépourvue de queue. La même chose se reproduisit pour la seconde portée, mais cette fois, je commençai mes observations plus tôt, et j'examinai les jeunes souris de suite après leur naissance. Je découvris que la mère avait mordu, et probablement mangé la queue de ses petits, au moment de leur naissance. Si j'avais entrepris ces expériences pour voir si, lorsque la queue des parents est coupée, les jeunes présentent la même défectuosité, j'aurais pu commettre l'erreur de croire que les souris en fournissaient un exemple. Si cette idiosyncrasie de la mère avait reparu chez ses descendants, la queue aurait pu disparaître aux générations suivantes. Cette perversion de l'instinct maternel n'est pas difficile à comprendre, si nous nous rappelons que la femelle souris ronge le cordon ombilical de ses petits à leur naissance et avale en même temps l'arrière-faix. Dans ce cas, son instinct dépassa les limites habituelles, et la queue y passa aussi. N'est-il pas possible qu'il se soit produit quelque chose de ce genre au cours des expériences de Brown-Séquard ? Le fait que les adultes ont rongé leurs propres pieds pourrait être invoqué comme indiquant la possibilité d'une perversion de l'instinct dans ce cas aussi. » Mais d'autre part, cette interprétation ne peut s'appliquer à quelques autres résultats observés par Brown-Séquard.

Les expériences de Sommer sont loin de confirmer celles de Brown-Séquard.

Max Sommer s'est livré à des expériences dont les résultats furent publiés en 1900, répétant certaines des expériences faites par Brown-Séquard et d'autres, mais sans les confirmer.

La soi-disant « épilepsie » fut provoquée par une section du nerf sciatique d'un seul, ou des deux côtés. La tendance aux « accès » se produisit quelques jours, ou quelques semaines après l'opération ; on les provoquait en frottant certaines zones particulières du corps (zones épileptogènes ; on ne peut dire si elles se sont jamais produites spontanément, puisqu'une friction quelconque de la peau sur les zones d'élection, par exemple lorsque l'animal se grattait, suffisait à les détruire. Au bout de quelques semaines la tendance aux attaques disparut, et la friction des zones d'élection ne fut suivie que d'accès légers ou même resta sans effet (ceci est un fait important).

La fécondité des cochons d'Inde « épileptiques » se montra diminuée : on obtint vingt-trois jeunes (nombre assez petit, comparé à ceux des expériences de Brown-Séquard) — six de deux couples, où le père était « épileptique », six de quatre couples où la mère était « épileptique » et sept de cinquante couples où les deux parents étaient «épileptiques ». *Dans aucun cas l'épilepsie ne se manifesta chez les jeunes.* — Il fut même impossible de démontrer, bien qu'on la recherchât soigneusement, la paralysie d'une ou de plusieurs extrémités.

Chez les parents, on observa quelques anomalies des orteils et quelques ulcérations des extrémités postérieures, mais *il n'y eut pas trace de réapparition des unes ou des autres chez les petits.*

Deux des jeunes étaient décrépits; chez l'un d'eux il y avait une opacité de la cornée, mais rien n'indique que l'on doive rapporter ce fait directement à «l'épilepsie » des parents.

Voici la conclusion de Sommer : « Quant à la transmission héréditaire de l'épilepsie chez les cochons d'Inde, ou d'autres symptômes pathologiques accidentellement acquis, tels que les défectuosités des orteils, nous n'avons obtenu qu'un résultat absolument négatif. Il ne nous a pas été possible de confirmer les expériences de Brown-Séquard et d'Obersteiner, et nous ne croyons pas que celles-ci puissent servir plus longtemps de base à la doctrine de la transmission des caractères acquis » (1).

Avant d'abandonner le récit de ces pénibles essais, qu'il nous soit permis d'exprimer notre opinion. Selon nous, en dehors de nos convictions quant aux limites éthiques de la recherche scientifique, la biologie bien comprise ne gagne rien à ces expériences dont les conditions n'ont aucun rapport avec celles que l'on peut observer dans la nature. Elles nous semblent entière-

---

(1) Sommer fait aussi remarquer que « l'épilepsie » des cochons d'Inde ne correspond pas à l'épilepsie humaine vraie, et se rapproche plutôt de l'épilepsie réflexe qui accompagne les lésions nerveuses périphériques.

ment différentes de celles qui portent sur les vers de terre décapités, les lézards à queue brisée, les crabes dépossédés de leurs pattes et ainsi de suite, car là le chercheur se trouve en contact avec des lésions se produisant fréquemment dans les conditions naturelles.

Le cas est certainement difficile, mais il découle de ce que nous avons dit que l'on ne peut l'invoquer en faveur de la thèse de la transmissibilité des modifications somatiques sans quelques réserves. Il est illégitime de conclure comme le fait Debierre (1897, p. 4) : « Il est donc incontestable que des caractères acquis artificiellement pendant l'âge adulte de l'animal ou acquis naturellement pendant la vie embryonnaire, peuvent être transmis par l'hérédité ».

Nous concluons donc de façon générale que les expériences de Brown-Séquard ne viennent pas confirmer l'hypothèse de la transmission, et qu'il faut probablement les interpréter en admettant que l'épilepsie artificiellement provoquée libère une toxine, capable d'affecter les cellules germinales dans un certain cas, et ces mêmes cellules et le fœtus dans d'autres cas.

12. — *Témoignages négatifs en faveur de l'affirmative.*

A l'appui de l'affirmative, Herbert Spencer invoquait ce qu'il appelait les témoignages *négatifs*, c'est-à-dire les « cas où des traits autrement inexplicables s'expliquent si la transmission des effets structuraux de l'habitude ou de l'inaction s'effectue ».

1° Tout d'abord il rappelait la co-adaptation de parties coopérantes. Aux énormes bois du cerf se trouvent associées un certain nombre de co-adaptations de différentes parties du corps. Il en est de même du long cou de la girafe, et des puissants muscles du kangourou. Spencer déclare que la co-adaptation de nombreuses parties n'a pu s'effectuer par la sélection naturelle, et qu'elle pourrait être réalisée par l'accumulation héréditaire des résultats de l'action répétée.

Nous devons admettre qu'il est difficile d'expliquer les coadaptations par le processus ordinaire de la sélection, mais il est difficile aussi d'accepter la seconde interprétation. Nous ne savons pas en réalité à quel degré une co-adaptation profonde peut être le résultat de l'exercice au cours d'une longue période, et cette donnée est nécessaire avant qu'on puisse voir dans la théorie rien de plus qu'une interprétation plausible, avec certaines difficultés *a priori* qui s'y opposent.

On peut suggérer une autre interprétation. Si un animal devient soudain sauteur, il peut se produire bien des adaptations individuelles à ce nouvel exercice ; si les individus des générations successives sautent encore davantage, il est possible qu'ils deviennent individuellement mieux adaptés encore. Entre temps il peut surgir des variations de constitution dans le sens de l'adaptation à la nouvelle habitude, et sous le couvert des modifications individuelles, celles-ci peuvent, après des débuts insignifiants, s'accroître jusqu'à acquérir une valeur sélective. (Mark Baldwin, Llyod Morgan et Osborn). Il ne faut point oublier non plus que des variations dans différentes parties du corps ont souvent une certaine corrélation entre elles. La théorie subsidiaire de la sélection germinale peut aussi donner quelque secours. Enfin il est possible que, dans certains de ces cas, le résultat n'ait pas été dû à l'accumulation graduelle de variations infiniment petites, mais ait été produit par un de ces changements discontinus soudains que nous appelons maintenant des mutations.

2° En second lieu Spencer a insisté sur les moyens très variés de discrimination tactile que possède la peau humaine, et cherché à prouver que si ceux-ci ne peuvent être interprétés par l'hypothèse de la sélection naturelle ou par l'hypothèse connexe de la panmixie, ils trouveraient une interprétation immédiate si les effets de l'habitude se trouvaient être transmis. Mais il est difficile d'obtenir des données certaines. On ignore, devant l'inégalité de la sensibilité tactile, ce qui se trouve dû à l'exercice, et à l'expérience individuelle, bien qu'il soit certain que la tactilité dans certaines zones peu employées puisse se trouver extrêmement accrue par l'usage. On ignore aussi ce qui, dans la diversité tactile apparente, se résulte de la répartition inégale des terminaisons nerveuses périphériques, et ce qu'on peut attribuer à l'application spécialisée du pouvoir de perception central. Comme le dit Lloyd Morgan : « Nous ne connaissons pas encore les limites en dedans desquelles l'éducation et la pratique peuvent affiner l'application des pouvoirs centraux de discrimination dans les zones peu utilisées. Les faits qu'invoque Spencer peuvent être dus, dans une grande mesure, à l'expérience individuelle, car il y a constamment exercice de la discrimination à la langue et aux extrémités des doigts, mais rarement au dos ou à la poitrine. Il nous faut plus de faits connus bien assurés ». Et, en outre, il n'y a pas à exclure l'action de la sélection.

3° Le troisième groupe des témoignages négatifs de Spencer a été basé sur les organes rudimentaires qui, comme les membres postérieurs de la baleine, ont presque disparu. Il ne peut être question ici d'une atrophie graduelle par sélection naturelle ; et la disparition par panmixie — diminution d'un organe quand la sélection naturelle cesse d'agir sur son développement — « serait incroyable, même si les présomptions en faveur de la théorie étaient valides ». Mais le changement s'explique clairement comme conséquence de l'inaction ». Lloyd Morgan répond : « Existe-t-il une preuve quelconque qu'un organe diminue réellement par inaction au cours de la vie individuelle ? Il faudrait commencer par s'en assurer avant d'accepter l'argument que les organes vestigiaires fournissent la preuve de l'hérédité de cette diminution supposée. On peut hasarder l'assertion que dans la vie individuelle, ce qui ressort des faits, c'est que, sans l'usage requis, un organe n'atteint pas son plein développement structural ou fonctionnel. S'il en est ainsi, alors la question se pose de savoir comment la simple insuffisance de développement chez l'individu se convertit par l'hérédité en une diminution positive de l'organe en question ». En outre le néo-darwinien convaincu n'est nullement disposé à abandonner la théorie de la diminution au cours de la panmixie, particulièrement en présence de la lumière que la conception de la sélection germinale de Weismann a jetée sur le processus.

13. — *Position logique de l'argument.*

Avant que nous énoncions ce qui nous paraît être l'inévitable conclusion, il peut être utile d'indiquer brièvement la position logique de l'argument.

Weismann a montré qu'il y a deux méthodes par lesquelles l'affirmative — c'est-à-dire la transmissibilité des modifications — pourrait être établie. En premier lieu il pourrait exister des preuves expérimentales de pareille transmissibilité. Et, en second lieu, il pourrait y avoir un ensemble de faits qui ne pourraient être interprétés sans l'hypothèse de l'hérédité des modifications.

Expérimentation. — La méthode expérimentale n'a pas été adoptée aussi souvent qu'on eût pu s'y attendre, et là où elle a été utilisée, les résultats sont loin d'être probants. Mais il importe de se rappeler que si quelques bons cas de la transmission héréditaire d'un caractère acquis démontraient la possibilité de cette transmissibilité, des centaines d'échecs ne seraient pas suffisants pour permettre de la nier.

Le néo-lamarckien pense que lorsque de nouvelles conditions de vie opèrent d'une façon à peu près similaire pendant de nombreuses générations, elles produisent des effets définis et lentement cumulatifs sur les organismes qui y sont soumis. Rien ne le lie à cette croyance que tout changement de conditions produira des effets héréditaires appréciables en quelques générations. Le problème n'est pas de savoir si des modifications se trouvent transmises dans leur totalité, et complètement, mais si *quelque trace* de celles-ci peut se trouver transmise. Encore moins le néo-lamarckien est-il tenu d'admettre qu'un changement quelconque de conditions, plus ou moins arbitrairement choisi comme étant commode au point de vue expérimental, produira des résultats reconnaissables sur la génération suivante. Ainsi le fait que la plupart des résultats expérimentaux ne sont pas concluants, ou sont négatifs, ne va pas à l'encontre de la croyance lamarckienne.

Interprétation. — Quant à la seconde méthode, celle de l'interprétation des faits, elle ne peut, non plus, être très concluante, puisque chacun des deux partis a à prouver une négative pour établir sa thèse. Les néo-lamarckiens ont à montrer que les phénomènes cités par eux comme exemples de transmission d'une modification, ne peuvent être interprétés comme résultats de la sélection opérant sur des variations germinales. Pour le faire à la satisfaction de l'autre parti, les néo-lamarckiens ont à prouver que les caractères en question sont en dehors de la sphère d'action de la sélection naturelle, et ne sont en corrélation avec aucun caractère utile — tâche manifestement difficile. D'autre part, les néo-darwiniens ont à établir que les phénomènes en question ne peuvent être les résultats d'un héritage de modification. Et dans la plupart des cas, ceci est impossible. Nous voici acculés à une impasse logique.

Cas où la théorie de l'hérédité des modifications est inapplicable. — Il faut reconnaître pourtant qu'il est certains caractères de certains organismes, dont on peut dire avec certitude qu'ils ne peuvent être le résultat de l'hérédité des caractères acquis. Ainsi, beaucoup d'insectes présentent des caractères adaptifs dans leurs organes cuticulaires ; des protubérances pour écraser, des scies pour couper, des tarières pour perforer, etc. Mais ces organes cuticulaires sont des parties non cellulaires et non vivantes de l'enveloppe extérieure du corps. Ils sont faits et refaits (après la mue) par la peau vivante sous-jacente. Comment, alors, peuvent-ils être interprétés comme étant dus à la transmission héréditaire de modifications ? Le phénomène devient encore plus complexe, si nous considérons les cas où l'adaptation est dans la couleur ou les desseins de ces parties cuticulaires inertes. Weismann a prétendu que, puisqu'il y a certains caractères adaptés ne pouvant être interprétés comme dus à l'hérédité des modifications, ce facteur hypothétique n'a pas à être présupposé dans la tentative d'explication de l'origine d'autres adaptations, semblables aux premières, sauf que le facteur en question ne paraît pas être, par la nature du cas, dans l'impossibilité d'avoir quelque connexion avec elles. Mais il est impossible de considérer cette application de la « loi de parcimonie » comme un succès. Elle peut se retourner contre ceux-même, qui en usent. On pourrait dire que certains caractères adaptifs sont difficilement explicables en termes de sélection naturelle, ainsi que l'implique le fait que l' « intra-sélection » et la « sélection germinale » sont invoquées par certains néo-darwiniens et, par conséquent, il est difficile de considérer la sélection naturelle comme un facteur généralement agissant. D'ailleurs, les néo-lamarckiens sont libres de répliquer qu'ils ne considèrent pas la théorie de la transmission des modifications comme applicable à tous les cas possibles.

Probabilités antécédentes. — Si nous considérons les probabilités antécédentes des deux croyances, nous constatons que chacun des deux partis trouve improbables les suppositions de l'autre, selon son point de vue respectif. Ainsi les partisans de la négative peuvent répondre qu'ils ne conçoivent pas comment une modification locale particulière du corps peut affecter les cellules germinales de façon telle que lorsque celles-ci se développeront lors de la reproduction, le caractère acquis apparaîtra à nouveau. Les partisans de l'affirmative peuvent refuser de croire à l'interprétation sélectionniste de beaucoup des caractères adaptifs qui constituent un organisme, refuser de considérer que les petites améliorations qui s'ajoutent, génération après génération — par exemple dans l'instrument de stridulation d'un grillon, — puissent avoir eu une valeur quelconque au point de vue de la sélection. — Il y a, de l'un et de l'autre côté, d'autres difficultés ; et il est probable qu'on sera longtemps à se demander quel est celui des deux camps qui se trouve en présence du plus grand nombre de difficultés.

Un point de fait. — La question que nous avons à envisager est évidemment celle-ci : Les interprétations en termes d'hérédité des modifications, ont-elles une base quelconque dans l'expérience de tous les jours, comme en ont les interprétations sélectionnistes dans la domestication par exemple, ou les statistiques relatives à la variation ? Notre vue d'ensemble paraît indiquer qu'il est bien difficile de trouver une base empirique quelconque pour l'affirmative.

Si l'hérédité des modifications passait pour un fait, cela ne porterait nulle atteinte aux interprétations par la sélection naturelle, et par d'autres facteurs ; car même le plus convaincu des néo-lamarckiens hésitera à soutenir que son hypothèse, si elle est vérifiée, constitue un facteur étiologique absolument suffisant ; de même que le plus convaincu des néo-darwiniens ne se refuserait pas à reconnaître un facteur additionnel, si ce dernier pouvait être vérifié. Il n'est pas nécessaire de dresser les deux théories l'une contre l'autre ; plus on découvrira de facteurs dans l'évolution, mieux cela vaudra.

Le problème se réduit donc à une question de faits. Avons-nous des preuves suffisantes pour nous persuader que des modifications définies se trouvent jamais transmises soit en entier, soit à un degré quelconque ? Il semble que non ; mais il nous paraît tout à fait anti-scientifique d'affirmer systématiquement que cette transmission est chose impossible. La véritable attitude à conserver est donc celle d'un scepticisme actif *(thätige Skepsis)*.

14. — *Importance indirecte des modifications.*

Importance de la « nurture. » — Notre scepticisme à l'égard de la transmission des caractères acquis n'implique pas que nous méconnaissions l'importance de la « nurture ».

Nous avons vu : 1° qu'un environnement approprié est le corrélatif nécessaire d'une hérédité normale, sans quoi l'organisme ne peut atteindre son développement ; 2° que des changements dans l'environnement et la fonction peuvent déterminer des variations dans le plasma germinal ; 3° que l'individu est très souvent plastique, et qu'il acquiert facilement des modifications adoptives pouvant être d'une grande importance individuelle et pouvant même servir à lui conserver la vie ; 4° que les effets secondaires des modifications peuvent dans certains cas atteindre et influencer les cellules germinales ; 5° que l'état de la constitution maternelle est très important dans les cas où il existe un rapport intime entre la mère et le jeune à naître.

Sélection et excitant. — Les changements dans les conditions de la vie ont une grande importance de deux autres façons encore ; ils forment partie du mécanisme de la sélection, par lequel les variants, relativement moins aptes, se trouvent éliminés tantôt vite ou lentement, tantôt rudement ou doucement ; et ils agissent comme un excitant pour l'affirmation de la personnalité et la « recherche du bien-être » qui caractérisent les êtres vivants. Il nous faut abandonner l'idée toute conventionnelle que l'environnement est semblable à un filet qui se referme sur les victimes passives qui n'arrivent à échapper à travers les mailles que si elles y ont été adaptées par des variations germinales ou des modifications acquises. Il nous faut reconnaître comme un fait de la vie elle-même, ce que Lamarck et d'autres ont vu clairement, que les organismes se défendent activement contre le filet qui les menace, et réussissent parfois, par un effort actif (caractère de variation lui aussi naturellement quand on en retrace l'origine) à s'échapper.

Importance indirecte des modifications. — Mais il reste une autre considération importante, exposée indépendamment par Marck Baldwin, Lloyd Morgan, et H. F. Osborn, c'est que les modifications adaptives peuvent favoriser la production de variations germinales dans la même direction. Nous en avons parlé ailleurs, mais nous compléterons notre exposé par un court résumé de cette idée emprunté à Lloyd Morgan (*Habit and Instinct*, 1896, p. 319).

« Une modification persistant à travers beaucoup de générations, bien que non transmise au germe, apporte néanmoins la possibilité d'une variation germinale de nature semblable.

« Supposons qu'un groupe d'organismes plastiques se trouve placé dans des conditions nouvelles. Ceux dont la plasticité innée est assez grande pour leur permettre l'adaptation se modifient et survivent. Les autres sont éliminés. Pareille modification se produit génération après génération mais, en tant que telle, elle n'est pas héritée... Mais toutes les variations congénitales, ayant même direction que ces modifications, auront tendance à les favoriser ainsi que l'organisme chez lequel elles se produisent. C'est ainsi que surgira une prédisposition congénitale à la modification en question.

« La plasticité continuant, les modifications deviennent de plus en plus adaptives. Ainsi la modification plastique conduit, et la variation germinale suit, la première prépare le chemin à l'autre.

« La modification, *en tant que telle*, ne se trouve pas héritée, mais elle constitue la condition essentielle qui favorise les variations congénitales, leur donne le temps qu'il faut pour qu'elles aient prise sur l'organisme, et leur permet d'atteindre par degrés le stade où l'adaptation est complète. »

15. — *Considérations pratiques.*

Nous avons vu que l'attitude scientifique à l'égard de la *trans-*

missibilité des modifications doit consister en un scepticisme actif, qu'il ne semble exister aucune preuve convaincante à l'appui de l'affirmative, et qu'il y a une forte présomption en faveur de la négative.

Une modification est un changement défini chez un individu, dû à quelque changement dans la « nurture ». Il n'existe aucune preuve assurée qu'un gain (ou une perte) puisse se trouver transmis comme tel, ou même à un degré quelconque. Quelle influence cette constatation peut-elle avoir sur notre conception de la valeur de la « nurture » ? Quelle répercussion devrait avoir cette position sceptique ou négative, que nous croyons être la bonne, sur notre attitude à l'égard de l'éducation, de la culture physique, de l'amélioration des fonctions, du perfectionnement du milieu, et ainsi de suite ? Examinons ceci au point de vue pratique.

(*a*) L'hérédité exige une « nurture » appropriée pour se réaliser dans le développement. La « nurture » fournit les excitants libérateurs nécessaires à la pleine expression de l'hérédité. Le caractère d'un homme, aussi bien que son physique, est fonction de « nature » autant que de « nurture ». Pour employer le langage de la vieille parabole des talents, ce qui est donné doit servir à produire davantage. Un enfant peut être vraiment un « rejeton de la vieille souche », mais il dépend de sa « nurture » qu'il arrive à se montrer tel. Les conditions de « nurture » décident si l'expression de l'hérédité sera totale ou partielle. Il est presque inutile de dire que la vigueur d'une individualité (héritée) peut être telle qu'elle trouvera à s'exprimer même si la « nurture » n'est pas appropriée. L'histoire abonde en exemples. Ainsi que l'a dit Gœthe, l'homme réalise toujours l'impossible. Corot était fils d'une modiste et il commença par être un bon commerçant ; ce ne fut qu'à trente ans qu'il abandonna son magasin de draperies pour étudier la nature.

(*b*) Bien que les modifications ne paraissent guère être transmises telles quelles, ou même à un degré représentatif quelconque, il n'y a aucun doute qu'elles-mêmes, ou leurs résultats secondaires, puissent affecter en certains cas la descendance. C'est particulièrement le cas pour les mammifères chez lesquels il existe à la naissance une relation (placentaire) prolongée entre la mère et l'embryon. Dans ces cas le jeune fait pour ainsi dire partie du corps maternel pendant un certain temps, et par conséquent se trouve affecté par toutes les modifications de celui-ci, conditions d'alimentations mauvaises ou bonnes par exemple.

Il y a mainte preuve que la mère mammifère passe au fœtus le surplus de son alimentation, et que la taille et la corpulence de l'enfant dans l'humanité dépendent beaucoup de l'alimentation de la mère pendant la grossesse. (Voir Noël Paton, 1903).

Parfois, il se peut aussi que des modifications parentales profondes, telles que celles qui résultent de l'empoisonnement alcoolique ou de quelque autre, puissent affecter les cellules germinales, et par là la descendance. Une maladie peut saturer le corps de toxines et de déchets, et ceux-ci peuvent provoquer des variations germinales néfastes.

(c) Bien que les modifications dues à un changement de « nurture » ne semblent pas transmissibles, elles peuvent se trouver imprimées à nouveau sur chaque génération. Ainsi la « nurture », au lieu de devenir moins importante à nos yeux, le devient au contraire davantage. « Est-ce que les conditions d'existence de mon grand-père ne font pas partie de mon hérédité ? » demande un auteur américain, sous une forme à la fois originale et pathétique. « S'il n'en est rien, du moins tâchons de nous assurer, à nous et à nos enfants, les facteurs dans le « milieu du grand-père » qui ont été favorables au progrès et d'éviter ceux dont la tendance a été nuisible.

> Was du ererbt von deinen vätern hast
> Erwerb es, um es zu besitzen !!

Les modifications dues au changement de « nurture » ne sont-elles point telles quelles léguées à la descendance ? Peut-être est-ce aussi bien ainsi, car nous sommes encore des novices dans la pratique de la « nurture ». De plus la transmissibilité agit dans les deux sens : si les gains individuels ne sont pas transmis, les pertes ne le sont pas non plus.

La « nature », c'est-à-dire la constitution germinale, est-elle tout ce qui se passe de génération en génération, le capital sans les résultats de l'usure individuelle ? En ce cas, nous sommes libérés au moins d'un pessimisme inutile à l'idée de tout ce qu'il y a de néfaste dans les fonctions et environnements nuisibles qui désolent notre civilisation. Beaucoup de caractères acquis détériorants peuvent s'observer tout autour de nous, mais s'ils ne sont pas transmissibles, il n'y a aucune raison pour qu'ils durent.

(*d*) La plasticité de l'organisme lui permet de recevoir l'empreinte de modifications définies sur des générations successives d'individus, et ceci est d'autant plus important si nous considérons ce qui a été dit dans notre étude sur « l'importance indirecte des modifications ». Elles peuvent servir d'écrans modificationnels jusqu'à ce que des variations coïncidentes de même direction puissent à leur tour émerger et s'établir. Ici encore la lame est à deux tranchants dans les sociétés humaines où l'on entrave sans cesse la sélection naturelle, et où les déviations de la normale naturellement nuisibles ne se trouvent pas nécessairement corrigées par l'élimination.

(*e*) Il est fort important de remarquer que l'homme, seul de toutes les créatures, a su développer autour de lui tout un héritage extérieur, un tissu social de coutumes et de traditions, de lois et d'institutions, de littérature et d'art, capable de déterminer des résultats presque équivalents à la transmission organique de certaines formes de modifications.

(*f*) N'arrivons-nous pas à un résultat réel après cette longue controverse sur « l'hérédité des caractères acquis », si nous sommes par là libérés de faux espoirs et forcés de reconnaître que la « nurture » est plus importante que jamais ? Bien que ce qui est « acquis » puisse n'être pas hérité, ce qui n'est pas hérité peut se trouver acquis. Nous sommes donc conduits à consacrer plus que jamais notre énergie à la tâche consistant à imprimer à nouveau toutes les modifications désirables, et par suite à développer ainsi nos fonctions et nos milieux dans le sens du progrès.

Il se peut toutefois que nos méthodes soient appelées à être modifiées avec le changement de nos idées sur l'avenir de l'humanité. Bien que, par les modifications, nous puissions influencer directement l'individu et dans une certaine mesure même exercer quelque contrôle sur l'expression de son hérédité, ce n'est pas à l'aide des modifications que nous pourrons espérer influer directement sur la postérité. L'homme est un organisme qui se reproduit et varie lentement. Ce qui est précieux avant tout, c'est la conservation de la bonne race. Une profusion quelconque de modifications plaquées — d'écrans superficiels cachant des vices organiques — ne peut compenser la liberté donnée à une détérioration de l'héritage germinal de se répandre ou de s'accentuer. Pour obtenir un progrès réellement organique (progrès dans notre hérédité naturelle) il nous faut attendre, ou plutôt travailler, patiemment. La chasse aux *Eutopies* et *Eutechniques* doit s'accompagner d'un zèle pour l'*Eugénique*.

Hérédité du caractère moral. — Dans le développement du « caractère » la « nurture » première, l'éducation, et les influences du milieu en général ont une grande importance, mais la façon dont l'individu réagit dépend surtout de son hérédité. On peut dire que l'individu fait son propre caractère, mais il le fait par l'adaptation due à l'habitude, de son organisme (déterminé par l'hérédité) aux influences environnantes. La « nurture » fournit le stimulant nécessaire à l'expression de l'hérédité morale et le degré où l'hérédité peut s'exprimer est limité par les excitants disponibles de la « nurture », aussi certainement que le résultat de la « nurture » est conditionné par la nature héréditairement déterminée sur laquelle elle opère.

On peut dire que le caractère étant un produit de modes habituels de pensée, de sentiment et d'action, ne peut être défini comme ayant-été hérité ; mais le caractère physique est aussi un produit dépendant de l'expérience vitale. Il nous semble aussi oiseux de nier que certains enfants soient nés bons ou « nés mauvais » que de nier que certains naissent forts et d'autres faibles, certains énergiques et d'autres « fatigués » ou « vieux ».

Il peut être difficile de dire jusqu'à quel point les dispositions en apparence héréditaires, bonnes ou mauvaises, se trouvent dues aux influences nourricières de la mère, à la fois avant et après la naissance, et nous laisserons à l'expérience et à l'observation du lecteur de décider si nous avons raison ou tort dans notre opinion qu'en dehors des influences maternelles nourricières il y a toute une hérédité authentique de bonnes dispositions, de sympathie plus ou moins accentuée, de bonne humeur et de bonne volonté. L'autre difficulté, à savoir que le caractère vraiment organique peut se trouver à demi dissimulé par les effets de la « nurture » ou inhibé par l'héritage extérieur de la coutume et de la tradition, semble moins sérieuse, car l'égoïsme d'un altruisme acquis est aussi habituel que le sentiment de l'honneur chez les voleurs.

Il est absolument inutile d'hésiter à propos de la difficulté que nous éprouvons à concevoir comment des dispositions au bien ou au mal peuvent se trouver latentes dans l'unité protoplasmique par où la vie individuelle commence. Il est indubitable que les caractéristiques d'ordre moral sont transmissibles à un certain degré, bien que, par leur nature même, les influences de l'éducation, de l'exemple, de l'entourage et d'autres facteurs analogues semblent ici plus puissantes sur elles que sur les caractères de structure. Nous ne pouvons pas d'une oreille de porc faire une bourse de soie, bien que la plasticité du caractère soumis à la « nurture » soit un fait qui nous donne tout espoir. Expliquer n'est pas à notre portée, mais la transmission de la « matière première » du caractère est bien un fait et nous devons répéter avec Sir Thomas Browne : « Ne te félicite pas d'être né à Athènes, mais entre autres actions de grâce prends le ciel à témoin que tu es né de parents honnêtes et que la modestie, l'humilité et la véracité se trouvaient *dans le même œuf* et sont venues au monde en même temps que toi. »

L'étude de l'hérédité laisse dans bien des esprits une impression de fatalité qui se trouve justifiée dans une certaine mesure. Nous ne pouvons échapper à notre hérédité. Ainsi que l'a dit Heine, à moitié amèrement, à moitié avec un sourire : « Un homme devrait apporter un très grand soin dans le choix de ses parents ». D'autre part, bien que l'organisme change lentement dans son organisation héritable, il est très modifiable individuellement ; ceci constitue le secret spécial de l'homme — le pouvoir de corriger son hérédité organique interne à l'aide de ce que nous appellerons son héritage extérieur d'influences matérielles et spirituelles.

CONCLUSION.

Il y a bien peu de raisons scientifiques, si même il y en a, pour que nous ne soyons pas extrêmement sceptiques à l'heure actuelle, quant à l'hérédité des caractères acquis — ou mieux, la transmission des modifications. Ce scepticisme donne plus d'importance que jamais à l'excellence de la « nature » et de la « nurture ». C'est le

choix judicieux au moment du mariage qui procure la première ;
et c'est un de nos devoirs les plus évidents et les plus certains d'assurer la seconde à nos enfants. Ce qui donne particulièrement l'espoir de réussir dans cette tâche c'est qu'à la différence des bêtes qui
périssent l'homme a un héritage extérieur durable, susceptible
d'amélioration indéfinie, un héritage d'idées et d'idéals, incorporés
dans la prose et les vers, la statuaire et la peinture, la cathédrale
et l'université, la tradition et la convention, et avant tout, dans la
société elle-même.

CHAPITRE VIII

HÉRÉDITÉ ET MALADIE

(HORACE)

1. Santé et maladie. — 2. Malentendus au sujet de « l'hérédité » de la maladie. — 3. Les maladies acquises sont-elles transmissibles ? — 4. Une
maladie peut-elle être transmise ? — 5. Prédispositions à la maladie. —
6. Cas particuliers. — 7. Défectuosités, malformations et autres anomalies. — 8. Quelques propositions provisoires. — 9. Immunité. —
10. Note sur les chromosomes chez l'homme. — 11. Anticipation et
intensification de la maladie. — 12. Considérations pratiques.

1. — Santé et maladie.

Qu'est-ce que la maladie ? — La distinction entre la santé
et la maladie est toute entière relative à un idéal, qui est le maximum de bien-être et de capacités de l'organisme, dans certaines
conditions données. La pathologie, science des troubles des fonctions ou du métabolisme, troubles par comparaison avec ce que
nous appelons « l'état normal », est, strictement parlant, une partie de la physiologie, la science de toute activité vitale. Ce que
nous appelons « normal » chez un animal, par exemple le mode
d'excrétion de l'oiseau, est « maladif » chez un autre. Ce qui est
normal à une période de la vie, par exemple, la rupture du tissu
de la chrysalide, peut constituer une maladie à une autre période ;
ce qui est normal dans une certaine partie du corps, comme la
prolifération des cellules, peut constituer dans une autre région
une excroissance pathologique. La maladie est un concept relatif et ne peut s'enfermer dans une définition absolue.

C'est là une chose bien évidente pour tous, car l'axiome le plus banal nous rappelle la parenté existant entre le génie et la folie, ou la ressemblance unissant le fou, l'amoureux et le poète. Ziegler remarque en fait que le génie, le talent, et le dérangement mental peuvent se rencontrer dans la même famille.

Les filaments de mucus gluant, si utiles à l'épinoche pour consolider son nid d'algues, consistent en une sécrétion rénale remarquable, que, si nous ignorions leur utilité, nous considérerions comme symptômes d'une maladie des reins.

Que nous considérions les changements survenant chez le saumon adulte pendant son jeûne dans l'eau douce, ou la dissolution de l'asticot quand il passe à l'état pupaire, ou l'état du têtard lorsqu'il perd sa queue et devient une grenouille en miniature, ou la nécrose à la base des bois du cerf avant leur chute, nous avons affaire à des phénomènes qui, tout à fait normaux dans les cas en question, seraient dans d'autres considérés comme pathologiques.

Un médecin éminent présente la chose d'une façon concise en disant : « La maladie est un état de l'organisme vivant, un équilibre de fonction plus instable que celui que nous appelons santé ». Ses causes peuvent être importées, ou le système peut chanceler sous l'influence de quelque défaut latent, mais la maladie en elle-même est une perturbation qui ne contient pas d'éléments essentiellement différents de ceux de l'état de santé, mais des éléments présentés dans un ordre différent et moins utile. (T. Clifford Allbut, *System of Medecine*, 1896, vol. I, p. xxxii).

Optimisme de la pathologie. — Il paraît impossible de trouver un critérium exact, qui nous permette dans tous les cas de différencier une variation nouvelle s'exerçant dans le sens d'une amélioration, d'une autre variation orientée vers la maladie. L'expérience donne une certaine assurance au jugement du médecin, ou de l'éleveur dans un grand nombre de cas, mais il est pourtant probable, ainsi que l'a soutenu Virchow, que certains commencements qui, maintenant, à les considérer rétrospectivement, sont considérés comme des étapes normales de l'évolution, auraient au début été considérés par le pathologiste comme des indications de maladie nouvelle.

Laissant de côté les maladies microbiennes ou acquises, nous pouvons dire avec assez de certitude que divers processus d'hypertrophie et d'atrophie, qui se trouvent associés à la maladie dans un organisme bien déterminé, comme celui de l'homme, pourraient être considérés comme des recrudescences de phases importantes de l'évolution passée. La persistance de l'activité germinale dans un groupe de cellules peut donner lieu à une tumeur, mais n'est-ce pas pour ainsi dire un écho de la faculté possédée par les animaux inférieurs de reconstituer les parties perdues ? Il se peut pareillement que certaines des variations cérébrales que nous nommons, pour plus de commodité, « maladies nerveuses » soient des essais vers le progrès.

Maladies dues à des prédispositions innées, et à des modifications acquises. — Envisagées par le biologiste, les maladies peuvent être de deux sortes : (1) ce sont des processus anormaux ou troublés, ayant leurs racines dans des particularités ou défectuosités germinales *(des variations*, pour commencer) qui s'expriment dans le corps plus ou moins, selon les conditions de « nurture » ; ou bien (2) ce sont des processus anormaux ou troublés provoqués directement dans le corps par des *modifications* acquises, par exemple par l'effet d'un milieu ou d'habitudes inaccoutumés, y compris l'intrusion de parasites. Souvent toutefois une prédisposition innée à quelque trouble fonctionnel peut se trouver exagérée par quelque stimulant extrinsèque comme dans le cas de la goutte (1), ou lorsqu'une tendance à la phtisie se trouve aggravée par l'intrusion et la multiplication de bacilles tuberculeux. Ceci équivaut à dire que des processus troublés, qui sont dus primitivement à une variation germinale, offrent souvent une occasion favorable à des perturbations également sérieuses qu'il faut rattacher à des modifications exogènes. Une tendance rhumatismale peut se trouver très aggravée par une nourriture peu appropriée.

La maladie plus fréquente chez l'homme que chez l'animal. — La maladie se présente chez les animaux sauvages, mais autant qu'il nous est possible d'en juger, elle est fort rare. Elle est certainement rare chez l'animal, si l'on songe à sa fréquence chez l'homme. Pourquoi en est-il ainsi ? L'une des raisons, pro-

(1) Certains pensent, toutefois, que la goutte peut tenir à l'effet toxique de quelque microbe.

bablement, est que la sélection possède sur l'animalité sauvage une emprise que l'homme l'a empêchée d'avoir sur l'humanité. L'élimination y est plus stricte et l'animalité sauvage est plus saine. Les animaux nés malades sont éliminés avant d'avoir pu se reproduire. Ils s'adaptent aux parasites, ou deviennent immunes. Une autre raison tient au fait que les animaux sauvages vivent une vie « plus naturelle » et que les excitants provoquant les maladies sont par conséquent moins nombreux. En troisième lieu, peut-être, l'homme appartient à une race relativement plus jeune que la plupart des races sauvages, et possède, par conséquent, plus d'idiosyncrasies. Enfin, il semble que là où des épidémies se produisent parmi les animaux sauvages, elles sont presque toujours provoquées par l'action humaine (Voir *Kingdom of Man*, de Ray Lankester, 1907, p. 32).

Il faut aussi reconnaître que l'homme a créé autour de lui tout un héritage social, qui évolue souvent rapidement, bousculant, et presssant son créateur, qui ne peut toujours marcher à la même allure. C'est là une des raisons fréquentes des désordres mentaux. Plus généralement, nous pouvons nous hasarder à dire que beaucoup de maladies humaines, surtout d'ordre nerveux, semblent dues en partie au fait que le plasma germinal ne se transforme pas assez rapidement pour suivre l'allure des changements physiques, biologiques, psychiques et sociaux, qui se produisent dans le milieu. Nous tentons de nous adapter à ceux-ci, par un ensemble de modifications, et ce travail d'adaptation engendre une tension, qui provoque la maladie.

Le physiologique et le pathologique n'étant en réalité que deux aspects du problème général de l'activité vitale, c'est principalement pour des raisons pratiques que nous consacrons un chapitre spécial aux faits de l'hérédité par rapport à la maladie. Outre l'intérêt pratique, on verra que si les faits qui concernent la maladie ne nous apportent pas de considérations nouvelles, dont nous ne trouvons pas d'exemples dans les cas normaux, ils jettent du moins quelques lueurs utiles sur les problèmes généraux de l'hérédité.

2. — *Malentendus au sujet de l' « hérédité » de la maladie.*

De même qu'en ce qui concerne la transmissibilité des caractères acquis, nous avons à faire face, à propos de la transmissibilité des maladies, à un certain nombre de confusions courantes, qui dans beaucoup de cas, voilent les faits réels. La longue série de conditions pathologiques transmissibles, établie par Prosper Lucas en 1847, par exemple, n'est plus admissible aujourd'hui. Elle comprend de nombreux cas qui sont complètement en dehors de l'hérédité. Ces dernières années en particulier, une étude critique plus serrée a amené les médecins, aussi bien que les biologistes, à définir un certain nombre de distinctions entre l'hérédité réelle et l'hérédité apparente. Pour citer un simple exemple c'est, semble-t-il, une confusion de pensée que de parler de l'hérédité d'une maladie microbienne.

1. **Réapparition n'équivaut pas à hérédité.** — La réapparition d'une condition pathologique dans des générations successives ne prouve pas qu'elle ait été transmise, ou même qu'elle soit transmissible. Les plantes alpines apportées par Nägeli au jardin botanique de Munich se trouvèrent fort modifiées dans leur milieu nouveau, et il en fut de même pour leur descendance. Les caractères nouveaux se reproduisirent de génération en génération, mais l'expérience prouva que la réapparition n'était pas due à l'hérédité mais à la réimpression de modifications similaires sur chaque génération successive. Il en est de même de beaucoup d'états maladifs qui reparaissent de génération en génération, non parce qu'ils ont été transmis, mais à cause de la persistance des excitants malsains fonctionnels ou des milieux qui les ont primitivement suscités. La phtisie des mineurs constitue un résultat modificationnel ; on la voit reparaître chez des générations successives de mineurs, mais rien n'indique qu'elle soit héréditaire.

2. **L'infection pré-natale n'est pas de l'hérédité.** — Même lorsqu'un enfant naît avec les symptômes, ou l'expression définie d'une maladie présentée par un de ses parents, ou même tous les deux, rien ne prouve que la maladie soit héréditaire. Si la maladie est microbienne, elle n'est jamais héritée, au sens strict

du mot. Elle peut être communiquée par la mère, pendant la période fœtale. L'existence assez rare de la tuberculose congénitale, et certains cas de syphilis congénitale constituent de bons exemples de ce fait. Quiconque pense clairement est incapable de soutenir que ces maladies soient héritables au sens strict du mot.

Le fœtus peut se trouver inoculé directement *in utero* par les germes de certaines maladies contagieuses affectant la mère, et ceci bien que le placenta constitue un filtre exceptionnellement parfait. Les maladies du type contagieux diffèrent, semble-t-il, par la facilité plus ou moins grande dont elles sont transmises par ce moyen. Ainsi, dans le cas du charbon et de la tuberculose, l'infection du fœtus par la mère ne se produit que très rarement, tandis que dans le cas de la syphilis, c'est chose extrêmement facile. (Hamilton, 1900, p. 290). On dit que le fœtus peut *in utero* gagner la petite vérole de sa mère, mais ceci est de la contagion, non de l'hérédité. Des symptômes syphilitiques peuvent apparaître chez le nouveau-né, les microbes du père ou de la mère ayant atteint l'enfant. Ceci encore est de la contagion, non de l'hérédité.

3. L'hérédité d'une prédisposition à une maladie n'est pas l'hérédité de cette maladie. — Dans beaucoup de cas, il semble possible et utile d'établir une distinction entre l'hérédité d'une maladie définie, et celle d'une prédisposition organique à cette maladie. Ainsi la tuberculose étant une maladie bactérienne, comme un très petit nombre d'enfants naissent tuberculeux, et comme la maladie atteint très inégalement ceux qui sont exposés de façon identique aux mêmes conditions extérieures de contagion, il semble probable que ce qui se trouve réellement hérité est la particularité organique (se produisant à l'origine comme variation germinale) qui s'exprime par exemple dans « la vulnérabilité des épithéliums protecteurs », en fait par un amoindrissement du pouvoir de résistance au bacille tuberculeux.

De même, pour prendre un cas supposé non microbien, il est probable que la goutte n'est pas transmissible, mais que ce qui se trouve transmis est une particularité de constitution (à l'origine une variation germinale) s'exprimant par une façon inusitée d'éliminer les déchets azotés, une sorte de vice organique qui peut se trouver exacerbé par les excès de nourriture et l'alcool.

4. Il faut distinguer entre les conditions anormales acqui-

ses et les conditions innées. — Des états anormaux du corps, étroitement semblables, peuvent apparaître de deux façons différentes et leur transmissibilité différera selon leur origine. Si le phénomène anormal est inné au sens strict, c'est-à-dire s'il est l'expression d'une particularité organique ayant à l'origine une variation germinale, la probabilité de transmission est souvent grande. Mais si la condition anormale a été provoquée fortuitement par des influences extérieures (y compris la nourriture, la boisson, les poissons, etc...), alors la probabilité de transmission est réduite. La distinction est réelle, mais en pratique, elle n'est pas toujours facile à faire.

C'est ainsi que la difficulté que l'on éprouve à distinguer la surdité innée de la surdité exogène ou fortuite (résultat, par exemple, de diverses maladies infectieuses) peut expliquer une curieuse particularité dans les statistiques de E. A. Fay (3.078 mariages, 6.782 enfants). Le pourcentage d'enfants sourds dans les familles où les deux parents sont sourds atteint 8.458 ; tandis que dans les familles où un seul des parents est sourd, le pourcentage est plus élevé, atteignant 9.856. Il semble qu'il y ait ici une erreur, qu'on peut expliquer peut-être par le fait que l'on confond sous la rubrique : surdité, deux phénomènes tout à fait différents, la surdité innée ou idiopathique, et la surdité acquise ou exogène.

Comme le cas paraît instructif, poursuivons plus loin. Là où les deux parents sont supposés congénitalement sourds, le pourcentage d'enfants sourds atteint 25.931 ; dans le cas où l'un des parents est sourd congénitalement et l'autre de façon adventice, la proportion est de 6.538. Lorsque les deux parents sont sourds de façon adventice, le chiffre est 2.326 seulement. Quand un parent est congénitalement sourd, et l'autre normal, 11.932 pour cent des enfants sont sourds ; quand un parent est sourd de façon adventice, et l'autre normal, le pourcentage est de 2.244. En somme, il n'y a aucune preuve que la surdité adventice soit du tout héritable.

Il faut noter aussi que d'après les statistiques de Fay la surdité parmi les alliés des parents augmente les chances de surdité chez les enfants ; elle montre aussi que les mariages consanguins augmentent beaucoup la probabilité de l'héritage de la surdité ou des conditions organiques telles que l'exagération lymphoïde qui conduit naturellement à la surdité. C'est ce à quoi on peut s'attendre d'après ce fait qu'un héritage individuel n'est qu'une mosaïque d'apports ancestraux.

La thèse que nous soutenons se trouve donc exprimée dans les phrases suivantes : « La biologie ne comprend comme hérités (par la descendance) ou transmis (par les parents) que ceux des caractères, ou du moins les bases physiques de ceux-ci, qui se trouvaient contenus dans le plasma germinal des cellules sexuelles parentales ». (Martius, 1905, p. 11). Virchow dit à peu près de même : « On ne peut dire que soit hérité tout ce qui opère sur le germe après la fusion des noyaux sexuels, modifiant l'embryon, ou même troublant son développement. Ces faits relèvent des déviations précocement acquises qui sont par conséquent souvent congénitales ». Ce passage est d'autant plus remarquable que Virchow croyait à l'hérédité des caractères acquis.

Peut-on faire une distinction entre la maladie innée et la maladie acquise ? — Il est exact que la distinction entre une prédisposition « innée » à une maladie, et une maladie acquise fait plus d'effet sur le papier qu'au chevet d'un malade. C'est là simplement un exemple de ce que nous observons sans cesse, à savoir la difficulté d'appliquer les concepts théoriques et abstraits de la science aux subtilités et aux complexités de la nature. Et pourtant la distinction est parfaitement légitime, raisonnable et utile dans l'état actuel de nos connaissances. Nous ne pouvons faire d'objections à l'utilité qu'il y a à « abstraire » un « organisme » de son « environnement », bien que nous sachions que tout être est inséparable d'un milieu quelconque ; nous ne devons donc pas faire d'objections à la distinction entre les maladies *innées* (ou idiopathiques) et les maladies *acquises*, parce que nous savons qu'il faut à la maladie innée un excitant évocateur dans le milieu, et qu'une maladie *acquise* implique nécessairement une certaine susceptibilité de l'organisme.

En quoi consiste alors la distinction ? C'est la vieille distinction entre variation et modification. Une maladie innée présuppose, pour pouvoir commencer, quelque variation germinale, et une particularité germinale pour pouvoir continuer. Qu'elle s'exprime ou non, elle est là. Si elle ne trouve pas une « nurture » appropriée. elle ne pourra pas s'exprimer dans le développement, mais le phénomène normal de la pensée ne trouvera pas non plus son expression sans les excitants libérateurs appropriés. Si un processus indispensable, dont les éléments structuraux sont transmis héréditairement, ne trouve point de «nurture», naturellement l'organisme meurt.

Si un processus non indispensable, tel qu'une maladie innée (dont l'élément structural fait aussi partie de l'héritage), ne trouve point de «nurture», l'organisme peut naturellement survivre s'il est normal à d'autres égards ; mais le germe de la maladie peut simplement rester latent, et trouver à s'exprimer à la génération suivante. Éventuellement, qu'il trouve ou non à s'exprimer, il peut disparaître complètement, tout comme on voit disparaître parfois des variations utiles. C'est là ce qu'on pourrait appeler la cure *raciale* de la maladie.

Une maladie *acquise* est exogène, non endogène, dans son origine. Elle se produit, en dehors de toute prédisposition innée, comme résultat direct d'une « nurture » non appropriée (au sens le plus large), d'une fonction non naturelle, d'un excès de fonction, ou d'un manque de fonction, et de parasites envahisseurs, comme les bactéries.

Mais il y a deux complications. 1) Une maladie acquise peut opérer sur un organisme ayant une tendance innée à la maladie, par exemple, lorsqu'un bacille tuberculeux vient infecter un organisme phtisique. 2) Un état pathologique peut être le résultat d'arrêts de développement locaux ou prématurés, ou d'un excès de développement, ou d'une perturbation dans la durée du développement de l'organisme, et ceci peut être dû : *a*) à une faiblesse intrinsèque, ou à quelque disproportion dans certains composants de la mosaïque complexe de l'hérédité, et dans ce cas, il y a des chances pour qu'il y ait transmission ; ou *b*) à quelque perturbation des conditions de nutrition ou autre pendant la vie pré-natale, et dans ce cas il y a peu de chances de transmission.

Pour nous résumer, selon l'expression employée par un pathologiste bien connu, le terme « acquis » devrait n'être appliqué qu'à ce qui surgit pendant la période de vie individuelle, à partir de la période de développement, et jamais à ce qui naît, comme nous disons, spontanément, c'est-à-dire d'éléments déjà présents dans le germe (Ernst Ziegler, 1886, p. 13).

Toute discussion sur l'hérédité « congénitale », « prégénitale » et « postgénitale », est aussi illusoire que l'écriture sur le sable, un simple verbiage et une confusion de pensée. L'héritage est constitué par l'organisation de l'ovule fécondé, rien de plus, rien de moins. Que la descendance soit infectée ou empoisonnée à une période précoce ou tardive de son développement, avant ou après la naissance, cela n'a rien à faire avec l'hérédité. Le mot « congénital » désigne ce qui est manifesté par le produit au moment de la naissance, le caractère « congénital » pouvant être héréditaire, c'est-à-dire dû aux cellules germinales parentales, ou bien, ayant été acquis pendant la vie pré-natale. Mais ce mot est aussi employé fréquemment pour marquer un caractère constitutif inné, qui fait partie de l'hérédité, par opposition à un caractère fortuitement acquis. On devrait donc, autant que possible, tout purisme et toute pédanterie mis à part, renoncer totalement à employer ce terme équivoque.

3. — *Les maladies acquises sont-elles transmissibles ?*

Il semble assuré que certains états maladifs peuvent résulter de variations germinales stimulées d'une façon appropriée, comme dans la goutte, le rhumatisme (1), l'obésité, et la folie ; il semble également certain que des états pathologiques peuvent être provoqués du dehors, par des particularités de fonction et d'environnement comprenant naturellement la nourriture et la boisson. Sans paraître posséder de prédisposition héréditaire un homme peut être atteint de cirrhose du foie, de neurasthénie, d'hypertrophie cardiaque, et ainsi de suite. De même un homme peut être envahi par les microbes sans être spécialement sensible à leur influence, ou peut être attaqué par eux d'une foule de façons différentes sans que l'on ait à en rendre responsable aucune faiblesse de constitution. Mais les maladies acquises de ce genre sont-elles transmissibles ? Il nous semble que la réponse doit être négative ; mais c'est au chapitre précédent, celui qui traite de la transmissibilité des caractères en général, qu'il faut se reporter si l'on veut comprendre les raisons qui nous inclinent à faire cette réponse.

Personne ne suppose que les maladies microbiennes acquises par les parents puissent se trouver transmises à leur descendance, bien qu'il puisse y avoir infection pré-natale, et bien que la descendance puisse se ressentir du fait de l'existence de ces maladies chez les parents. Si la constitution maternelle se trouve sérieusement affectée, il est assez probable que l'enfant naîtra faible, ou imparfaitement développé, ou même infecté. En d'autres termes, l'embryon se trouve modifié de façon désavantageuse par une «nurture» pré-natale déficiente ou anormale. Si l'organisme des parents est sérieusement affecté, il est possible que les cellules germinales le soient également. C'est ce qu'il y a de plus pro-

---

(1) Même si la goutte et le rhumatisme (sous la forme aiguë) se trouvent compliqués par la présence de microbes spécifiques, nous pouvons considérer le microbe comme le stimulant approprié à une prédisposition idiopathique.

bable dans le cas des ovules avec leur cytoplasme ou substance formatrice relativement plus volumineuse. En d'autres termes, il peut y avoir une transmission des effets secondaires d'une maladie microbienne. On peut en dire autant dans tous les cas où l'on peut assurer de façon absolue que l'organisme parental est saturé de poissons ou de toxines. Mais ceci ne veut pas dire qu'une modification spécifique chez les parents puisse se trouver transmise à leur descendance. Il se trouve des gens, qui devraient être mieux renseignés, pour continuer à appeler ceci « une distinction dépourvue de différence ».

Lèpre. — Dans une région où sévit la lèpre, les enfants de lépreux peuvent être atteints de cette maladie, mais ceci signifie peut-être tout simplement qu'ils ont été exposés aux conditions endémiques, quelles qu'elles soient, qui causent la maladie, ou qu'ils ont pris la contagion, si la maladie est contagieuse, ainsi que beaucoup le croient. « Il est tout à fait certain », dit Jonathan Hutchinson, « que les enfants de lépreux, nés hors des régions lépreuses, en Angleterre comme aux États-Unis par exemple, n'héritent jamais de la lèpre.

Goutte. — La goutte faisant souvent son apparition à la suite de conditions spéciales d'existence, certains ont voulu la considérer comme un caractère acquis, exactement comme Spencer a considéré la myopie et la tendance à la consomption comme des caractères acquis. Mais rien ne garantit ces interprétations. Dans ces trois cas, nous avons à faire à des qualités germinales innées qui s'expriment à des degrés divers, selon les conditions de « nurture ». Il n'y a aucune raison de supposer que l'expression de la tendance goutteuse chez un père puisse affecter spécifiquement les cellules germinales de façon telle que le fils devienne *de ce fait* goutteux. De plus, dans bien des cas, le fils devenu goutteux se trouve être né avant que le père soit devenu goutteux. Qu'entend-on alors par « héritabilité de la goutte » ? Les cas de goutte dans une même famille sont trop nombreux pour nous permettre d'affirmer qu'une variation germinale se trouvant exprimée par l'existence de la goutte chez le père, puisse se produire « de novo » dans sa descendance. Tout ce qu'on peut dire pour le présent, c'est que la prédisposition à la goutte est un caractère inné, qui, ainsi que tout autre, peut se trouver transmis. Même si l'on constate que la goutte est décidément microbienne, cela n'aura point d'influence sérieuse sur cette manière de voir.

Albuminurie. Il semble exister une albuminurie de constitution ainsi qu'une prédisposition héritable à l'albuminerie. Cela signifie qu'un vice, ou une particularité dans le système filtrant des reins apparaît sous forme de variation germinale, et se retrouve de génération en génération. Sous l'influence de conditions qui peuvent n'avoir aucune importance pour les sujets normaux, la particularité innée pourra trouver à s'exprimer activement en une albuminerie. Comme dans le cas de la goutte, une tendance de constitution à l'albuminerie est parfaitement transmissible, mais la maladie ne doit pas être appelée acquise simplement parce que certaines conditions extérieures spéciales de vie semblent fournir le stimulant libérateur qui lui permet de s'exprimer. Là où l'albuminerie est transitoire et d'origine modificationnelle, là où elle est réellement une condition acquise, rien ne garantit qu'elle soit transmissible.

Autres cas. Citer des cas de myopie apparaissant au cours de l'adolescence de certains sujets et se manifestant à nouveau chez leurs jeunes enfants ne prouve rien, non plus que de citer des névroses qui se manifestent après un choc accidentel chez le patient, mais sont évidentes dès le début chez l'enfant, ou d'invoquer une hernie se produisant chez un individu après un effort excessif, et apparaissant sans cause apparente à la génération suivante, et ainsi de suite. Il est toujours possible, et même raisonnable de répondre que, dans ces cas, il s'agit d'une prédisposition germinale héritée.

L'hypertrophie cardiaque due au surmenage est en un sens un état pathologique, bien qu'à un point de vue plus large, on puisse dire que dans ce cas, comme dans d'autres, l'organisme fait de son mieux pour s'adapter à des conditions nouvelles. Mais qu'est-ce qui nous autorise à penser que l'hypertrophie cardiaque apparaîtra chez le fils d'un individu atteint de cette maladie, ou provoquera chez lui une tendance à l'hypertrophie cardiaque ? Naturellement la constitution qui a prédisposé le père à l'hypertrophie peut avoir la même action chez le fils, mais ceci constitue l'hérédité d'un caractère de constitution (non acquis) ce que personne ne discute. (Leslie Mackenzie, *Scot. Med. Surg. Journ.* VI, 1900, p. 324).

Ceux qui acceptent l'idée d'un plasma germinatif, de complexité inimaginable, persistant avec une inertie dynamique remarquable de génération en génération, oscillant dans ses parties, et pourtant fidèle à lui-même, se reproduisant exactement dans l'ensemble, n'accepteront pas à la légère l'idée que des modifications dans le corps peuvent amener un changement spécifique de structure dans le plasma germinal. Il est *possible* que des changements physiques profonds, tels que certaines maladies physiques en produisent, puissent secouer le kaleidoscope, et provoquer un changement dans le sens d'une nouvelle position d'équilibre organique, mais cela semble peu probable. D'autre part, des modifications physiques importantes, comme les troubles sérieux dus aux maladies infectieuses, peuvent avoir une action sur la vigueur (pouvoir de fonctionnement, pouvoir d'accroissement, pouvoir de développement, pouvoir de résistance) d'éléments particuliers de l'hérédité. Et probablement il suffira d'admettre cette action pour justifier tous les cas bien authentiques de changements innés, chez les descendants de parents ayant été atteints de maladies sérieuses.

Maladies nerveuses. — Au sujet des soi-disant « maladies nerveuses acquises » je citerai de nouveau feu D. J. Hamilton (1900, p. 299). « Possédons-nous quelque preuve cruciale qu'une maladie mentale puisse être provoquée par des agents extérieurs, tels par exemple que l'abus de l'alcool, chez une personne exempte de toute tare ancestrale, et que cette maladie ainsi provoquée puisse être transmise à travers plusieurs générations ? Mon impression est que nous n'en possédons point... Autant que j'en puis juger, je pense que dans toute forme de dérangement mental, et plus que dans toute autre forme de maladie, nous avons affaire à une particularité héritée, ou variation, variation qui a pu se produire chez un ancêtre éloigné, et rester endormie pendant bien des générations, mais qui se manifeste inévitablement sous certaines conditions de stimulation externe inusitée, et qui n'est à aucun égard liée étiologiquement à cette stimulation ou nécessitée par elle. Le substratum qui conditionne la particularité mentale est semblable à celui qui conditionne la prédisposition à la tuberculose ou à la goutte, et peut probablement être rapporté à quelque vice dans le métabolisme, excité, peut-être par une tendance à la dégénération dans les cellules nerveuses du cerveau, ce qui est alors à un haut degré héréditaire. »

L'opinion générale de ceux qui admettent la validité d'une distinction entre les variations germinales endogènes, et les modifications somatiques exogènes, peut donc se résumer ainsi : 1° les désordres nerveux provoqués par les actions extérieures (sauf ceux qui résultent de blessures, et d'une affection générale de l'organisme) sont extrêmement rares chez les sujets exempts de tare ancestrale ; 2° la transmission héréditaire, dans les cas de ce genre, n'est absolument pas prouvée si nous en écartons les cas où l'organisme des parents (y compris les cellules germinales) se trouve attaqué par l'alcool, l'opium, etc.

En résumé, lorsqu'une maladie a été acquise, sans qu'il y ait de prédisposition spécifique à celle-ci, lorsqu'en termes biologiques, elle est *modificationnelle*, il semble peu probable qu'il se manifeste un *effet spécifique héréditaire* quelconque sur la descendance. Tout ce qu'on peut admettre, c'est qu'une maladie *acquise*, très virulente, est susceptible, d'une manière générale, d'attaquer ou d'affaiblir les cellules germinales, en même temps que l'individu tout entier, ou que, dans le cas des mammifères, le fœtus peut être contaminé ou affaibli et ceci par la circulation placentaire.

Il convient toutefois de remarquer que plus d'une autorité médicale se refuse à accepter cette façon de voir. Ainsi, Jonathan Hutchinson dit : « Sans m'aventurer à faire plus que mentionner la logomachie de Weismann, qui a introduit récemment une certaine perturbation dans les croyances de certains biologistes, je pense pour ma part qu'avec le spermatozoïde et l'œuf fournis par les parents, des tendances à ce que se reproduise tout ce que les parents ont acquis jusqu'au moment du rapport sexuel peuvent être transmises aux enfants. Par le terme *acquis*, nous entendons tout ce qui a été reçu par modification des processus vitaux, non ce qui a été imposé ou enlevé par une violence extérieure. » Notre réponse à cette opinion se trouve exprimée dans le chapitre sur la transmissibilité des caractères acquis.

4. — *Une maladie peut-elle être transmise ?*

Ceci n'est pas une question gratuite. Peut-être convient-il mieux d'y répondre par la négative. « Une maladie, dit Martius (1905, p. 14), n'est pas une entité, ni un caractère, mais un *processus*, un processus anormal, nuisible à l'organisme, qui est mis en branle par une *causa externa* et suit son cours dans quelque partie du corps ». Ce processus n'est pas transmis, mais sa potentialité se trouve impliquée dans quelque particularité de l'organisation du plasma germinal. « Dans le sens donné en biologie au mot *hérédité, il n'y a pas de maladies héritées* ». Elles peuvent être en cours avant que la descendance vienne au monde, mais comme telles, elles ne sont pas héritées.

A l'affirmation de Martius, on objectera aussitôt le cas de l'hémophilie, qui est certainement héritable. Mais l'hémophilie n'est pas une maladie. L'individu se porte très bien en effet jusqu'à ce qu'il reçoive une blessure. Il peut y avoir quelque faiblesse dans les parois de ses vaisseaux sanguins qui les rend particulièrement vulnérables, il peut y avoir quelque obscure particularité du sang qui l'empêche de se coaguler, de sorte que l'hémorragie, provoquée même par une très légère blessure peut être extrêmement persistante. Mais il n'y a pas de maladie, si nous entendons par maladie un *processus* anormal. Ce qui est hérité, c'est une particularité du système nerveux, ou plutôt, nous devrions dire par une définition négative que quelque partie de l'héritage normal (quelque « déterminant » selon la terminologie de Weismann) se trouve manquer chez les hémophiles.

Une particularité innée du système nerveux, commençant comme variation germinale, peut sous l'influence de conditions appropriées d'excitation ou de non-excitation se manifester sous forme de maladie, telle que certaines formes de paralysie. Une particularité innée du système musculaire, provenant d'une variation germinale, peut de même, si elle est soumise à certaines conditions appropriées d'excitation ou de non-excitation, se manifester sous forme de maladie, telle que l'atrophie musculaire progressive. De même quelque particularité innée du canal alimentaire, une variation, qui n'est pas en elle-même une maladie (par exemple de la simple achylie gastrique) peut, sous l'influence de conditions appropriées, donner naissance à une maladie. De même, la phtisie n'est pas héritée comme telle ; ce qui est hérité c'est une prédisposition à une dégénérescence caséeuse des tissus, et à des processus connexes.

Ainsi, bien que cela puisse paraître de la pédanterie et que nous risquions de n'être pas compris, en nous plaçant à un point de vue biologique, nous sommes tentés, d'accord avec l'autorité biologique citée plus haut, de dire *qu'il n'y a point de maladies héritées.*

5. — *Prédispositions à la maladie.*

Jusqu'ici nous avons plaidé la thèse que la simple réapparition d'une maladie n'implique pas qu'elle soit héritée, que l'infection ou l'empoisonnement avant la naissance est tout à fait différent de l'hérédité, que les maladies microbiennes ne devraient jamais être considérées comme héritables ; qu'il n'y a rien qui prouve la transmissiblité des maladies acquises ; et que, si la maladie signifie un *processus*, il est plus correct de parler d'héritage de prédispositions à la maladie que d'héritage de la maladie.

Mais cette « prédisposition » héritée ne constitue-t-elle pas quelque chose de « mystique » qui fait songer à l' « horlogité » des horloges ? Cela peut être mystérieux, mais ce n'est point « mystique ». Nous pouvons ne pas être capables de le peindre, ou de le définir, mais il en va de même pour toute autre potentialité germinale, excepté qu'il se trouve que celle-ci porte préjudice à l'organisme. Cela implique quelque chose de *désengrené dans la machinerie protoplasmique.*

Considérée au point de vue physique la vie consiste en une suite ordonnée de processus chimiques disruptifs, constructeurs et destructeurs, et l'organisme se trouve dès son origine prédisposé — mettons engrené — de façon à les exécuter avec une certaine routine. Mais, dès le début, ces engrenages se trouvent ajustés de façon très délicate : une différence initiale insignifiante peut entraîner un frottement qui durera toute la vie ; une tendance germinale insignifiante peut déterminer la direction de toute une existence.

Parmi les prédispositions pathologiques d'importance majeure de la vie humaine, nous pouvons citer celles qui aboutissent à des processus nerveux anormaux, au rhumatisme, sous toutes ses formes diverses, à la goutte, à l'obésité, à la tendance à la pierre ou à la gravelle, à l'asthme, etc. La réapparition de ces maladies à des degrés variés est chose certaine, mais ce qui se trouve réellement transmis, c'est l'irrégularité germinale originelle de l'engrenage. Personne ne peut expliquer au juste en quoi consiste cette irrégularité, mais le médecin n'ignore pas, par une expérience déconcertante, que s'il cherche à étrangler adroitement le mal sur un point, il le voit se manifester sous un autre. Il peut guérir la maladie, mais non reconstituer le malade. Pareille à l'hydre, la prédisposition se montre polymorphe.

Certains hommes sont indifférents à certaines maladies, par exemple, à la scarlatine ; tous le sont au choléra des volailles, et à bien d'autres maladies animales. Cette immunité est mystérieuse, mais elle n'a rien de « mystique ». Nous avons commencé à la *mesurer* et à la comprendre pendant ces dernières années. *Et la prédisposition est l'opposé de l'immunité.*

Certaines prédispositions sont probablement beaucoup plus définies que d'autres. Ainsi, l'hémophilie peut parfaitement être due à une variation régressive comparable à l'albinisme : quelque facteur particulier de l'héritage normal a été supprimé, ou gardé à l'écart latent. Mais la prédisposition à la tuberculose est probablement beaucoup moins définie, et due à une perturbation générale de « l'engrenage protoplasmique » qui trouve à se manifester de diverses façons, tant fonctionnelles que structurales.

Chacun sait que la prédisposition à la goutte est héréditaire. C'est probablement ce que l'on peut appeler une prédisposition générale de constitution, impliquant une désorganisation du métabolisme normal. Car si elle s'exprime primordialement par des particularités des organes digestifs et excréteurs, en pratique n'importe quel tissu du corps peut se trouver atteint. Son expression peut se trouver accélérée par une vie trop riche, et un manque d'activité, mais, étant donné la prédisposition, elle peut se manifester même chez ceux qui vivent très sobrement, et font beaucoup d'exercice. C'est ce qu'il y a de particulièrement dur dans l'affaire !

Il peut sembler peu satisfaisant d'assigner l'origine de maladies de constitution, telles que la folie et l'obésité à une prédisposition germinale, c'est-à-dire à la *terra ignota* de la cellule-œuf fécondée. Mais nous n'avons pas d'autre alternative. Nous faisons simplement à l'égard des maladies ce que nous devons faire vis-à-vis de toute variation. Le peu qui peut être dit avec sécurité de leurs causes, nous l'avons rapporté au chapitre III. La variabilité est une des propriétés fondamentales de l'organisme vivant, et les cellules germinales sont des organismes en puissance. Dans leurs rapports avec le corps, qui est leur véhicule mortel, et dans leur propre histoire, mille opportunités se présentent pour l'apparition de variations, et parmi ces variations nous devons ranger les prédispositions à la maladie. En somme ces prédispositions font partie de l'énigme de l'individualité.

Que peut-on dire quant à l'origine du daltonisme, de diverses idiosyncrasies de la digestion, de la prédisposition aux taches de rousseur ou des particularités de glandes endocrines ? Ce sont des « variations » !

Hérédité des effets secondaires de la maladie. — Il semble légitime, peut-être même nécessaire, dans beaucoup de cas, de supposer qu'une maladie chez un sujet peut avoir un effet secondaire sur la matière germinale, et peut aussi provoquer des variations germinales qui s'expriment comme maladies pendant le développement de sa descendance.

Dans certaines formes de rhumatisme, on constate une sorte d'empoisonnement, une auto-intoxication du corps vivant par ses propres produits de déchet, c'est-à-dire les urates ; dans certaines formes de maladies bactériennes, ainsi que le suggère l'expression populaire « empoisonnement du sang », le même résultat se trouve amené par les déchets ou les produits accessoires des microbes envahisseurs ; et il paraît assez certain qu'un empoisonnement analogue peut être amené par l'usage immodéré de l'alcool, de l'éther, de l'opium, etc... Même les buveurs d'eau peuvent être, à l'occasion, victimes de l'empoisonnement saturnin sans avoir rien à se reprocher. On peut différer, quant à la façon la plus exacte d'exprimer les faits, mais il reste certain qu'un homme peut s'empoisonner à fond, pour un temps du moins, avec l'alcool, l'opium, le tabac, etc... Les organes peuvent se trouver sérieusement affectés les uns après les autres : le sang, l'urine, la sueur même le démontrent ; il n'y a donc aucune raison de ne pas supposer, *a priori*, que les organes reproducteurs — bien que tenus à l'écart, à bien des égards, de la vie de tous les jours — ne subissent pas le contrecoup de la perturbation générale du métabolisme nutritif.

Weismann a émis l'idée que des variations du plasma germinal peuvent être déterminées par des oscillations dans la nutrition du corps. Les maladies peuvent amener de profonds changements dans le courant nutritif et ces formes particulièrement constantes de tourbillon que nous nommons les cellules germinales et qui se répétant et se propageant génération après génération, d'âge en âge, peuvent par suite de maladie physique présenter des variations. Si stable que nous nous représentions le plasma germinal, nous ne saurions nous le figurer comme une entité indépendante. A notre avis, cette interprétation couvre beaucoup de cas où l'on invoque une « hérédité de maladie ».

Il faut encore se rappeler que si la chromatine du noyau est presque certainement le véhicule réel des qualités héréditaires, les cellules germinales contiennent aussi du cytoplasme extra-nucléaire, qui peut se trouver influencé d'une façon générale par les changements somatiques. L'œuf en particulier est pourvu d'une assez grosse masse de cytoplasme — sa substance cellulaire générale — qui constitue la matière préliminaire de constitution de l'embryon. C'est aller trop loin que de dire que ce qui affecte le cytoplasme de l'œuf est étranger à l'hérédité puisque celle-ci est en réalité cachée dans les *penetralia* du noyau. La cellule-œuf est une unité, une individualité, un organisme en miniature, et tout ce qui en fait partie (excepté un autre être vivant, tel qu'un microbe) est en relation étroite avec le véhicule héréditaire dans le noyau.

L'expérimentation démontre de façon certaine que les cellules germinales sont extrêmement sensibles à diverses toxines comme l'alcool, la nicotine, et l'acide cyanhydrique, et qu'il résulte de leur influence des développements anormaux. Puisque bien des maladies produisent des toxines dans le corps, celles-ci peuvent affecter et léser les cellules germinales et il peut y avoir une transmission des effets secondaires de la maladie.

Un résultat pratiquement le même pour l'*individu*, bien que le processus soit théoriquement différent, peut être amené si les toxines dans le corps maternel affectent non les œufs mais l'embryon en voie de croissance. Elles peuvent passer par le placenta, et troubler le cours normal du développement. On aurait alors *une modification pré-natale*, et il ne faudrait pas nous attendre à voir ses conséquences s'étendre au-delà de la descendance immédiate, à moins que les mêmes conditions préjudiciables ne persistent pendant les générations suivantes.

Exemples. — Supposons fécond le dernier œuf pondu par une poule, mourant de tuberculose. Weismann admettait — et chacun avec lui — que le poussin a mille raisons de ne pas être robuste, ni de se développer de façon satisfaisante. Il manquera de nutrition, d'une capacité suffisante de regénération et d'une résistance normale à l'environnement (termes qu'il faudrait examiner de près). Ce poussin paraîtrait pourvu d'une susceptibilité idiopathique (disons innée) à l'égard de toutes, ou du moins de beaucoup de mala-

dies. C'est de l'inexactitude que d'appeler ceci de l'hérédité pathologique.
Cela peut être aussi bien une variation, le poussin devenant épileptique, ou
atrophié, ou sujet au choléra. Voilà tout ce que dit Weismann. La maladie
ne s'est pas engendrée elle-même (Dr. George Wilson, *Scot. Med. Surg.
Journ.*, VI. 1900, p. 231).

Martius pose le problème suivant : Deux frères ont la même prédisposition moyenne à la tuberculose : tous deux prennent la rougeole. Pendant
la convalescence, l'un d'eux (A) devient définitivement tuberculeux, à la
suite de circonstances extérieures. Le second (B) voit sa prédisposition
accrue, mais résiste à la contagion tuberculeuse. Tous deux épousent des
femmes normales et ont des enfants. Les enfants de A auront-ils une hérédité pire que les enfants de B ? Il semble qu'il n'y ait pas de raisons de répondre par l'affirmative, à moins de pouvoir démontrer que les toxines, etc...
engendrées par l'évolution de la maladie saturent à tel point tout l'organisme
que les cellules germinales se trouvent aussi spécifiquement affectées, et
voient leur prédisposition s'exagérer. Ceci semble très improbable. Mais il
est possible que lorsque la maladie va loin, les cellules germinales puissent
se trouver affectées d'une façon générale préjudiciable. Et si elles sont ren-
dues ainsi moins vigoureuses, il y a quelque apparence que la désorganisation du mécanisme germinal puisse aller plus loin.

Il serait intéressant de rechercher si, dans les cas de phtisie et d'autres
analogues, guéris, les substances protectrices naturellement produites, comme
la *tulase* de Behring, ne pourraient pas même *diminuer* la prédisposition héritable de l'œuf à l'égard de la maladie en question.

6. — *Cas particuliers.*

Daltonisme. — Ce défaut peut se reproduire pendant plusieurs générations, mais il présente une particularité intéressante.
Il se limite en général aux individus mâles, et pourtant un homme
qui en est atteint n'a jamais un fils daltonien, à moins que le
daltonisme n'existe aussi dans la famille de sa femme. Le défaut
se transmet de grands-pères à petits-fils par des filles qui ne sont
pas elles-mêmes atteintes.

Myopie. — Il est généralement admis que la myopie est due à
une particularité innée de la structure de l'œil se produisant à des
degrés variables. Il est difficile d'y voir une maladie au sens strict ;
on peut même concevoir des conditions de vie où elle constituerait un avantage. La particularité innée peut s'exagérer et se
compliquer lorsque les yeux sont forcés de fonctionner d'une
façon pour laquelle ils sont mal adaptés, et des modifications
myopiques acquises peuvent se surajouter à ce qu'a déjà apporté
l'hérédité. Parfois elles peuvent même engendrer un état positivement pathologique. Mais, bien que la particularité innée puisse

se trouver exagérée et compliquée par l'adjonction de modifications acquises, il n'est pas prouvé que celles-ci puissent être transmises. Ce qui est transmis, c'est la particularité structurale qui a surgi en tant que variation germinale. Il n'est point nécessaire d'aller en Allemagne pour s'assurer que celle-ci peut fort bien être transmise. On assure que la myopie existe, bien que rarement, chez les races sauvages.

Hémophilie. — La tendance hémophilique ou prédisposition à saigner est bien connue comme étant transmissible, mais elle ne s'exprime que chez les sujets masculins. Un cas, fourni par Klebs, et cité par Sir William Turner (1889) est instructif en ce qu'il nous montre comment la tendance, bien que transmise par les filles, (et par conséquent faisant partie de leur héritage) ne s'exprime que chez les mâles. Il est intéressant de remarquer d'abord la *diffusion*, puis la *diminution* de la particularité. Les lettres en gras indiquent les sujets affectés.

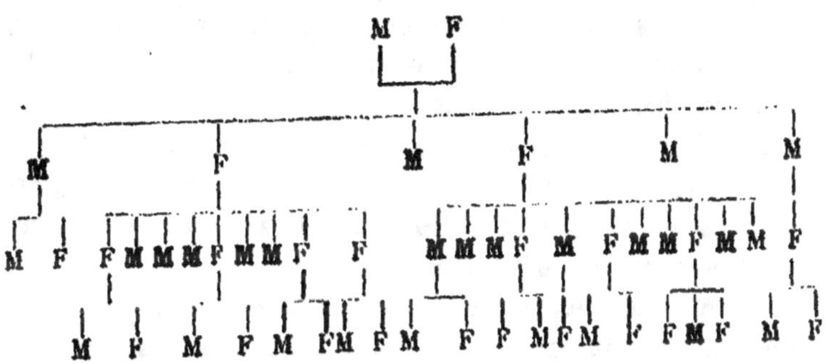

Alcoolisme. — Tous les médecins sont d'accord pour reconnaître que l'alcool est nuisible à la race aussi bien qu'à l'individu, mais il y a une grande divergence de vues quant à l'interprétation théorique des faits observés. Le sujet ayant été fréquemment traité, nous nous en tiendrons à un bref aperçu.

(1) Il est certain que l'habitude de boire de grandes quantités d'alcool est préjudiciable à la santé, « empoisonne l'organisme » et constitue un facteur pathogène. L'abus varie naturellement selon l'individu et ses conditions de vie. Il semble inutile d'étiqueter l'alcool « Poison », bien que ce soit un poison pris en trop fortes doses. L'arsenic est un poison pour l'homme. Pourtant Armand Gautier établit que d'infimes quantités d'arsenic dans

divers organes du corps humain constituent une condition de santé. En ce qui concerne l'arsenic, comme l'alcool, ce sont la quantité et la fréquence des doses qui ont de l'importance.

(2) Il ne faut pas s'attendre à ce que les modifications particulières, acquises par les parents, par l'absorption de l'alcool, soient transmises telles quelles à la descendance. Rien ne le prouve. Le père peut être atteint de cirrhose du foie, l'enfant, lui, est épileptique. Il ne semble exister aucun exemple certain de la transmission de la cirrhose du foie d'un père ivrogne à son fils. Qu'un fils ivrogne soit atteint, lui aussi, de cirrhose du foie, cela ne prouve rien.

(3) Dans l'interprétation des lugubres archives de familles de parents ivrognes, c'est une erreur d'attribuer la totalité du résultat à l'influence héréditaire de l'alcoolisme. Il est nécessaire de tenir compte des cas où les enfants, eux aussi, « sont allés par la vigne ». Ils peuvent se trouver frappés à travers la mère avant et après la naissance, ou en s'accoutumant de bonne heure à des doses d'alcool, ou par suggestion et imitation, ou encore par la persistance des conditions super-organiques qui ont « poussé les parents à boire ». Les résultats de tous ces facteurs peuvent augmenter la tendance héréditaire du défaut germinal hérité. Là où il n'y a pas eu héritage direct les résultats de la nurture peuvent simuler les résultats de la transmission.

La mère astiake envoie de force la vodka dans le gosier de son enfant ; mais la même chose se produit à moindre distance. Les « enfants du whisky » sont connus dans la Joyeuse Angleterre. Mais le mal peut remonter plus loin ; la mère peut empoisonner son enfant, même avant sa naissance.

Féré et d'autres ont décrit les effets perturbateurs qui suivent les injections de petites quantités d'alcool dans l'œuf en cours de développement. Mairet, cité par Debierre, a trouvé que la descendance d'une chienne intoxiquée artificiellement, et couverte par un chien sain, présentait de la dégénérescence alcoolique, et mourait assez rapidement.

(4) De même que le fait d'avoir été élevé dans un milieu intempérant peut engendrer des résultats qui simulent l'hérédité directe, de même pensons-nous, faudrait-il reconnaître franchement et avec un sens des responsabilités, qu'il existe un facteur profes-

sionnel dans la persistance d'habitudes alcooliques excessives. On cherche un soulagement, sous forme de stimulants alcooliques, à certains métiers moroses, malsains ou mal payés. Tant que ces conditions dureront il faut s'attendre à les voir pousser les générations successives aux mêmes expédients ; et c'est un fait que nous ne devons pas oublier, lorsque nous essayons d'évaluer dans quelle mesure la soi-disant dégénérescence alcoolique est due au juste à l'hérédité.

(5) Il est certain qu'une tendance à l'intempérance est souvent associée à d'autres expressions d'instabilité physique ou mentale, mais il est difficile de déterminer si c'est l'alcoolisme qui cause l'instabilité, ou bien l'instabilité l'alcoolisme, ou encore, ainsi qu'il est plus probable, si les deux ne sont pas des expressions de quelque défaut germinal.

F. W. Mott conclut que « l'alcool est responsable d'un *grand nombre d'admissions* dans les asiles d'aliénés ». Mais « dans quelles limites il est la cause efficiente de la folie et dans quelles limites n'est-il pas simplement un coefficient ou un coïncident, pour l'explication d'une conduite anti-sociale chez un individu aliéné en puissance, voilà ce qu'il est difficile d'apprécier tant que nous ne disposerons pas de données plus exactes et scientifiques » (1911).

Il dit encore : « La coïncidence et la cause peuvent ainsi être confondues, car le fait de passer de la modération à l'intempérance peut constituer le premier signe *reconnaissable* du dérangement mental. C'est particulièrement le cas des psychoses d'involution se produisant à l'âge critique chez la femme, et aussi chez les hommes et les femmes entre cinquante et soixante ans qui souffrent de mélancolie et sont en même temps pris d'artério-sclérose. On voit aussi les paralytiques généraux et les adolescents déments se mettre à la boisson. Il n'y a pas à douter que les neurasthéniques, hystériques, épileptiques, imbéciles, dégénérés, excentriques, et lunatiques en puissance, — en somme tous ceux qui n'ont qu'une faible marge de contrôle supérieur, — présentent une intolérance marquée à l'égard des effets de l'alcool, et en manquant à discerner ce qui est le *résultat* de l'alcoolisme de ce qui est inné, et *dû à l'hérédité*, en provoque beaucoup de confusion. » (1911)

Le même auteur dit encore : « L'alcool est un puissant coefficient, mais n'est pas en lui-même la cause principale de l'apparition de la folie, excepté dans les cas plutôt rares de démence alcoolique. »

(6) Il est certain que l'alcoolisme parental et l'instabilité (pour prendre les deux ensemble) se trouvent fréquemment associés à l'alcoolisme et à la dégénérescence chez la descendance, mais ceci peut dépendre de l'hérédité d'un « déterminant contrôleur général » responsable à la fois de l'alcoolisme et de l'instabilité. Il est difficile de prouver que l'alcoolisme parental, considéré, s'il est possible, par lui-même, ait une influence héréditaire sur la descendance. Beaucoup de faits viennent à l'appui de cette conclusion que ce dont hérite l'individu intempérant d'une lignée intempérante, est la faiblesse qui a conduit le parent à l'alcoolisme. Peu importe que nous lui donnions le nom de manque de volonté, ou de penchant névropathique ou psychopathique. C'est un vice de constitution héritable, comme on le voit clairement par les cas où les parents ne sont devenus alcooliques qu'après avoir cessé d'avoir des enfants. Citons deux autorités : T. S. Clouston observe : « Ce n'est pas le besoin d'alcool qui a été transmis, mais une constitution psychopathique générale où le stimulant alcoolique est un stimulant hors de place, et où le contrôle mental est déficient ». F. W. Mott écrit : « Ce qui peut se transmettre, c'est une volonté affaiblie et un manque de sens moral, par lesquels l'individu se trouve davantage sujet à la tentation et à l'imitation, de sorte que l'environnement joue là le rôle prépondérant ».

(7) Archdall Reid, avec une grande ingéniosité, a élaboré la thèse que l'alcoolisme pousse à la tempérance. Les races les plus tempérantes sont précisément celles qui ont le plus longtemps fait usage de l'alcool ; pendant ce temps ceux qui avaient une tendance anormale à l'intempérance, ou une susceptibilité anormale à l'égard de l'alcool, ont été éliminés, laissant derrière eux une race plus maîtresse d'elle-même, et plus résistante. Il fait remarquer combien c'en est vite fini des familles intempérantes.

(8) Il faut à ce sujet dire un mot d'une question très intéressante, soulevée par F. W. Mott, et qui est celle-ci : Comment se fait-il qu'un alcoolique chronique ait souvent une descendance

mentalement et physiquement saine ? Nous avons là, sans doute, un exemple de la stabilité du plasma germinatif, malgré les assauts répétés qu'il subit de la part du milieu. Il nous faut aussi probablement établir une distinction entre les sujets devenant alcooliques grâce à un vice de constitution profondément ancré, et ceux qui n'ont pas cette excuse. Voici ce qu'en dit Mott : « La question est toute entière dans les causes qui poussent un homme ou une femme à boire, et il découle de mes observations, et des faits cités, qu'un homme capable de boire continuellement pendant des années, sans entrer dans un asile d'aliénés, une prison, ou un hopital, doit être possesseur d'une organisation mentale inhérente stable ; il doit donc la transmettre dans une certaine mesure, puisque la virilité de la race demeure solide, en dépit du vice déplorable acquis par lui, et bien qu'il soit probable que sa descendance eût été plus forte et plus apte s'il avait été lui-même tempérant. L'alcoolisme à travers les générations successives finirait sans doute, je pense, par diminuer la virilité, et il en résulterait la dégénérescence physique et mentale de la race » (1911).

(9) Il est certain que l'abus de l'alcool est préjudiciable à la race, en diminuant par plus d'une façon la capacité nourricière de la mère. Pour n'envisager qu'un seul aspect, la conclusion de l'enquête de G. von Bunge sur plus de 2.000 familles est que l'incapacité croissante des mères à nourrir leurs enfants peut être attribuée à l'empoisonnement alcoolique chronique, continué pendant des générations. *(Die zunehmende Unfähigkeit der Frauen, ihre Kinder zu stillen*, cinquième édition. Munich, 1907).

(10) La prédisposition, facilitant l'habitude hyperalcoolique chez les parents se transmet. Il peut y avoir une intoxication intra-utérine du fœtus si la mère est ivrogne. La tradition en faveur de l'abus de l'alcool peut persister. Les conditions de « nurture » peuvent aussi tendre à provoquer l'habitude alcoolique chez l'enfant ; mais *il y a plus*. Il y a beaucoup de preuves que les cellules germinales peuvent (en cas d'alcoolisme extrême) se trouver affectées défavorablement, de même que le corps de la victime même. Comme c'est souvent le père seul qui est alcoolique, il suit que l'influence toxique, soit de l'alcool même, soit des produits accessoires résultant des perturbations que l'abus de l'al-

cool provoque dans la nutrition, peut agir sur les cellules germinales elles-mêmes. « Cette détérioration directe du germe est un facteur pathogène de tout premier ordre » (Martius, 1905, p. 23). Car si les cellules germinales sont atteintes, la descendance le sera aussi.

(11) Il y a quelques preuves expérimentales et physiologiques générales de l'empoisonnement alcoolique des cellules germinales, mais il est plus difficile qu'on ne l'imagine de prouver la chose d'après les cas humains. Ainsi dans le cas de la mère intempérante, nous avons à tenir compte de la désorganisation de la nutrition aussi bien que de l'empoisonnement, et de l'empoisonnement de l'embryon à travers le placenta aussi bien que d'une détérioration directe possible du germe.

(12) Certains faits montrent que toute affection chez les enfants, telle que l'épilepsie, certaines formes de folie, l'absence de contrôle, la faiblesse d'esprit, la surdi-mutité, et l'arrêt de croissance peut être intensifiée et se manifester plus tôt, si les parents sont alcooliques.

Maladies nerveuses. — On n'ignore point que le système nerveux est particulièrement apte à devenir malade, et l'on a attribué à ce fait maintes raisons.

(1) Les organes nerveux sont, entre tous, de la plus grande complexité, et les cellules nerveuses sont entre toutes les plus différenciées. Mais cette complexité entraîne aussi une instabilité plus grande, une plus grande susceptibilité aux accidents. La bicyclette à roues libres à deux ou trois vitesses constitue un mécanisme plus délicat que le vieux vélocipède d'autrefois, chez lequel manquait jusqu'à la complication de la chaîne ; mais un plus grand degré d'excellence entraîne inévitablement le désavantage d'une plus grande possibilité de dérangement.

(2) Les organes nerveux ont un pouvoir de régénération très limité après une lésion. Il n'y a aucune augmentation dans le nombre de nos cellules nerveuses après notre naissance et les cas de régénération de cellules nerveuses lésées sont rares et espacés chez les vertébrés.

(3) Les caractères d'origine récente sont plus instables que ceux qui datent de loin, et la différenciation du cerveau humain est relativement récente à côté de celle du tube digestif. Adami

(1901, p. 1319) cite l'observation suivante de James Ross, de Manchester : « Lorsqu'il y a une atrophie progressive des cellules dans la périphérie du cerveau, les premières cellules motrices à présenter des signes d'atrophie sont celles qui régissent les muscles différenciant l'homme des autres animaux, notamment les muscles d'opposition de la main ».

(4) Hamilton suggère entre autres (1900, p. 298) que « La piste germinale suivie dans l'ontogénie des cellules nerveuses, est très courte, beaucoup plus courte que cela n'est le cas pour beaucoup d'autres cellules du corps ; aussi l'état de maturité se trouve-t-il atteint à une période relativement précoce, avec tendance à un déclin prématuré ».

(5) Il faut aussi noter qu'en ce qui concerne son système nerveux en particulier, l'homme soi-disant civilisé prend vis à vis de lui mille licences d'ordre fonctionnel, ou de milieu, inappropriées ; celles-ci finissent par mettre la plasticité du protoplasme à une épreuve dépassant les limites permises, quelque étendues que soient ces dernières, et donnent ainsi aux faiblesses innées la possibilité de s'exprimer. Pour ces raisons et d'autres encore, le système nerveux humain est particulièrement sujet à la maladie.

Non seulement les faiblesses, les particularités anormales, et les véritables maladies du système nerveux sont très communes, mais elles semblent être particulièrement persistantes dans l'histoire familiale. Aux temps anciens, on remarquait souvent dans la même famille, pendant plusieurs générations, des individus « possédés par le diable ». Il y avait des familles de « sorciers », de « sorcières » qui tiraient parti de leurs névroses héréditaires. De même aujourd'hui, nous parlons de la famille névropathique.

Il est généralement admis que l'absence de contrôle, les idiosyncrasies morbides, la tendance aux illusions, la monomanie, l'hystérie, l'épilepsie, la chorée, l'ataxie locomotrice, la passion excessive, les manies homicides, le suicide, l'insanité et l'imbécillité, ont une tendance à reparaître de génération en génération, avec une régularité effrayante. On dit souvent qu'un quart environ des pensionnaires des asiles d'aliénés ont un ancêtre plus ou moins fou, peu éloigné.

Nous nous bornerons à trois remarques au sujet de cette dif-

ficile question : (1) dans bien des cas, ce que les faits indiquent,
c'est l'hérédité d'une prédisposition générale, non spécifique ;
(2) il existe d'autre part quelques exemples d'hérédité très précis et spécifiques, comme si quelque « tache au cerveau » bien
définie, se trouvait transmise d'une génération à l'autre ; (3) il
n'y a guère de preuves qu'un désordre nerveux, d'origine exogène, puisse être transmis.

(1) Dans la plupart des cas, ce qui semble surtout être transmis, c'est une sorte de prédisposition générale à quelque affection, ou désordre du système nerveux. Si ce désordre se produit
dans un cas qui ne peut être dû ni à la contagion, ni à l'intoxication, ni à une lésion d'origine externe, nous devons donc l'attribuer à quelque vice initial ou perturbation dans l'organisation du germe. Comme tel, il a bien des chances de se transmettre,
qu'il s'agisse d'hystérie ou d'épilepsie, de mélancolie, ou d'idio-
tie. Mais rien n'implique l'obligation de la transmission ; rien
n'implique non plus, qu'en cas de transmission, la forme du mal
sera chez les enfants identique à celle des parents. La diversité
d'expression nous oblige en fait à conclure que ce qui est hérité
est général et non spécifique. Nous avons une autre raison de
conclure ainsi : c'est le fait qu'un désordre nerveux se trouve
fréquemment associé à quelque perturbation générale plus importante. Ainsi l'association de l'hystérie, de l'épilepsie, de la
chorée, etc... avec le rhumatisme est chose bien connue. Il est
plus exact probablement dans ces cas de parler de l'hérédité
d'un vice de constitution, d'un dérangement du métabolisme,
et d'éviter toute expression donnant à entendre qu'il y a au début
quelque chose de définitivement désorganisé dans le mécanisme
cérébral. En troisième lieu, il est bon de noter que l'organisation
cérébrale peut très bien fonctionner pendant des années de vie
normale, et pourtant s'effondrer brusquement devant une excitation passagère, ou une crise de l'organisme, telle que la puberté, la parturition, la ménopause etc..., ce qui donne bien
l'idée que c'est bien plutôt une faiblesse générale qui est transmise, qu'une maladie spécifique.

Le fait que la prédisposition aux maladies nerveuses change
si souvent d'expression au cours des générations vient confirmer une théorie chère à beaucoup, et bien défendue par Rohde

(1895), théorie d'après laquelle ce qui est hérité, en réalité, est
une particularité de constitution (à l'origine, une variation
germinale) qui peut s'exprimer soit comme neurasthénie générale, épuisement rapide, absence de contrôle, etc... ou bien,
sous l'action d'une provocation suffisante, dans quelque forme
spécifique de névrose aiguë. Après un examen approfondi, Rohde
en arrive à conclure que les seuls désordres nerveux transmissibles sont ceux qui ont une origine germinale ; un autre savant,
T. S. Clouston ajoute : « Une hérédité névropathique se résout
souvent plutôt en tendances générales morbides qu'en penchants
directs à des maladies spéciales ». Ce qui est transmis est donc
une prédisposition, non une maladie, et fort heureusement la
prédisposition peut ne jamais se réaliser.

Ce que nous venons de dire n'implique nullement qu'une fatigue nerveuse persistante, ou la neurasthénie des parents, ne
puisse pas favoriser l'apparition de névroses chez les enfants,
car un état nerveux anormal chez la mère par exemple peut, à
travers des perturbations de nutrition, affecter le plasma germinal de façon généralement néfaste (ainsi que Weismann le
dit expressément), et le développement du système nerveux de
l'enfant à naître peut se trouver affecté désavantageusement
par l'état anormal d'une mère surmenée.

Il est très probable que bien des névroses sont dues à des vices
primitifs dans le développement de quelques-uns des centres
nerveux, ou des cellules qui les composent. Un affaiblissement
dans l'aptitude à se développer de certains éléments dans l'héritage, qui pourrait bien provenir de quelque variation germinale, et se trouverait, par hypothèse, transmis héréditairement,
expliquerait la réapparition de certaines formes de maladies
nerveuses d'une génération à l'autre, par exemple un trouble
analogue survenant au moment de l'adolescence ou du début
de la vieillesse.

(2) Il y a d'autre part certains cas — une petite minorité —
qui feraient croire à la transmission héréditaire d'une prédisposition spécifique. Certains récits de désordres nerveux hérités
prouvent que le mode d'expression de ceux-ci se trouve reproduit avec une similitude effrayante, bien que probablement dû
en partie à la suggestion. Examinons ceci dans le cas du suicide :

Debierre (1897, p. 19) cite le cas, relaté par Maccabruni, de la famille d'un suicidé; sur sept personnes, trois se suicidèrent; un quatrième, qui fut assassiné, laissa un enfant qui se suicida aussi. Le tragique de l'hérédité du penchant au suicide se trouve accentué par ce fait qu'elle peut se manifester chez les enfants précisément au même âge, et dans les mêmes conditions que chez les parents.

« Un monomane à la fleur de l'âge, nous raconte Moreau de Tours, fut pris de mélancolie et se noya ; son fils, en bonne santé, riche, père de deux enfants bien doués, se noya au même âge ». Un autre cas nous montre un homme, après une déception, tentant de se noyer. Il fut sauvé, mais réussit par la suite à réaliser son projet. On découvrit que son père et l'un de ses frères s'étaient tués au même âge, et de la même façon.

Il faut, à notre avis, se dire que l'apparition d'une tendance héréditaire morbide au même âge, souvent à un âge critique, chez le père, le fils et le petit-fils, peut ne rien avoir de plus mystérieux que le fait qu'ils ont commencé à se raser au même âge. Il ne faut pas non plus exagérer les cas de suicides par les mêmes moyens, en se rappelant que ces méthodes ne sont pas si nombreuses. L'originalité est aussi rare dans le suicide que dans d'autres actes. Enfin, il faut se garder d'oublier la tenace influence de la suggestion : les méditations secrètes sur la nature de la mort paternelle ont, chez bien des fils, ajouté leur poids au fardeau héréditaire.

(3) En ce qui concerne la transmissibilité de désordres nerveux d'origine exogène, c'est-à-dire attribuables à quelque raison extérieure, il peut suffire de citer la conclusion d'un savant expert en pathologie : « Je ne puis trouver aucun fait prouvant qu'un désordre acquis du système nerveux puisse se trouver transmis à la descendance » (E. Ziegler, 1886, p. 30). Là où un effondrement nerveux a suivi un choc, une blessure, ou une maladie, telle qu'une pneumonie, et s'est trouvé reproduit chez la descendance, il est très probable qu'il y avait derrière l'excitant provocateur une prédisposition innée, et que cette dernière seule a été transmise. Le cas de l'alcoolisme a été discuté séparément.

Maladies microbiennes. — Au sens strict, aucune maladie

microbienne ne peut être transmise, car un microbe ne peut faire partie de l'organisation du plasma germinal. « Aucune maladie infectieuse spécifique n'est héréditaire, si nous employons le terme hérédité dans le sens que Darwin et les biologistes lui ont donné. Si l'une d'elles apparaît congénitalement, c'est qu'il y a eu contagion par le fœtus ». (A. A. Kanthack, dans *System of Medicine*, d'Allbutt, vol. I, p. 555). Prenons deux cas concrets : la tuberculose et la syphilis.

Tuberculose. Cette maladie familière sous ses formes multiples étant toujours associée à la présence d'un microbe spécifique, le bacille tuberculeux, elle n'est pas en elle-même transmissible. Ce qui se trouve transmis, c'est une prédisposition facilitant la contagion, une vulnérabilité des surfaces épithéliales, une faiblesse dans le pouvoir de réagir et de lutter contre les microbes envahisseurs. Ainsi que le dit Debierre : « On ne naît pas tuberculeux, on naît tuberculisable ».

Il importe peu, théoriquement, où et quand la contagion se produit, mais les diverses possibilités sont d'un grand intérêt pratique.

(1) Il est très improbable que le spermatozoïde soit jamais porteur du bacille tuberculeux. Sur seize cochons d'Inde, inoculés avec du sperme de mâles tuberculeux, six devinrent tuberculeux, d'après Landouzy et Martin. L'expérience a été répétée par beaucoup d'autres, avec des résultats négatifs. Landouzy, que cite Debierre, nous relate le cas d'un officier phtisique qui épousa une femme sans tare héréditaire. Leurs cinq enfants moururent tous de tuberculose ; mais il se peut fort bien que ceci ait été dû à l'infection après la naissance.

(2) Il semble de même fort peu probable que l'ovule soit jamais porteur du bacille tuberculeux.

(3) Dans quelques rares cas, il est établi que la mère peut infecter ses enfants pendant la grossesse, les bacilles passant à travers le placenta. Chez les lapins, les cochons d'Inde, et certains autres animaux, il a été possible de démontrer cette contagion avant la naissance ; mais il est intéressant de remarquer que, si la tuberculose est très commune chez la vache (elle atteint parfois, dit-on, 6 vaches sur 100), le jeune veau est très rarement tuberculeux. Leclerc n'en a rencontré que cinq dans ce cas sur 400.000. Quant à l'homme, douze cas environ seulement de tuberculose congénitale ont paru établis de façon sûre, en 1905, à un expert. Les recherches fort soigneuses de R. Schlüter (1905) sur les prétendus cas de tuberculose infantile congénitale l'ont amené à conclure que, pratiquement, la possibilité d'une contagion avant la naissance pourrait, dans ce cas, être négligée. Ainsi D. J. Hamilton écrit : « A très peu d'exception près, si peu qu'elles sont négligeables, les enfants ne naissent pas tuberculeux, même de mère tuberculeuse, et il en est de même pour les jeunes animaux, dans les mêmes conditions ». (1900, p. 293). Même si la mère est atteinte de tuberculose génitale la contamination spécifique de l'enfant semble rare, et il n'y a aucune preuve que la tuberculose génitale chez le père ait aucun effet spécifique sur sa descendance.

(4) Dans tous les cas ordinaires, par conséquent, l'infection par le bacille tuberculeux a lieu après la naissance, et dans bien des cas, longtemps après.

Le fait que la tuberculose projette son ombre sur l'histoire d'une famille pendant des générations est sans doute dû à l'hérédité de quelque chose qui a commencé véritablement sous forme de variation germinale ou blastogénique, ce qui est simplement une façon biologique d'exprimer ce que le médecin appelle une « prédisposition particulière », « un tempérament tuberculeux », une « diathèse » et ainsi de suite. Il ne nous appartient pas de discuter en quoi consiste au juste cette faiblesse particulière. Hamilton dit : « Il est très probable que la vulnérabilité particulière consiste en ce que les enveloppes épithéliales protectrices du corps sont trop faibles, trop peu résistantes, trop facilement excitées par des facteurs extérieurs, trop facilement pénétrées par le microbe de la maladie » (1900, p. 294). « Il faut tenir compte, à l'appui de cette thèse, de certaines manifestations épithéliales qui accompagnent, en général, le tempérament tuberculeux : le cheveu très foncé ou très clair, la croissance extrême du système pileux manifestée par les sourcils touffus, et les longs cils, et l'apparition d'une sorte de duvet chez les enfants tuberculeux le long de l'épine dorsale, et sur les jambes. Pour moi, tout ceci constitue une anomalie du type épithélial particulière aux tempéraments tuberculeux » (Hamilton, 1900, p. 295).

Si le bacille tuberculeux, en général, pénètre même jusqu'aux poumons, principalement par le tube digestif, et presque entièrement par l'intestin, et peut entrer dans les grands canaux lymphatiques, sans lésion apparente, même en ce cas, nous avons peut-être à faire à de la vulnérabilité épithéliale, et en tous cas, — et c'est tout ce que nous voulons prouver, — à une particularité générale de constitution ou variation germinale.

Pour ceux qui ne se sentent pas satisfaits de cette attribution de la prédisposition héréditaire à une variation germinale, (bien qu'il ne soit guère permis au biologiste de préciser davantage avec sécurité), nous citerons encore un passage de la préface d'*Heredity in Disease*, du feu professeur Hamilton, œuvre qui a marqué une étape décisive dans la discussion de ce sujet.

« D'où vient la tendance héritée ? » Quelle est son histoire ancestrale ? A-t-elle pu être engendrée par un environnement défectueux. Je doute que cela soit possible. Sans doute, une fois dans le sang, l'habitus particulier peut être favorisé par tout agent extérieur tendant à diminuer le pouvoir de résistance naturelle. Mais est-ce que ces agents extérieurs sont capables de produire une couleur particulière de cheveux, une certaine étroitesse de poitrine, une stature plutôt grande, et d'autres particularités propres à la constitution tuberculeuse ? Je suis convaincu qu'ils en sont incapables, et à mon avis, pour trouver une explication, il nous faut remonter bien plus haut dans l'histoire de la race humaine. Je crois, pour ma part, que ces caractéristiques sont les descendantes en ligne droite d'une variation qui a eu lieu il y a fort longtemps dans notre histoire, que la variation a été produite tout à fait en dehors de l'entourage, ou des agents extérieurs, et que son influence a été toujours propagée parmi les descendants depuis ce moment. Cette variation peut être commune à bien des races, mais c'en est une en tous cas qui paraît extrêmement héréditaire. » (1900, p. 295-6). Il convient de noter toutefois que cette façon de voir n'est pas acceptée à l'unanimité. Certains savants n'admettront pas que l'hérédité, même de la diathèse tuberculeuse, soit chose plus remarquable que la prédisposition à la typhoïde, ou à la diphtérie. Le bacille tuberculeux est extrêmement parasite, et peut attendre son moment pendant des années, produisant lentement, même par une seule glande infectée, toutes les apparences du type tuberculeux. De plus, il convient de se rappeler que (a) les animaux vivant en plein air souffrent rarement de tuberculose, mais peuvent en être atteints, sitôt enfermés ; (b) que la population riche et bien nourrie est bien moins exposée à être atteinte que les individus pauvres et mal nourris, et que (c) la phtisie est plus répandue là où il y a le plus d'encombrement, et diminue à mesure que l'hygiène fait des progrès.

En tous cas, la distinction entre l'hérédité d'une prédisposition à la maladie et l'hérédité de la maladie même est loin de se réduire à une querelle de mots comme quelques-uns, de parti pris, le déclarent. Cela résulte avec évidence des résultats heureux obtenus par la pratique médicale préventive moderne, à l'égard de la consomption.

Les statistiques prouvant que dans tel sanatorium 35 % des cas tuberculeux appartiennent à des familles tuberculeuses, dans tel autre 38 %, etc... ne sont pas d'un très grand intérêt théorique. La réapparition est due, tout d'abord, à la transmission d'une prédisposition organique, c'est-à-dire d'un terrain physique très propre à l'éclosion de la mauvaise graine, à sa culture, très faible dans son pouvoir de résistance à l'égard de la croissance de l'ennemi. En second lieu, la réapparition est due à la persistance trop commune de conditions de milieu et de fonctions favorables à la fois à l'infection, et à l'affaiblissement qui entraîne la défaite. Il suffit aussi de rappeler le manque d'air et d'exercice. C'est une vieille histoire, racontée sous diverses formes, et très vraie, que celle de ce jeune homme de famille tuberculeuse qui se fit marin, et seul, échappa à la fatalité qui pesait sur ses frères et sœurs. On connaît aussi bien des cas de retour à la vieille maison de ville, où l'on se croyait en parfaite sécurité, et à la vie sédentaire de l'employé, suivi d'une reprise tardive, mais fatale, de la maladie. En troisième lieu, nous ne devons pas oublier le fait qu'un membre d'une famille puisse en contaminer un autre, avec le bacille tuberculeux. Mais, en dehors de la transmission d'une vulnérabilité organique, en dehors de la rareté d'une contagion pré-natale, en dehors de la contagion directe par la famille, en dehors de la persistance des conditions qui favorisent la maladie, y a-t-il d'autres facteurs ? Il y en a probablement deux autres. D'une part, une mère vraiment tuberculeuse peut se trouver hors d'état de nourrir comme il conviendrait son enfant avant et après la naissance, et l'enfant, mal nourri, n'en devient que plus facilement la proie de la maladie. D'autre part, il semble probable que les perturbations physiques, produites par la tuberculose chez les parents, puissent affecter d'une manière préjudiciable les cellules germinales elles-mêmes, et donner lieu à une descendance affaiblie.

Syphilis. Cette maladie semblant due à un microbe spécifique, sa réapparition chez les descendants de parents syphilitiques ne constitue pas au juste un fait héréditaire. Le père peut infecter son enfant directement, sans que la mère soit infectée, et il est possible que le microbe puisse pénétrer dans l'œuf, en même temps que le spermatozoïde. Le père peut aussi contaminer sa progéniture indirectement, en infectant d'abord la mère, c'est-à-dire que le microbe peut passer par le placenta dans l'enfant. Dans certains cas, par exemple lorsque la conception a lieu de bonne heure après la date du commencement de la maladie, il y a mille probabilités pour que l'enfant soit infecté, bien que ce ne soit pas absolument certain. Sur deux jumeaux, l'un peut se trouver infecté, et l'autre pas. Mais les chances sont si grandes pour un père syphilitique d'avoir des enfants syphilitiques ou dégénérés, que le mariage dans ces conditions doit être appelé un crime, d'autant plus grave que la maladie est souvent plus sérieuse chez l'enfant que chez le père. Il semble donc certain, dans le cas de cette maladie, qu'en outre de l'infection spécifique pré-natale de l'enfant, les toxines produites par les microbes dans le corps des parents puissent amener des troubles généraux, ou une débilité de constitution des cellules germinales, et donner ainsi lieu à une descendance affaiblie.

7. — *Défectuosités, malformations, et autres anomalies.*

Pour plus de commodité, bien qu'ici nous nous éloignions de la maladie, nous comprendrons dans ce chapitre quelques cas d'hérédité d'anomalies au sens le plus large du terme.

(a) **Défectuosités.** — On cite beaucoup de cas où l'absence, ou l'insuffisance d'une structure particulière a persisté pendant des générations. Quelques-unes de ces variations par défaut ont été utilisées par l'homme en tant qu'origine de races domestiques nouvelles. Il suffit de mentionner le bétail dépourvu de cornes comme les Angus désarmés, les moutons sans oreilles, ceux de Syrie, ou de Chine, les chats sans queue, ceux du Japon, et de l'île de Man, les chiens et les porcs à queue courte. Ces cas doivent être séparés d'autres, tout à fait distincts de nature, où une partie du corps se trouve absente, du fait d'une constriction mécanique pendant le développement, et où, par conséquent, il n'y a pas à chercher d'hérédité.

L'albinisme, ou absence de pigmentation, est souvent transmis chez l'homme.

Sir William Turner cite un cas assez frappant où un raccourcissement, ou un développement imparfait de l'os métacarpien de l'annulaire de la main gauche « se retrouvait chez six générations, peut-être même chez sept, et était transmis alternativement des mâles aux femelles de la famille ».

Plusieurs des membres d'une famille de Pensylvanie, citée par Farabee, avaient deux jointures au lieu de trois aux doigts et orteils, comme au pouce, et au gros orteil. Les individus normaux, avaient des enfants normaux, même en cas de mariage entre cousins germains. Les membres anormaux épousèrent des individus normaux, et les quatorze familles se reproduisirent en engendrant 33 individus normaux et 36 anormaux, nombre bien proche de l'égalité. Dans le tableau suivant, les individus anormaux sont désignés par des capitales.

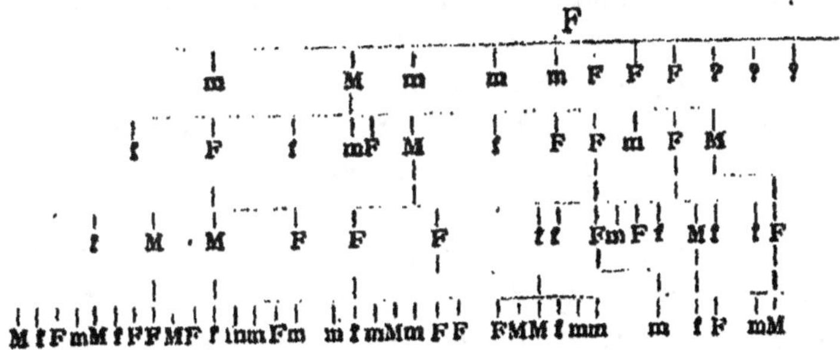

Avec les défectuosités de parties, nous pouvons comprendre les imperfections dues à un arrêt du cours normal du développement à des stades divers, peut-être par suite d'une nutrition non appropriée, peut-être à cause de ce que nous devons appeler très vaguement « un défaut de vigueur de développement ». Le bec de lièvre est constitué par la persistance d'une condition normale transitoire, et la fissure de la voûte palatine est dans le même cas. Hutchinson cite dix cas de bec de lièvre dans une famille de vingt individus.

On attribue à des inhibitions ou perturbations durant la vie pré-natale, diverses autres anomalies, comme la fissure de la voûte palatine, les fistules cervicales (persistance de traces de fentes branchiales) le *spina bifida*, diverses particularités des yeux et des dents, et ainsi de suite. Ces anomalies se reproduisent quelquefois avec fréquence dans la même famille. Mais il semble que l'héritage réel consiste en une insuffisance de la « puissance de développement », accentuée par des défectuosités de nutrition de la part des mères, pendant la gestation.

(b) **Multiplications.** — Il en est de même de celles-ci qu'à l'égard des défectuosités. On connaît des cas de polydactylisme à travers six générations d'une même famille. Bédart cite le polydactylisme quadruple des mains et des pieds à travers trois générations, chez une famille du Périgord (*C. R. Soc. Biol.* Paris, 9ᵉ série, vol. IV, 1892, p. 367). Lucas cite le cas d'une famille espagnole présentant quarante cas de polydactylisme, et Pline parle de familles similaires dans l'ancienne Rome. Le polydactylisme héréditaire est bien connu chez les chats.

(c) **Malformations de parties.** — On connaît des cas de réapparitions héréditaires d'anomalies dans la denture, les yeux, et les mains (doigts palmés) les pieds (pied bot), en somme dans presque toutes les parties du corps ; mais dans la plupart des cas, la probabilité d'une transmission ne paraît pas très grande.

(d) **Influences pré-natales se traduisant par des mutilations, des multiplications, étc.** — De récentes expériences embryologiques ont montré de façon absolue que certains types de monstruosité peuvent être aisément provoqués artificiellement, en soumettant l'ovule en développement à des secousses, des changements de température, des injections de substances diverses, et ainsi de suite, et, bien que ces expériences aient trait surtout à des oiseaux, des amphibies, des poissons, et d'autres animaux inférieurs, il y a tout lieu de croire que des facteurs analogues peuvent opérer occasionnellement sur les mammifères. Ainsi, la pression des tractus amniotiques peut séparer en deux un membre en formation, et causer ainsi une mutilation. Tous ces cas sont équivalents à certains accidents de la vie ultérieure ; ils ne constituent nullement des manifestations héréditaires, et il n'y a aucune preuve montrant qu'ils aient aucun effet sur l'hérédité.

« La lèvre inférieure des Habsbourg ou le grand nez des Orléans sont vraiment des éléments de l'hérédité, mais l'absence occasionnelle d'un bras (due à la constriction du rudiment par un *tractus* amniotique) est une acquisition intra-utérine, elle est congénitale, elle n'est pas héritée ». (Martius, 1905, p. 14).

On a remarqué que certaines familles présentent une tendance héréditaire aux verrues (petites tumeurs kystiques, ou enkystées) sur la tête, ou les parties supérieures du corps. La nature de la tumeur, sa position variable, et l'époque à laquelle elle apparaît (généralement vers l'âge moyen) prouvent qu'il ne faut pas parler de l'hérédité des verrues, mais plutôt de l'hérédité d'une certaine faiblesse de la peau.

Werber a montré que des quantités minimes d'acide butyrique produisaient des monstruosités remarquables chez les embryons, en cours de développement, du petit poisson américain Fundulus, et cela en particulier dans la région de la tête. Or un bouleversement du métabolisme carbohydraté peut, dans un mammifère, conduire à la formation d'acide butyrique. Ce

dernier, pourrait, à travers le placenta, se transmettre à un embryon et provoquer une monstruosité.

8. — *Quelques propositions provisoires.*

**1. Des particularités anormales peuvent se manifester
chez un sexe seulement.** — (a) La plupart des défectuosités
humaines, et des prédispositions à la maladie sont transmises
aux deux sexes, également ou inégalement, à travers les générations successives. Nous citerons comme exemple le polydactylisme et certaines formes de cataracte, la chorée de Hunting-
ton et le diabète. La susceptibilité des sexes est dans certains
cas très inégale ; ainsi, le goître exophtalmique est rare chez les
mâles.

(b) Dans certains autres cas, comme l'albinisme, on observe
une tendance marquée à sauter une, ou même deux générations,
mais, comme dans le premier groupe, les deux sexes sont également sujets à être atteints.

On sait fort bien que l'albinisme constitue un caractère récessif, et nous comprenons aisément, ainsi que Mott le fait remarquer, que le mariage de deux individus d'apparence normale,
cousins par exemple, chacun possédant une tendance latente ou
récessive à l'albinisme dans le plasma germinatif, puisse donner
une progéniture où l'un, ou même plusieurs enfants seront albinos. (*Medical Chronicle*, 1911, p. 75).

(c) Dans un troisième groupe, la maladie ne peut se manifester que chez un seul sexe (le mâle) mais peut se trouver transmise par l'autre sexe, en apparence non affecté. Ainsi, l'hémophilie, tendance chronique à saigner de façon exagérée, est presque toujours, sinon toujours (selon Bulloch et Fildes) limitée au
sexe mâle. Elle est associée en partie à une faiblesse des parois
des vaisseaux sanguins, et en partie à une absence de pouvoir
de coagulation du sang. La maladie peut se transmettre du père
au petit-fils, par une fille qui ne présente aucune trace quelconque du mal. Pour une raison physiologique inconnue, l'hémophilie ne se manifeste pas chez le sexe féminin, à moins peut-être
que ce ne soit sous une forme déguisée.

La cécité des couleurs, ou Daltonisme, a été observée (Horner) chez les mâles seulement à travers sept générations, et reste, en général, propre aux mâles. Dejérine cite une généalogie (*fide* Appenzeller) dans laquelle tous les mâles étaient atteints d'une sorte de cataracte, à travers quatre générations. Mott mentionne encore, comme autres cas de conditions anormales, généralement limitées au sexe mâle, la paralysie pseudo-hypertrophique et la « névrite héréditaire optique ou atrophie optique ».

Edouard Lambert, né en 1717, était, paraît-il, couvert de « piquants ». Ses six enfants présentèrent la même particularité, qui commença à se manifester entre le sixième et le neuvième mois après la naissance. Un de ses enfants, une fois adulte, passa cette particularité à la génération suivante. On assure qu'elle a persisté à travers cinq générations, et chez les mâles seulement — *transmission unilatérale*. (Voir *Phil. Trans.*, 1755 ; Prichard, *History of Mankind*, 1851.)

2. L'expression de l'hérédité pathologique peut changer de génération en génération.

— « Les organismes malades sont capables d'engendrer la maladie, mais pas toujours, bien que parfois, leur propre maladie ». Cet énoncé prudent paraît confirmé par les faits.

Hannot (*Arch. gén. de médecine*, 1895) cite les exemples suivants : Un sujet goutteux typique, aux jointures engorgées d'accumulations d'urates, peut engendrer un fils aussi goutteux que lui-même, comme il se peut que son fils soit asthmatique. Un père alcoolique peut avoir un enfant épileptique. Une mère tuberculeuse peut avoir un enfant atteint du mal de Pott. Un homme atteint de syphilis, peut avoir un fils atteint de paralysie générale. En ce qui concerne ce dernier cas, il se peut, ainsi qu'il a été dit récemment, que même la paralysie générale ait son micro-organisme, qui trouverait un terrain favorable dans des tissus syphilisés. Il est peu probable, en tous cas, que la syphilis constitue une des causes prédisposantes de la paralysie générale. (1)

Il est facile d'ajouter encore des exemples : « Un homme qui a souffert de psoriasis peut transmettre son mal sous forme d'ichthyose ou de quelque forme chronique d'eczéma ou de lichen ». (Hutchinson, 1896, p. 66). Un homme atteint de tabès, peut engendrer un fils atteint d'épilepsie. Une défectuosité de l'œil, telle que la microphthalmie peut se trouver représentée dans la

____

(1) La tendance est même à douter que la paralysie générale soit jamais autre chose qu'une manifestation syphilitique (Trad.).

descendance par une anomalie tout à fait différente. Peut-être les meilleurs exemples de ces changements nous sont-ils fournis par les désordres nerveux. Les convulsions, dans une génération peuvent se trouver représentés par de l'hystérie dans la suivante, ou l'hyperesthésie par la manie, ou la démence par l'épilepsie, et ainsi de suite.

Ainsi que le dit F. W. Mott, qui possède une connaissance approfondie des maladies nerveuses : « Ce n'est pas nécessairement la folie qui se trouve transmise, mais une tendance névropathique de la lignée, qui se manifeste sous mille formes, comme l'épilepsie, l'asthme, la migraine, la chorée, le diabète, le goître exophtalmique, la neurasthénie, l'excentricité, l'hystérie, la criminalité, le fanatisme, le suicide, le génie d'un certain ordre, et la folie » (1911, p. 80).

Il peut sembler un instant que ces exemples sont trop probants en donnant l'impression que l'hérédité des prédispositions morbides est extrêmement inconstante. Il convient donc de nier d'abord qu'il existe un plus grand nombre encore d'exemples de prédispositions maladives se reproduisant exactement, et en second lieu qu'elles confirment ce sur quoi on a déjà insisté, savoir que dans la plupart des cas, ce qui est transmis, c'est plutôt un métabolisme anormal qu'une maladie spécifique. Il est douteux que nous soyons autorisés à parler de la « transmutation de la maladie », car cette expression paraît donner à penser qu'un processus particulier peut, au cours du transport héréditaire, se muer en un autre processus particulier. Il est probable que certaines conditions maladives, qui portent des noms différents, sont fondamentalement les mêmes ; c'est leur expression seule qui change selon les conditions de « nurture » et d'environnement.

Les faits caractérisant la « transmutation de maladie » donnent à entendre que ce qui est transmis est quelquefois une particularité très générale, qui trouve telle ou telle expression, selon les conditions du corps — un terrain bien variable — et selon les excitants libérateurs disponibles, tels que le régime, le climat, et d'autres conditions de vie.

On sait parfaitement, en médecine, qu'une prédisposition, ou diathèse, peut s'exprimer d'une demi-douzaine de façons, étant polymorphes, comme on dit, bien qu'il puisse exister une ou deux façons, qui, étant plus fréquentes, sont appelées « diagnostiques », ou « distinctives ». Ainsi, la tendance tuberculeuse a plusieurs manières différentes de s'exprimer, dépendant probablement beaucoup des influences de nutrition et de milieu.

Mais si la même maladie peut prendre une expression différente chez trois frères, par exemple, il n'est pas surprenant que
la maladie du père puisse présenter une forme différente, bien
qu'analogue chez les enfants, et peut-être une troisième chez
les petits-enfants. Elle peut se trouver intensifiée, ou affaiblie,
ou dirigée dans une autre direction, le changement dépendant,
autant que nous pouvons en juger, en partie de l'amphimixie,
ou dualité de l'hérédité, et en partie des conditions extérieures.
Ainsi, si les deux parents possèdent une tendance phtisique prononcée, il est probable qu'il y aura dans la descendance une
prédisposition similaire plus prononcée que si l'un des parents
appartenait à une race absolument saine ; ou encore, à part
l'amphimixie, un changement radical dans les habitudes et l'environnement, peut au moins inhiber grandement l'éclosion de la
phtisie chez les enfants.

Il y a probablement une raison très simple pour que la tendance à la maladie nerveuse revête des expressions différentes
dans les générations successives, et c'est le fait que, la plupart,
si ce n'est la totalité des névroses anormales — comme l'épilepsie
et la folie — surgissent pendant la période de développement,
et sont dues à des défectuosités, ou à des arrêts de développement, attribuables à une nutrition insuffisante des tissus, ou à
un manque de vigueur de la matière germinale. Ce qui est transmis, c'est cette tendance générale à la débilité, et c'est aux influences environnantes à déterminer les lignes précises de moindre
résistance.

**3. Certaines prédispositions à la maladie sont beaucoup
plus héritables que d'autres.** — Les statistiques semblent
venir confirmer ce que suggère l'examen d'ensemble du problème,
c'est-à-dire que certaines prédispositions à la maladie paraissent beaucoup plus propres que d'autres à une ré-expression
héréditaire. Mais il sera prudent d'avoir toujours présentes à
l'esprit les deux réserves suivantes : (1) d'abord que la non-
expression n'implique pas nécessairement la non-hérédité, car
un caractère morbide saute souvent une, ou même plusieurs
générations et que (2) la recurrence n'implique pas nécessairement l'hérédité car une prédisposition particulière peut surgir
de novo, ou, en d'autres termes, la *fontaine des variations* peut

se répéter. Personne n'ira jusqu'à supposer que la tendance rhumatismale n'a pas surgi à nouveau bien des fois ; on n'attribuera pas tout le fardeau des maladies rhumatismales aux ancêtres de la race humaine, parce que le rhumatisme s'observe chez les singes. Ainsi que nous l'avons déjà noté, le rhumatisme aigu est probablement microbien.

Quelques exemples des probabilités variables de transmission devront suffire. Chez une même famille, la goutte parait avoir persisté pendant quatre siècles. Sur 523 sujets goutteux, 309 avaient une tare familiale (environ 60%) — sur 156 autres cas, 140 accusaient la même tare de famille (environ 90 %) — différentes séries de cas fournissent un pourcentage variant de 50 à 100. Sur 104 sujets atteints de diabète sucré, 22 possédaient des ascendants diabétiques (environ 20 %). Sur 400 membres environ d'une même famille, 26 ont été hémophiles ; dans une autre, sur 100 membres, il y en a eu 17.

Sur 901 sujets ayant appartenu à un asile d'aliénés, 477 possédaient des fous dans leur famille ; sur 321 épileptiques, 105 étaient tarés (environ 35 %); sur 208 individus hystériques, 165 avaient des hystériques dans leurs antécédents (environ 80 %). Divers spécialistes en matière de maladies mentales ont des raisons de croire à la transmission héréditaire dans une proportion variant de 25 à 85 pour cent de leurs malades, la diversité étant certainement due, en grande partie, à la grande variété des maladies nerveuses.

4. Incertitudes nombreuses quant à l'hérédité. — Il est rarement possible de dire qu'une prédisposition à une maladie exprimée chez un ascendant *doit* se transmettre à sa descendance. Une prédisposition à une maladie constitue rarement un trait net et un caractère bien défini, tel que nous sommes habitués à en voir chez les variétés (d'une espèce) qui si souvent se reproduisent telles quelles... Elle consiste parfois simplement en un trouble léger de ce que nous appellerons l'agencement de l'organisme, un dérangement insignifiant dans l'ordre normal du métabolisme. C'est une variation instable fluctuante. Il est généralement admis que telles familles sont héréditairement prédestinées à être goutteuses ou rhumatisantes, mais nul spécialiste de ces maladies ne risquera sa réputation à prédire qu'un

père particulièrement goutteux est assuré d'avoir des enfants
goutteux.

Il n'est pas difficile de saisir pourquoi la prédiction individuelle, quant à l'hérédité de la prédisposition à certaines maladies,
est chose impossible. Une hérédité individuelle constitue une
mosaïque de contributions parentales et ancestrales. La réduction de celles-ci au cours de la maturation, les possibilités de
permutations, et de combinaisons nouvelles au cours de l'amphimixie, la variabilité du plasma germinatif sous l'influence
des oscillations nutritives dans le courant sanguin, la possibilité
d'une sorte de lutte intra-germinale entre les éléments héréditaires tous vivants et voulant s'affirmer, l'importance de la « nurture » comme agent favorisant l'expression d'un caractère, et
empêchant celle d'un autre, toutes les circonstances dans chaque
cas, en somme, sont si complexes, que la prédiction à l'égard des
individus est impossible, si certains que nous puissions être quant
au résultat moyen de mille cas. Une prédisposition à une maladie est aussi incertaine qu'une prédisposition aux mathématiques ou à la musique. Il y a seulement cette différence que les
prédispositions à la maladie sont plus communes, qu'elles se
produisent souvent chez beaucoup d'ancêtres d'un même enfant,
et que les chances de transmission sont par là beaucoup plus
nombreuses.

*Même lorsqu'il y a des raisons de croire qu'un descendant a
hérité d'une prédisposition à une maladie particulière, il n'en
découle pas nécessairement que cette tendance trouve forcément à
se manifester dans le développement ultérieur de l'individu.*

5. Les prédispositions peuvent s'affaiblir. — Il y a
tout au moins quelques indices montrant que les tendances
héréditaires à certaines maladies particulières peuvent s'atté-
nuer à tel point qu'on peut dire qu'elles ont été détruites.

L'interprétation biologique de ce fait est double : (1) le croisement avec un individu sans tare peut avoir pour résultat
d'annihiler la tendance vicieuse, ou de rétablir la situation normale ; et (2) au cours de la sélection, les plus tarés ont tendance
à disparaître, laissant ainsi la race relativement plus forte. La
prudence biologique veut que nous ne concluions pas de la non-
apparition, ou de la non-manifestation — dues par exemple à

des conditions de fonction et de milieu meilleures — que la tendance mauvaise a cessé d'être transmise. Hamilton dit : (1900, p. 301) « J'ai la ferme conviction que si une tendance mauvaise se trouve introduite, elle peut aussi être éliminée, et dans la plupart des cas, se trouve éliminée du fait du croisement avec une série de races pures ; mais rien ne certifie qu'elle ne puisse pas réapparaître par atavisme, plusieurs générations après, peut-être ».

9. — *Immunité.*

L'immunité à l'égard d'une maladie peut être innée, ou acquise. Elle peut s'acquérir de différentes façons ; du fait de prendre la maladie, et d'y survivre ; ainsi la guérison de la petite vérole confère généralement une immunité qui dure pendant des années ; par l'innoculation du virus modifié de la maladie : ainsi la vaccination confère l'immunité à l'égard de la petite vérole ; par l'innoculation d'une très petite quantité du virus, par l'innoculation de produits métaboliques, ou toxines des microbes, par l'injection de sang ou de sérum d'un autre organisme, artificiellement immunisé, et même par l'injection de microbes ou de leurs produits (voir A. A. Kanthack, *System of Medecine*, d'Allbutt, vol. I, article « *Infection* »).

Il semble que l'immunité artificielle dépende de processus à l'intérieur du corps, qui rendent les tissus capables de détruire les bactéries envahissantes, et de dérober à leurs produits leur pouvoir fatal. Il y a probablement formation d'antitoxines spécifiques qui immunisent le corps contre l'infection.

Une immunité spécifique acquise peut se transmettre de la mère à sa progéniture à travers le placenta, et ceci n'est pas un fait d'hérédité au sens strict du mot. Ehrlich, et d'autres, ont montré expérimentalement que certains animaux, notammant les lapins peuvent naître immunisés, si la mère elle-même a été immunisée artificiellement ; et l'on a dit que, dans la race humaine, le fœtus peut se trouver immunisé à l'égard de la petite vérole par la seule influence de la mère.

A l'appui de l'idée que ceux qui ont été atteints et ont survécu peuvent transmettre une immunité relative à leurs descendants, on fait remarquer que les épidémies ont leur temps, et s'éteignent. Mais il y a peut-être une autre interprétation : l'épidémie éliminerait les plus sensibles, et laisserait ainsi une race plus résistante. Ce qui est transmis, c'est le pouvoir de résistance inné, qui peut se trouver renforcé par un phénomène de sélection, surtout si l'épidémie est très forte et de longue durée. Il est à craindre qu'il y ait bien peu de témoignages en faveur de la transmission d'une immunité *acquise*, à l'égard de la petite vérole par exemple.

Que faut-il penser de ce fait qu'on a avancé, que deux des maladies les plus contagieuses en Grande-Bretagne, la fièvre scarlatine et la rougeole, sont beaucoup moins virulentes qu'elles l'étaient autrefois ? Si nous en croyons un éminent pathologiste, William Russell, « ceci doit presque certainement être attribué, non à une atténuation du virus, ou à une thérapeutique plus adéquate, mais à un certain degré d'immunité acquis par une population dont les ascendants pendant des générations ont passé par l'épreuve de ces maladies ». Cette question, en fait, est très ardue, et personne ne tient à prendre une attitude très définie à son égard. Mais il ne faudrait pas croire trop facilement que la transmission héréditaire d'une immunité acquise, constitue l'interprétation correcte. (1) Il est possible que les micro-organismes en question évoluent dans le sens d'une atténuation de virulence. (2) On doit sans doute beaucoup à un traitement plus approprié. Ainsi, la « rougeole » peut ne pas être moins virulente, mais se trouver simplement mieux traitée. (3) Le résultat vient peut-être en partie d'une élimination des plus sensibles, qui laisse la race, dans l'ensemble, plus résistante. (4) Il peut y avoir un changement tout à fait indépendant et assez généralisé de variation, dans le sens d'un plus grand pouvoir de résistance à ces deux maladies, changement variationnel germinal, étranger à une immunisation dûe à la maladie elle-même. (5) Le pouvoir de résistance peut se trouver amélioré par un régime ; ainsi, la rougeole est souvent plus virulente pendant les hivers de chômage, et moins virulente lorsque les conditions alimentaires sont bonnes. (6) Les « types » si graves de certaines maladies, étaient probablement des « infections mixtes ». De nos jours, il y a peut-être un plus grand nombre d'« infections pures ». (7) Certains des germes les plus virulents sont probablement en voie d'extermination. Rien ne prouve que le germe de la scarlatine maligne, assez rare maintenant, soit de la même race que celui de la scarlatine commune simple. (8) Il est possible qu'à travers le placenta, la mère puisse conférer à ses enfants sa propre immunité acquise.

L'immunité naturelle est une particularité innée bien connue, parfois raciale, parfois personnelle, et se manifestant à divers degrés. Les nègres sont relativement immunisés à l'égard de la fièvre jaune et de la malaria ; les moutons algériens sont relativement immunisés à l'égard du charbon ; certains individus paraissent jouir d'une immunité particulière au cours des épidémies.

On croit généralement que l'immunité raciale s'est élaborée graduellement au cours de la sélection naturelle. Les variations germinales dans le sens de l'immunité permettent à leurs possesseurs de survivre ; les survivants transmettent leur constitution réfractaire ; les plus susceptibles se trouvent éliminés de façon constante, et ainsi, si la maladie persiste assez longtemps, en tant que mode commun d'élimination, une race peut devenir relativement immunisée. Personne ne met en doute l'héritabilité de l'immunité naturelle, bien qu'il y ait encore beaucoup d'incertitudes quant à ce qu'est au juste le mécanisme de l'immunité.

10. — *Note sur les chromosomes chez l'homme.*

Dans un très intéressant mémoire (1906) H. E. Ziegler a donné un schéma de la doctrine moderne du support matériel de l'hérédité, en ce qui concerne l'homme particulièrement. Il considère le chiffre 24 comme étant celui des chromosomes chez l'homme (voir page 46), mais son argumentation ne se trouve pas affectée par le *nombre* particulier qu'il choisit.

Prenons deux parents P^1 ♂, et P^1 ♀ ; dans chaque cellule somatique il y a 4 chromosomes, et dans chaque cellule germinale arrivée à maturité il y en a 12. Aussi, l'œuf fécondé se trouve-t-il en avoir 24, et dans chaque cellule de l'enfant (F^1), il se trouve 12 chromosomes d'origine paternelle (de P^1 ♂) et 12 d'origine maternelle (de P^1 ♀).

Dans la cellule ovulaire ou spermatique mûre de chaque parent (P^1 ♂ ou P^1 ♀) il y a 12 chromosomes, mais il n'en découle pas forcément que 6 de ceux-ci soient d'un grand-père (P^2 ♂) et 6, d'une grand-mère (P^2 ♀) car dans la réduction des chromosomes de 24 à 12, qui se produit à la maturation, il ne s'en suit pas nécessairement que les contributions parentales P^2 soient retenues en nombre égal. Le nombre total résultant est toujours 12, mais il peut être produit par 5 de P^2 ♂, et 7 de P^2 ♀, ou par 8 de P^2 ♂, et 4 de P^2 ♀, et ainsi de suite. Supposons que la cellule spermatique mère possède 9 de P^2 ♂, et 3 de P^2 ♀, alors, en ce qui concerne l'hérédité paternelle, nous pouvons nous attendre à ce que l'enfant F', ressemble beaucoup à son grand-père.

Il y a bien des chances pour que les contributions des grands-parents, dans n'importe quelle cellule germinale mûre, soient à peu près à égalité, mais les nombreuses probabilités nous premettent de voir une des raisons au moins, pour lesquelles il existe une si grande diversité dans une famille. Si nous supposons que les chromosomes sont tous de valeur égale, il y a toujours une possibilité théorique dans une famille humaine de 169 combinaisons différentes des contributions des grands-parents. On n'ignore pas que l'on peut observer certaines prédispositions à une maladie chez deux ou trois enfants d'une famille, et en voir deux ou trois autres absolument indemnes. Les chromosomes des quatre grands-parents (P^2) sont constitués par les contributions de huit arrière-grands-parents (P^3), et si les phénomènes de réduction étaient toujours réguliers, les 24 chromosomes d'une cellule-œuf fécondée devraient en contenir 12 d'origine paternelle, 6 provenant de chacun des grands-parents, et chacun de ces groupes de 3 devrait contenir 3 contributions provenant de l'arrière-grand-père paternel, et 3 provenant de l'arrière-grand-mère maternelle. Mais si le processus de réduction ne présente pas cette régularité, assez improbable, nous pouvons nous attendre à une grande variété d'arrangements en mosaïque et en fait, c'est ce que nous trouvons. Si nous acceptons la théorie des chromosomes, nous pouvons comprendre facilement comment une défectuosité innée, ou une prédisposition morbide, chez un grand-père, par exemple, peut se trouver écartée de la lignée, et de même pour une qualité.

Tout ceci se complique encore, si nous remarquons que dans un certain nombre de cas il y a des différences dans les dimen-

sions des chromosomes individuels ; il se peut que certains facteurs soient liés à certains chromosomes, et ne se trouvent pas
représentés, même par des éléments analogues, chez d'autres.
Ainsi, une prédisposition particulière à une maladie dans un
organisme particulier peut se trouver incorporée dans un chromosome particulier, qui pourrait être ainsi complètement écarté
de la lignée. Chez l'homme toutefois, les chromosomes sont à
peu près de mêmes dimensions. Ziegler suppose que chez l'homme
chaque chromosome a à peu près la même valeur, et la même
influence, que chacun d'eux est capable d'influencer l'organisme tout entier, et qu'ils ne diffèrent qu'autant qu'ils proviennent d'ancêtres différents, et se trouvent ainsi incorporer des
tendances héréditaires différentes.

Les chromosomes d'un individu représentent habituellement
huit familles. Il est donc probable que chacun de nous a quelque
chromosome portant avec une prédisposition à quelque maladie,
telle que la phtisie, la goutte, le diabète ou la « névropathie ».
Une mosaïque faite des contributions de huit familles doit forcément présenter quelque tare. Mais, continue Ziegler, le point
important et de savoir quelle est la proportion numérique des
chromosomes tarés à ceux qui ne le sont pas. Si, sur 24, il y en a 3
qui ont une tare diabétique, il est évident que c'est beaucoup moins
important que s'il y en avait 12 de tarés. La même tare provenant de deux côtés à la fois est donc particulièrement dangereuse.

Ziegler fournit le schéma suivant :

Père, avec tare marquée, héritée de ses père et mère, manifestée par
les chromosomes formés (13 sur 24).

○○○ ○●● ●●● ●●○ ○○● ●●● ●○○ ○○○

Trois cellules sperma-
tiques mûres pré-
sentant 3 combinai-
sons différentes . .

- a. ○●● ●●● ●●● ●○○
- b. ○○○ ●●● ●○○ ○○○
- c. ○●● ○○○ ○○○ ○○○

Mère normale mais à tare latente héritée de sa mère manifestée par les
chromosomes formés (4 sur 24).

○○○ ○○○ ○○○ ○○○ ○●● ●●○ ○○○ ○○○

Trois cellules - œufs
mûres présentant
trois combinaisons
différentes . . . .

- d. ○○● ●●● ○○○ ○○○
- e. ○●● ○○○ ○○○ ○○○
- f. ○○○ ○○○ ○○○ ○○○

Il est évident que l'enfant, qui résultera de a×d, aura une
hérédité assez tarée ; celui qui résultera de c×f aura une bonne
hérédité, et que l'enfant résultant de c×c sera semblable à sa
mère, et ainsi de suite.

L'importance pratique de cette étude toute théorique est fort
grande, car elle nous suggère une idée de la façon dont les tares
peuvent se trouver évincées d'une lignée. Un déterminant taré
peut être littéralement perdu au cours des divisions réductrices
des cellules germinales, ou bien il peut être contrebalancé dans
l'amphimixie par des déterminants sains, plus vigoureux, de
l'autre cellule germinale.

11. — *Anticipation et intensification de la maladie.*

Des recherches méticuleuses, ces dernières années, ont mis en
lumière une tendance intéressante et fort importante qui s'observe dans certaines conditions pathologiques. La condition
pathologique au cours des générations successives devient *plus
intense et se présente plus tôt.* On a appelé cela « loi d'anticipation ». D'après Nettleship, l'anticipation, en pathologie héréditaire, signifie la manifestation d'un changement morbide à un
âge plus précoce chez chaque successeur, soit chez les membres
de chaque génération successive comme un tout, soit chez les
enfants nés successivement des mêmes parents.

Ainsi un état morbide particulier, comme la tendance diabétique, peut se présenter de plus en plus tôt chez les générations
successives. De même aussi une race dégénérée au point de vue
mental peut présenter un affaissement de plus en plus précoce,
par exemple par le manque de résistance à la tuberculose.

Au sujet de la théorie de l'anticipation, des idées diverses ont
été émises. Nettleship dit : « L'anticipation ou le devancement
de l'apparition ou de l'apogée, chez une famille, pourrait être
considéré comme démontrant l'hérédité d'un caractère acquis ».

Mais il s'explique aussi bien, si ce n'est mieux, probablement
en supposant que certaines défectuosités, tares, ou vices de l'organisme ou du sang ne sont pas seulement héréditaires dans le
sens vrai et germinal, mais capables de produire, chez l'embryon,
des agents toxiques ayant une influence nuisible sur toutes ses

cellules, et de diminuer ainsi à tel point le pouvoir de résistance que le facteur héréditaire inné a libre cours et peut de la sorte se manifester plus tôt. Il peut aussi y avoir des agents toxiques, dans l'embryou, qui n'ont aucun rapport avec le vice héréditaire, mais qui peuvent agir, et agissent probablement d'une façon analogue, comme un excitant de la maladie ». Ceci revient à dire, en résumé, qu'une dégénérescence générale et progressive peut fournir à une morbidité spécifique une occasion plus précoce, et plus efficace.

Un autre savant, F. W. Mott, qui a beaucoup contribué à l'étude des faits de l'anticipation, envisage le problème d'une tout autre façon. Il suppose que les éléments malsains des cellules germinales peuvent être attirés les uns par les autres, et pour ainsi dire « se fondre et se cristalliser », permettant ainsi à la maladie de se manifester sous une forme plus grave, et à un âge plus précoce. Dans l'état actuel de nos connaissances, il est impossible de sortir du vague à l'égard de ces phénomènes. Il peut être utile, toutefois, de rappeler la subtile conception de Weismann de la lutte entre déterminants, à l'intérieur du plasma germinatif, qu'il suppose pouvoir expliquer les prétendus cas de variation définie dans un sens donné. Peut-être cette « anticipation » est-elle de la nature d'une variation définie, bien qu'elle se produise dans un sens fâcheux, — un *facilis descensus Averni.*

Mais l'importance pratique de l'anticipation est évidente. C'est un des nombreux procédés de la nature pour éliminer ce qui est non-apte, pour évincer les membres malsains de la race. La condition maladive se trouve donc repoussée de plus en plus en arrière, jusqu'à la naissance, et même avant celle-ci.

12. — *Considérations pratiques.*

Un savant (cité par F. Martius, 1905) va jusqu'à dire : « Pour le praticien, le concept de l'hérédité est absolument inutile, et il ne devrait absolument pas s'en occuper. On peut agir sur ce qui surgit au cours de la vie individuelle : *Ce qui est dû aux parents demeure inaltérable.*

Ceci constitue l'expression extrême d'un pessimisme pratique

que beaucoup éprouvent. Nous ne pouvons ni choisir nos parents, ni refuser notre héritage.

Mais ce pessimisme extrême est sans raison. Il est certain que si « l'hérédité de la maladie » se produisait réellement, autant, et *de la façon* dont tant d'auteurs médicaux le supposent avec une telle conviction, la race humaine serait éteinte depuis fort longtemps ou, en tous cas, nous ne verrions certainement pas s'épanouir autour de nous la santé, comme elle le fait encore, en dépit de toute maladie.

Examinons les aspects plus favorables de la question :

(1) En ce qui concerne les maladies microbiennes, auxquelles on peut être prédisposé héréditairement, les progrès de l'hygiène et de la médecine préventive tendent de plus en plus à diminuer les risques de la contagion, ou de l'infection fatale.

(2) Il y a quelque raison de supposer, en ce qui concerne les maladies microbiennes, qu'une immunité relative de constitution est en voie d'évolution.

(3) Rien ne nous garantit, scientifiquement, que les maladies acquises, c'est-à-dire celles qui naissent comme modifications du dehors, auxquelles il ne peut y avoir de prédispositions spécifiques, sont, comme telles, transmissibles. En libérant des toxines, et d'autres produits analogues dans le corps, ou en altérant la nutrition générale, les maladies acquises *peuvent* affecter d'une manière préjudiciable les cellules germinales, et par là la descendance. Mais ceci est plus réparable que des changements spécifiques dans le plasma germinal.

Notre opinion sur le mal créé par la croyance trop répandue et mal comprise en la transmissibilité de maladies modificationnelles ou exogènes a été fort bien exprimée par un des meilleurs collaborateurs du Service de la Santé Publique.

« Le cauchemar de l'hérédité spécifique des maladies acquises pèse sur la spontanéité de la vie, paralyse la volonté, et gêne le service préventif dans ses efforts pour améliorer le milieu. Le Weismannisme exalte les hérédités sociales, qui, en tant que grands organes de sélection, constituent la base de la médecine préventive » (W. Leslie Mackenzie).

(4) Quant aux maladies de constitution, il semble, que « l'hérédité de prédispositions à des maladies particulières » constitue

une expression plus exacte des faits que l'expression habituelle « l'hérédité de la maladie ». Il n'y a aucun doute que bien des prédispositions à des maladies particulières se trouvent être héritées.

Qu'avons-nous à opposer à ceci ? Il nous faut reconnaître que chaque élément héréditaire a besoin d'une «nurture» appropriée pour s'exprimer, ou s'exprimer entièrement dans le développement. Cette « nurture » est jusqu'à un certain point entre nos mains.

Un organisme présentant une prédisposition à quelque maladie telle que l'albuminurie, l'asthme, la goutte, le diabète, ou quelque désordre nerveux, est évidemment handicapé de manière plus ou moins redoutable, selon l'intensité de la prédisposition. Il y a une lutte pour l'existence. Mais dans cette lutte, un des facteurs les plus importants est la «nurture» au sens le plus large, l'ensemble des conditions de fonction, et d'environnement. Si ces dernières favorisent les éléments morbides de l'hérédité, l'organisme se trouve avoir à combattre sur deux fronts, ce qui assure rarement un succès. Mais si de bonnes conditions d'existence sont assurées, et cela de bonne heure, il y a toujours quelque espoir que la « nurture » puisse inhiber la manifestation complète des éléments indésirables transmis héréditairement.

(5) Il nous semble que l'on a souvent — même parmi les auteurs avertis — exagéré la *nécessité* de la persistance des tares et défauts de constitution ; car puisque l'on n'ignore pas qu'une variation extrèmement avantageuse peut ne point persister, pourquoi n'en serait-il pas de même d'une variation désavantageuse. Une « variété rétrograde », c'est-à-dire qui a perdu une des caractéristiques de l'espèce parente, peut surgir dans notre jardin et se reproduire fidèlement. Pourquoi ne se produirait-il pas quelque chose d'analogue chez une race particulièrement vulnérable. Pourquoi la vulnérabilité, la prédisposition particulière, ne disparaîtrait-elle pas aussi ? Outre la sélection naturelle, la sélection sexuelle, etc..., il se peut que le phénomène subtil de la sélection germinale soit quelquefois capable pratiquement d'extirper une particularité anormale, ou morbide.

(6) Les croisements entre blés immunisés contre la rouille et d'autres qui ne le sont point donnent des hybrides qui sont tous

vulnérables. Mais si ces hybrides se reproduisent entre eux, les descendants sont, les uns vulnérables, et les autres immunisés, et tous ceux qui sont immunisés se reproduisent fidèlement. S'il est donc possible, parmi les plantes, « d'obtenir quelque chose de pur, hors de quelque chose d'impur », il se peut que pour les animaux domestiques et pour l'homme lui-même, la purification d'une race tarée ne soit pas chose chimérique.

(7) Quant à la diffusion de la maladie par les mariages entre individus tarés avec d'autres relativement sains, c'est un problème qui est entièrement entre nos mains, et ce n'est pas à nous de gémir à ce propos. La raison principale des préférences en matière d'appariement n'est pas inaltérable : en fait, elle varie à travers les âges. Des mariages possibles sont tous les jours prohibés, ou empêchés, pour les plus absurdes des raisons. Pourquoi des mariages ne seraient-ils pas empêchés ou prohibés à cause de la meilleure des raisons, l'intérêt de l'espèce. Par l'éducation sur une base scientifique, on est arrivé à créer une saine répulsion à l'égard de mariages entre sujets présentant une tendance héréditaire à certaines maladies, telles que l'épilepsie et le diabète, pour prendre deux exemples très différents. Est-ce une utopie de croire que cette notion s'étendra au fur et à mesure de l'accroissement de nos connaissances, et que la conscience éthique de l'homme moyen contiendra de plus en plus « un sentiment de responsabilité à l'égard de la santé des générations à venir ».

L'argument toujours invoqué contre le choix matrimonial, établi sur une base eugénique, est que notre ignorance est immense. Ceci, nous l'admettons franchement. Et pourtant il y a certaines choses que nous savons. Nous n'ignorons pas que « le sujet manifestement syphilitique, qui se marie avant d'être sûrement et entièrement guéri, commet un crime, non-seulement à cause de la possibilité, ou plutôt la probabilité d'infection de sa femme, mais aussi parce qu'il engendre délibérément (*voraussichtlich*) des enfants syphilitiques. L'office eugénique de l'avenir, qui aura à examiner les candidats demandant l'autorisation de se marier, non seulement au point de vue juridique ou social, mais aussi au point de vue biologique et médical, et qui devra décider s'ils sont vraiment dignes de se reproduire légitimement, n'éprouvera aucune difficulté à refuser l'autorisation aux syphilitiques non guéris, et aux ivrognes invétérés, ainsi peut-être qu'à ceux qui ont le malheur d'être des tuberculeux avérés » (traduction libre de Martius, 1905, p. 24).

L'appariement de deux organismes sains est donc la première règle de la conservation de la race.

La seconde est qu'il ne faudrait pas apparier ensemble un individu de bonne constitution générale, avec un autre de constitution manifestement mauvaise : pareille union serait un véritable gaspillage.

Comme troisième règle, un individu, présentant une tendance à quelque maladie, ne devrait jamais épouser un autre individu présentant les mêmes tendances. Un homme affligé d'un penchant très marqué à la phtisie, s'il veut se marier, ne devrait en tous cas pas épouser une femme dont la famille a présenté des sujets phtisiques.

En d'autres termes, on devrait prendre tous les soins possibles pour obtenir une race relativement saine. Laisser, par ignorance, tarer une race saine constitue un crime social. Toutes les précautions raisonnables devraient être prises pour empêcher la race très tarée de se répandre.

(8) En dehors des progrès de la médecine préventive, d'un enthousiasme plus général en faveur de la santé, de l'éveil d'une conscience eugénique, de la possibilité de créer des « licences de mariage », et d'autres formes de sélection sociale, toutes en vue d'une amélioration de la santé de la race humaine, il nous faut, naturellement nous rappeler que notre race n'est pas hors de la portée de la sélection naturelle, quoique nous fassions pour nous y soustraire.

Au cours de la sélection naturelle, plus intense durant les premières années de vie, les plus tarés et les moins immunisés ou résistants, tendent continuellement à se trouver « évincés » et de la sorte, le niveau type d'aptitude ne tombe pas trop vite. Lorsque des prédispositions à certaines maladies se trouvent accumulées (par exemple par la reproduction entre sujets à même tare) un type non viable, et souvent non reproducteur apparaît, et disparaît pour toujours. Les rameaux pourris finissent toujours par tomber de l'arbre de vie. Il y a une continuelle précipitation irréversible des incapables, qui cessent ainsi de souiller le courant.

Mais si vrai que soit tout ceci, nul n'ignore que l'homme est constitué de telle sorte qu'il ne peut se soumettre à l'émondage institué par la nature. Pour des raisons qui vont jusqu'aux fondations mêmes de notre édifice social, nous ne pouvons ni agir en Spartiates nous-mêmes, ni laisser la nature opérer à sa guise. Cette attitude ne nous empêche pas, au fond, d'être peut-être encore plus cruels, c'est à craindre, mais en fait nous nous appliquons toujours à conserver les vies que la sélection naturelle s'appliquerait à éliminer. Ceci peut, au point de vue des raisons sociales, être nécessaire, mais nous ne pouvons l'envisager avec satisfaction que si nous y voyons associée une sélection positive des types les plus aptes.

On a souvent dit que l'hygiène moderne, en tentant d'évincer ceux qui nous évincent, c'est-à-dire les microbes, détruit un agent de sélection extrêmement important, qui a aidé notre race à devenir ce qu'elle est. Il nous est difficile de partager cette confiance enthousiaste à l'égard des microbes, en tant qu'agents d'élimination. Quel microbe ? Certainement pas celui de la peste, qui frappe indifféremment, et n'a plus de discernement comme agent de sélection qu'un tremblement de terre. Ni celui du typhus, qui tue les forts comme les faibles. Ni celui de la typhoïde, qui atteint n'importe qui, et ne confère qu'une immunité passagère. Et ainsi de suite pour beaucoup.

Un argument plus subtil, plus convaincant, consisterait à dire qu'à travers les âges, l'homme a sélectionné les microbes, en diminuant leur virulence, les domestiquant, en un sens, parfois jusqu'à la mort, par un choix plus judicieux de sa propre nourriture, fortifiant ses phagocytes, ou par les progrès que son « Index Opsonique » faisait sans doute sous l'influence de la nourriture aussi. A mesure que le corps augmente dans son pouvoir de résistance (et ce pouvoir peut être démontré *modifiable*), il peut prolonger le combat contre les microbes avec des chances de plus en plus grandes de victoire définitive.

En tous cas, que les microbes aient été ou non des agents de sélection importants, il est triste pour le « roi de la création » de ne pouvoir découvrir d'agents de sélection doués de plus de discernement, espérons-le, pour remplacer les germes pathogènes.

Pour le moment, nous pouvons seulement affirmer que l'avenir de notre race dépend entièrement de « l'Eugénique » sous une forme ou une autre, combinée avec une évolution simultanée de l'*Eutechnique* et de l'*Eutopie*. « Propos audacieux » évidemment, mais à coup sûr, ils ne sont pas « utopiques ».

CHAPITRE IX

ETUDE STATISTIQUE DE L'HÉRÉDITÉ

> « L'hybride est une mosaïque vivante » NAUDIN.
> « La loi de fréquence de l'erreur aurait été personnifiée
> par les Grecs, et déifiée, s'ils l'avaient connue. »
> FRANCIS GALTON.

1. Recherches statistiques et physiologiques. — 2. Note historique. — 3. Aperçu sur le mode de procédure statistique. — 4. Régression filiale. — 5. Loi de l'hérédité ancestrale. — 6. Critiques de la loi de Galton. — 7. Exemples de résultats fournis par l'étude statistique.

1. — · *Recherches statistiques et physiologiques.*

Pour étudier des phénomènes complexes, ceux du temps par exemple, nous suivons habituellement deux méthodes. D'un côté nous pouvons recueillir beaucoup d'observations — mettons sur les chutes de pluies en diverses localités et à des époques différentes de l'année — et par un examen attentif de ces données, nous tâchons de tirer quelque induction générale, qui mettra en lumière l'ordre des séquences, même dans un complexe en apparence aussi désordonné que le temps. D'autre part, nous pouvons faire porter notre attention sur le mécanisme véritable de certaines coïncidences : par exemple forte pluie avec vent d'ouest et baromètre bas ; et chercher à montrer comment certaines conditions sont nécessairement suivies de certains résultats. En opérant ainsi nous nous rejetons sur les lois générales de la physique, et nous pouvons être grandement aidés par des expériences cruciales, par exemple sur le rôle de la poussière atmosphérique dans la précipitation de la vapeur d'eau.

Pareillement, en ce qui concerne les faits complexes de l'hérédité, nous pouvons suivre les deux mêmes méthodes. Nous pouvons recueillir des statistiques sur les ressemblances et différences — à propos de la stature, de la couleur des yeux, des aptitudes intellectuelles, chez des générations successives, pour essayer d'arriver à quelque idée générale, manifestant l'ordre inhérent même dans un domaine où les occurrences semblent, à première vue, aussi capricieuses que celles du temps. D'autre part nous pouvons diriger notre attention sur le détail du cours des événements dans des cas particuliers : nous pouvons rechercher comment se comportent les cellules germinales avant, pendant, et après la fécondation, et essayer de comprendre comment certaines conditions sont nécessairement suivies de certains résultats. En ce faisant, nous nous rejetons sur les lois générales de la biologie, et des expériences cruciales nous viennent beaucoup en aide.

Le but du présent chapitre est de donner des exemples des résultats obtenus en suivant la méthode statistique, dans l'étude des faits de l'hérédité, et d'énumérer quelques-unes des inductions qu'à titre de récompense a fournies ce mode d'examen. Comme le sujet est plutôt ardu et a été récemment discuté par les maîtres modernes tels que Francis Galton et Karl Pearson, et dans des ouvrages d'ensemble tels que *Variation in Plants and Animals* (Londres, 1903) de H. M. Vernon, et dans *Variation Heredity and Evolution* (Londres, 1906) de R. H. Lock, nous nous en tiendrons à une rapide esquisse.

Quand il s'agit d'étudier les résultats dépendant de nombreuses conditions complexes, la méthode statistique rend des services spéciaux. Ce n'est pas qu'elle puisse nous dire jamais comment les conditions conduisent aux résultats : mais elle nous apprend quelle régularité il y a dans la fréquence de ces derniers, et en mettant en lumière quelque corrélation inattendue entre certains antécédents et certains résultats, elle peut nous mettre sur la piste du mécanisme qui les relie. Ainsi, tandis que chacun sait que la stature à laquelle arrivent mille jeunes gens dépend d'une multitude de dimensions de différentes parties du corps, et que ces dimensions dépendent de conditions nombreuses, nourriture, climat, hérédité, c'est par les méthodes statistiques que nous pouvons énoncer de façon définie quelle relation existe entre la stature moyenne de ces 1.000 jeunes gens et celle de leurs pères, et nous sommes en état de dire, en outre, que leur stature dépend plus de celle de leurs pères que de celle de leurs mères. De la sorte, nous établissons des fondements solides pour des recherches ultérieures plus profondes.

Ou encore, pour prendre un autre exemple, nous en savons assez quant aux résultats de 4.000 coups de dés approximativement symétriques pour pouvoir affirmer, devant les résultats tout à fait divergents de 4.000 coups d'autres dés, que ces derniers ont dû être pipés. Pareillement, à mesure que s'accroît notre connaissance des lois de l'échantillonnage, nous arrivons à pouvoir discerner quand les dés de la nature sont pipés.

Il faut que l'on comprenne bien clairement que la loi générale « le semblable engendre le semblable » peut être beaucoup plus vraie pour la race à un temps donné quelconque, que dans un cas particulier de relation entre parents et enfants. Diverses formes de processus de sélection tendent à élaguer certaines particularités — agissant dès avant la naissance, agissant au cours des premiers stades de la vie indépendante, agissant incessamment — et ainsi une génération d'une race peut être très semblable à la précédente, bien que dans les cas d'hérédité *individuelle* il puisse y avoir des différences marquées entre la progéniture et les parents. En deux mots, il importe beaucoup de saisir la distinction entre l'hérédité individuelle et l'hérédité raciale. L'étude statistique de l'hérédité nous permet d'y arriver.

2. — *Note historique.*

Pour apprécier le point de vue statistique et les idées générales correspondant à ses méthodes, le lecteur fera bien de lire le chapitre XII de la précieuse *History of European Thought in the Nineteenth Century* (vol. II, 1903, p. 548-626 de J. T. Merz.) L'auteur y trace le développement des méthodes — par exemple, les recherches de Gauss et de Laplace sur la théorie de l'erreur — ; il donne des exemples de leur application — par exemple, la théorie cinétique des gaz — et il montre comment Quételet fut, pratiquement, le premier à appliquer la méthode statistique aux problèmes humains dans son célèbre ouvrage *Sur l'Homme et le Développement de ses Facultés, ou Essai de Physique Sociale* (1823).

Mais « le premier qui semble avoir pleinement saisi le problème darwinien de ce point de vue (statistique) est M. Francis Galton, qui, dans une série de mémoires, et notamment dans ses ouvrages bien connus, *Hereditary Genius* (1869) et *Natural Inheritance* (1889) fit le premier pas dans l'application de la méthode statistique aux phénomènes de variation... » L'application de la théorie de l'erreur aux faits de distribution et de variation, permit à M. Galton d'apporter de la méthode et de l'ordre dans diverses questions soulevées par la théorie darwinienne : sélection naturelle, régression, réversion aux types ancestraux, extinction de famille, effets de parti-pris dans le mariage, mélange d'hérédités, éléments latents, etc, et de préparer la voie aux labeurs combinés du naturaliste et du statisticien ». (Merz, p. 618).

Parmi ceux qui ont suivi l'impulsion de F. Galton, le travailleur le plus éminent et auquel on doit les progrès les plus importants est Karl Pearson qui a publié de nombreuses et importantes contributions mathématiques à la théorie de l'évolution, dans les *Transactions* et les *Proceedings* de la *Royal Society* depuis 1893, et dans sa revue *Biometrika*. Le lecteur qui n'est pas suffisamment préparé à suivre des développements mathématiques devra consulter la réédition de la *Grammar of Science* de Pearson ; voir aussi ses *Chances of Death and other studies in Evolution* (2 vol., 1897).

3. — *Aperçu sur le mode de procédure statistique.*

On se fera quelque idée de la façon de traiter statistiquement les faits d'hérédité par l'exposé qui suit, dû à un statisticien expérimenté, M. G. Udny Yule (1902, p. 196).

« On fait une série de mensurations de quelque caractère variable, par exemple la taille, chez les parents et les enfants, en notant les familles individuelles (les plus nombreuses qu'il soit possible) et non en mesurant en bloc la première génération, puis la seconde de même. De ces mensurations on tire une équation donnant, avec autant d'approximations qu'il se peut, le caractère moyen de la progéniture en termes du caractère des parents. Soit x le caractère des parents, y le caractère moyen de la progéniture, alors la forme la plus simple de l'équation est :

$$y = A + Bx$$

où A est une dimension du même ordre que x ou y, et B, un nombre variant d'un cas à l'autre. Par exemple nous avons, par les données recueillies par F. Galton relativement à l'hérédité de la stature chez l'homme, et réduites par K. Pearson, l'équation exprimant la stature moyenne du fils et la stature du père :

$$y = 31{,}10 + 0{,}45x.$$

La stature moyenne des fils est de 31 pouces 1 *plus* 9/20⁰ˢ de la stature du père (en pouces aussi). La stature du père fournit donc quelques indications quant à la stature de sa progéniture : elle nous permet une évaluation plus précise de sa stature que nous n'en pourrions tirer de la simple connaissance des caractères moyens de la race, et nous pouvons dire par conséquen⁺ que la stature est un caractère hérité. Les fils s'écartent de la moyenne de la race dans le même sens que le fait le procréateur. De façon très générale le statisticien dit d'un caractère qu'il est hérité quand le nombre ou la « constante » B est supérieur à zéro ; s'il ne diffère pas sensiblement de zéro, le caractère est tenu pour non héritable, tout à fait en dehors de la question de savoir si la moyenne est plus ou moins constante d'une génération à la suivante, considération qui n'a pas d'influence sur la conception de l'hérédité *individuelle*. »

4. — *Régression filiale.*

On a souvent observé que les enfants de parents extraordinairement bien doués sont des personnages très ordinaires ; par contre les enfants de parents au-dessous de la moyenne sont parfois très remarquables, au physique et au moral.

Quiconque a examiné les faits de l'hérédité d'un peu près et a comparé la moyenne des qualités dans les générations successives a remarqué de façon générale que le même niveau moyen a tendance à se maintenir de génération en génération. Même les investigateurs anciens, comme Lucas, ont appelé l'attention sur le fait que les qualités extraordinaires dans les familles tendent à disparaître comme si quelque mystérieux impôt sur la succession était prélevé sur les écarts marqués par rapport à la normale, écarts tant par excès que par défaut. Mais nous devons aux recherches statistiques attentives de F. Galton la généralisation connue sous le nom de loi de régression filiale, qui a remplacé une impression vague par une formule définie. Il a défini et mesuré cette tendance vers la médiocrité, cette tendance à se rapprocher de la moyenne de la souche, qui est exprimée par le terme « régression filiale ». Observons dès maintenant que celle-ci n'a rien à voir avec la réversion ou la dégénération, et qu'elle opère en tous sens, vers le haut comme vers le bas, en avant comme en arrière.

Les données que Galton a utilisées furent principalement les *Records of Family Faculties*, obtenus d'après 150 familles environ, et se rapportant principalement à la stature, la couleur des yeux, le caractère, les facultés artistiques, et certaines formes de maladie. Ces données furent complétées par des mensurations faites au laboratoire anthropométrique de Galton, et par des observations sur les pois de senteur, et aussi sur les phalènes.

Les données les plus dignes de confiance, toutefois, furent celles qui se rapportent à la stature : cette dernière qualité, comme l'indique Galton, présente beaucoup d'avantages comme sujet d'études. Elle est presque constante durant la maturité : on la mesure de façon exacte, aisément, et souvent ; et elle ne paraît pas être un facteur appréciable dans la sélection sexuelle. Sa variabilité, quoique faible, est presque normale : c'est-à-dire que la courbe normale de fréquence d'erreur correspond presque à la distribution dans beaucoup de cas.

Comme le sujet n'est nullement aisé pour ceux qui n'ont pas l'habitude des recherches statistiques, et comme nous ne pouvons, dans le cadre de ce volume, expliquer les méthodes suivies par Galton, le mieux sera de donner comme exemples quelques citations de *Natural Inheritance* (1889).

« Si l'on emploie le terme « particularité » pour indiquer les différences entre la quantité d'une faculté quelconque, possédée par un individu, et la quantité moyenne de celle-ci possédée par l'ensemble de la population, alors la loi de régression peut être décrite comme suit. Chaque particularité d'un individu est partagée par ses congénères, mais en *moyenne*, à un moindre degré. Elle est réduite à une fraction définie de sa totalité, quelle que puisse être cette dernière. La fraction diffère selon les ordres de parenté, diminuant à mesure que celle-ci est plus reculée » (p. 194).

Dans la population étudiée par Galton le niveau de médiocrité, en stature, était 68 pouces 1/4 (sans chaussures). La loi, ou le fait de régression révélé par les statistiques était que la déviation du fils par rapport à la moyenne de la population (P) est, en somme, égale au 1/3 de la déviation des parents par rapport à P, et de même direction. Si $P \pm D =$ stature des parents, alors $P \pm 1/3 D =$ stature du fils. Dans les études de ce genre il est commode d'employer le concept de « parent moyen » dont la stature est à mi-chemin entre la stature du père et la « stature transmuée » de la mère, la stature transmuée étant en pratique la stature qu'aurait la mère si ce n'était pas une femme (addition d'un pouce de 25 millimètres par pied de 30 cent.).

« Si paradoxal que cela puisse apparaître à première vue, c'est théoriquement un fait nécessaire, et qui est clairement confirmé par l'observation, que la stature de la progéniture adulte doit, au total, être plus *médiocre* que celle des parents, c'est-à-dire plus voisine de la moyenne de la population générale » (p. 95).

Si les résultats les plus clairs de Galton furent fournis par les données relatives à la stature, la conclusion générale fut confirmée en ce qui concerne la couleur des yeux, les aptitudes artistiques et d'autres facultés. Il semble n'y avoir aucune raison de douter de l'existence générale de la régression vers la médiocrité, bien qu'elle soit sans doute modifiée en ce qui concerne des caractères soumis à une sélection aiguë, naturelle ou sexuelle.

« La loi de régression agit puissamment contre toute pleine transmission héréditaire d'un don quelconque. C'est seulement un petit nombre entre de nombreux enfants qui courrait le risque de différer de la médiocrité au même degré que le parent-moyen ; encore moindre serait le nombre des sujets différant autant que le plus exceptionnel des deux parents. Plus un parent est richement doué par la nature, plus rarement aura-t-il la bonne fortune d'engendrer un fils aussi bien doué que lui-même ; plus rarement encore aura-t-il un fils encore mieux doué que lui.

Mais la loi ne connaît qu'une règle : elle prélève un impôt sur la succession du mauvais comme sur celle du bon. Si elle décourage les espérances extravagantes du parent doué, espérant que ses enfants hériteront de toutes ses facultés, elle annule aussi les craintes exagérées que peut avoir le progéniteur de passer à son fils sa débilité et sa mauvaise santé. » (p. 106).

« Il faut bien comprendre qu'il n'y a rien dans ces constatations, qui réduise à néant la doctrine générale que les enfants d'un couple bien doué ont plus de chances d'être doués que ceux d'un couple médiocre. Elles expriment simplement le fait que le mieux doué de tous les enfants de quelques couples doués ne sera probablement pas aussi doué que le plus doué de tous les enfants de beaucoup de couples médiocres. » (p. 106).

Il ne faut pas non plus s'imaginer que la loi de régression affecte la valeur générale d'une bonne souche, ou le désavantage général d'une mauvaise. Deux membres doués d'une souche pauvre peuvent être personnellement équivalents à deux membres ordinaires d'une bonne souche, mais « les enfants des premiers auront tendance à la régression ; ceux des derniers ne l'auront pas. » (p. 198).

Donnons un exemple concret d'après la *Grammar of Science* de K. Pearson (1900, p. 454) : « Des pères de stature donnée n'ont pas des fils, tous de stature donnée, mais un groupe de fils de stature moyenne différente de celle du père et plus rapprochée de la stature moyenne des fils en général. Ainsi, prenons les pères de stature 72 pouces : la stature moyenne de leurs fils est 70,8 : il y a *régression* vers la moyenne de la population générale. D'autre part les pères de 66 pouces de stature moyenne donnent un groupe de fils de stature moyenne 68,3 : ceux-ci ont *progressé* vers la moyenne de la population générale de fils. Le père possédant un grand excès d'un caractère a des fils possédant un excès aussi, mais moindre, du même caractère ; le père présentant un grand défaut d'un caractère a des fils ayant ce défaut, mais à un moindre degré. Le résultat général est une stabilité sensible du type, avec variation de génération. »

Les citations précédentes rendent très claire l'idée générale de la régression. Pour les détails et d'autres renseignements, se reporter aux ouvrages de Galton et de Pearson.

Il est nécessaire, toutefois, de se demander ce que ce fait, statistiquement établi, de la régression filiale, signifie réellement, au point de vue biologique.

Interprétation de la régression. — Les faits de la régression s'expriment, de façon globale, par la frappante ressemblance statistique entre générations successives d'un peuple, par conséquent, par une tendance continue à maintenir la moyenne spécifique. On ne peut guère nier que la similitude soit due en partie à des conditions identiques, par exemple de sélection, mais cette interprétation ne peut guère s'appliquer aux rapports qu'on a établis entre grands et petits, blonds et bruns, et ainsi de suite. Il ne s'agit évidemment pas là de transmission héréditaire complète, car « les grands n'engendrent pas toujours les grands, ni les petits les petits » ; les enfants ne reproduisent pas de façon précise les qualités de leurs parents (Galton, 1889, p. 1 et 116). Alors, de quoi dépend la régression ?

Galton propose deux explications différentes. (p. 104-5). La première se rattache à son idée de la stabilité du type et peut s'exprimer comme suit. Ce mot « type » présuppose l'existence d'un nombre limité de formes récurrentes, formes ayant atteint un degré considérable de stabilité organique. Une déviation par rapport au type peut signifier l'arrivée à une nouvelle position d'équilibre organique, car de nombreux « sports » sont considérés comme très stables ; mais ce peut être aussi une position d'instabilité, ce qui laisse attendre un retour à l'équilibre ancien. De même que certaines espèces de cellules ont des dimensions très définies, dépendant sans doute en partie de l'adaption optima du volume et de la surface, de même beaucoup d'animaux ont une limite de croissance très définie, représentant sans doute une condition d'équilibre organique. Quand il en est ainsi, il est facile de comprendre que des déviations marquées aboutissant à l'apparition de géants ou de nains seront instables. Les enfants de ceux-ci auront tendance à regagner la position de stabilité simplement parce qu'elle représente l'optimum physiologique sous des conditions données. Les phénomènes régulateurs du développement assureront la régression de la même manière mystérieuse qu'ils assurent le développement d'une larve parfaite hors d'un embryon mutilé. Dans le cas particulier de la stature humaine un écart de quelques pouces peut n'avoir aucune importance, mais on conçoit aisément des organismes pour lesquels les proportions des diverses dimensions corporelles sont capitales.

L'autre raison que donne Galton pour expliquer la régression se trouve dans ce qu'on appelle l'hérédité en mosaïque. L'enfant est héritier en partie de ses parents, en partie de ses ancêtres. « Dans toute population chez laquelle les individus se marient librement entre eux, quand on suit fort avant dans le passé la généalogie d'un sujet quelconque, on constate que son ascendance consiste en éléments si variés qu'ils ne peuvent être distingués de ceux d'un échantillon pris au hasard dans cette même population. La stature moyenne de l'ascendance lointaine d'un tel individu deviendra identique à P (moyenne de la population présente) : en d'autres termes elle sera médiocre. » « Pour formuler la même conclusion sous une autre forme, la valeur la plus probable de la déviation par rapport à P, des ancêtres moyens de l'individu, pris dans une génération éloignée quelconque, est zéro » (p. 195).

Pearson interprète la régression filiale en termes similaires. « Un homme est le produit non seulement de son père, mais de toute son ascendance passée, et s'il n'y a pas eu une sélection très attentive, la moyenne de cette ascendance n'est probablement pas différente de celle de la population générale. A la 10e génération, un individu a (théoriquement) 1.024 arrières parents au dixième degré. Il est finalement le produit d'une population de dimensions semblables, et la moyenne de celle-ci ne peut guère différer de celle de la population générale. C'est le lourd fardeau de cette ascendance médiocre qui fait que le fils d'un père exceptionnel revient vers la moyenne ; et si le fils d'un père dégénéré échappe au fardeau du mal paternel cela tient à ce que l'équilibre est rétabli par le poids de toute cette ascendance moyenne. Dans l'humanité, nous comptons beaucoup pour nos hommes exceptionnels sur les variations extrêmes se produisant dans la foule banale, mais si nous pouvions supprimer le frein qu'apporte l'élément médiocre dans l'ascendance, ne fût-ce que pour quelques générations, nous éliminerions sensiblement la régression, ou créerions une souche d'hommes exceptionnels. C'est précisément ce que fait l'éleveur en pratiquant la sélection et en isolant une souche jusqu'à ce qu'elle soit établie ». (*Grammar of Science*, 1900, p. 456).

Prédiction. — Connaissant la stature de 1.000 pères d'une souche donnée, et la stature de leurs fils, et aussi la stature moyenne de la population générale, nous disposons d'une base pour établir une « équation de régression » pouvant être utilisée pour calculer la stature probable du fils de n'importe quel père. Mais cette prédiction peut être fort éloignée du fait réel, puisqu'une variabilité individuelle exceptionnelle se présente souvent. Cet écart n'existera pas cependant si la prédiction se rapporte à la stature moyenne du fils d'un groupe de 50 pères par exemple. Si la formule (stature du fils = 38,45 + 0,446 × stature du père) est appliquée à 50 pères anglais de la classe moyenne, de même stature, on constate que leurs fils ont une stature différant fort peu de celle qu'indique la formule. En ce qui concerne toutes ces conclusions statistiques, il faut attentivement tenir présent à l'esprit le fait qu'elles ne peuvent s'appliquer aux cas individuels.

« Nous ne pouvons rien affirmer de certain au sujet de l'individu : nous pouvons seulement énoncer ce qui est le plus probable. L'individu varie en raison de la variabilité des gamètes et nous ne savons rien des gamètes particulières qui se sont fondues pour former la souche dont il est le produit. Tout ce que nous savons, dans le domaine de l'hérédité, c'est le degré de ressemblance existant en moyenne... Le statisticien qui traite de l'hérédité est comme le physicien traitant de l'atome : il ne peut dire que peu de chose, ou rien du tout de l'individu : sa connaissance ne se rapporte qu'au groupe contenant un grand nombre d'unités ». (Pearson, *op. cit.*, p. 457).

Régression et corrélation. — Comme le terme *régression* employé par Galton pour décrire jusqu'à quel point un fils moyen est plus voisin de la moyenne de la souche que ne l'est son père, a souvent été mésinterprété et considéré comme impliquant quelque chose de la nature d'un retour en arrière, d'un « recul », il est sans doute désirable de s'en défaire et d'y substituer le terme technique *corrélation*, exprimant le degré où le fils se rapproche plus de son père de la moyenne de la lignée.

Le terme *régression*, introduit en biométrie par Galton, n'est pas en réalité un terme biologique. Comme feu Weldon l'a indiqué dans une conférence intéressante, il peut y avoir régression entre deux ensembles différents de résultats de coups de dés, si la seconde série dépend d'une certaine façon, mais non entièrement, de la première. Weldon protesta contre l'idée que la régression était une propriété particulière aux êtres vivants, en vertu de laquelle les variations seraient diminuées d'intensité durant les transmissions des parents aux enfants, et l'espèce conservée fidèle au type » (1906, p. 107).

Si une série de pères s'écarte, dans une certaine mesure, en quelque caractère, de la moyenne générale de la population, les variations accusées par leurs fils en ce qui concerne le même caractère oscilleront entre l'écart paternel et la moyenne de la population totale. C'est ce qu'on appelle la régression filiale ou le *retour à la moyenne*.

L'importance de ce retour nous fournit une mesure utile de l'intensité de l'hérédité. Si le retour est faible, cela signifie une hérédité intense ; s'il est considérable, cela signifie une intensité d'hérédité faible. Le rapport entre l'écart de la moyenne des fils, et l'écart de la moyenne des pères, en ce qui concerne un caractère donné fournit une mesure de l'intensité de l'hérédité en ce qui concerne ce caractère, et porte le nom de « coefficient de corrélation ». On trouvera dans *Heredity* de Doncaster (1910, chap. IV) un exposé très clair et simple de la façon d'obtenir le coefficient de corrélation.

Les corrélations déterminées par Pearson et d'autres en ce qui concerne nombre de caractères chez les plantes, les animaux et l'homme, varient de 0,42 à 0,52, ce qui signifie que la progéniture s'écarte de la moyenne de la population générale de la moitié environ de l'écart des parents.

« Il semble probable que dans les cas où l'appariement des parents n'est pas déterminé à un degré sérieux par la ressemblance ou la dissemblance en ce qui concerne le caractère discuté, la régression des enfants par rapport aux parents a une valeur très approximativement la même, et très sensiblement égale à 1/2 pour une série étendue de caractères aussi bien mentaux que physiques, chez les êtres humains, et pour une série considérable de caractères chez les animaux supérieurs, en tout cas, si ce n'est chez les animaux en général ». (Weldon, 1906, p. 108).

Résumé. — Beaucoup d'organismes individuels diffèrent de façon marquée de la moyenne de la lignée ou race à laquelle ils appartiennent. Par certain caractère — ou par plusieurs — ce sont des individus extraordinaires. Quelle conclusion peut-on tirer de ces faits au sujet de l'hérédité de ces individus ? C'est qu'*ils sont, en moyenne, plus médiocres que leurs parents.*

Comme le dit M. Yule : « Ce phénomène de la chute de la progéniture, par rapport au type des parents, vers la médiocrité porte le nom de *régression* (ou retour à la moyenne). C'est la régression et non la constance de type qui, pour le statisticien, constitue le phénomène fondamental de l'hérédité et le premier fait que doive expliquer toute théorie physique ». (1902, p. 197).

On l'explique en supposant, de façon générale, qu'un héritage est une mosaïque composée des contributions venant d'un complexe d'ancêtres qui, lorsqu'on le retrace jusqu'à la 10e génération en arrière, par exemple, correspond à un échantillon moyen de la race dont il s'agit.

NOTE SUR LA RÉDUCTION DES ANCÊTRES. — Pour apprécier la complexité possible de notre héritage en mosaïque, il nous faut rappeler le nombre de nos ancêtres. Nous avons deux parents, quatre grands-parents, huit arrière-grands-parents, environ seize arrière-arrière-grands-parents, et ainsi de suite. « Si comme l'a dit Milnes Marshall, nous comptons trois générations au siècle, il y aura eu vingt-cinq générations depuis l'Invasion Normande (en Angleterre) et un individu peut être descendu non seulement d'un ancêtre ayant vécu en 1066, mais directement et également de plus de 16 millions d'ancêtres qui existaient vers cette date. » Mais d'après ces vues théoriques l'existence d'un homme actuel impliquerait l'existence de 70.000 millions de millions d'individus au début de l'ère chrétienne. Ce qui est absurde. La théorie ne tient pas compte de la fréquence de mariages entre parents, entre cousins, pas exemple. Quand *nous avons affaire à de grands groupes de familles,* nous voyons des ancêtres individuels figurant dans des arbres généalogiques différents.

Brooks (*Science*, 1895, p. 121), fait remarquer que s'il n'y avait eu dans la population d'un district donné que des mariages entre cousins germains pendant 10 générations, le total des ancêtres de chaque individu de ce district serait de 38 seulement, au lieu du nombre théoriquement possible de 2.046. « Une enquête sur l'ascendance de trois personnes n'ayant pas de parenté proche, vivant dans une île de la côte de l'Atlantique, où les archives sont complètes pour sept et huit générations, montre que les ascendants de chacune de ces trois personnes sont en moyenne, au nombre de 382 seulement. » (Cope, 1896, p. 460).

Le problème de la réduction du nombre des ancêtres a été très soigneusement discuté par divers généalogistes, Lorenz et F. T. Richter entre autres. Qu'il suffise d'un exemple. Théoriquement, Guillaume II de Prusse aurait pu avoir en ligne directe le nombre d'ancêtres indiqué dans la ligne supérieure du tableau qui suit ; la seconde ligne indique le nombre d'ancêtres effectivement connus jusqu'à la douzième génération ; la troisième donne le nombre des ancêtres possibles sur lesquels on n'a que des données insuffisantes ; la quatrième donne le total probable.

Générations	I	II	III	IV	V	VI	VII	VIII	IX	X	XI	XII
1 Nombre théorique	2	4	8	16	32	64	128	256	512	1024	2048	4096
2 Nombre des ancêtres connus	2	4	8	14	24	44	74	111	162	200	225	2759
3 Insuffisamment connus								5	15	56	117	258
4 Total probable								110	177	256	342	533

5. — *Loi de l'hérédité ancestrale.*

Dans tous les cas ordinaires de reproduction, la progéniture a une hérédité strictement dualiste, ou bi-parentale. Que l'héritage soit mélangé, particulé, ou exclusif dans son expression, il se compose, pour commencer, de contributions égales des deux parents. Evidemment, toutefois, si le concept de la continuité du plasma germinatif est correct, la contribution du père est composée de contributions de ses deux parents ; celle de la mère de contributions de ses deux parents aussi. Et ainsi de suite en remontant dans les générations. De la sorte nous arrivons à l'idée à laquelle si souvent il a été fait allusion jusqu'ici, qu'un héritage individuel est une mosaïque de contributions ancestrales. Les faits illustrant cette idée féconde sont familiers à tous : par exemple la ré-expression des détails banals qui constituaient des traits caractéristiques du grand-père et de la grand'mère. Mais nous devons à l'œuvre statistique méticuleuse de F. Galton une généralisation formulant la part qu'ont en moyenne les divers ancêtres dans l'héritage de n'importe quel organisme individuel. C'est ici la loi de l'hérédité ancestrale.

Exposé de la loi de Galton par lui-même. — F. Galton a établi sa loi sur des données relatives à la stature et à d'autres caractères chez l'homme, et la couleur du poil chez les bassets. Sa loi se formule de la façon suivante : « Les deux parents apportent ensemble en *moyenne* une moitié de chaque faculté transmise, chacun d'eux en fournit le quart. Les 4 grands-parents y contribuent pour 1/4, ou chacun d'eux pour 1/16e et ainsi de suite, la somme de la série $\dfrac{1}{2} + \dfrac{1}{4} + \dfrac{1}{8} + \dfrac{1}{16}$ ... étant égale à 1, comme on le sait. C'est une des propriétés de cette série infinie que chaque terme y est égal à la somme de tous ceux qui suivent : ainsi : $\dfrac{1}{2} = \dfrac{1}{4} + \dfrac{1}{8} + \dfrac{1}{16} + \ldots ; \dfrac{1}{4} + \dfrac{1}{8} + \dfrac{1}{16}$ et ainsi de suite. Les prépotences ou sub-potences d'ancêtres particuliers, dans toute généalogie, sont éliminées par une loi qui ne se rapporte qu'aux contributions moyennes, et les prépotences variables du sexe en ce qui concerne différentes particularités, sont aussi probablement éliminées. » Ainsi un héritage n'est pas simplement dualiste : par les parents il est multiple, et les contributions *moyennes* des grands-parents, des arrières-grands-parents, etc., sont définies, et diminuent selon un rapport précis, proportionnellement à l'éloignement des ancêtres.

L'idée de l'affaiblissement des contributions ancestrales en raison de l'éloignement des ancêtres peut être rendue plus concrète, si l'on considère quelques-uns des tableaux de *Hereditary Genius* de Galton (1869). Ainsi, parmi les ascendants de 100 hommes éminents on trouve environ 31 pères, 17 grands-pères et 3 arrière-grands-pères tous éminents.

Expression diagrammatique. — Les proportions des contributions moyennes des parents, grands-parents, arrière-grands-parents, etc., apparaissent aussitôt au regard, si l'on consulte le schéma de la p. 308, emprunté à l'un des mémoires de F. Galton.

Enoncé de la loi de Galton par Pearson. — Karl Pearson énonce la loi de Galton de la façon suivante : « *Les contributions de chacun des parents sont en moyenne de un quart de l'héritage total, ou* $(0, 5)^2$, *de chaque grand-parent,* $1/16^e$ *ou* $(0, 5)^4$ *et ainsi de suite; quiconque occupe une place ancestrale au* n^e *degré, quelle que soit la valeur de* n, *contribue à l'héritage pour* $(0, 5)^{2n}$. » Il appelle l'attention sur l'extrême importance de la loi, car « si le darwinisme constitue la façon correcte d'envisager l'évolution, si nous devons expliquer l'évolution par la sélection naturelle combinée à l'hérédité, alors la loi qui nous permet de préciser de façon exacte et concise le type auquel appartient le produit, en partant des particularités ancestrales, est à la fois la pierre angulaire de la biologie, et la base d'après laquelle on

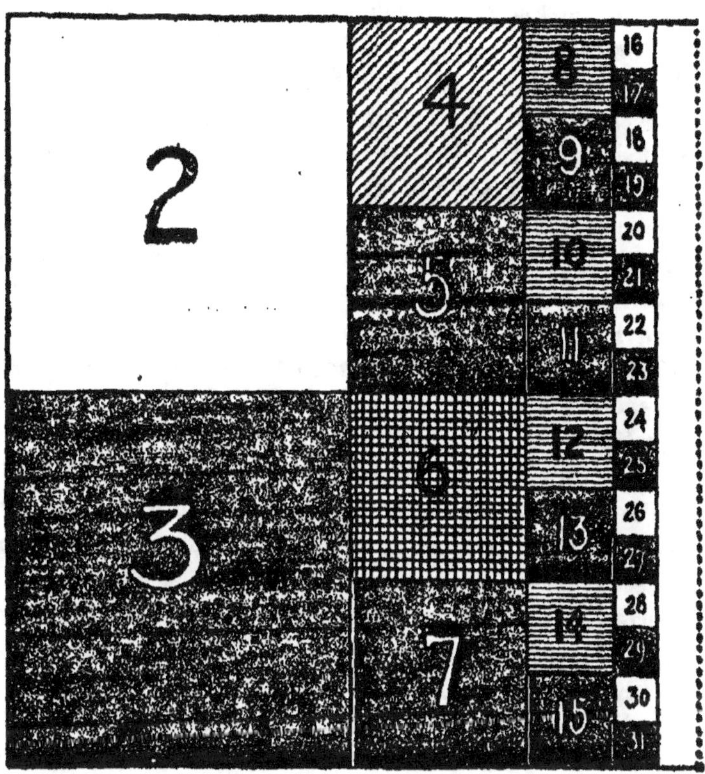

Fig. 18. — Schéma illustrant la loi de Galton concernant l'héritage ancestral. (D'après Galton). Cette figure a été publiée en premier lieu par M. A. J. Meston (*The Horseman*, Chicago, 28 déc. 1897).

« La surface totale du carré représente l'héritage total d'une forme ou faculté particulière quelconque qu'a reçue un individu particulier quelconque. Elle est divisée en carrés plus petits portant chacun un numéro distinctif et se rapportant aux différents ancêtres. La grandeur de ces carrés montre la proportion moyenne de l'héritage total provenant des ancêtres correspondants..... Le sujet du pedigree peut être désigné par 1. Par suite, quelque soit le numéro distinctif d'un ancêtre, soit n, le numéro de son père sera $2n$, et celui de sa mère $2n + 1$. Tous les numéros mâles de la généalogie sont donc pairs, et tous les numéros femelles impairs. Exemple : 2 est le père de 1, et 3 est la mère de 1 ; 6 est le père de 3 et 7 est la mère de 3. Ou bien, dans le sens inverse, 14 est un mâle accouplé à 15 ; leur progéniture est 7, une femelle qui est accouplée à 6 ; leur progéniture est 3, une femelle qui est accouplée à 2 ; leur progéniture est 1, c'est-à-dire le sujet..... Les carrés numérotés pourraient être multipliés à l'infini ; dans le petit schéma en question, ils s'arrêtent à la quatrième génération, qui contribue pour 1/16me à l'héritage total ; par conséquent la totalité des ancêtres plus anciens, compris dans la colonne en blanc, y contribue également pour 1/16me » (Galton, 1888).

peut considérer la science de l'hérédité comme une science exacte »
(*Grammar of Science* 1900, p. 479). Il dit ailleurs : « La loi de l'hérédité ancestrale paraît devoir être une des plus brillantes des
découvertes de Galton ; c'est très probablement l'énoncé descriptif simple qui ramène à un même foyer toutes les lignes complexes d'influence héréditaire. Si l'évolution darwinienne résulte
d'une combinaison de la sélection naturelle avec l'hérédité,
alors l'énoncé simple qui embrasse tout le champ de l'hérédité
doit être, pour le biologiste, presque aussi capital que la loi de
la gravitation pour l'astronome ».

Karl Pearson a lui-même donné un énoncé de la loi de l'hérédité ancestrale quelque peu différent de celui de Galton : mais
en pratique ses méthodes et ses résultats généraux sont les mêmes. La citation suivante (1903, *a*, p. 215) a son utilité.

« Partant donc de ce fait d'observation qu'une connaissance
complète de ses parents et de tous ses ascendants ne peut nous
permettre de prédire avec certitude dans la plupart des cas
importants le caractère de chaque individu, nous nous deman-
dons quelle est la façon correcte de traiter alors le problème de
l'hérédité. Les causes A, B, C, D, E... que nous avons jusqu'ici
réussi à isoler et à définir ne sont pas toujours suivies de l'effet X,
mais de l'un ou l'autre des effets U, V, W, X, Y, Z. Par conséquent nous avons affaire ici non à de la causalité, mais à de la
corrélation, et dès lors une seule méthode est possible : il nous
faut recueillir des statistiques relatives à la fréquence avec laquelle U, V, W, X, Y, Z respectivement suivent A, B, C, D, E...
Par ces statistiques nous connaissons le résultat le plus *probable* des causes A, B, C, D, E, et la fréquence de chaque écart par
rapport à ce résultat le plus probable. Un des grands services
rendus par F. Galton à la biométrie est d'avoir discerné que dans
l'état actuel de nos connaissances, la véritable méthode à suivre
pour aborder le problème de l'hérédité, est la méthode statistique, et que tout ce à quoi nous pouvons aspirer pour le moment,
c'est d'indiquer le caractère *probable* de l'héritier d'un ensemble
ancestral donné. »

K. Pearson a dégagé la corrélation moyenne qui existe entre
un individu et ses parents, ses grands-parents, ses aïeux etc...
Il a trouvé que la relation entre enfant et parent est d'environ

0, 5 ; entre enfant et grand-parent de 0, 33 ; entre enfant et arrière-grand-parent, d'environ 0, 22. Ces chiffres indiquent le degré de ressemblance, quant à un caractère mesuré, entre un individu et un ancêtre de chaque génération. Il en a déduit les contributions ancestrales moyennes et a été conduit à conclure que la série 0, 6244, 0, 1988, 0, 0630 etc, est plus exacte que la série 0, 5 ; 0, 25 ; 0, 125 etc., de Galton.

Résumé. — Galton a formulé sa loi de l'hérédité ancestrale de la façon suivante : « Les deux parents contribuent ensemble en moyenne de moitié (0, 5) à l'héritage total de l'enfant ; les 4 grands-parents du 1/4 (0, 5)^2 ; les 8 grands-parents du 1/8e ou (0, 5)^3 et ainsi de suite. Ainsi la somme des contributions ancestrales est exprimée par la série : (o, 5) + (0, 5)^2 + (0, 5)^3 etc.) qui, étant égale à 1 explique tout l'héritage » (1897, p. 402).

Mais il est tout à fait légitime d'accepter l'idée générale de cette loi sans accepter la fixité des fractions d'hérédité partielle qu'elle exprime.

M. G. Udny Yule formule la loi d'hérédité ancestrale de la façon la plus générale qui soit possible quand il dit : « Cette loi, que *le caractère moyen d'un individu peut être calculé avec d'autant plus d'exactitude que nous en savons plus sur les caractères correspondants de ses ancêtres*, peut recevoir le nom de Loi de l'hérédité ancestrale » (1902, p. 202).

Weldon (1902) énonce cette loi comme suit : « *Le degré auquel un caractère parental agit sur un individu dépend non seulement de son développement chez chacun des parents, mais de son degré de développement chez les ancêtres de ceux-ci.* » M. Yule pense qu'au lieu de « agit sur » (*affects*) qu'implique à un certain degré une influence physique directe, il serait plus correct de mettre « sert de base à l'estimation du caractère de ».

Dans un mémoire ultérieur Weldon a discuté la validité de la loi de Galton, en ces termes :

« Les résultats obtenus jusqu'ici font qu'il est probable que la prédiction originelle de Galton sera vérifiée pour la classe considérable de faits à laquelle il pensait qu'elle s'adaptait et que l'on trouvera que l'influence des différentes générations d'ancêtres, mesurée par les coefficients de retour à un type moyen, intermédiaire entre les ancêtres et les individus actuels

diminue avec l'éloignement des ancêtres selon les termes d'une
série géométrique simple qui est sensiblement la même, au moins
pour tous les caractères des animaux supérieurs qui ont été convenablement examinés » (Weldon, 1906, p. 108).

6. — *Critiques de la loi de Galton.*

L'importance de la loi étant considérable, il nous faut consacrer quelque attention à certaines critiques qui lui ont été adressées. Il va sans dire que ceux qui désirent critiquer la base sur
laquelle repose la généralisation devront consulter les documents
originaux, indiqués dans la bibliographie.

Il convient de tenir présent à l'esprit que le loi de l'hérédité
ancestrale est une conclusion statistique se rapportant à ce qui
est vrai en moyenne pour un grand nombre de cas. Ce n'est point
un argument contre elle que de citer des cas particuliers où elle
n'est pas justifiée, où par exemple la ressemblance entre un individu et son grand-père paternel est beaucoup plus grande que
ne la représente la fraction théorique. C'est comme si l'on disait
que les statistiques sur le pourcentage de mortalité dans la scarlatine sont inexactes parce que nous connaissons des familles
considérables où le mal a sévi sans déterminer une seule mort.

Ce qu'on peut dire contre la loi de Galton, c'est : 1º que la
relation héréditaire est chose complexe ; 2º que la plupart des
qualités organiques et les degrés de ressemblance dans les générations successives ne peuvent que rarement être mesurées avec
l'exactitude qui est possible dans le cas d'une qualité telle que
la stature; et 3º que la quotité présente de n'importe quel caractère formant partie d'un héritage est quelque chose de différent de
l'expression que trouve cette quotité dans le développement,
car l'expression dépend en partie des conditions de « nurture ».
Pour ces raisons et d'autres similaires, il peut sembler singulier
que les fractions indiquant les contributions moyennes des parents, grands-parents, arrière-grands-parents, etc, puissent être
représentées par une série aussi simple que $1/2 + 1/4 + 1/8 +$
etc.

La réponse générale est naturellement que, lorsque les données
sont assez considérables, les irrégularités de résultat dues à des

312 L'HÉRÉDITÉ

particularités spéciales — comme un arrière-grand-père très
prépotent — sont aplanies.

Si Galton parlait parfois de sa loi sous son aspect physiologique, il est indubitable qu'il la considérait principalement comme
une description statistique, se rapportant à des héritages moyens,
et s'appliquant à des masses plutôt qu'aux individus composant celles-ci, considérés séparément. Ainsi il dit expressément
(1897, p. 402) « Dans une loi qu'on reconnaît ne s'appliquer
qu'aux résultats moyens, on est justifié de négliger les prépotences individuelles ».

Darbishire a tenté, au moyen d'un diagramme, de dissiper la
confusion répandue qui oppose les formules statistiques et physiologiques. Soit la représentation diagrammatique de quatre

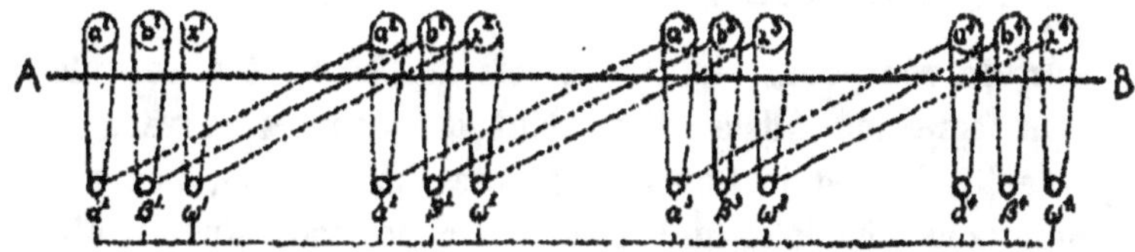

Fig. 19 — Schéma montrant la différence existant entre les formules statistiques et les formules physiologiques. (D'après Darbishire.)

générations successives : a', b', x' ; a^2, b^2, x^2, etc. représentent
des individus adultes de ces générations ; α', δ', ω' ; α^2, δ^3,
ω^2, etc. représentent les cellules germinales produites par ces
individus. La formule statistique se contente de se tenir au-
dessus de la ligne A — B, et se rapporte aux générations successives en tant que générations, énonçant la relation de ressemblance héréditaire qui subsiste entre elles. Mais l'interprétation
physiologique cherche à pénétrer au-dessous de la ligne A — B
et s'efforce de montrer par une théorie des contributions germinales comment il se fait que a engendre a^2 qui peut être plus
ou moins différent de lui, comment a^2 engendre a^3, qui, lui aussi,
peut être plus ou moins différent de lui.

Pour faire ressortir le contraste entre les conclusions statistiques et les
conclusions physiologiques, Darbishire rappelle l'énigme familière : *Pourquoi les moutons blancs mangent-ils plus que les noirs ?* et sa réponse : *Parce
qu'il y en a davantage.* En posant l'énigme on ne dit pas qu'il ne s'agit pas

de moutons blancs et noirs, en tant qu'individus : mais celui à qui on la propose croit *invariablement* qu'il en est ainsi, d'où des conséquences intéressantes. « S'il est biologiste il se mettra à chercher quelque explication physiologique du fait, en relation probablement avec le rapport bien établi entre la pigmentation et l'expulsion des produits de déchet »... « La réponse lui fait savoir que le sujet en discussion est la quantité mangée par la totalité des moutons blancs comparée à la quantité mangée par la totalité des moutons noirs ».

« Si l'on saisissait plus généralement et plus clairement que ce n'est le cas actuellement, l'antithèse entre les vérités relatives aux masses et les vérités relatives aux individus, antithèse sur laquelle repose cette énigme, il ne subsisterait pas dans l'esprit de la plupart des biologistes cette confusion qui les empêche de voir la profonde différence existant entre une loi physiologique, telle que celle de Mendel, qui est vraie des unités, et une loi statisque, comme la loi de l'hérédité ancestrale, qui est vraie des masses. Cette énigme devrait être proposée à tous ceux qui se destinent à l'étude de l'hérédité : et s'ils ne peuvent en discerner le caractère fallacieux, ils ne sont pas aptes à la besogne qu'ils ont choisie ».

Quelques réserves. — (a) Les lois de l'hérédité ancestrale et de la régression filiale constituent des énoncés moyens se rapportant à la distribution des qualités héréditaires, non des généralisations physiologiques relatives à des individus. Il n'y a nulle force mystérieuse de régression filiale, obligeant la progéniture à graviter autour de la médiocrité. Il y a une tendance, observée statistiquement, à maintenir une moyenne dans une race, et l'explication que l'on offre du fait est que toute progéniture a un ensemble d'ancêtres multiple et que celui-ci se résout vite en un échantillon médiocre de la population générale. Il se peut toutefois qu'il y ait une erreur dans la théorie, en particulier dans l'idée que le degré de ressemblance observé est dû en totalité à l'hérédité. Une grande partie de cette ressemblance peut être due à la similitude dans la « nurture », à des modifications somatiques, non transmissibles, qui sont réimprimées génération après génération par des particularités dans le milieu, la nutrition, la fonction. Pearl (1915) et d'autres ont fait observer que l'hérédité n'est pas la seule cause qui peut entraîner statistiquement une corrélation significative entre parents et enfants. Couklin (1918, p. 221 a) écrit ce qui suit : « La valeur de la statistique dépend d'une classification convenable des choses mesurées et énumérées, et si l'on groupe ensemble des choses n'ayant pas de commune mesure, les résultats peuvent être tout à fait erronés et sans valeur. Malheureusement Galton et Pearson, et certains de leurs élèves, n'ont pas distingué avec soin les caractères dus à l'hérédité des caractères dus au milieu ». Jennings (1910) dit : « Les lois de régression et d'hérédité ancestrale sont le produit, principalement, de la non-distinction de deux choses absolument différentes : d'un côté les fluctuations non héritables (nos « modifications somatiques ») et les différenciations génotypiques permanentes (nos « variations et mutations germinales »), de l'autre ».

(b) Galton et Pearson ont fait observer que les généralisations dont il s'agit ne valent point pour les lignées où une sélection très attentive s'est produite, car dans de tels cas la moyenne de l'ensemble ancestral a été évidemment différent de celui de la population générale.

(c) La loi d'hérédité ancestrale était une conclusion statistique destinée à mettre en évidence la contribution moyenne proportionnelle que chaque ancêtre apporte à l'hérédité de l'individu. Mais elle ne semble pas applicable au cas de caractères mendéliens, ne se mélangeant pas. Il est prématuré d'abandonner la croyance à la réalité de la fusion de caractères héréditaires auxquels les formules statistiques de Galton peuvent s'appliquer.

7. — Exemples de résultats fournis par l'étude statistique.

Bien que nous ne puissions ni expliquer les méthodes ni résumer les arguments, il nous sera permis peut-être, de citer certains des résultats obtenus par l'étude statistique de l'hérédité, tenant toujours présent à l'esprit cette réserve que la validité d'un résultat statistique, comme la validité de tout autre résultat scientifique, dépend de la valeur des données. Le monde des organismes est très étendu et hétérogène, et des résultats qui sont valables pour certains d'entre eux peuvent ne pas l'être pour d'autres.

Il a été établi statistiquement que chez l'homme, le père est prépotent en matière de stature, et ceci pour la progéniture des deux sexes (PEARSON).

Il a été établi de même qu'une qualité aussi subtile que la fécondité est une qualité héritable et on peut y ajouter divers détails : par exemple que la femme hérite de la fécondité par la lignée masculine comme par la lignée féminine.

La portée pratique immédiate de certaines de ces recherches est évidente. Ainsi, MM. Rommel et Philipps (1906) ont montré, en ce qui concerne les porcs chinois en Pologne : (1) qu'il y a eu un accroissement de 0, 48 dans l'importance des portées durant les 20 années comprises entre 1882 et 1902, et (2) que l'importance des portées constitue un caractère transmis de la mère à la fille. « Il semble établi que par la sélection judicieuse dans des portées nombreuses des truies destinées à la reproduction, la moyenne de la multiplication chez la race peut être accrue. »

Karl Pearson a été conduit par des méthodes statistiques rigoureuses à des énoncés tels que le suivant :

« Si l'on faisait agir la sélection sur les Anglais de 5 pieds 9 pouces, et si les individus de six pieds de haut représentaient le type le mieux fait pour survivre, alors, avec une sélection moyennement serrée, il ne faudrait pas plus de 6 générations pour produire un type ayant sensiblement 6 pieds (1 m. 80) et ce type serait établi de façon permanente, même si la sélection cessait... On le voit, notre détermination de la force quantitative de l'hérédité fournit des valeurs ayant toute l'intensité qu'il faut pour produire des changements de type rapides et permanents, si la sélection est appliquée de façon rigoureuse. »

K. Pearson a étudié le cas qui suit. Supposons que la stature moyenne de la population soit de 5 pieds 8 pouces, et que l'expérience commence avec des individus de 6 pieds 2 pouces, et que pendant des générations successives, seuls les individus de 6 pieds 2 pouces deviennent parents. Le calcul montre qu'à la première génération la progéniture présenterait 0, 62 de la particularité choisie (h), c'est-à-dire 6 pouces d'écart au-dessus de la stature moyenne générale. Le calcul fait voir qu'après deux générations la progéniture présenterait 0, 82 h, après 3 générations, 0, 89 h et ainsi de suite jusqu'à 0, 92 h. Ainsi par sélection persistante, naîtrait un groupe d'individus ayant presque tous plus de 6 pieds.

Mais si, à une génération quelconque, la sélection artificielle des parents de grande taille cesse, et si les grands sont autorisés lors de la reproduction à se mêler au reste de la population, il y aura un recul graduel vers la stature moyenne de celle-ci.

On ne saurait guère exagérer l'importance de conclusions définies de ce genre.

« Envisageant les choses au point de vue social nous voyons comment des familles exceptionnelles, par des mariages faits avec soin, peuvent, même en un petit nombre de générations, obtenir une race exceptionnelle, et combien le résultat indique directement l'appariement assorti comme un devoir moral incombant aux individus supérieurement doués. D'autre part, les dégénérés exceptionnels isolés dans les bas-fonds de nos cités modernes peuvent aisément, eux aussi, produire une race permanente : une race que nul changement de milieu ne pourra relever de façon permanente, et qui ne saurait être améliorée que par le mélange avec du sang meilleur. Mais ce serait là une amélioration de l'élément mauvais par un gaspillage social de l'élément meilleur. Nous ne proposons pas d'éliminer la mauvaise race en l'arrosant avec de la bonne, mais en la plaçant dans des conditions où elle sera relativement ou absolument inféconde ». (Pearson, *Grammar of Science*, p. 486).

Par les méthodes statistiques, Pearson est arrivé à cette conclusion intéressante que si l'hérédité fusionnée est un exemple de *régression*, c'est dans les cas d'hérédité exclusive qu'il nous faut chercher la *réversion*, c'est-à-dire la réapparition d'un caractère apparu autrefois chez un ancêtre défini. Dans l'hérédité exclusive, où la progéniture hérite séparément de tous les caractères de l'un ou l'autre des procréateurs, au lieu de présenter un mélange des deux, la loi d'hérédité ancestrale, au sens strict du terme, cesse de valoir, car elle présuppose un mélange. Ainsi chez l'homme il n'y a pour ainsi dire jamais mélange en ce qui concerne la couleur de l'œil, et c'est dans le cas de caractères de ce genre qu'il nous faut chercher la réversion.

Par les méthodes statistiques, Pearson a cherché à déterminer jusqu'à quel point la *durée de vie* est héréditaire, et il est arrivé à la conclusion importante que dans un grand nombre de cas, on trouve dans la mortalité la preuve que la sélection est à l'œuvre. On ne peut plus dire de la sélection naturelle, comme l'a fait lord Salisbury en 1894, que « nul homme, autant que nous

le sachions, ne l'a vue à l'œuvre ». « Elle est à l'œuvre, et à l'œuvre chez les civilisés, où la lutte à l'intérieur des groupes — la
sélection autogénérique — n'existe pour ainsi dire pas, très substantielle et intense. Il n'y a pas à douter de l'existence de la sélection naturelle ; il faut toutefois des observations et expériences précises pour apprécier la rapidité de son action. D'ici
quelques années, sans doute, nous n'entendrons plus parler du
caractère hypothétique de la sélection naturelle ; mais on nous
entretiendra de sa mesure quantitative pour des organismes divers dans des milieux variés. » (*Grammar of Science*, p. 500).

CHAPITRE X

ETUDE EXPÉRIMENTALE DE L'HÉRÉDITÉ

1. — *Découvertes de Mendel.*

En 1860, Gregor Johann Mendel (1), abbé à Brünn, publia ce que certains considèrent comme une des plus grandes découvertes biologiques. Après de nombreuses années d'expérimentation patiente, surtout avec le pois comestible, il arriva à une conclusion très importante au sujet des croisements entre hybrides, qui porte souvent le nom de « loi de Mendel ». Sa publication fut, pratiquement, ensevelie dans les procès-verbaux de la Société d'Histoire Naturelle de Brünn ; ceux qui la connaissaient, comme Naegeli, n'en comprirent pas la portée : en fait l'œuvre mémorable de Mendel échappa totalement à l'attention, dans l'enthousiasme et la controverse qu'avait provoqués la diffusion du Darwinisme (1858). La loi de Mendel semble avoir été redécouverte de façon indépendante en 1900 par les botanistes de Vries,

---

(1) C. J. Mendel qui naquit en 1822, en Silésie autrichienne, était le fils de paysans aisés. Il devint prêtre en 1847, et étudia la physique et les sciences naturelles à Vienne de 1851 à 1853. Puis il retourna à son cloître et devint professeur à la *Realschule* à Brünn. Sa marotte était de faire des expériences d'hybridation sur les pois et les autres plantes du jardin du monastère dont il devint, enfin, le supérieur. A part deux mémoires, l'un sur les pois, l'autre plus court, sur les *Hieracium* et quelques observations météorologiques, il ne paraît pas avoir beaucoup publié. Mais si ses publications sont en très petit nombre, elles sont toutefois de la plus haute importance. Mendel mourut en 1884.

Correns et Tschermak, et nous devons beaucoup à M. Bateson non seulement pour avoir reconnu l'importance capitale de l'œuvre de Mendel, mais aussi pour une notable série d'expériences par lesquelles il l'a corroborée et étendue.

Les expériences de Mendel. — Ce que recherchait Mendel, c'était la loi de la transmission héréditaire chez les hybrides, et comme sujet d'expérience il fit choix du pois ordinaire (*Pisum sativum*). Il faut, disait-il, que les plantes en expérience possèdent des caractères constants de différenciation, et que chez elles la pollenisation artificielle soit facile; il faut que les hybrides soient féconds, et qu'on puisse les protéger aisément contre le pollen étranger. Les pois satisfaisant à ces conditions. Mendel choisit 22 variétés ou sous-espèces qui restèrent constantes pendant les 8 ans que dura l'expérimentation. Qu'on les appelle espèces, sous-espèces, ou variétés, il importe peu : affaire de commodité ; de toute façon les noms *Pisum quadratum, saccharatum, umbellatum,* etc., représentent des groupes d'individus similaires reproduisant le type quand la reproduction se fait intense. On notera que ces pois présentent l'avantage particulier, au point de vue expérimental, de l'autofécondation habituelle, dans l'Europe du nord, tout au moins.

En étudiant les différentes formes de pois, Mendel leur trouva sept caractères différents, à savoir :

1° La forme des graines mûres : arrondies avec rides superficielles ou nulles ; et angulaires à rides profondes ;

2° La couleur des matières de réserve des cotylédons : jaune pâle, jaune vif, orangé, vert ;

3° La couleur des enveloppes des graines : blanches comme chez la plupart des pois à fleurs blanches ; ou grise, gris-brun, brun-cuir, avec ou sans taches violettes, et ainsi de suite ;

4° La forme des gousses mûres : simplement distendue ou à constrictions ; ou ridée ;

5° La couleur des gousses non mûres : vert clair ou foncé, ou jaune vif, cette couleur étant en corrélation avec celle de la tige, des nervures des feuilles, et des fleurs ;

6° La position des fleurs, axiale ou terminale ; et

7° La longueur de la tige, élevée ou naine.

Résultats de Mendel : la loi de dominance. — Ayant

défini les caractéristiques différenciant ces variétés, Mendel croisa celles-ci entre elles, étudiant un caractère après l'autre. Ainsi le pollen d'une variété à graine ronde était porté sur le stigmate d'un pois de la variété à graine anguleuse : les étamines de la fleur artificiellement fécondée étant, naturellement, supprimées avant leur maturité. Il en fut de même sur toute la ligne.

Quel fut le résultat de cette opération pour la descendance hybride ou croisée ? On constata chez celle-ci la présence de l'un des deux caractères opposés, à l'exclusion totale ou quasi-totale de l'autre. Il ne se présenta pas de formes intermédiaires. Mendel donna au caractère qu'il voyait prévaloir le nom de *dominant* ; celui qui était supprimé, ou paraissait tel, reçut le nom de *récessif*. Et le premier résultat important fut que par la fécondation d'une plante ayant le caractère dominant par une autre plante ayant le caractère récessif on obtenait des produits ressemblant tous à celui des deux parents qui possédait le caractère dominant. Pour abréger, appelons les parents D et R : le premier résultat s'exprime de la façon suivante : $D \times R = D$.

On observera avec soin que la dominance *complète* observée par Mendel s'est montrée être en d'autres cas l'exception plutôt que la règle. Ainsi un croisement entre la primevère de Chine à pétales dentelés onduleux, et une primevère « étoile » à pétales aplatis, simplement échancrés, donne un type intermédiaire, et pourtant, comme le montre la génération suivante, c'est un cas d'hérédité mendélienne.

En beaucoup de cas l'hybride, tout en étant en somme dominant, peut manifester une certaine influence du caractère récessif, mais pas assez, à coup sûr, pour que nous puissions parler d'un mélange. Ainsi lorsqu'on croise la poule Leghorn blanche (dominante) avec une poule Leghorn brune (récessive) on trouve chez la plupart des poussins des taches de couleur. Quand on croise entre eux ces poussins, 1/4 des produits obtenus sera brun (récessif) et 3/4 seront blanc pur ou blanc légèrement taché. La dominance n'est pas tout à fait parfaite.

La loi de disjonction ou ségrégation. — A la génération suivante les hybrides (produits de D et R, ou de R et D, mais en apparence tous pareils à D) furent laissés libres de s'autoféconder. Résultat : les produits présentèrent *les deux formes ori-*

ginelles : en moyenne 3 dominants pour un récessif. Ainsi, sur 1064 pieds, 787 furent hauts et 277 nains.

Quand on laisse ces nains récessifs s'auto-féconder, il n'engendrent que récessifs, de génération en génération, indéfiniment. Le caractère récessif se reproduit fidèlement.

Laisse-t-on faire de même les dominants ? Alors on a 1/3 de dominants purs qui, dans les générations successives n'engendrent que des dominants ; et 2/3 de mélange de dominants et récessifs, dans la proportion caractéristique de 3 à 1.

Les résultats généraux de ces observations peuvent être exprimés d'une façon commode en utilisant des pions noirs et des pions blancs.

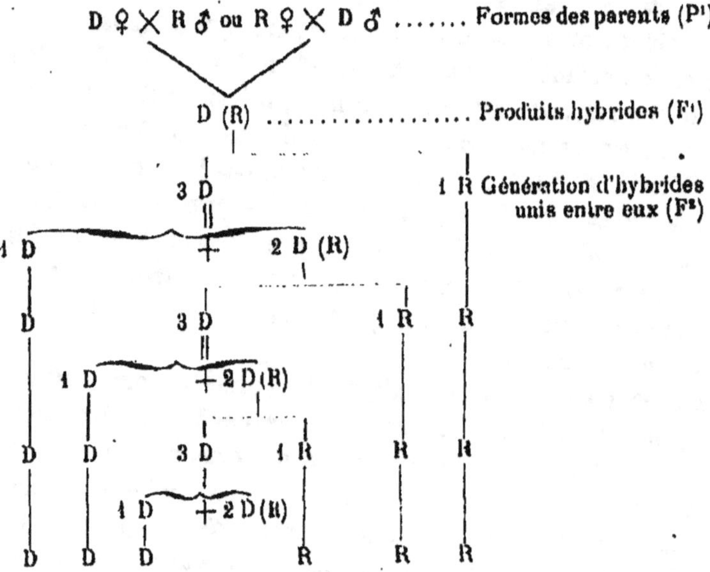

Le résultat de l'hybridation est une génération F' pareille au parent dominant, pouvant être représentée par le symbole D (R) puisqu'elle porte en elle-même la possibilité d'engendrer une progéniture ayant le caractère récessif ; ce qui veut dire que le caractère récessif subsiste latent dans l'hérédité.

Lorsque ces D (R) se reproduisent entre eux (dans le cas des pois, c'est par auto-fécondation) ils donnent des produits F² dont une partie ressemble au parent récessif — dans la proportion de 1 — et une partie au dominant dans la proportion de 3. Se reproduisant entre eux, ceux qui ressemblent au récessif reproduisent leur type et donnent une lignée de purs récessifs. Ceux qui ressemblent au dominant sont en apparence tous semblables : mais leur histoire ultérieure montre qu'ils peuvent être divisés en un groupe qui reproduit le type dominant, et un autre qui se comporte comme la première génération d'hybrides, c'est-à-dire qui donne à la fois des formes semblables à celles du dominant, et de purs récessifs. Les deux groupes se présentent dans la proportion de 1 à 2.

Un exemple pris chez les pois. — Considérons un cas concret. Des pois à graines rondes furent croisés avec des pois à graines angulaires, ridées. Chez la descendance la rondeur était dominante : le caractère angulaire, ridé, avait disparu ou s'était caché. Mais il n'était pas perdu : la génération suivante le fit voir.

Les hybrides, tous à pois ronds, se reproduisirent par autofécondation. Leurs produits donnèrent des pois ronds et des pois ridés dans la proportion de 3 à 1. Ici encore il y avait des récessifs : et quand il leur fut permis de se reproduire par autofécondation, *à leur tour*, ils ne donnèrent que des récessifs purs à graines ridées.

Les dominants toutefois n'étaient pas tous de purs dominants, car, par autofécondation ils donnèrent 1/3 de dominants purs et 2/3 de dominants « impurs » c'est-à-dire de dominants chez les produits desquels on retrouva 1 récessif pour 3 dominants.

Les faits saillants, en ce qui concerne les pois à grains verts, et à grains jaunes peuvent se résumer de la façon suivante :

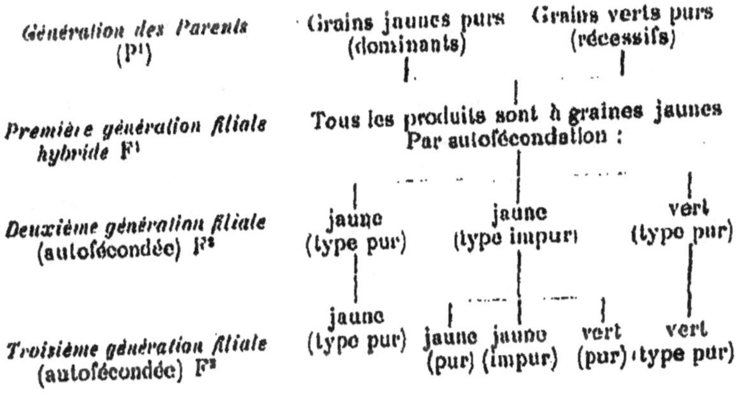

Exemple emprunté aux souris. — Prenons un cas concret parmi les animaux. Une souris grise est croisée avec une souris blanche : progéniture grise. Le gris est dominant, l'albinisme récessif.

On croise entre eux les hybrides gris : leurs produits sont gris et blancs dans la proportion 3 : 1. Si l'on croise entre eux les blancs, ceux-ci se révèlent purs, car de génération en génération on n'obtient que des blancs. Si l'on croise entre eux les gris, on constate qu'ils sont de deux sortes : 1/3 de ceux-ci ne donne que des gris, qui eux-mêmes n'engendrent que des gris ; les autres 2/3, pourtant semblables en apparence, donnent des gris et des blancs. Et ainsi de suite.

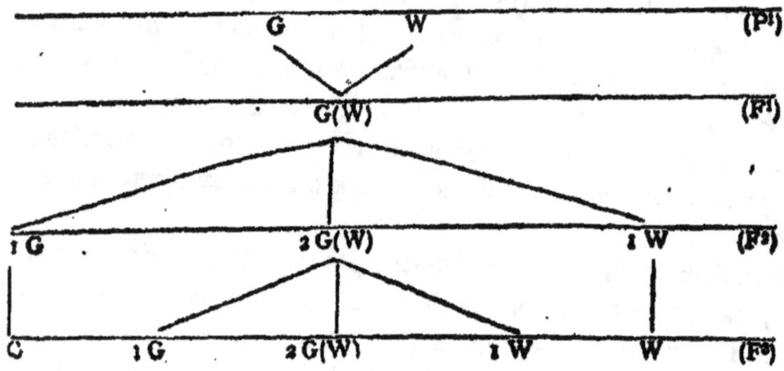

Représentation schématique de la loi de Mendel. — Adoptant la façon de voir de Punnett, avec de légères modifications, nous pouvons employer les symboles P^1, P^2, P^3 pour les générations parentales, grand-parentale et arrière-grand-parentale ; F^1 pour la première génération filiale, hybride, F^2, F^3, F^4 pour les générations subséquentes. Le symbole D (R) indique un dominant avec caractère récessif non exprimé mais présent en puissance ; D D ou R R indiquent des dominants ou récessifs purs « extraits », c'est-à-dire les formes pures qui sont isolées grâce au croisement des dominants « impurs ».

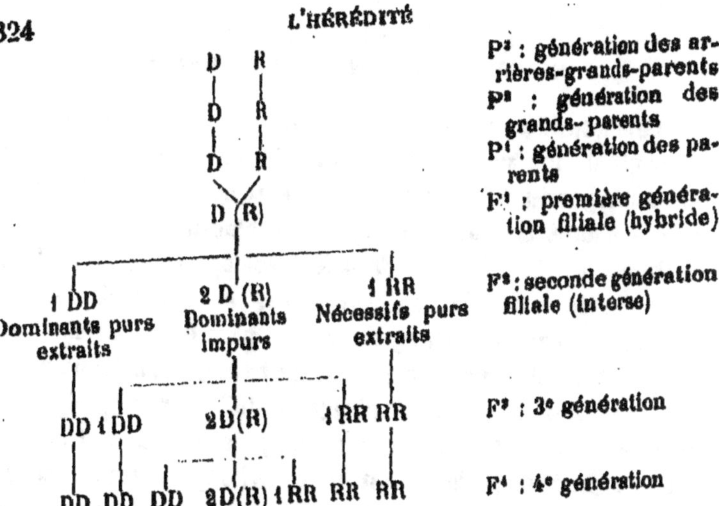

2. — *Interprétation théorique.*

Mendel ne s'est pas contenté de formuler ses résultats sous forme d'une loi : il a proposé aussi une interprétation théorique, à la fois ingénieuse et simple.

Prenons le cas des pois, qui sont ou grands, ou nains, à graine ronde ou angulaire, colorée ou incolore, à cotylédons verts ou jaunes, à fleurs pourpres ou blanches (dans chaque cas le caractère nommé en premier est le caractère dominant). Admettons que ce soient là des variétés pures, bien établies, reproduisant nettement le type, la forme grande n'engendrant que des produits grands, la variété naine que des produits nains, et ainsi de suite. Admettons aussi que les cellules germinales contiennent des représentants matériels de ces « caractères unitaires » grandeur, nanisme, graine ronde, graine angulaire, cotylédons jaunes ou cotylédons verts, fleurs pourpres ou fleurs blanches.

La cellule-œuf du pois est normalement fécondée par un grain de pollen venant du même pied, et donnera naissance à un pois à haute tige. Comme les variétés reproduisent fidèlement le type, nous supposons que la seule qualité affectant les dimensions, que véhiculent les cellules germinales (*en force expressible*, tout au moins) est la qualité de hauteur.

Mais prenons maintenant le cas du pois à haute tige fécondé par le pollen d'un pois nain. La progéniture consiste en pois à haute tige : le parent à caractère dominant est prépotent. Mais les œufs fécondés ayant donné naissance à ces pois haute tige ont dû contenir non seulement des constituants primaires représentatifs correspondant à la qualité de hauteur, mais aussi d'autres, correspondant à la qualité opposée, le nanisme. Cette qualité, le nanisme, ne s'exprime pas dans le développement, mais elle doit être présente comme le montrent les générations ultérieures, car si les cellules germinales des hybrides sont autofécondées elles se développent en une progéniture en partie haute, en partie naine. L'idée de Mendel, c'est que l'hybride produit en nombre égal *deux sortes de cellules germinales* (deux sortes de cellules-œuf ou deux sortes de grains de pollen), c'est que dans l'organe reproducteur en développement il y a ségrégation des cellules germinales en deux camps égaux, l'un avec le « facteur » potentiel de hauteur, l'autre avec le « facteur » potentiel de taille réduite. S'il y a 6 ovules, trois contiennent dans leur cellule-œuf le constituant primaire ou facteur correspondant à la haute tige, et trois le facteur correspondant à la tige réduite. Chacun de ceux-ci est fécondé par un grain de pollen, qui, par hypothèse, contient la qualité potentielle de tige haute et de tige naine ; et si les deux sortes de grains de pollen sont présents en nombre égal, chaque ovule a autant de chances d'être fécondé par un grain de pollen avec qualité potentielle de tige haute, que par un grain avec qualité potentielle de tige réduite. *Par conséquent* le résultat doit être une progéniture en partie dominante et en partie récessive dans les proportions 3 : 1.

Un schéma rendra la théorie claire.

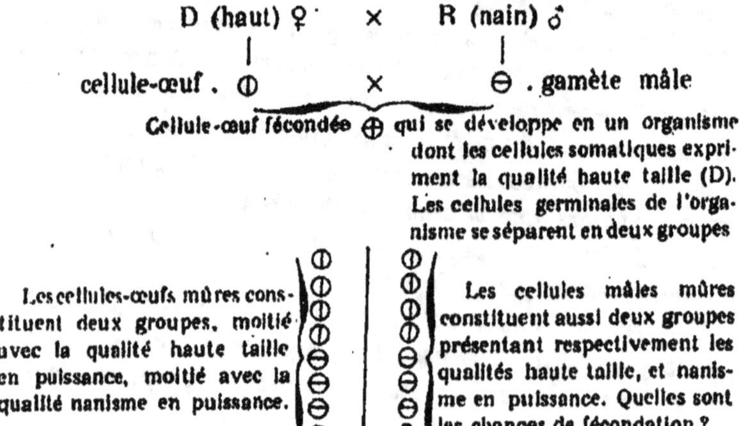

Le résultat doit être : ⦶ ⦶ ⊕ ⊕ ⊕ ⊕ ⊖ ⊖

C'est à 2 avec la qualité haute taille ; 4 avec les qualités haute taille et taille naine ensemble, et 2 avec la qualité taille naine.

En d'autres termes :

$$2\ D + 4\ D\ (R) + 2\ R$$

ou plus généralement :

$$n\ D + 2\ n\ D\ (R) + n\ R$$

Mais comme la progéniture D (R) ne peut se distinguer de la progéniture D avant que l'élevage ait été poussé plus loin, montrant qu'elle porte le caractère récessif sous forme latente, la proportion est de :

3 dominants pour 1 récessif.

Ainsi Mendel admettait que dans l'hybride D (R), issu d'un parent ayant un caractère dominant D, et d'un parent ayant un caractère récessif homologue R, les cellules germinales se séparent en deux camps, l'un contenant le caractère dominant en puissance (d), et l'autre moitié contenant le caractère récessif (r). Ceci a lieu chez les mâles et femelles aussi bien, de sorte que les possibilités de répartition des caractères dans la seconde génération filiale (F) peuvent s'exprimer par la formule : 25 % DD + 50 % D(R) + 25 % RR.

Bateson a proposé les termes utiles d'*homozygote* pour les individus chez qui se rencontrent deux caractères semblables (purs dominants et purs récessifs), et d'*hétérozygote* pour les individus chez qui se rencontrent des caractères dissemblables (les dominants impurs).

Les dispositions ségrégatives. — Les phénomènes de l'hérédité mendélienne reposent sur le fait que les cellules germinales mûres diffèrent l'une de l'autre quant à l'assortiment des facteurs que comportent leurs chromosomes. Cette répartition s'opère au cours des processus de maturation et la question est d'une telle importance que nous résumerons ici ce qui a été dit dans un chapitre précédent.

Les chromosomes d'une cellule germinale se présentent en une série double dérivant en parties égales des deux parents. Ils apparaissent en paires homologues ou semblables.

Chaque cellule germinale est le siège d'une union intime (synaptique) de ses paires homologues de chromosomes, puis de leur séparation, de sorte que chaque cellule-fille reçoit $\frac{n}{2}$ chromosomes. Ceci se produit souvent au cours de la pénultième division spermatocytaire et de la formation du premier corps polaire, mais n'est pas nécessairement lié à ces deux phénomènes.

Les $\dfrac{n}{2}$ chromosomes que reçoit chaque cellule ne sont ni tous paternels ni tous maternels, mais forment un assortiment fortuit des deux éléments.

Pourquoi y aurait-il une fusion synaptique, puis une séparation des membres paternels et maternels ? la réponse paraît être fournie par des interactions et influences mutuelles au cours de l'union synaptique.

Au cours de la fécondation, l'arrangement originel double est rétabli, mais il peut revêtir un caractère très différent.

Théorie de la présence et de l'absence. — Mendel a opposé l'un à l'autre deux caractères *homologues* en les désignant par une majuscule et une minuscule (A, a). Un croisement montre que l'un d'entre eux (A) est exprimé dans la progéniture hybride ; Mendel l'appelle *dominant,* le caractère latent (a) étant *récessif.* Bateson et Punnett ont proposé une autre conception plus utile, dans certains cas tout au moins. « Un caractère dominant est la condition due à la *présence* d'un facteur défini, tandis que le récessif correspondant doit sa condition à *l'absence* du même facteur... Le pois vert, par exemple, doit sa coloration verte récessive à l'absence du facteur qui, s'il était présent, rendrait jaune sa matière colorante ». (Bateson : *Mendel's Principles,* 1909, p. 54). Les avis diffèrent quant à savoir laquelle de ces deux conceptions est la plus satisfaisante, mais celle de Mendel paraît subsister. Morgan fait remarquer que certains caractères récessifs peuvent être considérés comme *ajoutant* quelque chose au type sauvage, *p. ex.* les formes mélaniques, que certains dominants constituent nettement des *pertes,* comme dans la brachydactyle, et que certains dominants multiples devraient être équilibrés par une dizaine d'absences !

Dominants impurs croisés avec types purs. — Dans les cas types discutés plus haut, on suppose l'autofécondation, ou la reproduction en dedans d'une forme hybride D (R), d'un dominant impur. Les résultats sont, selon la formule 1 DD (dominants purs ou tamisés) $+$ 2D (R) (dominants impurs) $+$ 1 RR (récessifs purs ou tamisés).

Mais supposons le dominant impur ou dominant-récessif D (R) croisé avec un type pur : par exemple un RR (récessif tamisé). Supposons le croisement hétérozygote-homozygote. Le dominant impur a, par hypothèse, nombres égaux de deux sortes de cellules germinales : mettons, de cellules-œufs. Le type pur n'a qu'une sorte de cellules germinales, mettons de cellules spermatiques. Les chances de fécondation devraient être les suivantes :

n D $+$ n R cellules-œufs de dominant impur

n D $+$ n R cellules spermatiques de récessif pur :

Le résultat sera :

n œufs D fécondés par n spermatozoïdes R $=$ progéniture n D(R),

n œufs R — n — $=$ progéniture n RR.

C'est-à-dire nombres égaux de dominants impurs et de récessifs purs.

« C'est ce qui se présente, en fait, quand on croise une volaille à crête simple (RR) avec une autre ayant la crête « en rose » hétérozygote. »

Ou encore supposons le dominant impur D (R) croisé avec un dominant pur DD :

n D $+$ n R cellules-œufs du dominant impur.

n D $+$ n R cellules spermatiques du dominant pur.

Le résultat sera n D(R) $+$ n DD, nombres égaux de dominants impurs et de dominants purs.

« Ici encore l'expérience confirme la théorie ». Aussi, comme le dit M. Punnett, «la généralisation connue sous le nom de principe de ségrégation gamétique peut-il être considéré comme fermement établi sur les phénomènes manifestés par les animaux et les plantes quand on croise des races possédant des paires de caractères différenciants. »

3. — *Corroborations.*

Cas de dominants en paire et de récessifs en paire. — Une belle expérience a été faite en croisant une variété de pois à graines *rondes* avec *albumen* jaune (une paire de caractères dominants, avec une autre à graines anguleuses et à albumen vert (une paire de caractères récessifs). Le résultat fut une progéniture toute pareille au parent dominant. Les hybrides se reproduisirent en dedans, et le résultat fut quelques *rond-jaune*, quelques *rond-vert*, quelques *angulaire-jaune*, et quelques *angulaire-vert*. (Les dominants sont représentés par des italiques et des capitales)

(R = rond ; a = angulaire ; J = jaune ; *v* = vert.

RJ	RJ	RJ	RJ
RJ	RJ	RJ	RJ
RJ	R*v*	R*v*	R*v*
aJ	aJ	aJ	*v*a

Comme exemple du croisement de formes à deux paires de caractères en contraste, prenons celui qu'a fourni Toyama, se rapportant à deux races de vers à soie. L'un avait des chenilles blanches non rayées, avec cocons jaunes ; l'autre des chenilles rayées avec cocons blancs. Le jaune est dominant à l'égard du blanc, le rayé à l'égard du non-rayé. Aussi tous les hybrides F étaient à chenilles rayées, et cocons jaunes. Les cellules germinales des hybrides sont par hypothèse de 4 sortes, qu'on peut représenter par les lettres (Y = jaune, y = blanc, G = rayé, g = non rayé) Y G, Y g, y G, y g.

Le résultat, dans le cas de 16 descendants, sera : — 9 jaunes rayés + 3 jaunes non rayés + 3 blancs rayés + 1 blanc non rayé.

Les résultats obtenus par Toyama se rapprochent beaucoup des résultats auxquels on devait s'attendre théoriquement :

Jaunes rayés :	6.383 individus :	56, 38 %
Jaunes non rayés :	2.099 —	18, 53 %
Blancs rayés :	2.147 —	18, 96 %
Blancs non rayés :	691 —	6, 1 %

La proportion 9 : 3 : 3 : 1 sur 16 porte le nom de proportion mendélienne normale pour un « croisement di-hybride », où sont en jeu deux paires de caractères contrastés.

Dans les livres traitant du Mendelisme en particulier (voir la Bibliographie) le lecteur trouvera un exposé de complications plus grandes : par exemple le cas de parents différant par trois paires de caractères unitaires contrastés.

Poules bleues d'Andalousie. — Quand on croise espèce blanche et espèce noire, on obtient parfois une poule bleue ou d'Andalousie, « présentant une mosaïque fine de blanc et de noir ». Ce type, en reproduction en dedans, donne : 25 % noir ; 50 % bleu, et 25 % blanc à taches noires. Cette disjonction est caractéristiquement mendélienne, et l'interprétation est que le blanc et le blanc à taches sont des races pures, et que l'Andalouse bleue est un dominant impur, D (R).

Souris jaunes. — Assez similaire est le cas fort discuté des souris jaunes. Le jaune est dominant par rapport à toutes les autres couleurs, mais il est lui-même tout à fait infixable. Impossible d'obtenir des jaunes purs ou homozygotes. Apparie-t-on deux jaunes, on obtient une progéniture où 2/3 sont jaunes, et 1/3 de quelque autre couleur. On a émis l'idée que les fécondations donnant du jaune pur se produisent, mais qu'elles ne mènent à rien pour quelque raison inconnue. Un autre cas étudié par Baur, est celui du muflier jaune d'or, infixable, lui aussi. Il produit — par autopollenation — une progéniture où il y a 2/3 jaune et 1/3 vert. Et ici il y a quelque preuve de l'existence de quelques plantules entièrement jaunes, faibles, non viables.

Allélomorphes composés. — Un caractère unitaire différenciant, capable d'en remplacer un autre, ou d'être remplacé par lui porte le nom d'*allélomorphe simple*. Mais il y a d'autres caractères différenciants semblant faits de plusieurs composants pouvant être isolés et pouvant entrer dans de nouvelles combinaisons. Ceux-là portent le nom d'*allélomorphes composés*.

Ainsi, pour prendre l'exemple de M. Punnett, la crête « en noix » de la poule de Malaisie — large, aplatie, rugueuse comme une moitié de noix, avec de petites plumes semblables à des soies, en arrière, devient pour ainsi dire un allélomorphe composé. « Ceci est rendu manifeste par le fait qu'elle peut être synthétisée à partir de la crête en rose pure et de la crête en pois pure. Elle se comporte comme un dominant à l'égard des crêtes en rose, en poix et simple (1). Dans un zygote formé par l'union de la noix avec la rose ou le pois, le caractère noix est stable, et de tels hétérozygotes forment un nombre égal de gamètes portant les allélomorphes noix, avec rose, ou pois. En d'autres termes l'allélomorphe composé est stable en présence de certains autres présumés simples. Quand toutefois le zygote est formé par l'union de la noix avec un allélomorphe simple, l'allélomorphe composé semble subir une désintégration partielle avec la formation d'allélomorphes noix, rose, pois, et simple, en proportions égales. Le zygote formé par l'union de noix et simple est, autant que nous le sachions jusqu'ici, exactement similaire à celui qui est formé par la rencontre de rose et pois » (Punnett, 1905, p. 40).

4. — *Exemples d'hérédité mendélienne.*

Jusqu'à quel point l'expérience de Mendel a-t-elle été confirmée ? — Des confirmations ont été fournies par Correns (pois, maïs, matthiola), par Tschermak (pois), de Vries (maïs, etc.), par Bateson et ses collaborateurs (organismes divers et nombreux), Darbishire (souris), Hurst (lapins), Toyama (vers à soie), Davenport (volaille), etc.

Dans son ouvrage important de 1909, *Mendel's Principles of Heredity*, Bateson a dit : « Des divers cas présentés comme exceptionnels, ou déclarés incompatibles avec les principes mendéliens bien peu sont d'une authenticité quelconque... Le progrès des recherches n'a fait que montrer que des faits d'hérédité semblant inextricablement compliqués à première vue sont susceptibles de représentation en termes de mendélisme strict ». « La vérité de la loi énoncée par Mendel est maintenant établie pour un grand nombre de cas très dissemblables. »

Caractères dominants et récessifs. — Tout d'abord, réu-

---

(1) La crête « *simple* » dentelée, haute, est familière chez les Leghorn ; la crête en « *rose* », aplatie, à papilles, avec pointe postérieure se voit chez les Wyandotte, etc. ; la crête basse, « *en pois* », avec trois lignes en saillie bien marquées, celle du milieu un peu plus haute caractérise la volaille sauvage des Indes.

nissons des exemples de caractères contrastés qui se comportent, entre eux, comme dominants et récessifs.

	Dominant	Récessif
Pois ordinaire	Grande taille	Petite taille
	Grains ronds	Grains ridés
	Enveloppe de grain colorée	Enveloppe blanche
	Albumen jaune dans les cotylédons	Albumen vert
	Fleurs pourpres	Fleurs blanches
Pois de senteur	Grande taille	Taille naine (variété Cupid)
	Coloré	Blanc
Matthiola	Coloré	Blanc
Blé et orge	Sans barbes	Barbu
	Maturation tardive (blé Rivett)	Maturation précoce (blé de Pologne)
	Non résistant à la rouille	Résistant à la rouille
Maïs	Grain à « amidon »	Grain « à sucre »
Orties (U. *pilulifera et dodaartii*)	Bord des feuilles den.telé	Bord des feuilles entier
Mirabilis jalapa et rosea	Couleur rose	Autres couleurs
Souris	Robe colorée	Robe albinos
	Normale	Variété « dansante »
Lapins	Robe colorée	Albinos
	Angora	Poil court
Volaille	Crête en rose de Hambourg et Wyandotte	Crête simple, haute, dentée des Leghorn et Andalouses
Bétail	Absence de cornes	Présence de cornes
Escargots	Coquille non rayée	Coquille rayée

Autres exemples chez les plantes. — Comme chacun le sait, il y a deux formes presque également répandues de primevère sauvage : A, le type brévistyle avec anthères au sommet du tube de la corolle et B, type longistyle, avec anthères à mi-hauteur du tube. Le type brévistyle est dominant à l'égard du longistyle.

L'espèce originelle de la *Primula Sinensis* à la feuille palmée. Vers 1860 un *sport* se produisit de graine, à feuille pennée, ou

« feuille de fougère ». La première forme de feuille est dominante, la seconde, récessive. La variété déformée *snapdragon* du pois de senteur est récessive par rapport au type normal.

L'orge à deux rangs a certaines fleurs latérales exclusivement staminées ; dans l'orge à 6 rangs toutes les fleurs sont pourvues d'étamines et de pistils et toutes montent à graine. M. Biffen a croisé ces formes et constaté que le caractère plus négatif est dominant. La progéniture fut à deux rangs.

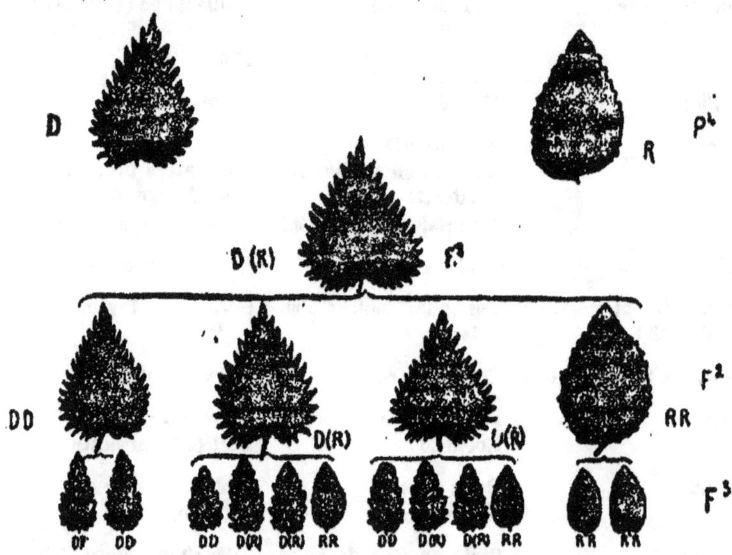

Fig. 20. — Schéma montrant des phénomènes mendeliens chez les orties.
(Avec l'autorisation du Prof. Correns.)

P¹ : feuilles des deux parents ; D : *Urtica pilulifera* ; R : *Urtica dodartii* ; F¹ : feuille de la progéniture, D(R), le type dentelé étant dominant ; F² feuille de la progéniture de l'hybride ; 1DD + 2D(R) + 1RR ; F³ : feuilles de la génération suivante ; DD dominants purs ; RR ; récessifs purs ; D(R) ; dominants impurs.

Maïs. — Quand on croise le maïs commun — le maïs à amidon et à graine ronde, — avec le maïs à sucre, à graines ridées, le caractère rond-amidon se montre dominant. Quand un ovule de sucré-ridé est fécondé par du pollen de rond-amidon, le résultat est du rond avec endosperme sucré. Si l'on sème cette graine on a un pied qui, par autofécondation, fournit un épi portant un mélange rond-amidon et ridé-sucré, dans la proportion 3 : 1. Les grains ridés donnent du sucré, les ronds donnent 2 « ronds impurs » pour 1 « rond pur ». Correns a observé un cas très intéressant où sont impliquées deux paires de caractères contrastés.

Une variété, le *Zea mays alba* qui a des grains blancs *lisses*, fut croisée avec une autre, le *Zea mays caeruleodulcis*, ayant les grains ridés et *bleus*. Les hybrides (F^1) eurent des grains *lisses*, *bleus* : l'un des caractères de chacun des parents fut dominant, et un des caractères de chaque parent fut récessif. Les hybrides se reproduisirent en dedans et la progéniture (F^2) présenta 4 combinaisons : *bleu lisse* ; *lisse* blanc, *bleu* ridé ; et ridé blanc (les caractères dominants sont en italique).

A la génération suivante (F^3), les lisses blancs, par multiplication en dedans donnèrent des ridés blancs (un cas de reproduction fidèle au type de récessifs tamisés). Les blancs lisses, et les *bleus* ridés, dans les mêmes conditions donnèrent, en partie la forme parentale, et en partie du blanc ridé. Les *bleus lisses* (mêmes conditions) fournirent les mêmes combinaisons que dans F^2.

On aurait peine à souhaiter une plus belle confirmation du mendélisme.

Orties. — Correns croisa deux « espèces » d'ortie, l'*Urtica pilulifera* et l'*Urtica dodarti*, L., semblables l'une à l'autre sauf en ce qui concerne le bord des feuilles, fortement dentelé chez la première, presque entier chez la dernière. La progéniture hybride F^1 a toutes les feuilles dentelées, que le parent dentelé soit le père ou la mère. Le caractère dentelé est absolument dominant. Les hybrides autofécondés donnent une progéniture (F^2) de 2 sortes, à feuilles dentelées et à feuilles entières, en moyenne selon la proportion mendélienne 3 : 1.

Immunité à l'égard de la rouille chez le blé. — Certaines espèces de blé sont très sensibles à la maladie cryptogamique connue sous le nom de « rouille ». D'autres sont immunisés. La qualité immunité est récessive par rapport à la prédisposition.

« Quand on croise une race immunisée et une non immunisée, les hybrides résultant sont tous sensibles à la rouille. Par autofécondation ces hybrides produisent de la graine fournissant la proportion attendue de 3, rouille (dominant) pour 1 immune (récessif). Par cette simple expérience l'expression « résistance à la maladie » a acquis une signification plus précise, et le vaste champ de recherches qui s'ouvre à ce propos promet des résultats de la plus haute importance, tant pratique que théorique. A la question « Qui peut faire sortir quelque chose de propre de quelque chose de malpropre ? » nous commençons à trouver une réponse, et ce n'est pas celle que donnait Job » (R. C. Punnett, 1905, p. 18.)

Vers à soie. — Toyama croisa des papillons siamois, à cocons jaunes avec d'autres à cocons blancs : la progéniture ne donna que des cocons jaunes. Les hybrides furent croisés en dedans : le résultat fut deux groupes : l'un produisant des cocons blancs, l'autre des cocons jaunes, et la proportion était celle de Mendel : 25.037 blancs et 74.960 jaunes. Les blancs reproduisirent leur type fidèlement, les jaunes (reproduction en dedans) se montrèrent des dominants purs, ou jaunes, et des dominants récessifs, donnant jaunes et blancs dans la proportion habituelle.. Des expériences plus compliquées confirmèrent ce résultat général.

Il convient de noter, toutefois, que Contagne a fait des expériences beaucoup plus compliquées avec des résultats différents qui, dans *beaucoup* de cas, ne peuvent s'interpréter au moyen de la théorie mendélienne. Ainsi, il a trouvé : 1° que les formes hybrides sont parfois des fusions des 2 ascendants et différentes de l'un et de l'autre ; 2° que dans d'autres cas la progéniture comprend des individus ressemblant à l'un des ascendants par un caractère particulier, d'autres ressemblant à l'autre ascendant, d'autres encore, intermédiaires ; et 3° que dans d'autres cas les individus ne présentent nul mélange de caractères mais ressemblent à l'un ou à l'autre ascendant. Le désaccord peut probablement s'expliquer par la diversité d'origine considérable des races domestiquées de vers à soie, faisant que s'ils reproduisent le type lorsqu'abandonnés à eux-mêmes, une perturbation dans la tradition amène la libération de caractères latents.

Lina lapponica. — Miss Mc Craken a fait une belle étude des relations héréditaires de ce coléoptère de Californie qui présente deux types : tacheté (dominant) et noir (récessif). Ces deux types se croisent continuellement à l'état de nature, mais il n'y a pas d'intermédiaires, et il est facile, en isolant, d'élever une race tachetée pure, et une race noire pure. Quand on apparie des formes tachetées elles peuvent ne donner que du tacheté — un cas de dominants tamisés. En d'autres cas elles donnent des formes tachetées et noires ; (1.021 tachetées, 345 noires) c'est-à-dire dans la proportion mendélienne 3 : 1 ; un cas de dominants-récessifs reproduits en dedans.

Escargots. — Lang a apparié des formes « pures » à cinq rayures de l'escargot commun *Helix hortensis* avec des formes non rayées venant de colonies non rayées. Les jeunes de la première génération furent tous sans rayures, le caractère rayures étant récessif. Ces jeunes appariés donnèrent une progéniture partie avec rayures, partie sans rayures (dans la proportion mendélienne 3 : 1). Des expériences ultérieures confirmèrent le fait, non seulement en ce qui concerne les rayures, mais aussi en ce qui concerne la couleur (jaune ou rouge), les dimensions, et la forme de l'ombilic. *On peut donc dire que les escargots Helix hortensis et nemoralis fournissent un exemple de l'hérédité mendélienne.*

Volaille. — De nombreuses expériences sur la volaille ont été faites par Bateson, Bateson et Punnett, Hurst, Davenport, et d'autres ; beaucoup présentent très clairement les phénomènes mendéliens, d'autres sont étrangement contradictoires. Une des raisons de ces résultats complexes se trouve évidemment dans la difficulté qu'il y a à se procurer des races tout à fait « pures », car beaucoup qui reproduisent le type tant qu'il y a reproduction en dedans tendent à libérer des caractères latents dès que l'on altère le cours ordinaire de la reproduction. Hurst oppose les uns aux autres les caractères suivants dont les uns se montrent habituellement dominants, et les autres habituellement récessifs. Mais il faut reconnaître que la dominance, toujours complète pour quelques caractères, est, pour d'autres, fréquemment ou même toujours incomplète : des traces de récessifs correspondants se laissent voir.

Caractères dominants.	*Caractères récessifs.*
Crête en rose.	Crête en feuille, crête simple.
Plumage blanc.	Plumage noir, ou beige.
Doigts supplémentaires.	Doigts normaux.
Pattes emplumées.	Pattes nues.
Tête à crête.	Tête sans crête.
Œufs bruns.	Œufs blancs.
Couve volontiers.	Ne couve guère.

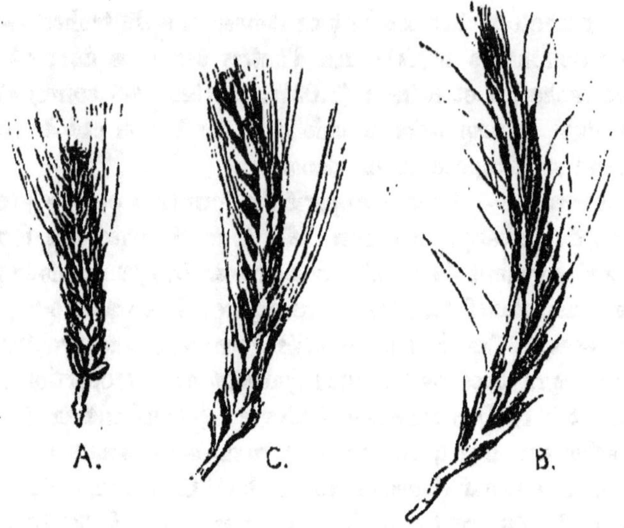

Fig. 21. — Variétés de froment (d'après R.-H. Biffen).
A. Rivet; B. Froment polonais; C. Hybride de A × B, intermédiaire,
par ses principales qualités, aux deux parents.

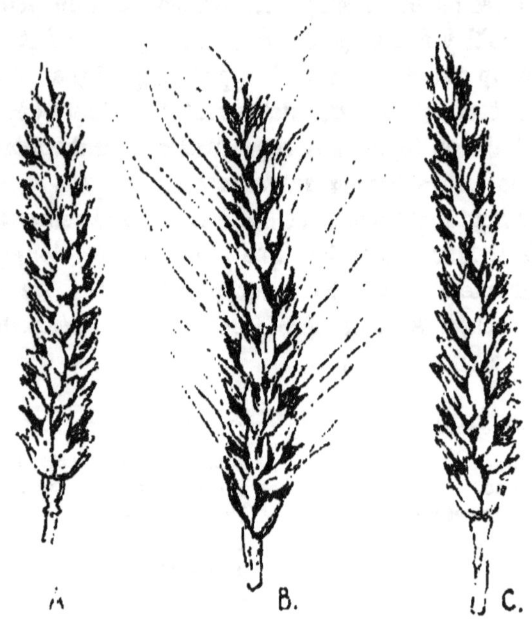

Fig. 24. — Phénomènes mendéliens chez le froment (d'après R.-H. Biffen).
A. Froment montant; B. Froment barbelé; C. Hybride
montrant que l'état non barbelé est dominant par rapport au barbelé.

Le travail copieusement illustré de Davenport est aussi d'un grand intérêt. Il montre de façon réitérée que le caractère dominant dans les premiers hybrides est plus ou moins influencé par le caractère récessif. Des poules polonaises à grosse hernie cérébrale sur le sommet de la tête furent croisées avec des Minorques à tête normale. Les hybrides furent sans hernie, mais presque toutes présentèrent une proéminence frontale. Quand les hybrides se reproduisirent en dedans, la hernie se présenta chez 23, 5 % — très près des 25 % théoriques.

Des Minorques noires à crête simple furent croisées avec des polonaises noires à crête blanche, très petite et bifide. Les hybrides eurent la crête simple en avant, fendue en arrière. Et ces hybrides, se reproduisant en dedans, donnèrent, sur 101 jeunes, 29, 7 % à crête simple, comme les Minorques, 46, 5 % à crête en Y, et 23, 8 % sans crête ou seulement à papilles (comme les polonaises). Ici encore le résultat est mendelien dans l'ensemble, mais la crête en Y est une complication.

Pigeons. — R. Staples-Browne a croisé un pigeon à pattes palmées (variation discontinue occasionnelle) avec une forme normale : 6 jeunes normaux. En d'autres termes, le pied palmé est un caractère récessif par rapport au pied normal. Les hybrides furent appariés entre eux, et dans un cas produisirent 9 à pieds normaux contre 3 à pieds palmés : disposition mendelienne. Mais une autre paire d'hybrides donna 17 jeunes normaux. Comme exemple d'hérédité mendelienne, ce n'est pas concluant. Et puis le nombre des sujets est trop faible. Nous avons dit ailleurs que le croisement de différentes races de pigeons a souvent pour résultat des formes ressemblant plus ou moins à l'ancêtre original supposé, le Bizet : autrement dit des réversions se produisent. Souvent, toutefois, les résultats semblent tout à fait anormaux ce qui est dû probablement au nombre de caractères latents dont les différentes races de pigeons semblent être porteuses.

Souris. — Les phénomènes mendeliens ont été étudiés de près chez la souris. Ainsi, quand une souris grise est appariée avec une albinos, la progéniture hybride est toujours grise. Lorsque ces hybrides se reproduisent en dedans, ils donnent des grises et des albinos, à peu près dans la proportion 3 : 1 ; ainsi Cuénot a obtenu 198 grises et 72 albinos.

Darbishire a obtenu beaucoup de résultats s'harmonisant bien avec la théorie mendélienne, mais il faut de l'ingéniosité pour en faire cadrer d'autres avec cette interprétation. En fait de bon cas nous pouvons en citer un où la reproduction en dedans de souris pigmentées dérivées du croisement d'individus pigmentés et albinos a donné 159 jeunes pigmentés et 55 albinos (53, 5 étant le chiffre prévu par la théorie). Quand de pareils hybrides ont été appariés avec des albinos purs ils ont donné 69 pigmentés et 69 albinos, exactement ce à quoi on devait s'attendre d'après la théorie :

$$\text{(Pigmenté D} \quad \text{R (Albinos)}$$
$$\text{D (R) (Pigmenté)}$$
$$\times$$
$$\text{D (R)}$$
$$\text{(Pigmenté) 1 D} + \text{2 D (R)} + \text{1 R (Albinos tamisé)}$$
$$\times$$
$$\text{2 R}$$
$$\text{(Pigmenté) D (R)} \quad \text{R (Albinos)}$$

Cuénot croisa une albinos *A* G (avec gris latent) avec une albinos *A* B (avec noir latent) et obtint des albinos (*A* G *A* B). Il croisa une souris noire C *B* avec une albinos *A* Y (avec jaune latent) et obtint des souris jaunes, C B *A* Y). Il appraria alors *A* G *A* B (albinos) avec C B *A* Y (jaune) et obtint 151 jeunes : 81 albinos, 34 jaunes, 20 noires, 16 grises : théoriquement on devait avoir : 76 albinos, 38 jaunes, 19 noires, 19 grises. C'est là un cas très frappant et convaincant.

Souris danseuses. — Les souris de cette intéressante race japonaise ont, entre autres particularités, l'habitude de valser en cercles. Quand on les croise avec des souris normales, leur caractère anormal se comporte en récessif.

La génération F_2 comportera 25 % de « valseuses » pouvant être vendues comme pures bien que leurs parents aient été normaux, de même qu'un de leurs grands-parents !

Cobayes. — Si un cobaye noir de race pure est croisé avec un blanc, la progéniture sera toute entière noire : et si on apparie ces noirs entre eux, le blanc récessif reparaîtra en moyenne chez un sur 4 des jeunes. Ces blancs appariés ensemble ne donnent que des blancs, au lieu que les noirs sont d'habitude de deux sortes : noirs purs et noirs impurs. Pareillement, comme l'a montré M. Castle, une robe rude est dominante par rapport à une lisse, une robe courte par rapport à une longue.

Lapins. — Hurst a apparié des lapins angora blancs (à yeux roses et poil soyeux) avec des lapins-lièvres belges (à peau pigmentée, yeux foncés et poil jaune court). Les hybrides étaient pigmentés comme les belges, mais la fourrure était grise comme celle du lapin sauvage. Les hybrides furent appariés entre eux et il en résulta 14 types distincts : une apparente « épidémie de variations » dont la théorie de Mendel a fourni la clef, car dans l'appariement entre hybrides, 4 paires de caractères contrastés sont en jeu : poil court *versus* long ; robe pigmentée versus albinos ; gris versus noir ; robe unie versus robe à taches (taches hollandaises latentes chez l'albinos); et les 14 types distincts sont des exemples des combinaisons possibles.

En ce qui concerne poil court *versus* poil long, Hürst a observé que quand les hybrides à poil court sont appariés entre eux, ils produisent des formes à poil court comme le grand-père lièvre belge, et des formes à poil long comme le grand-parent angora. Sur 70 qui atteignirent l'âge de 2 mois au plus, 53 étaient à poil court ; 17 à poil long : chiffres voisins de ceux que fait prévoir la théorie mendelienne : 52, 5 et 17, 5. Pareillement en ce qui concerne la robe pigmentée *versus* albinos, les hybrides appariés entre eux donnèrent 132 pigmentés et 39 albinos, assez près de ce que prévoyait la théorie mendelienne : 129 et 43. Et ainsi de suite.

Chats. — Doncaster fournit quelques résultats intéressants en ce qui concerne la couleur. Ainsi jaune-orangé « pure » ♀ croisée avec ♂ noir « pur » donne des femelles tricolores et des mâles jaunes : mais ♀ noire croisée avec ♂ orangé donne des mâles ou femelles noires, des femelles tricolores et des mâles orangés. Il semble que l'orangé domine habituellement par rapport au noir chez les mâles, tandis que chez les femelles, pour quelque raison inconnue, l'orangé est moins dominant, et il en résulte le tricolore. Les chats tricolores mâles sont très rares. Dans le cas présent les résultats se compliquent de quelque particularité liée au sexe. Quand un tricolore mâle est apparié avec une femelle tricolore, les jeunes sont tricolore, orangé, et noir, ce à quoi il fallait s'attendre avec la théorie mendelienne.

Homme. — Les preuves de phénomènes mendeliens chez l'homme s'accumulent. Il apparaît que la brachydactylie, condition où les doigts sont tous des pouces en ce qu'ils ont deux articulations au lieu de trois, est dominante par rapport à la condition normale. En cinq générations dont Farrabee a recueilli l'histoire, moitié environ de la progéniture était du type anormal bien que les mariages se soient toujours faits en apparence avec des personnes non apparentées et normales. En outre, aucun membre normal de la lignée n'est réputé avoir transmis l'anomalie. Un autre cas a été récemment discuté par Drinkwater.

Fort intéressante encore est l'étude de M. Nettleship sur la descendance de Jean Nougaret (né en 1637) qui était atteint d'héméralopie, condition paraissant due à la perte de la pourpre visuelle. Elle semble se comporter comme caractère unitaire. Les documents recueillis se rapportent à plus de 2.000 individus, et l'héméralopie est dominante par rapport à la vision normale. Le point remarquable consiste en ce que durant 250 ans aucun membre normal de la lignée, ayant épousé un autre normal, apparenté ou non, n'a jamais transmis le mal.

La coloration de l'œil humain fournit un autre exemple. Elle est en grande partie déterminée par la présence ou l'absence de deux couches distinctes de pigment. « Dans le véritable œil bleu une seule de ces couches pigmentées est visiblement présente, le pigment pourpre postérieur de la choroïde qui, réfléchi à travers la structure fibreuse de l'iris, produit la couleur bleue. En l'absence ou absence partielle de ce pigment, l'œil paraît être rose comme chez l'albinos. Dans l'œil brun ordinaire il y a deux couches de pigment, car en outre de la couche postérieure pourpre, il y a une couche antérieure, brune, en face de l'iris. C. C. Hurst a constaté que l'œil à deux couches de pigment visible (duplex) est dominant, et l'œil à une seule couche (simplex) récessif. Ou, en d'autres termes, la présence de la couche antérieure brune constitue un caractère dominant, son absence, un caractère récessif. M. et Mme Davenport sont arrivés pratiquement à la même conclusion.

Les Davenport et Hurst ont encore cité quelques faits montrant chez des Caucasiens types la prédominance des teints sombres sur les teints clairs, leur ségrégation dans la même famille, et la pureté apparente des individus blonds tamisés. Hurst a encore cité des faits à l'appui de l'idée que le « rouge carotte » est récessif par rapport au brun, et que le sens ou tempérament musical est également récessif. Les choses se passent comme si un individu était non-musicien du fait de la présence d'un facteur inhibiteur s'opposant à l'expression du tempérament musical qui, en puissance, existe chez tous. (Hurst, 1912).

Il serait intéressant de posséder des données précises sur la progéniture des Eurasiatiques se mariant en dedans, car ici les hybrides originels résultent du mélange de deux races très distinctes.

5. — *Extension du mendelisme.*

Les deux idées fondamentales du mendelisme sont (1°) la ségrégation des porteurs de chromosomes de chaque paire de facteurs ou gènes contrastants, et (2°) l'assortiment plus ou moins indépendant des paires de facteurs. Un pas en avant très important fut accompli lorsque Sutton montra, en 1902, que les dispositions en vue de la ségrégation et du remaniement apparaissaient dans le détail des processus de maturation. Mais la suite des recherches a mis en évidence d'autres faits, dont quelques-uns méritent d'être examinés.

Liaison. — Ce phénomène fut découvert par Bateson et Punnett, en 1906, au cours de leurs recherches sur les pois de senteur, et il a été étudié par T. H. Morgan et par d'autres investigateurs chez la mouche de vinaigre (drosophila melanogaster). Il signifie que certains caractères tendent à rester liés les uns aux autres dans l'hérédité. Citons un exemple donné par Morgan. « Les deux caractères mutants de la mouche de vinaigre : ailes jaunes et yeux blancs, sont liés, comme le montre le croisement suivant : si l'on accouple une femelle à ailes jaunes et à yeux blancs avec un mâle du type sauvage à ailes grises et yeux rouges, toutes les femelles en résultant auront des ailes grises et des yeux rouges et tous les mâles des ailes jaunes et des yeux blancs. Si cette progéniture est élevée « en dedans » ,98, 5 % des descendants ressembleront aux grands-parents, c'est-à-dire auront soit des ailes jaunes et des yeux blancs, soit des ailes grises et des yeux rouges. En d'autres termes, les facteurs mendeliens intervenus dans le croisement ne se sont pas assortis librement, mais ceux qui sont entrés ensemble ont reparu ensemble chez 98, 5 % des descendants. Ainsi ailes jaunes et yeux blancs, ailes grises et yeux rouges, sont liés respectivement » (Cowdry, 1924, p. 697).

La liaison signifie que, lorsque certains caractères entrent ensemble dans un croisement, ils tendent à demeurer ensemble dans les générations ultérieures. » Plus de 300 caractères mutants ou nouveaux de la *drosophila melanogaster* ont été étudiés ; ils se répartissent en quatre groupes de liaison. Mais cet insecte comporte quatre paires de chromosomes et ceci paraît indiquer qu'un chromosome peut rester sensiblement intact à travers des générations ultérieures successives. Cependant, en se référant au cas particulier en question, on remarquera que les 1, 5 % de la seconde génération étaient représentés par des mouches à ailes jaunes et yeux rouges et des mouches à ailes grises et yeux blancs. Ceci doit être expliqué, et c'est ici qu'intervient la notion de « permutation ».

Permutation. — Les gènes provenant de l'un des parents résident dans un des chromosomes de chaque paire ; ceux provenant de l'autre parent résident dans l'autre membre de chaque paire. La liaison implique que chaque chromosome appartenant à une paire tend à conserver sa série de gènes. Mais il se produit parfois un échange entre gènes d'origine paternelle et d'origine maternelle. Ce phénomène est appelé permutation ; et il est certain que le caractère présenté par la progéniture, comme dans le cas des 1, 5 % de mouches à ailes jaunes et yeux rouges et à ailes grises et yeux blancs, témoigne de la réalité du fait. Si nous considérons un chromosome comme constituant un rang de perles enfilées, chaque perle correspondant à un gène ou facteur, nous pouvons supposer que lorsque les deux chromosomes formant une paire sont situés l'un près de l'autre, une partie de l'un des rangs de perles est susceptible de permuter avec la portion contiguë de l'autre rang. Ainsi :

$$\begin{array}{cccc} abcd & \text{aile jaune, œil blanc} & ghijk \\ a'b'c'd' & \text{aile grise, œil rouge} & g'h'i'j'k' \end{array}$$

pourrait, par permutation de parties comprises dans les portions groupées par les accolades, devenir :

$$\begin{array}{cccc} abcd & \text{aile jaune, œil rouge} & ghijk \\ a'b'c'd' & \text{aile grise, œil blanc} & g'h'i'j'k' \end{array}$$

Ce serait là un cas très simple de permutation.

Mais une étude génétique de la progéniture montre que des permutations plus complexes peuvent survenir. Un chromosome peut se trouver enchevêtré avec un autre et il semblerait que des sections entières puissent être échangées entre les membres d'une paire de chromosomes homologues. Dans la série abcdefgh et son allomorphe ABCDEFGH, une rupture entre c et d (C et D) conduirait à la formation de ABC defgh et abc DEFGH, alors que deux permutations entre C et D et f et g donneraient ABC def GH et abc DEF gh. De nombreuses expériences ont fourni des résultats intéressants concernant la fréquence de certaines permutations par rapport à d'autres et, bien que l'interprétation soit théorique, elle est corroborée d'une façon frappante par les remaniements qui se manifestent dans les descendances.

On a souvent pu voir des enchevêtrements de chromosomes, mais l'idée d'un échange de gènes ou de groupes de gènes est une hypothèse ayant pour but de s'accorder avec les faits observés touchant la répartition, dans la progéniture, de caractères particuliers. Si la permutation se produit, comme cela paraît probable, l'occasion propice se présente lorsque deux chromosomes homologues forment une paire synaptique avant la maturation. Ceci a été presque prouvé en se basant sur le fait curieux que la fréquence des permutations (hypothétiques) peut être modifiée par des changements de température.

En partant de l'hypothèse des permutations, il a été possible d'établir des schémas typographiques montrant la disposition linéaire des différents gènes ou facteurs du chromosome, conjecture audacieuse. On a également essayé d'estimer approximativement la dimension des gènes.

Au fur et à mesure de l'accroissement des connaissances expérimentales concernant l'hérédité mendélienne, il est apparu de plus en plus clair que, bien que les gènes particuliers soient les corrélatifs germinaux de certains caractères de l'organisme en développement, il ne fallait pas croire que chaque caractère résulte d'un gène unique. T. H. Morgan s'exprime très nettement à ce sujet : « Bien que chaque gène puisse produire un effet spécifique sur certaines parties du corps, il peut également produire d'autres effets sur d'autres parties du corps. De plus, chaque organe ou caractère est le résultat final de l'action d'un grand nombre de gènes. »

Le mendélisme est devenu moins mécanique et plus biologique. Il est maintenant admis que les facteurs chromosomiques doivent coopérer avec le cytoplasme ambiant ; que le développement des facteurs peut être modifié par des changements dans le milieu ; que les chromosomes peuvent être influencés par des stimulants provenant de l'extérieur et pénétrant profondément, ainsi que l'un par l'autre, et qu'un gène n'est pas invariable.

6. — *La découverte de Mendel dans ses relations avec d'autres conclusions.*

Conception de l'organisme. — Un critique avisé a indiqué que la théorie darwinienne ou sélectionniste constitue évidemment une projection sur la nature d'idées anthropomorphiques dues en partie à la concurrence aiguë de l'époque industrielle, en partie à une gêne temporaire par surpopulation, en partie au processus par lequel des inventions mécaniques, la filature et le tissage d'une part, et la bicyclette de l'autre, sont perfectionnées par l'addition d'un brevet à un autre. Envisageant ce dernier point, le critique demande si nous pouvons croire sérieusement que les organismes ont évolué par variation et sélection pièce à pièce des parties isolées, comparables aux perfectionnements se produisant tour à tour dans les engrenages, la direction, ou la chaîne de la bicyclette. Un des faits les plus clairs et les plus certains au sujet des organismes n'est-il pas qu'un organisme est une unité ? S'il vit en unité, ne doit-il pas aussi évoluer comme unité ?

Nous ne saurions entrer ici dans une discussion au sujet du prétendu anthropomorphisme ou sociomorphisme de ce que nous nous flattons d'appeler « science pure ». La thèse est très intéressante, et digne d'une discussion approfondie. Mais nous devons nous arrêter un moment à l'idée de l'évolution par perfectionnements de pièces séparées, parce qu'il nous semble que les *faits* mis en lumière par Mendel et les mendeliens suffisent à faire voir qu'il y a quelque vérité dans cette façon d'envisager l'organisme.

On a montré que certains organismes ont des caractères unitaires bien délimités, se comportant dans l'hérédité comme si c'étaient des constituants indépendants, transmissibles en bloc et dans leur totalité, ne se mélangeant pas avec des caractères similaires mais restant tout à fait distincts, se développant intacts, et complets, ou pas du tout. Comme le dit Bateson, les faits mendeliens nous amènent à considérer l'organisme comme « un complexe de caractères, dont quelques-uns au moins sont dissociables et capables d'être remplacés par d'autres... Nous arrivons ainsi à la conception de caractères unitaires qui peuvent subir un changement de dispositif dans la formation des cellules reproductrices. Ce n'est pas trop s'avancer que de dire que les expériences ayant conduit à ce progrès dans la connaissance méritent de prendre rang à côté de celles qui ont établi la fondation des lois atomiques de la chimie ».

Il nous sera permis d'indiquer que l'idée générale de caractères unitaires héritables de façon indépendante n'est pas incompatible avec l'idée de Weismann représentant un héritage comme composé de nombreux groupes de déterminants ou constituants primaires, correspondant chacun à une structure variable et héritable de façon indépendante : elle la corrobore plutôt.

Les faits de mendelisme nous donnent une nouvelle confiance dans l'indépendance relative des caractères unitaires. Il semble qu'un caractère unitaire se comporte parfois comme un radical en chimie : il peut être remplacé en bloc par un autre, mais entre les deux il ne saurait y avoir de compromis. « La perspective, comme le dit Bateson, ne diffère pas beaucoup de celle qui se présenta, en chimie, quand on commença à entrevoir le caractère défini des lois de la combinaison chimique ».

Une nouvelle façon de concevoir l'évolution. — Comme on le sait bien, Darwin croyait les adaptions et différences spécifiques lentement amenées par la sélection régulière de petites variations continues dans une direction. Il a bien reconnu, en fait, la genèse soudaine de grandes variations discontinues, comme dans le cas des moutons Ancon à courtes pattes. Mais il ne pouvait accorder de l'importance à ces occurrences, les tenant pour rares, et dès lors, très susceptibles d'être submergées par le croisement avec les formes normales.

A de nombreuses reprises, avant Darwin, et après lui, des naturalistes ont émis l'idée que de soudaines apparitions de structures nouvelles, d'un caractère assez complet, de brusques transitions d'une position d'équilibre organique à une autre, pouva'ent avoir une importance en évolution. Il suffira de citer Etienne Geoffroy St-Hilaire et Francis Galton. Mais toujours la difficulté consistait en ce que ces variations discontinues semblaient rares, et aptes à être submergées.

En 1894, dans ses *Materiale for the Study of Variation*, Bateson montrait que la discontinuité dans la variation est un phénomène assez commun, et a pu, par conséquent, jouer dans le passé un rôle important dans l'origine des Espèces (voir chapitre III).

Pareillement Hugo de Vries montra, avec les détails les plus convaincants, que des variations discontinues ou mutations se présentent assez souvent chez les plantes et donnent naissance à des variétés reproduisant fidèlement leur type (voir chapitre III).

Or il est évident que si la loi de Mendel s'applique à ces cas, la mutation, une fois qu'elle s'est produite, ne se perdra probablement pas et ne sera pas submergée par suite du croisement avec les types normaux. Ainsi, par la découverte de Mendel, nous sommes conduits à une nouvelle façon d'envisager l'évolution organique, où nous attachons moins d'importance aux fluctuations médiocres sur lesquelles comptait Darwin, et plus aux mutations ou variations par sauts.

Lumière projetée sur la variation. — L'expérimentation

mendelienne a projeté de la lumière sur certaines formes, au moins, de variation. En ce qui concerne les couleurs des fleurs et des robes des animaux, il a été établi que des variétés peuvent naître par perte ou modification de caractères unitaires. Ainsi, dans le cas du lapin, quelque facteur de couleur peut tomber, d'où albinisme, ou bien le facteur du type du poil individuel, d'où un mélange de pigments paraissant noir ; ou le facteur du noir, d'où variété brune et cannelle. Mais que signifie cette perte, cette « tombée » ? M. Castle répond : « La perte d'un caractère unitaire pourrait aisément se produire par une division cellulaire irrégulière, où la base matérielle d'un caractère manquerait à se diviser, comme normalement... D'autre part, une condition modifiée d'un caractère unitaire pourrait résulter d'une division *inégale* de la base matérielle d'un caractère, d'où le résultat qu'un des produits de la cellule transmettrait le caractère avec une intensité affaiblie, et l'autre, avec une intensité accrue. » (1911, p. 86).

Quelques mendeliens encore admettraient qu'un caractère peut perdre de sa « puissance », de son aptitude à dominer, ou à s'affirmer dans le développement, tout comme il le pourrait dans la théorie de la sélection germinale de Weismann. Nous avons déjà fait allusion à l'imperfection assez fréquente de la dominance d'un caractère dominant. Il se peut qu'elle tienne à un affaiblissement de la puissance d'un caractère unitaire particulier, peut-être encore y a-t-il à tenir compte de la condition de la cellule germinale dans son entier au moment de la fécondation. M. L. Tower, dans une série d'expériences importantes sur l'influence de changement de conditions de milieu sur l'élevage des *Leptinotarsa* a constaté que les conditions ambiantes agissant sur les cellules germinales au temps de la fécondation peuvent être à un degré considérable responsables de la détermination du caractère dominant dans le croisement, et largement responsables de la variabilité de pareils caractères. (1910, p. 332).

Les expériences mendeliennes nous donnent une impression très vive des possibilités de variation. Le croisement de deux races de vers à soie, l'une à chenilles rayées et cocons jaunes, l'autre à chenilles non rayées et cocons blancs, donne à la génération hybride (F^1) rien que des chenilles rayées et des cocons jaunes — les deux caractères dominants. Mais les hybrides, reproduits en dedans, donnent à la génération suivante (F^2) 4 combinaisons différentes qu'on peut désiguer, en raccourci, par les termes : jaune rayé, jaune non rayé ; blanc rayé, blanc non rayé. Mais s'il y avait eu 10 caractères unitaires au lieu de 4 il y aurait eu une possibilité théorique de 1.024 combinaisons. Bref, le mendelisme nous permet de comprendre l'origine de cette sorte de variation qui consiste en permutations et combinaisons de qualités déjà existantes.

Le mendelisme dans ses rapports avec la sélection. — Les faits du mendelisme sont, de plusieurs manières, importants par rapport à la sélection naturelle. 1º Les faits nous autorisent à croire à la possibilité de l'évolution particulière de caractères unitaires, tandis que le reste de l'organisme reste stable. 2º Quand une variation est prépotente, par une stabilité inhérente, ou par la reproduction en dedans, c'est-à-dire quand ses possesseurs reproduisent fidèlement le type par reproduction *inter se* —, nous pouvons comprendre comment il se fait que même le croisement avec des variants possédant un caractère antagoniste n'implique pas nécessairement une diminution de la dominance du caractère en question. La reproduction en dedans des hybrides a simplement pour résultat le tamisage des types parentaux purs. 3º Imaginons les phénomènes mendeliens se produisant pendant une série de générations et supposons que la sélection naturelle favorise les possesseurs du caractère dominant, ceux-ci prévaudront, *ex hypothesi*, à mesure que se fait l'élimination. Mais il convient de noter qu'en dehors de la sélection, les possesseurs du caractère dominant constitueront une majorité graduellement croissante, puisque les dominants tamisés et les dominants récessifs (qui, pratiquement, ne peuvent être distingués les uns des autres, en ce qui concerne la sélection naturelle) seront toujours aux récessifs comme 3 : 1.

Dans le beau cas des deux orties fourni par Correns, les plantes à feuilles entières sont notablement plus susceptibles à l'attaque de maladies cryptogamiques que ne le sont celles à feuilles dentelées, de sorte qu'au cours du temps, dans certaines conditions, la première race tendrait à être éliminée par la sélection naturelle ; mais elle est aussi soumise à des conditions défavorables par les conditions héréditaires, puisqu'il se produit toujours 3 dominants pour un récessif.

Effets submersifs du croisement. — Une objection bien connue au darwinisme, que Fleeming Jenkin fut le premier à formuler clairement, est que les variations de faible intensité et d'occurrence rare doivent tendre à être submergées par le croisement avant d'avoir eu le temps de s'accumuler et d'acquérir de la stabilité. Dans la sélection artificielle, l'éleveur prend des mesures pour empêcher cette submersion en appariant délibérément les formes similaires ou appropriées, ou en supprimant les formes indésirables ; mais dans la nature, qu'est-ce qui correspond à l'éleveur ?

Diverses réponses sont possibles. 1° Il se peut que des variations similaires se présentent à la fois chez de nombreux individus, et ceci à de nombreuses reprises. 2° Il se peut que les variations qui comptent réellement dans l'évolution soient non les petites fluctuations individuelles, mais les variations discontinues. 3° Il se peut que de nombreuses variations ne soient pas instables dès l'origine, mais expriment des changements d'équilibre organique qui sont arrivés pour subsister, s'ils ont chance de se faire. 4° Il y a de nombreuses conditions dans la nature — que résume le concept « isolation » — barrières géographiques, différences d'habitus, sympathies et antipathies psychiques — tendant à empêcher le libre croisement entre groupes d'une espèce. Il peut y avoir appariement des formes similaires, et, de diverses façons l'appariement assorti peut survenir naturellement. Et partout où la reproduction en dedans s'installe, la prépotence se développe, c'est-à-dire que des particularités, même si elles sont banales, acquièrent une grande puissance de résistance en hérédité. 5° Mais plus importants encore sont les faits révélés par Mendel et ses disciples, montrant que le croisement *ne tend pas* à submerger les caractères nouveaux, car si les hybrides se reproduisent en dedans, il y a ségrégation persistante du type parental. Un nouveau mutant croisé avec une forme apparentée de caractère contrasté peut être dominant ou récessif chez l'hybride immédiat (F^1) mais en tout cas si les hybrides se reproduisent en dedans, il reparaîtra sous forme pure à la génération suivante (F^2) et ainsi de suite. Les expériences mendeliennes montrent la possibilité d'arriver à des nouveautés par des combinaisons de caractères unitaires, et il est intéressant ici de rappeler les vues extrêmes de Lotsy (p. 604) d'après qui toutes les races nouvelles naissent par hybridation.

Méthode mendelienne et méthode statistique. — Il ne semble pas y avoir de raisons valables pour opposer l'une à l'autre ces deux méthodes.

Dans ses *Modes of Research in Genetics* (1915) Raymond Pearl écrit ce qui suit : « Les différences héréditaires se comportent, principalement, comme des unités isolées qui sont brouillées comme des cartes et redistribuées aux individus au cours du processus héréditaire, dans une grande mesure indépendamment les unes des autres ». Les méthodes statistiques ou biométriques étudient la distribution des différences héréditaires d'une certaine façon ; la mendelienne, d'une autre façon « La méthode biométrique étudie les ancêtres de l'individu ; la mendelienne étudie sa descendance. L'une va en arrière, dans la généalogie, l'autre en avant. C'est comme si deux faisceaux de rayons lumineux pointent tous deux sur l'individu. Le faisceau ancestral converge sur l'individu ; l'autre diverge en s'éloignant de l'individu »... « La méthode statistique est un adjuvant logiquement nécessaire de la méthode expérimentale ».

Quand toutefois nous passons des méthodes biométriques en général aux formules particulières, telles que la loi de Galton (voir § 6 du chap. IX) il nous faut reconnaître que l'hérédité de fusion et l'hérédité mendelienne ou alternative ne peuvent être résumées en un énoncé général, et que la loi de l'hérédité ancestrale ne s'applique en réalité qu'à la première, bien que Galton ait essayé de l'adapter aux deux.

Plus généralement on peut dire qu'il ne devrait pas y avoir opposition entre les formules mendeliennes et biométriques, car c'est une confusion de pensée. Les formules biométriques sont applicables à des moyennes de générations successives se multipliant librement ; les formules mendeliennes sont applicables à des groupes particuliers de cas où des parents avec caractères dominants et récessifs contrastés sont croisés, et que leur progéniture hybride est multipliée en dedans. Voir à ce propos l'admirable essai de Darbishire (1906).

Résumé du mendélisme. — La théorie mendélienne implique trois idées principales.

1º L'héritage consiste, en partie au moins, en « caractères unitaires » qui se continuent typiquement comme ensemble, ou pas du tout, qui se comportent comme des unités simples, pouvant être séparés et distribués à la progéniture, jusqu'à un certain point indépendamment les uns des autres. On considère ces caractères unitaires comme représentés dans la matière germinale, et probablement dans les chromosomes par des caractères différentiels de quelque sorte — facteurs, déterminants ou gènes. Il se peut toutefois que plusieurs facteurs soient impliqués dans un même caractère, où qu'un même facteur influence plusieurs caractères.

2º Quand deux parents diffèrent en ce qui concerne deux caractères unitaires contrastés, ceux-ci ne se mélangent pas dans la progéniture mais l'un des deux se manifeste plus ou moins totalement, et est appelé dominant, tandis que l'autre, qui disparaît plus ou moins pour un temps dans la progéniture, est appelé récessif. Ou encore la présence d'un caractère peut être dominante par rapport à son absence et réciproquement. Il convient de noter avec soin, toutefois, qu'il y a de nombreux exemples de ce qu'on appelle la dominance incomplète, comme lorsque le croisement andalouse blanche et andalouse noire donne des andalouses bleues. En outre il peut y avoir interaction de différentes paires de facteurs, et diverses complications sont connues maintenant qui expliquent comment certaines distributions de qualités qui semblent non-mendéliennes à première vue se conforment pourtant à cette interprétation.

3º La troisième idée est celle de la ségrégation (disjonction des caractères), l'idée que dans l'histoire des cellules germinales des croisements mendéliens (première génération filiale) il y a une ségrégation des facteurs de, par exemple, deux caractères unitaires contrastés, ou des facteurs d'un caractère unitaire possédé par un seul des parents, la disjonction étant telle que chaque cellule germinale — tant œuf que spermatozoïde — est « pure » en ce qui concerne le caractère en question, et possède ou ne possède pas le facteur correspondant.

De grand intérêt sont les faits apportés par de Vries à l'appui de l'idée que certaines mutations, impliquant des caractères unitaires mendéliens sont associées à des *changements dans les chromosomes*. Dans son étude *Mutation Factor in Evolution* (1915) Ruggles Gates montre avec détails circonstanciés que des particularités caractérisant les divers mutants de l'Oenothère sont en corrélation avec des altérations observables dans l'organisation de la cellule-œuf fécondée, particulièrement en ce qui concerne les *chromosomes*. Dans son *Mechanism of Mendelian Heredity* (1915) T. H. Morgan montre, par exemple, qu'un caractère unitaire particulier chez la *Drosophila* est presque certainement en corrélation avec un changement dans une région bien définie et localisée d'un seul chormosome.

7. — *Importance pratique de la découverte de Mendel.*

La découverte de Mendel, en prenant de l'extension, aura certainement une grande influence sur l'élevage des animaux et la culture des plantes. Partout où elle sera applicable elle four-

nira une base d'action solide, permettant à l'éleveur d'atteindre
le résultat qu'il recherche de façon plus sûre, plus rapide et plus
économique. Le cas que nous avons cité des variétés de blé
immunisées par rapport à la rouille est déjà très propre à faire
réfléchir.

Un cas tel que celui de la volaille andalouse montre combien
immédiate peut être l'utilité pratique du mendélisme. L'appariement des andalouses bleues n'en donne que 6 à la douzaine ;
celui de la noire avec la blanche en donne 12.

L'impossibilité de fixer les caractères de l'andalouse bleue
en une race stable tient simplement au fait que les andalouses
sont des hybrides, et il en va probablement de même dans des
cas tels que celui de la betterave à sucre, où la sélection semble
avoir cessé de produire d'autres progrès.

L'éleveur qui désire obtenir rapidement une race stable et
pure trouve évidemment des indications dans la façon dont se
comportent les récessifs, et les dominants tamisés de la génération F^2. Il y a plusieurs applications pratiques similaires des
résultats mendéliens.

La reproduction « en dedans ». — Les éleveurs qui, à force
de soins, ont créé un beau troupeau éprouvent souvent beaucoup
de répugnance à introduire du sang neuf, même quand ils croient
être arrivés près des limites en deçà desquelles on peut pratiquer
la reproduction en dedans avec sécurité. Mais *si* le mendélisme
s'applique aux organismes d'élevage, il ne semble pas que l'introduction de sang nouveau doive nécessairement affecter la
pureté de la race. On a eu recours au croisement pour augmenter la vigueur ; si l'on fait reproduire en dedans (c'est-à-dire
entre eux) les résultats du croisement, des formes analogues au
parent originel reparaîtront.

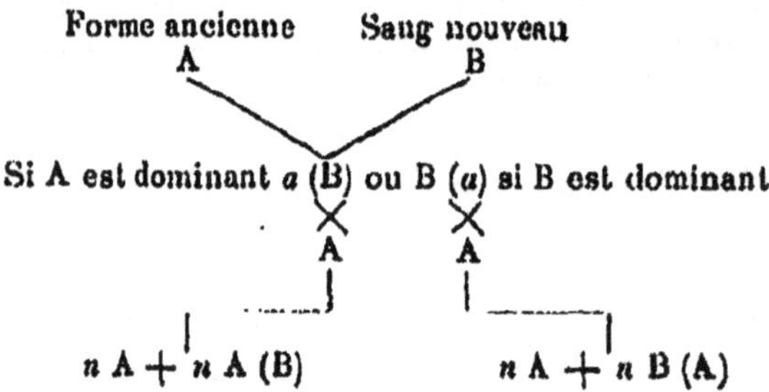

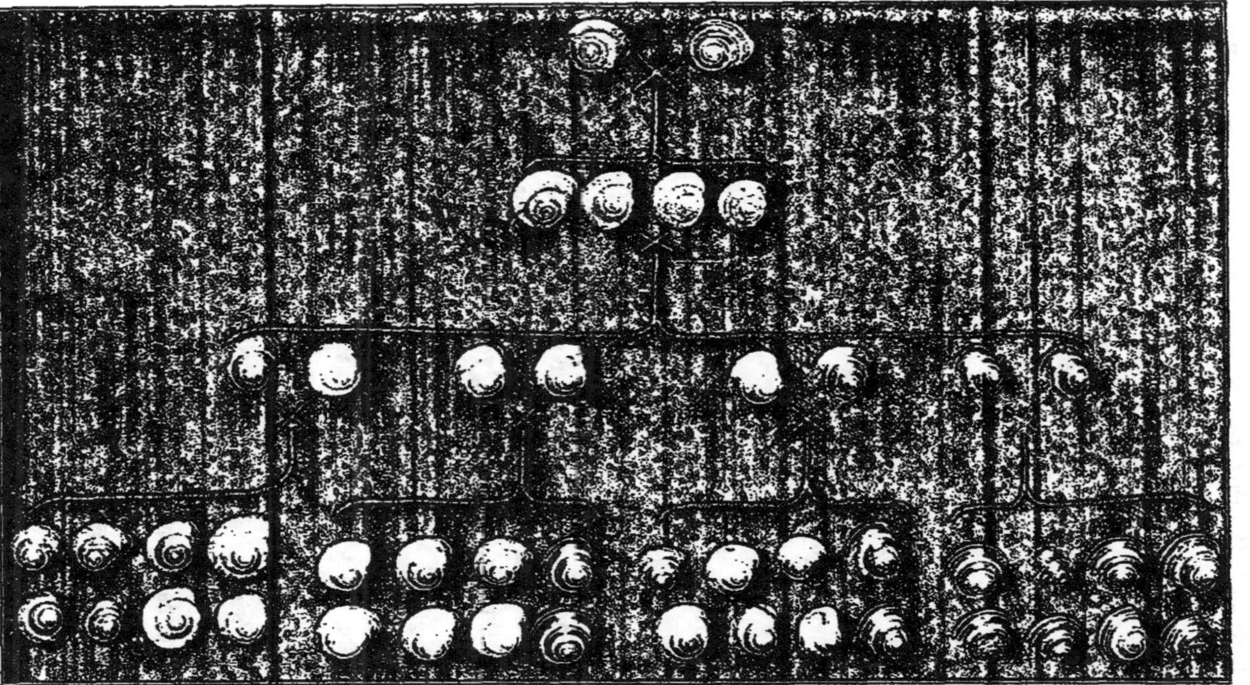

Fig. 22. — Diagramme montrant les phénomènes mendéliens chez l'*Helis hortensis* (d'après Lang). Le diagramme a été photographié d'après des coquilles prises au hasard, et non d'après des sujets d'expérience réels, comme dans la figure de Lang. La première ligne offre une forme sans bande (D) et une forme ayant une bande (R) : la forme sans bande est dominante. La deuxième ligne (F') contient quatre formes sans bandes D (R) : dans la troisième ligne figure la descendance des hybrides : six formes sans bande et deux formes avec bande 1D + 2D (R) + 1R ; dans la quatrième ligne figurent des extraits purs de dominantes sans bande jusqu'à l'extrème gauche et de purs extraits de formes sans bande jusqu'à l'extrème droite.

Ou si l'on pratique la reproduction en dedans avec A (B) le résultat sera n A $+ 2n$ A (B) $+ n$ B.

Ou si l'on fait de même pour B (A) le résultat sera

$$n \text{ A} + 2n \text{ B (A)} + n \text{ B.}$$

Il n'y a évidemment aucun danger *théorique* de perdre A. Naturellement, nul ne peut dire, pour le présent, que ces « équations simples » s'appliquent à l'introduction de sang nouveau dans un troupeau de bétail, mais le temps est venu d'expériences plus audacieuses selon les méthodes mendeliennes. Il pourrait évidemment arriver que le sang nouveau B introduit fût tout à fait incompatible avec le sang pur A, et que la progéniture consistât en un sport indésirable. Mais n'arrive-t-il pas des accidents de ce genre avec le présent régime, instinctif ou empirique, adopté par la plupart des éleveurs ?

8. — *Autres expériences sur l'hérédité.*

Il nous faut compléter notre analyse des cas, en parlant des travaux de Bateson, T. H. Morgan, Punnett, de Vries et d'autres encore. Mais nous en avons assez dit pour montrer : 1° que les phénomènes mendeliens se manifestent bien dans certains cas : par exemple chez les pois, souris, lapins, volailles, escargots ; 2° que dans d'autres cas, s'il existe des phénomènes mendeliens évidents d'après certains observateurs, il y a des résultats discordants pour d'autres, vers à soie par exemple ; 3° que dans d'autres cas encore, s'il y a des soupçons de mendelisme, les résultats ne peuvent être aisément expliqués par celui-ci : chez les pigeons entre autres.

L'intérêt des expériences de Johannsen faites avec des lignes pures de haricots est très grand ; elles montrent que dans ce cas les petites fluctuations quantitatives sont sans importance, les véritables avancés, en évolution, se faisant par variations brusques, correspondant aux sports de Darwin et aux mutations de de Vries. La sélection poursuivie de génération en génération selon une ligne pure donnée peut ne pas réussir à assurer un résultat quelconque, par exemple en ce qui concerne la grosseur moyenne de la graine. Ainsi une lignée peut atteindre un *nec plus ultra.* Pareillement, en ce qui concerne certains caractères chez les cobayes, Castle a, à plusieurs reprises, vainement tenté d'amener un changement par la sélection dans une race reproduite en dedans. « Ainsi une forme très foncée d'albinos de l'Himalaya, après une certaine amélioration par la sélection, n'a pas pu être appréciablement rendue plus foncée» (*Journ. Washington Acad. Sci.* ,VII, 1917, p. 368-387). Ce qu'il faut éviter c'est de généraliser d'après des groupes particuliers de faits.

Ainsi il est certain que dans beaucoup de cas le principe de la ligne pure ne s'applique pas. On a constaté que certains caractères de cobayes, de lapins et de rats répondent vite à la sélection dans une direction particulière. En outre Johannsen lui-même a montré que des mutations peuvent se produire à l'intérieur de lignes pures, et celles-ci peuvent fournir des matériaux à la sélection. Des groupes différents de données suggèrent des conclusions différentes et il n'est pas indispensable que celles-ci soient contradictoires. Une étude de l'albinisme seul, dit Castle, conduirait à croire à la fixité et à la constance des gènes mendeliens, et à l'impossibilité de les modifier par la sélection. Une étude du tachetage en blanc laisse la conviction inébranlable que cette sorte de gène est plastique et aide aisément à la sélection. Là où il n'y a que des gènes de la première espèce le principe de la ligne pure est applicable ; là où ils sont de la dernière, il n'est pas applicable ». Au cours des rapides progrès d'une science jeune il est innopportun de stéréotyper des conclusions.

Castle incline à penser que chez les petits mammifères qu'il a particulièrement étudiés, très peu de caractères peuvent, avec sécurité, être attribués à l'action de facteurs ou gènes, héréditaires, parfaitement stables. Très importante est sa conclusion que « à part la couleur, il y a très peu de caractères économiques appréciés chez nos animaux domestiques qui ne sont pas hérités à la façon des fusions » (voir *Journ. Washington Acad. Sc.* VII, 1917).

Comme on devait s'y attendre, les découvertes des expérimentateurs mendeliens ont soulevé des problèmes, en en résolvant d'autres, et il a fallu élaborer des moyens divers pour amener, ou maintenir, certains phénomènes sous la coupe de l'interprétation mendelienne. Il se peut que certaines des subtilités imaginées soient nécessaires et d'ordre transitionnel, il se peut que certaines difficultés, aussi, tiennent à ce qu'on a trop tiré sur les concepts mendeliens. Un des expérimentateurs pratiquants a formulé cette notion :

« Depuis les conditions simples découvertes par Mendel, il a surgi, grâce au travail de la dernière décade, une légion d'observations tendant à montrer que le phénomène mendelien n'est pas, en beaucoup de sortes de cas, aussi distinct et simple qu'on le désirait, et, à présent, diverses sortes de variabilité dans le comportement des caractères ont été décrites et sont attribuées, dans quelques exemples, à différentes sortes de latence, à l'appariement gamétique, à une variabilité de virtualité, à une variabilité de dominance, et ainsi de suite. La situation est essentiellement la suivante : à mesure que les recherches se sont succédées, on s'est aperçu que ce n'est pas *un* facteur, mais une légion de facteurs déterminants (le terme facteur est employé ici comme signifiant quelque chose qui rend possible un résultat donné, sans exprimer, ni impliquer d'idée quant à la nature de ce facteur) qui sont à l'œuvre dans la production de l'hérédité alternative ; et pour essayer de sauver la lettre de la loi de la théorie mendelienne des caractères unitaires avec ségrégation dans la gamétogenèse, on a élaboré une quantité d'hypothèses pour sauver la théorie originelle » (W. L. Tower, 1910).

Expérience de Tower. — Il s'attache un grand intérêt aux expériences de W. L. Tower (1910) sur le croisement entre espèces de *Leptinotarsa*. Dans ces expériences les principales variables furent les conditions entourant et influençant les cellules germinales au moment de la fécondation, et l'expérience révéla qu'aux changements dans les conditions extérieures (température, humidité, etc.) sont associés des changements dans l'hérédité alternative (mendelienne). Il réussit à « créer une série de comportements dans lesquels les mêmes caractères sont dominants à l'exclusion des autres, ou dominants à un moindre degré, ou bien encore il y a mélange complet entre les deux à la génération F^2, ou bien apparition des deux types parentaux dans F^1, et dans les deux cas, la progéniture est fidèle au type. »

La question de dominance, d'après ces expériences ne dépend

pas entièrement de la constitution des cellules germinales ; elle dépend en partie des conditions extérieures agissant sur les cellules germinales au moment. Bref, des conditions extérieures au croisement sont des facteurs importants dans la détermination des résultats de celui-ci en expression somatique.

La conception générale qu'a Tower des attributs de l'organisme nous paraît avoir la largeur et l'élasticité salutaires qu'exige l'état actuel des connaissances. Il reconnaît les faits suivants en ce qui concerne la constitution organique :

« 1° Il y a chez les organismes une forme basale, relativement inaltérable en ce qui concerne la symétrie, le dispositif et l'arrangement des parties.

2° Il y a chez les organismes une série d'attributs capables de variation, mais qui se fondent dans l'hérédité, formant des fusions et intermédiaires.

3° Il y a chez les organismes une série d'attributs ne pouvant exister que dans un état défini de stabilité : ou bien ils y sont ou ils n'y sont pas.

4° Il y a dans les organismes des caractères qui, par le croisement peuvent être remplacés par d'autres, plus ou moins similaires, mais différents. »

Expériences selon les lignées pures de Johannsen. — Des expériences de Nilsson et d'autres à Svalöf en Suède ont montré que la progéniture d'un épi isolé, particulièrement bon, d'orge, peut toute entière manifester les caractères parentaux : et la progéniture se reproduire pareille à elle-même. Si un seul plant présente le résultat désiré, il est plus sûr et plus rapide de le prendre tout seul pour point de départ au lieu de passer des années à sélectionner les plants qui s'en rapprochent le plus. Nous devons au botaniste danois Johannsen le développement de cette idée en une série d'expériences très importantes, exécutées avec une patience et une précision qui ne peuvent être dépassées. Il nomme tous les descendants d'un individu unique, chez une race à autofécondation une « lignée pure ». Une race ou « population » en apparence homogène est un amas de lignées pures. Étant donnée une lignée pure isolée, l'horticulteur ne peut rien en tirer de plus : il y a des « fluctuations » en excès ou en défaut, mais, même avec la sélection il y a toujours un retour à la moyenne.

Pareillement dans une population faite d'un rassemblement de lignées pures, la sélection ne peut rien faire de plus qu'isoler les meilleures lignées pures : elle ne peut dépasser les extrêmes dont les lignées pures incluses sont des exemples.

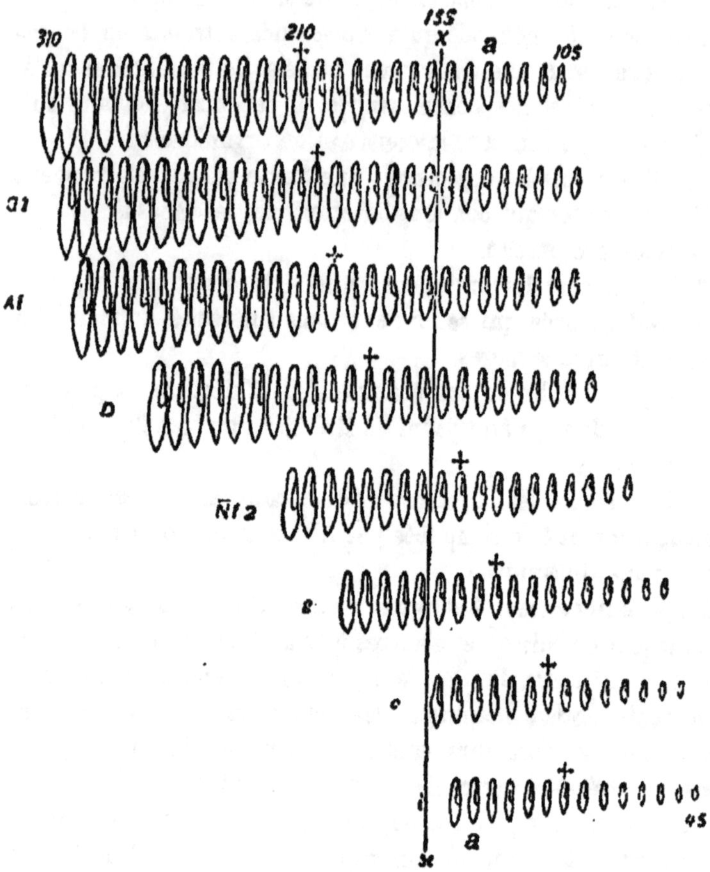

Fio. 23. — Lignées pures de *paramaecium* (d'après Jennings.)

Un des principaux résultats de Johannsen a été de montrer qu'une lignée pure est très constante de génération en génération. Il y a beaucoup de différences individuelles, mais celles-ci ne tendent pas à se représenter chez la progéniture. Ce semble être des *modifications* dues à des particularités dans la « nurture » des individus. Il ne semble pas se présenter les nombreuses variations germinales qui sont si souvent postulées. Si un gros changement héréditaire se produit, il arrive par une « mutation » dans la lignée pure, non par sélection entre les différences individuelles.

Jennings a montré la signification des « lignées pures » en ce qui concerne les paramécies. La figure représente une population composée de 8 lignées pures, dont chacune est caractérisée par une certaine portée de dimensions. La ligne x — x indique la moyenne de la population ; les + indiquent les moyennes des différentes lignées pures. Si l'on isole une forme géante de la première lignée, sa progéniture, vivant sous les mêmes conditions maintient les caractères de la lignée en question. Les individus de grande taille qui se produisent ne peuvent être appelés un résultat de la sélection dans la population considérée : c'est le résultat de l'isolation d'un individu d'une lignée pure particulière. Et un autre point est qu'aucun degré de sélection n'obtiendra rien de l'isolation en dehors des limites de la lignée pure à laquelle appartient l'individu.

La conclusion qu'indiquent les expériences sur les « lignées pures » est celle qu'indiquent aussi divers ordres d'expérience, à savoir que dans certains groupes de faits les variations qui comptent sont les mutations, non les fluctuations. Par suite d'un progrès germinal il se produit un épi de blé d'excellence particulière : il y a plus à tirer de cet épi unique que de la sélection, pendant des années, de fluctuations plus petites. Le fait que, malgré la production de fluctuations en plus ou en moins, dans la lignée pure, la sélection ne peut rien en faire de plus semble montrer que ces petites fluctuations ne sont souvent pas transmises. En fait, probablement, beaucoup de celles-ci ne sont pas du tout des *variations germinales*, mais des *modifications acquises* dues à des différences de « nurture ». Il y a toutefois une question qu'il ne faut pas laisser hors de compte. Il faut se demander, en effet, si les innovations individuelles, qui bien souvent n'ont pas un caractère abrupt ou étonnamment dicosntinu, ne sont pas peut-être le résultat d'une longue sélection continue de formes présentant de petites fluctuations. C'est là une idée suggérée par la conclusion de quelques investigateurs — mais non de de Vries — qu'une mutation est un pas dans la même direction que celle de la majorité des fluctuations. Et il se peut que de petites fluctuations, qu'on ne peut démontrer être héritables en elles-mêmes, puissent au cours de générations de sélection continue, se « sommer » en mutations héritables. Ceci n'exclurait pas une autre possibilité, d'après laquelle les mutations seraient dues à une influence de milieu saturante.

Hybridation en général. — Nous n'essayerons pas de tracer une ligne définie entre les différentes sortes de croisement. On peut toutes les ranger sur un plan incliné, car elles ne diffèrent que selon le degré de différence entre les deux parents. Nous pouvons, pour la commodité, employer le terme « hybridation » (croisement, reproduction en dehors, exogamie) partout où il y a une différence marquée entre les deux parents. Les cas se disposent ainsi sur un plan incliné :

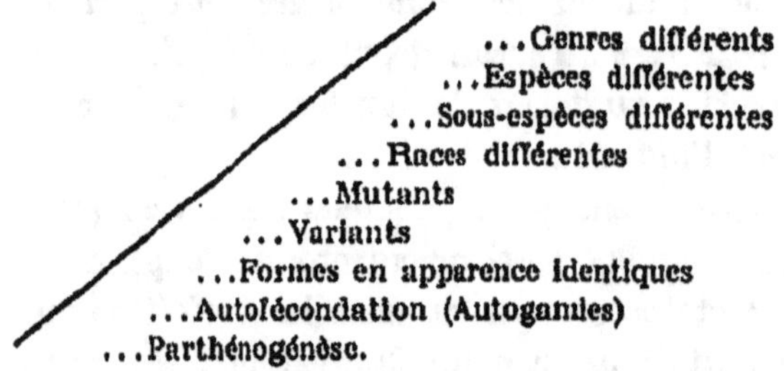

Exemples. — Individus de différents genres : faisan et poule domestique ; oursins, genres d'orchidées différents.

Espèces différentes : corbeau et corneille mantelée ; coq de bruyère noir et *capercalhi* ; espèces différentes de *Saturnia*, ou de *Medicago*.

Individus de différentes sous-espèces : maïs.

Individus de races différentes : volaille ; bétail Angus à cornes courtes et Aberdeenshire ; chevaux Clydesdale et Shire ; vers à soie.

Individus de *variétés* différentes n'ayant pas acquis la stabilité de *races* : blé susceptible de prendre la rouille, et blé immunisé.

Hybridation d'espèces distinctes. — Il faut l'avouer : la conception d'espèce est tout à fait relative. C'est un *terme commode* pour réunir sous une même étiquette tous les membres d'un groupe d'individus qui se ressemblent par certaines caractéristiques. Une espèce est souvent, simplement un segment d'une courbe de formes étroitement rapprochées. C'est une conception statistique, et comme il n'y a pas de constance absolue dans les caractères spécifiques, comme une espèce se fond en une autre à laquelle elle est reliée par des variétés intermédiaires, par des variations fréquentes ou occasionnelles, il nous faut avouer que c'est un artifice humain dont la validité varie beaucoup selon notre connaissance ou ignorance des formes dont il s'agit. Un nom spécifique a parfois, quand nous sommes très ignorants, aussi peu de signification que le nom d'une constellation des cieux étoilés. Mais il est tout aussi commode.

En même temps, puisque la science est du sens commun systématisé, on admet communément — et c'est d'ailleurs plus souvent, peut-être, une opinion pieuse qu'une pratique — que les caractères à cause desquels un naturaliste donne un nom spécifique à un groupe d'individus similaires *devraient être plus marqués que les caractères distinguant les membres d'une famille quelconque, qu'ils devraient présenter une constance relative de génération en génération, et devraient être associés à des particularités de reproduction tendant à limiter la fécondité mutuelle aux membres de l'espèce proposée* » (voir les *Outlines of Zoology*, 5ᵉ édition, 1910, p. 14-16, de l'auteur).

L'impression populaire que les croisements entre « espèces distinctes » sont rares, est erronée : chacun connaît la mule, et on sait qu'il y a croisement fécond entre lion et tigre, entre chien et chacal, entre chat sauvage et chat domestique, entre ours brun et ours polaire, entre buffle américain et bœuf sauvage d'Europe, entre cheval et zèbre, entre lièvre et lapin, entre canard et oie, serin et pinson, grive et merle, coq de bruyère et capercalhi, corbeau et corneille, faisan et volaille ; et la liste s'allonge fort si nous y inscrivons aussi les invertébrés et les plantes (voir *Evolution of Sex*, 1901, p. 163).

C'est encore une erreur que l'impression populaire que les croisements féconds entre « espèces distinctes » donnent toujours une progéniture stérile. Car les hybrides de buffle d'Amérique et de bœuf d'Europe, de bétail à bosse indien et de bœuf domestique, d'oie commune et d'oie de Chine, de canard commun et de pilet, de différentes sortes de faisans, et bien d'autres, sont certainement féconds.

En même temps il semble qu'on puisse dire avec sécurité que la probabilité du succès dans le croisement et de la fécondité de la progéniture hybride est inversement proportionnelle à la netteté de différence des espèces croisées.

On peut dire aussi avec sécurité, semble-t-il, que les caractères des hybrides d'espèce ne se conforment à aucune formule générale. On peut trouver chez eux une fusion des caractères parentaux, ils peuvent être exclusifs en particulier, ils peuvent être « réversionnaires » — donnant expression à des caractères ancestraux longtemps latents — ou ils peuvent être nouveaux et particuliers.

Au total, le croisement d'espèces distinctes, tout en pouvant présenter un intérêt au point de vue physiologique, ne paraît pas avoir grand intérêt pour l'évolutionniste. Il se produit de temps à autre dans la nature, mais ce semble être un simple hors-d'œuvre de petite importance phylogénétique — sauf peut-être à des périodes très reculées dont nous ne savons rien.

Résultats divers de l'hybridation. — Un héritage consiste en une intégration si complexe d'éléments que nul ne peut espérer prédire le résultat du mélange de deux hérédités plus ou moins distinctes. Voici deux organismes A — B susceptibles de se croiser et d'engendrer progéniture, mais avant que les cellules germinales de A et B soient prêtes pour l'union, elles ont subi un pouvoir de maturation qui peut affecter de façon définie l'ensemble des qualités héréditaires dont chaque cellule germinale est le véhicule ; par le processus d'amphimixie, ou la fécondation, il se forme un nouvel intégrat ou zygote — la cellule-œuf fécondée — et dans cette intégration l'héritage peut être affecté par des permutations et combinaisons, des ajustements mutuels et nouveaux états d'équilibre, des victoires et défaites d'éléments particuliers, dont nous ne savons rien de précis. Dans le processus de développement, s'il y a plusieurs différents groupes de constituants primordiaux représentatifs d'une structure future, — hypothèse à laquelle nous ne voyons pas qu'on puisse échapper — alors le résultat peut dépendre en partie des luttes et interactions de ces constituants au cours du développement, car, ainsi que nous l'avons souvent dit, il ne suit pas que tout ce qui est représenté dans l'héritage trouve à s'exprimer dans le développement. Finalement il faut se rappeler que le processus de développement implique l'interaction entre l'hérédité et un milieu approprié, et que du moment où ce milieu approprié est variable (dans les limites de la viabilité de l'embryon) le résultat peut en être *modifié* par des particularités secondaires de « nurture ». Il est donc évident qu'il n'y a pas à songer à prédire les résultats *individuels* du croisement.

La théorie mendelienne a jeté de la lumière sur la variabilité qui a été souvent remarquée consécutivement aux croisements. Des hybrides sont produits et appariés entre eux et dans leur progéniture apparaissent des formes nouvelles. Les mendeliens déclarent, selon les expressions de Bateson, que « dans tous les cas ayant été convenablement examinés, ces formes *nouvelles* sont créées par simple re-combinaison de caractères apportés par les parents originels ».

RÉSUMÉ. — Il y a plusieurs résultats bien connus de l'hybridation.

1º Les hybrides peuvent constituer une fusion, une fonte intermédiaire des caractères parentaux : comme chez le mulâtre, la progéniture pinson-serin, corbeau-corneille, et chez diverses plantes :

$$A \times B \text{ donne } \frac{AB}{2}$$

2º Les hybrides peuvent présenter une juxtaposition particulaire sans fusion des caractères parentaux : animaux pies, croisement faisan Lady Amherst mâle et faisan doré femelle :

$$A \times B \text{ donne } \frac{A+B}{2}$$

3º Les hybrides peuvent rappeler une forme ancestrale dont les caractères n'ont pas été récemment manifestés comme dans divers croisements entre pigeons, entre souris albinos à yeux roses et souris dansante japonaise (avec progéniture ressemblant à la souris sauvage) ; entre lapin angora blanc et lapin-lièvre belge (avec progéniture ressemblant au lapin sauvage) :

$$A \times B \text{ donne } Z.(AB)$$

4° Les hybrides peuvent différer totalement des parents « avec un caractère à eux » — poule andalouse :

$$A \times B \text{ donne } C$$

5° Les hybrides peuvent manifester les caractères (dominants) d'un des parents, les caractères (récessifs) de l'autre parent restant latents ; c'est ici le premier pas vers l'hérédité mendelienne :

$$A \times B \text{ donne } A (B)$$

On a dit, dans quelques cas : *a* que l'hybride manifeste plus du caractère de celui des parents qui est phylétiquement plus vieux, ou plus solidement établi (voir quelques-uns des résultats de Standfuss) ; *b* que l'hybride manifeste plus du caractère de celui des parents dont les gamètes étaient relativement plus mûrs au temps de la fécondation (voir quelques-uns des résultats de Vernon). On a essayé d'autres généralisations, mais toutes sont à reviser à la lumière de ce que nous savons maintenant des phénomènes mendeliens.

Il reste à voir jusqu'à quel point les cas connus d'hérédité fusionnée, exclusive et particulaire peuvent s'interpréter comme formes de l'hérédité mendelienne ou alternative, et ils sont beaucoup à soupçonner que le résultat sera une extension considérable de l'interprétation mendelienne. Jusqu'au moment où nous aurons une connaissance plus étendue des caractères unitaires, et de leur hérédité alternative, force nous est de conserver les termes descriptifs : fusionnée, exclusive, et particulaire. Dans beaucoup de cas où il y a appariement d'organismes étroitement semblables le fait le plus frappant est l'uniformité de l'hérédité, que l'on pourrait dire *continue*.

Il peut sembler étrange, à première vue, que l'on ne puisse songer du tout à faire entrer une « fusion » dans la catégorie mendelienne. Mais là où nous avons affaire avec une multiplicité de caractères indépendants, les uns dominants du côté paternel, les autres dominants du côté maternel, l'*impression* qu'il y a fusion chez la progéniture peut naître aisément, et plus encore quand on en vient aux mélanges à la génération suivante (F^2).

Ce qu'on appelle hérédité particulaire peut être dû à l'hérédité alternative des éléments d'une mosaïque de caractères qui, comme l'a dit Galton « se transmettent communément en agrégats, des groupes considérables étant dérivés du même progéniteur ». Galton continuait en disant : « La coloration de la peau est un bon exemple de ce que j'appelle hérédité fusionnée. Elle peut n'en être pas moins particulaire dans son origine, mais le résultat peut être considéré comme une fine mosaïque à éléments trop ténus pour pouvoir être distingués dans une vue générale » (*Natural Inheritance*, 1889, chap. II).

Quelquefois, comme chez les mules, la progéniture est stérile. Ceci peut se manifester 1º par une atrophie des organes reproducteurs ; 2º par des anomalies dans les conduits reproducteurs ; 3º par des conditions plus obscures au sujet desquelles nous ne pouvons que voiler notre ignorance sous les mots « incapacité constitutionnelle ».

9. — *Consanguinité.*

Consanguinité. — Chez plusieurs peuples — juifs et mahométans, Hindous et Romains — les lois contre le mariage avec des parents proches remontent à une antiquité reculée, mais il semble que la base de celle-ci fût plutôt sociale que biologique. Chez d'autres peuples, Persans, Phéniciens, Arabes, et même Grecs, les mariages consanguins étaient permis et parfois encouragés. L'idée que le mariage entre apparentés proches est une cause de dégénérescence semble relativement moderne et repose probablement en grande partie sur la dégénérescence qui se manifeste chez les familles nobles étroitement intermariées. En outre, dans certaines communautés à reproduction en dedans étroite, on a souvent observé un fort pourcentage de sourds-muets et de faibles d'esprit. Mais il n'est pas difficile de trouver des cas opposés : par exemple dans la population de l'île Norfolk et dans celle de l'île de Batz, où une étroite reproduction en dedans *n'a pas* été suivie d'effets nuisibles. M. George H. Darwin a beaucoup réuni de faits à l'appui de l'idée que les mariages consanguins ne sont pas en eux-mêmes cause de dégénérescence ou de diminution de fécondité.

Biologiquement il semble certain que les unions consanguines peuvent aller fort loin sans effets nuisibles ; mais plus chez certains types que chez d'autres. Beaucoup de plantes, comme les pois, le blé, l'avoine sont communément autofécondées ; il en va de même de quelques-uns des animaux hermaphrodites ; les douces parasitaires et les vestodes par exemple. Mais il s'agit là de cas d'adaption à cette sorte de reproduction autogame, le comble de la reproduction en dedans. Ce qui, pratiquement, importe, ce sont les limites de la reproduction en dedans, avantageuse parmi les êtres qui normalement se croisent et sont exogames.

Conclusions de Darwin. — Ch. Darwin a beaucoup donné d'attention à la question de la multiplication en dedans (voir en particulier ses *Animaux et plantes à l'état domestique*) et ses conclusions ont été les suivantes. 1º « Les conséquences de la reproduction en consanguinité trop longtemps prolongée sont, comme on le croit généralement, la diminution de stature, de vigueur constitutionnelle et de fécondité, souvent accompagnée d'une tendance à la malformation ». 2º « Il est difficile de déceler les mauvais effets de la consanguinité étroite, car ils s'accumulent lentement et diffèrent beaucoup de degré, chez différentes espèces, tandis que les bons effets qui, presque invariablement suivent un croisement, sont manifestes dès le début. » 3º « Il convient toutefois de se bien rendre compte que l'avantage de l'union consanguine étroite, en ce qui concerne la rétention du caractère, est indiscutable, et souvent fait plus que compenser le mal d'une légère perte de vigueur constitutionnelle. »

Expériences. — Weismann a élevé des souris en consanguinité pendant 29 générations et son assistant von Guaita a continué l'expérience pendant 7 autres générations. Le résultat général a été une réduction notable de fécondité : de 30 % environ.

Ritzema-Bos a élevé des rats en consanguinité pendant 30 générations ; pendant les 4 premières années (20 générations) il n'y a presque pas eu de réduction de fécondité, mais au cours des générations suivantes, il y eut une diminution très marquée de fécondité et de dimensions, et une augmentation de mortalité. Mais il n'y eut pas de morbidité ou d'anomalies, comme d'autres observateurs — Crampe, par exemple — en ont observées. Il va de soi que si l'on part avec une souche malade, ou plutôt avec une souche ayant une prédisposition héréditaire d'ordre pathologique, alors les effets nuisibles de la reproduction en dedans seront vite évidents. Ce qui nous intéresse toutefois, c'est de savoir ce qui se passera si la souche est saine.

Des expériences étendues, faites par Castle et d'autres sur la reproduction en dedans chez *Drosophila ampelophila*, ont fourni ce résultat général que « la reproduction en consanguinité réduit probablement très légèrement la productivité, mais celle-ci peut être pleinement maintenue avec une reproduction consanguine constante (frère et sœur) si l'on a sélectionné entre les familles les plus productives ».

Castle (1911) rapporte aussi qu'une race de cobayes polydactyles, tous descendus d'un même individu, est restée très vigoureuse pendant dix ans, sans présenter la moindre indication d'une diminution de fécondité.

S'il semble certain que la reproduction en consanguinité étroite et prolongée peut fournir à une tare inhérente l'occasion de se montrer, de s'étendre, et de s'accumuler, ce n'est toutefois pas la consanguinité qui est responsable de la tare. Les mêmes conséquences se produiraient probablement si les unions se faisaient entre organismes *non apparentés* présentant la même tare.

En ce qui concerne les mariages entre cousins, chez l'homme, l'histoire familiale devrait être examinée de très près. La probabilité d'une progéniture malsaine sera très grande si les mêmes tares héréditaires se rencontrent dans la lignée des deux parents. S'il y a une prédisposition familiale bien définie à l'égard de certaines maladies, le fait que les cousins sont sains de corps ne les autorise pas à devenir parents. Si deux cousins, sains de corps, appartenant à une famille tarée possèdent ce qu'on appelle une dose *simplex* de la tare, la probabilité est qu'en moyenne le quart des enfants sera malsain. D'autre part, si l'histoire familiale est bonne des deux côtés, il n'y a pas de raison biologique pour que deux cousins sains, qui s'éprennent l'un de l'autre, ne s'épousent pas et ne fondent pas une famille.

Certaines variations sont si stables, dès l'origine, que l'on peut compter les conserver sans avoir recours à la reproduction en dedans. Mais dans d'autres cas, l'expérience des éleveurs semble être qu'une période de reproduction en dedans, avec élimination des « mauvaises herbes » qui peuvent surgir, sert à fixer les caractères et à développer la prépotence en ce qui concerne les qualités désirées. On peut alors avoir recours au croisement sans craindre la perte de l'excellence et avec l'espoir d'un accroissement de vigueur.

Il semble bien établi que certaines races de bétail, stables et importantes, comme l'Angus sans cornes, ont pris naissance dans des conditions impliquant, à l'origine, une reproduction en consanguinité très étroite, et on sait très bien, dans l'élevage chevalin, que des résultats précieux ont été obtenus en faisant servir des générations sucessives par le même étalon.

Ainsi, si nous prenons l'arbre généalogique du taureau à courtes cornes *Courtier*, né le 6 janvier 1896, appartenant à l'*Iowa Agricultural College*, nous constatons par le tableau dressé par M. R. W. Barclay que *Champion of England* (17.526) paraît plus de 25 fois dans l'arbre généalogique, et « des deux côtés de la maison ». Nous voyons un autre taureau célèbre, *Roan Gauntlet* (45.276) paraître à de nombreuses reprises dans la lignée. Prenons par exemple l'arbre généalogique du grand-père paternel de *Courtier* :

Des éclaircissements ont été récemment apportés sur cette question par East et Jones, dans leur bel ouvrage *Inbreeding and Outbreeding* (1919). Ils montrent que l'élevage en dedans, appliqué à de bonnes races et accompagné d'une élimination judicieuse des « mauvaises herbes », *fixe* les caractères désirables et conduit à la formation d'un troupeau stable et homogène. Il entraîne cependant parfois une diminution de vigueur, de résistance, de fécondité et même de dimensions. Cela n'est pas dû à la consanguinité considérée comme telle, mais au fait que l'élevage en dedans amène l'expression d'un certain nombre de caractères « récessifs » indésirables qui, dans le cas de l'exogamie, demeureraient cachés par leurs contreparties « dominantes ». Mais cette mise au jour de traits indésirables peut être utilisée par l'éleveur qui procède alors à une *utile expurgation du troupeau*. Il va sans dire que lorsque ces caractères défavorables apparaissent des deux côtés de la famille, l'élevage en dedans tend à les diffuser et à les exagérer. La valeur de l'exogamie ou élevage en dehors est à double effet : elle produit une plus grande variété de matière première sur laquelle la sélection peut opérer ; elle permet également l'éclosion de la « vigueur hybride » lorsque diverses ressources de bonne qualité sont assemblées. L'hybridation rend plus probable la compensation d'un « moins » d'un côté par un « plus » de l'autre et le renforcement de dominants désirables.

Courtier

- Prince Bishop
  - Dunblane
    - Roan Gauntlet
      - Royal Duke of Gloster
        - Grand Duke of Gloster
          - Champion of England
          - Duchess of Gloster 9
        - Mimulus
          - Champion of England
          - Mistletoe
      - Princess Royal
        - Champion of England
          - Lancaster Comet
          - Virtue
        - Carmine
          - The Czar
          - Cressida
  - Duchess of Gloster 24
    - Duchess of Gloster 21
      - Barmpton Prince
        - Viceroy
          - Champion of England
          - Violet's Forth
        - Butterfly's Delight
          - Allan
          - Butterfly's Joy
      - Duchess of Gloster 13
        - Grand Duke of Gloster
          - Champion of England
          - Duchess of Gloster 9
        - Duchess of Gloster 12
          - Champion of England
          - Duchess of Gloster 7
- Sweet Charity 4. Dans l'ascendance de celle-ci figurent comme plus haut : Barmpton Prince, Princess Royal, Roan Gauntlet, Royal Duke of Gloster, Viceroy, Butterfly's Delight et Champion of England.

CHAPITRE XI

HISTOIRE DES THÉORIES DE L'HÉRÉDITÉ ET DE LA TRANSMISSION HÉRÉDITAIRE

« Comme les feuilles des arbres on rencontre les hommes,
d'abord dans la verte jeunesse, puis gisant à terre, flé-
tris ; le printemps suivant fournit une nouvelle race ; et
les races, les unes après les autres, apparaissent et dis-
paraissent » (Homère, Iliade)
(On peut en dire autant de la succession des théories
de l'hérédité. Mais dans les deux cas il persiste un arbre
vivant à l'existence duquel toutes les feuilles contribuent.)

1. Ce qu'on demande aux théories de l'hérédité et de la transmission héréditaire. — 2. Les anciennes théories de l'hérédité. — 3. Théories de la Pangenèse. — 4. Théorie de la continuité génétique ou germinale.

1. — Ce qu'on demande aux théories de l'hérédité et de la transmission héréditaire.

Le but principal d'une théorie de l'hérédité est d'exprimer en termes aussi simples que possible la nature de la relation génétique qui relie entre elles les générations, et d'interpréter les faits de l'hérédité en termes de cette relation.

Le caractère unique des cellules germinales. — Le premier et le principal problème consiste à expliquer la base matérielle de l'hérédité, c'est-à-dire, dans tous les cas ordinaires, les cellules germinales. Quelle est leur origine et histoire ? Quelle relation ont-elles avec l'organisme parental qui les renferme et qui les met en liberté, et avec les cellules germinales du corps en lequel elles se développent ? Ou encore, plus généralement, qu'est-ce qui les différencie, en quoi diffèrent-elles des cellules

24

ordinaires, à quoi doivent-elles leur pouvoir reproducteur unique ? Qu'est-ce qui leur permet de se développer en organismes pareils aux organismes parents ? On peut donner une réponse satisfaisante à ces questions.

L'architecture de la transmission héréditaire. — Le second problème est de nature différente et beaucoup plus difficile. Chacun doit l'admettre, d'une façon ou d'une autre, les cellules germinales ou gamètes sont des organismes en puissance. Sans autre secours que l'aide fournie par un milieu approprié, elles peuvent se développer en organismes complets. D'une façon ou d'une autre, l'organisme, l'héritage, gît *in posse* dans les cellules germinales. Pouvons-nous nous faire quelque image de ceci. Pouvons-nous établir quelque hypothèse quant à la manière dont l'hérédité est organisée à l'intérieur des cellules germinales ? Les chimistes élaborent des conceptions hypothétiques au sujet de la stucture des molécules chimiques, et jugeant la validité de celles-ci à l'utilité qu'elles présentent pour formuler les changements subis par les molécules dans certaines conditions ; les physiciens créent des images mentales similaires — des modèles imaginaires — de la constitution des atomes, et ainsi de suite. Les biologistes peuvent-ils faire de même en ce qui concerne la base matérielle de l'hérédité ?

C'est là le problème fondamental de l'hérédité, et il ne peut être abordé qu'indirectement. Jamais on ne peut voir ou vérifier l'organisation : toute la complexité, dans les cellules germinales, que révèle l'analyse microscopique, n'est guère plus que l'esquisse grossière de l'édifice réel — l'édifice que l'imagination scientifique a à construire. Mais la construction spéculative n'est pas laissée à la fantaisie irresponsable : elle doit être telle qu'elle corresponde aux faits visibles et mesurables de l'hérédité, et au processus du développement, telle aussi qu'elle nous permette de les formuler. Elle doit être en harmonie avec les grandes généralisations de l'hérédité — telles que les lois de Mendel et de Galton ; il lui faut encore être en harmonie avec tout phénomène particulier, tel que la ressemblance avec un ancêtre éloigné.

Théorie du développement. — Mais il est nécessaire aussi d'essayer de se faire quelque image de ce qui se passe au cours du développement. La transmission héréditaire s'est exprimée de quelque façon, les virtualités sont réalisées, le legs a été encaissé. Pouvons-nous nous faire quelque image de ce qui se passe ? Comme il a été dit, notre image peut ne pas représenter exactement ce qui se passe, mais elle ne peut être en contradiction avec rien de ce qui arrive, et, plus positivement, elle doit nous aider à formuler ce qui arrive. Ceci est l'affaire de la *théorie du développement*.

D'autres théories sont impliquées. — Le résultat du développement est toujours un organisme ressemblant plus ou moins au parent. Mais la ressemblance héréditaire n'est pas complète : elle est communément altérée par l'occurrence de variations parfois faibles et quantitatives, parfois considérables et qualitatives. Evidemment donc il faut compléter les théories de l'hérédité, de la transmission héréditaire, et du développement, par une *théorie de la variation*.

Mais on ne peut, non plus, séparer la théorie de l'hérédité et de la transmission héréditaire de celles de la croissance, de la reproduction et du sexe ; de la théorie des influences de milieu et de fonctionnement que nous résumons dans le terme « nurture » de la théorie de la corrélation de la vie psychique et de la vie corporelle ; ni de la théorie générale de l'évolution organique où se combinent toutes les théories biologiques.

2. — Les anciennes théories de l'hérédité.

On a beaucoup proposé de théories de l'hérédité et de la transmission héréditaire, mais il n'y a pas grand profit à s'arrêter aux plus anciennes, pour la plupart plus théologiques et métaphysiques que scientifiques. Mais on le verra, les vieilles théories dissimulaient parfois des idées assez pénétrantes, bien que leur phraséologie ne puisse plus convenir à l'esprit scientifique.

(a) **Théories théologiques.** — Aux temps anciens régnait l'idée que le germe d'une nouvelle existence humaine était, à la conception, possédé par un esprit qui désormais devenait responsable de son développement. Et comme il n'y a pas si longtemps (1760 et même plus près) que la digestion elle-même était expliquée comme étant l'œuvre d'un esprit, nous n'avons pas à être étonnés que le développement fût attribué à un agent invérifiable du même type. Parfois l'esprit était, pour ainsi dire, de seconde main, ayant appartenu au préalable à quelque ancêtre ou à quelque animal. L'idée des réincarnations successives s'est exprimée de façon nombreuse en Occident comme en Orient.

Dans la mesure où l'idée subsiste dans l'esprit des civilisés, elle s'est à tel point épurée et sublimée que si elle ne peut paraître vraie à l'homme de science, au moins elle n'est point telle qu'il la puisse, avec sagesse, qualifier de fausse. Car nous croyons à l'hérédité en mosaïque ou ancestrale, et bien que nous sachions que celle-ci a une base matérielle définie, rien ne nous autorise à nier le côté métacinétique ou spirituel qu'elle présente aussi. En tout cas, il y a plus qu'une simple métaphore dans des locutions telles que « la main du passé », ou « la bête dans l'homme ».

(b) **Théories « métaphysiques »**. — Pendant un temps, et surtout dans la seconde moitié du xviiie siècle, c'était la coutume d'invoquer des *vires formativæ* des « tendances héréditaires », et « principes d'hérédité », grâce au concours desquels, pensait-on, le germe croissait à la ressemblance de ses parents. C'était un peu la vieille histoire, l'explication du fonctionnement de l'horloge par « le principe d'horlogité », et en partie une façon pédante de dire « nous ne savons pas ».

Mais nous n'avons pas à nous moquer de nos devanciers, à ce point de vue, car ce n'est que par un sévère ascétisme intellectuel que la tendance à recourir à des explications verbales peut être expulsée de l'esprit scientifique lui-même. Et dans la mesure où il exprime une ignorance respectueuse, une conscience de la complexité du problème, l'intuition que nous avons encore à employer x (la puissance de vie) dans nos équations biologiques, ce brouillard « métaphysique » est peut-être préférable au froid glacial d'un matérialisme qui tue dans le germe l'étonnement et donne à la vision une clarté illusoire.

Bien que William Harvey (1578-1657) travaillant « sous le harnais d'Aristote » ait soutenu que « tous les animaux sont, d'une façon ou d'une autre, produits par des œufs, il croyait en même temps, aussi fermement que son maître, à la génération spontanée. Bien qu'il déclarât que l'être vivant commence dans un *primordium* en apparence simple dans lequel « nulle partie de la progéniture future n'existe *de facto*, mais où toutes les parties sont inhérentes *in potentia* » il était tout à fait hors d'état de suggérer, ou fournir, une explication scientifique du *primordium* et de ses facultés de développement. Il était forcé de se rejeter sur une conception métaphysique de l'hérédité et du développement. « Non seulement il y a une âme ou un principe vital dans la partie végétative, mais même avant ceci il y a un esprit, une prévision, une intelligence, inhérents, qui depuis le commencement jusqu'à l'être et à la formation parfaite du poussin, disposent en ordre et mettent en œuvre toutes choses requises, les modelant en l'être nouveau avec un art consommé, à la forme et ressemblance de ses parents ».

(c) **Théories préformationistes**. — Durant le 17ᵉ et le 18ᵉ siècle et même encore au XIXᵉ, une théorie de l'hérédité et du développement a régné d'après laquelle le germe — œuf ou spermatozoïde — contient un organisme en miniature, préformé bien qu'invisible, n'ayant qu'à être développé (évolué) pour devenir l'animal futur.

Bien plus : l'œuf de la poule contenait non seulement un microorganisme ou modèle en miniature du poussin, mais aussi, de plus en plus petits, des modèles similaires des générations futures. Ainsi les théoriciens téméraires indiquèrent que notre mère Eve devait avoir en elle 1.543.657 homoncules — ou d'après un autre calcul 200.000 millions de ceux-ci ; et ce qui était plus téméraire encore ils *figurèrent* l'homoncule en miniature contenu dans le sperme. Les « ovistes » pour qui l'homoncule existait dans l'œuf, se battirent contre les « animalculistes » qui le mettaient dans le spermatozoïde, mais les deux écoles étaient d'accord sur l'idée générale qu'il y avait microcosme dans le microcosme, germe dans le germe, comme les feuilles dans un bourgeon qui attend le moment de se déplisser, ou comme une boîte de prestidigitateur démesurée, d'où tout sortait, sans fin.

Charles Bonnet (1720-1793) fut un représentant complet de l'école préformationiste. C'est lui qui a découvert la parthénogenèse des pucerons et on lui doit beaucoup d'observations importantes sur les polypes et les vers, mais quand il eut perdu la vue il s'adonna surtout à la pensée spéculative. Il médita sur la génération et le développement, et finit en les niant presque tous deux. Il adopta ç comme principe fondamental que rien n'est engendré et que ce que nous appelons génération n'est que le développement simple de ce qui préexistait sous une forme invisible et plus ou moins différent de ce qui devient manifeste à nos sens. » Pareillement le célèbre physiologiste Albrecht von Haller disait : *Es gibt kein werden* (il n'y a pas de devenir), et ce devint la mode de déclarer que tout développement est une illusion : ce n'est qu'un déroulement, une *évolution*. Harvey avait dit : « Le premier concrément du futur corps croît, se divise graduellement et forme des parties distinctes, non toutes à la fois, mais les unes produites après les autres, chacune apparaissant à son tour. » Tout au contraire Haller disait : « Nulle partie du corps n'est tirée d'une autre ; toutes sont créées simultanément ».

A la conception principale de la préformation et du déroulement, deux autres, secondaires, s'ajoutèrent : 1º celle de l'*emboîtement*, d'après laquelle le germe contient la préformation non pas d'un seul organisme, mais de générations successives ; et 2º celle d'après laquelle des germes existent dispersés dans tout l'organisme, capables de se développer en bourgeons, de remplacer des parties perdues, et ainsi de suite : idées dont il n'y a pas lieu de se moquer bien que l'expression qui en a été donnée soit nécessairement erronée.

Cette théorie, qui a longtemps régné sous des noms divers : théorie de la « préformation », théorie de l' « hypothèse mystique », théorie de l' « emboîtement ou *Einschachtelung* ou encore *skatulations-theorie*, parut recevoir le coup de grâce de la démonstration par Wolff (1759) de « l'épigenèse », ou du développement graduel d'une complexité évidente hors d'un rudiment en apparence simple. Nous disons « parut », car la théorie — comme font souvent les théories — persista longtemps après avoir reçu le coup mortel. En outre, bien que Wolff démontrât chez le poussin ce devenir graduel que nous nommons développement, il n'avait aucun moyen d'expliquer le caractère unique des cellules germinales, et était obligé de se rejeter sur le postulat d'une *vis corporis essentialis*.

Tous seront d'accord pour reconnaître que les expressions concrètes de la doctrine préformationiste sont grossières et erronées. Nul microscope, si puissant soit-il, ne nous montrera un modèle en miniature de l'organisme futur, gisant dans l'œuf ou le spermatozoïde. Mais comme Huxley l'a indiqué, les préformationistes étaient évidemment dans le vrai en déclarant que le futur organisme doit, en fait, se trouver matériellement de façon implicite dans le germe ; et ils avaient raison aussi en supposant que le germe contient le rudiment non seulement de l'organisme en lequel il se développe, mais de la génération suivante aussi bien. Mais les préformationistes eux-mêmes n'avaient pas et ne pouvaient avoir la moindre compréhension des deux éléments de vérité que nous pouvons déchiffrer maintenant dans leurs théories et qui, à présent s'expriment sous des vêtements modernes, d'abord dans la conception évolutioniste de l'hérédité et du développement, puis dans la conception de la continuité germinale. C'est une erreur de croire qu'aucune de celles-ci se rattache de façon directe quelconque à la doctrine préformationiste.

Les préformationistes meublaient le germe de quelque espèce de modèle préformé ; tout à fait invérifiable, tel qu'ils le comprenaient, et de la sorte ils rendaient le développement aisé en réduisant celui-ci à un simple déroulement : mais il ne pouvaient expliquer la préformation.

Pourtant leurs adversaires n'étaient guère mieux logés, car, ainsi que l'a dit un des embryologistes les plus cultivés, C. O. Whitmann, « Aristote, Harwey, Wolff et Blumenbach abordèrent tous le même problème et tombèrent tous dans le même piège. Tous envisagèrent la question de préformation, et, ne découvrant aucun moyen naturel par lequel le germe pouvait arriver tout fait, ils déclarèrent que le germe doit partir *de novo* chaque fois, et hors de la fosse de l'homogénéité matérielle, acquérant tout sous la direction d'agents hyperphysiques, assistés par l'accident de conditions extérieures. »

Ce fut une impasse, en fait, jusqu'au moment où les recherches concrètes révélèrent l'origine des cellules germinales avec leur héritage d'organisation, jusqu'au moment où la nature réelle du lien génétique entre générations successives fut découverte.

3. — *Théories de la pangenèse.*

Passant outre aux interprétations théologique, métaphysique et mystique, nous arrivons à toute une série de théories, qui sont scientifiques à des degrés variables, et peuvent assez justement être désignées par un terme général, celui de *pangenétique*. Elles ont toutes ceci de commun qu'elles cherchent à expliquer le caractère unique de la cellule germinale en la considérant comme le centre de contributions provenant des diverses parties de l'organisme.

Formes primitives. — Inutile de s'attarder aux formes primitives et vagues. A des époques très différentes — celles que rappellent les noms de Démocrite et Hippocrate, de Paracelse, de Maupertuis, — il a été proposé des rudiments de théorie de la pangenèse, prophétisant celle de Darwin. Ainsi Démocrite disait la « semence » des animaux élaborée par des contributions émanant de toutes les parties du corps, pour lui les parties constituantes reproduisaient au cours du développement les organes et parties où elles avaient pris naissance. Deux mille ans plus tard, Buffon, dont Darwin a paru ignorer d'abord l'hypothèse, émit à nouveau l'idée que les germes sont des mélanges d'extraits de toutes les parties du corps, ou des collections d'échantillons des différents organes. S'il en était réellement ainsi, il n'y avait nulle difficulté pour Buffon et ses prédécesseurs : chaque échantillon fourni produisait dans le développement de l'embryon une structure pareille à celle qui lui avait donné naissance. Bonnet (1776) fut encore un de ceux qui admirent la possibilité de molécules émanées des organes du corps, servant à édifier le germe.

Théorie des unités physiologiques de Spencer. — En 1861 le physiologiste Brücke insista sur l'utilité qu'il y avait à admettre l'existence d'unités biologiques (*Elementarorganismen*) prenant rang entre la molécule et la cellule. En juillet 1863 Herbert Spencer adopta une hypothèse quelque peu similaire, celle d'« unités physiologiques », d'un degré inférieur aux unités cellulaires visibles, mais plus complexes que les molécules chimiques. Comme dans son argumentation il y a beaucoup de parties paraissant utiles au jour présent, nous en avons donné un bref résumé (voir *Principes de Biologie*, t. I.)

Dans la croissance d'un embryon passant de la simplicité apparente à une complexité évidente, dans la régénération de parties perdues, dans la régénération du tout par une partie, la substance vivante se dispose en forme définie comme font certaines substances non vivantes en se cristallisant au sein d'une solution. En rappelant le fait, Spencer suppose que certaines unités composant la substance vivante possèdent la « polarité » comme les unités chimiques dans la cristallisation, en entendant par « polarité » la faculté inexpliquée de disposition définie. Les unités ne peuvent être les molécules chimiques de l'albumine, ou d'autres analogues, car celles-ci ne manifestent pas la sorte particulière de différentiation qu'on voit dans la croissance ; les unités ne peuvent non plus être les cellules, car la différentiation dont il s'agit peut s'apercevoir en dedans d'une cellule isolée.

« La seule alternative semble être de supposer que les unités chimiques se combinent en unités infiniment plus complexes qu'elles-mêmes, si complexes soient-elles déjà ; et que dans chaque organisme les unités physiologiques produites par cette combinaison ultérieure d'atomes très composés possèdent un caractère plus ou moins distinctif. Il nous faut conclure que dans chaque cas, quelque légère différence de composition dans ces unités, conduisant à quelques légères différences dans le jeu mutuel des forces, produit une différence dans la forme que prend l'agrégat de celles-ci. »

Après les propos judicieux que nous venons de citer Spencer continue en disant : « La possibilité d'application d'une méthode quelconque d'interprétation à deux classes différentes, mais apparentées, de faits témoigne en faveur de son exactitude. L'aptitude qu'ont les organismes à reproduire des parties perdues est inexplicable, nous l'avons vu, si nous ne supposons que les unités dont se compose un organisme quelconque ont une tendance innée à se disposer en forme de cet organisme. Nous avons conclu de là que ces unités doivent posséder des polarités spéciales, résultant de leurs stuctures spéciales, et que, par le jeu mutuel de leurs polarités, elles sont contraintes de prendre la forme de l'espèce à laquelle elles appartiennent ». Comme exemple, Spencer cite le fait de la reproduction du bégonia entier aux dépens d'un fragment de feuille bouturée. « L'hypothèse à laquelle nous semblons être poussés par l'*ensemble* des faits est que les cellules spermatozoïdes et cellules germinales (cellules-œufs plutôt) ne sont essentiellement rien de plus que des véhicules contenant de petits groupes d'unités physiologiques en état d'obéir à leur proclivité vers le dispositif structural de l'espèce à laquelle elles appartiennent ». Si la ressemblance avec les parents est déterminée de la sorte, il devient manifeste, *a priori*, qu'en outre de la transmission de particularités génériques et spécifiques, il y aura une transmission de ces particularités individuelles qui, surgissant sans causes assignables, sont classées comme « spontanées ». Jusqu'ici, dans les citations rappelées, il n'y a pas d'indication distincte de l'idée centrale de la pangenèse, ni de la transmissibilité des modifications.

Mais Spencer continue en ces termes : « Ce semble être une déduction des premiers principes — sinon une déduction spécifique, au moins une implication générale — que des changements de structure causés par des changements d'action doivent aussi être transmis, si obscurément que ce soit, d'une génération à l'autre... Les unités et l'agrégat doivent agir et réagir les uns sur les autres. Les forces exercées par chaque unité sur l'agrégat, et par l'agrégat sur chaque unité, doivent toujours tendre vers un équilibre. Si rien ne s'y oppose, les unités modèleront l'agrégat en une forme en équilibre avec leurs polarités préexistantes. Si, inversement, l'agrégat est contraint par des actions incidentes à revêtir une forme nouvelle, ses forces doivent tendre à remodeler les unités en harmonie avec cette nouvelle forme ; et dire que les unités physiologiques sont à un degré quelconque remodelées de façon à amener leurs forces polaires vers l'équilibre avec les forces de l'agrégat modifié, c'est dire que, lorsqu'elles seront séparées en forme de centres reproducteurs, ces unités tendront à se constituer en un agrégat modifié dans le même sens ». C'est-à-dire que les unités physiologiques représentatives des corps se rassemblent en des véhicules nommés œufs et spermatozoïdes, portant avec elles, dans leur voyage vers la formation d'une nouvelle génération, des résultats définis et représentatifs des modifications acquises par le corps du parent.

Les unités physiologiques se peuvent comparer à une troupe de voyageurs qui fondent une colonie, qui construisent des maisons et arrangent beaucoup de choses selon leur « caractère », « tendance », « individualité », « polarité » : on peut choisir entre ces termes. Au cours du temps, l'agrégat ainsi construit et modifié par les circonstances, par des forces incidentes : guerre, besoin, temps, etc. ; et les caractères des unités sont également modifiés ; par la suite, certaines d'entre elles se réunissent en « centres reproducteurs » qui établissent de nouveaux agrégats, en grande partie à la ressemblance du premier, et pourtant modifiés selon l'expérience acquise.

La théorie darwinienne de la pangenèse. — La théorie la plus connue de cette catégorie est naturellement l'« hypothèse provisoire de la pangenèse », suggérée par Darwin dans sa *Variation des Animaux et Plantes en domestication* (1868). Comme on le sait bien, les principaux traits de cette théorie sont les suivants :

1º Chaque cellule du corps qui n'est pas trop hautement différenciée émet des gemmules caractéristiques ;

2º Celles-ci se multiplient par division, conservant leurs caractéristiques ;

3º Elles se réunissent spécialement dans les éléments reproducteurs chez les deux sexes ;

4º Dans le développement les gemmules s'unissent à d'autres qui leur sont pareilles et se développent en cellules ressemblant à celles dont elles sont originellement sorties, ou bien elles peuvent rester latentes durant le développement, même à travers plusieurs générations.

« Darwin a voulu se représenter et que d'autres pussent se représenter un processus qui expliquerait, en les reliant, non seulement les faits simples de la transmission héréditaire, mais ces cas très curieux quoique nombreux, où un caractère est transmis sous forme latente et finit par reparaître après de nombreuses générations (cas désignés sous les noms « d'atavisme » ou « réversion »), et aussi ces cas de transmission latente où des caractéristiques spéciales au mâle sont transmises à la progéniture mâle par le parent femelle, sans apparaître chez celle-ci ; et encore les cas d'apparition à une période particulière de la vie de caractères reçus en héritage et restant latents chez le jeune organisme » (1).

<hr>

(1) RAY LANKESTER, 1890 p. 270 ; *Nature*, 15 Juillet 1876.

Théorie de Jäger. — La théorie qui a suivi, celle de Jäger, est difficile à résumer en partie à cause de son caractère technique, et en partie aussi parce que l'auteur ne semble pas très d'accord avec lui-même sur la façon de l'énoncer. Les points principaux, pour les besoins présents, sont les suivants :

1º Chaque organe et tissu contient, avec les molécules de son albumine une « substance odorante » spécifique (*Duft und Wurzesloff*).

2º Dans la faim et les conditions similaires, l'albumine met en liberté la « substance odorante » qui circule à travers le corps sous forme d'acides gras, éthers, etc.

3º Ceux-ci sont particulièrement attirés vers les cellules reproductrices, qui ,une fois mûres, sont ainsi spécialisées par la réception de matières odorantes et ont dans leur protoplasme des *vires formativas* en quantité suffisante pour reproduire un organisme semblable au parent.

On verra plus loin que cette hypothèse de la pangenèse chimique ne constitue pas la contribution la plus importante de Jäger à la théorie de l'hérédité.

Théorie modifiée de la pangenèse de Galton. — D'expériences sur la transfusion du sang, Francis Galton fut amené à conclure que « la doctrine de la pangenèse, pure et simple, est incorrecte ». Mais il fit mieux que d'opposer des objections sérieuses à la théorie de Darwin ; il formula lui-même une théorie à laquelle, en dehors de Herdman, les investigateurs plus récents ne semblent pas avoir attaché une importance suffisante. La partie très importante de la théorie de Galton sera discutée en son lieu : elle ne fait pas partie de la série des hypothèses pangenétiques. Galton est, en fait, un des nombreux biologistes qui ont cru à la continuité du protoplasme germinal. Si nous en parlons ici, c'est qu'il a admis, comme hypothèse subsidiaire, un certain élément de pangenèse. Pour expliquer les cas donnant l'impression que les caractères acquis par le parent individuel sont « légèrement héritables », Galton supposait que « chaque cellule peut émettre quelques germes qui arrivent à la circulation et par là courent la chance d'arriver éventuellement aux éléments sexuels et d'y devenir naturalisés ». Cette partie de sa théorie est évidemment une acceptation prudente d'une pangenèse limitée, destinée à expliquer divers cas embarrassants.

Théorie de Brooks. — En 1883, dans un ouvrage de valeur, *The Law of Heredity*, 1. K. Brooks exposa tout au long une modification de la doctrine pangénétique de Darwin. Les traits principaux se rapportant au présent problème, peuvent être résumés ainsi qu'il suit, presque dans les termes mêmes de l'auteur :

1º Les cellules mâle et femelle sont spécialisées en des directions différentes : de leur union résulte la variabilité.

2º L'œuf est une cellule ayant graduellement acquis une organisation compliquée, et contenant des particules matérielles d'une espèce quelconque correspondant à chacune des caractéristiques héréditaires de l'espèce.

2º L'œuf reproduisant son pareil, comme les autres cellules, donne naissance non seulement aux cellules divergentes de l'organisme, mais aussi à des cellules pareilles à lui-même.

4º Chaque cellule du corps a la faculté d'émettre des germes minuscules. Quand, par suite d'un changement dans son milieu, ses fonctions sont troublées, et ses conditions d'existence deviennent défavorables, elle émet de petites particules qui sont les germes ou germules de cette cellule particulière.

5º Ces germes peuvent être transportés dans toutes les parties du corps. Ils peuvent pénétrer dans un œuf-ovarien ou dans un bourgeon, mais la cellule mâle a graduellement acquis, comme fonction spéciale et caractéristique, une aptitude particulière à rassembler et emmagasiner des germes.

6º Lors de la fécondation, chaque gemmule s'unit à cette particule de l'ovule destinée à donner naissance dans la progéniture à la cellule correspondant à celle qui a produit la gemmule, ou bien elle s'unit à une particule étroitement apparentée destinée à donner naissance à une cellule étroitement apparentée. Une cellule de ce germe sera un hybride tendant à varier.

7º Comme les œufs ovariens de la progéniture participent par héritage direct à toutes les propriétés de l'œuf fécondé, les organismes auxquels ils donnent naissance tendront à varier de la même façon.

8º Une cellule qui a ainsi varié continuera à émettre des gemmules et ainsi à transmettre la variabilité à la partie correspondante dans les corps des générations successives de descendants jusqu'à ce que la sélection naturelle s'empare d'une variation favorable.

9° Comme l'œuf qui a produit cet organisme « sélecté » transmettra la même variation à ses œufs ovariens par héritage direct, la caractéristique s'établira comme spécifique et se transmettra dorénavant sans gemmules.

La théorie qui précède a, en raison de son importance, été exposée avec quelque détail. En dehors de l'idée que la variation est due à du mélange sexuel (idée avec laquelle Weismann nous a familiarisés), en dehors aussi de l'idée de la continuité germinale, à laquelle Brooks a sa part, il y a plusieurs points importants, dans la modification proposée, sur lesquels il faut insister. C'est dans les conditions *inaccoutumées et anormales* que les cellules du corps émettent des gemmules. Les éléments *mâles* sont les centres spéciaux où elles s'accumulent ; et c'est la *femelle* qui maintient la ressemblance *générale* entre progéniture et parent.

Nous n'aborderons pas la critique des théories pangenétiques. La meilleure critique est représentée par cet abandon d'hypothèses spéciales rendu possible par des progrès plus récents. On a souvent fait observer que l'hypothèse de la pangenèse implique non pas une seule, mais plusieurs suppositions ; qu'il est tout aussi difficile de comprendre pourquoi une gemmule doit reproduire une cellule pareille à celle dont elle émane, que de comprendre tout le problème, et ainsi de suite. On trouvera des critiques détaillées dans les ouvrages de Galton, Ribot, Brooks, Herdmann, Plarre, et d'autres encore. Qu'il nous suffise d'insister sur ce fait que toute théorie spéciale, quelle qu'elle soit, est relativement gratuite. Ce paradoxe sera expliqué plus loin.

En dehors du fait que l'hypothèse pangenétique n'est pas en harmonie avec le résultat des expériences (par exemple la transfusion du sang) ni avec ce que nous savons de la physiologie des cellules, on peut signaler que les faits de l'hérédité ne sont pas tels qu'ils devraient être si la pangenèse existait réellement. Si celle-ci existait, nous devrions observer la récurrence fréquente ou quelque influence héréditaire spécifique des conditions morbides exogènes, de celles-là surtout auxquelles sont liées des

modifications marquées de structure ; par exemple lésions du
cerveau ou de la moelle, cirrhose du foie ou du rein, induration
cirrhotique des poumons par les poussières inhalées. En fait,
après une courte série de générations, la proportion des sujets
sains serait réduite à un minimum. (Ziegler, 1886, p. 19).

4. — *Théorie de la continuité génétique ou germinale.*

Owen. — Déjà en 1849, Owen indiquait dans son travail sur
la parthénogenèse que dans le germe en développement on peut
distinguer les cellules qui changent beaucoup pour former le
corps de celles qui ne changent guère et forment les organes
reproducteurs. Ce fut là, probablement, la première indication
distincte de la théorie moderne de la continuité germinale.

Haeckel. — En 1866, dans sa classique *Generelle Morphologie*, Haeckel insistait sur le fait simple et pourtant fondamental
de la continuité matérielle entre progéniteur et progéniture.
Dans une note historique sur la distinction entre les parties « personnelles » d'un organisme et ses parties « germinales », Rauber
dit que la distinction fut proposée par Haeckel en 1874 et par
lui-même en 1879.

Jäger. — Jäger énonça la doctrine de la continuité germinale
de façon très claire et concise, il y a déjà longtemps. « A travers
un grand nombre de générations le protoplasme germinal conserve ses propriétés spécifiques, se divisant lors de chaque reproduction en une partie autogenétique aux dépens de laquelle
s'édifie l'individu, et une partie phylogénétique mise de côté
en réserve pour former la matière reproductrice de la progéniture
arrivée à maturité. J'ai donné le nom de *continuité du protoplasma germinatif* à cette mise en réserve de la matière phylogenétique... Encapsulé dans la matière autogenétique, le protoplasme
phylogenétique est abrité contre les influences extérieures et
conserve ses caractères spécifiques et embryonnaires. »

Brooks. — Brooks fait observer que dans des travaux publiés
en 1876 et 1877, il avait aussi émis la notion de la continuité
germinale et la conception est clairement exprimée dans l'ouvrage déjà cité : « L'œuf donne naissance aux cellules divergentes
de l'organisme mais aussi à des cellules pareilles à lui-même. Les

œufs ovariens de la progéniture ne sont autre chose que ces dernières cellules ou leurs descendantes non modifiées. Les œufs ovariens de la progéniture partagent, par héritage direct, toutes les propriétés de l'œuf fécondé. »

Galton. — Il y a lieu, maintenant, de parler de l'importante théorie de Galton. Mais d'abord, deux observations. Galton doutait fort de l'hérédité authentique des caractères acquis. Ce fut pour expliquer la faible possibilité de l'hérédité de certains de ceux-ci qu'il admettait encore, comme hypothèse subsidiaire, un certain degré de pangenèse. Et en second lieu il convient de remarquer dès le début le terme qu'adopte Galton, celui de « souche » (*stirp*), employé par lui pour signifier la somme totale de germes, gemmules ou unités organiques d'une sorte quelconque, se trouvant dans l'œuf récemment fécondé.

(1) Ce sont seulement quelques-uns des germes contenus dans la souche qui atteignent leur développement sous forme de cellules du corps. Ce sont les germes dominants qui se développent de la sorte.

(2) Les germes résiduels et leur descendance forment les éléments ou bourgeons sexuels. La partie de la souche se développant en « corps » est presque stérile. La continuité est maintenue par la portion résiduelle non développée.

(3) La descendance directe n'est point de corps à corps mais de souche à souche. « La souche d'un enfant peut être considérée comme descendue directement d'une partie de la souche de chacun des parents, mais alors la structure personnelle de l'enfant n'est guère qu'une représentation imparfaite de sa propre souche, et la structure personnelle de chacun des parents n'est guère qu'une représentation imparfaite de la souche propre de chacun d'eux ».

Ici, on rencontre l'expression catégorique de l'idée que les cellules germinales de la progéniture sont très directement continues avec celles des parents. Et il insiste sur l'antithèse entre le « soma » et la chaîne des cellules germinales.

Nussbaum. — Dans l'historique il faut tenir compte de Nussbaum aussi, qui appela l'attention avec insistance sur la très précoce différenciation et l'isolation des éléments sexuels que l'on observe en quelque cas. La théorie de Jager et de Nussbaum aussi bien est celle de la continuité des *cellules* germinales. La théorie de Weismann est plus strictement celle de la continuité du *protoplasme* germinal. Nous résumerons d'abord de façon plus définie la position de Jäger et de Nussbaum :

1° A un stade précoce chez l'embryon, on peut distinguer les futures cellules reproductrices de l'organisme de celles qui contribuent à édifier le corps.

2° Ces dernières se développent en formes nombreuses et variées et cessent presque totalement de ressembler au germe mère.

3° Les premières — les rudiments reproducteurs — ne participent pas à la différenciation du « soma », restent virtuellement inchangées, et continuent, sans altération, la tradition protoplasmique.

4° Les cellules sexuelles de la progéniture étant donc en continuité avec les cellules sexuelles parentales qui l'ont engendrée, se développeront nécessairement en produits similaires.

Evidemment ce fait de la continuité des éléments reproducteurs est très satisfaisant. Si une cellule-œuf fécondée possède certains caractères, x, y, z, elle se développe en un organisme où sont exprimés ces caractères, x, y, z ; mais en même temps les futures cellules reproductrices sont mises en réserve à une époque précoce, conservant les caractères x, y, z, dans leur totalité, pour mettre en train un nouvel organisme avec le même capital. Balbiani, que les considérations théoriques n'influençaient pas, observa chez *chironomus* que les futures cellules reproductrices sont isolées avant même que le blastoderme soit complété, c'est-à-dire que presque avant qu'aucune différenciation se soit opérée, une portion de l'œuf non spécialisée est isolée à part pour assurer la constance de l'espèce.

A ce point de vue, les cellules reproductrices forment une chaîne continue et la reproduction du semblable est aussi naturelle et nécessaire que chez les protozoaires. Il n'est besoin d'aucune théorie spéciale. Les conditions similaires amènent les résultats similaires. Malheureusement toutefois il y a une difficulté sérieuse à cette théorie commode. L'apparition et l'isolation précoces des cellules reproductrices, en continuité avec l'œuf lui-même existent bien, et là où elles existent le problème de l'hérédité est simple. On a observé l'origine précoce de cellules germinales spéciales distinctes de celles du « corps » général, chez les Vermidiens (sangsues, *Sagitta*, filaires, divers polysoaires) et chez quelques arthropodes (*Moina* et *Cyclops*, parmi les crustacés, de nombreux insectes, les *Phalangidæ* parmi les arachnides) et des indications de la même séparation précoce ne manquent pas chez nombre d'autres organismes. Mais il convient de reconnaître catégoriquement que dans la plupart des cas c'est seulement après une différenciation relativement avancée que les futures cellules reproductrices font leur apparition. Nous avons donc à passer des quelques cas jusqu'ici connus de la continuité des *cellules* germinales au fait plus général de la « continuité du plasma germinal ».

Théorie de Weismann. — Weismann, comme les investigateurs qui précèdent, était arrivé de façon indépendante à sa conclusion. La solution de la ressemblance doit se trouver dans le fait de la continuité entre les éléments reproducteurs des générations successives. Mais l'existence d'une chaîne directe de continuité cellulaire n'est établie que dans quelque cas. La solution proposée pour la majorité des cas est la suivante :

1° «Au cours de chaque développement, une partie du plasma germinal spécifique (*Keimplasma*) que contient l'œuf parental n'est point utilisée à la formation de la progéniture, mais est mise en réserve, inchangée, pour la formation des cellules germinales de la génération suivante ».

2° Ce qui est réellement continu est le plasma germinatif « de constitution moléculaire spéciale et de constitution chimique définie. » Une continuité de cellules germinales est rare : une continuité de plasma germinal intact est constante.

3° Ce plasma germinatif siège dans le noyau : il est de structure très complexe, mais possède néanmoins une grande puissance de persistance, et des puissances énormes de croissance.

4° « La substance germinale proprement dite doit être cherchée dans la chromatine du noyau de la cellule germinale, et, de façon plus précise encore, dans les ids ou chromosomes que nous considérons comme renfermant les constituants primordiaux d'un organisme complet. Des ids de ce genre, en plus ou moins grand nombre, constituent tout le plasma germinal d'une cellule germinale, et chaque id à son tour consiste en déterminants ou constituants primaires, en unités vitales dont chacune détermine la genèse et le développement d'une partie particulière de l'organisme. »

5° « Le dédoublement de la substance de l'œuf en une partie somatique qui régit le développement de l'individu, et une partie propagatrice qui atteint les cellules germinales et reste là inactive, pour donner plus tard naissance à la génération suivante, constitue la théorie de la continuité du plasma germinatif que j'ai pour la première fois formulée dans un travail publié en 1885 » (1904, vol. I, p. 411).

CHAPITRE XII

HÉRÉDITÉ ET DÉVELOPPEMENT

> « Imaginer que l'hérédité pourra édifier des êtres organisés sans des moyens mécaniques constitue un cas de mysticisme non scientifique » WILHELM HIS. (Mais une omniscience des moyens mécaniques, elle-même, expliquerait-elle les faits ?)

1. Théories du développement. — 2. Théories du plasma germinatif de Weismann. — 3. Note sur les théories rivales. — 4. Théorie de la sélection germinale de Weismann.

1. — *Théories du développement.*

Le secret du développement. — Dans sa quarante-neuvième *Exercitatio* sur la « cause efficiente du poussin », Harvey (1578-1657) a exprimé de façon pittoresque son embarras devant le problème déconcertant du développement. « Bien que ce soit chose connue ayant l'assentiment de tous, que le fœtus tient son origine et naissance du mâle et de la femelle, et, par conséquent, que l'œuf est produit par le coq et la poule, et le poussin par l'œuf, pourtant ni les écoles de médecins ni le cerveau pénétrant d'Aristote n'ont révélé la manière dont le coq et sa semence arrivent à frapper et monnayer le poussin hors de l'œuf ? » Dans quelle mesure sommes-nous plus près de la solution au jour présent ? Les séquences visibles dans le processus de développement sont dans beaucoup de cas chose familière, les conditions extérieures du développement sont en beaucoup de cas bien connues, et nous savons quelques petites choses de ce qu'on appelle la mécanique du développement, mais, en somme il nous faut avouer ne pas connaître le secret du développement qui est partie du secret encore plus considérable de la vie elle-même.

Sans doute le processus de développement peut être considéré pour certains buts analytiques comme une séquence ordonnée d'événements chimiques et physiques. L'embryon en développement est le théâtre de processus complexes de construction et de disruption chimiques, d'attractions et de répulsions physiques, mais le trait caractéristique de toute l'affaire est qu'elle est coordonnée, réglée et adaptive d'une manière telle qu'il semble, pour le présent, à tout le moins, très difficile de trouver quelque chose d'analogue dans la matière inanimée. C'est pourquoi d'assez nombreux embryologistes, tels que Driesch, se croient autorisés à postuler franchement un facteur vitalistique, une « entéléchie » aristotélienne.

Esquisse des résultats acquis. — Nous savons que les cellules germinales, et plus spécialement leurs noyaux, forment la base physique de l'hérédité ; qu'il y a continuité génétique entre les cellules-œuf fécondées qui ont donné naissance aux parents et celles qui ont donné naissance à la progéniture, et à celles de la progéniture de cette dernière ; que la fécondation implique une union intime et ordonnée de deux individualités condensées et intégrées pour le moment dans l'œuf et le spermatozoïde ; que ce dernier agit sur l'œuf en excitant libérateur et aussi comme porteur de la moitié paternelle de l'héritage et d'un petit corps particulier, le centrosome qui joue un rôle important dans la division ultérieure de la cellule-œuf fécondée ; que tout développement se fait sur un même mode, par division de noyaux et intégration de la matière vivante en espaces unitaires, ou cellules, à chacun desquels préside un noyau ; que la différencia tion se produit très graduellement, la complexité évidente naissant lentement de l'apparemment simple ; que les caractéristiques paternelles et maternelles sont distribuées de façon exactement égales par les divisions nucléaires ou cellulaires, et que les contributions paternelles et maternelles constituent habituellement la chaîne et la trame de ce que nous appelons l'organisme, et persistent dans les cellules germinales de celui-ci, bien que l'expression ou la réalisation de l'héritage biparental varie beaucoup dans chaque cas individuel ; que les héritages parentaux comprennent des contributions ancestrales pouvant ou bien s'exprimer dans le développement ou bien rester latents ; que le développement normal implique un milieu approprié, et que durant le développement il y a de subtiles interactions entre l'organisme en croissance et ce milieu, et entre les différents points de vue semblables à la constitution d'une mosaïque aux dépens de nombreuses parties variables et héritables de façon indépendante ; et qu'à d'autres points de vue c'est l'expression d'une unité intégrée, avec corrélations subtiles entre les parties, et avec de remarquables processus régulateurs travaillant en vue d'un but inconsciemment prédéterminé. Nous savons que de façon générale le développement individuel des organes progresse d'un stade au suivant d'une manière faisant penser à une récapitulation des phases dans l'évolution de la race ; que beaucoup d'éléments de l'héritage, que l'on présume présents parce qu'ils s'exprimeront à nouveau dans des générations ultérieures, peuvent rester latents, et ne pas se réaliser dans le développement individuel ; que des particularités insignifiantes d'un ancêtre peuvent être passées de génération en génération, bien que d'autres particularités du même ancêtre ne s'expriment pas. Nous savons que la progéniture de deux parents qui diffèrent en ce qui concerne quelque caractère bien défini peut toute entière ressembler à l'un seul de ceux-ci, en ce qui concerne ce caractère ; que la progéniture de ces hybrides, se reproduisant en dedans peut avoir une progéniture divisible en deux groupes : l'un rappelant l'un des ancêtres, et l'autre, l'autre ancêtre ; que dans d'autres cas, l'héritage exprimé semble comme une mosaïque de contributions ancestrales des parents, grands-parents, et arrière-grands-parents en raison géométrique décroissante selon le degré d'éloignement des ancêtres. Et nous savons bien d'autres choses encore...

Un aperçu de notre ignorance. — D'autre part, il faut l'avouer, nous sommes incapables de résoudre les anciens problèmes. Incapables de dire comment les caractéristiques de l'organisme sont contenues en puissance à l'intérieur des cellules germinales ; de dire comment elles trouvent à s'exprimer graduellement dans le développement ; de dire quelle est la nature de la nécessité qui fabrique un poussin avec une goutte de matière vivante ; de dire quel est le principe régulateur assurant l'ordre et le progrès qui, par des voies détournées et des circuits, aboutissent à l'organisme pleinement formé.

La solution est encore très éloignée, et peut-être n'arriverons-nous jamais à faire plus que de dire que la cellule germinale a le pouvoir de se développer tout comme le cristal a le pouvoir de croître. Mais ceci ne doit pas nous empêcher d'essayer par l'imagination de formuler ce qui se produit, car c'est principalement par ces hypothèses provisoires que sont provoquées les recherches, et que l'on arrive à acquérir des faits. On peut dire qu'il y a deux manières principales de considérer le problème fondamental du « devenir individuel » que soulève l'embryologie, et comme celles-ci sont *analogues* aux théories de l'« épigenèse » et de l'«évolution » qui furent tant discutées au XVIIᵉ et au XVIIIᵉ siècle, on peut continuer à se servir des mêmes rubriques.

« Evolutio » et « Epigenesis » anciennes. — Sans répéter les détails d'une histoire souvent racontée, nous rappellerons comment des hommes tels que Bonnet (1720-1793) et Haller (1708-1777) ont soutenu que l'organisme et toutes ses parties sont préformés à l'intérieur du germe. L'œuf, disait Bonnet, contient *très en petit* les éléments de toutes les parties. « Il n'y a pas de devenir » disait Haller. Les préformationistes de cette école considéraient la nouvelle formation apparente d'organes durant le développement comme une illusion : ce qui se produit est simplement un déroulement, un déplissement (*évolution*) d'une miniature préformée. D'où le germe tenait-il cette dernière ? Ils ne pouvaient le dire.

D'autre part Caspar Friedrich Wolff (1733-1794) fut le pionnier d'une autre école, en maintenant la réalité de ce qu'il voyait : une différenciation graduelle d'une simplicité apparente à une complexité évidente. Les divers organes de l'embryon en développement font leur apparition de façon successive et graduelle : on les voit se former. Il n'y a nulle *evolutio* : il y a *nouvelle formation* ou *épigenèse*. *Mais comment* un germe qui paraît prendre son essor à nouveau, chaque fois, « hors de la fosse de l'homogénéité matérielle » peut-il se développer comme il fait ? Ceci, les partisans de l'épigenèse ne pouvaient le dire.

« Evolutio » et « Epigenesis » nouvelles. — Avec le développement de l'embryologie tout est changé, et ce serait mésinterpréter l'histoire de dire que dans l'étude du développement, on en est encore à trouver devant soi le dilemne exprimé dans l'opposition entre les deux écoles du xviii° siècle. Pourtant il existe actuellement un antagonisme *analogue* qu'il nous faut brièvement discuter...

La théorie « Evolutio » de la mosaïque. — Dans un des camps, on admet que la cellule germinale possède une organisation architecturale prédéterminée avant le commencement du développement, et que le développement consiste en partie en une « séparation histogénétique » de la mosaïque germinale préexistante. Quelques autorités ont émis l'idée que la prédétermination est dans l'organisation du cytoplasme de l'œuf : c'est l'idée centrale de la théorie des « aires germinales organogénétiques » élaborée par His en 1874. Cette théorie peut trouver un appui dans des expériences telles que celles de Roux sur l'œuf de grenouille : une des deux premières cellules de segmentation fut ponctionnée et sa voisine intacte se développa en un embryon *uni-latéral*. Mais l'observation perd tout son sel du fait d'une observation de Hertwig d'après laquelle, dans d'*autres* conditions le blastomère intact peut se développer en un embryon complet, mais ayant la moitié des dimensions de l'embryon normal. T. H. Morgan a montré que si l'on conserve stationnaires les œufs soumis à l'expérience, on obtient plutôt le résultat annoncé par Roux ; si on le laisse se mouvoir librement à l'eau, on obtient plutôt celui qu'a obtenu Hertwig. La théorie peut trouver un appui dans les expériences de Morgan et de Driesch sur les œufs de Cténophores, où un défaut dans le cytoplasme (mais n'atteignant pas le noyau) est souvent suivi d'une segmentation modifiée et d'un embryon défectueux, comme si l'architecture avait sérieusement souffert ; mais on peut lui objecter les expériences de Delage sur la mérogonie, où un petit fragment, non nucléé, d'un œuf d'oursin se montre fécondable et donne naissance à une larve complète. En quelque cas comme le dernier, il semble impossible de soutenir que les différentes parties de l'œuf sont prédéterminées en ce qui concerne des structures particulières, et c'est la conclusion qui résulte aussi des expériences de Wilson sur l'œuf de l'amphioxus : un blastomère isolé de la phase quadricellulaire se développant en une larve complète. En d'autres cas, toutefois, il *semble* que l'œuf ait une architecture fixée et établie qu'on ne peut endommager sans agir sur l'embryon. En certains cas, il est établi que l'œuf contient des substances formatrices d'organes, préformées et même prélocalisées, et l'ablation d'une petite partie peut être suivie de l'absence d'une structure définie, si le développement peut se poursuivre. En certains autres, il semble évident que l'ancienne conception de l'œuf homogène et isotrope doit disparaître devant les preuves expérimentales d'hétérogénéité.

La « préformation » principalement nucléaire. — Mais les recherches de Kölliker, Strasburger, Hertwig et d'autres ont amené l'attention à se détourner du cytoplasme pour se concentrer sur le noyau. De l'importance du noyau dans le métabolisme, dans la régénération des fragments de protozoaire, dans la maturation, la fécondation, la segmentation, on tira la conclusion — et c'est Weismann peut-être qui a le plus vigoureusement plaidé dans ce sens — que le noyau doit être le porteur des qualités héritables. Entre temps beaucoup reconnaissaient la valeur de la conception de Naegeli (1884), la conception d'un idioplasme spécifique, d'une substance complexe qui diffère pour chaque espèce dans son organisation moléculaire, et dans le métabolisme qu'elle provoque. Weismann développa celle-ci en sa théorie du plasma germinatif ; pour lui, ce dernier réside en totalité dans les chromosomes du noyau. Ainsi, l'organisation pré-établie, après avoir été localisée dans le cytoplasme, fut localisée dans le noyau. Mais il n'y a pas incompatibilité à supposer que la mosaïque ou organisation essentielle à l'intérieur des chromosomes du noyau peut amener une localisation ou mosaïque secondaire dans les matériaux de construction que présente la substance générale de la cellule-œuf.

Qu'y a-t-il de caractéristique dans le développement ? — Les organismes unicellulaires se divisent et redivisent rapidement : c'est leur mode normal de multiplication. Les cellules germinales des animaux multicellulaires font de même, aux débuts de leur histoire. La cellule fécondée agit pareillement, mais les cellules-filles ou blastomères s'agrègent les unes aux autres pour former un embryon, tout comme les cellules-filles en lesquelles se divisent certains protozoaires s'agrègent pour former une « colonie ». Pendant un temps nulle croissance ne se produit chez les cellules provenant de la segmentation de l'œuf fécondé, de sorte que l'embryon de 64 cellules, ou plus, n'est pas plus volumineux que l'œuf avant la segmentation. On trouve le parallèle chez les protozoaires, dans le cas de formation de spores ; de nombreuses divisions s'opèrent en peu de temps et en dedans de l'espace limité de la cellule mère. Dans certains cas le jeune embryon présente un grand nombre de noyaux dérivés de la division du noyau fécondé de la cellule-œuf, la substance cellulaire mettant plus de lenteur à se répartir autour des noyaux et à s'isoler en aires unitaires ou en cellules. On retrouve le parallèle, aussi, chez certains protozoaires multinuclés.

De la sorte, le fait réellement distinctif, dans le développement, est la différenciation progressive. Les cellules-filles ne restent pas homogènes ; les unes mettent en train une lignée de cellules nerveuses ; d'autres, une lignée de cellules digestives, et ainsi de suite. De façon graduelle, ordonnée, l'apparemment simple donne naissance à l'évidemment complexe, et à travers tout le processus se produisent des phénomènes frappants d'adaptation à des conditions temporaires, d'« auto-différenciation » d'un côté, et d'influence mutuelle de l'autre, avec, partout, une « régulation » intégrée. La succession ordonnée des événements nous est si familière que nous n'en saisissons guère le caractère merveilleux jusqu'au moment où nous jouons quelque tour à l'œuf en développement, introduisant le désordre, et voyant comment l'équilibre et la normalité sont restaurés. Ainsi le demi-embryon unilatéral de grenouille se met, à une certaine phase, à développer la moitié manquante.

Roux. — Partant du point de vue que les noyaux des cellules germinales renferment un idioplasme, une substance architecturale spécifique, (véhicule des qualités héritables) et aussi du point de vue que cette substance est un agrégat complexe de différentes sortes de particules (expressions matérielles de différents groupes de qualités) Roux inventa l'hypothèse de deux sortes de division nucléaire, l'une *quantitative*, l'autre *qualitative*. La première donne des noyaux équivalents, la seconde des noyaux dissemblables ; la première constitue une division intégrale, la seconde une division différentielle. Roux supposa le dernier mode caractéristique des premières phases de développement durant lesquelles les différents composants ou qualités de l'idioplasme sont distribués entre les blastomères. C'est ainsi qu'il arrive que chaque blastomère bien que n'étant pas indépendant de ses voisins est pourvu d'un pouvoir d'« auto-différenciation » selon des lignes particulières définies par sa part spécifique d'idioplasme.

Weismann. — Pareillement, mais encore plus en détail, comme nous le verrons, Weismann figura le développement comme un processus graduel de division différentielle, distribuant les particules représentatives ou les constituants primaires du plasma germinatif. Pendant que se passe ceci, il se produit aussi un processus de division quantitative qui donne naissance à la lignée de cellules germinales futures renfermant l'équipement complet du plasma germinatif, et cette division quantitative se produit aussi au milieu des divisions qualitatives lorsque se produisent beaucoup de cellules à caractères identiques.

Critique des théories de la mosaïque. — Les diverses théories du développement de cette forme ont été critiquées de divers côtés. Ainsi, on fait l'objection qu'il n'y a pas de phénomènes visibles de la division cellulaire donnant à penser que la particule peut être *qualitative* : au contraire tout le processus laborieux de la division nucléaire semble avoir pour but d'assurer l'équivalence exacte des deux noyaux-fils. (Car chacun de ces derniers reçoit la moitié de chacun des chromosomes, qui se divisent longitudinalement par le milieu). En outre, les critiques ont mis en avant certains des résultats de l'embryologie expérimentale qui semblent à première vue opposés à l'hypothèse de la division différentielle, là surtout où l'un des 2, ou 4, premiers blastomères arrive à donner un embryon complet et normal, ou encore où, sous des conditions artificielles (de pression, etc.) certaines cellules se développent en tissus qui, dans les conditions normales, sont formés par des cellules tout à fait différentes.

Théories excluant l'idée de la mosaïque. — Tous les embryologistes sont d'accord sur ce point qu'une cellule germinale possède une organisation spécifique : mais beaucoup se refuseront à admettre qu'il soit nécessaire ou utile de peupler le noyau d'une foule de particules représentatives, prêtes à se distribuer et à travailler sur le sol vierge que fournit le protoplasme. Tous accordent qu'il se fait une différenciation graduelle de cellules à mesure qu'avance le développement, mais beaucoup estiment qu'il n'est ni nécessaire ni utile de se représenter ceci en termes d'une distribution de particules représentatives venant du dépôt originel dans le noyau de la cellule-œuf fécondée. On peut citer Oscar Hertwig comme étant un représentant éminent de ceux qui interprètent les faits du développement de façon différente de celle que proposent Roux et Weismann.

Nous pouvons supposer que, à partir de l'œuf ovarien le plus jeune, le noyau exerce un « contrôle » sur le cytoplasme environnant, soit par la migration de « pangenès » (de Vries), ou de substances formatives spécifiques (Sachs) ou d'enzymes, soit par une propagation de mouvements moléculaires (Naegeli). De quelque façon de ce genre — variant beaucoup en degré, dans les différents cas — le noyau prépare dans le cytoplasme de l'œuf un échafaudage pour ses opérations futures. Celui-ci peut être si légèrement pré-établi que d'un fragment minuscule d'œuf on puisse obtenir une larve complète (comme chez les oursins) ; ou au contraire, si solidement établi que si l'on enlève partie d'un œuf non segmenté, le reste donne une larve défectueuse (Cténophore). Le noyau de la cellule-œuf fécondée se divise en moitiés équivalentes, mais celles-ci se trouvent en territoire plus ou moins différent, par suite de l'échafaudage préparatoire que le noyau, avant la division, a établi dans le cytoplasme. En termes techniques, les noyaux, quoique équivalents, se trouvent dans un milieu qui n'est pas totalement isotrope. Les noyaux en état de division, comme le supposent Driesch et Boveri, sont différemment incités à s'exprimer dans les différentes aires du cytoplasme hétérogène, et de la sorte, ils provoquent dans celles-ci de nouvelles différenciations, dans une complexité d'action et de réaction toujours croissante.

Si la différenciation cytoplasmique était légère, les premiers pas dans la différenciation seront, de façon correspondante, légers, et dans ces cas une cellule de segmentation isolée, un blastomère isolé, pourra encore former un embryon complet,

comme chez l'amphioxus. Si la différenciation cytoplasmique
initiale était plus prononcée, un blastomère isolé pourrait ne faire
plus que former un embryon partiel : le cytoplasme peut être
trop fortement « fixé » pour que sa résistance puisse être vaincue
même par le noyau de blastomère complétement équipé.

De la sorte nous arrivons à l'idée exprimée par exemple par
Driesch, que « la position relative d'un blastomère dans le tout
détermine en général ce qui en naîtra : si sa position est changée,
il produira quelque chose de différent : en d'autres termes, *sa
valeur prospective est fonction de sa position.* » Mais la « position » a quelque chose de plus qu'une connotation purement topo-
graphique : elle signifie, comme le dit E. B. Wilson, « la relation
physiologique du blastomère par rapport à l'organisation héritée
dont il fait partie. »

Mais ici encore, même quand nous reconnaissons aussi pleinement qu'il est possible : *a* l'importance de l'organisation initiale héritée ; *b*, l'influence de segment sur segment à mesure
qu'avance le développement ; et *c*, l'influence continuellement
opérante des excitants normaux du milieu, il faut encore avouer
que le processus de développement reste très mystérieux.

L'antithèse des deux opinions. — Le lecteur qui ne saisirait pas encore bien
l'antithèse entre les deux façons de concevoir le développement esquissées plus
haut devrait lire l'introduction admirable de lucidité que Chalmers Mitchell
a mise en tête de sa traduction du *Problème Biologique d'aujourd'hui,* d'Oscar Hertwig (trad. anglaise, 1896, Londres). Il termine par le contraste qui
suit : « Hertwig dit que toutes les cellules de l'épiblaste, de l'hypoblaste, du
mésoblaste, et des dérivés ultérieurs de ces couches primitives reçoivent des
portions identiques de plasma germinatif au moyen des divisions de double-
ment (divisions quantitatives ou intégrales, *erbgleich*). Les différences de
position, de relations *inter se*, et avec tout l'organisme, et aussi le milieu
au sens le plus étendu du terme, font se développer dans les cellules des côtés
différents de leurs capacités : mais elles conservent à l'état latent toutes les
capacités de l'espèce. Weismann dit des divisions nucléaires qu'elles sont
différenciantes, (qualitatives, *erbungleich*), et que les microcosmes du plasma
germinatif conformément à leur architecture héritée libèrent graduellement
différentes sortes de déterminants dans les différentes cellules, et par conséquent, la cause essentielle de la spécialisation de l'organisme était contenue
dès l'origine dans le plasma germinal ».

Une analogie. — Un groupe bien organisé de colons atteint
une terre nouvelle qu'il va exploiter. Peu après avoir débarqué
ils se distribuent en sous-groupes, selon leurs tendances : en

chasseurs, bergers, pêcheurs, agriculteurs, mineurs, etc. A mesure qu'ils possèdent plus complètement la terre nouvelle, ils se séparent de plus en plus, se divisant en groupes toujours plus spécialisés, et comme ceux-ci se trouvent dans des régions appropriées, ils s'installent et donnent aux régions leurs caractères particuliers. Ici surgit une ferme ; là un atelier, ici un élevage de moutons et là un magasin ; ici une mine et là un village de pêcheurs. Nous pouvons très bien comprendre que certains interprètes ou historiens insisteraient spécialement sur le fait que, au cours des voyages des groupes émigrant, ceux-ci se séparaient de façon persistante en groupes plus petits et plus spécialisés, conformément aux prédispositions et qualités traditionnelles, même héréditaires, des individus composant les groupes. Ici nous avons une image lointaine de la théorie de la mosaïque, avec son hypothèse des divisions différentielles.

D'autre part nous pouvons imaginer un autre corps bien organisé de colons, abordant à une autre terre qu'il s'agit de mettre en valeur. Ils ont une organisation complexe à virtualités nombreuses et travaillent le mieux ensemble. On ne peut pas dire que les uns soient prédestinés à être chasseurs, d'autres bergers, ou pêcheurs, ou fermiers, ou mineurs, etc. Ils commencent par distribuer les environs en localités et chaque localité reçoit un groupe représentatif d'émigrants. Ceux-ci se subdivisent en bandes homogènes, dans chacune desquelles se trouve une représentation complète des capacités du corps originel de colons. Mais à mesure qu'ils se répandent, ils sont nécessairement influencés par la région où ils se trouvent et par leurs relations avec les bandes voisines, et, graduellement, eux aussi, ils se différencient en des établissements distincts. Nous pouvons très bien comprendre que certains interprètes ou historiens insisteraient spécialement sur le fait que, à mesure que voyageaient les groupes originellement similaires de colons, ceux-ci se différenciaient, en réponse aux conditions de milieu variées, et par rapport à leurs voisins. Leur valeur prospective à tout moment est « fonction de leur localité ». Ici nous avons une image lointaine de la théorie de la non-mosaïque du développement. *Assurément, on peut concevoir que les deux interprétations sont correctes.*

Résumé. — Selon la théorie de la mosaïque le principal mode de différenciation est la division nucléaire *qualitative* qui trie les divers éléments de la mosaïque (les particules représentatives ou constituants primaires) en cellules différentes. Ainsi si l'œuf fécondé possédait les qualités, ou qualités potentielles $a\,b\,c\,x\,y\,z$ ses quatre premiers blastomères, ou cellules-filles pourraient avoir les qualités, $a\,b\,c\,x\,y\,z$, $a\,b\,x\,y\,z$, $a\,b\,c\,x\,y$, $a\,b\,c\,x\,z$. Ce que devient chaque cellule est déterminé primitivement par le contingent particulier de particules représentatives qui la remplit.

D'après la théorie opposée, la division du noyau est toujours *quantitative* c'est-à-dire sans nul triage de virtualités particulières, et la différenciation est due aux relations variées où se trouvent les noyaux. La valeur prospective d'une cellule embryonnaire, dit Driesch, est « fonction de sa location ».

Chacune des cellules des premiers stades est supposée posséder *in potentia* un assortiment complet de caractéristiques spécifiques : mais certaines de celles-ci restent latentes, alors que d'autres entrent en activité : cela dépend des relations de la cellule avec le tout dont elle fait partie.

Ainsi, tandis que les deux opinions concordent en attribuant à la matière germinale essentielle une organisation spécifique correspondant aux qualités héréditaires, elles diffèrent par l'image qu'elles se font de ce qu'implique la différenciation : la théorie de la mosaïque tient pour l'hypothèse de la division qualitative séparant des particules représentatives, l'autre, niant la division qualitative, et insistant sur l'importance de l'interaction du milieu au sens le plus large.

Il faut noter avec soin, qu'autant qu'on le peut voir, il n'y a dans le développement de l'embryon *qu'une seule sorte de division cellulaire*, impliquant une bipartition longitudinale, visiblement exacte de chacun des chromosomes du noyau. Si donc il y a quelque division qualitative ou différentielle, il faut que celle-ci soit de sorte plus subtile.

2. — *Théorie du plasma germinatif de Weismann.*

Nul n'a plus fait pour faire avancer l'étude scientifique de l'hérédité qu'A. Weismann, de Fribourg, bien que son œuvre se soit développée dans un sens différent de celui de l'école statistique à laquelle s'attachent spécialement les noms de Francis Galton et de Karl Pearson, différent aussi de celui de l'école expérimentale à laquelle se rattachent les noms de G. Mendel et de Bateson. De façon générale on peut dire que Weismann a élaboré une *théorie de l'hérédité*, en cohésion avec une théorie du développement et une théorie de l'évolution. Nous ferons un bref exposé du Weismannisme tel qu'il a été développé, par exemple, dans *La Théorie de l'Evolution* (1904).

La base matérielle de l'hérédité. — Le botaniste Naegeli semble avoir été le premier à indiquer que la base matérielle dont dépendent les tendances héréditaires doit être une quantité de substance *minimale*. L'héritage paternel et le maternel sont potentiellement égaux ; le véhicule de cet héritage est dans les cellules germinales ; la masse d'un spermatozoïde peut n'être que le 1/100.000ᵉ de celle de l'œuf qu'il féconde, mais à un point de vue les deux cellules sexuelles sont équivalentes : elles ont le même nombre de corps stables, prenant aisément la couleur, ou chromosomes, dans leurs noyaux respectifs : le nombre de ces corps est constant pour chaque espèce, sauf que le nombre trouvé dans les cellules sexuelles mûres est moitié du nombre présenté par les cellules ordinaires du corps ; les chromosomes jouent un rôle évidemment important dans le mélange, dans l'amphimixie qui se produit lors de la fécondation, et dans les divisions subséquentes de l'œuf fécondé. Pour toutes ces raisons et d'autres encore, Weismann concluait en 1885, comme le firent Strasburger et O. Hertwig, vers le même temps, que la *substance héréditaire se trouve dans les chromosomes du noyau de la cellule germinale.*

Des expériences de vivisection microscopique sur les protozoaires — le *Stentor* par exemple — montrent qu'un fragment de cellule contenant une partie du noyau continuera à vivre et reconstruira un organisme entier, alors qu'une portion sans noyau, bien que vivant un temps, est hors d'état d'assimiler et de compenser ses pertes, et meurt bientôt. « C'est donc dans le noyau qu'il nous faut chercher la substance mettant sur la matière du corps cellulaire son empreinte, imposant une forme et une organisation particulières ; et nommément la forme et l'or-

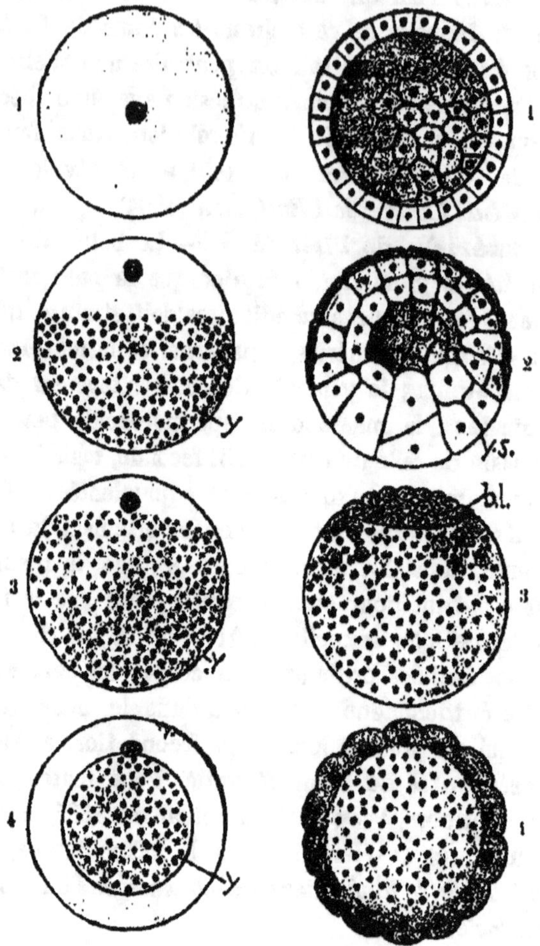

Fig. 25. — Modes de segmentation.

1. Œuf avec peu de vitellus, se segmente entièrement et également en une boule de cellules, comme chez l'oursin de mer. — 2. Œuf avec beaucoup de vitellus (*y*), se segmente entièrement, mais inégalement (grenouilles; *y. s.* cellules plus grandes, chargées de vitellus. — 3. Œuf avec beaucoup de vitellus (*y*) au niveau du pôle inférieur, se segmente partiellement et discoïdalement, formant le blastoderme (*bl.*), comme chez l'oiseau. — 4. Œuf avec beaucoup de vitellus central (*y*), se segmente partiellement et périphériquement (écrevisse).

ganisation des ancêtres ». Il va sans dire que la cellule sexuelle est une unité, un organisme infinitésimal, que son protoplasma cellulaire — dans le cas de l'œuf tout au moins — représente les matériaux de construction (trophoplasme) dans lesquels seuls la substance héréditaire (idioplasme) peut développer ses étonnants pouvoirs ; mais il convient de se rappeler que même un fragment non nucléé d'œuf peut se développer — au moins en larve — s'il est fécondé, c'est-à-dire muni d'un noyau spermatique. *Tout porte à conclure qu'il existe une matière héréditaire définie et qu'elle est, en partie au moins, liée aux chromosomes des noyaux des cellules germinales paternelle et maternelle.*

Le plasma germinatif est principalement nucléaire. — On n'en peut douter, la cellule germinale est une unité : elle représente une « raison sociale cellulaire », sa vertu dépend de l'interaction du nucléoplasme, du cytoplasme et du centrosome ; à coup sûr aussi, la substance de l'œuf constitue les matériaux au moyen desquels l'embryon est édifié. Et pourtant il y a beaucoup de faits nous obligeant à conclure que la base de l'hérédité est essentiellement liée aux chromosomes du noyau. Répétant ici partie de ce que nous avons déjà dit au chapitre II, notons les faits suivants :

1° Dans quelques cas presque toute la différenciation cytoplasmique du spermatozoïde — l'appareil locomoteur en particulier — est laissée en dehors de l'œuf, et ce qui entre est la tête consistant presque uniquement en matière chromatique, avec, en plus, le minuscule centrosome qui joue le rôle de centre dynamique dans la division.

2° Les corps chromatiques ou chromosomes sont de nombre constant pour chaque espèce, sauf que dans les cellules sexuelles mûres le nombre est moitié du chiffre normal, du chiffre des cellules du corps.

3° Dans la division nucléaire, les chromosomes se fendent longitudinalement et, de façons diverses, sont distribuées de telle façon que chacune des cellules-filles en lesquelles se divise une cellule-mère reçoit une quotité exactement équivalente de chromosomes.

4° Les chromosomes du spermatozoïde entrant dans l'œuf sont de nombre exactement équivalent à celui que renferme l'œuf à maturité.

5° A travers tout le monde vivant, les chromosomes — durant la croissance, ou la maturation, ou l'amphimixie des cellules germinales — se comportent de façon généralement similaire, bien qu'il y ait beaucoup de différences de détail.

Plasma ancestraux. — Présumant que la chromatine du noyau de la cellule germinale est le véhicule de l'hérédité, Weismann déclara qu'elle « renferme non seulement les constituants primaires d'un individu isolé de l'espèce, mais aussi ceux de plusieurs et même de beaucoup d'individus ». En fait, c'est une mosaïque de « plasmas ancestraux ». Mais quelle preuve y a-t-il de ceci ? Un œuf fécondé se développe en un organisme par division cellulaire. Pendant un temps il est démontrable que le noyau de chacune des cellules-filles en lesquelles se divise l'œuf fécondé contient des chromosomes paternels et maternels en nombre égal. Graduellement une différenciation s'établit et on voit apparaître différentes sortes de cellules somatiques, à structure et fonction spécialisées ; mais souvent on démontre aisément que les contributions paternelle et maternelle forment la chaîne et la trame de l'organisme. Tandis que la plupart de la troupe toujours plus nombreuse de cellules embryonnaires subissent la différenciation, quelques-unes ne le font pas, mais persistent non spécialisées, conservant les caractères de l'œuf fécondé. C'est de cette lignée de cellules non spécialisées, comme nous l'avons expliqué au chapitre II, que naissent les cellules germinales du nouvel organisme. Plus tard, quand l'organisme sera à maturité, les cellules germinales seront libérées, et chacune d'elles aura, *ex hypothesi*, des chromosomes dérivés des père et mère originels. Mais la fécondation s'opèrera entre ces cellules germinales libérées et d'autres dont les chromosomes sont dérivés, eux aussi d'autres père et mère, en admettant que se produise la reproduction croisée habituelle. Ainsi s'établit une accumulation de contributions provenant d'ancêtres variés, bien que le nombre des chromosomes visibles reste toujours le même. *Il semble impossible d'échapper à la conclusion que la base matérielle de l'hérédité est une mosaïque de plasmas ancestraux.*

Rappelons-nous le mémorable propos de Darwin, qui a ici son intérêt spécial : « Chaque être vivant doit être regardé comme un microcosme, un petit univers, formé d'une légion d'organismes se reproduisant eux-mêmes, infiniment ténus et aussi nombreux que les étoiles du ciel ». Il se représentait ses gemmules hypothétiques comme comprenant non seulement les contributions des parents immédiats mais des éléments ancestraux venant même de progéniteurs lointains.

Comme un fragment non nucléé d'œuf fécondé par un sper-

matozoïde arrivé en quelques cas
— oursin par exemple — à se développer en une larve normale ; et
comme un œuf non fécondé — oursin encore — peut, quand on le
traite de certaine façon, se développer en une larve normale, il est
évident que chacune des cellules
germinales possède dans son noyau
un jeu complet de qualités héréditaires.

Comme un œuf isolé produit deux
organismes complets (jumeaux véritables), et dans certains cas (celui
de l'Encyrtus, un hyménoptère parasite) une légion d'embryons, il est
évident que quoique les qualités
héréditaires soient contenues dans
leur véhicule, la chromatine, elles
peuvent être très facilement et rapidement multipliées par division ; et
chacun sait combien de cellules germinales peuvent être produites en
un court espace de temps par un
animal sexuellement à maturité.

En suivant cet ordre d'idées, Wei-
mann fut conduit à la conclusion
théorique que chacun des chromosomes doit contenir un jeu complet de constituants héréditaires,
et que le plasma germinatif représenté par tous les chromosomes
dans la cellule germinale doit
comprendre plusieurs « complexes
de constituants primaires » chaque
complexe suffisant par lui-même
à former un individu complet. En
d'autres termes la cellule-œuf fé-

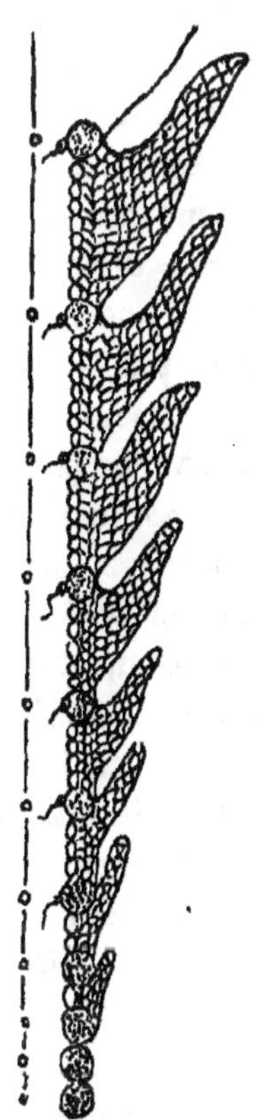

Fig. 26. — Relation entre les
cellules reproductrices et
le « corps ». La ligne verti-
cale brisée, à gauche, représente une série d'œufs
successifs produisant des
« corps ». Les autres portions de la figure montrent
une chaîne de « corps » —
générations successives.
Pour la commodité du
schéma, les « corps » sont
représentés comme deve-
nant plus grands à chaque
génération. On voit un
spermatozoïde fécondant
un œuf au commencement
de chaque génération.

condée est une mosaïque de « plasmas ancestraux ». « Je donne
à l'idioplasme des cellules germinales le nom de *plasma germinatif* : c'est la substance des constituants primaires de tout l'organisme ; les complexes de constituants primaires nécessaires
à la production d'un individu complet, je les nomme *Ids* ».

Chacun admet que la cellule germinale a une organisation
complexe dont les détails nous sont d'année en année mieux
connus. Chacun admet que toute la substance de l'œuf fécondé
ne peut pas être également importante en ce qui concerne l'hérédité. Chacun admet que les petites unités, pourtant visibles
— les chromosomes — se comportent comme si elles avaient une
importance fondamentale. Si nous admettons qu'il y ait du tout
une substance héréditaire, l'interprétation théorique commence
quand nous considérons ces *ids* de Weismann comme contenant
un jeu complet de qualités héréditaires. Weismann supposait
qu'un *id* contenait implicitement toutes les parties d'un animal
parfait, et que la cellule germinale contenait plusieurs jeux d'*ids*.

Déterminants. — « J'admets, dit Weismann, que le plasma
germinal consiste en un grand nombre de parties vivantes
différentes dont chacune a une relation définie à l'égard de cellule,
ou sortes de cellules particulières, dans l'organisme devant
être développé ; c'est-à-dire que ce sont des « constituants primaires » en ce sens que la coopération dans la production d'une
partie particulière de l'organisme est indispensable ; la partie
étant *déterminée* quant à son existence et quant à sa nature, à
la fois, par les particules prédestinées du plasma germinal. Aussi
donné-je à ces dernières le nom de *déterminants* appelant *déterminés* les parties de l'organisme complet qu'elles déterminent »
(1904, vol. I, p. 355).

Mais combien de déterminants faut-il postuler dans un cas
donné quelconque ? Weismann suppose que chaque caractère
variable de façon indépendante et héritable de façon indépendante, est représenté dans le plasma germinal par un déterminant. Une mèche de cheveux blanche, au milieu des noires, peut
se représenter au même point à travers plusieurs générations :
il est difficile d'interpréter les faits d'hérédité particulaire de ce
genre sans la théorie d'après laquelle le plasma germinatif est
fait d'un grand nombre de déterminants différents.

On peut faire observer que presque tous les biologistes ayant essayé de se faire une idée de la structure ultime de la matière vivante ont été conduits à l'idée, exprimée en termes très divers, d'unités protoplasmiques ultimes ayant les pouvoirs de croissance et de division. Weismann n'est nullement le seul à imaginer des biophores et à leur attribuer la faculté de s'accroître et de se diviser. Evidemment on ne peut prouver qu'il en est ainsi, mais beaucoup de faits tendent à le faire croire. La cellule se divise, mais auparavant il y a division du noyau ; le noyau se divise, mais ceci implique le dédoublement des chromosomes, et ceux-ci sont, quelquefois visiblement, composés de corps plus petits encore, disposés comme des perles sur un fil. Comme le dit E. B. Wilson (1900, p. 84) : « Notre étude de la division nucléaire nous révèle non une masse homogène qui se divise, mais une série descendante d'éléments qui se divisent, qui, comme vus par le gros bout de la lunette, s'éloignent de l'œil, presque jusqu'aux limites de la vision microscopique. Il n'y a pas de raison pour placer la limite de cette série au point où elle disparaît à la vue, et nous sommes de la sorte presque irrésistiblement conduits à la conclusion que la division de la substance nucléaire dans son ensemble doit être le résultat d'une division des éléments invisibles dont l'agrégat forme les parties visibles. » En outre, en beaucoup de cas, le cytoplasme, la partie extranucléaire de la cellule, contient des corps minuscules ou plastides — des corpuscules de chlorophylle — qui se multiplient également par division.

Ceux qui ont de la difficulté à croire à la théorie d'après laquelle il y a des jeux multiples de déterminants analogues dans le plasma germinal feront bien de considérer par exemple, les faits du sexe et du dimorphisme sexuel. Une reine abeille pond un œuf non fécondé qui donne un faux bourdon ou mâle, lequel diffère de la reine par plusieurs détails, et qui en diffère primordialement en ce qu'il produit des spermatozoïdes et non des œufs. Mais puisque ce faux bourdon n'a qu'une mère, sans père, il a dû exister dans l'œuf fécondé qui donna l'abeille reine la « potentialité » — c'est-à-dire les déterminants — d'organes reproducteurs mâles et de caractères masculins. Pourtant, nul indice de ceux-ci ne se présentait chez la reine elle-même. Ils ont

dû exister comme éléments latents dans son hérédité. Dans le
cas des pucerons et de certaines Daphnies, où il y a une succession de femelles parthénogénétiques, les constituants primaires
des caractères masculins doivent rester latents durant plusieurs
générations. Dans certains cas (oursins) les sexes sont si semblables même par les organes reproducteurs qu'on peut presque
dire qu'ils ne diffèrent que par « l'agencement physiologique »,
et qu'il suffit de postuler une armée de déterminants sans compliquer les choses en postulant au moins deux armées analogues.
Mais dans la grande majorité des cas il y a un dimorphisme marqué entre les sexes, et il convient de se rappeler que le spermatozoïde lui-même représente quelque chose de très complexe,
avec pièce apicale, tête, pièce médiane, queue, et autres détails
dont beaucoup sont sans analogie dans l'œuf et constituent, de
fait, des particularités spécialement adaptives aidant le spermatozoïde à trouver l'œuf. Il est donc difficile d'échapper à la conclusion de Weismann que les deux sortes de caractères sexuels
doivent être présents, les uns actifs, les autres latents, dans
toute cellule germinale et dans tout organisme.

Un autre bon exemple est présenté par les rotifères où les
cellules germinales primitives se divisent en deux sortes d'œufs,
extérieurement identiques et pourtant si différentes que d'une
sorte il ne sort que des femelles, de l'autre des mâles seulement.
Ni l'une ni l'autre n'est fécondée. Les œufs se développant en
femelles doivent contenir des déterminants correspondant aux
caractères masculins bien que ceux-ci restent tout à fait latents,
car ces femelles donnent naissance à des mâles aussi bien qu'à
des femelles. Il se peut que les influences nutritives et autres
conditions de milieu décident si ce sont les déterminants correspondant au sexe féminin qui deviendront actifs ou bien ceux
qui correspondent au sexe masculin, mais ce qu'il faut observer
ici, c'est qu'il est difficile de se représenter ce qui se passe, sans
l'hypothèse que le plasma germinal contient à la fois des déterminants mâles, et des femelles, analogues, mais distincts.

Résumé de l'opinion de Weismann. — « La substance germinale doit son merveilleux pouvoir de développement non
seulement à sa constitution physico-chimique mais au fait qu'elle
consiste en plusieurs et différentes sortes de constituants pri-

maires — c'est-à-dire en groupes d'unités vitales pourvues de forces de vie, et capables d'intervenir activement et de manière spécifique, mais capables aussi de rester latentes à l'état passif jusqu'à ce qu'elles soient influencées par un excitant libérateur, et par là, capables d'intervenir successivement dans le développement. La cellule germinale ne peut être uniquement un organisme simple ; ce doit être un ensemble fait de nombreuses unités différentes, ou organismes — un microcosme ». (1904, vol. I, p. 402).

Un être vivant tire communément son origine d'une cellule-œuf fécondée, d'une union d'œuf et de spermatozoïde, de deux cellules germinales dimorphes. Ces cellules germinales descendent par division cellulaire continue des œufs fécondés qui donnèrent naissance aux deux parents ; elles ont conservé l'organisation de ces œufs fécondés, et cette organisation a son véhicule dans la substance chromophile des noyaux, le plasma germinatif. Ce plasma consiste en plusieurs chromosomes ou idants, dont chacun est fait de plusieurs éléments ou ids, chacun desquels — ici commence la partie hypothétique — est supposé contenir toutes les virtualités — générique, spécifique, et individuelle — d'un nouvel organisme. Chaque id est un microcosme avec une architecture qui a été élaborée au cours des âges : on le suppose composé de déterminants nombreux, un pour chaque partie de l'organisme susceptible de varier de façon indépendante ou de s'exprimer de façon indépendante durant le développement. Enfin on se représente chaque déterminant comme consistant en nombre de particules vitales, ou biophores, ultimes qui sont éventuellement mis en liberté dans le cytoplasme des diverses cellules embryonnaires. Toutes ces unités de degrés divers sont capables de croissance et de multiplication par division.

Résumé.

La base physique de l'hérédité — le plasma germinal — se trouve dans la chromatine du noyau de la cellule germinale.

La chromatine prend la forme d'un nombre défini de chromosomes ou idants.

Les chromosomes consistent en ids dont chacun renferme un héritage complet.

Chaque id consiste en de nombreux constituants primaires ou déterminants

Un déterminant est communément un groupe de biophores, les plus petites unités vitales.

Le biophore est un intégrat de nombreuses molécules chimiques.

Maturation et amphimixie. — Pour bien apprécier le tableau tracé par Weismann, il nécessaire de bien se rappeler ce qui a été dit dans un chapitre précédent concernant la maturation des cellules sexuelles et le processus de fécondation ou amphimixie.

De façons variées durant les divisions des cellules spermatiques avant leur différenciation complète et durant le processus désigné sous le nom de maturation de l'œuf — les deux divisions aboutissant à la libération des deux corps polaires — le nombre des

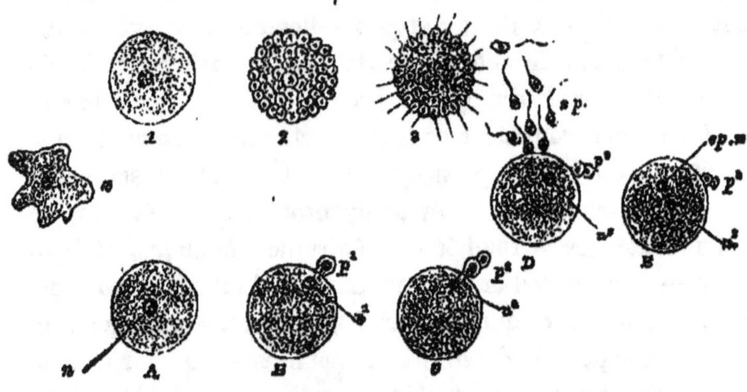

Fig. 27. — Schéma de la maturation de la fécondation (tiré de *Evolution of Sex.*)

En haut : développement des spermatozoïdes. En bas : maturation de l'œuf. Au milieu, à droite : fécondation. a ; cellule sexuelle primitive amiboïde ; A : œuf, avec noyau ou vésicule germinative (n) ; B : œuf — libération du premier corps polaire (p1) ; C : émission du second corps polaire (p2) ; 1 : cellule spermatique mère ou spermatogonium ; 2, 3 : agglomérations de spermatozoïdes non encore murs résultant de la division de 1 ; sp : spermatozoïdes mûrs ; D : entrée d'un spermatozoïde dans l'œuf ; E : les noyaux mâle et femelle ; sp.n et n² : s'approchent l'un de l'autre.

chromosomes est réduit de moitié. Ainsi, quand a lieu la fécondation, le nombre normal de chromosomes est rétabli.

Dans les cas ordinaires, la division par réduction se produit lors de la formation du premier corps polaire par la cellule-œuf et lors de la pénultième division des spermatocytes. Le parallé-

lisme des deux phénomènes est très frappant, mais, comme le dit
O. Hertwig, « alors que, dans le dernier cas, les produits de la
division sont tous utilisés à titre de spermatozoïdes fonctionnels,
dans le premier, un des produits de la cellule-œuf mère devient
l'œuf, s'appropriant la masse entière du vitellus aux dépens des
autres, qui subsistent sous une forme rudimentaire à titre de corps
polaires. »

Réduction dans les œufs parthénogénétiques. Les faits qui se passent sont
intéressants par leur variété.

a) Chez les fourmis, abeilles et guêpes, tous les œufs (avec 2 N chromosomes pour commencer) subissent la réduction, le nombre des chromosomes
étant diminué et réduit à moitié (N). Certains œufs ne sont pas fécondés et
ceux-ci se développent en mâles dont les cellules possèdent donc la moitié
du nombre de chromosomes normal (N). Il n'y a pas de réduction au cours
de la genèse des spermatozoïdes. Aussi quand un spermatozoïde (avec N
chromosomes) féconde un œuf ayant subi la réduction (avec N chromosomes)
le nombre normal 2 N est rétabli et la femelle résultante conserve ce nombre.

b) Chez les rotifères et quelques daphnies par exemple, la parthénogénèse
se produit quand les conditions nutritives et autres sont favorables, et il
n'est produit que des femelles. Les œufs ne subissent pas la réduction et conservent le nombre normal de chromosomes, 2 N. Dans les conditions défavorables il est produit des œufs de deux dimensions et les deux sortes subissent
la réduction. Les petits, avec N chromosomes après la réduction ne sont pas
fécondés, et donnent des mâles ; les gros, avec N chromosomes aussi après
réduction sont fécondés et se développent dans la condition 2 N en femelles.

c) Chez les Aphides ou pucerons, la parthénogénèse est la règle dans les
conditions favorables ; il n'y a pas de réduction, et il naît des femelles. Dans
des conditions défavorables il apparaît des mâles. Certains des œufs subissent la réduction ordinaire à N, et, ramenés à la condition 2 N par la fécondation, se développent en femelles. D'autres œufs produits sous conditions
défavorables subissent une réduction *partielle* à 2 N — 1 ou 2 N — 2, ne sont
pas fécondés, et donnent des mâles. Dans la formation des cellules mâles,
certaines sont à N — 1 chromosome et d'autres à N, mais les premières dégénèrent ; seuls les dernières deviennent des spermatozoïdes effectifs.

Il est très probable que dans les divisions de réduction les
chromosomes maternels se séparent des paternels, mais pourtant pas de façon si complète que tous les chromosomes paternels
passent dans une cellule, et tous les maternels dans l'autre. S'il
en est ainsi nous pouvons mieux apprécier l'importance des divisions réductrices s'opérant à la maturation car elles fournissent
l'occasion de nouvelles permutations et combinaisons de quali-

tés héréditaires. Elles ne font rien apparaître de nouveau, mais elles battent les cartes pour ainsi dire.

Il est clair que la fécondation comprend une excitation qui pousse l'œuf à se diviser et une mise en commun des caractères héréditaires paternels et maternels — mélange que Weismann a appelé amphimixie. Des nombres équivalents de chromosomes sont fournis par les deux noyaux ; l'œuf fournit de beaucoup la plus grosse part de cytoplasme ; « le père fournit le centrosome organisant le machinisme de la division mitotique par laquelle l'œuf se divise en les éléments des tissus, et par laquelle chacun de ces éléments reçoit sa quotité de l'héritage commun de chromatine. » « Huxley a atteint le but en plein il y a 40 ans quand il compara l'organisme à un tissu dont la femelle fournit la chaîne, et le mâle la trame. Ce qu'on a appris depuis c'est que le tissu même doit être cherché dans la substance chromatique des noyaux, et que le centrosome représente le tisserand à son métier. » Il est clair que les processus de maturation et de fécondation offrent de nombreuses possibilités de combinaisons des caractéristiques héréditaires apportées par les « idants » de Weismann, maintenant appelés chromosomes.

Supposons une jeune cellule-œuf à 16 chromosomes ou idants 16 A ;

au cours de la maturation le nombre est réduit de moitié, à 8 A ;

la cellule-œuf mûre est fécondée par un spermatozoïde (réduit) à 8 chromosomes 8 B ;

la cellule-œuf fécondée a alors 8 chromosomes maternels et 8 paternels : 8 A + 8 B ;

la jeune cellule-germinale capable de commencer une nouvelle génération en a autant ;

lors de la maturation de cette jeune cellule-œuf il y a réduction à 4 A + 4 B ;

elle est fécondée par un spermatozoïde ayant histoire parallèle, contenant 4 C + 4 D ;

l'œuf fécondé de la seconde génération a donc 4 A + 4 B + 4 C + 4 D ;

pareillement l'œuf fécondé de troisième génération peut avoir 2 A + 2 B + 2 C + 2 D + 2 E + 2 F + 2 G + 2 H ;

pareillement à la quatrième génération les chromosomes pourront être A + B + C + D + E + F + G + H + I + J + K + L + M + N + O + P (16 en tout, tous différents).

Mais le nombre des chromosomes différents *peut ne pas avoir* à s'accroître si rapidement, car certains des chromosomes paternels peuvent être les mêmes que certains maternels.

Hypothèse du développement. — Postulant un jeu de constituants primaires ou déterminants à l'intérieur du plasma germinatif, Weismann a entrepris d'édifier une hypothèse relativement à la manière dont ces déterminants déterminent les cellules ou les groupes de cellules auxquels ils correspondent.

La cellule-œuf fécondée se divise et re-divise et, tout d'abord les cellules résultantes, les blastomères, de l'embryon sont souvent équivalentes. Ceci se peut démontrer expérimentalement, car si, par secousses on sépare les unes des autres les 4 premières cellules de l'œuf de l'amphioxus, chacune se développe pour son propre compte et forme une larve complète. Dans d'autres cas les cellules résultantes sont hétérogènes dès la première division, c'est-à-dire qu'elles forment certaines parties de l'embryon, et seulement ces parties. En d'autres termes il doit y avoir une distribution de déterminants au cours de la segmentation.

Mais si les différentes sortes de déterminants doivent arriver à se placer dans des groupes cellulaires appropriés, ceci ne peut être affaire de hasard. Par conséquent il nous faut encore postuler que, dès le début, chaque déterminant occupe une position définie par rapport à ses voisins, que le plasma germinal n'est pas un simple agrégat lâche de déterminants, mais possède une structure, une architecture, où les déterminants individuels ont chacun sa place définie. Il faut tenir ceci présent à l'esprit que la cellule germinale est une unité, un organisme en puissance, et non un amas de contributions héréditaires. Weismann imagine que les déterminants sont maintenus dans leurs relations réciproques par des « affinités vitales », par des forces internes dont on peut, de fait, fournir une certaine démonstration en montrant par exemple un chromosome ou ruban d'ids se fendant en deux rubans.

Mais si le mécanisme de la distribution de déterminants consiste en la division cellulaire — où les chromosomes sont divisés en deux avec une exactitude méticuleuse, de telle sorte que chacune des deux cellules-filles obtient une moitié longitudinale de chaque chromosome — comment se fait-il que différents déterminants passent en différentes cellules de l'embryon ? Cette difficulté a conduit à une hypothèse supplémentaire : on a admis que si les ids peuvent se diviser en deux moitiés identiques, ils

peuvent aussi se diviser en moitiés dissemblables ; Weismann
a admis à côté de la division intégrale (*erbgleich*) du noyau une
division différentielle aussi (*erbungleich*). La réalité de cette division différentielle — niée énergiquement par de nombreux his-
tologistes — ne peut pas plus être démontrée directement que
ne peut l'être le dédoublement d'une molécule complexe en différentes molécules. Mais dans les deux cas il est permis de conclure des résultats à l'occurrence. Ce n'est pas une hypothèse,
mais bien un fait qu'une cellule peut se diviser en deux cellules-
filles dont l'une formera l'ectoderme, tandis que l'autre donnera
l'endoderme, et ceci implique quelque sorte de division différentielle. Quelles forces intérieures ou affinités vitales sont en jeu ?
Nous ne savons.

Si une cellule-œuf peut se diviser différentiellement en une
cellule ectodermique primitive et une cellule endodermique primitive, ou en une cellule formative et une cellule purement nutritive, et ainsi de suite, il semble légitime de supposer que des
divisions différentielles correspondantes d'ordre plus délicat se
produisent au cours du développement. Les cellules embryonnaires continuent à se diviser en cellules-filles ayant inégale
valeur au point de vue du développement, ayant une valeur prospective inégale, encore, et « de pareilles divisions différentielles
continueront à se produire jusqu'au moment où l'architecture
déterminante des ids aura été complètement analysée ou dis-
jointe en toutes ses différentes sortes de déterminants, de sorte
qu'en fin de compte chaque cellule ne contient qu'une seule sorte
de déterminant, celle par laquelle son propre caractère particulier est déterminé. Ce caractère naturellement consiste non
seulement en sa structure morphologique ou en son contenu chimique, mais aussi en sa capacité physiologique collective, y
compris sa puissance de division et de durée de vie. » (1904, vol.
I, p. 378).

Il va sans dire que le développement, aussi, comporte beaucoup de divisions intégrales. Les cellules passent leur temps à
reproduire leurs pareilles surtout quand il y a beaucoup de parties ou d'organes similaires dans l'organisme. Il faut noter aussi
que nous ne pouvons nous représenter le processus de ségrégation sans supposer aussi que les déterminants — étant vivants

— peuvent se multiplier entre eux de telle sorte qu'une cellule dominée par une espèce donnée de déterminant peut contenir toute une armée de déterminants de même catégorie. Il nous faut supposer aussi que les déterminants peuvent rester pendant une longue période à l'état inactif, et que c'est seulement lorsqu'ils se trouvent dans un milieu approprié en grande partie déterminé par l'ambiance cellulaire, que des excitants libérateurs les éveillent et amènent à exercer leur pouvoir de contrôle.

La désintégration, des déterminants. — La ségrégation ou distribution des déterminants se poursuit, et chaque aire unitaire ou cellule de l'organisme en développement devient le siège d'une espèce particulière de déterminant, ou d'un contingent de ceux-ci. Et après ? Qu'arrive-t-il ? Weismann suppose que le déterminant ayant atteint la vigueur de la maturité et trouvé son milieu approprié se résout en les biophores dont il est composé, et que ceux-ci émigrent du noyau dans la substance cellulaire. Mais là une lutte pour la nourriture et l'espace doit s'engager entre les éléments protoplasmiques déjà présents et les nouveaux venus, et il en résulte une modification plus ou moins prononcée de la structure cellulaire. Il n'est pas nécessaire de supposer que les biophores correspondent d'avance à des parties constitutives particulières de la cellule, à des éléments musculaires ou à des corpuscules chlorophylliens par exemple ; plus vraisemblablement doit-on supposer qu'ils sont les architectes de celle-ci. Naturellement ils doivent présenter quelque caractère défini, mais n'ont pas à être les rudiments infinitésimaux de ce qu'ils formeront. Beaucoup d'entre eux peuvent être régulateurs plutôt que formateurs. Ce peuvent être des organisateurs aussi bien que des architectes. Il ne faut pas chicaner sur leurs qualités car ils sont *vivants*.

Weismann ne se représente pas les déterminants comme des « semences des caractères individuels de l'organisme » ; ce sont des « codéterminants de la nature de la partie qu'ils influencent » comme des colons pénétrant en territoire nouveau, ils doivent leur puissance à leur coopération. En outre, le « caractère » de la cellule — ses dimensions, sa structure intime, sa durée de vie, et ainsi de suite — n'est pas déterminé par plusieurs déterminants spéciaux pour chaque trait du caractère. « Il n'y a que des déterminants de toute la nature physiologique de la cellule » et ils déterminent le caractère de la cellule par une coopération entre eux et avec le corps cellulaire où ils se sont installés.

Nous ne pouvons donner un résumé concis des ingénieuses élaborations de la théorie des déterminants à l'aide desquelles Weismann a essayé de donner une interprétation d'ensemble et cohérente de phénomènes spéciaux tels que bourgeonnement, fusion, régénération de parties perdues, alternance des générations, démorphisme, polymorphisme et ainsi de suite. Il suppose par exemple que dans les organismes se multipliant par libération d'un bourgeon ou d'une fraction du corps, il doit y avoir dans beaucoup de cellules un contingent résiduel de déterminants — équivalant, peut-être, à une représentation du plasma germinal tout entier — et que ce contingent demeure latent jusqu'à ce que des circonstances spéciales se présentent, l'appelant à l'activité.

Conclusion. — Nous avons peut-être accordé une place trop large à la théorie du développement soigneusement élaborée par Weismann, car elle repose sur une hypothèse non vérifiée : la *division nucléaire différentielle*, qui d'ailleurs est en contradiction avec l'embryologie expérimentale. Weismann a imaginé un triage successif des différents genres de déterminants, jusqu'à ce que chacun de ceux-ci ait trouvé sa place appropriée dans l'embryon, où il doit s'exprimer en développant un caractère, alors que, suivant la conception moderne, les cellules de l'organisme possèdent à l'origine la même constitution chromosomique et par conséquent le même contingent de facteurs héréditaires. Il se produit une scission longitudinale extrêmement précise des chromosomes et probablement aussi de leurs gènes.

Comment, dans ces conditions, les cellules peuvent-elles devenir si différentes — nerveuses, musculaires, glandulaires, squelettiques, etc. ? La réponse générale qui serait faite actuellement serait à peu près la suivante : le cytoplasme de la cellule-œuf n'est pas homogène, mais ses diverses portions contiennent des substances différentes. Cela peut être dû en partie à l'influence de gènes particuliers. Lors des divisions successives, naissent des cellules possédant des cytoplasmes différents et, dans leur interaction avec ces derniers, les chromosomes ou leurs gènes entraînent des résultats différents : c'est la différenciation.

Note sur la régénération. — Quand la moitié d'un infusoire très différencié tel que le *Stentor* régénère la moitié qui manque, nous supposons que cela a lieu parce que dans chaque moitié il y a des « unités spécifiques » ou « groupes de déterminants » distribués de façon diffuse, capables, dans un milieu approprié, de se développer en tout. Nous sommes encouragés à adopter cette hypothèse par le fait avéré que des tranches de *Stentor* d'un millimètre, au moins, d'épaisseur sont aptes à régénérer des touts, des individus entiers.

Transposons l'expérience en passant à un niveau un peu supérieur et nous trouvons que des fragments d'animaux multicellulaires relativement simples, tels que l'Hydre ou les Planaires peuvent se développer en organismes entiers. Nous supposons que les groupes de cellules excisés ont entre eux un complément d' « unités spécifiques » suffisant à assurer le développement d'un organisme complet.

Mais en montant plus haut dans l'échelle animale, nous constatons que si le ver de terre peut régénérer une tête nouvelle ou une nouvelle queue, quelques segments médians découpés dans le milieu d'un ver de terre meurent bientôt. Un crabe peut régénérer un membre perdu, mais le membre ne saurait régénérer un crabe. On en conclut qu'à mesure qu'augmente la différenciation, la distribution diffuse d' « unités spécifiques complètes » cesse, ce qui fait que la partie excisée n'est plus un fragment viable. Tout ceci montre que la division cellulaire différentielle est une réalité.

Si l'on coupe la corne porte-œil de l'escargot, celle-ci se régénère, et de façon réitérée, avec l'œil complexe au complet. Si l'on enlève l'œil d'un crabe il repousse généralement une antenne au lieu d'un œil, mais si le ganglion optique n'a pas été lésé, il est régénéré d'un œil normal. Si l'on excise la partie antérieure de l'œil d'un triton ou d'une salamandre, il est régénéré un cristallin. Tout ceci indique la vraisemblance de l'hypothèse d'après laquelle, dans certaines limites, probablement accentuées par la sélection naturelle, le moignon mutilé, la base d'un organe important conserve en réserve un contingent d'unités capable de fournir la totalité de cet organe. Ainsi, tandis que la distribution d'unités spécifiques résiduelles complètes, ou ids, devient de plus en plus restreinte, il y a une rétention bien plus utile, aux points exposés aux lésions, de contingents locaux d' « unités formatives d'organes » pouvant remplacer des parties perdues.

Difficultés. — 1º Si des déterminants définis sont distribués au cours du développement à mesure qu'augmente le nombre des aires unitaires ou cellules, comment se fait-il qu'un groupe isolé de cellules, enlevé à une feuille de bégonia, à un tubercule de pomme de terre, à une hydre, à une actinie, à un ver simple, puisse sous des conditions appropriées se développer en un organisme entier ? Il faut noter en premier lieu que cette aptitude est plus ou moins limitée à des organismes relativement simples. En second lieu la réponse théorique est que dans de pareils cas les cellules conservent une représentation de tout le plasma germinatif à l'état inactif bien que chacune d'elles soit différenciée sous le contrôle d'un groupe particulier de déterminants.

2º Un homme a un « nez de travers » particulier, et son fils a le même. Devons-nous supposer que l'héritage comprend des déterminants de nez de travers ? Weismann répondrait « assurément non ». La construction d'un nez est l'œuvre d'un grand nombre de sortes différentes de déterminants, et celles-ci collaborent en vue d'un résultat général. Il peut exister quelque petite particularité chez ceux qui contribuent, par exemple, au cartilage du nez, et cette particularité peut, au cours du développement coopératif amener à un nez de travers comme résultat de quelque inégalité de pression durant la période formative primitive. Les résultats de l'embryologie expérimentale montrent clairement que le comportement de cellules particulières dans le développement n'est pas absolument stéréotypé. Elles feront de leur mieux, pour ainsi dire, pour assurer un résultat constant, mais si le milieu les trouble, elles feront quelque chose de différent. En même temps, il est très intéressant que des larves anormales — les larves au lithium des oursins par exemple — possèdent une remarquable faculté de reprendre le droit chemin dès qu'elles sont soustraises à l'influence perturbante du milieu anormal.

Objections à la théorie des déterminants. — Quelques biologistes ont refusé d'admettre les théories des déterminants de Weismann parce que, disent-ils, nul n'a jamais vu un seul de ceux-ci, ni ne peut espérer en voir jamais. Les déterminants sont des fictions scientifiques et toute discussion à leur sujet se fait dans le vide. Mais on peut opposer la même sorte d'objection à la théorie, par exemple, de l'éther. Toute la question est de savoir si le concept des déterminants nous aide à interpréter des phénomènes visibles. La science opère du commencement à la fin avec des concepts imaginatifs qui facilitent la description et l'exposition, et qui sont si véritablement représentatifs de l'invisible que nous pouvons les utiliser pour la prédiction.

D'autres biologistes, qui savent l'impossibilité d'une science sans concepts de ce genre, repoussent la théorie des déterminants parce que, selon eux, on peut s'en passer. Ainsi Yves Delage repousse tous les déterminants, les constituants primaires, ou *particules représentatives* et se contente de postuler un plasma germinatif doué « d'une composition physico-chimique extraordinairement délicate et précise ». « Il n'y a pas, dit-il, dans le plasma germinatif, de particules distinctes représentant les parties du corps, ou les caractères et propriétés de l'organisme ». (1903, p. 749) Qu'y a-t-il, alors ? D'après Delage, la cellule germinale renferme un grand nombre de substances chimiques caractéristiques — que chacun admet — substances caractéristiques des principales catégories de cellules ; et son développement est comparable au cours d'une rivière qui s'écoule tantôt profonde, tantôt en surface, formant ici une chute et là un remous, mais toujours explicable en termes d'action et de réaction entre l'eau courante et son ambiance. Etant donné le pouvoir de développement (que nul ne comprend), une composition chimique caractéristique (que chacun admet), et un milieu approprié (que nul ne peut nier)... voilà tout. Il n'est pas plus nécessaire d'encombrer la biologie de déterminants et de biophores qu'il ne l'était d'encombrer l'astronomie de cercles et épicycles ptolémaïques.

Mais même dans les cas en apparence les plus simples, il semble impossible de se passer du concept des « unités » ou « constituants primaires » ou déterminants, ou groupes de ceux-ci comprenant tous les caractères spécifiques. Prenons le cas de cet infusoire commun, le Stentor. Il paraît certain qu'une mince tranche, épaisse d'un millimètre, de cet organisme unicellulaire peut, dans des conditions appropriées, se développer en un individu complet, avec cils vibratiles oraux, petits cils superficiels, une bouche, un long noyau en forme de collier, trois plus petits noyaux, une vacuole contractile, des fibrilles contractiles intérieures et ainsi de suite. Est-il possible de se représenter cette merveilleuse régénération d'une unité hautement différenciée, aux dépens d'une mince tranche, sans postuler des unités de quelque sorte, qui, isolées de l'ensemble du système, ont pourtant la faculté de reconstituer celui-ci ? (voir Weldon, 1905, p. 42). Pareillement une mince tranche de l'hydre multicellulaire peut, dans des conditions appropriées, se développer en une hydre entière et complète. Est-il possible de concevoir ceci sans le postulat d' « unités spécifiques éparpillées » ?

H. E. Ziegler a formulé brièvement et avec modération les deux objections le plus souvent faites à la théorie des particules représentatives.

1º Quand nous essayons d'interpréter un résultat ou un fait quelconque, nous devons le rapporter à ce qui est connu. Si nous interprétons en termes de quelque chose d'inventé pour la circonstance, nous faisons simplement une hypothèse fictive. Quand nous rapportons les faits de l'hérédité à un processus observable : par exemple aux chromosomes des noyaux, nous faisons un progrès scientifique ; mais quand nous déduisons les phénomènes de l'hérédité du comportement de pangenès ou de déterminants qui ont été inventés, nous nous adonnons simplement à la spéculation verbale. Il nous paraît que ce n'est pas là un exposé équitable de procédure scientifique. Les pangenès ou déterminants imaginaires sont des éléments dans une notation, comme les symboles graphiques des molécules chimiques : leur utilité ne dépend pas d'une réalité visible ; leur validité est éprouvée par le degré où ils nous permettent de formuler conceptuellement ce qui se produit, et par là d'avancer vers des observations et expériences plus précises. Il va sans dire que du moment où la notation symbolique apparaît comme incompatible avec les faits démontrables, il faut la jeter par-dessus bord, et la remplacer par une autre.

2º Il est difficile, dit Ziegler, de se représenter clairement ce que nous entendons par un caractère unitaire, et par sa représentation par un constituant germinal unitaire, que ce soit un pangenès ou un déterminant. Beaucoup de caractères bien définis de l'organisme dépendent de quantité de conditions de croissance, et se figurer les caractères représentés dans le germe par une particule représentative par caractère est chose aussi difficile que concevoir un nombre infini de particules représentatives, à raison d'une par élément du caractère.

Mais il convient d'observer que Weismann imagine simplement autant de déterminants dans le plasma germinatif qu'il y a de parties dans l'organisme capables de variation transmissible et indépendante. L'archet et la corde de l'appareil stridulateur de la cigale auront au moins un déterminant chacun, mais un seul déterminant peut suffire pour tous les millions de globules sanguins rouges chez l'homme. Et puis Weismann insiste nettement sur ce que « les déterminants ne sont pas la semence de caractères individuels, mais des co-déterminants de la nature des parties sur lesquelles ils agissent. Il n'y a pas de déterminants spéciaux des dimensions d'une cellule, d'autres de sa différenciation histologique spécifique, d'autres encore de sa durée de vie, de son pouvoir multiplicateur, et ainsi de suite : il y a seulement des déterminants de la nature physiologique totale de la cellule de qui tous ces caractères et d'autres encore dépendent ». Il dit encore : « Il n'y a pas de déterminants de caractères, mais seulement de parties. Le plasma germinatif ne contient pas plus de déterminants d'un nez de travers qu'il ne contient ceux de l'aile en forme de queue, d'un papillon : mais il contient quantité de déterminants qui contrôlent de telle sorte tout le groupe cellulaire dans toutes ses phases successives, conduisant au développement du nez, qu'en fin de compte il doit venir un nez de travers, tout comme l'aile du papillon avec ses veines, membranes, trachées, cellules glandulaires, écailles, dépôts de pigment, queue en pointe, se reproduisent par l'intervention successive de nombreux déterminants au cours de la multiplication cellulaire ».

En tous cas, que l'idée de constituants primaires représentatifs nous plaise ou non, nous devons nous rappeler que c'est un *fait* que l'organisme — unifié comme il l'est — est édifié au moyen d'un très grand nombre d'éléments héritables de façon indépendante, et variables de façon indépendante aussi.

La persistance du plasma germinatif. — Nous avons donné une esquisse du schéma cohérent que Weismann a proposé pour interpréter le développement, la distribution des déterminants, leur « maturation », leur « libération », leur migration hors du noyau, leur résolution en biophores, et la manière dont les biophores peuvent exercer leur contrôle sur la zone ou la cellule où ils se trouvent. Mais il reste à voir comment sont constituées les cellules germinales qui sont le point de départ de la génération suivante. Si la construction du corps implique la ségrégation de l'architecture des déterminants en groupes de plus en plus petits, comment l'organisme produit-il des cellules germinales, c'est-à-dire des cellules à plasma germinatif intact avec un jeu complet de déterminants ? La réponse déjà donnée au chapitre II est qu'il ne les produit pas, au sens strict : *elles sont là tout le temps.*

Pour entrer dans le détail, la réponse de Weismann (1885), *la théorie de la continuité du plasma germinal*, est que dans la division de l'œuf il n'y a pas partage de la totalité du plasma germinal en groupes de déterminants : une partie en est conservée intacte, et passée de cellule en cellule, selon une lignée, selon une piste germinale, pouvant être très courte ou très longue jusqu'au moment, venant tôt ou tard, où elle caractérise une cellule comme cellule germinale primordiale. En d'autres termes, tandis que la plupart des cellules, dérivées par division de l'œuf fécondé se différencient en cellules somatiques, certaines conservent une quotité de plasma germinatif intact, et, éventuellement, donnent naissance à des cellules germinales reconnaissables. Cellules somatiques et cellules reproductrices aussi bien doivent leur existence au plasma germinatif de l'œuf fécondé et en sont les descendants en droite ligne ; mais les cellules somatiques sont dominées par des groupes de déterminants particuliers, ségrégés et libérés, tandis que les cellules germinales sont celles, ou les descendants de celles, qui conservent l'équipement complet.

En étudiant le développement de l'ascaride du cheval (*A. Megalocephala*) Boveri a constaté que les deux premières cellules de segmentation reçoivent chacune les 4 chromosomes caractéristiques de l'espèce ; l'une donne naissance à toutes les cellules somatiques, l'autre à toutes les cellules germinales. Dans la lignée de la première il y a réduction visible de la chromatine ; dans celle de la dernière, rien de pareil. C'est ici, peut-être, de tous les cas le plus clair : celui de quelques diptères est presque aussi clair. Mais théoriquement, peu importe ce que peut être la longueur de la piste germinale, combien de temps peut s'écouler avant le moment où l'on voit dans l'organisme en développement des cellules germinales reconnaissables. Dans quelques cas familiers — l'alternance des générations chez les hydraires — on ne peut indiquer exactement les cellules reproductrices caractérisées avant le moment où la génération asexuée forme un bourgeon sexué : et pourtant, même dans ce cas, des faits très intéressants nous sont connus, concernant la lignée de cellule germinale.

3. — Note sur les théories rivales.

Théorie des gemmules de Darwin. — La théorie pangénétique provisoire de Darwin suppose, comme nous l'avons vu, que des cellules particulières de l'organisme émettent des gemmules représentatives qui sont rassemblées dans les cellules reproductrices. Quand l'œuf fécondé se divise et re-divise, l'armée de gemmules est contenue dans chaque cellule, mais à chaque stade de développement des sortes particulières de gemmules sont incitées à entrer en activité et se mettent à exercer leur influence sur la sphère qui les entoure, sphère correspondant à celle où elles ont été originellement émises. Comme Weismann l'indique, cette hypothèse nous demande de postuler un nombre énorme d'excitants spécifiques distribués à travers la foule des cellules embryonnaires, ce qui revient presque à présumer la différenciation que la théorie avait à interpréter.

Weismann essaye d'éviter cette difficulté en admettant une dissolution autonome des complexes de déterminants, bien qu'il ne repousse pas l'opinion que sphères vitales ou cellules à relations différentes, où se trouvent les déterminants, peuvent servir d'excitants libérateurs. Dans une armée en marche les localités différentes par leurs relations servent d'excitants libérateurs pour les différentes sortes d'hommes composant l'armée : ici les sapeurs et mineurs se mettent à l'œuvre ; là, l'intendance établit un dépôt, et ailleurs on installe un héliographe, et ainsi de suite.

Théorie des unités physiologiques d'Herbert Spencer. —
Spencer postula des « unités physiologiques » des éléments porteurs de vie ultimes, intermédiaires entre les molécules chimiques
et la cellule. Tout comme les mêmes espèces et, jusqu'au même
nombre d'atomes peuvent composer, par des dispositifs différents
des molécules chimiques tout à fait différentes, en grand nombre
— par exemple dans le groupe des matières protéiques —, pareillement avec des molécules similaires groupées de façons différentes il peut être constitué une variété immense d'unités physiologiques, comme la diversité des dessins dans le kaléidoscope.
Mais pour chaque espèce d'êtres vivants Spencer postula des « unités physiologiques, ou constitutionnelles » d'une même espèce.

Ces unités physiologiques avaient bon dos. Spencer leur attribue les ver-
tus suivantes :

1° Elles portent en elles-mêmes les traits de l'espèce, et même certains
des traits des ancêtres de l'espèce ; les traits des parents, et même certains
des traits de leurs ancêtres immédiats ; et enfin les idiosyncrasies innées de
l'organisme individuel lui-même.

2° Elles « doivent être à la fois, à certains points de vue, fixes, et à d'autres,
plastiques ; tandis que leurs traits fondamentaux exprimant la structure du
type doivent être inchangeables, leurs traits superficiels doivent pouvoir se
modifier sans trop de difficultés ; et les traits modifiés, exprimant des variations chez les parents et ancêtres immédiats, bien qu'instables, doivent être
considérés comme devenant stables au cours du temps. »

3° En outre « nous devons nous représenter ces unités physiologiques, ou
unités constitutionnelles, comme je les rebaptiserais volontiers, comme étant
de nature telle que si une légère modification représentant quelque petit
changement de structure locale reste inopérante à l'égard des tendances des
unités dans le reste du système, elle devient opérante à l'égard des unités
se trouvant dans les parages où le changement se produit.

4° Par surcroît Spencer supposait « une incessante circulation de protoplasme à travers l'organisme », tel que « au cours de jours, semaines, mois et
années toute parcelle de protoplasme visite toutes les parties du corps »,
hypothèse fantaisiste. Donc « nous devons nous représenter que les forces
complexes dont chaque unité constitutionnelle est le centre, et par lesquelles
elle agit sur d'autres unités, tandis que celles-ci réagissent sur elles, tendent
constamment à remodeler chaque unité en conformité avec les structures
ambiantes, y ajoutant des modifications correspondant à celles qui ont surgi
dans ces structures. D'où suit le corollaire qu'avec le temps toutes les unités
en circulation, physiologiques, ou, si l'on préfère, constitutionnelles, rendent
visite à toutes les parties de l'organisme ; sont séparément porteuses de traits
exprimant des modifications locales ; et que ces unités, qui sont éventuellement rassemblées dans les cellules spermatiques et ovulaires, portent aussi
ces traits surajoutés. »

5° D'après Spencer « les cellules spermatiques et ovulaires ne sont essentiellement rien de plus que des véhicules contenant de petits groupes d'uni-

tés physiologiques en état d'obéir à leur tendance à l'arrangement structural de l'espèce à laquelle ils appartiennent », et « si la ressemblance de la progéniture avec les parents est ainsi déterminée, il devient manifeste, *a priori*, qu'en outre de la transmission de particularités génériques et spécifiques, il y aura une transmission de ces particularités individuelles qui, surgissant sans cause déterminable, sont classées comme spontanées ».

Nous avons exposé avec quelque détail le système de Spencer parce que beaucoup de biologistes britanniques ont reculé devant ce qu'ils appellent la complexité de la théorie de Weismann. Mais un peu de réflexion montrera que le système du protagoniste de la Biologie Britannique est tel qu'en comparaison, celui de Weismann est la simplicité même.

Nous ne pouvons terminer cet exposé sans rappeler que Spencer a avoué que « le processus organisateur à l'œuvre dépasse la conception... Il ne suffit pas de dire que nous ne pouvons pas le connaître : il faut avouer que nous ne pouvons même pas le concevoir... Si même les manifestations ordinaires de l'élément dynamique dans la vie, que fait apparaître l'organisme vivant à chaque moment, sont, au fond, incompréhensibles, alors plus incompréhensible encore nous apparaît cette étonnante manifestation que nous en avons dans la genèse et le développement d'un nouvel organisme... Aussi, tout ce que nous pouvons faire est de chercher quelque manière de symboliser le processus, nous donnant le plus de facilités pour généraliser ses phénomènes : et la seule raison qu'il y a d'adopter cette hypothèse c'est qu'elle sert le mieux cette fin. »

Mais l'hypothèse de Spencer ne la sert que parce que les unités constitutionnelles sont graduellement pourvues des facultés de réponse effective de coordination, et autres semblables qui restent le secret de l'organisme en tant que tout — le secret de la vie, qui, de l'avis de beaucoup, ne sera déchiffré que du jour où nous reconnaîtrons que c'est aussi le secret de l'esprit.

La théorie de la pangenèse intracellulaire de de Vries. — Une théorie différant de celle de Darwin et aussi de celle de Weismann a été proposée par Hugo de Vries sous le titre de « Pangenèse Intracellulaire ». On peut en résumer l'essentiel comme suit :

1º Les organismes sont composés de caractères unitaires, variables et héritables de façon indépendante.

2º Ces caractères unitaires sont représentés *in potentia* dans la substance héréditaire du noyau de la cellule germinale par des corps définis (pangenès) beaucoup trop petits pour être visibles, mais constituant ensemble les chromosomes du noyau.

3° Les pangenès se multiplient dans l'idioplasme du noyau, et quelques-uns d'entre eux émigrent dans le cytoplasme environnant où ils deviennent actifs, dominant celui-ci et lui imposant un caractère particulier. Mais un contingent représentatif de pangenès subsiste toujours dans le noyau, et est transmis de cellule en cellule par division nucléaire. Dans chaque cellule, à mesure qu'elle se forme, il se fait une nouvelle migration de pangenès.

Autres hypothèses. — A peine est-il besoin de dire que beaucoup d'autres projets ont été présentés avec le louable dessein de jeter quelque lumière sur un des faits les plus familiers de la vie, le développement du germe. Ainsi l'illustre physiologiste de Prague, Ewald Hering, et ce penseur anglais pénétrant, Samuel Butler, ont émis l'idée que le développement est pour ainsi dire un souvenir matérialisé du passé ; Ernest Haeckel a conçu le développement comme dû à la persistance d'ondulations caractéristiques et complexes acquises dans le passé par les molécules organiques : beaucoup d'autres ont envisagé la question au point de vue chimique, « les mêmes substances et mélanges de substances étant reproduits en quantité et qualité similaires, selon une périodicité régulière. »

On trouvera une exposition très savante de ces idées et d'autres encore dans le grand ouvrage de Delage sur l'*Hérédité*, où toutes les opinions connues sont analysées avec clarté et impartialité, et critiquées avec une perspicacité et une justesse sans rivales. On y trouvera aussi la meilleure exposition de l'opinion, qui nous paraît absolument inadmissible, d'après laquelle on peut se passer de tout postulat de « particules représentatives ».

4. — Théorie de la sélection germinale de Weismann.

En 1895-96, Weismann exposa une hypothèse ingénieuse dont l'idée principale est exprimée par les mots « sélection germinale ». C'est une extension du concept biologique de la lutte pour l'existence aux éléments individuels composant le plasma germinatif, c'est-à-dire l'héritage.

Extension de la formule « Lutte et Sélection ». — Dans les affaires humaines il y a souvent lutte entre différentes formes de société, comme dans la guerre et dans la compétition commerciale internationale, et ceci, nul n'en doute, implique un processus de sélection. Celui-ci est souvent si complexe qu'il mérite le nom de super-organique. On en aperçoit une ébauche dans les guerres des fourmis et dans la compétition entre une bande de carnivores et un troupeau d'herbivores. Pareillement à l'intérieur d'une forme de société, il peut y avoir lutte entre organisations, ou institutions rivales et nul ne doute de la réalité d'une sélection intra-sociale. C'est ici quelque chose de plus complexe aussi que la sélection personnelle ou individuelle ordinaire.

Sélection « personnelle ». — De la lutte personnelle ou individuelle il y a plusieurs formes et phases, en particulier : *a* la compétition entre individus de même sang pour les aliments et la position, non pas seulement égoïste, mais pour les conjoints et la famille en même temps ; *b* l'opposition entre ennemis de sang tout différent : par exemple oiseaux de proie et petits mammifères ; et *c* lutte entre les organismes et le milieu inanimé variable. En outre de ces trois formes principales il y a plusieurs cas spéciaux, tels que les batailles entre mâles de la même espèce pour la possession des femelles, comme chez les phoques et les cerfs, et les désaccords parfois sérieux entre époux, comme les araignées en fournissent de si curieux exemples. A ces différentes formes de lutte correspondent différents modes de sélection et d'élimination.

Sélection intra-organismale. — En 1881, Roux introduisit la notion d'*une lutte entre les parties à l'intérieur de l'organisme.* Il fit observer que l'excitant fonctionnel tend à fortifier l'organe, qu'il y a une « auto-régulation quantitative d'un organe selon la force de l'excitant qui lui est appliqué ». Il peut être surcompensé de ses dépenses et s'accroître, tout comme les conditions opposées peuvent conduire à l'atrophie. On sait bien que si toute la besogne de l'excrétion rénale est imposée à *un seul* rein cet organe s'accroît considérablement et que, si l'on coupe le nerf fallant à un muscle ou une glande, le muscle ou la glande commence à dégénérer. Si nous poursuivons cet ordre d'idées, nous commençons à saisir ce qu'il faut entendre par lutte des parties à l'intérieur de l'organisme et par sélection intra-organismale. Quelque changement se produit dans les conditions des excitants nutritifs et autres ; il y a des limitations aux ressources alimentaires, à la quantité d'espace disponible, et ainsi de suite ; et il faut que s'établisse un donnant-donnant intérieur, un ajustement nouveau entre les parties, bref une lutte. On désigne souvent ceci sous le nom d'intra-sélection ou de sélection histonale, sélection des tissus.

Comme le dit Weismann : « Les tissus et éléments des tissus auront à se distribuer et disposer de façon que chacun vienne occuper la place où il est le plus effectivement et fréquemment affecté par son excitant spécifique — c'est-à-dire l'excitant à l'égard duquel il est supérieur aux autres tissus et éléments ; mais ces places sont aussi celles dont l'occupation par les parties réagissant le mieux rend le tissu capable de fonctionner le plus effectivement, et par conséquent rend sa structure la plus apte... Les cellules qui assimilent plus rapidement en raison d'une excitation fonctionnelle plus fréquente, s'accroissent plus rapidement, détournent les aliments des cellules à multiplication plus lente qui les entourent et, de la sorte, les chassent plus ou moins de la place » (1904, vol. I, p. 247).

Comme l'indique Weismann il est impossible pour le présent de donner une limitation précise des sphères respectives des sélections personnelle et histonale. La lutte intra-organismale peut être, pour ainsi dire, l'ajustement interne nécessaire à un résultat que le processus extérieur de sélection personnelle est en train d'amener. « La différenciation des sortes particulières de cellules est un héritage ancien et dépend de la sélection personnelle : mais leur distribution et arrangement en tissus spécialement adaptés, dans la mesure où il y a plasticité, dépendent de la sélection histonale. » L'architecture de tout organe est impliquée dans le germe et doit être rapportée à un processus de sélection personnelle de longue durée, mais les modifications *locales* particulières de l'architecture peuvent être adaptées par la lutte intra-organismale. Et encore il faut se rappeler que la sélection personnelle peut à tout moment arrêter net les opérations de la sélection histonale si elles affectent la viabilité de l'organisme comme ensemble. Un organe hypertrophié peut exprimer l'effort intérieur que fait l'organisme pour tirer le meilleur parti d'une situation nouvelle, mais cet effort peut être fatal.

Dans la mesure où un processus de lutte intra-organismale se présente *normalement* dans le développement où, nous voyons souvent un organe prendre plus d'importance, et un autre, moins, nous devons le considérer comme partie d'un plan de campagne héréditairement prédéterminé dans le plasma germinatif. Mais du moment où l'organisme se développe dans une dépendance intime à l'égard d'un milieu changeant, nous devons nous attendre à des modifications locales d'ajustement résultant de la sélection histonale. Beaucoup de malformations représentent des tentatives faites par l'organisme pour résoudre un problème insoluble qui lui était imposé par des conditions de milieu particulières ; beaucoup d'adaptions individuelles sont élaborées par le *modus operandi* de la sélection histonale au cours de la vie individuelle, et sont de réelle valeur pour l'organisme qui les acquiert. Mais il n'y a pas de bonne raison de croire que les unes ou les autres puissent être assurées à la progéniture.

Néanmoins il importe que dans l'étude de l'hérédité on se représente clairement l'existence de ce *modus operandi* que Roux a appelé « la lutte des parties à l'intérieur de l'organisme ». Car si nous ne pouvons dire qu'elle a une importance directe au point de vue de l'évolution, en assurant de nouveaux progrès dans celle-ci, et si nous ne comprenons pas comment il se fait que les parties se règlent de façon appropriée par rapport à de nouvelles conditions d'excitation — car ceci est évidemment partie du secret de la vie même — il est utile de tenir présent à l'esprit ce fait qu'il y a en un sens réel une compétition entre organes, une lutte des parties, et une guerre entre cellules. On peut en voir des exemples frappants dans l'histolyse ou disruption de tissus associée à la métamorphose (chez de nombreux insectes par exemple), dans le comportement des croissances tératogènes, dans les involutions ou dégénérations associées à la sénilité (invasion du cerveau du perroquet âgé par des neurophages affamés) et dans le fait familier que l'hypertrophie d'un organe peut mettre en mauvaise posture ou même en supprimer un autre.

Bref les concepts de lutte et d'évolution peuvent être étendus aux parties de l'organisme.

Lutte entre gamètes. — Il peut y avoir lutte entre groupes d'organismes, entre organismes individuels, lutte entre organismes et leur milieu, et lutte entre parties à l'intérieur de l'organisme, entre organes, tissus et cellules. La formule est-elle susceptible d'une nouvelle extension ?

Avant d'en venir à la proposition de Weismann, d'étendre le concept « lutte » aux déterminants à l'intérieur du germe, il peut y avoir intérêt à attirer l'attention sur une forme de lutte et de sélection qui peut s'intercaler entre la sélection histonale de Roux et la sélection germinale de Weismann. Bien que Weismann ne semble pas favorable à l'idée, il nous paraît exister une lutte importante et réelle entre les cellules germinales en tant que telles.

1° Il y a une lutte bien connue entre œufs potentiels. En beaucoup de cas la majorité est sacrifiée à une minorité qui, parfois, se repaît littéralement de ses congénères. Chez l'hydre commune d'eau douce, et chez un polypier marin commun, *Tubularia*, il ne survit communément qu'une seule cellule-œuf entre un grand nombre de cellules sœurs, et ceci rappelle le combat à mort pouvant se produire entre reines sœurs dans une ruche.

2° Il y a une sorte de lutte entre les centaines de spermatozoïdes s'empressant vers l'œuf, et c'est un seul de ceux-ci qui, dans les conditions normales, opérera la fécondation. Dans la fécondation bien connue des œufs de grenouille on peut distinguer plusieurs spermatozoïdes occupés à se frayer un chemin à travers la gelée entourant l'œuf, mais aussitôt que l'un d'eux est entré, un changement rapide dans le protoplasme périphérique semble fermer l'accès aux autres. Il se peut fort bien — sans exclure une part de hasard — que les spermatozoïdes les plus vigoureux et les plus sensibles soient ceux qui remplissent la mission spéciale de la fécondation, et *ceci sera à l'avantage de l'espèce*. Et nous sommes par là amenés à nous rappeler la course entre faux bourdons pour joindre la reine lors de son vol nuptial. D'habitude un seul d'entre eux réussit, et les efforts des autres restent vains.

3° Il y a parfois, d'après Iwanzoff et d'autres, une lutte entre œufs et spermatozoïdes, car de jeunes œufs peuvent littéralement *digérer* des spermatozoïdes intrus. On trouve aussi une forme de sélection dans le fait qu'en certains cas il y a plus d'œufs que de spermatozoïdes, bien que le cas opposé soit le plus habituel. Ainsi Maupas a montré que chez les *Rhabditis* et d'autres ascarides la fertilisation n'est possible que pour 1 /3 des œufs : il ne reste pas de spermatozoïdes pour les deux autre tiers, produits plus tard.

On pourrait donner beaucoup d'autres exemples, mais ce qui importe ici est qu'une réalisation claire de la lutte visible parmi les cellules germinales ou gamètes, et de la nature souvent distinctive de l'élimination qui suit, peuvent nous conduire naturellement à l'idée d'une sélection germinale portant sur du totalement invisible.

Enoncé de la théorie de Weismann. — Comme nous l'avons vu, Weismann se représente le plasma germinatif comme composé d'*une armée de déterminants vivants*, c'est-à-dire d'un agrégat de constituants primaires (ou potentialités) de parties particulières de l'organisme. Ces parties ne surgiront pas si leurs déterminants manquent au plasma germinal, et nous *savons*, dans quelques cas, par exemple dans le développement de certains Cténophores, (cœlentérés généralement globulaires et nageant librement) que si l'on soustrait certaines cellules à l'embryon, certaines structures manqueront à l'adulte.

Supposons donc, que la base physique de l'hérédité est composée d'une multitude de particules vitales représentatives, capables de se nourrir, de croître et de multiplier. Comme l'apport de matières nutritives varie nécessairement de façon continuelle dans les organes reproducteurs comme ensemble, « nous sommes en droit de présumer qu'il y a des différences et irrégularités similaires dans les conditions invisibles et inobservables du plasma germinatif aussi, et il doit en résulter un léger déplacement de la position d'équilibre en ce qui concerne les dimensions et la vigueur dans le système des déterminants, car les déterminants moins bien nourris se développeront plus lentement, n'arriveront pas aux dimensions et à la vigueur de leurs voisins, et se multiplieront moins vite » (1904, t. II, p. 117).

Chacun doit admettre l'existence de fluctuations dans l'apport nutritif mis à la disposition des cellules germinales, et c'est à ces fluctuations, dit Weismann, que nous devons attribuer les variations germinales individuelles formant partie de la matière première de l'évolution. Mais on ne peut guère imaginer les constituants héréditaires ou déterminants comme étant tous d'égale vigueur ou possédant même puissance d'assimilation. Ainsi un déterminant peut devenir plus faible parce qu'il dispose de moins d'aliments, et aussi parce qu'il a moins de puissance d'utilisation des aliments disponibles. Si un déterminant est ainsi affaibli, son « déterminat » — l'organe auquel il correspond — sera aussi affaibli, et c'est ce que nous appelons une variation générale dans le sens descendant. D'autre part un déterminant vigoureux à forte puissance d'assimilation tendra à devenir plus fort s'il reçoit une alimentation abondante et appropriée. Son « déterminat » sera fortifié d'autant, et nous donnons à ceci le nom de variation germinale dans le sens ascendant.

« Il y a des limites assignées à la progression ascendante, non seulement par la quantité d'aliments pouvant circuler à travers l'id complet (système complet de déterminants), mais aussi par les déterminants voisins qui, tôt ou tard, résisteront à la soustraction de leur nourriture, mais il n'y a qu'une limite à la progression descendante : c'est la disparition totale, et il y a des cas où l'on observe effectivement celle-ci dans les cas où les déterminants sont en corrélation avec une partie devenue inutile » (Weismann, 1904, vol. II, p. 118).

« Si le plasma germinatif constitue un système de déterminants, alors les mêmes lois de lutte pour l'existence, en ce qui concerna les aliments et la multiplication, doivent exister pour ses parties, que pour tous les systèmes d'unités vitales : elles doivent valoir pour les biophores formant le protoplasme du corps cellulaire, pour les cellules d'un tissu, pour les tissus d'un organe, pour les organes eux-mêmes, tout comme pour les individus d'une espèce, et pour les espèces différentes en compétition entre elles ».

Quand une partie devient inutile dans la vie d'une espèce, les individus qui l'ont en abondance n'en sont pas, pour cela, plus favorisés que les individus qui en sont plus démunis : la sélection naturelle cesse de jouer en ce qui concerne cette partie : il s'éta-

blit un état de panmixie, comme on dit, et la partie en question
tend à s'évanouir. Mais cette sélection extérieure est favorisée
par la sélection germinale car lorsqu'un déterminant correspondant à la partie inutile devient plus faible par suite des fluctuations nutritives intra-germinales, « il se trouve placé sur un plan
incliné sur lequel il glisse vers le bas, lentement mais régulièrement. Le déterminant dont la puissance d'assimilation est si peu
que ce soit affaiblie, est sans cesse privé par ses voisins d'une
partie des aliments se dirigeant vers lui, et doit, en conséquence,
s'affaiblir plus encore. » *Ex hypothesi* la sélection personnelle
ne peut l'aider à persister, elle ne peut favoriser les individus dans
l'héritage desquels il est relativement plus fort : par conséquent,
de par une lutte et une sélection internes, pouvant être très réelles quoique tout à fait invérifiables, les déterminants d'une partie devenue désuète s'évanouissent au cours des générations successives. D'autre part, quand la sélection personnelle favorise
l'accroissement d'une partie, c'est-à-dire favorise les individus
dont l'héritage comprend les déterminants vigoureux de celle-ci,
la lutte interne, derechef, viendra en aide au triage extérieur.
Bref rien ne réussit comme le succès.

La théorie nous aide à comprendre la lente disparition des
organes inutiles, mais elle s'applique aussi à l'augmentation de
vigueur des parties utiles. Supposons qu'il importe pour les oi-
seaux-mouches de posséder une langue plus longue, et que la
sélection naturelle favorise les variants munis d'une langue plus
longue. Il y a, d'après l'hypothèse, dans le plasma germinatif,
plusieurs jeux de déterminants homologues correspondant à la
langue. (Inutile de compliquer l'argument en reconnaissant que
pour un organe complexe comme la langue il est besoin de plusieurs différentes sortes de déterminants). Des fluctuations se
produisent dans l'apport de matières nutritives et certains déterminants de langue sont favorisés ; ils deviennent plus forts, ils
varient en sens positif, et en devenant plus forts ils acquièrent
une capacité d'assimilation plus considérable. Ils tendent, par
conséquent, à prédominer de plus en plus à l'égard des autres
déterminants de langue pouvant varier dans le sens négatif, et
la sélection personnelle favorisant les sujets à langue plus longue, c'est-à-dire ceux dans l'héritage desquels il y a prédomi-

nance de déterminants de langue, variant dans la direction positive, la direction de la variation restera positive.

Dans le cas de la sélection artificielle la continuation dans la direction positive, ou *plus*, peut aller beaucoup plus loin et beaucoup plus vite que dans le cas de la sélection naturelle, car l'accroissement rapide d'une partie quelconque est apte à faire tort à la viabilité générale de l'organisme entier, qui, dans le cas des animaux domestiqués, est préservée de façon artificielle. C'est ainsi que nous possédons la race de coqs japonais pourvus d'une queue de 1 m. 80 de longueur.

Exemples. — Tous admettent qu'au cours de l'évolution les membres postérieurs de la baleine se sont atrophiés et ne sont plus représentés que par des vestiges. Quand les ancêtres lointains des baleines actuelles devinrent totalement aquatiques et se mirent à nager à grands coups de queue, les membres postérieurs n'eurent plus de fonctions, ils étaient inutiles, et positivement encombrants. La sélection naturelle devait favoriser les individus dont les membres postérieurs variaient en sens régressif, en sens *moins* : elle devait favoriser les individus chez qui dans le plasma germinatif les déterminants de membre postérieur variant en sens *moins* prédominaient sur les déterminants variant en sens *plus*. Le résultat d'une sélection personnelle persistante devait être une dominance croissante des déterminants variant dans le sens négatif. Le point essentiel pour Weismann, c'est que lorsqu'une tendance en faveur de déterminants *moins*, ou de déterminants de membres courts, s'est établie, elle a dû continuer à s'accroître automatiquement en raison de la sélection germinale. Les déterminants variant dans la direction *plus* ou positive, dans le sens de membres plus longs, devraient être de plus en plus complètement vaincus dans la lutte germinale contre les déterminants variant dans le sens opposé et utile, déterminants plus nombreux, plus vigoureux et peut-être plus volumineux. Et quand la sélection personnelle aurait cessé d'opérer, par exemple, quand les membres en question se seraient retirés sous la peau, la sélection germinale continuerait encore, et ainsi nous pouvons nous représenter un *modus operandi* grâce auquel l'organe sans usage diminuerait de plus en plus.

Pareillement chacun admet que les énormes canines de divers

mammifères dérivent de dents relativement petites occupant la
même position. Pendant plusieurs générations la sélection naturelle favoriserait les variants à fortes canines, les individus dans
le plasma germinatif et l'héritage desquels les déterminants de
canines variant dans le sens de dents plus fortes et plus volumineuses, étaient prédominants. « Dès le moment où ceux-ci en
étaient venus à prédominer dans le plasma germinatif de l'espèce,
aussitôt ils devaient tendre à varier *plus fortement encore* dans la
direction *plus*, non seulement parce que le point zéro avait été
poussé à un niveau plus élevé, mais parce qu'eux-mêmes ils opposent à leurs voisins un front relativement plus puissant : c'est-
à-dire qu'ils absorbent plus d'aliments et en somme, gagnent
en vigueur et produisent des descendants plus robustes. Par
suite de la vigueur relative ou du statut dynamique des particules du plasma germinatif une ligne ascendante de variation
naîtra spontanément, exactement comme l'exigent les faits de
l'évolution. » En outre, si nous admettons cette considération,
nous pouvons dans une certaine mesure comprendre pourquoi
la ligne ascendante de variation tend à aller trop loin, et va trop
loin parfois, quand le frein de la sélection naturelle est supprimé par les conditions artificielles de la domestication.

Valeur de la théorie. — Weismann signale particulièrement
les avantages suivants, entre autres, de la sélection germinale :
Elle aurait l'avantage de constituer un mécanisme intérieur qui
interprète l'occurrence de variations de direction définie, l'occurrence de variations utiles appropriées au lieu et au temps voulus,
la diminution d'organes au-dessous du niveau touché par la
sélection personnelle, ou sa cessation (panmixie) l'exagération
occasionnelle d'organes au-delà des limites de l'utilité démontrable, l'occurrence simultanée de nombreuses variations similaires, et ainsi de suite.

Les avantages dont il s'agit, et d'autres encore, sont-ils réels ?
A chacun de juger par lui-même. La théorie éclaire-t-elle notre
conception de l'hérédité, ou provoque-t-elle des recherches expérimentales, puisqu'après tout c'est sur celles-ci qu'il nous faut
étayer nos conclusions relatives à ces questions abstraites ? Les
avantages de la théorie l'emportent-ils sur ses difficultés ?

Les principales de ces dernières sont : 1° dans l'argument

d'après lequel la lutte élaborera une sélection *distinctive* ; et
2º dans le postulat qu'un léger avantage obtenu par un groupe
de déterminants sera capable de subsister à travers une longue
série de divisions cellulaires, jusqu'au retour de la maturation
dans les cellules sexuelles de la progéniture.

Objections. — Ce qui précède n'est guère qu'une esquisse
d'une théorie que Weismann a développée de façon très habile
et en grand détail, et bien des objections peuvent être adressées
à notre exposé, auxquelles l'auteur répond de façon satisfaisante
dans le sien.

1º On a objecté que tout le concept de la sélection germinale
est d'ordre visionnaire et invérifiable. Mais la question est autre :
c'est de savoir si cette construction hypothétique nous permet
d'interpréter mieux les faits, si elle est en harmonie avec les faits
visibles, si elle s'accorde avec ce que nous savons du comportement d'unités vivantes observables ? Il nous paraît qu'on peut
répondre par l'affirmative. Le concept se rapporte à un monde
invisible, mais il nous aide à interpréter des faits tels que la réduction des parties inutiles, le développement excessif de parties
plus ou moins indifférentes — comme certains des ornements
des coquillages — et en général le caractère souvent défini de la
variation.

2º On pourra objecter qu'on a peine à se figurer des corps
invisibles tels que les déterminants luttant pour les aliments.
Mais pourquoi pas ? La grosseur semble une considération hors
de propos. Au microscope on voit des cellules qui sont invisibles
à l'œil nu se battre pour la nourriture. Les cellules germinales
dans l'ovaire de l'hydre se dévorent les unes les autres tout aussi
réellement que les embryons de buccin dans leurs capsules au
bord de la mer, tout aussi réellement que les sauterelles dans un
essaim. Et s'il y a compétition entre les cellules pour les aliments,
pourquoi pas aussi entre les chromosomes à l'intérieur de la cellule, et pourquoi pas entre les déterminants à l'intérieur du chromosome ?

Pourtant, l'apport de nourriture par les fluides vasculaires
du corps n'est-il pas toujours plus que suffisant ? Qui peut le
dire ? Quand nous considérons par exemple l'énorme ovaire d'une
morue — les œufs de morue sur la table de déjeuner — et ses

légions d'œufs, pouvons-nous être assurés que les ressources
alimentaires sont toujours surabondantes ? En outre il est très
improbable que toutes les unités ayant faim soient également
bien placées : combien n'est-il pas plus probable que l'inégalité
règne à l'intérieur du labyrinthe du noyau de l'œuf, un petit
monde en lui-même ? Et encore il ne suit nullement que toute la
nourriture fournie soit appropriée, ni que tous les déterminants
homologues soient également aptes à en faire usage.

Comme le dit Weismann, supposer que la nourriture est toujours surabondante « me produit le même effet que si un habitant
de la lune regardant la terre au moyen d'un excellent télescope,
et discernant clairement la ville de Berlin, avec ses foules épaisses
et ses chemins de fer, apportant les nécessités de la vie de tout
côté, concluait de cette abondance de provisions que la ville
regorge de superflu et que chacun des habitants de celle-ci dispose pour ses besoins de tout ce qui peut lui être nécessaire »
(1904, t. II, p. 156).

Comme exemple de critique sévère formulée par un expert qui
ne voit nulle utilité à ces interprétations imaginatives, nous citerons le passage suivant d'*Evolution and Adaption* de T. H.
Morgan (1903, p. 165) :

« Weismann a entassé hypothèses sur hypothèses comme s'il
pouvait sauver l'intégrité de la sélection naturelle en y ajoutant
encore plus de matière spéculative. Le trait le plus malheureux
est que la nouvelle spéculation est habilement enlevée du champ
de vérification, et des germes invisibles dont les seules fonctions
sont celles que leur attribue l'imagination de Weismann sont
mis en avant comme s'ils étaient capables de suppléer aux lacu-
nes de la théorie de Darwin. C'est là, en fait, la vieille méthode
des philosophes de la nature... Ce qu'il y a de pire dans la situation n'est pas que Weismann ait proposé des hypothèses
qu'aucune preuve expérimentale n'étaye ; c'est que la spéculation soit de telle sorte qu'elle est par sa nature même invérifiable, et par suite inutile ».

Ce sont là des expressions sévères, mais il eût été plus en situation de se demander si la peinture imaginaire que fait Weismann de ce qui peut se passer à l'intérieur du microcosme du
plasma germinatif contredit en quoi que ce soit les résultats

biologiques connus. Sans doute, il manque à la théorie l'appui de la preuve expérimentale, et elle ne se trouve pas « dans le champ de vérification » : mais nous ne voyons pas en quoi elle est « inutile ». Elle nous paraît située exactement sur le même plan que diverses interprétations symboliques en chimie et en physique, où nous disons que si nous figurons les atomes et les molécules, les électrons et les corpuscules de telle et telle manière, alors il nous est possible de décrire plus clairement les séquences observables de conditions et de résultats, et d'imaginer de nouvelles expériences mettant à l'épreuve la valeur de nos symboles, et nous mettant en état de les perfectionner. La lutte des déterminants peut n'être pas tout à fait ce que la suppose Weismann, mais l'idée est une extension logique du processus sélectif qui se présente à plusieurs niveaux différents : elle rend plus claire notre image des faits observables et incite à de nouvelles recherches.

Résumé. — Convaincu que la théorie de la sélection naturelle, au sens darwinien, avait besoin d'être quelque peu réhabilitée, mal satisfait de la supposition de variations purement accidentelles, mis en présence de la preuve de variations à direction définie, Weismann a élaboré cette théorie de la sélection germinale. La sélection personnelle des possesseurs d'une variation *plus* ou *moins* en une partie quelconque, signifie naturellement que ces organismes-là sont favorisés chez qui les déterminants correspondants à l'intérieur du plasma germinatif varient dans le sens *plus* ou *moins*. Mais s'il y a inégalité (en dimensions et puissance d'assimilation) entre les déterminants homologues, et s'il y a des fluctuations dans l'apport de matières nutritives, il peut se produire une lutte germinale entre les déterminants homologues. Ceux qui sont plus faibles tendront à s'affaiblir encore ; ceux qui sont plus forts tendront à se fortifier encore, et de la sorte la sélection germinale favorise et fortifie la sélection personnelle. En d'autres termes, il y a une raison interne pour la variation progressive (en plus ou en moins) dans la direction de l'utilité.

Une proposition. Si nous admettons le concept de particules représentatives dans le plasma germinal, ce qui nous semble être presque exigé par les faits d'hérédité particulaire, par la variabilité et l'héritabilité indépendante de particularités souvent insignifiantes, si nous admettons aussi la probabilité de quelque sorte de lutte germinale parmi ces unités vivantes, qui nous semble garantie par ce que nous savons du comportement des unités vivantes visibles, et par les considérations biologiques générales, alors il semble au moins intéressant de demander s'il nous faut limiter la conception de lutte germinale à une compétition entre déterminants *homologues* comme le fait toujours Weismann.

Dans la sélection personnelle comme nous l'avons vu, il y a trois types distincts de lutte, classés selon les parties intéressées : *a* entre organismes apparentés ou homologues ; *b* entre organismes non apparentés ; et *c* entre les organismes et leur milieu inanimé. Logiquement nous pouvons chercher les trois mêmes modes de lutte au cours de la sélection germinale. On pourrait donner comme exemples de *a*, la lutte entre, par exemple, les déterminants homologues d'un déterminant isolé, maternels et paternels, ou parentaux et grand-parentaux ; de *b*, la lutte entre déterminants d'espèces toutes différentes : par exemple entre déterminants de la notocorde et ceux de son succédané plus effectif la colonne vertébrale : et de *c*, la lutte entre totalité ou partie des déterminants et une cause perturbante extérieure, telle que quelque toxine dans le sang ou la lymphe parentale, ou quelque modification dans les conditions osmatiques de l'eau de mer. Existe t-il une raison théorique quelconque pour limiter le concept de lutte germinale, comme le fait Weismann, à la concurrence entre déterminants homologues à l'égard de l'approvisionnement nutritif fluctuant ?

Conclusion. — Si nous acceptons le concept du plasma ancestral, c'est-à-dire l'idée qu'un héritage est une mosaïque de contributions ancestrales et qu'un équipement héréditaire complet se trouve à l'intérieur de l'œuf non pas simplement à deux, mais à de nombreux exemplaires, alors nous en venons assez naturellement à l'idée d'une lutte entre les tendances héréditaires. Darwin, à la vérité, a émis l'idée de celle-ci, mais c'est Weismann qui l'a élaborée en une hypothèse fascinante.

Les multiples déterminants analogues présents n'ont pas à être tous d'égale vigueur, et quand ils libèrent leurs biophores dans la sphère appropriée, il peut y avoir lutte entre ceux-ci, ou encore longtemps avant la libération effective et la dissolution des déterminants, il peut y avoir lutte entre eux. Ce sont, *ex hypothesi*, des unités vivantes, qui se nourrissent, croissent et multiplient, et s'il y a entre eux des inégalités comme il peut bien y en avoir puisque les uns sont âgés et les autres plus jeunes, et puisque leur histoire est diverse, il peut y avoir lutte entre eux, et là aussi, comme dans le vaste monde de la nature, les faibles succombent. En outre les déterminants analogues n'ont pas à être tous différents les uns des autres : ceux qui se ressemblent peuvent, pour ainsi dire, se soutenir mutuellement dans le développement, tandis que les formes à différences incompatibles peuvent être en minorité et avoir peu de chances de s'exprimer. Sans doute tout ceci tend à devenir de la discussion anthropomorphique, mais il faut se le rappeler, les déterminants sont *vivants*.

CHAPITRE XIII

HÉRÉDITÉ ET SEXE

1. — *Relations entre le sexe et l'hérédité.*

La question principale ici est : « Qu'est-ce qui détermine le sexe ? » Mais il en est d'autres, accessoires.

a) Quoi que puissent impliquer en dernière analyse les mots « masculinité » et « féminité » il semble hors de doute que la même cellule germinale contienne la potentialité de l'une et de l'autre, et de tous les caractères masculins et féminins. Le faux bourdon a une mère mais pas de père et on connaît beaucoup d'autres exemples d'œufs non fécondés se développant en mâles dont les qualités de masculinité et les caractères mâles ont passé à travers leurs filles à leurs petits-fils.

b) Les différences entre homme et femme, paon et paonne, lion et lionne, etc., sont si visibles et nombreuses qu'il nous arrive de perdre de vue la distinction primaire entre mâle et femelle ; l'un étant producteur de spermatozoïdes, et l'autre produisant des œufs. Aux horizons inférieurs du règne animal les deux sexes sont souvent superficiellement semblables ; c'est en remontant

l'échelle que nous voyons s'ajouter toutes sortes de différences
secondaires aux primaires. Nous en restons à la thèse centrale
de *The Evolution of Sex* (1889), qu'il y a une différence constitutionnelle profonde entre les organismes mâle et femelle ; la différence fondamentale étant dans le dispositif métabolique, la
femelle étant plus constructive et anabolique, le mâle plus disruptif ou catabolique. Cette différence dans l'organisme est l'expression d'une indifférence initiale profonde, et semblable dans
les œufs fécondés, laquelle détermine si l'œuf s'aiguillera du côté
mâle ou du côté femelle, dans son développement. L'adoption
du sens mâle ou femelle détermine tôt ou tard si les caractères
dans leur détail prendront une expression féminine ou masculine.

c) En certains cas, chez les insectes notamment, la différenciation des caractères sexuels secondaires se produit en même
temps que la différenciation des organes reproducteurs et on ne
peut dire, actuellement, que les derniers influencent les premiers.
Tous deux peuvent être des expressions simultanées et indépendantes des mêmes différences initiales dans les œufs fécondés.

En d'autres cas, certainement, c'est l'influence saturante de
la masculinité ou de la féminité, établies très tôt, qui détermine
le développement des parties en détail et des habitudes aussi bien
que de la structure. Une poulette châtrée peut acquérir non
seulement les traits structuraux extérieurs du sexe opposé —
crête, caroncule, longues plumes de la queue, camail, ergots à
développement rapide, port, — mais aussi le comportement et
l'humeur belliqueuse. Des preuves s'accumulent rapidement
de l'importance des sécrétions internes ou hormones qui sont
émises par les organes reproducteurs, et exercent une influence
pénétrante au cours du développement. On peut conclure d'une
anomalie d'une ramure à une anomalie d'un testicule. Si l'on
châtre un agneau mérinos mâle, l'adulte est dépourvu de cornes,
comme la femelle. Nous sommes conduits à l'idée que ce qui est
réellement hérité peut être en bien des cas commun aux deux
sexes, mais peut présenter l'expression masculine ou féminine
selon les excitants libérateurs qui l'activent.

d) Particulièrement intéressants à ce propos sont les caractères dits « limités au sexe ». La cécité des couleurs chez l'homme

constitue un bon exemple. Elle est beaucoup plus commune chez l'homme que chez la femme, mais un daltonien marié à une femme normale n'a pas des enfants daltoniens. Ses fils sont normaux et ses filles *semblent* telles aussi : mais par les filles le daltonisme passe à moitié des petits-fils.

Autre exemple. Lorsque des moutons Dorset (munis de cornes dans les deux sexes) sont appariés avec des Shropshires (aux deux sexes désarmés) on obtient des cornes sur la progéniture mâle, mais non sur la femelle. Le caractère « cornigène » est dominant chez le mâle, récessif chez la femelle. Si l'on reproduit en dedans les hybrides, leur progéniture, la génération F comprend des mâles désarmés et des femelles armées, tous reproduisant leur pareil, aussi bien que des mâles armés et des femelles désarmées, qui peuvent être ou bien, purs ou impurs, homozygotes ou hétérozygotes.

2. — *La détermination du sexe.*

La détermination du sexe est un des grands problèmes non résolus de la Biologie. Il se dérobe tout particulièrement mais peut-être cela signifie-t-il simplement qu'il touche au secret central de la vie même. Sans cesse la solution a glissé entre les doigts au moment ou l'on croyait enfin la tenir. Peut-être cela signifie-t-il que nous ne savons pas encore convenablement poser la question. Peut-être le problème est-il très complexe, avec des réponses différentes dans les différents cas : peut-être la solution est-elle, après tout, très simple.

Une multitude de théories. — De tout temps on s'est beaucoup intéressé à la question de la détermination du sexe de la la progéniture, et on peut dire des réponses proposées que « leur nom est légion », car beaucoup des réponses sont liées à des « théories du sexe » qui, elles aussi, sont légion. Il est curieux d'observer que le nombre des hypothèses se rapportant à la nature du sexe a presque doublé depuis que Drelincourt au xviiie siècle rassembla 262 « hypothèses sans fondement », et que Blumenbach observa sarcastiquement qu'à coup sûr la théorie de Drelincourt lui-même constituait la 263e de celles-ci. Les successeurs de Blumenbach ont, du reste, essayé d'ajouter la théorie élaborée par celui-ci d'un « Bildungstrieb » fondamental, d'une « impulsion formative » au tas de rebut.

Les nombreuses réponses faites à la question « Qu'est-ce qui décide du sexe de la progéniture ? » pourraient être disposées en plan incliné de façon à montrer les progrès des connaissances. « Comme dans beaucoup d'autres cas, le problème de la détermination du sexe a été envisagé de trois façons différentes: Le théologien se contentait de dire « Dieu créa le mâle et la femelle. » Au temps de la métaphysique académique, qui n'est d'ailleurs pas encore passé, on trouvait naturel d'invoquer « des propriétés inhérentes de masculinité et de féminité » et une explication encore populaire consiste à invoquer des « tendances naturelles » non définies pour expliquer la production de mâles et de femelles. En troisième lieu il a été reconnu que le problème relève de l'analyse scientifique » (Geddes et Thomson, *Evolution of Sex*, 1889, édition revue, 1901, p. 35).

Même après qu'il a été reconnu que le problème en question est de ceux qu'il faut traiter scientifiquement ou bien pas du tout, il y a eu beaucoup de variété dans le degré où les idées émises étaient réellement en rapport avec la méthode scientifique. Bien souvent encore on fait appel aux « tendances naturelles » et celles-ci doivent être jugées non par leur caractère auto-explicateur (car jamais les formules biologiques n'auront ce caractère) mais par leur correspondance avec les limites de l'analyse physiologique disponible, et par leurs possibilités d'application au contrôle effectif de la vie.

Il y a toute une bibliothèque de livres et de brochures se rapportant à la détermination du sexe, mais beaucoup — malgré leur richesse en bonnes intentions — doivent être mis d'emblée de côté par suite de défauts *évidemment fatals* dans leur procédure scientifique. Tels auteurs invoquent ce que les plus tolérants déclareront être au moins des facteurs *invérifiables*, comme le désir des parents, ou de l'un d'eux, d'avoir un enfant mâle. Tels autres invoquent l'opération de facteurs physiologiquemenabsurdes. Il en est encore qui font reposer une généralitsation sur un nombre ridiculement insuffisant de cas. La raison de l'abondance extraordinaire de la spéculation en ce qui concerne cette question biologique difficile, doit être cherchée plutôt dans son intérêt pratique que dans son intérêt théorique.

Énoncé du problème. — Le problème général est le suivant. Qu'est-ce qui détermine si un œuf fécondé se développera en un organisme mâle, ou femelle ? Mais considérons les formes particulières de la question. Les jumeaux identiques ou monozygotes, naissent de la division d'un œuf en développement en deux sous-œufs à développement séparé, et ils sont toujours du même sexe, identiques en ceci comme par d'autres traits ; mais les jumeaux ordinaires naissant de deux œufs distincts se développant simultanément sont souvent de sexe différent. Pourquoi cette différence ? La même question se pose quand nous mettons en opposition la « poly-embryonie » (nombreux embryons dans un seul œuf) de certains insectes, et la production simultanée ordinaire de plusieurs rejetons hors autant d'œufs. Dans la poly-embryonie la progéniture est toute du même sexe : dans la multiparité ordinaire les deux sexes se présentent en proportion variable. Comme nous le verrons ce cas particulier du problème général donne fort à réfléchir.

Dans une famille, il y a garçons et filles ; dans une autre, rien que des garçons, et ailleurs c'est tout filles. A quoi tient ceci. La couvée d'une poule consiste en mâles et femelles en proportion variable : peut-on modifier la proportion ? Le guillemot pond communément un seul œuf par saison : qu'est-ce qui détermine le sexe du jeune ? On sait que les œufs de reine d'abeille non fécondés donnent de faux bourdons, et que les œufs non fécondés des pucerons produits en été donnent des femelles parthénogénétiques; à la fin de la saison, en automne sont produits des mâles. Qu'est-ce que ceci signifie ?

On ferait un grand pas s'il était possible de rétrécir le problème en répondant à la question : *quand* le sexe de la progéniture est-il finalement déterminé ? Combien de temps une cellule-œuf peut-elle rester également capable de se développer en mâle et en femelle ? Y a-t-il détermination du sexe avant la fécondation, ou pendant, ou seulement après ? Y a-t-il des cas où nous devons admettre que l'embryon possède la potentialité des deux sexes ? La détermination est-elle précoce chez certains types, comme les mammifères, et tardive chez d'autres, comme les amphibiens ?

V. Haecker a proposé une terminologie utile. La différenciation sexuelle implique que l'un des deux *primordia* sexuels dans la cellule germinale est active, tandis que l'autre demeure latent. (a) Ceci peut se passer avant la fécondation : différenciation *progame* comme dans les grands et petits œufs de *Dinophilus*, des Rotifères et du Phylloxera. (b) Ou bien ceci peut se passer au moment de la fécondation : différenciation *syngame* — comme dans le cas de l'abeille de la ruche où les œufs fécondés donnent des reines et des ouvrières, et les non-fécondés, des faux bourdons ; (c) Ou bien théoriquement ceci pourrait avoir lieu après la fécondation, à quelque stade du développement : différenciation *épigame*. Mais les exemples que l'on citait de ce dernier cas ont dû être abandonnés par suite de la critique, et aucun fait convaincant n'est actuellement connu.

C'est ici le lieu de rappeler la proposition d'E. B. Wilson de distinguer la prédétermination sexuelle de la prédestination sexuelle. « La détermination définitive de la masculinité ou féminité n'a lieu que lorsque tous les facteurs nécessaires à leur production ont été rassemblés. Ceci *peut* être effectué avant la fécondation (détermination progame de Haecker) mais peut avoir lieu aussi à l'union des gamètes (détermination syngame). Ainsi on peut supposer que tous les œufs sexuels de la reine abeille et de l'*Hydatina* de Maupas sont prédestinés dans le sens masculin, mais ceci est retourné par la fécondation quand se produit la détermination. »

3. — *Différentes manières d'attaquer le problème.*

Le problème de la détermination du sexe a été attaqué scientifiquement selon trois directions distinctes, qui sont complémentaires et non opposées. En certains cas on a combiné deux méthodes.

Statistique. — On a basé quelques conclusions relatives à la détermination du sexe de la progéniture sur les statistiques, c'est-à-dire sur les nombres relatifs des mâles et des femelles dans la progéniture, selon le lieu, selon le temps, selon l'âge des parents, et ainsi de suite. Ces statistiques valent d'autant plus qu'elles ont une base plus étendue, mais on observera qu'il faut beaucoup

d'attention quand il s'agit de donner une *interprétation physiologique* des résultats statistiques.

Cytologique. — Quelques conclusions relatives à la détermination du sexe ont été basées sur des observations des cellules
germinales dans certains cas. Ainsi on a montré qu'il y a des
animaux pondant deux sortes d'œufs, les plus volumineux donnant des femelles.

On peut, d'après Russu, distinguer deux sortes d'œufs dans l'ovaire chez
la lapine. D'après Riddle il y a chez les pigeons des œufs producteurs de
mâles et d'autres producteurs de femelles, différant par leur régime métabolique.

Le dimorphisme des spermatozoaires n'est pas rare. En certains cas le
dimorphisme dimensionnel des spermatozoïdes est associé à ce fait que moitié des spermatozoïdes possèdent « un chromosome accessoire » manquant
à l'autre moitié. En outre du dimorphisme dimensionnel, la présence d'un
chromosome accessoire dans la moitié des spermatozoïdes a été observée
chez des animaux nombreux et variés. Il y a des faits indirects intéressants
tendant à établir que les œufs fécondés par des spermatozoïdes à chromosomes accessoires se développent en femelles, alors que les œufs fécondés par des
spermatozoïdes sans chromosomes accessoires deviennent des mâles.

Expérimentale. — Quelques conclusions relativement à la
détermination du sexe chez la progéniture ont été basées sur
l'expérimentation : on a soumis les œufs ou les embryons, ou les
parents, à des conditions particulières de nutrition, de température, etc., et on a observé si les proportions relatives des sexes
dans le progéniturat diffèrent de façon quelconque de celles qui
se présentent à l'état de nature ; on a encore étudié les résultats
obtenus par la fécondation d'œufs immatures ou bien plus que
mûrs ; ou encore on s'est livré à des expériences spéciales relatives aux caractères limités au sexe.

4. — *Classification des théories.*

Il y a deux alternatives principales : 1° Existe-t-il deux sortes
de cellules germinales (productrices des mâles et productrices
des femelles) et ces cellules sont-elles totalement indifférentes
à l'influence du milieu, quant à leur occurrence et à leur développement ? Ou bien : 2° Des influences de milieu donnent-elles à
la cellule germinale, soit durant ses premiers stades, soit durant

son développement, une tendance vers la production de mâles, ou vers la production de femelles ?

Mais une classification plus détaillée sera plus claire peut-être et facilitera la discussion. On peut distinguer 5 théories :

(a) — Les influences de milieu, agissant sur la progéniture sexuellement indéterminée (après la fécondation) peuvent au moins avoir une part à la détermination du sexe.

(b) — Le sexe est indéterminé jusqu'au moment où les cellules germinales s'unissent par la fécondation, et où il est déterminé par leur condition relative ou par la mise en équilibre des tendances dont elles sont porteuses, ni l'œuf, ni le spermatozoïde n'étant nécessairement décisif.

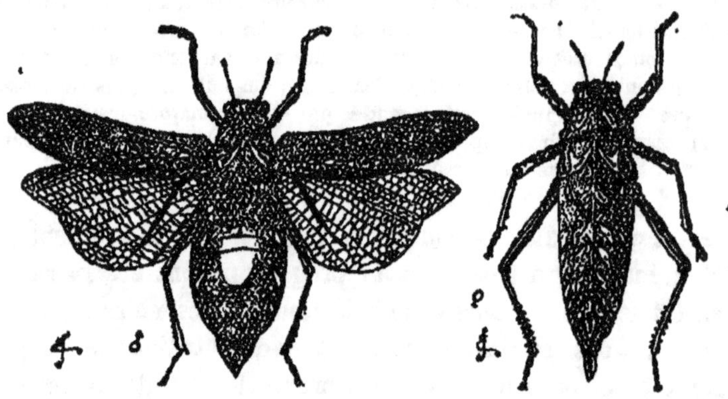

Fig. 28. — Mâle ailé et femelle sans ailes de la *pneumora*, sorte de sauterelle (d'après Darwin).

(c) — Le sexe est fixé à un stade très précoce par la constitution des cellules germinales en tant que telles ; il y a des cellules germinales productrices de femelles et d'autres productrices de mâles, prédéterminées dès l'origine et se produisant indépendamment des influences de milieu.

(d) — La masculinité et la féminité sont des caractères mendeliens.

(e) — Les influences de milieu et les influences fonctionnelles agissant à travers le corps du parent peuvent modifier les proportions des cellules germinales productrices de femelles et productrices de mâles, effectives.

On verra que ces cinq théories ne sont pas strictement exclusives les unes des autres. Même si nous concluons qu'il y a, par exemple, deux sortes d'œufs dans l'ovaire, un groupe prédestiné à se développer en mâles, et l'autre prédestiné à se développer en femelles, il ne suit pas que les nombres relatifs de ceux-ci ne peuvent pas être changés à mesure qu'avance la vie ; par exemple par le régime des parents. Et même si nous concluons qu'il y a deux sortes d'œufs prédestinés dès le début, il ne suit pas que la prédestination ne puisse en aucune façon être altérée par les conditions de fécondation et de développement.

Autre précaution préliminaire à noter. Il faut de la prudence en raisonnant d'un groupe d'organismes à un autre. Ce qui détermine le sexe chez la grenouille peut n'être pas ce qui le détermine chez le bétail ; ce qui est vrai des rotifères peut ne pas l'être des oiseaux. La nature est multiple et il se peut que le sexe soit déterminé par des facteurs variés opérant dans des cas différents et à des phases différentes.

5. — *Première Théorie : Les influences de milieu agissant sur la progéniture sexuellement indéterminée (après fécondation) peuvent au moins avoir une part dans la détermination du sexe.*

Chez beaucoup de jeunes organismes il est, pendant un temps, impossible de distinguer les sexes, et on admet souvent l'existence d'une période assez prolongée d'indétermination du sexe. La première théorie à discuter, c'est celle d'après laquelle les influences de milieu donnent une tendance vers la masculinité ou la féminité.

A l'appui de cette théorie on a souvent cité les intéressantes expériences sur les grenouilles dues à Emile Yung, de Genève, et bien qu'elles ne soient pas aussi convaincantes que l'ont cru quelques-uns, il faut reconnaître à ce zoologiste le mérite d'avoir abordé l'étude expérimentale du sujet à une époque où l'on ne songeait guère à cette façon de faire.

Rappelons partie des faits relatés par Yung. Les têtards, nous est-il dit, restent un certain temps dans un état d'indifférence sexuelle ou d'hermaphrodisme potentiel. Dans les conditions normales il y a environ 57 femelles contre 43 mâles, pour cent. Mais les têtards nourris à la chair de bœuf, de poisson et de grenouille donnent respectivement 78, 81 et 92 femelles pour 100. C'est là, assurément, un résultat très intéressant, mais on a fait observer que Yung n'a pas prêté une attention suffisante à la mortalité différentielle, qu'il n'a pas opéré sur des nombres assez considérables, et que, si certains têtards sont potentiellement hermaphrodites (avec des testicules autour des ovaires) il en est d'autres qui, même aux premiers stades, sont nettement mâles, ou femelles. Mais la critique la plus importante est la première, qui amène Beard, par exemple, à cette opinion que les conclusions de Yung n'ont d'importance que pour la viabilité relative des deux sexes. Il faut répéter l'expérience sur une grande échelle et posséder des données plus précises au sujet du moment où le sexe du têtard est indiscutablement reconnaissable.

Quand on nourrit de façon insuffisante une quantité de chenilles, il y a une proportion extraordinairement considérable de mâles (Landois, Treat, Gentry et autres). Mais comme on a établi il y a longtemps que le sexe est déterminé chez les larves avant la sortie de l'œuf, l'expérience consistant à les affamer ne signifie rien. Elle prouve seulement qu'il peut y avoir de grandes différences dans le taux de mortalité juvénile entre les deux sexes. Ainsi Poulton indique, au sujet du phalène du peuplier (*Smerinthus populi*) par exemple, que les chenilles femelles, étant plus grosses, ont besoin de plus de nourriture, et dès lors sont les premières à mourir quand les provisions se font rares.

Il n'y a du reste pas concordance entre les résultats des expériences. Kellogg et Bell ont trouvé que le sexe du ver à soie n'est pas appréciablement affecté par la nutrition des parents, ou même des grands-parents. Cuénot a trouvé que la proportion des sexes chez la mouche à viande, où la détermination visible se produit plus tard que chez les papillons, n'est affectée ni par l'alimentation des larves, ni par celle des parents de celles-ci.

Que devons-nous donc conclure à l'égard de la première théorie ? Il faut admettre qu'il n'y a pas de faits démonstratifs montrant que les influences de milieu, agissant sur un organisme en développement, peuvent décider du sexe de celui-ci. Pourtant il ne faut pas se hâter de déclarer ceci impossible. Considérons par exemple les expériences méticuleuses de Nussbaum sur *Hydra grisea* qu'il a soumise à des conditions alimentaires variées. Chez cette espèce, il y a à la fois des formes hermaphrodites, et des formes dioïques. Nussbaum a constaté que les conditions alimentaires optimales amènent une prépondérance de polypes femelles, et que par la privation relative d'aliments on peut produire des groupes en totalité mâles. D'après ces expériences, il semble que chez l'hydre la nutrition du corps détermine la production de l'ovaire ou bien du testicule.

Des expériences analogues existent, relativement à quelques plantes. Prantl a observé que les spores de l'Osmonde royale et de la *Ceratopteris thalictroïdes*, semées en sol sans azote, donnent des prothalles mâles ; des organes femelles se forment quand le sol contient du nitrate d'ammoniaque, et des prothalles entièrement mâles peuvent devenir entièrement femelles. Buchtien a observé des résultats similaires pour les prêles.

Il est évident naturellement que dans des cas tels que ceux des prothalles de fougère et de l'hydre, qui sont normalement hermaphrodites, ce qui a réellement eu lieu dans les expériences a été l'inhibition ou suppression d'un jeu d'organes sexuels en faveur de l'autre. Néanmoins les expériences indiquent que la première théorie ne doit pas être trop précipitamment abandonnée.

En outre, quand nous nous rappelons qu'un peu de soin transforme une larve d'ouvrière en abeille reine, et que les pucerons produisent parthénogénétiquement des femelles pendant des mois, ou même des années de nourriture abondante et de température agréable, et comment l'arrivée de l'automne, avec le froid et la pénurie de nourriture qui l'accompagnent, est suivie de la naissance de mâles, et ainsi de suite, nous pouvons hésiter à partager le dogmatisme de ceux qui déclarent absurde la doctrine de la détermination du sexe par le milieu. Plus loin, nous considérerons le problème de l'influence de milieu sur les parents.

6. — *Seconde théorie : Le sexe est indéterminé jusqu'au moment où les cellules germinales s'unissent dans la fécondation, lors de laquelle il est décidé par leur condition relative ou par une*

mise en équilibre des tendances qu'ils portent, ni le spermatozoïde, ni l'œuf n'étant nécessairement décisif.

Une théorie qui a joui de beaucoup de faveur, principalement en ce qui concerne l'homme et les mammifères, est que le sexe de la progéniture dépend de la condition relative des cellules germinales lors de la fécondation, les différences de condition dépendant de l'âge relatif des parents et d'autres circonstances de ce genre. Considérons diverses formes de cette seconde théorie.

Hofacker (1828) et Sadler (1830) ont, de façon indépendante, publié des statistiques à l'appui de la théorie que si le parent mâle est le plus âgé, la progéniture est de façon prépondérante mâle, et que si le parent femelle est le plus âgé, la progéniture est surtout femelle. Bref le sexe de la progéniture dépendrait des âges relatifs des parents. La statistique donne des faits en partie pour et en partie contre cette théorie. Les expériences de Schultze sur les souris lui sont fortement contraires.

Pourtant il semble équitable d'observer que si les cellules germinales restent quelque temps indéterminées quant au sexe qu'elles expriment, si en d'autres termes, elles conservent quelque temps la potentialité des deux sexes, il n'y a pas de raison *a priori* contre la théorie que les âges, absolus et relatifs, des parents peuvent exercer une influence.

Ou, encore, même s'il y a deux sortes de cellules-œufs et deux sortes de cellules spermatiques qui sont dès l'origine déterminées dans le sens de la production de femelles ou de la production de mâles, l'âge du parent peut favoriser la production d'une sorte plus que de l'autre, ou peut favoriser la survivance d'une sorte plutôt que de l'autre.

Il est hasardeux pour l'inexpérimenté de tirer des conclusions des statistiques, mais il semble y avoir la preuve, chez l'espèce humaine, d'une corrélation entre l'âge de la mère et le sexe de l'enfant. Les mères jeunes tendent à avoir plus d'enfants mâles. C'est de quoi l'équilibre auto-régulateur du sexe dans une nation dépend. Quand les femmes sont rares — par exemple dans une colonie, — elles se marient tôt, et engendrent des filles, le sexe le plus demandé. Quand les hommes sont rares — après une guerre par exemple — il y a plus de mariages tardifs, partant, plus de garçons.

En ce qui concerne l'importance générale de l'âge comme facteur dans la reproduction, il y a lieu de citer l'ouvrage remarquable de Matthews Duncan : *Fecundity, Fertility, Sterility and allied topics* (Edimbourg, 1866).

Divers auteurs — Girou par exemple — et à diverses époques, ont mis en avant la théorie que le sexe de la progéniture tend à être celui du parent le plus vigoureux. Cette opinion a la faveur des éleveurs, et aussi des pères de nombreux garçons, mais elle manque de base, et le concept de vigueur comparée est trop vague pour rendre des services.

Dans la mesure où la vigueur parentale peut dépendre de ce qu'on peut appeler une reproduction forcée, ou de la détérioration qu'on suppose résulter d'une multiplication en dedans étroite, les expériences de Schultze sur la souris ne confirment pas le moins du monde l'opinion qu'elle a une influence quelconque sur les proportions des sexes.

A Starkweather on doit la théorie que le sexe de la progéniture tend à être l'opposé de celui du parent « supérieur » : mais « supériorité » et « vigueur comparée » sont des notions trop vagues pour pouvoir être discutées scientifiquement. M. Marshall observe qu'Allison, une autorité en ce qui concerne le cheval de pur sang, accepte la théorie de Starkweather. Autant que nous le sachions jusqu'ici, il n'existe pas de faits précis justifiant l'idée qu'un mâle prépotent donne une tendance soit vers son propre sexe, soit vers l'opposé.

Van Linit maintient que la progéniture a le sexe du parent sexuellement le plus faible : du parent dont les cellules sexuelles sont relativement les plus faibles au moment de la fécondation. Si un œuf relativement faible est fécondé par un spermatozoïde relativement vigoureux, l'embryon sera femelle mais son corps rappelera celui du père. L'auteur explique sous six rubriques ce qu'il faut entendre par « sexuellement plus fort », ou plus faible ; mais il indique naïvement que le signe assuré et certain qu'un homme est plus vigoureux sexuellement que sa femme est que celle-ci engendre une fille. « Le sexe de l'enfant tranchera la question ». La théorie manque de base scientifique.

On a dit bien des fois qu'un facteur déterminant peut se trouver dans la maturité relative ou la fraîcheur des cellules sexuelles qui s'unissent par la fécondation. Thury et d'autres éleveurs ont soutenu qu'un œuf fécondé peu après l'ovulation produira plus probablement une femelle. C'est-à-dire que l'œuf plus frais, qui n'est point fatigué — par exemple pour avoir vécu sans se nourrir — tendra à produire une femelle, un œuf plus ancien tend à produire un mâle. La tendance de l'œuf peut être favorisée ou contrariée par la condition du spermatozoïde fécondant.

Comme résultat d'une très nombreuse série d'expériences, Richard Hertwig a trouvé que la surmaturité, et la sous-maturité des œufs (dues au fait qu'on reculait ou avançait artificiellement la fécondation) assuraient toutes deux un excédent considérable de mâles. Les expériences méticuleuses de S. Kuschakewitsch ont confirmé pleinement les résultats de Hertwig. La proportion des mâles dépend beaucoup du degré de sur-maturité des œufs, et on a obtenu des cultures de mâles seuls (avec seulement 6 % de mortalité).

Au sujet de la fécondation, il faut dire un mot d'une théorie proposée par H. E. Ziegler. Il présume que des chromosomes provenant d'une grand'mère tendent à produire une femelle, et ceux du grand-père, un mâle. Il fait observer que les chromosomes parentaux comprennent des contributions des grand-père et grand'mère, et puisque le nombre relatif de celles-ci dépend des chances de la division réductrice de la maturation, ce sera affaire du hasard qu'il y ait prédominance des chromosomes grand-paternels ou des grand-maternels. Dans le premier cas, il viendra un garçon, dans le second une fille.

Cette théorie, toutefois, est probablement inadmissible. Il nous faut nous débarrasser l'esprit de cette opinion — fort répandue dans le passé — qu'il y a dans les cas ordinaires, nécessairement, une tendance *intrinsèque* de l'œuf à produire une femelle, et du spermatozoïde à provoquer le développement d'un mâle, et qu'il y a dans l'œuf fécondé une combinaison de masculinité et de féminité *à cause de cela*. Il suffit de rappeler le fait que le faux bourdon a une mère, mais pas de père, et il va de même pour beaucoup d'hyménoptères. Il n'y a là qu'un exemple frappant de faits nombreux portant à conclure que toute cellule germinale, œuf ou spermatozoïde aussi bien, a en elle la potentialité des caractères distinctifs de deux sexes. A quelque phase ou une autre, semble-t-il évident, quelque chose se produit, peut-être une fixation du rythme métabolique, peut-être quelque modification dans les proportions entre nucléoplasme et cytoplasme, peut-être l'introduction d'un déterminant de sexe qualitatif et spécifique, lors de la fécondation, qui décide si l'organisme deviendra mâle ou femelle, et si ce sont des caractères héréditaires masculins qui s'exprimeront, ou bien des féminins.

Notre conclusion à l'égard de cette seconde théorie doit être peu favorable à celle-ci. On ne voit guère de raisons d'attacher beaucoup d'importance à la condition relative des cellules germinales au temps de l'amphimixie. Les expériences d'un expérimentateur aussi soigneux que Richard Hertwig tendraient à faire maintenir la question ouverte bien que les expériences d'O. Schultz semblent la clore au moins dans un cas. Il expérimenta avec quantité de souris, qui sont d'excellents animaux d'étude, prêts à se reproduire dès l'âge de 7 semaines et mettant bas, si l'on veut, toutes les trois semaines si on ne les laisse pas allaiter. Il constata que les proportions des sexes n'étaient nullement affectées par l'âge des parents, par la vigueur apparente, par les unions consanguines, par la fréquence des naissances, ni par aucune sorte de changement d'alimentation.

7. — *Troisième théorie : Le sexe est fixé à un stade très précoce par la constitution des cellules germinales en tant que telles, c'est à dire qu'il y a des cellules germinales productrices de femelles et d'autres productrices de mâles, constitutionnellement prédéterminées dès le commencement.*

D'après cette théorie il y a deux sortes de cellules germinales constitutionnellement prédéterminées à devenir productrices de mâles, ou bien de femelles. Cela implique que le sexe est déterminé avant la fécondation ; donc, à l'exclusion de la *seconde* théorie. Cela implique aussi que l'influence du milieu est négligeable après que les cellules germinales ont été établies, et, *a fortiori*, après que le développement a commencé : donc, exclusion de la *première* théorie.

Deux sortes d'œufs. — Il se peut qu'il y ait deux sortes d'œufs. Les uns, constitutionnellement prédestinés à se développer en mâles, les autres constitutionnellement prédestinés aussi à se développer en femelles. Cette opinion n'est ni incompatible avec l'hypothèse, qu'on ne peut guère éviter, que tous les œufs portent un équipement héréditaire complet de caractères masculins et de caractères féminins aussi bien, quoique d'habitude un seul des jeux trouve à s'exprimer. Mais quels arguments y a-t-il à l'appui de l'idée de deux sortes d'œufs ?

Certains animaux produisent normalement des œufs de deux *dimensions*. Chez le Phylloxera, parmi les insectes, et chez *Hydatina senta* parmi les rotifères, il y a de gros œufs se développant en femelles et de petits se développant en mâles. Comme les uns et les autres se développent sans fécondation, l'influence des spermatozoïdes ne vient pas compliquer le problème.

Chez *Dinophilus apatris*, d'après Van Malsen, et chez un acarien, *Pediculopsis*, d'après Reuter, où la fécondation s'opère comme d'habitude, il y a de gros œufs se développant en femelles, et de petits se développant en mâles. Chez *Dinophilus* l'œuf à mâle n'est guère que le dixième de l'œuf à femelle, et le mâle lui-même est un pygmée dégénéré.

Peut-être l'occurrence de deux dimensions d'œufs est-elle beaucoup plus commune qu'on ne le sait. Ainsi Baltzer l'a récemment signalée chez les oursins. Mais nous ne devons pas nous hâter de conclure que ce sont les dimensions qui déterminent le sexe, puisque ce peut être la prédisposition constitutionnelle à un sexe ou à l'autre qui détermine la dimension. D'après notre propre théorie, l'œuf à tendance plutôt anabolique, prédestiné à se développer en femelle, tendra à accumuler en lui-même plus de matériaux de réserve que ne fera un œuf prédestiné à se développer en mâle. Il est probable que la dimension marque la différence mais ne la crée pas.

Très importante est l'œuvre de Riddle (voir p. 618) montrant que chez les pigeons il y a des œufs à accumulation métabolique qui se développent en femelles, et des œufs n'emmagasinant guère qui se développent en mâles.

Chez quelques-uns de Ptéridophytes supérieurs il y a deux sortes de spores : des micro et des macro-spores produisant respectivement des prothalles mâles et femelles. E. B. Wilson observe qu'une prédestination similaire, non marquée par des différences visibles, a été prouvée par Blakeslee dans les zygotes et spores de diverses espèces de champignons, et qu'elle a été démontrée aussi chez les hépatiques et mousses. Il signale en particulier les travaux récents de Marchal sur les mousses dioïques. « Les cultures isolantes prouvent que les spores asexuelles, bien que semblables en apparence, sont individuellement prédestinées en tant que productrice de mâles ou productrice de femelles, et tous les efforts pour modifier cette prédestination par des changements dans les conditions de nutrition, tels que ceux que l'on sait efficaces dans le cas de prothalles de fougères, n'ont pas eu le moindre effet. »

L'opinion qu'il y a deux sortes d'œufs, déterminés *ab initio* en tant que producteurs de mâles ou producteurs de femelles, a rencontré un vigoureux défenseur chez Beard, qui trouve des arguments à l'appui chez la raie. Il soutient que le sexe est déterminé quand les cellules germinales primitives se divisent en cocytes. Dans son mémoire de 1902 sur *The Determination of Sex in Animal development*, Beard combattait l'idée que le milieu peut intervenir dans la détermination du sexe. « Il est absolument au-delà du pouvoir humain d'agir sur la détermination du sexe ou de la modifier. Espérer, jamais influencer ou modifier ses manifestations serait tout aussi futile et vain que d'imaginer la possibilité pour l'homme d'insuffler la vie à la matière inanimée. » A ceci un expérimentateur comme Russo répondait qu'il *avait réussi* à intervenir effectivement dans la détermination du sexe. Bien qu'il puisse ne pas être possible de modifier la tendance d'un œuf qui est devenu fixé en tant que producteur de mâle ou producteur de femelle, il est possible par des changements d'ordre nutritif, de changer les proportions de ces deux sortes d'œufs dans l'œuf maternel, et peut-être possible, d'autres façons, de changer les proportions normales de survivance.

De très haut intérêt pour la 3e théorie sont les faits de la polyembryonie — la production d'embryons multiples par un seul œuf. — Comme les « jumeaux identiques » (de même œuf) la progéniture « poly-embryonnaire » est toujours de même sexe.

Chez le tatou à 9 bandes il est certain que la ségrégation dans l'aire germinale d'un même œuf donne normalement des naissances quadruples, et le sexe est toujours le même pour les 4 jeunes. Chez certains des insectes hyménoptères parasitaires, les *Encyrtus*, par exemple, étudiés par Marchal et Bugnion, chez *Litomastix* et *Ageniaspis*, étudiés par Silvestre, un seul œuf segmenté fournit un groupe d'embryons tous de même sexe : femelle s'il y a eu fécondation, mâle s'il n'y en a pas eu. On ne peut le nier, ces faits confirment fortement l'opinion que le sexe de la progéniture est déjà déterminé dans l'œuf.

On a déjà plusieurs fois proposé la théorie que les œufs d'un des ovaires se développent en femelles et ceux de l'autre en mâles. Ainsi Rumley Dawson (*The Causation of Sex*, Londres 1909) a soutenu que chez l'espèce humaine, les œufs de l'ovaire droit se développent en mâles, et ceux de l'ovaire gauche, en femelles. Cette opinion a été mise à l'épreuve expérimentalement chez le rat, par Doncaster et Marshall, qui constata que chaque femelle complètement privée d'un des deux ovaires produit des jeunes des deux sexes. « Evidemment ceci ne prouve pas que l'hypothèse des ovaires droit et gauche est inexacte chez l'espèce humaine, mais le fait qu'elle est nettement inexacte pour un autre mammifère diminue beaucoup la possibilité. » (1) H. D. King encore a montré que la théorie n'est pas exacte pour les amphibiens, et bien évidemment elle ne peut s'appliquer aux oiseaux puiqu'ils n'ont qu'un seul ovaire.

Deux sortes de spermatozoïdes. — Chez une trentaine environ d'espèces différentes d'animaux, comme la Paludine et le Dytique, il y a deux sortes de spermatozoïdes qui diffèrent par certains détails de forme. On a pensé que chaque sorte est prédestinée en ce qu'elle assurerait le développement de l'un des sexes, mais rien ne prouve nettement que le dimorphisme ait cette signification.

La théorie que chez les vertébrés un des testicules donne des spermatozoïdes producteurs de mâles, et l'autre des producteurs de femelles a été prouvée ne rien valoir pour le rat, par Copeman. En outre comme Doncaster et Marshall l'indiquent, les éleveurs

---

(1) Les chirurgiens ajoutent à ceci qu'on a vu des femmes privées d'un ovaire, obtenir pourtant de l'autre garçon et fille. (Trad.)

savent que le taureau privé d'un testicule continue à donner des veaux des deux sexes.

Le chromosome accessoire. — Fort intéressants sont les faits récemment découverts à l'égard du *chromosome accessoire.* Chez beaucoup d'insectes, myriapodes et arachnides, les femelles ont dans leurs cellules plus de chromosomes que n'en ont les mâles. Dans les cas les plus simples (*Anasa, rotenor*) la femelle a un chromosome de plus que le mâle, et l'œuf a aussi un chromosome en excédent. Or chez les spermatozoïdes, une moitié diffère de l'autre, par la possession du même nombre de chromosomes que l'œuf, l'autre moitié en ayant un de moins. Ce chromosome en excédent possédé par la moitié, et manquant à l'autre moitié, a été appelé élément X ou chromosome accessoire. Certains faits indiquent que la fécondation des œufs par une classe de spermatozoïdes donne des mâles, par l'autre classe, des femelles. Quand il y a rencontre de même nombre de chromosomes, le résultat est une femelle.

Chez *Anasa tristis*, étudié par Wilson, les œufs ont 11 chromosomes et les spermatozoïdes 10 ou 11. L'œuf 11 + spermatozoïde 11 donne un œuf fécondé avec 22 (2 N)qui se développe en une femelle. L'œuf 11 + spermatozoïde 10 donne un œuf fécondé avec 21 (2 N + 1) qui se développe en un mâle.

Dans de nombreux cas, y compris celui de la race humaine, la femelle est homozygote avec une double dose de chromosomes sexuels (XX). Le mâle est hétérozygote, avec le chromosome sexuel X et un compagnon plus petit Y. Tous les œufs parvenus à maturité contiennent le chromosome X. La moitié des spermatozoïdes porte le chromosome X et la moitié de ceux-ci le chromosome Y.

Wilson donne les formules suivantes :

(a) En l'absence d'un élément Y
Œuf X + spermatozoïde X = zygote XX (femelle)
Œuf X + spermatozoïde sans X = zygote X (mâle)
(b) En la présence d'un élément Y
Œuf X + spermatozoïde X = zygote XX (femelle)
Œuf X + spermatozoïde Y = zygote XY (mâle)

La preuve que l'un des groupes de spermatozoïdes entraîne un développement mâle et l'autre un développement femelle, est indirecte : elle ressort d'un examen de l'état des chromosomes dans les cellules corporelles de la progéniture. L'élément Y, par exemple, ne se trouve que chez les mâles, alors que l'élément X apparaît dans les deux sexes, doublé chez les femelles, simple chez les mâles.

Chez le cancrelat allemand, la *Blatta germanica*, et chez le *Pyrrhocoris apterus* (punaise rouge) une moitié des spermatozoïdes a le même nombre de chromosomes que les œufs mûrs (N) y compris le chromosome accessoire ; l'autre moitié a un de moins (N — 1) étant sans chromosome accessoire. Un œuf avec N fécondé par un spermatozoïde avec N donne un œuf fécondé à 2 N et cet œuf donne une femelle. Un œuf à N fécondé par un spermatozoïde à N — 1 devient un œuf fécondé à 2 N — 1, qui se développe en un mâle.

Chez le ver de farine, le *Tenebrio molitor*, chez la mouche commune (*Musca domestica*) le nombre des chromosomes est le même partout, mais chez la moitié des spermatozoïdes l'un d'eux est petit et les œufs fécondés par ceux-ci se développent en mâles.

Une belle confirmation de l'importance des chromosomes a été récemment fournie par les travaux de T. H. Morgan sur le Phylloxera et de von Baehr sur l'*Aphis saliceti*. Chez ces formes, la moitié des spermatocytes dégénèrent (comme l'a indiqué Meves pour l'abeille) en particulier ceux qui n'ont pas de chromosome accessoire : par conséquent tous les spermatozoïdes sont producteurs de femelles, et chacun sait que les œufs fécondés produisent tous des femelles. A signaler une découverte accessoire intéressante, savoir, que chez le phylloxera et les pucerons les mâles ont dans leurs cellules somatiques un chromosome de moins que les femelles. « L'œuf donnant un mâle, dit Wilson, doit donc éliminer un chromosome, et celui-ci, nous n'en saurions douter, est l'élément X. »

Ces études cytologiques sont si frappantes qu'on se préoccupe avec ardeur de la distribution des phénomènes dans le règne animal. Il y a eu, récemment, des extensions notables.

Boveri et Gulick annoncent l'existence d'un chromosome accessoire chez *Heterakis*, un nématode du faisan. L'œuf possède 5 chromosomes, et les spermatozoïdes sont de 2 types : les uns à 4, les autres à 5 chromosomes, condition similaire à celle que décrit

Wilson en ce qui concerne un hémiptère, *Protenor*. Chez l'*Ascaris megalocephale* commun, il semble y avoir aussi un chromosome accessoire, mais les témoignages restent discordants et il est difficile de décider pour le présent. Plusieurs autres cas sont maintenant connus. Comme on pouvait s'y attendre, en raison de la difficulté de l'étude, il reste beaucoup de désaccord dans la description faite de plusieurs cas où un chromosome accessoire a été affirmé. Chez divers types — la mouche domestique et le porc, par exemple — on a constaté que la présence ou absence d'un chromosome accessoire dans les spermatozoïdes est lié à un dimorphisme dimensionnel.

On a démontré l'existence d'un chromosome accessoire chez de nombreux types de vertébrés : chez le *Necturus* parmi les amphibiens, la pintade, la poule, le tatou, la sarigue, la chauve-souris, le rat, la souris blanche, le cobaye, le mouton, le cheval, le porc, le taureau, le chat, le chien et l'homme lui-même.

La théorie d'après laquelle la présence d'un élément X dans un œuf fécondé signifie progéniture mâle, et de deux, progéniture femelle, est d'ordre morphologique, et ne satisfait pas notre sens physiologique. La différence est-elle significative en elle-même ou en tant qu'indice de différence métabolique ? Si les œufs plus riches en chromatine que leurs voisins se développent en femelles et si la chromatine est un indice d'un anabolisme relativement prépondérant, ou de l'aptitude anabolique, peut-on faire cadrer la théorie avec la thèse de *The Evolution of Sex* que la femelle est le résultat et l'expression d'un anabolisme relativement prépondérant, et le mâle d'un catabolisme relativement prépondérant.

Baltzer a remarqué que la moitié environ des œufs de l'oursin se distinguent des autres en ce qu'ils ont un des 18 chromosomes représenté par un court « chromosome en crochet » au lieu du « chromosome en baguette » normal, et il y a des preuves indirectes que ces œufs à court « chromosome en crochet » donnent des mâles. En discutant ce cas et en le rapprochant de la situation chez les divers insectes déjà cités, Boveri fait ressortir que dans les deux cas l'œuf fécondé qui se développe en femelle contient plus de chromatine que celui d'où naît un mâle, et que la proportion de chromatine exerce une influence régulatrice sur la proportion du cytoplasme. Il rappelle des cas, comme ceux des Daphnies d'Issakowitsch, du Dinophile de von Malsen, du lapin de Russo, où il lui paraît prouvé que les conditions « nurturelles » influencent la détermination du sexe. Les œufs les mieux pourvus donnent des femelles. Il pense donc que dans quelques cas l'influence «nurturelle» agit de façon variable ou inégale sur des cellules germinales sexuellement indifférentes, leur donnant une tendance vers l'un des sexes ou vers l'autre, et que dans d'autres cas, la décision est due à un facteur interne, tel que la présence de « chromosomes d'assimilation » plus puissants chez quelques-uns des œufs.

D'autre part il se peut que la matière chromatique additionnelle soit d'importance qualitative. Ainsi, pour préciser sa théorie, E. B. Wilson émet provisoirement l'idée que l'élément X contient des facteurs (cuzymes ou hormones) nécessaires à la production des caractères femelles et mâles aussi bien ; et que ceux-ci sont adaptés de telle sorte qu'en présence d'un unique élément X le caractère mâle domine, ou est libéré, au lieu que l'association de deux de ces éléments conduit à une réaction libérant le caractère femelle.

8. — *Quatrième théorie : La masculinité et la féminité sont des caractères mendéliens.*

L'interprétation mendélienne du sexe, proposée d'abord par Strasburger, a été développée par Castle, Correns, Bateson et d'autres. Comme l'indique Wilson, l'interprétation a revêtu « trois formes qui épuisent les possibilités *a priori*. Ces formes sont : 1º que les deux sexes sont les hybrides de sexe ou hétérozygotes (Castle) ; 2º que le mâle seul est hétérozygote, la femelle étant homozygote récessive (Correns) ; 3º que la femelle est hétérozygote, le mâle étant homozygote récessif (Bateson). »

Comme Wilson l'a montré, chacune de ces formes présente des difficultés spéciales qui semblent le plus prononcées dans le cas de la première.

La théorie de Correns a été basée sur de belles expériences de croisement de formes dioïques et monoïques de Bryone, qui montrent que la conduite monoïque se comporte comme caractère unitaire, récessif par rapport à la dioécie.

Les expériences de Correns tendent à établir que les grains de pollen de la Bryone dioïque, bien qu'en apparence tous semblables doivent être considérés comme étant de deux sortes, en nombres égaux, les uns producteurs de mâles, les autres producteurs de femelles. En fait, ce qui surgit immédiatement ce sont les prothalles mâles rudimentaires qui produisent les gamètes reproducteurs ou noyaux de pollen, et les cellules-œufs fécondées par moitié de ceux-ci donnent du plant mâle, tandis que les cellules-œufs fécondées par l'autre moitié donnent du plant femelle.

La troisième forme d'interprétation mendelienne repose sur nombre de faits très frappants principalement en ce qui concerne l'*Abraxas grossulariata* et le serin. Enonçons-la à nouveau, brièvement. Admettant qu'il y a des déterminants de sexe ou « facteurs » de masculinité et de féminité, les expérimentateurs pensent : 1º que ceux-ci se comportent comme unités mendeliennes, la féminité étant toujours dominante à l'égard de la masculinité ; 2º que les individus femelles sont hétérozygotes en ce qui concerne le sexe (ayant la masculinité récessive) et donnent naissance à contingents égaux d'œufs producteurs de mâles et d'œufs producteurs de femelles ; 3º que les individus mâles sont homozygotes en ce qui concerne le sexe, étant sans le facteur de féminité, et ne donnent naissance qu'à des spermatozoïdes producteurs de mâles ; 4º que quand un spermatozoïde producteur de mâle féconde un œuf producteur de mâle, le résultat est un mâle naturellement ; et quand un spermatozoïde producteur de mâle féconde un œuf producteur de femelle, le résultat est une femelle, la féminité étant par hypothèse dominante à l'égard de la masculinité.

L'étude de l'hérédité limitée au sexe chez l'*Abraxas*, chez la Plymouth Rock barrée (et d'après certains chez le serin) amène à conclure que c'est la femelle qui est le sexe hétérozygote. Mais l'étude de Morgan, sur l'hérédité des yeux rouges et des ailes courtes chez *Drosophila ampelophila* donne à croire que c'est le mâle au contraire. Il se peut donc que chez certains organismes les choses soient d'une façon, et chez d'autres, d'une autre, en ce qui concerne la masculinité et la féminité mêmes.

Doncaster cite la confirmation que reçoit la théorie mendélienne du sexe, du résultat de la castration. Chez les vertébrés la castration du mâle peut empêcher l'expression de traits masculins, mais elle ne provoque pas l'expression de traits féminins. Ceci peut signifier que le mâle est homozygote, c'est-à-dire purement masculin sans aucun caractère féminin latent. Nous voudrions toutefois faire observer qu'en beaucoup de cas il y a un manque de positivité dans les caractères féminins, et ce sont les caractères masculins qui sont positifs et distinctifs. En d'autres termes il pourrait y avoir beaucoup de féminité latente chez le mâle châtré sans qu'il dut y paraître beaucoup. Il serait intéressant de faire l'expérience avec un oiseau du genre du phalarope à col rouge où la femelle est la plus masculine des deux.

Quand une femelle de vertébré est châtrée ou quand l'ovaire s'atrophie, il a souvent un développement de caractères masculins. Rappelons encore le cas de la poularde. Guthrie a montré que la poulette châtrée peut acquérir non seulement les caractères structuraux extérieurs du sexe mâle — crête, barbillon, longues plumes de camail et de queue, ergots, etc., mais la façon de se comporter aussi bien.

Chez les crustacés, le cours des événements est singulièrement l'opposé de ce qu'il est chez les vertébrés. Une femelle dont l'ovaire a été détruit par un parasite Rhizocéphale a ses caractères sexuels secondaires réduits, mais un mâle châtré prend plus ou moins complètement les caractères de la femelle. Il se peut que dans ce cas les caractères femelles soient plus positifs : la largeur de l'abdomen par exemple. « Si le parasite meurt et que le parasité guérit, l'ovaire de la femelle peut redevenir fonctionnel ; mais chez le mâle, dans les mêmes circonstances, on peut voir le testicule produire des œufs. Geoffroy Smith conclut de ces expériences et d'autres encore sur les Cirripèdes que la femelle est homozygote au point de vue du sexe et le mâle hétérozygote. Il n'y a pas de raison *a priori* pour qu'il n'en fût pas de même dans le cas des crustacés et des phanérogames, alors que c'est l'inverse chez les phalènes et les vertébrés » (Doncaster).

Le fait que les proportions du sexe sont parfois très variables, comme l'indique Heape, à propos des serins, n'est pas en lui-même un argument contre l'opinion que les œufs sont déterminés

à un stade précoce comme producteurs de mâle ou de femelle.
Il peut y avoir un processus de sélection discriminant durant la
maturation des œufs, et nous savons que chez les vertébrés supérieurs les œufs possibles n'arrivent pas tous à maturité.

Le fait que les proportions des sexes chez les différents types
sont très diverses semble à première vue un argument contre
l'idée d'une production automatique interne de deux sortes de
gamètes, « contre l'existence d'un mécanisme uniforme et intrinsèque de production du sexe et contre l'hypothèse spécifique que
le sexe est transmis comme un caractère mendelien. » Mais E.
B. Wilson propose d'écarter cette difficulté en supposant qu'il y
a une disproportion dans le nombre d'une espèce de spermatozoïdes (comme celle qui atteint un apogée chez les pucerons,
Daphnies, etc, où il ne subsiste que les spermatozoïdes producteurs
de femelles), ou qu'il y a une certaine proportion de spermatozoïdes impuissants comme on sait que c'est le cas pour les grains
de pollen de certaines phanérogames, comme *Mirabilis*.

9. — *Cinquième théorie : Des influences fonctionnelles et de milieu
opérant à travers le corps parental peuvent modifier la proportion de cellules germinales effectives productrices de femelles
et productrices de mâles.*

Cette théorie, comme la première reconnaît l'importance de
la «nurture» (au sens large) mais admet que celle-ci agit à une phase
précoce dans la détermination de la proportion des cellules germinales productrices de mâles, et productrices de femelles effectives. Supposant comme la théorie mendelienne nous ferait nous
y attendre, les cellules germinales originelles divisées en deux
camps, de productrices de mâles et de productrices de femelles,
nous concevons sans peine que les conditions de «nurture» peuvent
parfois influencer le taux relatif d'accroissement, ou le pourcentage de survivance dans les deux groupes. Ou encore supposant
que les cellules germinales sont constitutionnellement indifférentes, pouvant aussi bien donner des mâles que des femelles,
nous concevons aisément que des conditions de «nurture» — par
exemple un changement dans la nutrition du parent — peuvent
parfois décider de leur destinée.

Assez certainement il y a bien des cas où cette théorie de la détermination par la «nurture», ne s'applique pas du tout : par exemple quand il naît de nombreux jeunes d'un coup et que chez eux il y a distribution approximativement égale des sexes. Comment s'appliquerait-elle par exemple à la couvée dont nous parle Shufeldt, à propos d'un épervier ? Le premier œuf donna un mâle, le second une femelle, le troisième un mâle, le quatrième une femelle, le cinquième un mâle, en alternance régulière. Et pourtant ces différents œufs provenaient, en un court espace de temps, d'un ovaire *unique* et avaient probablement été fécondés par un même groupe de spermatozoïdes.

D'autre part, il y a des cas où une mère produit une longue série d'enfants tous du même sexe, ou bien un fils après une longue série de filles, et ainsi de suite. De tels cas donnent à penser que la constitution du parent peut être de quelque importance, et nous savons que la constitution peut être modifiée par la nutrition et par d'autres facteurs de « nurture. »

Si, des considérations générales comme les précédentes, nous passons aux faits pour en appeler à eux, nous nous trouvons en présence d'un intéressant conflit de témoignages.

Certains ont voulu tirer de statistiques humaines la conclusion que l'abondance d'alimentation favorise la production de progéniture féminine ; mais d'autres ont conclu, de statistiques aussi, que la nutrition parentale est sans importance, sauf dans la production d'une mortalité différentielle. Le fait que 30 % des jumeaux humains sont de sexe différent semble suffire à prouver que le régime du parent n'a pas grande importance. La théorie de Schenck, dont il fut beaucoup parlé (1898) et d'après laquelle on pouvait déterminer le sexe des enfants en réglant le régime de la mère, reposait sur une base très insuffisante, sur un très petit nombre de cas. En outre, Schenck supposait le sexe déterminé après la conception.

Dans une enquête statistique à Londres, M. Punnett a trouvé que la proportion des garçons aux filles est la moindre dans les quartiers pauvres, et la plus élevée dans les quartiers riches : pourtant les différences ne sont pas considérables, et il a conclu qu'elles tiennent à une mortalité infantile, à une natalité et probablement à une nuptialité différentielles. Il était enclin à penser que « chez l'homme, en tous cas, la détermination du sexe est indépendante de la nutrition parentale. En tout cas son influence ne peut qu'être faible ».

Des expériences soigneuses ont été faites par Cuénot et Schultze par exemple, sur l'influence possible de la nutrition du parent (la souris par exemple) sur le sexe de la progéniture : mais les résultats sont tous contre la réalité de cette influence supposée, à laquelle pourtant quelques éleveurs ajoutent beaucoup foi. Schultze fit porter ses expériences sur trois générations mais le fait de nourrir abondamment grands-parents et parents aussi bien, ne parut pas exercer d'influence sur la proportion des sexes chez la progéniture.

A ces résultats toutefois, il nous faut opposer l'œuvre très importante de Heape qui a cité des faits relatifs à des mammifères et oiseaux, à l'appui de l'idée que des particularités dans la nutrition et dans d'autres influences de milieu peuvent exercer *une influence sélective* sur les cellules germinales, affectant la proportion des gamètes producteurs de mâles, et producteurs de femelles. « Par l'intermédiaire de la nutrition fournie à l'ovaire, soit par la quantité, soit par la qualité de celle-ci ; soit par un effet direct sur les œufs ovariens, soit par son effet indirect, il se produit une variation dans la proportion des sexes des œufs produits, et partant des jeunes nés, chez tous les animaux où la maturation des œufs ovariens est soumise à l'action sélective »... « Quand il n'y a pas d'action sélective dans l'ovaire, la proportion des sexes des œufs ovariens produits est régie par les lois de l'Hérédité ».

Prenons un des intéressants exemples de Heape. Deux volières de serins furent maintenues en conditions différentes, et l'on constata une notable différence dans les proportions des sexes. Dans un cas, la volière était maintenue à température régulière durant la saison de reproduction, elle était relativement bien éclairée et ensoleillée : les oiseaux ne recevaient pas une alimentation particulièrement nourrissante. La température de l'autre volière variait considérablement durant la saison de reproduction ; elle était dans une pièce exposée au nord et à l'est ; les aliments nourissants étaient en abondance. « Dans la première volière, dit Marshall dans son résumé, la nidification, l'éclosion et la mue se produisirent plus tôt, il n'y eut environ que la moitié du pourcentage de la perte prévu, et dans les nids, où tous les œufs arrivèrent à éclosion, le pourcentage des mâles produits fut plus de trois fois celui que donna l'autre volière où les conditions de milieu étaient moins favorables. Les résultats obtenus dans chaque cas ne pouvaient être attribués à des races spéciales de serins, car un échange d'oiseaux entre volières ne fut pas suivi d'un changement matériel dans la proportion des sexes dans les deux milieux. La conclusion est donc que les œufs étaient soumis à une action sélective d'où dépendaient les différences proportionnelles produites. » (*The Physiology of Reproduction*, 1910, p. 645).

Les faits, tels qu'ils se présentent actuellement, sont en faveur de la conclusion que si les conditions de nutrition et autres conditions de milieu sont opérantes, c'est principalement en agissant sur la production et la survivance de cellules germinales prédestinées en ce qui concerne le sexe.

De grand intérêt et d'importance aussi, nous semble-t-il, sont les expériences de Russo sur l'alimentation des lapins avec de la lécithine. Elles viennent à l'appui de l'opinion que les cellules germinales peuvent être prédisposées à un sexe ou à l'autre par la condition nutritive du parent, et de l'opinion que la différence entre les sexes est primordialement une question de système de métabolismes. Russo attache beaucoup moins d'importance aux chromosomes, et beaucoup plus à la nature de métabolisme que ne font la plupart des biologistes contemporains. Il dit, expressément, qu'à son avis le sexe de la progéniture dépend du métabolisme spécifique des cellules germinales, et il croit avoir réussi à modifier artificiellement le métabolisme des œufs ovariens et à modifier ainsi la proportion normale des sexes. Dans l'ovaire normal il y a des œufs bien nourris, et de mal nourris, et on peut accroître la proportion des premiers par l'emploi de la lécithine.

Des lapines traitées par des injections de lécithine de Merk (solution à 15 ou 20 % dans l'huile de vaseline) eurent des ovaires volumineux, de gros follicules de Graaf, des œufs riches en matière nutritive, et un nombre exceptionnel de progéniture femelle. Le spermatozoïde peut, pour ainsi dire, accentuer la tendance de l'œuf, car le pourcentage de progéniture femelle est plus élevé quand les deux parents sont nourris à la lécithine. Il n'est pas possible de suivre les œufs et de prouver qu'un œuf relativement anabolique devient toujours une femelle, et jamais un mâle, mais l'argument tiré du changement de proportions paraît bien fondé. Si le traitement à la lécithine est suivi d'un accroissement du nombre des œufs de « type anabolique riches en globules de lécithine » il arrive souvent que la *première* portée après le début du traitement présente une prépondérance marquée de mâles. Ceci est considéré par Russo comme dû au fait que les injections stimulent le métabolisme général, et empêchent la dégénérescence des œufs de type catabolique, capable de produire des mâles. L'accroissement du nombre des femelles se produit ultérieurement.

On a objecté aux expériences de Russo qu'une des deux sortes d'œufs qu'il distingue consiste en œufs en voie de dégénérescence ; qu'il a opéré avec des femelles de lapins sélectionnées (car il est admis que certaines femelles produisent plus de femelles que d'autres, bien que ceci ne soit pas tenu pour un carctère héréditaire) ; que la richesse de l'alimentation devrait avoir pour résultat plutôt une progéniture plus nombreuse qu'un nombre supérieur de femelles ; et enfin que la quantité d'expériences ne fournit pas une base suffisante. Les expériences ont été répétées par Basile et par Punnett, mais avec des résultats entièrement négatifs. Il est à souhaiter qu'on les reprenne en les étendant à de plus grands nombres et à des types variés.

Diverses recherches expérimentales viennent à l'appui de l'opinion que des modifications dans la nutrition et dans d'autres conditions de milieu peuvent affecter la mère de façon à modifier les proportions ordinaires des sexes. Ainsi Issakowitsch, étudiant les femelles parthénogénétiques d'une Daphnie du genre *Simocephalus,* et von Malsen étudiant la *Dinophilus apatris*, chez qui les œufs sont fécondés, ont constaté que les différences de température affectent la proportion des sexes, en affectant la nutrition des mères, semble-t-il. Les deux séries d'expériences sont d'autant plus satisfaisantes qu'elles semblent exemptes de toute erreur imputable à une mortalité différentielle parmi les jeunes des deux sexes. Walker a indiqué que la production d'une prépondérance de femelles, quand les aliments sont abondants, et une prépondérance de mâles quand la nourriture est rare, constitué une régulation automatique avantageuse que la sélection naturelle tendrait à perpétuer.

Beaucoup d'expériences ont été faites avec un rotifère, l'*Hydatina senta*, mais les résultats sont contradictoires. Il existe un dimorphisme sexuel frappant, les mâles étant petits et sans intestins. Les femelles sont de naissance productrices de mâles ou productrices de femelles, et d'après Maupas et Nussbaum, cette détermination date d'avant la naissance, quand l'embryon femelle est encore dans l'utérus maternel, opérée par les conditions de température et de nutrition. Les mères bien nourries produisent des femelles ne donnant que des femelles, les mal nourries, des femelles ne donnant que des mâles. D'après les recherchés de Punnett, toutefois, les modifications de température et de nutrition sont sans effet, mais certaines souches donnent naissance à plusieurs femelles productives de mâles, d'autres à peu ou point du tout.

Contre la théorie de l'influence du milieu, il y a les nombreuses expériences de Strasburger sur les Phanérogames dioïques, comme le *Mercurialis perennis*, l'épinard, le chanvre. Il a constaté que les changements dans l'éclairage, le sol, l'encombrement, etc., sont sans effet sur la proportion des progénitures mâle et femelle. Son avis est que dans ces cas le sexe est fixé au temps où se forme la graine.

En ce qui concerne la 5e théorie, par conséquent, nous trouvons (a) que dans certains cas il y a quelques faits à l'appui de l'idée que la « nurture » des parents peut influencer les proportions des cellules germinales productrices de mâles et productrices de femelles, affectant ou bien le nombre fourni ou bien le nombre des survivants, et (b) que dans d'autres cas il n'y a pas trace de pareille influence, les faits tendant plutôt à indiquer que le sexe de la progéniture future est non seulement prédestiné, mais prédéterminé à un stade très précoce dans la cellule germinale.

Etant donnés les faits tels qu'ils se présentent à nous, il semble impossible de donner une réponse unique à la question dont il s'agit. Comme le dit T. H. Morgan : « Admettant que tous les œufs et tous les spermatozoïdes portent la base matérielle pou-

vant produire à la fois le mâle et la femelle, les deux conditions
étant mutuellement exclusives quand se produit le développement, le problème immédiat de la détermination du sexe se résout en une étude des conditions qui, chez chaque espèce, régissent le développement de l'un ou de l'autre sexe. Il semble probable que cette régulation est différente chez les espèces différentes ; il est donc vain de chercher quelque principe de détermination du sexe qui soit universel pour toutes les espèces à sexes
séparés, car si le changement interne fondamental qui assure
la condition mâle ou femelle peut être le même chez toutes les
formes unisexuées, le facteur qui détermine lequel des états
alternatifs est réalisé peut être bien différent chez des espèces
différentes. »

Considérant l'ensemble des faits dont nous avons donné des
échantillons, nous dirons avec F. H. A. Marshall qu'ils indiquent
la conclusion que « le sexe du futur organisme est déterminé dans
les différents cas par des facteurs différents, et à des stades différents de développement : soit dans la gamète non fécondée encore, soit au moment de la fécondation, soit chez l'embryon au
début. » Mais nous désirons envisager le problème à un autre
point de vue.

10. — *Autre façon d'envisager les faits.*

Dans un fort bon article récent, sur la détermination du sexe,
H. E. Jordan écrit : « Les résultats des recherches plus récentes
sur la détermination du sexe semblent, pour un temps au moins,
nous avoir ramenés à la position de Geddes et Thomson, à savoir
que la féminité est en relation causale avec un anabolisme cellulaire dominant, et la masculinité, avec un catabolisme cellulaire relativement prépondérant. Cette conclusion semblerait
être la base sur laquelle s'appuieront les recherches futures ayant
pour but de mieux élucider le mécanisme fondamental de la
différenciation sexuelle. »

Il convient de dire maintenant quelque mots de cette façon
physiologique d'envisager la question du sexe, pour la première
fois exposée dans *The Evolution of Sex* en 1889, car nous éprouvons de la peine à échapper à la conviction qu'il n'y a aucun dé-

terminant ou facteur du sexe, au sens morphologique ou mendelien, et que ce qui règle le sexe est un rythme métabolique, ou
une relation entre nucléoplasma et cytoplasma, ou une relation
entre anabolisme et catabolisme.

A travers toute la série des organismes, et des animaux en
particulier, des actifs infusoires ou passifs sporozoaires, aux
oiseaux enfiévrés ou aux reptiles paresseux, nous apercevons des
alternatives ou antithèses entre une dépense large d'énergie et
une tendance plus conservatrice à emmagasiner. Ceci dépend
avant tout de la proportion entre les processus disruptifs (cataboliques) et les constructifs (anaboliques) et nous considérons
les sexes comme des expressions du même contraste à l'intérieur d'une espèce donnée.

D'après cette façon de voir la différence constitutionnelle
profonde entre les organismes mâle et femelle, qui fait de l'un un
producteur de spermatozoïdes, et de l'autre un producteur d'œufs,
est due à une différence initiale dans la balance des changements
chimiques. « La femelle semble être relativement plus constructive, d'où son aptitude plus grande au sacrifice dans la maternité ; le mâle est relativement plus disruptif, d'où sa vie ordinairement plus active, ses énergies explosives dans l'action ». Bref,
les sexes expriment une différence fondamentale dans le rythme
métabolique.

Comme nous l'avons vu, beaucoup de groupes de faits conduisent à la conclusion que chaque cellule sexuelle possède un
équipement complet de caractères masculins et féminins, et il
se peut que l'excitant libérateur qui appelle un des jeux, ou l'autre, à s'exprimer ou développer, soit fourni par les conditions
de métabolisme qui ont été établies dans le champ d'opération,
qui conduisent aussi à l'établissement d'un ovaire ou d'un « sper-
maire » selon le cas. Comme C. E. Walker le dit dans son intéressant ouvrage intitulé *Hereditary Characters* (1910) : « Les témoignages semblent être en faveur de l'idée que les caractères
sexuels secondaires dépendent, en ce qui concerne leur développement, de la présence de glandes sexuelles chez l'individu, et
que la potentialité de la production de celle-ci est présente chez
tous les individus des deux sexes. »

Considérons la différence entre les sexes sous son expression

la plus simple, par exemple chez le Volvox, cette belle sphère
de cellules flagellées qui est un bon exemple d'un corps en élaboration. De cette boule de cellules, il s'échappe de temps à autre
des unités reproductrices qui se divisent aussitôt pour fournir
d'autres colonies. Mais dans d'autres conditions, quand la nutrition rencontre des obstacles, un mode moins direct de reproduction se présente. Quelques-unes des cellules de la sphère deviennent de gros éléments bien nourris, les œufs ; d'autres, moins
anaboliques, passent du vert au jaune, et se divisent et re-di-
visent en une quantité de petites unités, des spermatozoïdes.
Les grosses cellules d'une colonie sont fécondées par les petites
unités d'une autre. Ici nous assistons à la formation de cellules
reproductrices dimorphes dans des parties différentes du même
organisme. Mais nous pouvons aussi trouver des sphères de Volvox où il ne se forme que des œufs, et d'autres où des spermatozoïdes seuls sont engendrés. Les premières semblent plus négatives et plus nourries que les dernières ; nous les appelons organismes femelle et mâle respectivement ; nous sommes ici à la
base des différences entre les deux sexes.

Ce que nous proposons est une manière physiologique d'envisager le problème, et l'idée que le contraste des sexes exprime
une alternative physiologique. Différents phénomènes viennent
à l'appui de cette notion. Par exemple il y a les témoignages
souvent frappants du fait que le sexe est « une qualité qui enva-
hit toutes les cellules de l'organisme ». Wilson note le fait extraordinaire, assurément très important, que, chez les mousses les
Marchal démontrent que tous les produits d'un spore unique sont
pareillement déterminés de façon immuable, puisque les nouveaux plants formés par régénération de fragments du proto-
nema, ou n'importe quelle partie du gamétophyte sont toujours
du même sexe. »

Il est très intéressant aussi de considérer les cas où le sexe
change au cours de l'existence. Ainsi chez la myxine (*Migluti-
nosa*), d'après Cunningham et Nansen, il se produit des spermatozoïdes jusqu'à ce que l'animal atteigne certaines dimensions,
après quoi, l'appareil reproducteur n'est plus qu'un ovaire. F.
Braem a récemment décrit un cas curieux. Il expérimentait sur
une annélide simple, *Ophryotrocha puerilis*. Prenant une femelle

pourvue d'œufs mûrs et ne présentant pas trace d'hermaphrodisme il la divisa en deux. La partie céphalique avec 13 segments, fut isolée. En trois semaines, elle avait régénéré 7 segments avec parapodes. Elle fut tuée alors et reconnue mâle. Les œufs avaient pour la plupart disparu des organes reproducteurs, ne laissant qu'un résidu, et une partie testiculaire fonctionnelle s'était développée, qui produisait des spermatozoïdes. Pour Braem, par suite de l'amputation, les cellules germinales indifférentes, très jeunes, s'étaient développées en cellules mâles, qui exigent moins d'aliments que les œufs. Ce qui est certain, c'est que les organes reproducteurs, cessant de produire des œufs, s'étaient mis à produire des spermatozoïdes, et de pareils cas nous paraissent favoriser l'opinion que la différence des sexes est fondamentalement physiologique.

Au cours de la vie du petit astéroïde *asterina gibbosa*, un changement de mâle à femelle se produit, mais l'hermaphrodisme existe souvent entre ces deux phases. Si la larve du ver vert *bonella* se fixe à la femelle, le résultat est un mâle parasitique ; si elle se loge dans la vase au fond de la mer, le résultat est une femelle de grande taille ; si on la laisse s'installer pour quelque temps sur la trompe de la femelle et qu'on l'enlève ensuite, elle devient hermaphrodite ! Les petits de la *crepidula plana* sont hermaphrodites ; s'ils restent seuls, ils ne tardent pas à devenir femelles, mais si on les amène à proximité d'individus de grande taille (de l'un ou l'autre sexe), ils entrent dans une phase mâle de courte durée ; dans d'autres espèces, tous les individus sont d'abord mâles, puis femelles. Il est possible de former des groupes de *crepidula fornicata* empilés les uns sur les autres et comptant, par exemple, de haut en bas, trois jeunes mâles, un hermaphrodite et trois vieilles femelles en dessous.

A ce propos, F. H. A. Marshall fait la remarque suivante « Du moment où nous admettons l'existence de caractères sexuels latents (c'est-à-dire récessifs) chez des individus où les caractères d'un des sexes sont dominants, et où nous admettons que sous certaines circonstances ceux du sexe latent peuvent se développer au dépens des dominants, en réponse à des excitations physiologiques appropriées, nous sommes contraints de reconnaître aussi que le sexe du futur individu n'est pas toujours prédéterminé dans les gamètes ou même dans l'œuf fécondé, mais peut être appelé à l'existence à une période plus tardive de la vie. » L'opinion actuellement dominante, que le sexe est irrévocablement déterminé dans les cellules germinales avant la fécondation, ou dans la cellule-œuf fécondée, semble être vraie en certains cas, mais est en elle-même trop simple. Elle a besoin d'être formulée à nouveau en termes physiologiques, et veut être complétée par l'addition de diverses réserves.

Il convient de se rappeler que beaucoup au moins de ceux qui recherchent le plus les critères morphologiques comprennent aussi l'importance qu'il y a à essayer d'atteindre les réalités physiologiques qui se trouvent derrière. Ainsi Wilson dit : « Puisque les deux classes de spermatozoïdes diffèrent par la constitution nucléaire, il est extrêmement probable qu'ils diffèrent en ce qui concerne leurs processus métaboliques ». Il dit encore : « De quelles conditions à l'intérieur de l'œuf fécondé la différenciation sexuelle dépend-elle ? Nous pouvons être raisonnablement assurés qu'elle dépend, d'une façon quelconque, des réactions physiologiques du noyau et du protoplasma. »

11. — Conclusion.

Pour conclure, notre opinion est que les différences entre un producteur d'œufs et un producteur de spermatozoïdes est fondamentalement une différence dans la balance des changements chimiques, c'est-à-dire dans la proportion des processus anaboliques et cataboliques, différence qui, naturellement, peut avoir son expression structurale dans la relation du nucléo-plasma au cytoplasma. Cette différence, dans le rythme métabolique n'est pas une simple phase vague, car nous en voyons une analogue dans le contraste entre l'œuf et le spermatozoïde (bien qu'il soit impossible de se représenter ceux-ci comme étant en eux-mêmes cellules femelle et mâle) entre le macrogamète et le microgamète, entre la cellule enkystée et la flagellée, entre la plante et l'animal, et dans beaucoup de contrastes familiers à travers la série des être organisés. Bref, nous nous en tenons à la thèse de The Evolution of Sex que la différence de sexe n'est qu'une expression d'une alternative fondamentale dans la variation, se remontrant à travers tout le monde de la vie. Cette opinion tire une forte confirmation expérimentale des recherches de Baltzer sur la plasticité des conditions de sexe chez la Bonellie selon la « nurture », et de l'étude de Geoffroy Smith sur les conséquences constitutionnelles de la centration parasitaire chez les crabes, et enfin des travaux de Riddle sur le contrôle du sexe chez les pigeons.

CHAPITRE XIV

ASPECTS SOCIAUX DE RÉSULTATS BIOLOGIQUES

1. Relations de la biologie et de la sociologie. — 2. Valeur principale de l'appel sociologique à la Biologie. — 3. Facteurs initiateurs en évolution. — 4. Aspects sociaux de l'hérédité. — 5. Facteurs directeurs en évolution.

Comme les résultats généraux de l'investigation biologique doivent s'appliquer, *mutatis mutandis*, à l'homme aussi bien qu'aux autres organismes, nous nous tournons naturellement vers la Biologie pour en obtenir quelque direction pratique en ce qui concerne les affaires humaines. Ainsi, ce que nous avons dit de l'héritabilité des prédispositions à la maladie peut être de quelque utilité pratique. Pareillement la longue discussion relative à la transmission des caractères acquis a quelques corollaires pratiques. Quand tout a été dit, toutefois, nous ne pouvons que sentir que l'application des résultats biologiques *ne fait que commencer* et commence avec un retard qui est un blâme à l'égard de la prévoyance humaine. Il n'y a pas à en douter « cela paierait » si la nation britannique consacrait chaque année un million de livres à des recherches sur l'eugénique ou l'amélioration de la race humaine.

Il nous paraît utile peut-être, de consacrer le présent chapitre à une discussion élémentaire des relations de la Biologie et de la Sociologie, et principalement à l'étude de la portée de l'étiologie biologique pour les problèmes sociaux.

Les Sociologues — ceux du moins qui ont entrepris l'étude scientifique de l'origine, du développement, de la structure, des fonctions, des formes de la société humaine — ont assurément devant eux une tâche difficile, et il n'est pas surprenant qu'ils cherchent du secours de tous côtés. Au cours des dernières années, beaucoup d'auteurs s'occupant de sociologie ont demandé assistance à la biologie et ont utilisé des formules biologiques dans leurs interprétations. Le titre de l'admirable recueil *Archiv für Rassen-und Gesellschafts Biologie* est très significatif. Essayons de montrer par des exemples à la fois la valeur et les dangers que court la Sociologie en demandant aide à la Biologie. Notre point de vue pourra paraître très évident aux uns, absurdement prudent aux autres ; à nous, il semble conséquent avec les méthodes scientifiques.

1. — *Relations de la biologie et de la sociologie.*

Chacun admet qu'en biologie — l'étude scientifique de l'origine, du développement, de la structure et des fonctions des organismes en eux-mêmes — il est utile de faire appel à la physique et à la chimie. Bien qu'il n'ait pas été possible, à notre avis, de traduire la description biologique d'aucune séquence vitale en termes physiques et chimiques, les méthodes d'analyse physique et chimique ont été très utiles en biologie, lui donnant plus de largeur, de profondeur, et nous permettant de voir plus clairement ce qui est distinctement vital, l'autonomie de l'organisme. L'utilité de la méthode analytique s'est accrue dans la proportion où l'on a pu séparer plus complètement les nombreux facteurs chimiques et physiques contribuant au résultat que nous appelons activité vitale.

Par analogie, donc, il semble, pour des raisons *a priori*, légitime de s'attendre à ce que l'analyse biologique appliquée à la vie et à l'histoire des formes de sociétés sera féconde ; et les quelques pas définis déjà pris dans ce sens sont pleins de promesses. Mais l'analogie donne à penser aussi que le résultat de l'analyse en termes de catégories inférieures tendra à la longue à mettre ce qui est distinctivement social en relief plus vigoureux, et qu'un progrès certain, dans l'utilisation de formules biologiques, dépend du degré où l'on découvrira, de façon relativement complète, les facteurs biologiques qui sont à l'œuvre dans l'activité sociale. Une analyse chimico-physique de processus organiques, où l'on omettrait le facteur électricité serait assurément inepte : une analyse biologique de processus sociaux où l'on omettrait, par exemple, l'instinct de l'« aide réciproque » serait, nous semble-t-il, tout aussi erronée.

De temps à autre, en biologie, un certain succès en analyse physico-chimique a conduit à l'erreur que Comte appelait « un matérialisme », une tentative prématurée de formuler les phénomènes d'un ordre de faits supérieurs en termes des catégories d'un ordre de faits inférieurs, prématurée en ce qu'elle n'arrive à un certain succès qu'en ignorant les traits les plus essentiels : par exemple, dans le cas présent ces particularités distinctives d'auto-régulation, de réponse adaptive et autres analogues, qui font des organismes des objets entièrement à part de tous les systèmes inanimés. Il est impossible de discuter ici la question, et il est impossible de dire quelle unification de formules descriptives l'avenir peut nous réserver, mais, nous semble-t-il, nous énonçons un fait au lieu d'exprimer une opinion personnelle, en disant que c'est à présent un « matérialisme » inexact de prétendre que nous pouvons formuler un phénomène distinctivement vital quelconque, en termes de catégories mécaniques (physico-chimiques). En reconnaissant et appréciant l'opération des facteurs chimiques et physiques, contribuant au résultat que nous appelons la vie d'un organisme, le biologiste n'a fait jusqu'ici que mettre plus en relief ce qui est distinctement vital.

Pareillement en ce qui concerne l'analyse biologique des séquences sociales, il nous semble y avoir dans la littérature récente quelque raison de protester contre le « matérialisme » (au sens de Comte) consistant à prétendre que la sociologie n'est rien de plus qu'un département supérieur de la biologie, et un groupe social humain rien de plus qu'une foule de mammifères. Nous avons peu de foi en une biologie qui n'admet pas franchement qu'un organisme constitue une nouvelle synthèse, comparé aux systèmes inanimés, et nous en avons également peu en une sociologie qui ne reconnaît pas logiquement qu'une unité de société humaine, si simple soit-elle, représente aussi une nouvelle synthèse, en comparaison avec les animaux des champs, une unité ayant un mode de comportement distinctif, ayant un tout qui est plus que la somme de ses parties, bref, ayant une vie et un esprit à elle.

L'erreur consistant à regarder la sociologie comme étant simplement une branche éloignée de la biologie n'est pas seulement verbale, impliquant des divergences d'opinion sur la question fastidieuse de la meilleure définition de ces deux sciences ; elle implique encore une conception erronée de ce qu'est une société humaine, conception qui est discréditée par les faits de l'histoire et de l'expérience. Nul ne doute que la vie d'un groupe social soit faite d'un complexe d'activités de personnes individuelles ; mais celles-ci sont intégrées, harmonisées et réglées d'une manière qui dépasse autant l'analyse *biologique* présente que l'intégration, l'harmonisation et la régulation des processus chimiques et physiques dans l'organisme individuel dépassent actuellement l'analyse *mécanique*.

Le « matérialisme » n'est du reste pas seulement une erreur au point de vue théorique : c'est une erreur pratique aussi. On a vu un éleveur de bétail produire, par une sélection attentive, un taureau de choix presque parfait à l'égard de l'idéal physique visé, mais présentant le sérieux défaut vital d'être stérile. Ainsi à se préoccuper d'un idéal purement biologique, en ce qui concerne l'espèce humaine, pourrait-on arriver à des conséquences qui seraient tout ce qu'on voudrait, excepté avantageuses socialement. Nous nous risquons à dire ceci bien qu'actuellement il semble y avoir beaucoup plus de risque de l'erreur pratique opposée consistant à oublier que l'idéal biologique d'une race humaine saine, se suffisant à elle-même et progressive, est aussi *fondamental* que l'idéal sociologique d'une société harmonieusement intégrée est *suprême*.

En tout cas il est utile de reconnaître que les idéals biologiques et sociologiques ne sont pas synonymes. En fait, bien que le premier dût contribuer au second qui devrait le renfermer, l'antagonisme pratique qui règne entre eux est chose familière et intéressante. Sociologiquement des enfants illégitimes ne paraissent pas très désirables : au point de vue biologique ce sont souvent des appoints précieux. Au point de vue sociologique, il semble très conforme au progrès que l'industrie chalutière soit prospère, mais, à nous régaler de mets appétissants d'un côté, et à empocher des dividendes non moins appétissants de l'autre, nous courons le risque d'oublier ce que déplore le biologiste, l'élimination du magnifique type physique du pêcheur aux cordes, et la menace de la disparition d'un des métiers les plus virils. A chacun, de nombreux exemples similaires viendront à l'esprit.

Le danger qu'il y a à essayer de mettre les formules biologiques au service de l'interprétation sociologique est compliqué par l'histoire actuelle des sciences. On le sait bien, les recherches sociologiques de Malthus, relatives à la population humaine influencèrent Darwin, Wallace et Spencer, et on sait que le concept de la sélection naturelle dans la lutte pour l'existence vint à la biologie plutôt de plus haut que de sa propre sphère. Il en va de même de l'idée féconde de la division du travail, ou de l'idée générale d'évolution elle-même, et d'autres encore : elles vinrent à la biologie du règne social humain.

Tenons-nous en au concept de la sélection pour un moment : il fut appliqué aux plantes et animaux et on en donna des exemples, il fut justifié, sinon démontré, et formulé ; et maintenant avec *l'imprimatur* de la biologie, il revient à la sociologie comme une grande loi de la vie. Nous considérons comme certain qu'il en est ainsi, mais il est certainement évident que dans les affaires sociales, d'où il a émané comme idée proposée à la biologie, il doit être vérifié et mis à l'épreuve de façon précise. Sa forme biologique est une chose, sa forme sociologique peut en être une autre. Peut-être convient-il que ce concept soit corrigé par d'autres lois de la vie sociale qui ont été reconnues depuis. Peut-être la vie sociale humaine fournira-t-elle d'autres aperçus, relativement aux facteurs de l'évolution, dont nous ne reconnaîtrons l'importance qu'après projection sur le monde des animaux et plantes, et vérification par ce moyen. En tout cas, une formule empruntée à une autre science et appliquée à un nouvel ordre de faits — même à ceux qui les premiers en donnèrent l'idée — doit être soumise rigoureusement à l'épreuve. Autrement les sciences tant sociales qu'organiques se révoltent en illusions sociomorphiques.

2. — *Valeur principale de l'appel sociologique à la Biologie.*

A notre avis, la valeur principale de l'appel adressé à la Biologie par la sociologie est triple.

(1) — L'analyse du facteur biologique opérant dans les séquences sociales peut servir à mettre en relief plus prononcé ce qui est distinctivement social. Ainsi quand nous analysons ce qui est dû à l'hérédité naturelle, nous voyons plus clairement ce qu'est réellement l'hérédité sociale. Quand nous analysons les différentes formes de sélection naturelle opérant dans l'humanité, nous voyons combien peu ou beaucoup il y a de sélection qui ne peut être exprimée par cette formule.

(2) — L'analyse biologique peut servir à montrer que certains traits de la vie sociale ont ce qu'on peut appeler des grands ressorts organismaux, et deviennent plus intelligibles quand on les rapporte à ces derniers.

Ainsi le manque relatif de fécondité chez les belles souches humaines doit s'interpréter biologiquement aussi bien que sociologiquement. Encore nul ne traitera de façon adéquate de la valeur sociale du sexe ou du jeu, qui ne connaîtra pas la biologie de ceux-ci, ou encore, à envisager cette valeur d'un autre côté les idéals biologiques relativement plus simples, qui doivent rester fondamentaux — ceux de la culture physique et de l'eugénique par exemple, peuvent fournir une pierre de touche utile à qui veut éprouver la validité des idéals sociologiques plus complexes.

(3) — Le parallélisme des deux sciences est tel que des conclusions et expériences biologiques peuvent être de très grande valeur suggestive pour la sociologie, en aidant à la découverte de lois sociologiques, et en indiquant des possibilités pratiques d'évolution sociale.

Pour donner des exemples de cette triple valeur de l'appel à la biologie et en même temps du risque qu'il y a à ce que la biologie employée à tort blesse la main de la sociologie qui l'utilise, nous considérerons dans ce chapitre quelques généralisations biologiques, et chercherons à nous rendre compte de leur portée pour les problèmes sociologiques.

3. — *Facteurs initiateurs en Évolution.*

Variations. — Notre connaissance biologique de la nature et de l'origine des changements ou variations formant la matière première du progrès organique n'en est encore qu'aux débuts ; pourtant du peu que nous savons il convient de conserver le souvenir dans les discussions sociologiques. On est généralement d'accord sur ce que les variations innées — qui donnent à tout organisme son individualité — sont l'expression de changements dans l'architecture complexe du plasma germinal. On les considère comme dues *(a)* aux influences du soma, du corps environnant, avec son courant nutritif variable, sur les cellules germinales ; *(b)* aux permutations et combinaisons complexes précédant la fécondation et faisant partie de celle-ci, et *(c)* peut-être à ce qu'on peut appeler des changements de croissance dans le plasma germinal, à mesure qu'il se continue de génération en génération. Nous sommes assurés que ces changements germinaux ou endogènes, s'expriment dans le développement, fournissent la matière première de l'évolution sur laquelle opère la sélection ; et nous ne sommes pas assurés qu'il n'y ait pas d'autres sources de matière première.

Comparé à la plupart des organismes, l'homme est un être à reproduction lente et à variabilité faible. En ce qui concerne des caractères profondément ancrés, un changement physique dans la race par hérédité naturelle ne peut guère qu'être lent. Ceci nous conduit à chercher pour les variations sociales des origines autres que les germinales ; ainsi nous sommes conduits à soupçonner que quand un processus d'évolution sociale — vers le haut ou vers le bas — est rapide, c'est qu'il doit y avoir à l'œuvre des facteurs super-organiques. La distinction entre variations organismales et sociales est évidente. La distinction entre variations innées et modifications acquises (qui peuvent être très rapidement diffusées) est un sujet dont nous parlerons plus loin.

Tandis que les faits semblent indiquer que la plupart des variations organiques se produisant dans les communautés civilisées sont simplement des combinaisons et permutations légèrement nouvelles dans ce système complexe de contributions ancestrales que nous appelons notre héritage naturel, les travaux récents de chercheurs tels que Bateson et de Vries nous ont conduit à reconnaître que les variations discontinues ne sont pas d'occurrence rare parmi les organismes. Une « base nouvelle », un remarquable changement d'équilibre organique peut apparaître soudain, et peut s'établir de façon définitive, surtout s'il est favorisé par la reproduction en dedans ou quelque forme d'isolation. Il paraît certain qu'une race définie de bétail peut surgir dans une étable de ferme unique, peut être reproduite en dedans jusqu'au moment où elle atteint une prépotence dominante, et peut, après un certain temps, conserver toute son intégrité malgré un croisement occasionnel. S'il en est ainsi, nous pouvons mieux comprendre comment une race humaine particulière — comme le type celtique — peut être à ce point prépotent qu'il subsiste comme facteur social important malgré l'abondant mélange de souches. D'autre part un génie constitue une variation brusque qui, d'habitude, ne s'établit pas, sauf sous la forme d'un esprit immortel incorporé à la littérature ou à l'art.

L'opinion que l'homme serait aussi variable psychiquement qu'il l'est peu physiquement, ne nous paraît pas corroborée par les faits. L'opinion que les variations psychiques de l'homme sont indépendantes de l'héritage naturel est contredite par les recherches méticuleuses telles que celles de Karl Pearson (1903). Le fait sur lequel il est utile d'insister est que l'homme, bien que lentement ou faiblement *variable*, est rapidement et fortement *modifiable*, et que l'organisation sociale fournit un moyen, un héritage extérieur — par lequel peuvent être pratiquement mais non organiquement — transmis les résultats de modifications. Il nous faut revenir souvent à cette distinction élémentaire, nécessaire à la clarté de la pensée.

Par « variation sociale » nous entendons un changement dans l'organisation d'une forme de société, et il n'entre pas dans le cadre de ce chapitre d'en discuter la nature et l'origine. Ceci regarde le sociologue et est une tâche de l'avenir. Il ne sera pas présomptueux, toutefois, d'émettre sur ce point une opinion. Une variation s'exprimant dans un organisme individuel est marquée par des changements dans de nombreuses unités individuelles, et il y a à décrire et mesurer ces changements. Mais l'origine de la variation était germinale, se trouvait dans le plasma germinal « immortel » qui donne la continuité à la chaîne de générations passagères. Ainsi nous sommes conduits à croire que les changements sociaux qui comptent réellement doivent aussi leur base dans ce qui est aux formes de société, ce que le plasma germinal est aux générations d'organismes, dans *l'esprit de corps* au sens complet et irréalisable de l'expression qui donne l'unité à toute forme de société, qu'elle soit grande ou petite.

Modifications. — En outre des variations au sens strict, il y a d'autres changements organiques connus techniquement sous le nom de « modifications » ou, de façon moins heureuse, de « caractères acquis ». On peut les définir comme étant des changements structuraux, corporels, acquis par l'organisme individuel comme résultat direct de changements dans le milieu, et dépassant à tel point les limites de l'élasticité organique qu'ils peuvent persister après qu'ont cessé d'opérer les conditions agissantes. Ce sont des changements exogènes, somatogènes, par opposition aux **endogènes** et **blastogènes.** Ce sont les résultats directs de particularités dans la « nurture », opposés aux changements innés dans la « nature héritée », pour employer les termes commodes que Galton après Shakespeare nous a rendu familiers. Evidemment ce sont, après tout, des réactions de la nature héritées à de nouvelles conditions d'excitation, positives ou négatives. Le point important est que nous ne pouvons avec aucune certitude compter ces « modifications » comme partie de la matière première de l'évolution (progressive ou régressive), car nous ne disposons d'aucuns faits satisfaisants, montrant qu'ils peuvent être héréditairement transmis à la progéniture ou seulement représentés à un degré quelconque chez celle-ci.

Il est admis que quelques modifications profondément saturantes peuvent, en agissant sur le courant nutritif, affecter indirectement le plasma germinatif ; mais il n'y a aucune preuve de la transmission d'aucune modification en tant que telle. On trouvera aux chapitres précédents sur quelles bases repose cette assertion.

Il est admis que l'organisme — l'organisme humain en particulier — est souvent extraordinairement modifiable et que des conditions similaires peuvent provoquer des modifications similaires sur chaque génération qui en suit une autre, de sorte qu'il se présente une sorte d'héritabilité.

En outre, comme Mark Baldwin, Lloyd Morgan et H. F. Osborn l'ont indiqué, des modifications qui sont effectivement avantageuses — des réponses adaptives en fait — peuvent posséder une importance évolutionnaire indirecte, car elles peuvent servir à protéger l'organisme, à lui conserver l'existence, à favoriser son bien-être jusqu'au moment où des variations endogènes coïncidentes, dans les mêmes directions, auront le temps et l'occasion de s'établir. Ainsi un changement « modificationnel » peut être remplacé graduellement par un changement de l'ordre strictement « variationnel » et, *ex-hypothesi*, héritable. A ce moment, l'écran, le vernis, constitué par la modification devient inutile.

Si la conclusion de la majorité des biologistes est correcte, si les modifications en tant que telles ne sont pas transmises, il y a quelques corollaires sociologiques évidents. Nous avons dans les progrès de l'éducation, de la thérapeutique et de l'hygiène la preuve incessante et frappante que l'organisme humain est très plastique : mais nous ne pouvons nous illusionner au point de croire que ses gains ou pertes exacts soient jamais transmis. Par conséquent nous devons nous efforcer pratiquement de *ré-imprimer* les modifications avantageuses à chaque génération successive et d'éviter les modifications nuisibles.

Mais il y a lieu de corriger notablement la conclusion biologique pour le règne social, en raison de ce fait que l'homme a un héritage extérieur de coutumes et de traditions, institutions et législation, littérature et arts, qui existe pour ainsi dire peu, ou pas du tout dans le monde animal, mais qui pourtant peut être à tel point effectif que ses résultats reviennent à peu près à ce que les caractères acquis soient héréditaires. Les résultats sont ré-imprimés sur les corps et les esprits des générations successives, bien que n'étant jamais rattachés au plasma germinal. Il est probable que bon nombre des biologiquement et socialement non-aptes, ne reçoivent qu'une *modification*.

Au surplus, tandis que chez les plantes et animaux, l'organisme est souvent surtout une création des circonstances, très complètement aux mains du milieu et dominé par lui, les choses se passent autrement à mesure que nous remontons l'échelle des êtres. Nous constatons que l'organisme — oiseau, mammifère ou homme — est de plus en plus maître de sa destinée, capable de choisir son milieu dans une certaine mesure, capable de modifier son ambiance comme d'être modifié par elle. En prenant une vue perspective du cours de l'évolution, ne devons-nous pas reconnaître, évidemment, la surrection graduelle de l'agent libre, l'opération de ce qui a été à tort nommé la « sélection organique »?

4. — *Aspects sociaux de l'hérédité.*

Nous avons défini l'hérédité comme étant la relation génétique entre générations successives, et l'héritage comme étant tout ce que l'organisme possède, ou est, pour commencer, en vertu de sa relation héréditaire avec ses parents et ancêtres. Toute littérature sociologique qui en appelle à un « principe » une « loi » ou une « force » d'hérédité, doit être mise au rancart.

La relation héréditaire repose sur la matière germinale, et l'étude précise de cette base physique a beaucoup fait, ces dernières années, pour définir les façons dont une génération est reliée à l'autre. Le fait fondamental de la continuité de la matière germinale de génération en génération — le fait, qui, en biologie, correspond à la première loi du mouvement, en physique — assure cette persistance et continuité de parenté organique d'où dépend la possibilité d'une société. La manière particulière dont le plasma germinal accumule en lui-même ce que nous devons considérer comme des jeux multiples de contributions héréditaires, et devient analogue à une mosaïque, ou à un capital s'accroissant à intérêts composés, constitue un fait fondamental pour le sociologue comme pour le biologiste. C'est la condition organique de l'instinct social.

La grande généralisation connue sous le nom de loi de l'hérédité ancestrale de Galton, d'après laquelle les hérédités sont faites en moyenne, pour moitié par les parents, pour un quart par les 4 grands parents, pour un huitième par les arrières-grands-parents, et ainsi de suite, a peut-être à être révisée en ce qui concerne les fractions précises, et dans son rapport avec les cas de croisement, mais le fait général paraît bien établi et il est éloquent. L'adoptant, en même temps que ceux de Karl Pearson, d'après lesquels l'hérédité des caractères psychiques peut être formulée comme celle des caractères physiques, nous sommes mieux placés pour comprendre ce qu'on appelle la « solidarité sociale et « l'inertie sociale ». Nous arrivons à saisir plus nettement comment le passé étend une main vivante sur et dans le présent, même à sentir, peut-être, qu'il y a danger d'erreur à trop insister soit sur le passé, soit sur l'avenir quand nous avons affaire au courant continu de la vie. La généralisation de M. Galton rend les réversions, survivances, récapitulations, etc., plus intelligibles.

Très propre à faire réfléchir encore est l'élucidation, par Galton, de la régression filiale, de la tendance nécessaire et continue à se rapprocher de la moyenne de n'importe quelle lignée. Plus deux parents s'écartent de la moyenne de la lignée, plus sera lourd l'impôt sur la progéniture, laquelle tendra à se rapprocher, en montant ou en descendant, du niveau général. Ce fait est susceptible de démonstration statistique, et il suit du fait en lui-même que chaque contribution parentale est une mosaïque qui, sauf dans les cas de sélection très attentive — en bien ou en mal — se rattache et remonte à une foule d'ancêtres représentant la médiocrité moyenne de la souche.

Ceci nous explique les faits bien connus d'enfants souvent ordinaires de parents très bien doués, et d'enfants de parents plus qu'ordinaires, constituant souvent des exemplaires très avantageux de la race. Plus généralement, comme le dit Galton, nous constatons un nivellement général et inévitable, qui monte les uns et baisse les autres ; la société, considérée biologiquement, tend à se comporter comme une grande fraternité. Tandis que l'*Hereditary Genius* de Galton nous a fourni une base biologique pour l'orgueil de race et un respect pour la véritable aristocratie, sa formule de la régression filiale est un message à la démocratie.

Les faits de l'hérédité acquièrent une signification sociologique profonde quand nous étudions les taux relatifs à la fécondité dans les différentes section d'une population, et les probabilités de production de types très bien doués dans celle-ci. L'une des contributions biologiques à la sociologie donnant le plus à penser nous semble être cette célèbre *Huxley Lecture* où Galton indiqua quelques-uns des corollaires, pratiques probables de ses lois statistiques.

L'homme est un organisme qui varie lentement, et il est particulièrement apte à avoir sa nature innée cachée sous un vernis fourni par la «nurture», mais on peut échapper à ce fait qu'il y a de grandes différences dans la qualité et la quantité de la dot héréditaire. Comme il a été, dit il y a longtemps, dans une parabole immortelle, il y a ceux qui ont 10 talents, ceux qui en ont 5, et ceux qui n'en ont qu'un.

Les différences dans la dotation héréditaire — qu'il s'agisse de vigueur ou d'intelligence, de stature ou de longévité, de fécondité ou de disposition sociale — présentent une certaine régularité de distribution dans la mesure où il est possible de les mesurer. Elles se conforment à ce qu'on appelle les lois de fréquence normale qui se manifeste toujours quand des variations sont dues à l'action combinée de beaucoup de causes petites et différentes. Les variations humaines, de corps ou d'esprit, peuvent être enregistrées sur une courbe de fréquence, tout comme les variations des pavots et des méduses, sur la même courbe que l'on obtient en cataloguant les coups tirés sur une cible, ou les nombres qui reviennent le plus souvent par tant de milliers de coups de dés, ou les notes d'un grand nombre de candidats à un concours.

Rappelons brièvement l'argument de Galton. Si nous considérons une qualité pouvant être mesurée de façon précise, comme la stature, nous constatons que la taille moyenne d'un grand nombre de Britanniques adultes est de 5 pieds 8 pouces. Au-dessus de cette ligne de médiocrité (R) il y a des hommes plus grands pouvant être distribués en groupes dont les moyennes sont séparées, l'une de l'autre, d'un pouce 3 /4. On appellera ces groupes +S, + T, + U, + V, + W, + X en finissant par des géants de 6 pieds 6 pouces : nous pouvons donner à la distance entre groupes consécutifs (1 pour 3 /4) le nom de « talent normal ». Ainsi, tandis que l'adulte moyen a 39 « talents normaux » de stature (5 pieds 8 pouces) les 6 groupes au-dessus, qui diminuent rapidement quand le nombre des sujets inclus, à mesure que nous nous élevons, ont respectivement de 1 à 6 talents de plus que la médiocrité.

De l'autre côté de celle-ci il y a naturellement des groupes de variations en moins, groupes que nous appellerons — s, — t, — u, — v, — w, et — x, avec de 1 à 6 talents en moins que l'équipement normal de 39, et le côté *moins* ou gauche de la courbe est une réplique exacte du côté *plus* ou droit. Un géant de 6 pieds 6 pouces appartiendrait à la classe très restreinte et exceptionnelle portant le numéro 6 au dessin de la médiocrité (+ X) tandis qu'un nain de 4 pieds 10 pouces appartiendrait à la 6e classe au-dessous du pair (— x), et il y a apparemment autant de sujets dans l'une de ces classes que dans l'autre. D'après Galton la courbe reste exacte pour toute qualité mesurable prise séparément, et elle est valable aussi quand on groupe les qualités. « On peut, dit-il, l'utiliser à donner une idée générale de la distribution de civilisation, dans la mesure où elle est normalement distribuée... et la même pour tout groupe de qualités normales. »

Le pas qui suit, dans l'argument, est important, et nous met en contact plus étroit avec les problèmes sociaux. Charles Booth, dans ses études démographiques bien connues, a disposé la population de l'est de Londres en catégories de « valeur civique », en commençant par les criminels, semi-criminels, fainéants, et continuant en nombres croissants, par les travailleurs accidentels, les travailleurs intermittents, puis les travailleurs réguliers gagnant moins de 22 shillings par semaine, et ainsi de suite. Les résultats se rapprochent sensiblement de la courbe de la fréquence. Ici encore, on a les groupes + S, + T, + U, etc, et les groupes — s, — t, — u, etc., formant les deux côtés d'une courbe approximativement similaire et symétrique.

Il est facile de dire que l'on connaît celui-ci, celui-là et tel autre qui s'est élevé à la classe + T par pure chance, et celui-ci, et celui-là, et tel autre qui sont tombés dans la classe — t par visitation de Dieu, un incendie, un naufrage, une explosion, n'importe quoi : mais dès que nous considérons de grands nombres, il ne semble pas que ces exaltations et dépressions exceptionnelles d'individus soient d'une importance vitale. Il est évident aussi que l'étalon de valeur civique employé par Booth n'est qu'un étalon entre beaucoup d'autres — celui de la production économique sous les conditions actuelles — mais pour commencer il nous faut mesurer d'après un seul étalon.

Nous savons qu'il serait individuellement injuste de placer, par exemple, l'«étudiant nomade» d'Arnold dans la catégorie *moins*, comme travailleur accidentel, mais les types de ce genre sont rares.

Après quoi Galton passe à ce qu'on pourrait appeler une évaluation financière des enfants. Supposons qu'il nous fût possible d'importer au moment présent dix légions de garçons de physique sain et d'intelligence en éveil, non pas bourrés de graisse intellectuelle comme le sont les oies de Strasbourg de graisse physique, mais alertes dans la compréhension de méthodes et d'une curiosité que rien n'arrêterait, quel gain ne serait-ce pas pour la nation ? Le placement serait excellent, et il est à notre portée chaque année, puisqu'il naît au milieu de nous chaque année bien plus de 10 légions de ce type de garçons. S'ils ne font pas tout ce qu'ils pourraient faire, cela tient en partie à une erreur d'éducation, mais aussi à l'apparition simultanée d'un nombre énormément supérieur de garçons qui ne sont certainement pas de ce type.

M. Farr, l'éminent statisticien a essayé d'évaluer la valeur-argent sociale du bébé moyen naissant d'un cultivateur de l'Essex, en admettant que celui-ci vit à la manière de sa classe et aussi longtemps. Tenant compte de la dépense à faire pour l'entretenir durant les périodes extrêmes de l'enfance et de la sénilité, M. Farr arrive à la conclusion que la valeur nationale de l'enfant est d'environ 5 livres sterling. Même ce serait 50 livres au lieu de 5, que cela ne changerait rien à l'argument.

« D'après le même principe, dit Galton, la valeur d'un enfant de la classe + X se chiffrerait par milliers de livres. Sans doute certains de ces sujets « de talent » échouent, mais la plupart réussissent, et peuvent réussir à un haut degré. Ils fondent des industries, établissent de vastes entreprises, augmentant la richesse de multitudes, et amassent pour eux-mêmes de gandes fortunes. D'autres, qu'ils soient riches ou pauvres, sont les guides et la lumière de la nation, ils en élèvent le ton, ils en éclaircissent les difficultés, ils en élèvent les idéals. Le grand profit qu'a reçu l'Angleterre de l'immigration des huguenots deviendrait insignifiant à côté de celui qu'elle obtiendrait de l'addition annuelle de quelques centaines d'enfants des classes + W et + X. »

Nous arrivons maintenant au point capital de tout l'argument. Par une méthode qu'il a exposée dans *Natural Inheritance*, Galton a essayé d'exprimer, par un tableau type, de quelle façon précise chaque génération d'une population classée dérive de ses prédécesseurs. Conservant la terminologie exposée plus haut, recherchons avec Galton quelle est l'origine de 35 membres mâles du degré très bon + V (le quatrième au-dessus de la médiocrité, un individu sur 300). (Notre expérience de tous les jours nous apprend probablement qu'ils ne doivent pas leur origine principalement à des mariages de parents de la classe + V ; et cette observation est confirmée par la statistique, laquelle, en ce qui concerne certaines qualités, comme la stature, peut être rendue très précise). Le résultat qu'obtient Galton est que sur les 35 jeunes gens + V, il en vient 6 de parents V ; 10 de parents U ; 10 de parents T ; 5 de parents S ; 3 de parents R ; *pas un* de parents au-dessous de R.

En outre de ce résultat très instructif, nous devons considérer les forces numériques des parentés opérantes. Quand ceci a été fait « nous voyons que les classes inférieures arrivent à marquer leurs points grâce à la quantité et non à la qualité, car si 35 parents + V suffisent à produire 6 fils + V, il faut 2.500 pères de la classe R pour en produire trois. » Donc au point de vue de l'Eugénique, si nous voulons accroître la proportion de la progéniture V, la source la plus profitable se trouve parmi les parents V plus prépotents ; ils sont trois fois plus profitables que ceux de la classe au-dessous + W, et 143 fois plus que ceux de la classe R.

Autres faits de l'hérédité. — On serait tenté de s'attarder à ce mode d'hérédité appelé réversion véritable où des caractères ancestraux, qui sont restés latents pendant plusieurs générations, trouvent tout à coup l'occasion de s'affirmer à nouveau. Il est vrai que la « réversion » a été une rubrique sous laquelle on a beaucoup catalogué de faits sans valeur. Il est vrai qu'elle a été terriblement confondue avec des arrêts de développement (communément d'origine modificationnelle) avec des variations se présentant assez souvent dans les nombreux organes vestigiaires dont notre corps est un musée ambulant, avec des variations indépendantes qui « se trouvent atteindre un but ancien en cherchant à en atteindre un nouveau », ou qui font imaginer au crédule un retour à un type ancestral plus ou moins hypothétique, ou encore avec la régression filiale normale d'occurrence quotidienne. Pourtant il est indéniable que des caractères ancestraux peuvent rester longtemps latents, ils peuvent paraître perdus, mais ils ne le sont jamais réellement, et dans le battage de cartes complexes lié à la maturation et à la fécondation des cellules germinales, ils peuvent tout à coup trouver leur excitant libérateur approprié et s'affirmer une fois de plus.

Le jardin d'une chaumière de berger se trouva inclus dans une forêt à cerfs et devint un amas de mauvaises herbes. Les générations passèrent et l'ancien jardin se trouva labouré à nouveau. Les graines longtemps enfouies se réveillèrent et beaucoup de fleurs du vieux temps se montrèrent. Pareillement, un réveil de fleurs et de plantes presque oubliées peut se produire dans ce jardin que nous appelons notre hérédité. C'est ainsi que nous interprétons biologiquement ce que nous ne pouvons pas ignorer dans l'organisme politique, la surrection du type du temps passé dont — renards sans queue — nous croyons régler le compte en l'étiquetant réactionnaire ; du type inquiet, « qu'on ne peut faire obéir, ou lier », qui peut être un Moïse avec des instincts nomades réveillés, capable de conduire un peuple à travers le désert vers une terre promise, ou encore, et plus souvent, du type vicieux recrudescent : si l'on ne peut le pardonner quand nous savons toute son histoire, du moins à le mieux connaître, nous savons mieux comment le manier.

Un autre côté de l'hérédité présente une signification sociale évidente ; la question complexe et obscure de l'hybridation et du croisement où les biologistes commencent à voir un peu plus clair. Si nous appelons l'humanité une espèce, nous devons admettre qu'il y a de nombreuses sous-espèces, ou « espèces élémentaires », et à l'intérieur de celles-ci des groupes moindres de souches plus ou moins bien marquées, et aussi des groupes ou variétés quelque peu divergents. Comme dans le passé il y a encore beaucoup d'exogamie ou de croisements, et il est très désirable que toute la question soit attentivement élucidée. Dans quelle mesure est-il exact que le croisement provoque « une épidémie de variations », qu'il tend à provoquer des « réversions », et que la race plus ancienne est prépotente à l'égard de la plus jeune, et ainsi de suite ? D'après de Vries il est très généralement vrai des plantes qu'une variété rétrogressive (une variété très différente de l'espèce parente par l'absence marquée de quelque caractère), si elle est croisée avec un membre type de l'espèce, produira une progéniture revenant au type originel. Existe-t-il quelque analogie de ce « faux atavisme, ou vicinisme » chez l'espèce humaine ?

On s'adonnerait volontiers à des spéculations sur l'intérêt sociologique possible de la loi de Mendel, si l'on constatait qu'elle régit les mélanges de races humaines, mais jusqu'ici nous ne disposons pas d'assez de faits comme base. Comme nous l'avons vu, la multiplication en dedans *d'hybrides* de pois, souris, bétail, etc., a pour résultat la séparation de la progéniture en types, se reproduisant exactement, conformes aux deux types parentaux respectivement. Il nous paraîtrait opportun d'étudier avec soin les résultats des mariages entre Eurasiatiques, car si la loi de Mendel joue dans ce cas, il devrait se faire un triage, une séparation de purs asiatiques et de purs Européens, tous deux probablement plus désirables que les Eurasiatiques, si beaux que soient souvent ceux-ci, mentalement et physiquement.

Certains existent qui trouvent de la satisfaction à indiquer que, l'évolution humaine étant par excellence une évolution psychique, les conclusions biologiques relatives au problème de l'hérédité n'ont rien à y voir, puisqu'elle repose sur l'étude de qualités physiques mesurables. Mais ceux qui voudraient s'arrêter sur cette question devraient consulter la *Huxley Lecture* de Karl Pearson en 1903 : *On the Inheritance of the Mental and moral Characters in man, and its Comparaison with the Inheritance of the Physical Characters* » (*Journal Anthropol. Institut*, XXXII, p. 179-237). La méthode a consisté à obtenir pour plus de 1.000 familles des données impartiales sur la ressemblance *fraternelle* dans les caractères physiques et psychiques chez les enfants des écoles. Il raisonnait comme suit : « Si la ressemblance fraternelle pour les caractères moraux et psychiques est inférieure, égale, ou supérieure à la ressemblance fraternelle pour les caractères physiques, nous pouvons à coup sûr conclure que l'héritage paternel, en ce qui concerne le premier jeu de caractères est inférieur, égal ou supérieur à ce qu'il est pour le second jeu ». Sa conclusion après plusieurs années de recherches, a été que « le degré de ressemblance des caractères physiques et mentaux, entre enfants, est le même » ou, de façon plus concrète « nous héritons du caractère de nos parents, de leur scrupulosité, leur timidité, leurs aptitudes, comme nous héritons de leur stature, leur avant-bras, leur grande envergure ». Les caractères psychiques sont hérités de la même façon et en même proportion que les physiques.

Mais on peut donner ici un exemple d'un des points généraux de ce chapitre. Plus nous réussirons à analyser les facteurs biologiques dans notre hérédité naturelle, plus nous verrons clairement ce qu'il faut entendre par « hérédité sociale ». Qu'entendons-nous par là ? Ce n'est pas seulement que les faits de l'hérédité de famille et de souche peuvent être de grande importance sociale, qu'ils se rapportent à l'histoire d'une dynastie ou à la détérioration physique d'un prolétariat ; ce n'est pas seulement que les grandes généralisations biologiques, comme la régression filiale ou le rapport inverse entre le taux de reproduction et le degré de l'individuation, ont un rapport direct avec la sociologie ; ce n'est pas seulement qu'il y a des lois probablement obscures de récurrence périodique, comme « la loi des générations » ; nous voulons spécialement signifier ce processus complexe grâce auquel beaucoup de ce qui nous est le plus précieux paraît être maintenu de génération en génération en un *héritage social*, par la tradition, les conventions, les institutions, les lois et toute la charpente de la société même. C'est ici que s'arrête le biologiste et que doit apparaître le sociologue.

5. — *Facteurs directeurs en évolution.*

Sélection. — Passant maintenant aux facteurs qui dirigent en évolution, par opposition à ceux qui initient et conservent, nous constatons d'abord que tous s'accordent à reconnaître l'importance des *processus sélectifs*. Nous mettons au pluriel pour protester contre l'erreur persistante qui consiste à prendre une vue étroite et fruste d'un phénomène se présentant sous de nombreux modes différents, à de nombreux niveaux différents et à des degrés d'intensité très variés.

Variétés des modes, niveaux, et intensité des processus sélectifs. — Comme l'a clairement indiqué Darwin l'expression « lutte pour l'existence » doit se prendre au sens large et métaphorique. En fait, il y a lutte pour l'existence partout où, et toutes les fois que, le degré d'effectivité de réponse vitale est d'importance critique, non seulement en aidant à *survivre*, au moment même, mais en fortifiant les assises, en augmentant le confort, en prolongeant la vie, en assurant le succès dans la reproduction, et ainsi de suite. Ce peut être une misérable dispute autour d'une écuelle de nourriture, mais ce peut être un effort paisible vers le bien-être. Ce peut avoir pour point de départ l' « amour » aussi bien que la « faim », à employer les deux termes au sens le plus large ; ce peut-être altruiste aussi bien qu'égoïste.

Il peut y avoir lutte entre ennemis de nature très différente, oiseaux de proie et vermine ; compétition entre congénères : rat brun contre rat noir ; opposition entre les sexes, la cour entre araignées où la femelle dévore souvent le mâle ; concurrence humaine entre médecins, employés, etc., de sexe masculin et de sexe féminin : lutte contre le « temps » indifférent et souvent sans pitié, du milieu physique, etc. Les phases de la lutte sont aussi variées que la vie elle-même.

Ingérence à l'égard de la sélection naturelle. — Plusieurs sociologues ont repris le cri d'alarme d'Herbert Spencer faisant observer que les méthodes thérapeutiques et hygiéniques modernes troublent l'élimination naturelle des ratés dont la survivance devient naturellement un poids mort pour la race, et il y a assurément quelque force dans l'argument, surtout si nous nous en tenons à une façon de voir purement biologique. Il nous semble toutefois que le corollaire pratique, que nous devrions cesser toute ingérence à l'égard de la sélection naturelle, comme on le dit communément, est aussi fallacieux qu'impossible. 1) Il semble un peu absurde de parler, par exemple, d'une prévention d'une mortalité infantile artificiellement exagérée comme si c'était une ingérence à l'égard de l'ordre de la nature. 2) Souvent un état de faiblesse, qui peut facilement devenir mortel, est d'ordre simplement modificationnel, dû peut-être à un défaut de nutrition à un moment critique ; beaucoup d'enfants chétifs deviennent des adultes tout à fait sains ; et même si nous maintenons en vie des sujets dont la constitution est intrinsèquement mauvaise, nous sauvons et fortifions en même temps beaucoup de sujets dont la constitution, bonne en soi, requiert simplement une protection temporaire. Un enthousiaste de la sélection microbienne s'écrie : « Plus est élevée la mortalité infantile que combat si énergiquement la médecine, et plus la génération suivante est assurée d'être purgée de tous les organismes chétifs et maladifs ». Mais il oublie de noter que les maladies infantiles s'abattent aussi sur des sujets intrinsèquement forts et capables, et souvent les affaiblissent, pourrait-on dire, de façon tout à fait gratuite. 3) Un grand nombre des agents microbiens qui éclaircissent nos rangs agissent fort au hasard dans leur sélection, et même si nous pensions qu'en guerroyant contre les microbes nous sommes occupés à éliminer les éliminateurs qui ont fait notre race ce qu'elle est — comme l'affirment les apologistes enthousiastes des bactéries — certainement nous pourrions faire agir d'autres modes de sélection. Ce serait un triste aveu d'incapacité si l'homme ne pouvait agir comme agent de la sélection mieux que les bactéries. 4) Enfin, puisque que nous ne pouvons nous en tenir au point de vue biologique, est-il ridiculement vieux jeu de plaider la thèse que même si la constitution physique est misérable, l'être chétif peut constituer un actif national méritant d'être conservé, par exemple à cause de ses aptitudes intellectuelles et pour d'autres raisons ? *Mais c'est tout autre chose de savoir si le chétif doit être autorisé à engendrer d'autres s'il en est capable.* Chacun accorde que la reproduction des ratés devrait être empêchée de toute manière possible, de toute manière compatible avec un sentiment social rationnel.

Multiplication des inaptes. — Nous avons à faire face à un problème plus difficile quand nous considérons la multiplication des relativement inaptes. Il nous paraît exact que ceux-ci ont maintenant plus de chances de survivre et de se multiplier qu'ils n'en ont jamais eu à aucune époque dans l'histoire de la race. Et peut-être bien en Grande-Bretagne les mauvaises herbes tendent-elles à s'accroître plus vite que les fleurs. Il est impossible de méconnaître la gravité de la perspective. Si comme Karl Pearson l'indique 25 % des couples mariés en Grande-Bretagne produisent 50 % de la génération suivante, on voit combien dépend du caractère de ces 25 %. Des régions les plus variées nous viennent des nouvelles de l'accroissement alarmant de ce que même les plus optimistes ne peuvent considérer que comme des indésirables. Avec un bon climat et dans une période d'aliments bon marché et de salaires élevés, la proportion des défectueux sourds et muets, aliénés, épileptiques, paralytiques, estropiés et déformés, débiles et infirmes compris — se présente à nous comme ayant passé de 5, 4 pour mille, à 11, 6, en 15 ans (de 1874 à 1896). Des statistiques particulières, comme celle-ci peuvent être critiquables, mais presque tous les pays civilisés fournissent des statistiques analogues : il n'y a donc pas à échapper au résultat général. Comme l'a dit Emerson, nous produisons des hommes avec trop de guano dans leur composition.

Diverses propositions pratiques. — Point n'est besoin de dire que beaucoup des investigateurs, que ces faits ont frappés, n'ont pas laissé de proposer des mesures pratiques que l'on pourrait disposer, si l'on en avait le temps, selon un plan incliné. Certains qui ont plus confiance en la sélection naturelle qu'en aucun procédé humain, s'en tiennent au laissez-faire radical, tout à fait intenable, étant donnée la constitution de la société humaine. L'autre jour, nous passions près d'un village de troglodytes en Italie, qui naguère fut, au sens le plus cruel « laissé à lui-même » quand le choléra y éclata, qui fut pour ainsi dire emmuré, comme est scellée une ruche malade : il est futile de parler de laisser libre jeu à la sélection naturelle dans un pays civilisé quelconque. D'autres, prenant l'attitude opposée extrême ont préconisé ce qu'on peut appeler les méthodes chirurgicales pour les deux sexes, à un degré ultra-spartiate. Entre les deux extrêmes les propositions abondent. Il nous suffira de rappeler le système d'examen et de certificat matrimonial qui est de plus en plus discuté — de façon très profitable nous semble-t-il — en Allemagne, et la proposition de ségrégation par laquelle les manifestement inaptes qui ont à retomber à la charge de l'État — c'est-à-dire des citoyens aptes — ont à renoncer au droit de reproduction, — et il y a beaucoup à dire en leur faveur ; enfin les propositions eugéniques, sages et modérées avec lesquelles Galton nous a familiarisés.

Quiconque est tant soit peu au courant des faits admettra qu'il est désirable de prêter attention à l'eugénique, ou au perfectionnement de la race humaine, de façon positive, si possible, en augmentant le nombre des aptes, ou bien négativement en s'efforçant de réduire la multiplication des non-aptes. Il n'y a que peu de temps, relativement, que l'on étudie ces sujets, on ne les discute que rarement, et beaucoup conservent à leur égard une attitude superstitieuse ; mais il est impossible de prévoir ce qui se passera quand on aura mieux pris conscience de ces problèmes, ou à la suite de grands changements sociaux.

En attendant, si convaincus que nous soyons des espoirs que peuvent faire naître diverses formes de sélection eugénique, nous ne pouvons que protester contre l'impétuosité de certains qui suggèrent, à un degré presque grotesque, des méthodes d'élimination chirurgicale.

Il y a des précautions à observer :

1) — Nous sommes loin de l'omniscience en ce qui concerne les variations. Certains changements de l'ordre détérioratif sont bien connus, et l'histoire a formulé son jugement à leur égard. Bien peu de personnes encourageraient le mariage de sujets atteints de syphilis, de tuberculose prononcée, de sénilité, de diabète, de surdi-mutité, de néphrite chronique, d'hémophilie, de maladie cardiaque organique, de rétrécissement du bassin, et autres maux divers. Tous sont d'accord pour déclarer qu'il ne doit pas y avoir de procréateurs épileptiques, paralytiques, aliénés et ainsi de suite, mais beaucoup de variations sont des quantités inconnues. Le bourgeon médiocre peut s'épanouir en une belle fleur. Il ne faut pas écarter à la légère la thèse de Virchow de l'origine pathologique de certaines variations. Il y a un optimisme de la pathologie. Nul ne proposerait *d'encourager* la multiplication de variants douteux parce qu'il pourrait en venir à l'occasion un génie, mais la race doit néanmoins beaucoup à des êtres chétifs. Un sujet appartenant à une famille qui depuis trois générations fabrique de la cystine ne devrait pas avoir d'enfants — il ne passerait pas l'examen matrimonial allemand — mais il peut représenter en lui-même un appoint national de grand prix. Certaines des listes données par les chirurgiens sociaux sont curieuses par leur absence de caractère pratique : tel

y inscrit « une tare criminelle » — comme si c'était une rareté, ou aussi facilement décelable que la surdi-mutité —, un autre y place le « paupérisme ».

2) — N'y a-t-il pas beaucoup à dire à l'appui de l'opinion que de nombreux non-aptes sont simplement tels de façon modificationnelle ; simplement des plantes mal nourries dans un jardin encombré ? Ne sommes-nous pas exposés à tenir un compte insuffisant de la plasticité de la nature humaine, et de la facilité avec laquelle sont réimprimés les éléments héréditaires ? Existe-t-il au sens strict une maladie transmissible, en dehors de l'infection pré-natale ? La prédisposition à la maladie, n'est-elle pas le maximum de ce qui est transmis ? Beaucoup de criminels ne sont-ils pas de simples anachronismes, des sujets qui ne sont ni de leur temps, ni à leur place, qu'il n'y a pas à incarcérer ou à traiter plus durement encore, mais qu'il suffirait de transplanter ? Les récits relatifs aux familles Jukes ou à la femme dont les 709 descendants coûtent à l'état un quart de million de livres sont impressionnants, sans doute, mais il faut se rappeler l'effet modificationnel de l'ostracisme social. On n'en peut guère douter, la proportion considérable de criminels parmi les enfants illégitimes — formant le dixième de la natalité totale en Allemagne, nous est-il dit — est de création artificielle. En passant, notons comme un fait intéressant la formation d'une ligue en Allemagne pour la protection, non seulement des illégitimes, mais de leurs mères aussi.

3) — S'il est indubitablement vrai que des caractères inférieurs très fortement développés peuvent avoir une grande puissance de persistance même au-delà de la 3e et de la 4e génération, tout comme il peut arriver aux caractères favorables très développés, n'y a-t-il pas tendance à exagérer la contamination résultante de la souche ? Archdall Reid a exposé la tendance qu'a le type alcoolique sans maîtrise de soi, à s'éliminer, et elle existe aussi pour d'autres types. Si la sélection germinale exprime une réalité, nous devons nous attendre à voir submerger les tares comme le fait se présente souvent pour les excellences.

4) — Sans aucun doute les phénomènes mendeliens de l'hérédité se présentent chez l'homme : aussi devrions-nous hésiter à dire qu'on ne peut rien tirer de propre du malpropre. Quand on

croise des blés immunisés et non immunisés les hybrides résultants sont tous non immunisés à l'égard de la rouille. Mais si ces hybrides se multiplient en dedans, leur graine donne trois plants non immunisé pour un immunisé. Il se peut que des phénomènes *analogues* existent chez l'homme, attendant qu'on les découvre.

Notre opinion général est que chez l'homme civilisé les sentiments de solidarité et de sympathie sont trop précieux et trop prononcés pour tolérer *beaucoup* de chirurgie sociale, ou les méthodes plus ridicules d'élimination reproductrice à l'appui desquelles on invoque plus de science qu'on en possède réellement. D'autre part il y a beaucoup à dire en faveur de la restriction de la reproduction des indésirables qui retombent, pour vivre, à la charge de l'État ; en faveur aussi de quelque sorte de législation relative au mariage, afin de développer un préjugé social contre la reproduction des victimes d'hérédités incontestablement mauvaises ; en faveur d'une reconnaissance plus complète et plus profonde, en ce qui concerne les droits de la femme quant à l'appariemment et à la maternité ; en faveur des méthodes eugéniques proposées par Galton, et ainsi de suite. Mais il y a une autre pensée que nous voudrions exprimer.

Militarisme. — Dans son livre lumineux *Evolution and the War*, Chalmers Mitchell a montré quelle erreur il y a à comparer la guerre moderne à quoi que ce soit qui se passe dans la nature. Ainsi **il dit** : « Les nations modernes ne sont pas des unités de même ordre que les unités des règnes animal et végétal »... « La lutte pour l'existence, telle que l'a exposée Charles Darwin, et telle qu'elle peut être pratiquée dans la nature, n'a aucune ressemblance avec la guerre humaine. »

Si l'on insiste pour comparer la guerre humaine et « là lutte pour l'existence dans la nature », il faudra admettre qu'*au point de vue biologique* même une guerre juste constitue un retour au mode de lutte le plus grossier, un recours principalement à l'épreuve de la force brute ; et sûrement la transition de la barbarie à la civilisation a pour marque l'effort pour dépasser ce niveau. Il faut accorder naturellement que, *au point de vue social*, une guerre juste peut être une discipline en noblesse.

Il n'est point interdit à l'homme d'imiter tel ou tel mode particulier de lutte pour l'existence qu'il rencontre dans la nature, laquelle, en fait, comprend l'intégration coopérative aussi bien que le conflit meurtrier. S'il s'adonne à la guerre humaine moderne, on est obligé de l'accepter, il doit s'attendre à des conséquences dysgéniques. S'il insiste sur l'analyse biologique en protestation — pour se justifier, on doit lui rappeler qu'il n'y a pas de faits biologiques autorisant à supposer que la victoire doit impliquer une survivance des plus aptes, de ceux qui d'après notre étalon humain en valeur, sont les plus aptes parmi les conséquences dysgéniques qu'il y a à redouter, il faut songer à l'appauvrissement possible de la race par la perte d'un grand nombre de beaux types humains dans toute la population d'année en année (perte qui est mitigée de façons variées, par exemple par l'élimination relativement faible parmi les mères, dans les nationalités plus fortes ; à l'appauvrissement certain de la race par la perte d'individualités exceptionnelles de grande promesse que nous ne savons comment remplacer ; et au grand risque que l'on court d'une glissade réversionnaire le long de l'échelle raide de l'évolution, des combattants et non combattants aussi bien : par exemple par la disruption des systèmes d'idée intégrateurs, par les influences souvent détériorantes des efforts et des tensions excessifs.

Si nous contemplons un danger national quelconque, nous pouvons interpréter le fait *biologiquement* comme l'a fait récemment le zoologiste américain D. S. Jordan (1) en termes de la sélection renversée qui tend à gâter la récolte humaine, ou *psychologiquement*, en termes des changements d'idées et d'idéals de l'homme moyen ; ou *sociologiquement*, en termes de variations dans l'organisation de la forme de société : mais il est fondamentalement indispensable que ces interprétations soient susceptibles d'unification, et c'est là la besogne spéciale que le sociologue doit mener à bien. A se préoccuper du point de vue biologique — le point de vue de l'éleveur — on arrivera infailliblement à erreur sur erreur, aux « matérialismes » dont il a été déjà parlé : d'autre part, ignorer ce point de vue c'est vouloir rejeter délibérément l'ordre de faits que nous pouvons, avec le plus de précision, mesurer et mettre à l'épreuve. En outre, on est apte

(1) Voir *The human Harvest* (*American Philosophical Society*, avril 1906 ; aussi à part, Boston 1907, 122 pages.

à oublier ce fait banal que si des idées et idéals changés s'incorporent physiquement en chair et en sang, ils acquièrent *ipso facto* une inertie que nulle transposition tardive sur le plan psychique ne peut jamais supprimer. Il n'en est pas moins vrai qu'à trier, à enrichir, à ennoblir nos systèmes d'idées on déterminera une réaction sur la pratique et l'effort quotidien, car les idées ont pieds et mains. Ce sur quoi tous doivent être d'accord, c'est que, sur tous les plans — biologique, psychologique et social — un effort vigoureux s'impose impérieusement pour contrebalancer le mal qui se produit toujours quand on sème des dents de dragon.

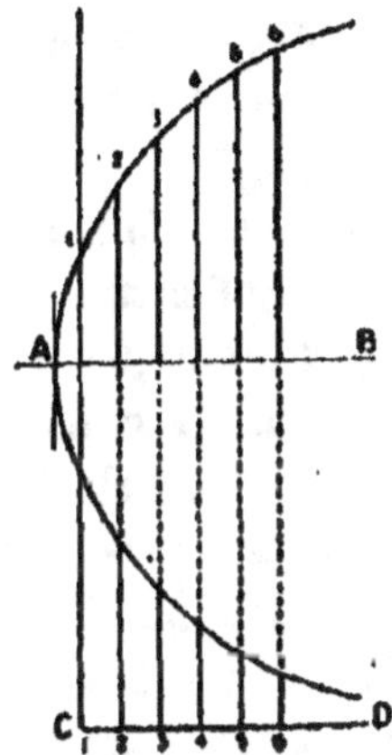

Fio. 29. — Diagramme montrant la relation entre la reproduction et l'individuation (tiré de *Evolution of sex*)

Les perpendiculaires élevées au-dessus de la ligne A B indiquent le degré croissant d'individuation d'une série d'espèces 1, 2, 3, 4, 5, 6 (p. ex, ver, poisson, grenouille, oiseau, homme, éléphant). De même, les perpendiculaires élevées de la ligne C D représentent la rapidité de multiplication des mêmes espèces. Les courbes roulant les sommets des deux groupes de perpendiculaires indiquent, par leur symétrie inversée, le rapport inverse qui existe entre l'individuation et la rapidité de multiplication.

Infécondité relative des lignées plus individualisées. — Considérons brièvement un autre côté du problème de la fécondité. Le biologiste, accoutumé à interpréter de grands résultats en termes de sélection et d'isolation agissant sur des variations germinales, ne manquera probablement pas de foi en ce qui peut être accompli en sachant utiliser l'Eugénique. Mais il trouve difficile de dissiper l'ombre résultant du fait de l'infécondité relativement considérable de ce que nous croyons être les types et les souches les plus utiles socialement. De façon réitérée dans l'histoire de l'humanité des castes élues, de variables aristocraties se sont élevées pour disparaître dans la stérilité, ou au cours de la lutte inter-sociale. Même si cette dernière destinée peut être écartée grâce à une organisation sociale plus évoluée, et à la pacification des races, comment devons-nous faire face au fait de la fécondité décroissante de ce que nous considérons comme les meilleures lignées ? Il se peut que la diminution relativement récente de la natalité chez les ouvriers techniciens et leurs pareils soit en partie modificationnelle ou artificielle, une adaption à des conditions sociales changées ; mais que pourrons-nous dire de la fécondité généralement basse des souches les plus individualisées ?

Les facteurs jouant un rôle en l'affaire sont probablement, comme l'a soutenu Spencer, des facteurs psychiques et physiologiques à fonctionnement automatique, qui diminuent l'aptitude reproductrice à mesure que s'accroît l'individuation. Il se peut que la surnutrition, le vice sexuel, l'absence fréquente de mariages d'amour, travaillent aussi dans le même sens ; il semble difficile de douter que le célibat égoïste, et la non-maternité égoïste soient en partie à blâmer ; et il y a toutes sortes de facteurs possibles, jusqu'aux mariages d'héritières qui sont souvent les seules survivantes d'une famille expirante. Ireland signale le fait significatif que certaines des castes supérieures de l'Inde (Brahmines et Rajpoutes), qui sont plus particulièrement exclusives en matière de mariage, ne présentent pas les tendances habituelles à l'extinction, ce qui peut se rattacher au fait qu'elles sont pour la plupart pauvres et abstèmes.

Peut-on tirer quelque consolation de la pensée que la qualité est toujours assurée contre la quantité, que les aigles n'ont rien à craindre de la ponte des grenouilles, qu'un héritage peut persister socialement même quand une lignée devient biologiquement éteinte. Quelque chose existe-t-il nous autorisant à supposer que la race peut continuer à produire, d'un sol nouveau, récolte sur récolte des types hautement individualisés, destinés à s'éliminer chacun à son tour en châtiment de sa propre excellence. Y a-t-il quelque vérité dans l'opinion que la faillite en puissance reproductrice est une expression du jugement de la nature contre l'isolation dissociale de classes privilégiées, contre toute négation, qui se contredit elle-même, de la solidarité de l'organisme social ? En tout cas n'est-il pas besoin de se défaire d'une pruderie d'égoïsme qui empêche certains des types les plus aptes de reconnaître qu'ils doivent à leur race autre chose encore que leur travail ?

Il convient de tenir présent à l'esprit ce fait qu'on ne se livre pas communément à des méditations précises au sujet de la fécondité, que le public ne se doute pas que la diminution de la natalité fait présager des désastres, et que très peu ont, sur ce sujet, une conscience éveillée. On néglige les précautions les plus banales. Ce n'est plus la mode de devenir amoureux, et des types presque non-mammifères se font plus communs. En un sens, bien que ce soit dommage, peut-être vaut-il mieux qu'ils s'éteignent. Et qui, par exemple, songe jamais à ce sage propos d'un Français : « Mon père était fermier ; je suis professeur ; mon fils doit retourner à la ferme. » ? Mais en outre d'une lente diffusion d'un intérêt à l'égard de l'Eugénique, peut-être la forme d'activité dont on peut attendre le plus, consiste-t-elle à chercher à favoriser des variations sociales (et morales aussi naturellement) pouvant amener l'établissement de conditions biologiques plus saines.

Isolation. — Le seul autre facteur directeur d'évolution sur lequel les biologistes soient tous d'accord, à part la sélection, est l'isolation : par ce terme général il faut entendre toutes les façons variées dont peuvent être limitées les possibilités de croisement. Ainsi que l'ont exposé Wagner, Weismann, Romanes, Gulick et d'autres, l'isolation revêt des formes diverses : spatiale, structurale, habitudinale, psychique ; et elle produit des effets variés. Elle tend à la ségrégation de l'espèce en sous-espèces, elle facilite l'établissement de variations nouvelles, elle favorise la prépotence, ou ce que les éleveurs appellent la « puissance de transmission » ; elle fixe les caractères. Une des races de bétail les plus appréciées (Angus désarmée) semble avoir pris naissance dans une ferme unique : elle a été soumise originellement à une très étroite reproduction en dedans ; sa prépotence est remarquable, et son succès, du point de vue de l'homme, a été considérable. Il est difficile de se procurer des données sur les résultats de l'isolation dans la nature, mais le récent volume de Gulick sur ce sujet abonde en exemples concrets, et il semble que nous soyons autorisés à croire que l'isolation a été et est encore d'occurrence fréquente.

Reibmayr a tiré de l'histoire humaine un trésor d'exemples de formes variées d'isolation, et il semble y avoir beaucoup à dire à l'appui de sa thèse que l'établissement d'une race ou souche qui réussit exige l'alternance de périodes de reproduction en dedans (endogamie) pendant lesquelles les caractères sont fixés, et des périodes de croisement (exogamie) où, par l'introduction de sang neuf, sont provoquées de' nouvelles variations. Peut-être les Juifs peuvent-ils servir d'exemple montrant l'influence de l'isolation sur la détermination de la stabilité de type et de la prépotence ; peut-être les Américains constituent-ils un exemple de la variabilité que tend à amener le mélange de souches variées. Dans l'étude historique du difficile problème de l'origine de races distinctes, il semble légitime de se représenter des périodes de « mutation » — de variation discontinue — ayant conduit à de nombreuses branches latérales du tronc principal, et de se figurer la migration de ces variants vers des milieux nouveaux où, dans une isolation relative, ils sont devenus prépotents et stables.

Conclusion. — Notre façon de voir générale est que si nous passons des organismes aux sociétés humaines, les choses sont à tel point changées qu'il faut user de beaucoup de précautions dans l'application des formules biologiques. 1) Ainsi en ce qui concerne les processus de sélection, nous devons reconnaître l'intervention de la sélection rationnelle comme accélérant ou comme frein de la sélection naturelle. 2) Quand une société se met délibérément à choisir de façon distinctive les individualités devant constituer son appareil politique, nous nous trouvons en présence d'un processus infiniment plus subtil que celui dont use un éleveur quand il fait de la sélection dans son troupeau, ou dont use le milieu physique en éliminant les membres mal adaptés d'une race. 3) Il y a dans les affaires humaines beaucoup plus de sélections entre groupes, entre sociétés, entre races, ce qui introduit de nouvelles complexités : ainsi dans le conflit de races, les vainqueurs apparents sont parfois, dans une certaine mesure, conquis par les vaincus.

Dans tous les projets sélectifs, la difficulté qui se présente est de savoir pour quoi nous allons opérer sélectivement. Pour que la sélection réussisse, elle doit être logiquement poursuivie. Quant à l'idéal négatif consistant à essayer de diminuer le précipité d'incapables avérés, tous seront d'accord, mais l'idéal positif est nécessairement vague et a des sens différents pour des esprits différents. On reconnaîtra généralement, toutefois que si nous voulons éviter un effort vain, notre idéal doit comprendre de l' « eutopie » et de l' « eutechnique », aussi bien que l' « eugénique » et qu'il doit être dans ses visées, non pas simplement biologique, mais nettement sociologique aussi.

BIBLIOGRAPHIE

N. B. — Cette bibliographie ne comprend que les ouvrages les plus représentatifs. On peut la compléter par celles de Bateson (1909), Baur (1911), Delage (1902), Goldschmidt (1911), Haecker (1911). — Les ouvrages à consulter en premier lieu sont précédés de l'indication : « livre d'initiation ».

1896-8. ACKERMANN, A. Tierbastarde. Zusammenstellung der bisherigen Beobachtungen. *Abh. Vereins Naturkunde Kassel*, XL, pp. 103-121 ; XLIII, pp. 1-79.

1901. ADAMI, J. GEORGE : An address on Theories of Inheritance, with Special Reference to the Inheritance of Acquired Conditions in Man. *Brit Med. Journal*, No 2109, June 1. pp. 1317-1323, 2 figs. [Critique la théorie de Weismann et propose une théorie modifiée.]

1918. — : Medical Contributions to the Theory of Evolution. Duckworth, London, 327 p., avec 7 planches et 20 fig.

1815. ADAMS : A Philosophical Treatise on Hereditary Peculiarities. 2nd ed. 1815.

1920. AGAR, W. E. : Cytology. London.

ALCOHOLISM : *British Journal of Inebriety*.

1904. ALLEN, G. M. : The Heredity of Coat-Colour in Mice. *Proc. Amer. Acad.* XL, pp. 61-163, 7 figs.

1893. AMMON, OTTO : Die natürliche Auslese beim Menschen. Fischer, Jena, pp. 326. (Ouvrage de valeur).

1895. — Die Vererbung erworbener Eigenschaften. *Nat. Wochenschr. Berlin*, X, pp. 386.

1896. — Der Abänderungsspielraum : ein Beitrag zur Theorie der natürlichen Auslese. *Nat. Wochenschr.* XL, pp. 137-143, 149-145. Tirage à part, Dummler, Berlin, pp. 54.

1900. — Die Gesellschaftsordnung und ihre natürlichen Grundlagen. Fischer, Jena. (Descendance de chats de l'île de Man.)

1899. ANTHONY, R. : *Bull. Soc. Anthrop. Paris*, X, 1899, pp. 303.

Archiv für Entwickelungsmechanik. [Revue importante].

Archiv für Rassen- und Gesellschaftsbiologie. [Revue importante].

1892. ARLIDGE, J. T. : The Hygiene, Diseases and Mortality of Occupations. Percival, London. pp. XX+568.

1890. ARRÉAT, L. : Récents Travaux sur l'Hérédité. *Rev. Philos.* XXIX, pp. 399-419.

1872. ASKENASY, E. : Beiträge zur Kritik der Darwin'schen Lehre. 8vo, Leipzig.

1918. BABCOCK, E. B. and CLAUSEN, R. E. : Genetics in Relation to Agriculture, N. Y.

1909. BAEHR, W. B. VON : Die Oogenese bei einigen viviparen Aphiden und die Spermatogenese vom Aphis saliceti. *Arch. f. Zellenforschung*, III.

1894. BAILEY, L. H. : Neo-Lamarckism and Neo-Darwinism. *Amer. Natural.* XXVIII, pp. 661-678.

1896. —— The Survival of the Unlike : a Collection of Evolution Essays suggested by the Study of Domestic Plants. New York, pp. 515, 3rd ed., 1899.

1904. —— Plant-Breeding : Five Lectures upon the Amelioration of Domestic Plants. 3rd ed., MacMillan & Co., New York. pp. 334. [Excellente étude sur la culture de plantes, avec une bibliographie complète].

1893. BAILLET, C. : Quelques Mots sur les Croisements dits au Premier Sang, chez les Animaux Domestiques. *Mém. Acad. Toulouse*, v., pp. 128-143.

1895. —— Du Croisement continu dans les Races d'Animaux Domestiques. *Mém. Acad. Toulouse*, VII., pp. 141-160.

1899. —— De l'Atavisme et de l'Origine des Reproducteurs chez les Principales Espèces d'Animaux Domestiques. *Mém. Acad. Toulouse*, X., pp. 314-341.

1885. BALBIANI, E. G. : Contribution à l'Étude de la Formation des Organes Sexuels chez les Insectes. *Rec. Zool. Suisse*, 11, pp. 525-588, 2 pls.

1888. —— Les Théories Modernes de la Génération et de l'Hérédité. *Revue Philos.* No. 12, Décembre.

1896. BALDWIN, J. MARK. A New Factor in Evolution. *Amer. Natural.* XXX. pp. 441-451, 536-553. Cf. *Science*, IV, p. 189.

1896. —— Dictionary of Philosophy and Psychology.

1896. —— Heredity and Instinct. *Science*, III, pp. 438-441, 558-561. Cf. p. 669.

1896. —— Physical and Social Heredity. *Amer. Natural.* XXX. pp. 422-428.

1897. —— Organic Selection. *Nature*, LV, p. 558.

1902. —— Development and Evolution. Including Psychological Evolution, Evolution by Orthoplasy, and the Theory of Genetic Modes. MacMillan Co., New York, pp. 395.

1907. BALDWIN, J. MARK : Social and Ethical Interpretations of Mental Development. 4th ed.

1890. BALL, W. PLATT : Are the Effects of Use and Disuse Inherited ? London, 156 pp.

1897. BALLANTYNE, J. W. : Teratogenesis : an Inquiry into the Causes of Monstrosities. History of the Theories of Past. Oliver et Boyd, Edinburgh, pp. 62.

1904. BALLOWITZ, E. : Das Verhalten der Muskeln und Sehnen bei Hyperdaktylie des Menschen im Hinblick auf die Aetiologie dieser Missbildung. *Verh. Anat. Ges.* ; *Anat. Anzeig.* XXV. *Ergänzungsheft*, pp. 124-135, 3 figs. [L'hyperdactylisme n'est pas un phénomène d'atavisme, mais l'effet d'un dédoublement tératologique].

1885. BAMBEKE, CH. VAN : Pourquoi nous ressemblons à nos parents. Bruxelles. pp. 48. Voir également *Bull. Acad. Belg.* X. pp. 901-944.

1891. BARFURTH, D. : Versuche zur funcktionellen Anpassung. *Arch. mikr. Anat.* XXXVII.

1894. —— Die experimentelle Regeneration überschüssiger Gliedmassenteile (Polydactylie) bei den Amphibien. *Arch. Entwickelungsmech.* I.

1908. —— Experimentelle Untersuchung über die Vererbung der Hyperdactylie bei Hühnern. I. Der Einfluss der Mutter. *Arch. Entwickelungsmechanik*, XXVI.

1909. —— II. Der Einfluss des Vaters. *Ibid.* XXVII.

1905. BARRINGTON, AMY ; LEE, ALICE ; and PEARSON, KARL : On the Inheritance of Coat-Colour in the Greyhound. *Biometrika*, III. p. 245.

1906. BARRINGTON, A., and PEARSON, H. : On the Inheritance of Coat-Colour in Cattle. Part I. Shorthorn Crosses and Pure Shorthorns. *Biometrika*, IV. pp. 427.

1900. Barthélet, M. : Experiences sur la Télégonie. *Comptes Rendus Acad. Sci. Paris*, cxxxi, pp. 911-912.

1900. Bataillon, E. : Blastotomie Spontanée et Larves Jumelles chez Petromyzon planeri. *Comptes Rendus Acad. Sci. Paris*, cxxx. p. 1201. Voir également Pression Osmotique de l'Œuf et Polyembryonie Expérimentale. *Ibid.* pp. 1480-1482.

1894. Bateson, W. : Materials for the Study of Variation. London, 598 pp., 209 figs.

1901. —— Heredity, Differenciation, and other Conceptions of Biology. *Proc. Roy. Soc. London*, lxix.

1901. Bateson, W. : Introduction to Translation of Mendel's « Versuche über Pflanzenhybriden ». *Journ. R. Horticultural Soc.* xxvi. part i.

1902. —— Mendel's Principles of Heredity, a Defence. With a Translation of Mendel's Original Papers on Hybridisation. University Press, Cambridge, pp. xii+212. [Exposé et développement des conclusions de Mendel.]

1902. —— and Collaborators, Reports to the Evolution Committee, Royal Society of London : I. (1902), with Miss E. R. Saunders, 160 pp. ; II. (1905), with Miss E. R. Saunders, R. C. Punnett, and C. C. Hurst, 154 pp. ; III. (1906), with Miss Saunders and R. C. Punnett, 53 pp.

1903. —— The present State of Knowledge of Colour-Heredity in Mice and Rats. *Proc. Zool. Soc. London*, pp. 71-99.

1904. —— Presidential Address, Section D, British Association, 1904, *Rep. Brit. Assoc. (Cambridge Meeting)*, pp. 574-589. [Excellente introduction à l'étude de la variation et de l'hérédité.] Voir également *Nature*, lxx., 1904, p. 406. (Cf. pp. 538, 601, 627.)

1904. —— An Address on Mendelian Heredity and its Application to Man. *Birt. Med. Journ.* ii., July 14, 1906, pp. 60-67.

1906. —— Albinism in Sicily. *Biometrika*, iv. p. 231.

1906. —— The Progress of Genetics since the Rediscovery of Mendel's Papers. *Progressus Rei Botanicae*, 1.

1907. —— Facts limiting the Theory of Heredity. *Science*, xxvi. pp. 649-60. *Proc. Seventh Internat. Zool. Congress*, 1907, pp. 306-319. (publié en 1912),

1908. —— The Methods and Scope of Genetics, pp. 49. (Leçon inaugurale].

1909. —— Mendel's Principles of Heredity.[Exposé très important des résultats de l'étude expérimentale de la génétique].

1905. Bateson, W., and Gregory, R. P. : On the Inheritance of Heterostylism in Primula. *Proc. Roy. Soc.* lxxvi. p. 581.

1908. Bateson, W., and Punnett, R. C. The Heredity of Sex. *Science*, xxvii.

1859. Baudement, E. : Art. *Atavisme* in *Encyclopédie Pratique de l'Agriculteur* (de Moll et Gayot), ii. 1859. [Cité par Sanson, comme un des exposés les plus anciens et les meilleurs].

1907. Baur, E. : Untersuchungen über die Erblichkeitsverhältnisse einer nur in Bastardform lebensfähigen Sippe von Antirrhinum majus. *Ber. Deutsch. Bot. Ges.* xxv. pp. 442.

1910. —— Vererbungs- und Bastardierungsversuche mit Antirrhinum. *Zeitschr. induktive Abstammungs- und Vererbungslehre*, iii. pp. 34-98.

1911. —— Einführung in die experimentelle Vererbungslehre. Berlin, pp. 293. [Excellente introduction à l'étude expérimentale de l'hérédité].

1902. Beard, John : The Determination of Sex in Animal Development. Fischer, Jena.

1904. —— Heredity and the Cause of Variation. *Biol. Centralbl.* xxiv. pp. 366-370.

1896. Beddoe, John : Selection in Man. *Science Progress*, v. pp. 384-397.

1890. Bemmelen, J. F. van : De Erfelykeid van verwornen Eigenschappen. 's Gravenhage, 279 pp. [Exposé historique complet des idées relatives à la transmission des caractères acquis].

1883. Beneden, E. van : Recherches sur la Maturation de l'Œuf, la Fécondation et la Division Cellulaire. Gand, Leipzig and Paris. 289 pp., 126 figs.

1895. Bergh, R. S. : Vorlesungen über allgemeine Embryologie. Kreidel, Wiesbaden. 289 pp., 126 figs.

1911. Bergson, Henri : Creative Evolution. Traduction anglaise de « L'Évolution créatrice » (1907). [Discussion intéressante de la question de l'hérédité des caractères acquis. Examen philosophique de la théorie de l'évolution].

1883. Berner : Ueber die Ursache der Geschlechtsbildung : eine biologische Studie. Christiania.

1905. Biffen, R. H. : Mendel's Laws of Inheritance and Wheat Breeding. *Journ. Agric. Sci.* I. pp. 4-48, 1 pl.

1907. —— Studies in the Inheritance of Disease-resistance. *Journ. Agric. Sci.* II.

1907. —— The Hybridisation of Barleys *Journ. Agric. Sci.* II.

1909. —— On the Inheritance of Strength in Wheat. *Journ. Agric. Sci.* IV.

1896. Binswanger, O. : Pathologie und Therapie der Neurasthenie. Jena. Biometrika. [Revue importante].

1902. Blackman, V. H. : Recent Work on Hybridism in Plants. *New Phytologist*, I, pp. 73-80, 97-105. [Mendélisme].

1906. Blakeslee, A. F. : Differenciation of Sex in Thallus, Gametophyte and Sporophyte. *Botanical Gazette*, XLII.

1907. —— The Biological Significance and Control of Sex. *Science*, XXV.

1903. Blanchard, N. : On Inheritance (Grandparent and Offspring) in Thoroughbred Racehorses. *Biometrika*, II. pp. 229-233.

1919. Blaringhem, L. : Les problèmes de l'hérédité expérimentale, Paris. 317 p. avec 20 fig.

1882. Bollinger : Ueber Vererbung von Krankheiten. Stuttgart.

1888. Bonnet, R. : Die stummelschwänzige Hunde, etc. *Anat. Anzeig.* III, pp. 584-606.

1909. Bordage, E. : A propos de l'hérédité des caractères acquis. *Bull. Scient. de la France et de la Belgique*, XLIV.

1881. Born, G. : Experimentelle Untersuchungen über de Entstehung der Geschlechtsunterschiede. *Breslauer Aerztliche Zeitschrift*.

1894. Bos. J. Ritzema : Untersuchungen über die Folgen der Zucht in engster Blutverwandschaft. *Biol. Centralbl.* XIV. pp. 75-81.

Boudin : Dangers des Unions Consanguines.

1857. Bourgeois : Quelle est l'influence du Mariage entre Consanguins ? Thèse de Paris.

1894. Bourne, G. C. : Epigenesis or Evolution. *Science Progress*, pp. 105-126.

1889b. Boveri, Th. : Die Vorgänge der Befruchtung und Zellteilung in ihrer Beziehung zur Vererbungsfrage. *Verh. München. Anthrop. Ges.* VIII, pp. 27-40, 2 pls.

1889. —— Ein geschlechtlich erzeugter Organismus ohne mütterliche Eigenschaften. *SB. Ges. Morph. Phys. München*, v. pp. 73-80 ; *Amer. Nat.* XXVII. (1893), pp. 222-232, 4 figs.

1891. —— Befruchtung. Report in Merkel and Bonnet's *Anatomische Ergebnisse*, vol. I. pp. 385-485, 15 figs.

1892. —— Ueber die Entstehung des Gegensatzes zwischen den Geschlechtszellen und den somatischen Zellen bei Ascaris megalocephala. *SB. Ges. Morph. Phys. München*, VIII. pp. 114-125, 5 figs.

1895. —— Ueber die Befruchtungs- und Entwickelungsfähigkeit kernloser Seeigel-Eier. *Arch. Entwickelungsmech.* II. Heft 3.

1902. BOVERI, TH. : Das Problem der Befruchtung. *Verh. Versammlung Deutscher Naturforscher und Aerzte.* Tirage à part, Fischer, Jena, pp. 48, 19 figs.

1904. —— Ergebnisse über die Konstitution der chromatischen Substanz des Zellkerns. Fischer, Jena.

1908-9. BOVERI, TH. : Ueber Beziehungen des Chromatins zur Geschlechtsbestimmung. *SB. Phys.-Med. Gesellsch. Würzburg.*

1917. BRACHET, A. : L'Œuf et les facteurs de l'Ontogenèse. Paris.

1898. BRANDES, G. : Germinogonie, eine neue Art der ungeschlechtlichen Fortpflanzung. *Zeitschr. ges. Naturwiss. Halle,* LXX, pp. 420-422.

1895. BRANDT, A. : Ueber Variationsrichtungen im Tierreich. *Samml. wiss. Vorträge,* Heft 228, pp. 55. Hamburg.

1892-3. BREWER, W. H. : On the Hereditary Transmission of Acquired Characters. Voir Cope's « Factors of Organic Evolution ».

1892-3. —— On the Hereditary Transmission of Acquired Characters. *Agricultural Science,* VI, and VIII.

British Journal of Inebriety. Edited by Dr. T. N. Kelynack (Baillière, Tindal & Cox, London). [Nombreux articles importants sur l'alcoolisme et l'hérédité.]

1858. BROCA, P. : Mémoire sur l'Hybridité et sur la Distinction des Espèces Animales. *Journ. de Physiol.* I, pp. 432-471, 684-729 ; II. pp. 218-250, 345-390.

1859. —— Mémoire sur les Phénomènes d'Hybridité dans le Genre Humain. *Journ. de Physiol.* II. pp. 601-625 ; III. pp. 392-439.

1859. —— Résumé des Faits relatifs aux Croisements des Chiens, des Loups, des Chacals et des Renards. *Journ. de Physiol.* II. pp. 390-396.

1859. —— Sur l'influence durable de certains croisements de Races. *Bull. Soc. d'Anthrop.* I, pp. 19-26.

1859. —— Sur les Principaux Hybrides du Genre Equus, sur l'Hérédité des Caractères chez les Métis, et sur la Fécondité des Mules. *Journ. de Physiol.* II. pp. 250-258.

1860. —— Documents relatifs aux Croisements de Races très différentes. *Bull. Soc. d'Anthrop.* I. pp. 337-342, 368-378.

1865. —— On the Phenomena of Hybridity in the Genus Homo. Ed. by C. Carter. Blake Trans. London (1865) for Anthropol. Soc. Longman, pp. 76.

1888. BROCK, G. : Einige ältere Autoren über die Vererbung erworbener Eigenschaften. *Biol. Centralbl.* VIII. pp. 491-499.

1876. BROOKS, W. K. : On a Provisional Hypothesis of Pangenesis. *Proc. Amer. Assoc.* ; *Amer. Naturalist,* March 1877.

1883. —— The Law of Heredity. Baltimore. 336 pp.

1895. —— An Inherent Error in the Views of Galton and Weismann on Variation. *Science,* I. pp. 121-126.

1896. BROOKS, W. K. : Lyell and Lamarck, a Consideration for Lamarckians. An examination of Romanes' view of "Characters as hereditary and acquired." *Johns Hopkins Univ. Circ.* XV. pp. 75-76.

1896. —— Lamarck and Lyell ; a Short Way with Lamarckians. *Nat. Sci.* VIII. pp. 89-83.

1899. —— The Foundations of Zoology. New York and London. pp. VIII + 339. [Nature and Nurture ; Lamarck, Galton and Weismann on Inheritance ; Galton and the Statistical Study of Inheritance, etc.]

1906. —— Heredity and Variation : Logical and Biological. *Proc. Amer. Philosophical Soc.* XLV. No. 182, pp. 70-76. [L'auteur s'élève contre la conception d'une substance, considérée comme noyau de l'espèce et réceptacle de ses qualités. L'essence de l'organisme résulte de l'action réciproque qui s'exerce entre lui-même et le milieu.]

1912, BROOKS. W. K. : Are Heredity and Variation Facts ? *Proc. Seventh Internat. Zool. Congress,* 1907. pp. 88-98.

1889. BROWN-SÉQUARD : Nouvelles Recherches sur l'Épilepsie due à certaines Lésions de la Moelle Epinière et des Nerfs Rachidiens. *Arch. Physiol. Norm. et Path.* II. pp. 211-220, 422-437, 496-503, 5 pls. 6 figs.

1870-71. —— Faits nouveaux concernant la Physiologie de l'Épilepsie. *Arch. Physiol. Norm. Path.* III. pp. 516-518.

1870-71. —— Remarque sur l'Épilepsie causée par la Section du Nerf Sciatique chez les Cobayes. *Arch. Physiol. Norm. Path.* III. pp. 153-160.

1872. —— Quelques faits nouveaux relatifs à l'épilepsie qu'on observe à la Suite de diverses lésions du système nerveux chez les cobayes. *Arch. Phys. Norm. et Path.* IV. pp. 116-120.

1880. —— Transmission par hérédité de certaines altérations des yeux chez les cobayes. *Gaz. Médicale de Paris.*

1882. —— Faits nouveaux établissant l'extrême fréquence d'états morbides produits accidentellement chez des ascendants. *Comptes Rendus Acad. Sci. Paris,* vol. XCIV. pp. 697-700.

1892. —— Hérédité d'une affection due à une cause accidentelle. Faits et arguments contre les explications et les critiques de Weismann. *Arch. Physiol.* XXIV. pp. 686-688.

1893. —— Transmission héréditaire de caractères acquis. *Arch. Physiol.* pp. 209-210.

1895. BROWNE, E. T. : On the Variation of the Tentaculocysts of Aurelia aurita. *Quart. Journ. Micr. Sci.* XXXVII. pp. 245-251, 1 pl.

1861. BRUCKE : Elementarorganismen. *Sitzungsberichte Akad. Wiss. Wien,* vol. XLIV. (2), pp. 381-406. [L'auteur insiste sur la nécessité d'admettre l'existence d'unités biologiques intermédiaires à la molécule et à la cellule].

1882. BÜCHNER, L. : Die Macht der Vererbung und ihr Einfluss auf den moralischen und geistigen Fortschrittt der Menschheit. *Darwinistische Schriften,* No. 12. 8vo, Leipsic, pp. 101.

1896. —— Der Kampf um die Vererbung. *Die Zukunft,* IV. pp. 280-281.

1892. BUCKMAN, S. S. : Some Laws of Heredity and their Application to Man. *Proc. Cotteswold Nat. Field Club,* x, pp. 258-312, fig. 7.

1896. —— BUCKMASTER, GEORGE A. : The Hereditary Transmission of Micro-organisms. *Sci. Progr.* v. pp. 324-334, Bibliogr.

1891. BUGNION, E. : Recherches sur le développement post-embryonnaire, l'anatomie et les mœurs de l'Encyrtus fucicollis. *Rec. Zool. Suisse,* v. pp. 435-535, 6 pls. [Polyembryonie].

1906. —— La Polyembryonie et le déterminisme sexuel. *Bull. Soc. Vaudoise Sci. Nat.* XLII. pp. 95-112. Voir également *Arch. Sci. Phys. Nat.* XX. (1905) pp. 699-702.

1910. —— Les cellules sexuelles et la détermination du sexe. *Bull. Soc. Vaud. Sci. Nat.* XLVI.

1898. BUMPUS, H. C. : The Variations and Mutations of the Introduced Sparrow, Passer domesticus. *Biol. Lectures Wood's Holl,* 1896-7. Ginn & Co., Boston, pp. 1-15.

1901. BUTLER. A. W. : A Notable Factor of Social Degeneration. *Science,* XIV. pp. 444-453.

1905. BUTLER, E. J. : The Bearing of Mendelism on the Susceptibility of Wheat to Rust. *Journ. Agric. Sci.* I. pp. 361-363.

1878. BUTLER, SAMUEL : Life and Habit. London.

1879. —— Evolution, Old and New ; or, the Theories of Buffon, Dr. Erasmus Darwin, and Lamarck as compared with that of Mr. Charles Darwin. London, Ed. 2, 1882, pp. 430.

1910. —— Unconscious Memory. New ed., London. [Contient une traduction du mémoire de Hering], 1870.

1902. Cannon, W. A. : A Cytological Basis for the Mendelian Laws. *Bulletin Torrey Bot. Club*, xxix. and No. 197 of „Contributions from the Department of Botany of Colombia University."

1903. Castle, W. E. : Mendel's Law of Heredity. *Proc. Amer. Acad.* vol. xxxviii. pp. 535-548 ; *Science*, xviii. pp. 396-406.

1903. ——— The Heredity of Angora Coat in Mammals. *Science*, xviii. pp. 760-761.

1903. ——— The Heredity of Sex. *Bull. Mus. Comp. Zool. Harvard*, xi. No. 4, pp. 189-218.

1903. ——— The Laws of Heredity of Galton and Mendel, and some Laws governing Race Improvement by Selection. *Proc. Amer. Acad.* xxxix. No. 8. pp. 223-242.

1905. ——— Heredity of Coat Characters in Guinea-Pigs and Rabbits. Carnegie Inst. Washington, Publication No. 23. pp. 1-78, 6 pls.

1905. ——— Recent Discoveries in Heredity and their Bearing on Animal Breeding. *Popular Science Monthly*, July.

1906. ——— The Origin of a Polydactylous Race of Guinea-pigs. Carnegie Institution of Washington, Publication No. 49. pp. 17-29.

1907. ——— On a Case of Reversion induced by Cross-breeding and its Fixation. *Science*, xxv, pp. 151-153.

1907. ——— The Production and Fixation of New Breeds. *Proc. Amer. Breeders' Association*, iii. pp. 34-41.

1907. ——— Colour Varieties of the Rabbit and of other Rodents : Their Origin and Inheritance. *Science*, xxvi. pp. 287-291.

1908. ——— A New Colour Variety of the Guinea-pig. *Science*, xxviii. pp. 250-252.

1909. ——— The Behaviour of Unit Characters in Heredity, in *Fifty Years of Darwinism*, pp. 143-159.

1909. ——— Studies of Inheritance in Rabbits. Carnegie Inst., Washington, Publication No. 114, 70 pp., 4 pls.

1909. ——— A Mendelian View of Sex-Heredity. *Science*, xxix, pp. 395-400

1911. ——— Heredity in relation to Evolution and Animal Breeding. New York and London. pp. 184. [Lumineuse introduction due à la plume d'un expérimentateur des plus éminents].

1906. Castle, W. E. ; Carpenter, F. W. ; Clark, A. H. ; Mast, S. O., and Barrows, W. M. : The Effects of Inbreeding, Crossbreeding and Selection upon the Fertility and Variability of Drosophila. *Proc. Amer. Acad.* xli. pp. 731-786

1903. Castle, W. E., and Allen, G. M. : The Heredity of Albinism. *Proc. Amer. Acad.* xxxvii. pp. 603-622.

1903. Castle, W. E., and Farabee, W. C. : Notes on Negro Albinism. *Science*, xvii. p. 75.

1916. ——— Genetics and Eugenics, Harvard University Press, 353 pages, avec 135 figs.

1909. Castle, W. E., and Little, C. C. : The Peculiar Inheritance of Pink Eyes among Coloured Mice. *Science*, xxx. pp. 312-314.

1910. Castle, W. E., and Little, C. C. : On a Modified Mendelian Ratio among Yellow Mice. *Science*, xxxii, pp. 868-870.

1911. Castle, W. E., and Phillips, J. C. : On Germinal Transplantation in Vertebrates. Carnegie Institution of Washington. Publication 144, 26 pp., 3 pls.

1912. Castle, Coulter, Davenport, East and Tower : Heredity and Eugenics, Chicago, 315 p.

1904. Chapple, W. A. : The Fertility of the Unfit. Whitcombe & Tombs, Melbourne.

1907. Chatterton-Hill, George : Heredity and Selection in Sociology. A. & C. Black, London. pp. 571.

1915. Child, C. M. : Senescence and Rejuvenescence, Chicago University Press, 481 p.

1875. Cohrn, H. M. : Das Gesetz der Befruchtung und Vererbung, Beck, Nördlingen. pp. 47.

1898. Cohn, L. : Die willkürliche Bestimmung des Geschlechs. 2nd ed. Stuber, Würzburg. pp. 41.

1891. Collins, F. H. : The Diminution of the Jaw in the Civilised Races, an Effect of Disuse. Williams & Norgate, London. pp. 16.

1908. Conklin, E. G. : The Mechanism of Heredity. *Science*, xxvii.

1915. —— Heredity and Environment in the Development of Men. Princeton University Press.

1922. —— Localisation of Morphogenetic Substances in the Egg. N. Y.

1900. Conn, H. W. : The Method of Evolution.

1905. Constable, F. C. : Poverty and Hereditary Genius. A Criticism of Mr. Francis Galton's Theory of Hereditary Genius. Fifield, London, pp. 149.

1887. Cope, E. D. : The Origin of the Fittest. New York.

1889. —— On Inheritance in Evolution . *American Naturalist*, pp. 1058-1071.

1896. —— The Primary Factors of Organic Evolution. Chicago, pp. 532.

1891. Cornevin, Ch. : Traité de Zootechnie Générale. Paris. pp. 1088, 204 figs., 4 pls.

1900. Correns, C. : G. Mendel's Regeln über das Verhalten der Nachkommenschaft der Rassenbastarde. *Ber. Deutsch. Bot. Ges.* xviii. pp. 158-168.

1900. Correns, C. : Gregor Mendel's „Versuche über PflanzenHybriden" und die Bestätigung ihrer Ergebnisse durch die neuesten Untersuchungen. *Botanische Zeitung*, lviii, p. 229.

1900. —— Ueber Levkoyenbastarde. Zur Kenntniss der Grenzen der Mendel'schen Regeln. *Botan. Centralbl.* lxxxiv. pp. 97-113.

1901. —— Bastarde zwischen Maisrassen, mit besonderer Berücksichtigung der Xenien. *Bibliotheca Botanica*, Heft 53.

1901. —— Ueber Bastarde zwischen Rassen von Zea Mays. *Ber. Deutsch. Bot. Ges.* xix. p. 211.

1902. —— Die Ergebnisse der neuesten Bastardforschungen für die Vererbungslehre. *Ber. Deutsch. Bot. Ges.* xix. pp. 72-94.

1902. —— Scheinbare Ausnahmen von der Mendel'schen Spaltungsregel für Bastarde. *Ber. Deutsch. Bot. Ges.* xx. pp. 159-172.

1902. —— Ueber Bastardierungsversuche mit Mirabilis Sippen. *Ibid.* pp. 594-608.

1905. —— Ueber Vererbungsgesetze. Berlin (Borntraeger). pp. 43. 4 figs. [Conférence exposant les résultats d'expériences sur les plantes faites par un partisan convaincu du mendélisme].

1905. —— Einige Bastardierungsversuche mit anomalen Sippen und ihre allgemeinen Eergbnisse. *Jahrb. wiss. Botanik.* xli. pp. 458-484, 1 pl.

1905. —— Zur Kenntnis der scheinbar neuen Merkmale der Bastarde. *Ber. Deutsch. Bot. Ges.* xxiii. pp. 70-85.

1907. —— Die Bestimmung und Vererbung des Geschlechts nach neuen Versuchen mit höheren Pflanzen. Berlin.

1908. —— Die Rolle der männlichen Keimzellen bei der Geschlechtsbestimmung der gynodioecischen Pflanzen. *Ber. Deutsch. Botan. Ges.* xxvia.

1909. —— Zur Kenntniss der Rolle von Kern und Plasma bei der Vererbung. *Zeitschr. induktive Abstammungslehre*, Bd. II.

1912. —— Die neuen Vererbungsgesetze. Berlin.

1901. Costantin, M. J. : L'hérédité acquise. Naud, Paris. pp. 86.

1902. COUTAGNE, G. : Recherches expérimentales sur l'hérédité chez les vers à soie. *Bull. Scientifique de la France et de la Belgique*, XXXVII, pp. 1-194, 9 pls.

1918. COULTER J. M. and COULTER M. C. : Plant Genetics, Chicago.
COWDRY, E. V. and others : General Cytology, N. Y. ,754 p.

1877. CRAMPE : Kreuzungen zwischen Wanderratten verschiedener Farbe. *Landwirthchsaft. Jahrb.* VI. pp. 384-395.

1883. CRAMPE : Zucht-Versuche mit zahmen Wanderratten. Resultate der Zucht in Verwandtschaft. *Ibid.* XII. p. 389.

1884. —— Resultate der Kreuzung der zahmen Ratten mit wilden. *Ibid.* XIII. p. 699.

1885. —— Die Gesetze der Vererbung der Farbe. *Ibid.* XIV. pp. 539-619.

1925. CREW F. H. A. : Animal Genetics, London.

1899. CRAMPTON, H. E. : The Ovarian History of the Egg of Molgula. *Journ. Morphology*, XL. Supplément.
CUÉNOT, L. : L'Influence du milieu sur les animaux. Paris pp. 176.

1896. —— La détermination du sexe. *Bibliogr. Anat.* IV. pp. 14-15.

1899. —— Sur la détermination du sexe chez les animaux. *Bull. Scient. de la France et de la Belgique*, XXXII. pp. 462-535.

1902. —— La Loi de Mendel et l'hérédité de la pigmentation chez les souris. *Arch. Zool. Exp.* (Notes et Revue), p. 27 and p. 33 (1903) ; *Comptes Rendus Acad. Sci. Paris*, CXXXIV. pp. 779-781.

1903. —— L'hérédité de la pigmentation chez les souris. *Arch. Zool. Expér.* 1. (Notes et Revue), pp. 33-41 ; also *Ibid.* (1903) pp. 45-56.

1903. —— L'ovaire du Tatou et l'origine des jumeaux. *C. R. Soc. Biol. Paris*, LX. pp. 1391-1392.

1905. —— Les races pures et leurs combinaisons chez les souris. *Arch. Zool. Expér.* III. (Notes et Revues), No. 7.

1908. —— Sur quelques anomalies apparentes des proportions mendeliennes. *Arch. Zool. Exper. Notes et Revue*, p. vii.

1911. —— La genèse des espèces animales, Paris, pp. 496. [Exposé élégant et lucide de toute la question de l'évolution et de l'hérédité.]

1912. —— Recherches sur l'hybridation. *Proc. Seventh Internat. Zool. Congress*, 1907, pp. 99-127.

1892. CUNNINGHAM, J. T. : The Evolution of Flat-fishes. *Nat. Science*, 1, pp. 191-199. Cf. *Ibid.* VI. (1895) pp. 169-177, 233-239.

1896. —— Lyell and Lamarckism. *Ibid.* VIII. pp. 326-331.

1900. —— Sexual Dimorphism in the Animal Kingdom. London.

1908. —— The Heredity of Secondary Sexual Characters in Relation to Hormones, a Theory of Somatogenic Characters. *Arch. Entwickmech.* XXVI.

1922. —— Hormones and Heredity, London.

1890. DALL, W. H. : On Dynamic Influences in Evolution. *Proc. Biol. Soc. Washington.*

1902. DARBISHIRE, A. D. : Note on the Results of crossing Japanese Waltzing Mice with European Albino Races. *Biometrika*, II. pp. 101-104, 4 figs.

1903. —— Second Report on the Result of crossing Japanese Waltzing Mice with European Albino Races. *Biometrika*, II. pp. 165-173, 6 figs.

1903. —— Third Report on the Hybrids between Waltzing Mice and Albino Races. On the Result of crossing Japanese Waltzing Mice with „extracted" Recessive Albinos. *Biometrika*, II. pp. 282-285.

1904. —— On the Bearing of Mendelian Principles of Heredity on Current Theories of the Origin of Species. *Mem. and Proc. Manchester Lit. and Phil. Soc.* XLVIII. pp. 1-19.

1905. DARBISHIRE, A. D. : On the Result of crossing Japanese Waltzing with Albino Mice. *Biomeetrika*, III. pp. 1-51.

1905. —— On the Supposed Antagonism of Mendelian to Biometric Theories of Heredity. *Mem. and Proc. Manchester Lit. and Phil. Soc.* XLIX. No. 6.

1905. —— Professor Lang's Breeding Experiments with *Helix hortensis* and *H. nemoralis* : an Abstract and Review. *Journ. of Conchology*, XI. pp. 193-200.

1906. —— On the Difference between Physiological and Statistical Laws of Heredity. *Mem. and Proc. Manchester Lit. and Phil. Soc.* L. pt. 3, pp. 1-44.

1907. —— Recent Advances in Animal Breeding and their Bearing on our Knowledge of Heredity. *Report R. Horticultural Soc.'s Conference on Genetics*, 8 pp.

1909. —— An Experimental Estimation of the Theory of Ancestral Contributions in Heredity. *Proc. Roy. Soc. London*, LXXXI.

1911. —— Breeding and the Mendelian Discovery. pp. 282. [Exposé vivant et concret d'expériences d'élevage et discussion de leur interprétation. Excellentes illustrations.]

1891. DARESTE, C. : Recherches sur la production artificielle des monstruosités ou essais de tératogénie expérimentale. 2ème éd. Paris. pp. 590, 15 pls., 62 figs.

1859. DARWIN, CHARLES : The Origin of Species. Murray, London.

1868. —— The Variation of Animals and Plants under Domestication. In two volumes. Murray, London.

1871. —— The Descent of Man. Murray, London.

1876. —— The Effects of Cross-and Self-fertilisation in the Vegetable Kingdom. Murray, London.

1908. DARWIN, FRANCIS : Presidential Address, British Association, Dublin, Dublin Meeting. (L'auteur manifeste des préférences pour le néolamarkisme].

DARWIN, GEORGE H. : Marriage of Cousins.

1896. DAVENPORT, C. B. : Experimental Morphology. 8vo, New York, pp. 280. A second volume in 1899.

1899. —— Statistical Methods with Special Reference to Biological Variation. New York and London, vii. + 148 pp.

1900. —— Review of Von Guaita's Experiments in Breeding Mice. *Biol. Bull.* II. (1900), pp. 121-128.

1900. —— The Aims of the Quantitative Study of Variation. *Biol. Lectures Wood's Holl*, pp. 267-272.

1901. —— The Statistical Study of Evolution. *Popular Science Monthly*, pp. 447-460, 13 figs.

1901. —— Mendel's Law of Dichotomy in Hybrids. *Biol. Bull.* II. No. 6. pp. 307-310.

1903. —— Quantitative Studies in the Evolution of Pecten. *Proc. Amer. Acad.* XXXIX. pp. 123-159.

1904. —— Colour Inheritance in Mice. Wonder Horses and Mendelism. *Science*, XIX. pp. 110-114, 151-153.

1905. —— Evolution without Mutation. *Journ. Exper. Zoology*, II. pp. 137-143.

1905. —— The Origin of Black Sheep in the Flock. *Science*, XXII. pp. 674-675.

1906. —— Inheritance in Poultry. Publications of Carnegie Institution of Washington. No. 52. pp. 104, 17 pls. Bibliography. [Fin exposé de certaines expériences].

1908. —— Inheritance in Canaries. Publications of Carnegie Institution of Washington. No. 95.

1909. — DAVENPORT, C. B. : Inheritance of Characteristics in Domestic Fowl. Publications of Carnegie Institution of Washington, No. 121, 100 pp. 12 pls.

1909. —— Mutation, in *Fifty Years of Darwinism*, pp. 160-181.

1910. —— The New Views about Reversion. *Proc. Amer. Phil. Soc.* XILX. pp. 291-296.

1910. — The Imperfection of Dominance and some of its Consequences. *Amer. Naturalist*, XLIV.

1910. —— Eugenics : The Science of Human Improvement by better Breeding. New York, pp. 35.

1912. —— Heredity in Relation to Eugenics, London. pp. 298.

1907. DAVENPORT, G. C. and C. B. : Heredity of Eye-Colour in Man. *Science*, XX. pp. 589-592.

1908. —— Heredity of Hair-form in Man. *Amer. Naturalist*, XLII. pp. 341-349.

1909. DAVENPORT, G. C. and C. B. : Heredity of Hair-Colour in Man. *Amer. Naturalist*, XLIII. pp. 193-211.

1910. —— Heredity of Skin-Pigment in Man. *Amer. Naturalist*, XLIV. pp. 641-672, 705-731.

1897. DEBIERRE, CH. : L'hérédité normale et pathologique (Suite de Monographies Cliniques). Paris, pp. 40.

1885. DE CANDOLLE, A. : Histoire des sciences et des savants depuis deux siècles, précédée et suivie d'autres études sur des sujets scientifiques, en particulier sur l'hérédité et la sélection. 2ème éd., Genève, pp. 482. [1ère éd. 1873.]

1886. DÉJERINE : L'hérédité dans les maladies du système nerveux. Paris.

1903. DELAGE, YVES : L'hérédité et les grands problèmes de la biologie générale. Paris, 2nd ed., pp. xix+912. [Ouvrage important dont l'auteur fait preuve d'une grande érudition ; exposé clair et critique pénétrante.]

1909. DELAGE, Y., and M. GOLDSMIDT : Les Théories de l'Évolution. Paris, [Introduction générale qu'on lira avec fruit.]

1877. DELBŒUF, J. : Les Mathématiques et le Transformisme. Une loi mathématique applicable à la théorie du transformisme. *Revue Scientifique*, VI. pp. 669-679.

1887. —— La Matière Brute et la Matière Vivante. Étude sur l'origine de la vie et de la mort. Paris.

1897. DEMOOR, J., MASSART, J., and VANDERVELDE, E. : L'Évolution régressive en biologie et en sociologie. Alcan, Paris, pp. 324.

1903. DENDY, ARTHUR : The Nature of Heredity. *Rep. S. African Assoc. Advancement of Science*, I. pp. 317-340.

1912. —— Outlines of Evolutionary Biology, London. Voir Part III. *Variation and Heredity*, pp. 148-210.

1887. DETMER, W. : Zum Problem der Vererbung. *Arch. Ges. Physiol.* XLI. pp. 203-215.

1904. DETTO : Die Theorie der direkten Anpassung. Fischer, Jena.

1880. DEUTSCHMANN : Ueber Vererbung von erworbener Augen-Affectionen bei Kaninchen. *Zehender's Klin. Monatsblätter f. Augenheilkunde*, XVIII.

1887. DINGFELDER, J. : Beitrag zur Vererbung erworbener Eigenschaften. *Biol. Centralbl.* VII. and VIII. (1889).

1898. DIXEY, F. A. : Recent Experiments in Hybridisation. *Science Progress*, VII. p. 185.

1887. DÖDERLEIN, L. : Ueber schwanzlose Katzen. *Zool. Anzeig.* X. pp. 606-608.

1900. DOFLEIN, F. : Ueber die Vererbung von Zelleigenschaften. *Verh. Deutsch. Zool. Ges.*, X. Jahresversammlung, pp. 135-142.

1887. DOLLINGER, G. : Wie verhält sich die Vererbung des angeborenen Klumpfusses zur Weismann-Ziegler'schen Theorie der Vererbung ? *Wien. Med. Wochenschr.* XXXVII. Nos. 48, 49.

1903. DONCASTER, L. : Experiments on Hybridisation, with especial reference to the effect of Conditions on Dominance. *Phil. Trans.*, vol. 196., pp. 119-173.

1904. —— On the Inheritance of Tortoiseshell and Related Colours in Cats. *Proc. Cambridge Phil. Soc.* XIII.

1905. —— On the Inheritance of Coat-Colour in Rats. *Proc. Cambridge Phil. Soc.* XIII. p. 215.

1908. —— Sex Inheritance in the Moth *Abraxas grossulariata* and its var. *lacticolor.* Report Evolution Committee (*Roy. Soc. London*), IV.

1909. —— Recent Work on the Determination of Sex. *Science Progress*, pp. 90-104.

1910. —— Heredity in the Light of Recent Research. Cambridge. [Introduction vigoureuse et claire].

1899. DRIESCH, HANS : Die Lokalisation morphogenetischen Vorgänge. Eein Beweis vitalistischen Geschehens. Engelmann, Leipzig, pp. 82.

1901. —— Die organischen Regulationen. Vorbereitungen zu einer Theorie des Lebens. Engelmann, Leipzig, pp. 228.

1904. —— Naturbegriffe und Natururteile. Engelmann, Leipzig. pp. 239.

1905. —— Der Vitalismus als Geschichte und als Lehre. Barth, Leipzig, pp. 246.

1905. —— Die Entwickelungsphysiologie. Merkel and Bonnet's *Ergebnisse der Anatomie und Entwickelungsgeschichte*, XIV. pp. 360-807.

1906. —— Die Physiologie der tierischen Form. *Ergebnisse der Physiologie*, V. pp. 1-107.

1908. —— Science and Philosophy of the Organism. 2 vols. Edinburg and London. [Examen philosophique des questions en rapport avec le développement, l'évolution et l'hérédité].

1920. DONCASTER, L. : An Introduction to the Study of Cytology, Cambridge, 280 p., avec 31 fig.

1918. DOWNING, E. R. : The Third and Fourth generation. An Introduction to Heredity. University Chicago Press., 164 p. [Remarquable étude sur l'hérédité, principalement dans ses aspects sociaux].

1908. DRIESCH, HANS : Science and Philosophy of the Organism, 2 vol., Edinburgh and London.

1908. DRINKWATER, H. : An account of a brachydactylous family. *Proc. Roy. Soc., Edinburgh*, XXVIII., p. 35.

1881. DU BOIS-REYMOND : Ueber die Uebung. Berlin.

1902. DUCLAUX, E. : L'Hygiène Sociale. Alcan, Paris. pp. 271.

1890. DUPUY, E. : De la transmission héréditaire des lésions acquises. *Bull. Scient. France Belg.* XXII. pp. 445-448.

1908. DURHAM, F. M. : A Preliminary Account of the Inheritance of Coat-Colour in Mice. Report Evolution Committee [*Roy. Soc. London*) IV.

1897. DURKHEIM, E. : Le Suicide, Étude de Sociologie. Paris.

1883. DÜSING, K. : Die Faktoren, welche die Sexualität entscheiden. *Jena. Zeitschr. f. Naturwiss.* XVI. pp. 428-465.

1884. —— Die Regulierung der Geschlechtsverhältnisse bei der Vermehrung der Menschen, Thieren und Pflanzen. *Jena. Zeitschr. f. Naturwiss.* XVII. pp. 593-940.

1885. —— Die experimentelle Prüfung der Theorie von der Regulierung der Geschlechtsverhätnisse. *Jena. Zeitschr. f. Naturwiss.* XIX. pp. 108-112.

1909-10. EAST, E. M.: The Transmission of Variations in the Potato in Asexual Reproduction. *Contrib. Lab. Genetics Bussey Inst., Havard Univ.* No. III.

1910. — —A Mendelian Interpretation of Variation that is apparently Continuous. *Amer. Naturalist,* XLIV. pp. 65-82.

1919. EAST, E. M. and JONES, D. F.: Inbreeding and Outbreeding, Philadelphia and London, 285 p. avec 46 fig.

1909. EIGENMANN, C. H.: Cave Vertebrates of America. Carnegie Inst. Washington Publication. No. 104.

1888. EIMER, G. H. TH.: Die Entstehung der Arten auf Grund von Vererben erworbener Eigenschaften. Jena. pp. 461.

1890. —— Organic Evolution. London. [Traduction anglaise de l'ouvrage ci-dessus]. .

ELLIOT, D. G.: The Inheritance of Acquired Characters. *The Auk,* IX. No. I.

1904. ELLIS, HAVELOCK: A Study of British Genius. London.

1912. —— The Task of Social Hygiene. London. pp. 414.

1874. ELSBERG, K.: Regeneration, or the Preservation of Organic Molecules, a Contribution to the Doctrine of Evolution. *Proc. Amer. Assoc. Advancement of Science,* pp. 87-103.

1876. —— On the Plastidule Hypothesis. *Ibid.* Buffalo Meeting, pp. 178-187.

1910. EMERSON, R. A.: The Inheritance of Sizes and Shapes in Plants. *Amer. Naturalist,* XLIV. (1911), pp. 739-46.

1893. EMERY, C.: Gedanken zur Descendez und Vererbungs-Theorie. *Biol. Centralbl.* XIII. pp. 397-420.

1897. EMERY, C.: Variationsrichtigung und Germinalselection. *Biol. Centralbl.* XVII. pp. 142-146.

1899. ERRERA, L.: Hérédité d'un caractère acquis chez un champignon pluricellulaire. *Bull. Acad. Roy. Belgique,* pp. 81-102.

Eugenics Laboratory Publications: Inheritance of ability (E. Schuster); Insanity (D. Heron); Cousins (Ethel M. Elderton); Vision (Amy Barrington and Karl Pearson); Human Inheritance; Disease; Home Environment (David Heron); Alcoolism (Elderton and Pearson); Extreme Alcoolism (Barrington, Pearson, and Heron); Hæmophilia (Bulloch and Fildes); Eugenics (Pearson); Nature and Nurture (Pearson); Relative Strength of Nature and Nurture (Elderton).

1899. EWART, J. COSSAR: The Penycuik Experiments. A. & C. Black, London. pp. 177.

1901. —— Pres. Address, Section D. Zoology, British Association, 1901. Voir *Nature,* Sept. 12. [Variation et Hérédité.]

1901. —— Variation; Germinal and Environmental. *Trans. Roy. Soc. Dublin,* VII. pp. 353-378.

1901. —— Experimental Contributions to the Theory of Heredity. Reversion and Telegony. *Trans. Highland and Agricultural Soc. of Scotland,* pp. 54.

1905. FARABEE, W. C.: Inheritance of Digital Malformations in Man. *Papers of Peabody Museum, Harvard,* voo. III. No. 3.

1889. FAY, E. A.: Marriages of the Deaf in America. The Volta Bureau, Washington.

1887. FELKIN, R. W.: Heredity: its Influence on Man in Health and Disease. Edinburg Health Lecture. 8th series.

1898. FÉRÉ, CH.: La Famille Névropathique. 2ème édit., Alcan, Paris. pp. 334.

520   L'HÉRÉDITÉ

1899. Férk, Ch. : Tératogénie expérimentale et pathologie générale. *Volume Jubilaire Soc. Biologie, Paris.* pp. 360-369.
1906. Fick, R. : Vererbungsfragen. *Ergebnisse Anat. Entwickelungsgeschichte,* xvi.
1909. Fifty Years of Darwinism : Modern Aspects of Evolution. [Recueil de mémoires très intéressants et d'une très grande valeur sur le darwinisme, écrits par de nombreuses autorités à l'occasion du cinquantenaire de celui-ci].
1893. Finn, Frank : Some Facts of Telegony. *Natural Science,* iii. pp. 436-446.
1901. Fischer, E. : Experimentelle Untersuchungen uber die Vererbung erworbener Eigenschaften. *Allg. Zeitschr. f. Entomologie.*
1874. Fischer, Johann von : Beobachtungen über Kreuzungen verschiedener Farbenspielarten innerhalb einer Species. *Zool. Garten,* xv. p. 361. [Cf. également *Ibid.* x. (1869) p. 336, and xiv. (1873) p. 108.]
1881. Focke, W. O. : Die Pflanzen-Mischlinge. Bornträger, Berlin. pp. 569. [Ouvrage classique sur les plantes hybrides.]
1905. Forel, A. : Richard Semon's Mneme als erhaltendes Princip im Wechsel des organischen Geschehens. *Arch. Rassen. Ges. Biol.* ii. pp. 169-197.
1905. Fruwirth, C. : Die Züchtung der landwirthschaftlichen Kulturpflanzen. 3 vols.
1907. —— Untersuchung über den Erfolg und die zweckmässigste Art der Durchführung von Veredelungsauslese-Zuchtung bei Pflanzen mit Selbstbefruchtung. *Arch. Rassen-Ges. Biol.* iv. pp. 145-170, 281-313.
1909. —— Die Entwickelung der Auslesevorgänge bei den landwirthschaftlichen Kulturpflanzen. *Progressus rei botanicæ,* iii, pp. 259-530.
1909. —— Die Zuchtung der landwirtschaftlichen Kulturpflanzen, Berlin.
1909. —— Spaltungen bei Folgen von Bastardierung und von spontaner Variabilitat. *Arch. Rassen-und Gesellschafts-biologie,* vi. pp. 433-469.

1890. Gadow, H. : Descriptions of the Modifications of Certain Organs which seem to be Illustrations of the Inheritance of Acquired Characters in Birds and Mammals. *Zool. Jahrb.* v. pp. 629-646, 2 pls.
1905. Galippe, V. : L'hérédité des stigmates de dégénérescence et les familles souveraines. Masson, Paris. pp. 455.
1909. Gallowa,y A. R. : Canary Breeding. A Partial Analysis of Records from 1891 to 1909. *Biometrika,* vii.
1912. —— Notes on Pigmentation of the Human Iris. *Biometrika,* viii. pp. 267-79, i pl. [Critique des conclusions d'Hurst relatives à l'hérédité mendélienne des différents types de pigmentation).
1869. Galton, Francis : Hereditary Genius : an Inquiry into its Laws and Consequences. MacMillan, London. pp. 390.
1872. —— *Proc. Roy. Soc. London,* xx. pp. 394.
1875. Galton, Francis : A Theory of Heredity. *Contemp. Review.* xxvii, pp. 80-95.
1876. —— *Journ. Anthrop. Inst.* v. p. 329'
1883. —— Inquiries into Human Faculty and its Development. MacMillan & Co. London.
1887. —— Pedigree Moth-Breeding, as a means of verifying Certain Important Constants in the General Theory of Heredity. *Trans. Entomol. Soc. London,* pp. 10-28.
1889. —— Natural Inheritance. MacMillan, London. pp. 259.
1897. —— Rate of Racial Change that accompanies Different Degrees of Severity of Selection. *Nature,* lv. p. 605.

1897. Galton, Francis : The Average Contribution of each Several Ancestor to the Total Heritage of the Offspring. *Proc. Roy. Soc. London*, LXI. (1897) pp. 401-413.

1898. —— A Diagram of Heredity. *Nature*, LVII, p. 293. [A clear diagram devised by Mr. A. J. Meston, of Allen Farm, Pittsburg, Mass., and communicated to the *Horseman* (Chicago, Dec. 28).]

1898. —— The Distribution of Prepotency. *Nature*, LVIII. (1898) pp. 246-247.

1901. —— Biometry. *Biometrika*, I. pp. 7-10.

1901. —— The Possible Improvement of the Human Breed under the Existing Conditions of Law and Sentiment. The Huxley Lecture, Anthropological Institute. *Nature*, LXIV. pp. 659-665.

1905. —— Eugenics : its Definition, Scope and Aims. *Sociological Papers of the Sociological Society.* MacMillan & Co., London. pp. 43-50. Discussion, pp. 52-78.

1906. —— and Schuster, Edgar : Noteworthy Families *(Modern Science.)* Tableau des proches parentés existant entre personnes qui se sont signalées par des actes honorables et notoirement connues. [Vol. I. of the publications of the Eugenics Record Office of the University of London. Murray, London, pp. 96.]

1908. Garrod, A. E : The Inborn Errors of Metab olism. *Lancet*, January.

1849. Gärtner, C. F. von : Versuche und Beobachtungen über die Bastarderzeugung im Pflanzenreich. Stuttgart. [Un des ouvrages classiques les plus anciens sur les plantes hybrides].

1910. Gates, R. P. : The Material Basis of Mendelian Phenomena. *Amer. Naturalist*, XLIV.
—— Studies on the Variability and Hereditability of Pigmentation in Œnothera. *Zeitschr. Abstammungs- und Verebungslehre*, IV.

1886. Gautier, A. : Du mécanisme de la variation des êtres vivants. *Hommage à Chevreul.* Alcan, Paris. pp. 29-52. (Aspect chimique de l'hérédité.]

1915. Gates, R. Ruggles : The Mutation Factor in Evolution, MacMillan & Co. London. 353 p., avec 84 figs.

1886. Geddes, Patrick : Theory of Growth, Reproduction, Sex, and Heredity. *Proc. Roy. Soc. Edinburgh*, XIII. pp. 911-931.

1901. Geddes, P., and Thomson, J. Arthur : The Evolution of Sex. Revised ed. Walter Scott. London. pp. 342, 92 figs. 1st ed., 1889.

1911. Geddes, P., and Thomson, J. Arthur. Evolution. [Brève introduction.]

1890. Giard, A. : L'hérédité des modifications somatiques. *Revue Scient.* XLVI. pp. 705-713.

1903. —— Caractères dominants transitoires chez certains hybrides. *C. R. Soc. Biol. Paris*, LV. p. 410.

1903. —— Les faux hybrides de Millardet et leur interprétation. *Ibid.* p. 779.

1904. —— Controverses Transformistes. Naud, Paris. pp. 178.

1905. —— L'Évolution des Sciences Biologiques. *Congrès de l'Association Française pour l'Avancement des Sciences, Cherbourg.*

1828. Girou de Buzaraingues : Traité de la Génération.

1910. Goddard, H. H. : Heredity of Feeble-mindedness. *Amer. Breeder's Mag.*, I. pp. 165-178 ; *Eugenics Review*, III. (1911), pp. 46-60.

1909. Godlewski, E. : Das Vererbungsproblem im Lichte der Entwickelungsmechanik betrachtet. Leipzig.

1863. Godron, D. A. : Des Hybrides Végétaux, etc., *Ann. Sci. Nat. Bot.* Serie IV. p. 135. [Voir également *Mém. Acad. Stanislas Nancy*, 1864, 1865, 1872.]

1898. Goette, A. : Ueber Vererbung und Anpassung. Strassburg.

1911. Goldschmidt, R. : Einführung in die Vererbungs-Wissenschaft, Leipzig, pp. 502. [Introduction magistrale à la question.]

1911. —— Die Artbildung im Lichte der neueren Erblichkeitslehre, in *Die Abstammungslehre*. Jena.

1923. Goldschmidt, R. : The Mechanism and Physiology of Sex Determination, London, 259 p., avec 113 fig.

1907. Grégoire, V. : Les fondements cytologiques des théories courantes sur l'hérédité mendélienne. *Ann. Soc. Roy. Zool. Belgique*, XLII.

1904. Gregory, R. P. : Some Observations on the Determination of Sex in Plants. *Proc. Camb. Phil. Soc.* XII. pp. 430-440.

1898. Guaita, G. von : Versuche mit Kreuzungen von verschiedenen Rassen der Hausmaus. *Ber. Naturf. Ges. Freiburg.* X. pp. 317-332 ; *Ibid.* XI. (1900) pp. 131-138, 3 pls.

1888. Gulick, J. T. : Divergent Evolution through Cumulative Segregation. *J. Linn. Soc.* XX. pp. 189-274.

1890. —— Intensive Segregation, or Divergence through Independent Transformation. *J. Linn. Soc.* XXIII. pp. 312-380.

1891. —— Divergent Evolution through Cumulative Segregation. *Smithsonian Report*, pp. 269-336.

1905. —— Evolution, Racial and Habitudinal. Publication XXV. Carnegie Inst. Washington, pp. XII. + 269.

1908. Guthrie, C. C. : Further Results of Transplantation of Ovaries in Chickens. *Journ. Exp. Zoology*, V.

1889. Guyau, M. : Education et Hérédité. Étude Sociologique. Alcan, Paris, pp. 304.

1900. Guyer, M. F. : Spermatogenesis of Normal and Hybrid Pigeons. Dissertation, University of Chicago ; voir également *Bulletin* 22, *University of Cincinnati.* pp. 61, 2 pls.

1903. —— The Germ-cell and the Results of Mendel. *Cincinnati Lancet-Clinic*, May 9th, 1903.

1907. —— Do Offspring inherit equally from each Parent ? *Science*, XXV. [Insiste sur le fait que le cytoplasme initial est principalement d'origine maternelle].

1909. —— Deficiencies of the Chromosome Theory of Heredity. *University Studies, Cincinnati*, V. pp. 19. [Critique approfondie des théories qui attachent une importance exagérée aux chromosomes comme véhicules de l'hérédité.]

1911. —— Nucleus and Cytoplasm in Heredity. *Amer. Naturalist*, XLV. pp. 284-305.

1916. —— On Being Well-born, N. Y.

1893. Haacke, W. : Gestaltung und Vererbung. Weigel, Leipzig. 337 pp.

1893. —— Die Träger der Vererbung. *Biol. Centralbl.* pp. 525-542.

1895. —— Ueber Wesen, Ursachen und Vererbung von Albinismus und Scheckung, und über ihre Bedeutung für vererbungstheoretische und entwickelungs-mechanische Fragen. *Biol. Centralbl.* XV. pp. 44-78.

1906. —— Die Gesetze der Rassenmischung und die Konstitution des Keimplasmas. *Arch. Entwickmechanik*, XXI.

1866. Haeckel, Ernst : Generelle Morphologie, 2 vols. Berlin.

1876. —— Die Perigenesis der Plastidule, oder die Wellenzeugung der Lebenstheilchen. Ein Versuch zur mechanischen Erklärung der elementaren Entwickelungsvorgänge. Reimer, Berlin. pp. 79, 1 pl.

1898. —— Natürliche Schöpfungsgeschichte. 9ème édit. Berlin.

1932. Haecker, V. : Ueber das Schicksal der elterlichen und grosselterlichen Kernantelle. *Jenaische Zeitschr. f. Naturwiss.* XXX.

1904. HAECKER, V. : Bastardierung und Geschlechtszellenbildung. Festschrift zu Weismann. *Zool. Jahrb. Supplement*, VII.

1904. —— Ueber die neueren Ergebnisse der Bastardlehre, ihre zellengeschichtliche Bedeutung und ihre Bedeutung für die praktische Tierzucht. *Archiv. Rassen- und Gesellschafts-biologie*, Bd. 1. Heft. 3.

1907. —— Die Chromosomen als angenommene Vererbungsträger. *Ergebn. u. Fortschr. Zoologie*. Bd. 1.

1910. —— Ergebnisse und Ausblicke in der Keimzellenforschung. *Zeitschr. Abstammungs- u. Vererbungslehre*, III. pp. 181-200.

1911. —— Allgemeine Vererbungslehre. Braunschweig. pp. 392. 2ème édit., 1912.

1886. HALLEZ, P. : Pourquoi nous ressemblons à nos parents. Doin, Paris. pp. 32.

1900. HAMILTON, D. J. : On Heredity in Disease. *Scott. Med. and Surg. Journal*, IV. pp. 289-303. [Travail important, suivi d'une intéressante discussion.]

1908. HARRIS, D. FRASER : The functional inertia of living matter. A contribution to the physiological theory of life. London, pp. 136. [Essai important, dont l'auteur défend le point de vue d'après lequel la manière vivante posséderait, en plus de l'irritabilité, une autre propriété fondamentale : celle de l'inertie fonctionnelle].

1909. HART, D. BERRY : Mendelian Action on Differentiated Sex. *P. R. Soc. Edin.* XXIX. pp. 607-618.

1910. —— Phases of Evolution and Heredity. London, pp. 260.

1889. HARTOG, M. : The Inheritance of Acquired Characters. *Nature*, XXXIX, pp. 461-462.

1891. —— A Difficulty in Weismannism. *Ibid.* XLIV. pp. 613-614.

1893. —— The Spencer-Weismann Controversy. *Contemporary Review*. July.

1851. HARVEY, A. : On a curious Effect of Cross-breeding. [Télégonie].

1887. HATSCHEK, B. : Ueber die Bedeutung der geschlechtlichen Fortpflanzung. *Prager med. Wochenschrift*. No. 46. 10 pp.

1905. —— Hypothese der organischen Vererbung. Engelmann, Leipzig. pp. 44.

1900. HEADLEY, F. W. : Problems of Evolution. London.

1891. HEAPE, W. : Preliminary Note on the Transplantation and Growth of Mammalian Ova within a Uterine Foster-Mother. *Proc. Roy. Soc. London*, XLVIII. pp. 457-458.

1897. —— Further Note on the Transplantation and Growth of Mammalian Ova within a Uterine Foster-Mother. *Proc. R. Soc.* LXII. pp. 178-183.

1914. HEGNER, R. W. : The Germ-Cell Cycle in Animals. MacMillan & Co. N. Y., 346 p., avec 84 fig.

1906. HEIDER, KARL : Vererbung und Chromosomen. Fischer, Jena. pp. 42, 40 figs.

1898. HENNEBERG, B. : Wodurch wird das Geschlechtsverhältniss beim Menschen und den höheren Tieren beeinflusst ? *Anat. Ergebnisse* (Merkel et Bonnet), VII. pp. 697-721.

1885. HENSEN, V. : Die Physiologie der Zeugung. Hermann's Handbuch der Physiologie, VI. chap. X. pp. 198-130.

1885. HENSEN, W. : Die Grundlage der Vererbung nach dem gegenwärtigen Wissenskreis. *Landwirthschaftl. Jahrb.* XIV. pp. 731-767, 2 pls.

1895. HENSLOW, G. : The Origin of Floral Structures by Insect and other Agencies. London.

1901. HERBST, CURT : Formative Reize. Leipzig.

1906-1909. —— Vererbungsstudien, I-VI.. *Archiv. f. Entwickelungsmechanik*, XXI., XXII., XXIV., XXVII.

1883. HERDMAN, W. A. : Remarks upon the Theory of Heredity. *Lit. and Phil. Soc. Liverpool*, pp. 16.

1888. —— Some Recent Contributions on the Theory of Evolution. Inaug. Address Liverpool Biol. Soc.

1870. HERING, EWALD : Ueber das Gedächtniss als eine allgemeine Function der organisierten Materie. Gerold, Vienne. [Sur la mémoire considérée comme une fonction générale de la matière organique.] Cf. *Nature*, LXIX. 1904, p. 366.

1910. —— On Memory as a general function of organised matter. *Trans. in Butler's Unconscious Memory* (1910).

1884. HERTWIG, O. : Das Problem der Befruchtung und die Isotropie des Eies, eine Theorie der Vererbung. *Jenaische Zeitschrift f. Naturwiss.*, Nouvelle Série, vol. II. Tirage à part, Fischer, Jena.

1896. —— The Biological Problem of To-day. Preformation or Epigenesis the Basis of Organic Development. Traduction anglaise de P. Chalmers Mitchell. (Heinemann, London.) pp. xix+148. [Excellent exposé de la théorie épigénétique du développement.]

1898. HERTWIG, O. : Die Zelle und die Gewebe. Jena.

1905. —— Ergebnisse und Probleme der Zeugungs- und Vererbungslehre. Conférence faite à St. Louis. Fischer, Jena.

1906. —— Allgemeine Biologie. Fischer, Jena.

1909. —— Der Kampf um Kernfragen der Entwickelungs- und Vererbungslehre. Jena.

1905. HERTWIG, R. : Ueber das Problem der sexuellen Differenzierung. *Verh. Deutsch. Zool. Ges.* 1905.

1907. HICKSON, S. J. : The Physical Basis of Hereditary Characters. , *Trans. Manchester Microscop. Soc.*, pp. 30-42. [Vigoureuse critique de la conception d'après laquelle les chromosomes des noyaux seraient le seul véhicule de l'hérédité.]

1874. HIS, W. : Unsere Körperform und das Problem ihrer Entstehung. Vogel, Leipzig. pp. 221. [Une des premières affirmations de la non-hérédité des caractères acquis. Difficulté d'admettre que la substance germinale puisse être influencée par des modifications subies par telles ou telles parties du corps parental.]

1888. —— On the Principles of Animal Morphology. *Proc. Roy. Soc. Edinburg*, XV. pp. 287-298.

1888. HOFFMANN, H. : Vererbung erworbener Eigenschaften. *Biol. Centralbl.* VII. p. 667 ; *Botan. Zeitung*, 1887, pp. 269, 772.

1901. HURST, C. C. : Mendel's Law applied to Orchid Hybrids. *Journ. R. Horticultural Soc.* XXVI. pp. 688-695.

1902. —— Mendel's Theory and Orchid Hybrids. *Journ. R. Horticultural Soc.* XXVII. pp. 614-624.

1903. —— Mendel's Theory applied to Wheat Hybrids. *Journ. R. Horticultural Soc.* pp. 876-983.

1904. —— Experiments in the Heredity of Peas. *Journ. R. Horticultural Soc.* XXVIII. pp. 483-494.

1904. —— Mendel's Discoveries in Heredity. *Trans. Leicester Lit. and Phil. Soc.* VIII. pp. 121-134.

1904. —— On the Inheritance of Coat-Colour in Horses. *Proc. Roy. Soc.* LXXVII. pp. 388-394.

1905. —— Experimental Studies on Heredity in Rabbits. *Journ. Linn. Soc. (Zool.)* XXIX, pp. 283-324.

1906. —— On the Inheritance of Coat-Colour in Horses. *Proc. Roy. Soc.* LXXVII, p. 388.

1908. —— Mendel's Law of Heredity and its Application to Man. *Trans. Leicester Lit. and Phil. Soc.* XII. pp. 35-43.

1908. Hurst, C. C. : On the Inheritance of Eye-Colour in Man. *Proc. Roy. Soc.*, vol. 80. p. 85.

1912. —— Mendelian Heredity in Man. *Eugenics Review*, iv. pp. 1-25.

1891. Hurst, C. Herbert : Heredity and Variation. *Trans. Manchester Micr. Soc.* pp. 9.

1896. Hutchinson, Jonathan : On the Laws of Inheritance in Disease. Thomas Clifford Allbuts't System of Medicine, vol. 1. pp. 39-46.

—— Lectures on the Pedigree of Disease. London.

1899. Hutton, F. W. : Darwinism and Lamarckism, Old and New, Dukworth, London. pp. 169.

1894. Huxley, T. H. : Evolution and Ethics. London, MacMillan & Co. pp. 57. [Comparaison entre la transmission héréditaire du caractère par l'intermédiaire d'une chaîne continue de cellules germinales et la doctrine bouddhiste de « Karma »].

—— Article « Evolution. » *Encyclop. Britannica*, viii. pp. 744-751.

1882. Hyatt, A. : Transformation of Planorbis at Steinheim, with Remarks on the Effects of Gravity upon the Forms of Shells and Animals. *American Naturalist*, xvi. pp. 441-453.

1889. —— Genesis of the Arietidae. *Mem. Mus. Comp. Zool. Harvard*, xvi.

1894. —— The Phylogeny of an Acquired Characteristic. *Proc. Amer. Phil. Soc.* xxxii. pp. 366-371.

1911. Hyslop, T. B. : The Influence of Parental Alcoolism on the Physique and Ability of Offspring. *British Journal of Inebriety*, viii. April 1911.

1900. Ireland, W. W. : Degeneration, a Study in Anthropology. *Internat. Monthly*, i. pp. 235-279.

1905. Issakowitsch, Alexander : Geschlechtsbestimmende Ursachen bei den Daphniden. *Biol. Centralbl.* xxv. pp. 529-596.

1906. —— Geschlechtsbestimmende Ursachen bei den Daphniden. *Arch. mikr. Anal.* lxix.

1905. Iwanoff, E. : Untersuchungen über die Ursachen der Unfruchtbarkeit von Zebroïden (Hybriden von Pferden und Zebra). *Biol. Centralbl.* xxv. pp. 789-804. Cf. *Ibid*, xxiii. pp. 640-646.

1903. Iwanoff, E. J. : Ueber künstliche Befruchtung von Säugetieren. *Biol. Centralblatt*, xxiii. p. 640.

1876. Jaeger, G. : Zoologische Briefe. Braumüller, Vienne.

1877. —— Ueber Vererbung. *Kosmos* i.

1878. —— Lehrbuch der allgemeinen Zoologie. Leipzig.

1879. —— Zur Pangenesis. *Kosmos*, iv. pp. 377-385.

1897. —— Problems of Nature. Trad. angl. de H. G. Schlichter, London. pp. 261.

1896. James, Alexander : The Treatment of Crime. *Medical Magazine*, v. pp. 11.

1909. Jenkinson, J. W. : Experimental Embryology. Oxford, pp. 341.

1904. Jennings, H. S. : Contributions to the Study of the Behaviour of Lower Organisms. Carnegie Institution, Washington : 1904, pp. 256. Cf. The Rudiments of Behaviour, *Nature*, lxxi, 1905, p. 3.

1908. —— Heredity, Variation and Evolution in Protozoa. (1) *Journ. Exper. Zoology*, v. (2) *Proc. Amer. Phil. Soc.* xlvii.

1909. —— Heredity and Variation in the Simplest Organisms. *Amer. Naturalist*, xliii. pp. 321-337. [Importantes expériences sur les lignées pures chez les Paramécies].

1920. Jennings, H. S. : Life and Death, Heredity and Evolution in Unicellular Organisms, N. Y.

1907. Jensen, P. : Organische Zweckmässigkeit, Entwickelung und Vererbung vom Standpunkte der Physiologie Fischer, Jena. pp. 251.

1903. Johannsen, W. : Ueber Erblichkeit in Populationen und in reinen Linien. Fischer, Jena. pp. 68.

1909. —— Elemente der exakten Erblichkeitslehre. Edition allemande. Jena, pp. 515. [Traité très important sur la variation et l'hérédité.]

1898. Jordan, David Starr : Footnotes to Evolution. A series of popular addresses on the Evolution of Life Appleton & Co, New York, pp. 392. [Admirable introduction à l'étiologie.   Voir le chapitre sur *L'hérédité de Richard Roe*, and *Bases Physiques de l'Hérédité*, par F. M. Mc Earland). *Richard Roe*, tirage à part, 1910.

1906. —— The Human Harvest. *Proc. Amer. Phil. Soc.* xlv. pp. 54-60. [Esasi lumineux et suggestif.]

1907. —— The Human Harvest. A study of the Decay of Races through the Survival of the Unfit. Boston. pp. 122.

1911. Jordan, H. E. : A comparative microscopic study of the melanin content of pigmented skins. *Amer. Naturalist*, xlv. pp. 449-470.

1871. Joseph, G. : Ueber die Zeit der Geschlechtsdifferenzirung in den Eiern einiger Liparidinen. 48th *Jahresber. Schles. Ge.* pp. 143-146.

1910. Journal of Genetics. [Revue Importante.]

Jung : Untersuchungen über die Erblichkeit der Seelenstörungen. *Allg. Zeitschr. f. Psych.*, Bd. xxi.

1908. Kammerer, P. : Vererbung erzwungener Fortpflanzungsanpassungen. *Archiv. Entwickelungsmechanik*, xxv.

1909. —— Vererbung erzwungener Fortpflanzungsanpassungen. Die Nachkommen der nicht brutpflegenden Alytes obstetricans. *Archiv. Entwickelungsmechanik*, xxviii. pp. 447-545.

1910. —— Die Wirkung äusserer Lebensbedingungen auf die organische Variation im Lichte der experimentellen Morphologie. *Arch. Entwickmech.* xxx.

1925. Kammerer, P. : Inheritance of Acquired Characters, Boston.

1910. —— Mendelsche Regeln und Vererbung erworbener Eigenschaften. *Verh. naturforsch. Verein Brünn*, xlix.

1911. —— Zuchtversuche zur Abstammungslehre. *Vortrag* v. in « Die Abstammungslehre. » Jena.

1910. Keeble, F., and Pellew, C. : The Mode of Inheritance of Stature and Time of Flowering in Peas *(Pisum sativum)*, *Journ. of Genetics*, i.

1905. Keller, C. : Naturgeschichte der Haustiere. Berlin.

1905. —— Die Mutationstheorie von de Vries im Lichte der Haustiergeschichte. *Archiv. Rassen und Ges. Biologie*, ii. Heft.

1904. Kellogg, V. L., and Bell, Ruby, C. : Studies of Variation of Insects. *Proc. Washington Acad. Sci.* vi. pp. 203-332, 81 figs.

1904. —— Influence of the Primary Reproductive Organs on the Secondary Sexual Characters. *Journ. Exper. Zool.* i.

1908. —— Inheritance in Silkworms. Leland-Stanford Junior University Publications. *Zoology*, i.

1892. Khawkine, M. W. : Le principe de l'hérédité et les lois de la mécanique en application à la morphologie des cellules solitaires. *Arch. Zool. Exper.* x. pp. 1-20.

1892. Kidd, Walter : Use-Inheritance—Illustrated by the Direction of Hair on the Bodies of Animals. Black, London. [Habile présentation des arguments Lamarckiens]

1907. KIDD, WALTER : The Sense of Touch in Mammals and Birds.   Black, London. pp. 176, 164 figs.

1887. KLEBS, E. : Allgemeine Pathologie.   Jena.

1903. KLEBS, G. : Willkürliche Entwickelungsänderungen bei Pflanzen. Ein Beitrag zur Physiologie der Entwickelung.   Fischer, Jena. pp. 162.

1885. KÖLLIKER, A. VON : Die Bedeutung der Zellkerne für die Vorgänge der Vererbung.   Zeitschr. wiss. Zool. XLII. pp. 1-46.

1886. —— Das Karyoplasma und die Vererbung. Eine Kritik der Weismann'schen Theorie von der Kontinuität des Keimplasmas.   Zeitschr. f. wiss. Zool. XLIV. pp. 228-238.

1887. KOLLMANN, J. : Vererbung erworbener Eigenschaften.   Biol. Centralbl. VII.

1761. KÖLREUTER, J. C. : Vorläufige Nachricht von einigen das Geschlecht der Pflanzen betreffenden Versuchen und Beobachtungen.   [Une des plus anciennes études scientifiques sur l'hybridation].

1897. KOHLBRUGGE, I. H. F.   Der Atavismus.   I. Der Atavismus und die Descendenzlehre ; II. Der Atavismus und die Morphologie des Menschen.   8vo, Utrecht, pp. 31.

1897. —— Schwanzbildung und Steissdrüse beim Menschen und die Lehre von der Rückschlagvererbung.   Tijdschrift Naturk. Ver. Nederl. Indïë. Bd. LVII. (1897).   Batavia.

1905. KORSCHELT UND HEIDER : Lehrbuch der vergleichenden Entwickelungsgesegichte der wirbellosen Tiere.   Allgemeiner Teil, 2 Lief. Fischer, Jena.   [Traité très estimable].

1912. KROPOTKINE, P. : Inheritance of Acquired Characters.   Nineteenth Century and After.   pp. 511-530.   [Exposé consciencieux de la question. Voir, du même auteur, « The Direct Action of Surroundings upon Plants and Animals, » dans la même revue : Juillet, Novembre, Décembre, 1910.

1910. KUSCHAKEWITSCH, S. : Die Entwickelungsgeschichte der Keimdrüsen von Rana esculenta.   Festschrift R. Hertwig. vol. II.

1902. KUSTER, E. : Die Mendel'schen Regeln, ihre ursprüngliche Fassung und ihre moderne Ergänzungen.   Biol. Centralbl. XXII. p. 129.ª

1887. LANE, W. A. : The Causation of several Variations and Congenital Abnormalities in the Human Skeleton.   Journ. Anat. Physiol.

1887. —— A Remarkable Example of the Manner in which Pressure Changes in the Skeleton may reveal the Labour History of the Individual. Ibid.

1888. —— Can the Existence of a Tendency to Change in the Form of the Skeleton of the Parents result in the Actuality of that Change in the Offspring ?   Ibid.

1888. LANE, W. A. : The Anatomy and Physiology of the Shoemaker.   Ibid.

1888. —— The Result produced upon the Muscles, Bones, and Ligaments by Habitual Exercice of Excessive Strain.   Brit. Med. Journ., December 1.

1890. —— The Deformities which develop in Young Life.   The Lancet, August 9.

1888. LANG, A. : Ueber den Einfluss der festsitzenden Lebensweise, etc. Fischer, Jena.   pp. 166.

1904. —— Ueber Vorversuche zu Untersuchungen über die Varietätenbildung von Helix hortensis und Helix nemoralis.   Festschrift für Ernst Haeckel. Jena. pp. 437-506.

1906. —— Ueber die Mendel'schen Gesetze, Art- und Varietätenbildung, Mutation und Variation, insbesondere bei unsern Hain- und Gartenschnecken. *Verh. Schweiz. Naturf. Ges.* LXXXVIII, pp. 209-254, 3 pls. [Travail très clair et persuasif, portant principalement sur les expériences sur des escargots].

1908. —— Ueber die Bastarde von *Helix hortensis* Müller und *Helix nemoralis*. Jena.

1910. —— Ueber alternative Vererbung bei Hunden. *Zeitschr. Induktive Abstammungs- und Vererbungslehre*, III, pp. 1-33.

1910. —— Die Erblichkeitsverhältnisse der Ohrenlänge der Kaninchen nach Castle und das Problem der intermediären Vererbung und Bildung konstanter Bastardrassen. *Zeitschr. Induktive Abstammungs- und Vererbungslehre*, IV.

1870. LANKESTER, E. RAY : Comparative Longevity. 8vo, London, Mac Millan & Co. [L'auteur entrevoit la possibilité de concilier la théorie de la pangenèse de Spencer et celle de Darwin.]

1876. —— A Theory of Heredity. *Nature*, July 15, 1876. [Discussion des idées exprimées par Haeckel, dans *Perigenesis der Plastidule*].

1890. —— The Advancement of Science. Occasional Essays and Addresses, 8vo, London. pp. 387. [Ce recueil comprend les chapitres suivants : « Degeneration : a Chapter in Darwinism ; Centenarianism ; Parthenogenesis ; a Theory of Heredity ; The History and Scope of Zoology. »]

1890. —— The Transmission of Acquired Characters and Panmixia. *Nature* XLI, pp. 486-488.

1899. —— The Significance of the Increased Size of the Cerebrum in Recent as compared with Extinct Mammalia. *Cinquantenaire de la Société de Biologie, Paris*, pp. 48-51.

1905. —— Nature and Man. Romanes Lecture, Oxford. pp. 61.

1907. —— The Kingdom of Man. Constable & Co. London. pp. xii.+191. [L'auteur insiste sur la nécessité d'enrichir nos connaissances et d'en faire une application plus judicieuse].

1888. LAPOUGE, G. VACHER DE: L'Hérédité dans la Science Politique. *Revue d'Anthropologie*, 1888, p. 182. [Conflit de forces héréditaires].

1890. —— Les Lois de l'Hérédité (avec préface de R. Baron). Bourgeon, Lyons. pp. 45.

1896. —— Les Sélections Sociales. Paris. (École Anthropo-sociologique).

1906. LARRABEE, A. P. : The Optic Chiasma of Teleosts : a Study of Inheritance. *Proc. Amer. Acad.* XLII. pp. 217-231.

1866. LAXTON, T. : Observations on the Variations effected by Crossing in the Colour and Character of the Seeds of Peas, *Rep. Internat. Horticultural Exhibition and Botanical Congress*, p. 156. Cf. *Journ. R. Horticultural Society*, III. 1872, p. 10, et *ibid.* XII. 1890, p. 29.

1875. LAYCOCK, F. : A chapter on some organic laws of personal and ancestral memory. *Journ. Mental Science*, XXI.

LE DANTEC, F. : La Sexualité. Carré & Naud, Paris. pp. 98.

1898. —— Évolution Individuelle et Hérédité. Alcan, Paris. pp. 308.

1900. —— L'Hérédité, clef des phénomènes biologiques. *Revue Générale Scientifique.*

1903. —— Traité de Biologie. Alcan, Paris. pp. 553.

1906. —— Les Influences Ancestrales. Flammarion, Paris, pp. 306.

1903. LEE, ALICE : On Inheritance (Great-grandparents and Great-great-grand parents and Offspring) in Thoroughbred Racehorses. *Biometrika*, II. pp. 234-240.

1906. LEFÈVRE, G. : Heredity and Environment. American Orthodontist. Vol. I. No. 2 ,pp. 23.

1889. LENDL, A. : Hypothese über die Entstehung von Soma- und Propagationszellen. Friedländer, Berlin. pp. 78.

1903. Lenhossék, M. von : Das Problem der geschlechtsbestimmenden Ursachen. Fischer, Jena.

1882. Leslie, George : On Hereditary Transmission of Disease. *Edinburgh Medical Journal*, March 1882, p. 9. [Méthode de représentation graphique).

1902. Lint, A. van : Qu'est-ce qui détermine le Sexe ? Baillière. Paris. pp. 76.

1874. Locher-Wild : Ueber Familienanlage und Erblichkeit. Zürich.

1904. Lock, R. H. : Experiments on the Behaviour of Differentiating Colour-Characters in Maize. *Rep. Brit. Assoc.* Cambridge. p. 593.

1906. —— Recent Progress in the Study of Variation, Heredity, and Evolution. Murray, London. pp. 299, 5 portraits and 47 figs. [Utile introduction à la méthode biométrique et aux expériences mendéliennes].

1893. Loeb, J. : The Artificial Production of Double and Multiple Monstrosities in Sea-Urchins. *Biol. Lectures, Wood's Holl.*

1897. —— Egg-structure and the Heredity of Instinct. *The Monist.*

1899. —— On the Heredity of the Marking in Fish Embryos. *Biol. Lectures, Wood's Holl.* Ginn & Co., Boston. pp. 227-234.

1900. —— On the Artificial Production of Normal Larvæ from the Unfertilised Eggs of the Sea-Urchin (Arbacia). *Amer. Journ. Physiol.* III. pp. 434-471.

1906. —— The Dynamics of Living Matter. *Columbia University Biol. Series.* VIII. New York. pp. 233, 64 figs. Lecture x., Heredity.

1916. Loeb, Jacques : The Organism as a whole from a Physico-Chemical Standpoint, N. Y. & London.

1910. Loisel, G. : Etudes Expérimentales de l'Influence du père dans l'hérédité chez le Lapin. *C. R. Soc. Biol. Paris*, LXVIII.

1898. Lorenz, O. : Lehrbuch der gesammten wissenschaftlichen Genealogie. Berlin pp. 489.

1906. Lotsy, J. P. : Vorlesungen über Descendenztheorien. Fischer, Jena. pp. 380. Vol. II. 1908, pp. 381-799. [Traité à recommander.]

1916 —— Evolution by means of Hybridization, La Haye. 166 p.

1847-50. Lucas, Prosper : Traité philosophique et physiologique de l'hérédité naturelle. Paris. 2 vols., pp. 626, 936.

1901. Ludwig, F. : Variationsstatistische Probleme und Materialien. *Biometrika*, I. pp. 11-29.

1917. Lull, R. S. : Organic Evolution, N. Y.

1910. Lundegaard, H. : Ein Beitrag zur Kritik zweier Vererbungs-hypothesen. *Jahrb. wiss. Botanik*, XLVIII.

1908. Lutz, F. E. : Inheritance of the Manner of clasping the Hands. *Amer. Naturalist.*

1903. Maas, O. : Einführung in die experimentelle Entwickelungsgeschichte. Bergmann, Wiesbaden. XVI+203 pp. (Cf. *Nature*, LXIX. 1904, p. 241).

1925. Macbride, E. W. : Heredity, London, 256 p.

1918. March, Norah H. : Towards Racial Health. A Handbook for Parents Teachres and others, 3rd ed. London, 326 p.

1902. McClung, C. E. : The Accessory Chromosome. Sex determinant ? *Biol. Bulletin*, III.

1905. —— The Chromosome Complex of Orthopteran Spermatocytes. *Biol. Bull.* IX. pp. 304-340.

1905. MacDougal, D. T. (en collaboration avec Vail, A. M. ; Shull, G. H. ; Small J. K.). Mutants and Hybrids of the Œnotheras. *Publications of Carnegie Inst. Washington.*

1909. MacDougal, D. T. : The Direct Influence of the Environment. In « Fifty Years of Darwinism, » pp. 114-142.

1908. McDougall, W. : Social Psychology. London, pp. 355.

1898. McFarland, F. M. : The Physical Basis of Heredity. In Jordan's Footnotes to Evolution, pp. 147-190.

1891. MacFarlane, J. M. : A Comparison of the Minute Structure of Plant Hybrids with that of their Parents, and its Bearing on Biological Problems. *Trans. Roy. Soc. Edinburgh*, xxxvii.

1903. McIntosh, D. C. : Variation in *Ophiocoma nigra*. *Biometrika*, ii. pp. 463-473.

1888. McKendrick, J. G. : On the Modern Cell Theory, and Theories as to the Physiological Basis of Heredity. *Proc. Phil. Soc. Glasgow*, xix, pp. 55.

1900. McKim, W. D. : Heredity and Human Progress. 8vo, New York and London, pp. viii+283. [Livre intéressant, préconisant des mesures spartiates].

1906. Malsen, H. von : Geschlechtsbestimmende Einflüsse und Einbildung bei *Dinophilus apatris*. *Arch. mikr. Anal.* lxix.

1893. Mann, G. : Heredity and Its Bearings on the Phenomena of Atavism. *Proc. E. Phys. Soc. Edinburg*, xii. pp. 125-147, 3 figs.

1866. Mantegazza : Studii sui Matrimonii Consanguini.

1907. Marchal, E. et E. : Aposporie et Sexualité chez les Mousses. *Bull. Acad. R. Belgique. Classe des Sciences.*

1898. Marchal, P. : La Dissociation de l'œuf en un grand nombre d'individus distincts chez *Encyrtus fuscicollis*. *Comptes Rendus Acad. Sci. Paris*, cxxvi. pp. 662-664.

1904. —— Recherches sur la biologie et le développement des hymenoptères parasites. La Polyembryonie Spécifique ou Germinogonie. *Arch. Zool. Expér.*, Series 4. ii. pp. 257-335, 5 pls.

1888. Marshall, A. M. : Inheritance. Pres. Address Manchester Microscopical Society.

1905. Marshall, F. H. A. : Fertility in Scottish Sheep. *Proc. Roy. Soc.* lxxvii. pp. 58-62.

1910. —— The Physiology of Reproduction. [Ouvrage magistral, avec de nombreuses digressions sur l'évolution et l'hérédité].

1905. Martius, F. : Krankheitsanlage und Vererbung. Leipzig et Vienne (Fr. Deuticke), pp. 39. [Un des essais les plus remarquables sur l'hérédité et la maladie.]

1897. Masoin, E. : Production artificielle d'atrophies congénitales de la rate. *Bull. Acad. R. Méd. Belgique.*

1901. Mauck, A. : On the Swarming and Variation in a Myriapod (*Fontaria virginiensis*). *Amer. Naturalist*, xxxv. pp. 477-478. [Uniformité apparente chez 1309 individus].

1901. Mayer, A. G. : The Variations of a Newly-Arisen Species of Medusa. *Sci. Bull. Mus. Brooklyn Inst.* i, pp. 1-27. 2 pls.

1905. Mehely, L. : Ueber das Entstehen überzähliger Gliedmassen. *Math. Naturwiss. Berichte Ungarn*, xx. pp. 239-259, 9 figs.

1909. Meisenheimer, J. : Experimentelle Studien zur Soma-und Geschlechtsdifferenzierung. Jena.

1923. Meirenheimer, J. : Vererbungslehre, Jena.

1865. Mendel, Gregor Johann : Versuche über Pflanzen Hybriden. *Verh. Naturf. Verein in Brunn.* Band iv. pp. 3-47. Réimprimé in *Flora* 1901, et in Ostwald's « Klassiker der exakten Wissenschaft. » Traduction anglaise (Bateson) in *Journ. R. Horticultural Soc.* xxvi, 1901. [Une des contributions les plus importantes à l'étude scientifique de l'hérédité].

1869. MENDEL, GREGOR JOHANN : Ueber einige aus künstlicher Befruchtung gewonnene Hieracium-Bastarde. *Verh. Naturf. Verein in Brünn.* Band VIII. pp. 26-31.

1896 & 1903. MERZ, J. T. : History of European Thought in the Nineteenth Century. Blackwood, Edinburgh and London. 2 vols. parus, 458 et 807 pp. [Voir plus particulièrement vol. II, chap. X et XII, sur les conceptions vitaliste et statistique de la nature.]

1903. METCHNIKOFF, E. : The Nature of Man (trad. par P. Chalmers Mitchell]. Heinemann, London. pp. 309.

1908. MEVES, F. : Die Chondriosomen als Träger erblicher Anlagen. *Arch. mikr. Anat.* LXXII, p. 816.

1906. MEYER, SEMI : Gedächtniss und Vererbung. *Archiv Rassen- Ges.-Biol.* III. pp. 629-645.

1904. MICHAELIS, CURT. : Principien der natürlichen und sozialen Entwickelungsgeschichte der Menschen. « Natur und Staat. » vol. V. Jena.

1892. MILES, MANLY : Heredity of Acquired Characters. *American Naturalist,* XXVI. pp. 887-900.

1894. MILLARDET : Note sur l'hybridation sans croisement, ou fausse hybridation. *Mém. Soc. Sci. Bordeaux,* Ser. 4, vol. IV. p. 347.

1892. MINOT, C. S. : Human Embryology, New York. Cf. « The Physical Basis of Heredity ». *Science,* VIII. pp. 126-130.

1895. — Vererbung und Verjüngung. *Biol. Centralbl.* XV. pp. 571-587.

1896. MITCHELL, P. CHALMERS : Introduction to Translation of Hertwig's « Biological Problem of To-Day. » [Exposé remarquablement lucide des théories « évolutionniste » et « épigénétique » du développement].

1903. —— Article « Heredity » dans la nouvelle Edition de l'*Encyclopædia Britannica.*

1915. MITCHELL, P. CHALMERS : Evolution and the War, London, Murray, 114 p.

1889. MIVART, ST. GEORGE : Professor Weismann's Essays. *Nature,* pp. 38-41.

1894. —— Critical Remarks on the Theories of Epigenesis and Evolution. *Science Progress,* I. pp. 501-508.

1900. MÖBIUS, P. J. : Ueber Entartung. 8vo. Wiesbaden [Grenzfragen des Nerven- und Seelenlebens, collection publiée par L. Loewenfeld and H. Kurella, pp. 95-123.]

1901. MOLL, J. W. : Die Mutationstheorie. *Biol. Centralbl.* XXI.

1901. MONTGOMERY, T. H. : A Study of the Germ Cells of Metazoa. *Trans. Amer. Phil. Soc.* XX.

1904. —— Some Observations and Considerations on the Maturation Phenomena of the Germ-cells. *Biol. Bulletin,* VI.

1904. —— The Main Facts in regard to the Cellular Basis of Heredity. *Proc. Amer. Phil. Soc.* XLIII. pp. 5-14.

1906. —— Analysis of Racial Descent in Animals. Holt, New York. pp. 311.

1857. MOREL : Traité des Dégénérescences. 2 vols. Paris.

1890. MORGAN, C. LLOYD : Animal Life and Intelligence. VII + 512 pp., 1 pl., 40 figs.

1890-91. —— The Nature and Origin of Variations. *Proc. Bristol Soc.* VI. pp. 249-273.

1893. —— Dr. Weismann on Heredity and Progress. *Monist,* IV. pp. 20-30.

1896. —— Habit and Instinct. Arnold, London. pp. 351.

1900. —— Animal Behaviour. Arnold, London.

1923. MORGAN, C. LLOYD : Eugenics and Environment. London, 82 p.

1900. MORGAN, T. H. : Regeneration—Old and New Interpretations. *Biol. Lectures, Wood's Holl,* pp. 185-208.

1901. MORGAN, T. H. : Regeneration. MacMillan Co. New York.

1903. —— Evolution and Adaptation. New York. MacMillan Co. pp. 470

1905. —— The Assumed Purity of the Germ Cells in Mendelian *Science*, XXIII. pp. 877-879.

1905. MORGAN, T. H. : Ziegler's Theory of Sex Determination, and an Alternative Point of View. *Science*, XXIII, pp. 839-841.

1907. —— Experimental Zoology. New York and London. pp. 454, 25 figs. [Intéressant exposé, didactique et critique, des travaux expérimentaux sur la variation, la modification, l'hérédité, la croissance, la détermination du sexe, etc.].

1908. —— Production of Two Kinds of Spermatozoa in Phylloxerans. *Proc. Soc. Exper. Biol. and Med.* v.

1909. —— Breeding Experiments with Rats. *Amer. Naturalist*, XLIII. pp. 182-185.

1909. —— A Biological and Cytological Study of Sex-determination in Phylloxerans and Aphids. *Journ. Exp. Zool.* VII. pp. 239-352.

1910. —— Sex-limited Inheritance in Drosophila. *Science*, XXXII. pp. 120-122.

1910. —— Crhomosomes and Heredity. *Amer. Naturalist*, XLIV.

1911. —— The Application of the Conception of Pure Lines to Sex-limited Inheritance and to Sexual Dimorphism. *Amer. Naturalist*, XLV. pp. 65-78.

1915. MORGAN, T. H. and Others : The Mechanism of Mendelian Heredity. Constable & Co, London, 262 p. avec 64 fig.

1919. MORGAN, T. H. : The Physical Basis of Heredity. Philadelphia & London, 305 p, avec 117 fig.

1821. MORTON, LORD : A Communication of a Singular Fact in Natural History. *Phil. Trans.* III. pp, 20-22. [Télégonie.]

1911. MOTT, F. W. : Hereditary Transmission of Disease, especially in relation to Anticipation. *Medical Chronicle*, November 1911. pp. 63-92. Numerous pedigree figures. [Conférence ingénieuse et suggestive.]

1908. MUDGE, G. F. : On some Features in the Hereditary Transmission of the Self-black and the « Irish « Coat Characters in Rats. *Proc. Roy. Soc.* LXXXII.

1908. —— On some Features in the Hereditary Transmission of the Albino-Characters and the Black Piebald Coat in Rats, *Proc. Roy. Soc.* LXXX. pp. 388-399.

1905. MÜLLER, R. : Biologie und Tierzucht. Stuttgart.

1865. N"GELI, C. VON : Die Bastardbildung im Pflanzenreich ; Ueber die abgeleiteten Pflanzenbastarde ; Die Theorie der Bastardbildung. *Sitzber. Akad. Wiss. München.* Dec. 15, 1865 ; Jan. 13, 1866, and *Botan. Mitteilungen*, II. Nos. 20-22.

1884. —— Mechanisch-physiologische Theorie der Abstammungslehre. Munich et Leipzig. pp. 822.

1865. NAUDIN, C. : Nouvelles recherches sur l'hybridité dans les végétaux *Nouv. Arch. Mus. Paris*, I, p. 25. Cf. *Ann. Sci. Nat. Bot.* Ser. 4 XIX. p. 180.

1865. —— De l'hybridité considérée comme cause de variabilité dans les végétaux. *Ann. Sci. Nat. Bot.* pp. 153-163.

1907. NETTLESHIP, E. : A History of Congenital Stationary Nightblindness in Nine Consecutive Generations. *Trans. Ophthalm. Soc.* XXVII.

1909. —— Hereditary Diseases of the Eye. *Trans. Ophthalm. Soc.* XXIX. pp. LVII-CXCVIII.

1917. NEWMANN, H. H. : The Biology of Twins. Chicago University Press.

1904. Newcomb, Simon : A Statistical Inquiry into the Probability of Causes of the Production of Sex in Human Offspring. Carnegie Inst. Publications Washington. No. xi. pp. 34.

1909. Nilsson-Ehle, N : Kreuzungsuntersuchungen an Häfer und Weizen. *Lunds Univ. Arsskrift*, v. No. 2. pp. 122.

1890. Nisbet, J. F. : Marriage and Heredity : a View of Psychological Evolution. Second Edition, revised. London (Ward & Downey), pp. xii+230. [Ouvrage habile et intéressant.]

1908. Noordwyn, C. L. W. : *Die Erblichkeit der Farben bei Kanarienvögeln. Arch. Rassen- und Gesellschafts-Biologie*, v.

1906. Norton, J. P. : The Economic Advisability of Inaugurating a National Department of Health. *Journ. American Med. Assoc.* xlvii. pp. 1003-7. [Symptôme intéressant du progrès en marche.]

1880. Nussbaum, M. : Die Differenzierung des Geschlechts im Thierreich. *Arch. mikr. Anat.* xviii.

1884. —— Ueber die Veränderungen der Geschlechtsprodukte bis zur Elfurchung ; ein Beitrag zur Lehre der Vererbung. *Arch. mikr. Anat.* xxiii.

1888. —— Ueber Vererbung. pp. 23. Cohen, Bonn.
—— Beiträge zur Lehre von der Fortpflanzung und Vererbung. *Arch. mikr. Anat.* xli. pp. 119-145.

1875. Obersteiner : *Med. Jahrbücher.* [Expériences de Brown-Séquard].
1895. Odin : Genèse des Grands Hommes.
Oesterlen : Handbuch der medizinischen Statistik. 2me édit., p. 190. (Consanguinité).
1901. Ogilvie, G. : Some Remarks on the Inheritance of Acquired Immunity *Brit. Med. Journ.* No. 2105, May 4, 1903. pp. 1070-1072.

1889. Ornstein, B. : Ein Beitrag zur Vererbungsfrage individuel erworbener Eigenschaften. *C. B. Deutsch. Ges. Anthrop. Ethnogr. München.* xx. pp. 49-53, 5 figs.

1893. Orr, H. B. : A Theory of Development and Heredity. MacMillan, London.

1894. Orschansky, J. : Étude sur l'hérédité normale et morbide. *Mém. Acad. Sci. St. Pétersbourg,* xlii. pp. 210+86.

1903. —— Die Vererbung im gesunden und krankhaften Zustande. Stuttgart. pp. 347.

1887. Orth, J. : Ueber die Entstehung und Vererbung individueller Eigenschaften. Festschrift Kölliker, 1887. pp. 157-185.

1889. Osborn, H. F. : The Palæontological Evidence for the Transmission of Acquired Characters. *Rep. Brit. Assoc.* 1889 ; *Nature,* xli. pp. 227-228 ; *Amer. Naturalist,* xxiii. pp. 531-566.

1891. —— Are Acquired Variations inherited ? *American Naturalist,* Févr. 1891. pp. 20.

1892. —— Present Problems in Evolution and Heredity. *Medical Record.* pp. 71.

1893. —— Alte und neue Probleme der Phylogenese. *Ergebnisse der Anat.* (Merkel et Bonnet), iii. pp. 584-619.

1894. —— From the Greeks to Darwin, an Outline of the Development of the Evolution Idea. MacMillan, New York and London. pp. 259.

1895. —— The Hereditary Mechanism and the Search for the Unknown Factors of Evolution. *Biol. Lectures, Wood's Holl.* iii. pp. 79-100.

1896. —— A Mode of Evolution requiring neither Natural Selection nor the Inheritance of Acquired Characters. *Trans. New York Acad. Sci.* pp. 141-148 ; *Science,* April 3.

1918. Osborn, H. F. : The Origin and Evolution of Life, London, 322 pages, avec 110 figs.

1877. Overzier, L. : Gedanken über Vererbungserscheinungen und Vererbungswesen. *Kosmos*, i. pp. 83-93, 179-192.

1849. Owen, E. : Parthenogenesis. [Idée de la conformité germinale].

1893. Packard, A. S. : An Attempt to Distinguish between Congenital and Acquired Characters. *Proc. Amer. Phil. Soc.* xxxi. pp. 139-192.

1894. —— On the Inheritance of Acquired Characters in Animals with a Complete Metamorphosis. *Proc. Amer. Acad. Sci.* xxix. pp. 331-370.

1903. Paton, D. Noel : The Influence of Diet in Pregnancy on the Weight of the Offspring. *Lancet*, July 1903.

1905. Pauly, A. : Darwinismus und Lamarckismus. Munich.

1911. Pearl, R. : Biometric Ideas and Methods in Biology, their Significance and Limitations. *Scientia*, x, pp. 101-119.

1915. —— Modes of Research in genetics. Macmillan & Co, New York, 182 p.

1909. Pearl, R., and Surface, F. M. : Is there a Cumulative Effect of Selection ? *Zeitschr. induktive Abstammungs- und Vererbungslehre*, ii. pp. 257-75.

1910. Pearl, A., and Surface, F. M. : On the Inheritance of the Barred Colour Pattern in poultry. *Arch. Entwickmech.* xxx.

1896. Pearson, Karl : Regression, Heredity and Panmixia, *Phil. Trans.* (A) vol. 187.

1897. —— The Chances of Death, and other Studies in Evolution. 2 vols. Arnold, London. pp. 388 and 460.

1898. —— Mathematical Contributions to the Theory of Evolution. On the Law of Ancestral Heredity. *Proc. Roy. Soc. London*. lxii. (1898) pp. 386-412.

1899. —— Lee, Alice, and Bramley Moore, L. : Genetic (Reproductive) Selection : Inheritance of Fertility in Man and of Fecundity in Thoroughbred Race Horses. *Phil. Trans.* (A), cxcii. pp. 257-330.

1900. —— Mathematical Contributions to the Theory of Evolution. VIII. On the Inheritance of Characters not capable of Exact Measurement. *Phil. Trans.* (A), cxcv. p. 79.

1900. —— On the Law of Reversion. *Proc. Roy. Soc. Lond.* lxvi. pp. 140-164.

1900. —— The Grammar of Science. 2ᵐᵉ édit. London.

1901. —— National Life from the Standpoint of Science. A. & C. Black, London. pp. 62. [Discours plein d'idées stimulantes].

1901. —— and Breton, Miss M. : On the Inheritance of Duration of Life and the Intensity of Natural Selection in Man. *Biometrika*, i.

1902. —— On the Influence of Natural Selection on the Variability and Correlation of Organs. *Phil. Trans.* (A) vol. cc.

1902. —— On the Fundamental Conceptions of Biology. *Biometrika*, i. [Réponse à Bateson, 1901].

1903. —— On the Laws of Inheritance in Man. I. Inheritance of Physical Characters. *Biometrika*, ii. pp. 357-462.

1903a. —— The Law of Ancestral Heredity. *Biometrika*, ii., Part 2, pp. 211-236.

1903b. —— Mathematical Contributions to the Theory of Evolution : XII. On a Generalised Theory of Alternative Inheritance, with especial reference to Mendel's Laws. *Phil. Trans.* (A), vol. cciii. pp. 53-85.

1903c. Pearson, Karl : On the Inheritance of the Mental and Moral Characters in Man, and its Comparison with the Inheritance of the Physical Characters. The Huxley Lecture for 1903. *Trans. Anthropological Institute Great Britain and Ireland*, pp. 189-237.

1904. PEARSON, KARL : A Mendelian's View of the Law of Ancestral Inheritance. *Biometrika*, III. pp. 109-112.

1904. —— On a Criterion which may serve to test various Theories of Inheritance. *Proc. Roy. Soc.* LXXIII. pp. 262-280.

1904. —— On the Laws of Inheritance in Man. II. On the Inheritance of the Mental and Moral Characters in Man, and its Comparison with the Inheritance of the Physical Characters. *Biometrika*, III. p. 131.

1906. —— and others. Co-operative Investigations on Plants. III. On Inheritance in the Shirley Poppy. *Biometrika*, IV. p. 394.

1909. —— On the Ancestral Gametic Correlations of a Mendelian Population mating at random. *Proc. Roy. Soc. London*, LXXXI.

1910. —— Darwinism, Biometry, and some Recent Biology. *Biometrika*, VII.

1904. PETRUNKEWITSCH, A. : Gedanken über Vererbung. Speyer and Kaerner. Freiburg-in-Br. pp. 83.

1895. PFEFFER, G. : Die Entwickelung. Eine naturwissenschaftliche Betrachtung. Friedländer, Berlin. pp. 42.

1881. PFLÜGER, E. : Zur Frage der das Geschlecht bestimmenden Ursachen. *Pflüger's Archiv. ges. Physiol.* XXVI.

1882. —— Untersuchungen über Bastardirung der anuren Batrachier und die Prinzipien der Zeugung. *Pflüger's Archiv. ges. Physiol.* XXXI.

1905. PICTET, A. : Influence de l'alimentation et de l'humidité sur la variation des papillons. *Mém. Soc. Phys. Hist. Nat. Genève*, XXXV. pp. 46-127 ; *Nature*, LXXI. 1905. pp. 632.

1906. —— Contribution à l'étude de la variation des papillons. *Verh. Schweiz. Nat. Ges. Luzern*. LXXXVIII. pp. 255-286.

1907. PIKE, F. H. : A Critical and Statistical Study of the Determination of Sex, particularly in Human Offspring. *Amer. Naturalist*, XLI, pp. 303-322.

1881. PLARRE, O. : Die Erklärung der Abänderungs- und Vererbungserscheinungen. Geschichte und Kritik. Jena. pp. 41.

1903. PLATE, L. : Ueber die Bedeutung des Darwin'schen Selektionsprinzips und die Probleme der Artbildung. 2nd ed., Leipsic.

1905. —— Die Mutationstheorie im Lichte zoologischer Tatsachen. *C. R. Congr. Internal. Zool. Berne*, pp. 203-212.

1906. —— Darwinismus kontra Mutationstheorie. *Archiv. Rassen- Ges.- Biol.* III. pp. 185-200.

1908. —— Selektionsprinzip und Probleme der Artbildung. 3ᵐᵉ édit., Leipzig.

1910. —— Vererbungslehre und Descendenztheorie. *Festschrift R. Hertwig*, vol. II.

1910. —— Die Erbformeln der Farbenrassen von Mus musculus. *Zool. Anzeiger*, XXXV.

1895. PLOETZ, A. : Grundlinien einer Rassenhygiene. Fischer, Berlin.

1907. POLL, H., und TIEFENSEE. W. : Mischlingsstudien. *SB. Ges. Naturforsch. Freunde Berlin*. Cf. System und Kreuzung. *Ibid.* 1908.

1918. POPENOE, P. and JOHNSON, R. H. : Applied Eugenics, New York.

1910. POLL, H. : Keimzellenbildung bei Mischlingen. *Verhand. Anat. Ges.*

1889. POULTON, E. B. : Theories of Heredity. *Midland Naturalist*, Nov. 1889, pp. 14.

1892. —— Further Experiments upon the Colour-relation between certain Lepidopterous Larvæ, Pupæ, Cocoons, and Imagines and their Surroundings. *Trans. Entom. Soc.* p. 293.

1893. —— The Experimental Proof that the Colours of Certain Lepidopterous Larvæ are largely due to Modified Plant Pigments derived from Food. *Proc. Roy. Soc.* LIV. pp. 417-430, 2 pls.

1894. Poulton, E. B. : Theories of Evolution.　*Proc. Boston Soc. Nat. Hist.* XXVI. pp. 371-393.

1894. ——— Acquired Characters.　*Nature,* LI. p. 127.

1897. ——— Acquired Characters.　*Science,* Oct. 15.

1908. ——— Essays on Evolution, 1889-1907.　[Etudes critiques et historiques de grande valeur].

1909. Proc. Roy. Soc. Medicine, II. No. 5.　Discussion on Influence of Heredity on Disease.

1910. Przibram, H. : Experimental-Zoologie, Pt. 3.　Phylogenese inklusive Heredität.　Leipzig u. Wien.

1904. Punnett, R. C.　On Nutrition and Sex-determination in Man.　*Proc. Cambridge Phil. Soc.* XII. pp. 262-276.

1904. ——— On the Proportions of the Sexe among the Todas.　With a Note by W. H. R. Rivers.　*Proc. Cambridge Phil. Soc.* XII. pp. 481-488.

1905. ——— Mendelism.　Cambridge.　2me édit., 1907.　pp. 63.　[Exposé très lucide auquel nous devons beaucoup.]　Voir également Bateson and Punnett.

1906. ——— Sex-determination in Hydatina with some Remarks on Parthenogenesis.　*Proc. Roy. Soc.* LXXVIII.　pp. 223-231, 1 pl.

1908. ——— Mendelism in relation to Disease.　*Proc. Roy. Soc. Medicine.*

1911. ——— Mendelism, London, pp. 176.　[Edition augmentée de cet exposé incomparablement lucide).

1911. Rabaud, E. : Le Transformisme et l'Expérience.　Paris.　pp. 315.　[Bon exposé des expériences sur l'influence du milieu.].

1906. Rabl, C. : Ueber organbildende Substanzen und ihre Bedeutung für die Vererbung.　Leipzig.

1909. Radl, E. : Geschichte der biologischen Theorien. 2me partie.　(Habile discussion historique et critique de théories biologiques].

1902. Raspail, X. : Note sur une race de lapins albinos, issue du croisement d'une femelle de lapin russe et d'un mâle garenne *(Lepus cuniculus).*　*Bull. Soc. Nat. Acclimatation,* XLIX. pp. 170-175.

1880. Rauber, A. : Formbildung und Formstörung in der Entwickelung der Wirbelthieren.　*Morphol. Jahrb.* VI.

1886. ——— Personaltheil und Germinaltheil des Individuums.　*Zooll. Anzeiger,* IX. pp. 166-171.

1895. ——— Die Regeneration der Kristalle.　Leipsic.　Vol. i. 1895, vol. ii. 1896.

1900. ——— Der Ueberschuss an Knabengeburten und seine biologische Bedeutung.　Leipzig.

1905. Raymond, P. : L'Hérédité Morbide.　Vigot Frères, Paris.　pp. 373.

1904. Raynor, G. H., and Doncaster, L. : Note on Experiments on Heredity and Sex-determination in *Abraxas grossulariata.*　*Rep. Brit. Assoc.* Cambridge, p. 594.

1906. Reed, T. E. : The Sex Cycle of the Germ Plasm, its Relation to Sex Determination.　*New York Medical Times,* October, November, December (1906), January (1907).

1896. Reh, L. : Zur Frage nach der Vererbung erworbener Eigenschaften.　*Biol. Centralbl.* XIV. pp. 71-75.

1897. Reibmayr, A. : Inzucht und Vermischung beim Menschen.　Deuticke, Leipzig et Vienne.　pp. 268.

1899. ——— Die Immunisirung der Familien bei erblichen Krankheiten (Tuberculose, Lues, Geistesstörungen).　Ein Wort zur Breuhigung für Aerzte und Gebildete.　Deuticke, Leipzig et Vienne.　pp. 51.

1896. Reid, G. Archdall : The Present Evolution of Man.　London.

1897. REID, G. ARCHDALL : Characters, Congenital and Acquired. *Science,* VI. pp. 896-902, 933-948.

1900. —— Heredity in Disease. *Scottish Med. and Surg. Journ.* pp. 510-533.

1905. —— Principles of Heredity, with some Applications. Chapman & Hall, London. pp. xiii+359. [Etude importante, surtout au point de vue pratique].

1910. —— The Laws of Heredity, London. [Traité intéressant dont l'auteur fait preuve d'une grande indépendance d'idées et de beaucoup de sens critique].

1906. RENTOUL, R. R. : Race Culture, or Race Suicide ? (a Plea for the Unborn). Walter Scott Publishing Co., London and Felling-on-Tyne. pp. 182. [Déchéance de la race ; moyen d'y remédier par des mesures spartiates].

1904. Report of the Inter-Departmental Committee on Physical Deterioration. Eyre & Spottiswoode, London.

1907. Report of Royal Horticultural Society's Conference on Genetics.

1895. RIBBERT, H. : Neuere Anschauungen über Vererbung, Descendenz, und Pathologie. *Deutsch. Med. Wochenschrift,* No. 1, p. 10.

1902. —— Ueber Vererbung. Marburg. [Conférence sur les aspects médicaux de l'hérédité].

1875. RIBOT, TH. : Heredity : a Psychologica lStudy of its Phenomena, Laws, Causes and Consequences. Trad. ang. King & Co., London. pp. 393.

1902. —— L'Hérédité Psychologique. 7me éd. Paris. pp. 422. 1re éd. 1893.

1887. RICHTER, W. : Zur Theorie von der Kontinuität des Keimplasmas. *Biol. Centralbl.* VII. pp. 50-40, 67-80, 97-108.

1909. RIDDLE, O. : Our knowledge of melanin colour formation and its bearing on the Mendelian description of Heredity. *Biol. Bulletin,* XVI.

1910. —— Studies with Sudan III. in Metabolism and Inheritance. *Journ. Exp. Zool.* VIII.

1917. RIDDLE, OSCAR : (Control of Sex Ratio in Pigeons). •Journal Washington Academy of Science, VII, pp. 319-356.

1907. RIGNANO, E. : Ueber die Vererbung erworbener Eigenschaften. Hypothese einer Zentroepigenese. Engelmann, Leipzig. pp. 399.

1911. —— Upon the Inheritance of Acquired Characters. A hypothesis of heredity, development, and assimilation. Trans. by B. C. H. Harvey, Chicago, pp. 413. [Exposé d'une théorie mnémique de l'hérédité. Arguments en faveur de la transmission des caractères acquis].

1891. RIMPAU : Kreuzungsprodukte landwirthschaftlicher Kulturpflanzen. *Landwirthschaft. Jahrb.* xx. pp. 335-371.

1895. ROHDE, F. : Ueber den gegenwärtigen Stand der Frage nach der Entstehung und Vererbung individueller Eigenschaften und Krankheiten. Fischer, Jena. pp. x + 149. [L'auteur se place principalement au point de vue médical.]

1886. ROMANES, J. G. : Physiological Selection. *Journ. Linn. Soc.* XIX. pp. 337-411.

1892-97. —— Darwin and after Darwin. London. 3 vols.

1896. —— An Examination of Weismannism. 8vo. pp. ix+221.

1897. —— Essays. Edited by C. Lloyd Morgan. pp. 253.

1893. —— *Nature,* Sept. 28, p. 515. [Télégonie.]

1906. ROMMEL, G. M., and PHILIPP, E. F. : Inheritance in the Female Line of Size of Litter in Poland China Sows. *Proc. Amer. Phil. Soc.* XLV. pp. 244-254.

1906. ROMMEL, G. M. : The Fecundity of Poland China and Duroc Jersey Sows. United States Dept. of Agriculture, Washington.

538 L'HÉRÉDITÉ

1905. Rosa, D. : Es gibt ein Gesetz der progressiven Reducktion der Variabilität. *Biol. Centralbl.* xxv. pp. 337-349.

1889. Rosenthal, J. : Zur Frage der Vererbung erworbener Eigenschaften. *Biol. Centralbl.* ix. pp. 510-512.

1901. Rosner, A. : Sur la genèse de la grossesse gémellaire monochoriale. *Bull. Acad. Sci. Cracovie.* No. 8, November, pp. 443-450, 1 pl. Voir *Edinburgh Med. Journal.* liii (1902), pp. 298-299.

1885. Roth, E. : Die Thatsachen der Vererbung in geschichtlichkritischer Darstellung. 2ᵐᵉ édit. Hirschwald, Berlin. pp. 147. [Exposé historique intéressant].

1881. Roux, W. : Der Kampf der Teile im Organismus. Leipzig. pp. 244.

1983. ——— Beiträge zur Entwickelungsmechanik des Embryo. Ueber Mosaikarbeit und neuere Entwickelungshypothesen. *Anat. Hefte.* pp. 279-333.

1895. ——— The Problems, Methods, and Scope of Developmental Mechanics. *Biol. Lectures, Wood's Holl,* iv. pp. 149-190.

1895. Rückert, J. : Ueber das Selbständigbleiben der väterlichen und mütterlichen Kernsubstanz während der ersten Entwickelung des befruchteten Cyclops-Eies. *Ardh. mikr. Anat.* xlv.

1903. Ruppin, Arthur : Darwinismus und Socialwissenschaft. *Natur. und Staat,* ii. Jena.

1909. Russell, E. S. : The Transmission of Acquired Characters. *Scientia,* v. pp. 1-14.

1916. Russel, E. S. : Form and Function. Murray, London, 383 p., avec 15 fig.

1909. Russo, A. : Studien über due Bestimming des weiblichen Geschlechts. Jena.

1909. Ruzicka, Vl. : Ueber Erbsausbtanz und Vererbungsmechanik. *Zeitschr. allgemeine Physiologie,* x.

1889. Ryder, J. A. : Proofs of the Effects of Habitual Use in the Modification of Animal Organisms. *Proc. Amer. Phil. Soc.* xxvi. pp. 9.

1890. ——— A Physiological Hypothesis of Heredity and Variation. *Amer. Naturalist,* pp. 85-92.

1893. ——— The Inheritance of Modifications due to Disturbances of the Early Stages of Development, especially in the Japanese domesticated races of Gold-Carp. *Proc. Acad. Nat. Sci. Philadelphia,* pp. 75-94.

1894. ——— Dynamics in Evolution. *Biol. Lectures, Wood's Holl,* ii. pp. 63-82.

1895. ——— A Dynamical Hypothesis of Inheritance. *Biol. Lectures Wood's Holl,* iii. pp. 23-54.

1905. Saleeby, C. W. : The Problems of Heredity. *Fortnightly Review,* ccccLxvi. pp. 604-615. Voir *également* Heredity (1906)—a short introduction.

1880. Samelsohn : Zur Genese des Mikrophthalmus congenitus. *Centralbl. Med. Wiss.* [Experiences sur des lapins.]

1896. Sandeman, G. : The Problems of Biology. London. pp. 213.

1893-1901. Sanson, A. : Traité de Zootechnie. 3ᵐᵉ édit. 5 vols. Vol. ii. Lois Naturelles et Méthodes Zootechniques.

1893. Sanson, N. : L'Hérédité Normale et Pathologique. Asselin et Houzeau, Paris. pp. 430.

Saunders, E. R. : *Voir* Bateson.

1904. ——— Heredity in Stocks. *Rep. Brit. Assoc. Cambridge,* p. 590.

1898. Schäfer, Rudolf : Die Vererbung. Ein Kapitel aus einer zukünftigen psycho-physiologischen Einleitung in die Pädagogik. 8vo, Berlin, pp. viii + 112. [Exposé lucide de faits et de théories. L'auteur relève l'importance de l'étude de l'hérédité au point de vue pédagogique].

1903. SCHALLMAYER, W. : Vererbung und Auslese im Lebenslauf der Völker. *Natur und Staat*, III. Jena.

1905. —— Beiträge zu einer Nationalbiologie. Costenoble, Jena, pp. 255.

1902. SCHENK, L. : Meine Methode der Geschlechtsbestimmung. *Verh. Internat. Zool. Congress. Berlin*. pp. 363-374, 379-402.

1906. SCHIMKEWITSCH, M. : Die Mutationslehre und die Zukunft der Menschheit. *Biol. Centralbl.* XXVI. pp. 97-115, etc.

SCHLÜTER, R. : Die Anlage zur Tuberkulose.

1875. SCHMANKEWITCH, W. J. : Ueber das Verhaltniss des *Artemia salina* zur *A. muhlhausenii* und dem Genus *Branchipus*. *Zeitschr. wiss. Zool.* XXV. pp. 103-170, 1 pl.

1877. —— Zur Kenntniss des Einflusses des äusseren Lebensbedingungen auf die Organisation der Thieren. *Ibid.* XXVI. pp. 429-495.

1906. SCHNEIDER, KARL CAMILLO : Einführung in die Descendenz-theorie. Sechs Vorträge. Fischer, Jena, pp. 147, 2 pls. and 108 figs. [Introduction brève et très habile à la théorie de l'évolution organique).

1908. —— Versuch einer Begründung der Descendenztheorie. Jena.

1911. —— Einfuhrung in die Descendenztheorie. Jena. pp. 386. [Traité général de l'évolution et de l'hérédité, contient beaucoup d'idées personnelles.]

1873. SCHOPENHAUER, ARTHUR : Die Welt als Wille und Vorstellung. vol. II. chap. 43. [Discussion du problème de l'hérédité].

1904. SCHRŒDER, CHR. : Kritische Beiträge zur Mutations-, Selektions-, und zur Theorie der Zeichnungsphylogenie bei den Lepidopteren. *Allg. Zeitschr. f. Entomologie*, IX. p. 223.

1906. SCHROTER, C. : Ueber die Mutationen der Hirschzunge. *Verh. Schweiz. Naturf. Ges.* LXXXVIII. pp. 321-323, 1 pl. [Mutations chez le scolopendre, etc.]

1903. SCHULTZE, O. : Zur Frage von den geschlechtsbildenden Ursachen. *Arch. mikr. Anat.* LXIII. pp. 197-157.

1905. SCHUSTER, E. : Results of Crossing Grey (House) Mice with Albinos. *Biometrika*, IV. p. I.

1906. —— On Hereditary Deafness : a Discussion of the Data collected by Dr. E. A. Fay in America. *Biometrika*, IV. p. 465.

1894. SCOTT, W. B. : On Variations and Mutations. *Amer. Journ. Science*, XLVIII.

1899. SEDGWICK, A. : Variation and some Phenomena connected with Reproduction and Sex. Pres. Address, Section D. Brit. Assoc., Dover, 1899. pp. 19.

1894. SEELIGER, O. : Giebt es geschlechtlich erzeugte Organismen ohne mütterliche Eigenschaften ? *Arch. Entwickelungsmech.* 1. pp. 204-223, 2 pls.

1901. SELIGSON, E. VON : Sex Determination. Trad. ang. London. pp. 162.

1904. SEMON, R. : Die Mneme als erhaltendes Princip im Wechsel des organischen Geschehens. Engelmann. Leipzig. pp. xiv+353.

1905. —— Ueber die Erblichkeit der Tagesperiode. *Biol. Centralbl.* XXV. pp. 241-252.

1907. —— Beweise für die Vererbung erworbener Eigenschaften : ein Beitrag zur Kritik der Keimplasmatheorie. *Arch. Rassen-Gesellsch.-Biologie*, IV. pp. 1-46.

1910. —— Der Stand der Frage nach der Vererbung erworbener Eigenschaften. *Fortschritte naturwiss. Forschung*, II. pp. 1-82.

1911. —— Die Mneme. 3 me édit., revue.

1911. —— Können erworbene Eigenschaften vererbt werden ? Vortrag IV. in „Die Abstammungslehre." Jena.

1912. SEMON, R. : Das Problem der Vererbung erworbener Eigenschaften, Leipzig, 203 p.

1881. SEMPER, KARL : The Natural Conditions of Existence as they affect Animal Life, Internat. Science Séries, London. pp. 472-477.

1904. SENATOR, H., and KAMINER, S. : Krankheiten und Ehe. Munich.

1907. —— Marriage and Disease [Traduction anglaise de l'ouvryge ci-dessus]. Rebermann, London. pp. 452.

1888. SETTEGAST, H. : Die Thierzucht. 5ᵐᵉ édit. Breslav. pp. 460, 198 figs. 5 pls.

1909. SEWARD, A. C. (Editor). Darwin and Modern Science, Cambridge. [Recueil de mémoires intéressants, écrits par des biologistes éminents.]

1903. SHAW, T. : The Study of Breeds in America. Cattle, Sheep and Swine. New York. pp. xvi+371 ; illustr.

1908. SHULL, G. H. : A new Mendelian Ratio and Several Types of Latency. Amer. Naturalist, XLII.

1908. —— Some new cases of Mendelian Inheritance. Botanical Gazette, XLV.

1909. —— The Presence and Absence Hypothesis. Amer. Naturalist, XLIII, pp. 410-419.

1885. SIOLI, Ueber directe Vererbung von Geisteskrankheiten. Arch. f. Psych. XVI.

1909. SOLLAS, J. B. J. : Inheritance of Colour and of Supernumerary Mamma in Guinea-pigs, with a note on the occurrence of a dwarf form. Report Evolution Committee (Roy. Soc.). v. pp. 51-79.

1889. SOLLIER : Du rôle de l'hérédité dans l'alcoolisme. Paris.

1900. SOMMER, MAX : Die Brown-Séquard'sche Meerschweinchen-Epilepsie und ihre erbliche Uebertragung auf die Nachkommen. Aus der psychiatrichen Klinik der Universität Jena. 1900. pp. 46. Résumé par H. E. Ziegler, in Zool. Centralbl. VII. (1900), pp. 478-500.

1907. SOMMER, R. : Familienforschung und Vererbungslhere. Barth, Leipzig. pp. vii+225, 16 figs. and 2 tables.

1864-6. SPENCER, HERBERT : Principles of Biology. 1st ed. 2 vols. 2nd ed. of vol. I, 1899.

1890. —— The Inheritance of Acquired Characters. Nature, XLI. pp. 414-415.

1893. —— The Inadequacy of Natural Selection. Contemp. Rev. LXIII. pp. 153-166, 439-456. Repr. Williams & Norgate, London. pp. 69.

1893. —— Prof. Weismann's Theories. Contemp. Rev. LXIII. pp. 743-760.

1893. —— A Rejoinder to Professor Weismann. Contemp. Rev. LXIII. pp. 892-912. Repr. Williams & Norgate, London, etc. pp. 29.

1894. —— Weismannism Once More. Contemp. Review, LXVI. pp. 592-608. Repr. London, pp. 24.

1902. SPILLMAN, W. J. : Exceptions to Mendel's Laws. Science, XVI. pp. 709, 794.

1902. —— Quantitative Studies on the Transmission of Parental Characters to Hybrid Offspring. Bulletin No. 115, Experimental Station, U. S. Department of Agriculture, pp. 88-98.

1909. SPILLMAN, W. J. : The Nature of Unit Characters. Amer. Naturalist, XLIII. pp. 243-248.

1909. —— Mendelian Phenomena without de Vriesian Theory. Amer. Naturalist, XLIV.

1910. —— The Mendelian View of Melanin Formation. Amer. Naturalist, XLIV. pp. 116-123.

1910. —— A Theory of Mendelian Phenomena. American Breeder's Magazine, 1.

1886. Spitzer, H. : Beiträge zur Descendenzlehre und zur Methodologie der Naturwissenchaft. Leipzig.

1896. Standfuss, M. : Handbuch der paläarktischen Gross-Schmetterlinge. Fischer, Jena. pp. xii.+392, 8 pls.

1902. —— Zur Frage der Gestaltung und Vererbung auf Grund achtundzwanzigjähriger Experimente. Leipzig.

1912. —— Hybridations-Experimente. *Proc. 7th Internal. Zool. Congress*, 1907. pp. 111-127.

1889. Stanley, H. M. : Mr. Galton on Natural Inheritance. *Nature*, xl, pp. 642-643.

1904. Staples-Browne, R. : Experiments on Heredity in Webfooted Pigeon. *Rep. Brit. Assoc. Cambridge*, p. 595.

1906. —— Note on Heredity in Pigeons. *Proc. Zool. Soc. for 1905.*

1908. —— On the Inheritance of Colour in Domestic Pigeons, with special reference to Reversion. *Proc. Zool. Soc. London.*

1903. Stephan : Sur l'Interprétation de quelques Détails Histologiques des Organes Génitaux des Hybrides. *Bull. Réunion Biol. Marseille*, ii., No. 7, p. 1470. Cf. *Comples Rendus Assoc. Anal.*, IV. Session, Montpellier, 1902.

1905-6. Stevens, N. M. : Studies in Spermatogenesis with especial reference to the accessory chromosome. *Public. Carnegie Inst. Washington*, 1905. Part II., with reference to Sex Determination. *Ibid.* 1906.

1884. Strasburger, E. : Neue Untersuchungen über den Befruchtungsvorgang bei den Phanerogamen als Grundlage für eine Theorie der Zeugung. Fischer, Jena. pp. 176, 2 pls.

1888. —— Ueber Kern- und Zellteilung im Pflanzenreiche, nebst einem Anhang über Befruchtung. Fischer, Jena.

1900. —— Versüche mit diöcischen Pflanzen in Rücksicht auf Geschlechtsvertheilung. *Biol. Centralbl.* xx. Nos. 20-24.

1901. —— Ueber Befruchtung. *Botan. Zeitung.* lix., No. 23, p. 354.

1906. Strasburger, E. : Die stofflichen Grundlagen der Vererbung im organischen Reich. Fischer, Jena. pp. 68. [Exposé lumineux de la question].

1908. —— Chromosomenzahlen, Plasmastrukturen, Vererbungsträger, und Reduktionstellung. *Jahrb. wiss. Botanik*, xlv. pp. 479-570.

1909. —— The Minute Structure of Cells in relation to Heredity. pp. 102-11. In „Darwin and Modern Science," Cambridge.

1910. —— Ueber Geschlechtsbestimmende Ursachen. *Jahrb. wiss. Botanik* XLVIII.

1896. Suchetet, A. : Des hybrides à l'état sauvage.

1910. Sumner, F. B. : An Experimental Study of Somatic Modifications and their Reappearance in the Offspring. *Archiv. Entwickelungsmechanik*, xxx.

1886. Sutton, J. B. : General Pathology. London.

1902. Sutton, W. S. On the Morphology of the Chromosome Group in *Brachystolu magna*. *Biol. Bulletin*, iv. pp. 24-39. [Chromosomes accessoires.]

1903. —— The Chromosomes in Heredity. *Biol. Bull.* iv. pp. 231-251.

1896. Tarde, G. : Les Lois de l'Imitation. Paris. [Insiste sur la grande importance de l'imitation, en tant que facteur social.]

1905. —— Les Lois Sociales. 4ème édit. Paris.

1904. Tayler, J. W. : On the Diminishing Birth-Rate. Baillière, Tindall & Cox, London.

1910. Tennent, D. H. : The Dominance of Maternal or of Paternal Characters in Enchiodorm Hybrids.   *Archiv. f. Entwickelungsmechanik*, xxiv. pp. 1-13.

1907. THOMAS, W. I. : Sex and Society.   Studies in the Social Psychology of Sex.   Fisher Unwin, London.   pp. 305.   [Livre remarquable.]

1889. THOMSON, A. : The Influence of Posture on the Form of the Articular Surfaces of the Tibia and Astragalus in the Different Races of Man and the Higher Apes.   *Journ. Anat. Physiol.* p. 716.

1888. THOMSON, J. ARTHUR : Synthetic Summary of the Influence of the Environment upon the Organism.   *Proc. Roy. Phys. Soc. Edinburg* ix. pp. 446-499.

1889. —— History and Theory of Heredity.   *Proc. Roy. Soc. Edinburgh*, xvi. pp. 91-116.   [Avec une bibliographie].

1898. THOMSON, J. ARTHUR : Facts of Inheritance.   Health Lectures for the People, 15th series.   No. 5.   MacNiven and Wallace, Edinburgh. pp. 113-126.

1899. —— The Science of Life.   An Outline of the History of Biology and its Recent Advances.   8vo, London.   pp. x+246.

1899. —— Are Acquired Characters Inherited ?   Health Lectures, Edinburgh Health Society.   16th series.   8vo, Edinburgh, pp. 68-89. [« Les caractères acquis sont-ils *transmis* ? », tel est le titre qui conviendrait mieux à cet ouvrage].

1901. —— Article on Heredity and Disease in *Encyclopædia Medica*.   Cf. Articles sur l'hérédité par le même, in Chambers's *Encyclopedia*, Blackie's, and Harmsworth's.

1901. —— The Present Aspect of the Evolution Theory.   *London Quarterly Review*, April.

1901. —— *Voir* Feddes and Thomson.

1901. —— Biological Facts of Inheritance.   *London Quarterly Review*, January.   pp. 17-52.

1903. —— Progress of Science in the Century.   Linscott Publishing Co., Toronto.   British Ed. (W. and R. Chambers), 1906.   pp. 536.

1906. —— Herbert Spencer.   London, Dent & Co. pp. 284.   Chap. XI. „As Regards Heredity," pp. 154-179.

1907. —— The Sociological Appeal to Biology.   Sociological Papers, published by the Sociological Society, London.   [Ce travail est incorporé dans le dernier chapitre du présent ouvrage.]

1909. —— Darwinism and Human Life.   [Six conférences d'introduction à l'étude des problèmes en rapport avec l'évolution].   Melrose, London.

1917. THOMSON J. ARTHUR: The Study of Animal Life. Revised Edition, Murray, London, 477 p., avec 124 fig.

1920. THOMSON J. ARTHUR : The System of Animate Life, 2 vol. London, 687 p.

1925. THOMSON, J. ARTHUR : Concerning Evolution. Yale University Press, 245 p., avec 25 fig.

1917. THOMPSON, D'ARCY WENTWORTH : On Growth and Form, Cambridge 793 p.

1899. THORBURN, W. : A Paper on Heredity read before Insurance Institute of Manchester.   Manchester.   pp. 18.

1899. TORNIER, G. : Der Kampf mit der Nahrung.   Ein Beitrag zum Darwinismus.   Berlin.   pp. 207.

1902. TORREY, H. B. : Prepotency in Polydactylous Cats.   *Science*, xvi. pp. 554-555.

1906. TOWER, W. L. : An Investigation of Evolution in Chrysomelid Beetles of the Genus Leptinotarsa.   *Publications Carnegie Institution Washington*, pp. 320, 30 pls.

1910. —— The Determination of Dominance and the Modification of Behaviour in Alternative (Mendelian) Inheritance, by Conditions surrounding or Incident upon the Germ-cells at Fertilisation. *Biol. Bulletin*, XVIII. pp. 285-352, 8 pls. [Exposé d'expériences très intéressantes]

1906. TOYAMA, K. : On some Silk-worm Crosses—with special reference to Mendel's Law of Heredity. *Bull. College Agric. Tokyo Imp. Univ.* VII.

1906. —— Mendel's Laws of Heredity as applied to Silkworm Crosses. *Biol. Centralbl.* XXVI.

1909. —— A Sport of the Silkworm and Its Hereditary Behaviour. *Zeitschr. induktive Abstammungs-und Vererbungslehre*, I.

1900. TSCHERMAK, E. : Ueber künstliche Kreuzung bei *Pisum sativum*. *Zeitschr. Landwirthschaft. Versuchswesen in Oesterreich*. III. pp. 465-555.

1901. —— Weitere Beiträge über Verschiedenwerthigkeit der Merkmale bei Kreuzung von Erbsen und Bohnen. *Ibid*, IV. p. 641 ; et *Ber. Deutsch. Bot. Ges.* XIX. Heft 2, pp. 35-51.

1901. —— Ueber Züchtung neuer Getreiderassen mittelst künstlicher Kreuzung. *Zeitschr. Landwirthschaft. Versuchswesen in Oesterreich*. IV. p. 1029.

1902. —— Der Gegenwärtige Stand der Mendel'schen Lehre und die Arbeiten von W. Bateson. *Zeitschr. Landwirthschaft. Versuchswesen in Oesterreich*. V.

1902. —— Ueber die gesetzmässige Gestaltungsweise der Mischlinge. *Zeitschr. Landwirthschaft. Versuchswesen in Oesterreich*.

1903. —— Theorie der Kryptomerie und des Kryptohybridismus. *Botan. Centralbl.* XVI. Heft I.

1904. —— Weitere Kreuzungsstudien an Erbsen, Levkojen und Bohnen. *Zeitschr. Landwirthschaft. Versuchswesen in Oesterreich*.

1905. —— Die neuentdeckten Vererbungsgesetze. *Wiener Landwirthschaft. Zeitung*, March 1905. Nos. 17-19.

1905. —— Die Mendel'sche Lehre und die Galton'sche Theorie von Ahnenerbe. *Arch. Rassen. Ges.-Biol.* II. pp. 663-672.

1908. —— Der moderne Stand des Vererbungsproblems. *Arch. Rassen-und Gesellschafts-Biologie*, V.

1908. —— Die Kreuzungszüchtung des Getreides und die Frage nach den Ursachen der Mutation. *Monatshefte f. Landwirthschaft*.

1889. TURNER, SIR W. : Pres. Address Section H., Brit. Association, Newcastle. *Rep. Brit. Assoc. for 1889*.

1898. TUTT, J. W. : Some Results of Recent Experiments in Hybridising. *Tephrosia bistortata* and *Tephrosia crepuscularia*. *Trans. Entomol. Soc. London*, pp. 17-42.

1892. DE VARIGNY, H. : Experimental Evolution, ix + 271 pp. MacMillan, London and New York. Nature Series.

1898. VERNON, H. M. : The Relations between the Hybrid and Parent Forms of Echinoid Larvæ. *Proc. Roy. Soc. London*, LXIII, pp. 228-231.

1903. —— Variation in Animals and Plants. *Internat. Science Series*. Kegan Paul, Trench, Trübner & Co., London. pp. 415. [Introduction lumineuse à l'étude de la variation.]

1889. VINES, S. H. : An Examination of some Points in Prof. Weismann's Theory of Heredity. *Nature*, XL. pp. 621-626.

1858. VIRCHOW, RUDOLF : Die Cellularpathologie in ihrer Begründung auf physiologische und pathologische Gewebelehre. Berlin.

1886. —— Descendenz und Pathologie. *Virchow's Archiv. f. Pathol.* CIII. pp. 1-15, 205-215, 413-437.

1887. —— Ueber den Transformismus. *Biol. Centralbl.* VII. pp. 545-561.

1900. Virchow, Rudolf : Die Continuität des Lebens als Grundlage der modernen biologischen Anschauung. *Internal. Congress of Medicine, Moscow*, vol. I.

Voisin : Étude sur les mariages entre les consanguins dans la commune de Batz.

1889. Vries, Hugo de : Intracellular Pangenesis. Jena. pp. vi. +212.

1900. —— Sur la Loi de Disjonction des Hybrides. *Comptes Rendus Acad. Sci. Paris*, cxxx, pp. 845-847. [Voir également : Das Spaltungsgesetz der Bastarde. *Ber. Deutsch. Botan. Ges.* xviii. 1900, pp. 83-90 ; et Ueber erbungleiche Kreuzungen. *Ibid.* p. 435.

1900. —— Sur les unités des caractères spécifiques et leur application à l'étude des hybrides. *Rev. Gén. de Bot.* xii. pp. 257-271.

1901. —— Die Mutationstheorie. Vol. I. Leipzig, pp. 648, 181 figs., 8 pls. ; vol. II. 1903, 752 pp. 159 figs. 2 pls.

1903. —— Fécondation et Hybridité. Programme de la Société Hollandaise des Sciences à Harlem. pp. viii-xxiii.

1903. —— Befruchtung und Bastardierung. Ein Vortrag. Leipzig.

1905. —— Species and Varieties, their Origin by Mutation. [Edited by D. T. MacDougal]. Chicago and London. pp. 847.

1906. —— Die Svalöfer Methode zur Veredelung landwirthschaftlicher Kulturgewächse und ihre Bedeutung für die Selektionstheorie. *Arch. Rassen- und Gesellschafts-Biologie*, iii.

1907. Vries, Hugo de : Plant-Breeding. London.

1907. —— Luther Burbank's Ideas on Scientific Horticulture. *Century Magazine*, lxxiii, pp. 674-681.

1910. 1911. —— The Mutation Theory. Trad. angl. 2 vols. London.

1887. Waldeyer, W. : Ueber die Karyokinese und ihre Bedeutung für die Vererbung. Leipsic.

1898. —— Befruchtung und Vererbung. *Verh. der 1897 Versammlung Deutscher Naturforscher und Aerzte*. Leipzig.

1910. Walker, C. E. : Hereditary Characters and their Modes of Transmission, London, pp. 239. [Introduction générale et exposé d'une théorie d'après laquelle seuls des caractères individuels, et non raciaux, viendraient à l'appui de l'hérédité mendélienne].

1889. Wallace, Alfred Russel : Darwinism. London. pp. 494, 37 figs.

1893. —— Are Individually Acquired Characters Inherited ? *Fortnightly Review*, liii. pp. 490-498, liv. pp. 1-14.

1895. —— The Method of Organic Evolution. *Fortnightly Review*, February, pp. 211-224, March, pp. 435-445.

1904. Wallace, J. Sim : Essay on the Irregularities of the Teeth. London. pp. 162. [Intéressant chapitre sur l'hérédité.]

1891. Wallace, W. : An Inquiry into the Nature of Heredity. *Proc. Phil. Soc. Glasgow* (1890-91), pp. 13. [Importance de la *nurture* identique.]

1922. Walter, H. E. : Genetics, 2nd ed., N. Y.

1899. Warren, E. : An Observation on Inheritance in Parthenogenesis. *Proc. Roy. Soc. London*, lxv.

1901. —— Variation and Inheritance in the Parthenogenetic Generations of the Aphis, *Hyalopterus trirhodus*. *Biometrika*, i.

1892. Watase, S. : On the Phenomena of Sex-differentiation. *Journ. of Morphology*, vi.

1912. Watson, J. A. S. : Heredity, pp. 94. [Introduction écrite avec beaucoup de clarté.]

1900. Webber, H. J. : Xenia, or the Immediate Effect of Pollen in Maize. U. S. Department of Agriculture , Bulletin No. 22, 44 pp., 4 pls.

1887. WEIGERT : Neuere Vererbungstheorien. *Schmidt's Jahrb. Ges. Medicin.* Bd. 215, pp. 193-206.

1909. WEINBERG, W. : Ueber Vererbungsgesetze beim Menschen. *Zeitschr. Abstammungs- und Veverbungslehre.* Bd. I and II.

1903. WEININGER, OTTO : Geschlecht und Charakter : Eine principielle Untersuchung. W. Braumuller, Vienne et Leipzig. pp. 600. [Livre suggestif, mais quelque peu extravagant.]

1883. WEISMANN, A. : Ueber die Veserbung. Jena. pp. 59.

1884. —— Ueber Leben und Tod. Fischer, Jena. pp. 85.

1885. —— Die Kontinuität des Keimplasmas, als Grundlage einer Theorie der Vererbung. Fischer, Jena. pp. 122.

1886. —— Die Bedeutung der geschlechtlichen Fortpflanzung für die Selektionstheorie. Fischer. Jena. pp. 128.

1886. —— Ueber den Rückschritt in der Natur. *Ber. Nat. Ges. Freiburg,* II. Heft I. pp. 1-30.

1886. —— Zur Annahme einer Continuität des Keimplasmas. *Ber. Nat. Ges. Freiburg.* 1. Heft 4. p. 1.

1886. —— Zur Geschichte der Vererbungstheorien. *Zool. Anzeig.* IX. pp. 344-350.

1886. —— Zur Frage nach der Vererbung erworbener Eigenschaften. *Biol. Centralbl.* VI. No. 2.

1887. —— Ueber die Zahl der Richtungskörper und über ihre Bedeutung für die Vererbung. Fischer, Jena. pp. 75.

1888. —— Ueber die vermeintlichen botanischen Beweise für eine Vererbung erworbener Eigenschaften. *Biol. Centralbl.* VIII. pp. 65-69, 97-109.

1888. —— Ueber die Hypothese einer Vererbung von Verletzungen. *Naturforscher Versammlung in Köln.*

1890. —— Bemerkungen zu einigen Tagesproblemen. *Biol. Centralbl.* X.

1891. 1892. —— Essays upon Heredity and Kindred Subjects. 2 vols. [Traduction]. Oxford.

1893. —— Historisches zur Lehre von der Continuität des Keimplasmas. *Ber. Naturf. Ges. Freiburg,* VII. pp. 36-7.

1893. —— The Germ-Plasm : a Theory of Heredity. Trans. by W. N. Parker and H. Ronnfeldt. 8vo, London. pp. xxii+477, 14 figs. [Edition allemande 1892].

1894. —— The Effect of External Influences on Development. Romanes Lecture, Oxford. pp. 69.

1895. —— Neue Gedanken zur Vererbungsfrage : eine Antwort an Herbert Spencer. Jena, pp. 72.

1896. —— On Germinal Selection as a Source of Definite Variation. Trans. by T. J. McCormack. 8vo, Chicago, pp. xii+61. Voir également Internat. Congress Zoologists, Leyden, 1895. En outre, *The Monist,* January 1896.

1896. —— Ueber Germinalselektion. Jena. pp. 79.

1899. —— Regeneration : Facts and Interpretations. *Natural Science,* XIV. pp. 305-328.

1904. —— The Evolution Theory. Trans. by J. Arthur Thomson and M. R. Thomson. 2 vols., London, pp. 416 and 405. German ed., 1902. [Exposé incomparable des aspects modernes de la théorie de l'évolution].

1906. —— Richard Semon's „Mneme" und die „Vererbung erworbener Eigenschaften." *Archiv. Rassen.-Gess.-Biologie,* III. pp. 1-27.

1902. WELDON, W. F. R. : Professor de Vries on the Origin of Species. *Biometrika,* I. pp. 365-374.

1902. —— On the Ambiguity of Mendel's Categories. *Biometrika,* II, p. 44.

1902. —— Mendel's Laws of Alternative Inheritance in Peas. *Biometrika,* I. p. 228.

1903. WELDON W. F. R. : Mr. Bateson's Revisions of Mendel's Theory of Heredity. *Biometrika*, II. pp. 286-298.

1903. —— On the Ambiguity of Mendel's Categories. *Biometrika*, II. pp. 24-43.

1904. —— Note on the Offspring of Thoroughbred Chestnut Mares. *Proc. Roy. Soc.* LXXVII. pp. 394-398.

1904. —— Albinism in Sicily and Mendel's Laws. *Biometrika*, III. p. 107.

1905. —— Reports of Eight Lectures on Current Theories of the Hereditary Process. *Lancet*, 1st vol. for 1905, pp. 42, 180, 307, 512, 584, 657, 732, 810.

1906. —— Inheritance in Animals and Plants. In „Lectures on the Method of Science" (edited by T. B. Strong), Oxford, pp. 81-109.

1900. WETTSTEIN, R. VON : Der gegenwärtige Stand unserer Kenntnisse, betreffend die Neubildung von Formen im Pflanzenreiche. *Ber. Deutsch. Bot. Ges.* XVIII. pp. 184-200.

1902. —— Ueber direkte Anpassung. Vienne.

1903. —— Der Neo-Lamarckismus und seine Beziehungen zum Darwinismus. Fischer, Jena. [Plaide en faveur de la transmission de caractères acquis].

1905. —— Ueber zwei bemerkenswerte Mutationen bei europäischen Alpenpflanzen. *Zeitschr. induktive Abstammungs-und Vererbungslehre*, I.

1909. WHELDALE, M. : The Colours and Pigments of Flowers with Special Reference to Genetics. *Proc. Roy. Soc.* LXXXI.

1909. —— Note on the Physiological Interpretation of the Mendelian Factors for Colour in Plants. *Report Evolution Committee (Roy. Soc.)* V. pp. 26-31.

1910. WHELDALE, M. : Die Vererbung der Blütenfarbe bei *Antirrhinum majus*. *Zeitschr. induktive Abstammungs- und Vererbungslehre*, III.

1888. WHITMAN, C. O. : The Seat of Formative and Regenerative Energy. Boston.

1895. —— Evolution and Epigenesis. Bonnet's Theory of Evolution. The Palingenesia and the Germ Doctrine of Bonnet. *Biol. Lectures, Wood's Holl.* III. pp. 205-272.

1865. WICHURA, M. : Die Bastardbefruchtung im Pflanzenreich, erläutert an den Bastarden der Weiden. Breslau.

1887. WIEDERSHEIM, R. : Der Bau des Menschen als Zeugniss für seine Vergangenheit. Freiburg-i.-Br.

1889. WILCKENS, M. : Ueber die Vererbung der Haarfarbe und deren Beziehung zur Formvererbung bei Pferden. *Landwirthschaft. Jahrb.* XVIIII. pp. 555-576. *Biol. Centralbl.* IX. pp. 228-224.

1893. WILCKENS, M. : Die Vererbung erworbener Eigenschaften vom Standpunkte der landwirthschaftlichen Tierzucht in Bezug auf Weismann's Theorie der Vererbung. *Biol. Centralbl.* XIII. pp. 420-427.

1892. WILSER : Die Vererbung der geistigen Eigenschaften. *Festschrift der Anstalt Illenau.* Heidelberg.

1893. WILSON, E. B. : Amphioxus, and the Mosaic Theory of Development. *Journ. Morphology*, VIII. pp. 579-638, 10 pls.

1898. —— The Mosaic Theory of Development. *Wood's Holl. Biol. Lectures* vol. II.

1898. —— Considerations on Cell-Lineage and Ancestral Reminiscence. *Annals New York Acad. Sci.* XL. pp. 1-27, 7 figs.

1900. —— The Cell in Development and Inheritance. 2nd ed. MacMillan Co., New York and London. [Livre indispensable.]

1900. —— Some Aspects of Recent Biological Research. *The International Monthly*, II. pp. 74-98.

1902. —— Mendel's Principles of Heredity and the Maturation of the Germcells. *Science*, XVI, p. 991.

1905. Wilson, E. B. : The Chromosomes in relation to the Determination of Sex in Insects. *Science*, xxii. Oct. 20.

1906. ——— Mendelian Inheritance and the Purity of the Gametes, *Science*, xxiii. pp. 112-113.

1906. Wilson, E. B. : Studies on Chromosomes : III. The Sexual Differences of the Chromosomes Group in Hemiptera, with some Considerations on the Determination and Inheritance of Sex. *Journ. Exper. Zool.* iii, pp. 1-39.

1906. ——— A New Theory of Sex-Production. *Science*, xxiii. pp. 189-191. Exposé de la théorie de R. Hertwig (1905).

1907. ——— Sex Determination in Relation to Fertilisation and Parthenogenesis. *Science*, xxv. pp. 376-379.

1909. ——— The Cell in Relation to Heredity and Evolution. In „Fifty Years of Darwinism," pp. 92-113.

1909. ——— Recent Researches on the Determination and Heredity of Sex. *Science*, xxix. pp. 53-70.

1910. ——— The Chromosomes in Relation to the Determination of Sex. *Science Progress*, v. pp. 570-592.

1896. Wilson, Gregg : Hereditary Polydactylism. *Journ. Anat. Physiol.* xxx. pp. 437-449. [Théorie du polydactylisme. Quelques cas intéressants. Bibliographie.]

1908. Wilson, J. : Mendelian Characters among Short-horn Cattle. *Scientific Proc. R. Dublin Soc.* xi.

——— The Origin of the Dexter-Kerry Breed of Cattle. *Scientific Proc. R. Dublin Soc.* xii.

1910. ——— The Inheritance of Coat-Colour in Horses. *Scientific Proc. R. Dublin Soc.* xi.

1910. Wilson, James : A Manual of Mendelism. A. & C. Black, London, 152 p.

1894. Wilson, W. P. : The Influence of External Conditions on Plant Life. *Wood's Holl, Biol. Lectures*, ii. pp. 163-184.

1890. Windle, B. C. A. : Teratological Evidence as to the Heredity of Acquired Conditions. *Journ. Linn. Soc.* xxiii. Voir également *Nature*, xl. p. 609.

1898. Wolf, E. : Beiträge zur Kritik der Darwin'schen Lehre. Leipzig.

1908. Woltereck, R. : Ueber natürliche und künstliche Varietätbildung bei Daphniden. *Verh. Deutsch. Zool. Ges.*

1909. ——— Weitere Experimentelle Untersuchungen über Artveränderungen speciell über das Wesen quantitativer Artunterschiede bei Daphniden. *Verh. Deutsch. Zool. Ges.* pp. 110-172. [Quelques expériences intéressantes sur la variation dans les lignées pures de Daphnides].

1905. Wood, T. B. : Note on the Inheritance of Horns and Face Colour in Sheep. *Journ. Agric. Sci.* i. pp. 364-365. 1 pl.

1908. Wood, T. B., and Punnett, R. C. : Heredity in Plants and Animals. *Trans. Highland Agric. Soc. Scotland.*

1922. Woodruff, L. L. : Foundations of Biology, N. Y., 476 pp. avec 211 fig.

1902-3. Woods, F. A. : Mental and Moral Heredity in Royalty. Reprinted from *Pop. Soci. Monthly.* pp. 85. [Série d'études didactiques.]

1903. Woods, F. A. : Mendel's Laws and some Records in Rabbit Breeding. *Biometrika*, ii. pp. 299-306.

1906. ——— The Non-Inheritance of Sex in Man. *Biometrika*, v. pp. 73-78

1906. ——— Mental and Moral Heredity in Royalty. A statistical study in history and psychology. New York, pp. 312. [Etude didactique sur le rôle de l'hérédité dans la détermination de caractères mentaux et moraux].

1897. YULE, G. Udny : On the Theory of Correlation. *Journ. Roy. Statistical Soc.* LX. pp. 1-44.

1902. —— Mendel's Laws and their Probable Relations to Intraracial Heredity. *The New Phytologist,* L. pp. 193-207, 222-238.

1912. —— Introduction to the Theory of Statistics. London, 1912.

1878. YUNG, E. : Contributions à l'histoire de l'influence des milieux physiques sur les êtres vivants. *Arch. Zool. Expér.* VII. pp. 251-282, and *Ibid.* (1883) pp. 31-55.

1885. —— De l'Influence des variations du milieu physico-chimique sur le développement des animaux. *Arch. Sci. Phys. Nat.* XIV. pp. 502-522. Voir également : *Ibid.* vol. VII. (1882), p. 225 ; vol. I. (1879), p. 209.

1908. ZEDERBAUER, E. : Versuche über Vererbung erworbener Eigenschaften bei Capsella bursa pastoris. *Oesterreich. Bot. Zeitschrift.*

1908. *Zeitschrift der induktiven Abstammungs-und Vererbungslehre,* [Revue importante].

1886. ZIEGLER, ERNST. : Können erworbene pathologische Eigenschaften vererbt werden, und wie entstehen erbliche Krankheiten und Missbildungen? 8vo, Jena. pp. 44. Extrait de *Beiträge zur pathologischen Anat. und Physiol.* (Ziegler et Nauwerck), Bd. 1. [Discours intéressant prononcé par un biologiste de renom.]

1889. —— Die neuesten Arbeiten über Vererbung und Abstammungslehre und ihre Bedeutung für die Pathologie. *Ibid.* vol. IV.

1894. ZIEGLER, H. E. : Die Naturwissenschaft und die Sozialdemokratische Theorie. Stuttgart. pp. 252.

1902. ZIEGLER, H. E. : Ueber den derzeitigen Stand der Descendenzlehre in der Zoologie. Fischer, Jena.

1904. —— Der Begriff des Instinktes einst und jetzt. Festschrift zu Weismann. *Zool. Jahrb.* Supplement VII.

1905. —— Die Vererbungslehre in der Biologie. Fischer, Jena. pp. 74, 2 pls. and 9 figs. [Meilleure introduction à l'étude de l'état actuel des théories de l'hérédité et de l'héritage].

1906. —— Die Chromosomen-Theorie der Vererbung in ihrer Anwendung auf den Menschen. *Archiv. Rassen-Gesellsch. Biologie,* III. pp. 797-812.

1910. —— Die Streitfrage der Vererbungslehre. *Naturwiss. Wochenschrift,* IX.

INDEX BIBLIOGRAPHIQUE
CLASSÉ PAR QUESTIONS

INDEX ALPHABÉTIQUE

TABLE DES MATIÈRES

IMP. DARANTIERE — DIJON

PAYOT, 106, BOULEVARD SAINT-GERMAIN, PARIS

MAURICE THOMAS

Membre de la Société Entomologique de Belgique
et de la Société " Les Naturalistes Belges "

L'INSTINCT

Théories-Réalité

Un vol. in-8 de la *Bibliothèque Scientifique* . . . . 30 fr.

Dr F. BUYTENDIJK

Professeur de physiologie à l'Université de Groningue

PSYCHOLOGIE DES ANIMAUX

Préface de M. Ed. CLAPARÈDE, professeur de psychologie expérimentale à la Faculté des Sciences de l'Université de Genève.

Avec une note du Dr LEPINAY, professeur à l'Ecole de Psychologie de Paris. Traduction française du Dr BARDO, Médecin vétérinaire du Gouvernement à Malines.

Un vol. in-8 de la *Bibliothèque Scientifique*, avec 56 illustrations dans le texte et hors texte . . . . 25 fr.

PAYOT, 106, BOULEVARD SAINT-GERMAIN, PARIS

J. LARGUIER DES BANCELS

Professeur à l'Université de Lausanne.

INTRODUCTION A LA PSYCHOLOGIE

L'INSTINCT ET L'ÉMOTION

Un vol. in-8 de la *Bibliothèque Scientifique* . . . . 18 fr.

GEORGES DWELSHAUVERS

Professeur à l'Institut Catholique de Paris et au Collège Stanislas, ancien Directeur du Laboratoire de Psychologie de Barcelone.

TRAITÉ
DE
PSYCHOLOGIE

Un vol. in-8 de la *Bibliothèque Scientifique* . . . 40 fr.

BIBLIOTHÈQUE SCIENTIFIQUE

Dr Achalme, Directeur de laboratoire à l'école des Hautes Études. — Les Édifices physico-chimiques. — I. L'Atome. — II. La Molécule. — III. La Molécule minérale. Chaque volume . . . . 24 »

Dr Alfred Adler. — Le tempérament nerveux . . . . 30 »

Raoul Allier, Prof. hon. de l'Université de Paris. — La Psychologie de la Conversion chez les Peuples non-civilisés. 2 volumes ensemble . . . . 100 »

— Le non civilisé et nous. Différence irréductible ou identité foncière? . . . . 25 »

Ch. Bally, Professeur à l'Université de Genève. — Le Langage et la Vie . . . . 24 »

Émile Belot, Vice-Président de la Sté Astron. — L'Origine dualiste des Mondes et la Structure de notre Univers . . . . 24 »

Daniel Berthelot, Membre de l'Institut. — La Science et la Vie moderne . . . . 15 »

F. Boquet, Astr. titul. de l'Observat. de Paris. — Histoire de l'Astronomie . . . . 30 »

M. Borissavliévitch, Professeur à l'École des Hautes Études. — Les Théories de l'Architecture . . . . 30 »

G. H. Bousquet, Chargé de cours à l'Université d'Alger. — Précis de Sociologie d'après Vilfredo Pareto . . . . 12 »

J. Burnet, Professeur à l'Université de St-Andrews (Écosse). — L'Aurore de la Philosophie grecque . . . . 24 »

Dr F. Buytendijk, Professeur de physiologie à l'Université de Groningue. — Psychologie des Animaux . . . . 25 »

G. Chauveaud, Directeur de laboratoire à l'École des Hautes Études. — La Constitution des Plantes vasculaires . . . . 12 »

Robert Chodat, Professeur à l'Université de Genève, Correspondant de l'Institut. — La Biologie des Plantes. Les plantes aquatiques . . . . 60 »

L. Duparc, Professeur à l'Université de Genève, et M. Basadonna. — Manuel théorique et pratique d'Analyse volumétrique . . . . 24 »

Ernest Dupré, Professeur à la Faculté de médecine de Paris. — Pathologie de l'imagination et de l'Émotivité. Préface de M. Paul Bourget . . . . 30 »

Georges Dwelshauvers, Professeur à l'Institut catholique de Paris. — Traité de Psychologie . . . . 40 »

A. S. Eddington, Prof. Astronomie Univ. Cambridge. — La Nature du Monde Physique . . . . 30 »

L'Évolution Psychiatrique. — Directeurs: A. Hesnard et R. Laforgue. Tome I . . 24 » Tome II . . 25 »

E. Evrard. — Le Monde des Abeilles . . 20 »

Jacques Fischer. — L'Amour et la Morale . . 15 »

Dr Sigm. Freud, Professeur de l'Université de Vienne. — Introduction à la Psychanalyse . . . . 30 »

Du même auteur: La Psychopathologie de la Vie quotidienne . . . . 24 »

— Totem et Tabou . . . . 15 »

— Essais de Psychanalyse . . . . 20 »

E. F. Gautier, Professeur à l'Université d'Alger. — Le Sahara . . . . 24 »

Théodore Gomperz. — Les Penseurs de la Grèce. Tome I . . . . 40 »

Dr Henrich, Professeur à l'Université d'Erlangon. — Les Théories de la Chimie organique . . . . 60 »

Edmond Hoppe, Prof. à l'Université de Gœttingue. — Histoire de la Physique . . 90 »

Dr C. Jung. — L'Inconscient dans la vie psychique normale et anormale . . 18 »

Dr E. Jones, ancien Professeur à l'Université de Toronto. — Traité théorique et pratique de Psychanalyse . . . . 60 »

Dr E. Kretschmer, Prof. à l'Université de Tubingen. — Manuel théorique et pratique de Psychologie médicale . . 30 »

Dr R. Laforgue, Dr Rr Allendy. — La Psychanalyse et les Névroses . . . . 18 »

J. Larguier des Bancels, Professeur à l'Université de Lausanne. — Introduction à la Psychologie . . . . 18 »

F. Bruennberger, Président central Assoc. Apicult. suisses. Les Abeilles . . . 40 »

Dr L. Lewin. Les Paradis artificiels . . 25 »

Marguerite Lips, Docteur ès lettres. — Le Style indirect libre . . . . 25 »

Victor Magnien, Professeur à l'Université de Toulouse. — Les Mystères d'Éleusis, leurs origines, le rituel de leurs initiations . . . . 25 »

Dr H. W. Maier, Professeur à l'Université de Zurich. — La Cocaïne . . . . 30 »

Dr Minkowski. — La Schizophrénie . . 20 »

Maurice Muller. — Essai sur la Philosophie de Jean d'Alembert . . . . 30 »

T. K. Oesterreich, Professeur à l'Université de Tubingen. — Les Possédés . . 30 »

R. Otto. — Le Sacré . . . . 25 »

Vilfredo Pareto. — Traité de Sociologie générale, 2 volumes ensemble . . 100 »

Dr Otto Rank. — Le Traumatisme de la Naissance . . . . 20 »

Dr Ed Retterer, Professeur à la Faculté de Médecine de Paris. — Éléments d'Histologie . . . . 24 »

Erwin Rohde. — Psyché. Le culte de l'âme chez les Grecs et leur croyance à l'Immortalité . . . . 90 »

Jacques Rueff, Professeur à l'Institut de Statistique de l'Université de Paris. — Théorie des Phénomènes monétaires. Statique . . . . 40 »

Bertrand Russell, Membre de la Société Royale. — Analyse de l'Esprit . . 24 »

— Introduction à la Philosophie mathématique . . . . 25 »

Jules Sageret. — Le Hasard et la Destinée . . . . 25 »

F. de Saussure. — Cours de Linguistique générale . . . . 24 »

Max Scheler, Professeur à l'Université de Cologne. — Nature et Formes de la Sympathie . . . . 32 »

Maurice Thomas. L'Instinct. Théories, Réalité . . . . 30 »

Ed. W. Washburn, Professeur à l'Université d'Illinois. — Principes de Chimie physique. Préface de M. Jean Perrin . . 60 »

Edward Westermarck, Professeur à l'Université de Londres. — L'Origine et le Développement des Idées morales. Tome I . . . . 50 » Tome II . . . . 60 »

Émile Yung, Professeur à l'Université de Genève. — Traité de Zoologie des Animaux Invertébrés (Achordata). 60 »

IMP. ARDU-RADENEZ, 11, RUE DE SÈVRES, PARIS. 35581 — 12-70

www.ingramcontent.com/pod-product-compliance
Lightning Source LLC
LaVergne TN
LVHW020238060726
842525LV00001B/82

9 782329 044040